中国
农村经济调研报告 2004

Research on Rural Economics of China

国家统计局农村社会经济调查总队　编
Rural Survey Organization
National Bureau of Statistics

(京)新登字041号

图书在版编目（CIP）数据

中国农村经济调研报告. 2004
/国家统计局农村社会经济调查总队编.
-北京：中国统计出版社，2004. 10
ISBN 7-5037-4449-9

Ⅰ. 中…
Ⅱ. 国…
Ⅲ. 农村经济-调查报告-中国-2004
Ⅳ. F32

中国版本图书馆CIP数据核字（2004）第066039号

中国农村经济调研报告——2004

作　　者/国家统计局农村社会经济调查总队编
责任编辑/姚　立
装帧设计/艺编广告·张　冰
出版发行/中国统计出版社
通信地址/北京市西城区月坛南街75号
邮政编码/100826
办公地址/北京市丰台区西三环南路甲6号
电　　话/（010）63459084　63266600-22500（发行部）
印　　刷/科伦克三莱印务（北京）有限公司
经　　销/新华书店
开　　本/880×1230毫米　1/16
字　　数/760千字
印　　张/26
印　　数/1—2000
版　　别/2004年10月第1版
版　　次/2004年10月北京第1次印刷
书　　号/ISBN 7-5037-4449-9/F·1904
定　　价/98.00元

《中国农村经济调研报告——2004》

编辑委员会

代前言

农村经济平稳发展 政策落实仍是关键

鲜祖德

2003年是一个不平常的年份，我国农业和农村经济发展既受到“非典”疫情的袭击，又遭到严重自然灾害的影响。在党的十六大精神指引下，各地区各部门加大了解决“三农”问题的力度，围绕增加农民收入这个中心，认真落实党中央、国务院的各项方针政策，深化和完善农村各项改革，积极推进农村经济战略性结构调整，克服了“非典”疫情的冲击和自然灾害的影响，在主要农产品产量下降的情况下，实现了农业结构的稳步调整，农村经济的稳步增长，农民收入的稳步增加，农村社会的稳定发展。

一、政策为解决“三农”问题提供支持

2003年初中央农村工作会议出台的十九条农村政策，内容具体，可操作性强，各级各部门相应地制定了具体措施。《土地承包法》的实施，将家庭联产承包责任制作为我国农村最基本的土地制度以法律的形式明确下来，有利于土地使用权合理、有序流转，实现劳动力与土地的优化配置；户籍制度改革以及一系列关于促进农村劳动力转移的政策措施为农民进入非农产业、进城就业铺平了道路。农村金融体制改革，小额信贷推广试点，农村信用社改革试点有利于农村要素市场的发育。粮食流通体制改革进一步深化，继2002年8个主销区和4个产销平衡区完全放开粮食购销市场后，2003年国家又在安徽、吉林两省开展粮食直补试点。农村税费改革在全国全面试行，有条件的地区取消了农业特产税。2003年有利于农业增效、农民增收的政策因素明显增多。

二、农业在结构调整中平稳增长

2003年各地继续以农民增收为目标，以市场需求为导向，调减供过于求农产品生产，扩大需求旺盛的农产品生产。种植结构继续调整，畜牧业和渔业生产稳步发展，生态建设步伐进一步加快。

种植结构继续调整。粮食、糖料面积减少，棉花、油料、蔬菜面积增加。调查结果显示，2003年我国粮食播种面积比上年减少4.3%，糖料面积减少8.8%；棉花由于国内需求旺盛、价格大幅度上升，种植面积比上年扩大22.1%；油料种植面积扩大1.5%，蔬菜面积扩大3.5%。主要农产品向优势区域集中的步伐加快，农产品优质化水平进一步提高。

受面积调减和自然灾害的影响，粮、棉、油、糖等大宗农产品减产。粮食、糖料主动调减。据调查统计，2003年我国粮食总产量43070万吨，比上年减产2636万吨，减5.8%，粮食总产量已降到20世纪90年代以来的最低点。面积减少是粮食减产的主要原因，对粮食减产的影响占73.5%。初步统计，2003年全国糖料总产量9642万吨，减产651万吨，减6.3%。棉花、油料因灾减产。全国棉花产量为486万吨，比上年减产1.1%。全年油料产量2811万吨，减产3.0%。

畜牧业生产形势好于上年，渔业生产继续平稳增长。2003年上半年畜牧业生产受到玉米价格上涨和“非典”等不利因素的影响。“非典”过后，各地加快了畜牧业结构调整步伐，优化畜产品结构，加强疫病防治工作，畜牧业生产形势好转。据统计，全年肉类总产量将达到6933万吨，增长5.3%；奶业产业化步伐加快，产量高速增长，全国牛奶产量增长34.4%。2003年，我国水产品产量平稳增长，海水养殖产量增长迅速，结构调整步伐进一步加快，全国水产品总产量4705万吨，比上年增长3.1%。

退耕还林步伐加快，生态环境建设进一步加强。2003年是退耕还林力度最大的一年，据统计，全年完成造林面积910万公顷，比上年增长21.8%，其中，退耕还林工程完成退耕地造林335万公顷，宜林荒山荒地造林347万公顷。

农林牧渔业基本保持了稳定增长的态势。尽管粮、棉、油、糖大宗农产品减产，但蔬菜、水果尤其是畜牧业生产的稳定增长，使全年农林牧渔业基本保持了平稳增长的态势。据统计，全年实现农林牧渔业增加值17342亿元（注：含农林牧渔服务业），比上年增长2.5%，增速较上年下降0.4个百分点。

三、供求矛盾缓解使农产品价格回升

2003年粮、棉、油、糖等大宗农产品减产，主要农产品供过于求的矛盾趋于缓解，农产品价格开始回升。据国家统计局农调总队对全国27000个农业生产经营单位农产品生产价格调查，2003年全国农产品生产价格总指数为104.4（上年同期=100，下同），农民出售农产品的价格总水平比上年上涨4.4%。其中，种植业产品类价格上涨7.4%，林产品类价格上涨7.0%，畜产品类价格上涨1.8%，水产品类价格上涨0.4%，基本持平。

由于粮食连年减产，市场粮价上涨的心理预期趋强，加上10月份以来国际市场大豆价格上涨的带动，致使国内市场粮价全面回升。据调查，2003年，小麦、玉米生产价格分别比上年上涨3.0%和4.6%，大豆价格上涨20.6%。由于国家库存帐面仍较充裕，全国粮食总量仍供大于求，粮食价格的上涨属正常复归。棉花需求强劲，产需缺口拉大，价格上涨较多，全年籽棉生产价格比上年上涨35.3%。9月、10月份涨势较猛，11月下旬以来，销售价格开始平稳下滑。由于进口大豆价格的上涨，加之国内油料减产，2003年油料生产价格上涨了19.4%。由于进口较多，油料总体上供应充足。

四、多种渠道使农民收入稳步增加

2003年一季度农民收入增长开局良好，人均现金收入增幅高达7.5%，是多年没有过的。二季度受非典疫情影响，农民收入出现负增长。三季度农民现金收入增速回升。据抽样调查，全年农民人均纯收入为2622元，比上年增加146元，增长5.9%，扣除价格因素的影响，实际增长4.3%。

农民收入增长的主要特点：一是家庭经营收入增速回升。2003年农户家庭生产经营纯收入人均1541元，比上年增加53元，增长3.6%，增速回升1.8个百分点。家庭经营收入增速回升主要是由于第一产业生产经营收入增速回升所致。2003年农户家庭从事第一产业生产经营收入人均1195元，比上年增加47元，增长4%，增幅为1998年以来最高。二是工资性收入进一步成为农民增收的主要来源。2003年农民的工资性收入人均919元，比上年增加79元，增长9.4%，工资性收入的增加额占全年农民收入增加额的54.1%。在工资性收入中，务工收入人均514元，比上年增加76元，增长17.4%。其中，在本地打工收入人均168元，比上年增加28元，增长20%；外出务工收入人均346元，比上年增加48元，增长16.1%。三是财产性收入有较大幅度增长。2003年农民的财产性收入人均66元，比上年增加15元，增长29%。其中，土地征用补偿收入人均18.5元，比上年增长9%；出售上年农产品的收入人均17元，比上年增长30%。

五、进一步落实政策，构筑农业增产、农民增收的长效机制

2004年的新年伊始，中共中央、国务院又就农民增收发出了“一号文件”，为农业增产、农民增收提供了政策保障。随着各种鼓励、支持粮食生产和农民增收政策措施的出台，加之市场价格导向的作用，2004年一季度农业生产与农民收入开局良好：农林牧渔业总产出平稳增长，农民种粮积极性提高，农民收入实现较快增长。

欣喜看亮点，冷静观警讯。在充分肯定成绩的同时，也应当看到，当前和今后农业增产、农民增收仍然面临一些困难和问题，值得关注。

一是尽管当前粮价大幅度上涨，但种粮比较效益低的问题依然突出；二是受耕地、水资源及气候的影响，短期内恢复和提高粮食供给能力的难度较大，粮食在总体安全形势下潜伏着一些区域性、结构性供求不平衡问题；三是工农差距、城乡差距仍然较大，农业与工业、城市与乡村发展不协调的问题进一步显现，农业相对滞后的矛盾进一步暴露；四是农村劳动力转移速度放缓，县域经济吸纳农村转移劳动力的能力减弱。

面对这一系列问题，我们既不能低估，也不能退缩，而是要树立科学发展观和正确的政绩观，真正把解决“三农”问题作为全部工作的重中之重，乘政策东风，努力促进农业增产、农民增收，努力实现城乡统筹发展。

要进一步加大党中央、国务院关于粮食增产、农民增收政策的宣传和落实力度。采取更有效的措施把中央鼓励农业生产的信号传达给农民，把包括“直补”在内的各项补贴政策、减免农业税政策、最低收购价政策运用好、操作好；把一号文件的精神及2004年政府工作报告吃准、吃透，落到实处。

要正确看待当前粮食价格上涨，加强流通和市场监控。充分利用粮价上涨之有利时机，改变农产品长期处于比较收益低下的状态，恢复农民种粮信心，增加农民收入，为实现城乡统筹提供保证。要坚定不移地推动粮食流通体制改革，采取多样化的直接收入补贴措施，集中财力，加强农业的科研开发和技术推广，加强农田基本建设，加快推进粮食产业化，进一步提高种粮收益，确保粮食稳定增长。

要统筹城乡就业政策，加快农村劳动力的流动和转移。将农村劳动力就业纳入国家整体就业规划，把积极的财政政策与积极的就业政策结合起来。积极调整产业布局，重视劳动密集型制造业的发展，积极扶持乡镇企业，大力开展对农村劳动力的职业技术培训，增强农村劳动力自我就业能力。

要切实解决好农民增收难问题。农民增收难，难在主产区，难在中西部地区，因此，要加强宏观调控，在促进粮食生产发展的同时，进一步搞好产业结构调整，支持主产区进行粮食转化、加工和增殖，加快农业产业化经营；落实好支持主产区发展粮食生产、增加农民收入的各项政策措施；要加大对中西部地区的支持与扶持力度，强化财政转移支付以及扶贫手段，提高贫困地区的农民收入。

目录

一、粮食生产与流通

二、土地流转与政策落实

三、劳动力就业与转移

四、结构调整与制度创新

五、农村全面小康与社会发展

六、农民收入与税费改革

七、城镇化与县域经济

1

粮食生产与流通

当前我国粮食供需总体平衡

鲜祖德　王明华

自1998年以来，我国粮食总产量由5.12亿吨(10246亿斤)，减少到2002年的4.57亿吨(9142亿斤)，减少10.8%。2003年受粮食播种面积调减等因素的影响，预计粮食产量将继续减少，产需缺口进一步扩大，考虑到目前我国的库存水平，总的判断是：我国粮食供需总体平衡，但部分地区存在不安全隐患，应引起重视。

一、我国粮食供需和安全现状

(一)粮食消费状况

我国的粮食消费主要由四大部分组成：居民口粮、饲料用粮、工业用粮和种子用粮。近年来，我国粮食消费特点是：口粮消费呈稳中有降趋势；饲料用粮和工业用粮呈快速增长趋势；种子用粮由于播种面积减少和科技含量的提高，每年用量呈减少趋势。据测算，2002年我国粮食国内消费为48350万吨(9670亿斤)。其中：口粮消费27495万吨、饲料用粮14862万吨、工业用粮4800万吨、种子用粮1194万吨。

(二)粮食生产现状

我国的粮食生产从1996到1999年连续四年出现了快速增长，全国粮食总产量三次登上1万亿斤的台阶，粮食供求形势出现供大于求局面后，国内粮食价格开始走低，农民自觉调减粮食播种面积，粮食生产自1998年连续呈减产趋势，2002年全国粮食产量4.57亿吨，比1998年减少5524万吨，减10.8%，当年粮食生产量与需求量已连续3年出现缺口。

(三)当前我国粮食安全总体状况

近年来我国粮食产量虽然逐年减少，但由于历年粮食库存积累较多，目前国内粮食价格总体水平仍属低位，从全国粮食供应来看，粮食供求总量基本平衡，粮食安全状况应该说处于良好状态。

二、粮食不安全隐患依然存在，部分地区日显突出

然而，我国粮食安全并不是高枕无忧，当前粮食安全供给仍存在不可忽视的不安全隐患。

(一)粮食播种面积不断减少，影响粮食的稳定供给。我国粮食播种面积从1998年到2002年减少9896千公顷(1.48亿亩)，减少8.7%。2003年粮食播种面积进一步调减，预计这种调减惯性仍将持续一段时间。这将直接影响粮食生产稳定供给，如果今后几年我国粮食生产仍然在4.55亿吨(9100亿斤)徘徊，粮食的进出口保持基本平衡，预计2003～2005年的粮食产需缺口约11500～12500万吨(2300～2500亿斤)。这就意味着，2001年3月粮食清仓查库后的库存(原粮)26245万吨(5249亿斤)，到2005年末将下降到10000万吨(2000亿斤)。如果再考虑库存粮食中有一定比例的陈化粮已不能使用，库存粮食品质、结构与市场需求也存在一定的脱节等因素，实际库存将明显低于2000亿斤水平。这对我国今后粮食安将产生不利影响。

(二)地区之间不平衡,缺粮地区在增多,供需缺口在扩大。据测算,2002年我国有17个省(区、市)存在粮食产需缺口,而1998年只有14个。这些地区主要集中在北京、天津、上海、浙江、江苏、福建、广东和海南等经济发达地区和山西、云南、贵州、陕西、甘肃和青海等西部不发达地区。从产需缺口看,这些地区都不同程度存在粮食不安全隐患。

1. 经济发达地区粮食自给率下降,产需缺口明显。自我国率先在北京、天津等八个粮食主销区放开粮食购销政策后,这些地区粮食播种面积大幅度调减。据统计,2002年这些地区粮食播种面积比1998年减少24.1%,远高于全国8.7%的调减幅度;粮食产量也比1998年减少23.2%,高于全国10.8%的减少幅度。粮食产需缺口由1998年的2000多万吨,扩大到2002年4000多万吨。如广东粮食需求缺口由1998年600多万吨扩大到1300多万吨,粮食需求量近一半需要从外地调入;浙江省2002年粮食产需缺口已超过当年产量;福建省粮食自给率也只有50%。农户存粮水平下降也比较快。据调查,从1998年到2002年,以上八个地区农户存粮下降幅度均超过20%,远高于全国平均下降11.7%的幅度,其中天津下降69.5%、北京45.5%、广东34.3%、浙江32.7%、海南32.3%。农户存粮大幅度减少对这些地区粮食安全带来不利影响。在这些地区中农户存粮水平也很不均衡,如浙江目前虽然农户存粮总体水平虽然还在5个月以上的使用量,但是农户之间存粮水平很不平衡。全省18.2%的农户基本上没有余粮,需要从市场中购买;23.7%的农户人均存粮在100公斤以下,这两部分农户占41.9%,如果以此幅度推算,全省就是500多万户农户,即这部分农户的用粮主要或部分将从粮食市场购买,如果全国粮食市场出现紧张,将对这些农户粮食安全构成威胁。但目前这些地区农民收入水平较高,粮食消费支出占总消费比重较小,在当前全国粮食供给总量平衡、粮食价格仍处较低水平状况下,粮食的获取量完全可能从市场购买到,也买得起。这些地区粮食供需基本能够达到总量平衡,但粮食不安全隐患值得关注。

2. 西部贫困地区粮食供给存在不安全隐患。由于粮食播种面积调减导致粮食产量减少,我国西部一些贫困地区粮食缺口进一步扩大,据初步测算,我国西部12个省(区、市)1998粮食产需缺口只有200多万吨,而到2002年扩大到1000万吨以上,扩大近5倍。农户存粮进一步减少。2002年底,我国西部12省(区、市)农户存粮500公斤,低于全国平均水平28公斤。农户存粮较少的有:广西人均266公斤、贵州314公斤、云南266公斤、青海278公斤,比1998年减少40%。2003年以来,在一些贫困地区相继出现了农户缺粮情况。如内蒙古呼伦贝尔市,由于2003年干旱造成一些牧区缺粮人口近25万人;2003年6月,河北张家口地区缺粮人口达360万人;根据贵州省农调队测算,2003年3月底,全省农村住户存粮人均162公斤,如果按当年一季度的粮食消费标准,加上夏粮收获的粮食也只够维持到秋季粮食收获。表明大多数农民当年生产的粮食都在下一次收获期之前就消费掉了,而没有一定的安全贮备,如遇到大灾之年,将会出现粮食短缺。如:在贵州荔波县,由于2002年受灾严重,粮食大幅减产,给群众生产生活造成了较大影响。目前全县有4070户近1.4万人缺粮,分别占全县总户数、总人口的11.9%和9.2%。缺粮1～2个月的占全县总户数的1.6%;缺粮3～4个月的占全县总户数的3.9%;缺粮5～6个月的占全县总户数的6.4%。由于这些地区农民收入水平偏低,粮食消费占总消费支出比重较高,一旦国内粮食价格快速上涨,将对这些地区粮食安全构成威胁。这些情况需引起有关部门高度重视。

三、保证我国粮食安全几点建议

从总体看,我国目前粮食供求处于平衡状态、粮食安全状态良好。目前我国粮食总需求4.8亿吨左右,并且以年均1%左右的速度增加。近几年,粮食播种面积调减幅度较大,粮食总产量大幅度减少,这虽有利于尽快解决我国目前过重的库存压力,但从长远看,粮食播种面积已经到了底线,粮食安全隐患应引起高度重视。

(一)要保护粮食主产区粮食生产能力和农民种粮积极性。我国粮食生产重心逐步向主产区集中,流通格局从"南粮北调"变为"北粮南运",主产区和主销区的区域正在形成,在这样的生产和销售格局上,保护粮食主产区生产能力尤显重要,尤其要保护粮食主产区耕地面积的稳定。

(二)完善国家粮食储备调控体系,确保我国粮食安全出现问题时有应急预案。建立灵活有效的储备粮吞吐调节机制,真正发挥对粮食市场的调控作用。

(三)培育和健全粮食市场体系。建立健全畅达的粮食流通市场,加强主销区与主产区的市场沟通渠道,大力发展订单农业,帮助主产区提高物流效益,降低粮食生产和流通成本,不断提高其产品的市场竞争力。

粮食直补:做法、反响、建议

孙梅君

按照国务院关于进一步深化粮食流通体制改革的精神,继安徽、吉林两省的来安、天长、东丰三县(市)在全国率先进行粮食直补试点以来,河南、江西、湖北、湖南、河北、新疆、内蒙古等省(区)的部分粮食主产县(市)也相继开展了粮食直补试点工作。对种地农民实行直接补贴,这无疑是我国农业政策的重大突破。为掌握各地粮食直补试点工作情况,国家统计局农调总队近期对安徽、吉林、河南、江西、湖北、湖南等省进行了跟踪调查。总体上看,试点地区反响积极,农民受惠。

一、粮食直补试点的主要做法

(一)以"两放开、一调整"为核心,打造粮食产销新格局

目前,我国的农业补贴政策大多与粮食购销体制结合在一起。国有粮食企业按保护价敞开收购农民余粮,国家利用粮食风险基金对国有粮食企业提供超储补贴,国家对农民的补贴主要通过补贴流通环节间接实现。从实践看,这种农业补贴政策对于保护农民利益和粮食生产积极性发挥了重要作用。但是,随着农业发展环境的变化,现有农业补贴政策对各方面利益的统筹协调不够。由于补在流通环节,很大程度上增加了粮食企业对政策的依赖性,出现"收粮靠贷款、储存有补贴、亏损就挂账"现象,给国家财政带来巨大负担,现有农业补贴政策的可持续性正日益受到质疑。

新一轮粮食流通体制改革的核心内容就是全面放开粮食收购价格,实行随行就市收购;放开粮食购销市场,支持和鼓励各类经营者参与粮食收购和经营;调整粮食补贴方式,将原来按保护价收购形式给农民的间接补贴,调整为对生产环节进行补贴,直接补给农民。

目前,以"两放开、一调整"为核心内容的粮食直补试点已覆盖到安徽全省,吉林的东丰县,河南的洛阳、安阳、三门峡、商丘和信阳5市,湖北的17个粮食主产县,江西的上饶、抚州、赣州3市,湖南的常德、岳阳、益阳、衡阳4个主产市,河北的邱县、隆尧、正定、容城、肃宁、冀州6个主产县,内蒙古的赤峰市、通辽市、呼伦贝尔盟、兴安盟等地区。试点地区高度重视,精心组织,建立了市、县、乡政府一把手负责制,因地制宜确定试点方案,积极完善各项配套措施。把补贴绕过国有粮食企业直接送到农民手里的"直补"试点,得到了各方面的认同。

(二)以保护农民利益为目标,积极探索粮食直补的具体方式

如何对农民实施补贴,是粮食直补试点所要解决的关键问题。试点地区在改革内容、补贴依据、计算方法、补贴差价标准和资金兑付等方面,对粮食直补的具体操作方式进行了有益的探索。

1. 直补资金的筹集和管理:试点地区粮食直补资金基本上从粮食风险基金中统一列支,专户管理,逐级拨付到乡镇。安徽、湖南省财政还按直补资金总额的一定比例安排了一定的机动资金,用于对农民的补贴。

2. 直补资金总额的确定:多数地区补贴规模

根据保护价收购规模和保护价与市场价的差价确定。

安徽省以各市、县1998年至2002年5年间国有粮食购销企业按保护价收购农民余粮的平均数为基础，确定各市、县享受补贴的商品粮数量。2003年差价补贴按小麦为每公斤1角、中晚稻9分的标准计算，原则上一定二年不变。

吉林省东丰县以该县1994年至1998年玉米和水稻两个保护品种的平均产量为基础，按商品量70%保护比例折算补贴的商品粮数量，按每公斤9分的差价补贴标准核定直补资金，2002年全县发放直补资金达2184万元。

河南省对各试点市的补贴资金数额按2000年确定的定购粮数量和2002年确定的应纳农业税额各占50%的比例计算确定。2003年省财政从风险基金中对放开的5个试点市共安排了2.3亿元的直补资金。

湖北省在粮食风险基金中拨款9000万元，按1998～2000年三年平均产量和收购量的平均比例，一次性定额包干到17个主产县，每公斤粮食补贴6分，共收购中晚稻30亿斤。江西直补资金也是以2002年度三个试点市中晚稻收购总数为依据计算确定的。

湖南省则是以当年实际中晚稻种植面积为依据，从粮食风险基金中安排了7200万元对试点的4个粮食主产区进行补贴。

3. 农户补贴额的确定：试点地区采取了三种方式，一是按计税面积或计税常年产量补贴；二是按粮食出售量补贴；三是按粮食种植面积补贴。

直补资金总额确定后，如何分配给每个农户？安徽、吉林、江西等省采取第一种方式，首先以计税土地面积或常年产量为依据计算农户享受补贴的商品粮常量；然后用该户农民享受补贴的商品粮常量乘以保护价与市场价的差价补贴标准算出农户每年获得的粮食补贴金额。这种方式属于不挂钩的补贴方式，具有普惠性，属绿箱政策。由于计税土地面积有据可查，因此，透明度高，计算简单，便于操作，能够获得农户的普遍认可。据江西省农调队的调查，赞成按计税土地面积或常年产量计算补贴的一般农户占被调查农户的81.1%。但由于难以实现对粮农的支持目的，在结构调整中不利于稳定粮源，因此，种粮大户基本上不赞成，近半数的乡镇干部对此存有异议。

湖南的大多数试点地区均以当年农民实种晚稻面积为依据计算补贴；湖北则是按当年农民实际交售量进行补贴。这两种方式属挂钩补贴方式，对于补贴的农产品有激励作用，属于黄箱政策的内容。但由于面积、交售数量等资料难以准确掌握，操作成本高，透明度较差，补贴资金容易被截留。从江西的问卷调查也可看出，一般农户赞成此种补贴方式的不到20%，但种粮大户、粮食主产区的乡镇干部大都赞成这种方式。

4. 补贴资金的兑付：大多数地区由乡镇财政（农税）所承担，是否抵扣农业税费各地不统一。

大多数地县对农民补贴资金兑付工作由各乡镇财政（农税）所承担，直接兑付给农民。目前，仅有个别地区仍通过国有粮食购销企业在收购环节结算时将差价以价外加价的方式支付给售粮农民。

直补资金是否抵扣农业税费各地不统一。安徽原则上采取“征补两条线”办法，直补资金不与税费相抵扣，各乡镇财政（农税）所设立交税和补贴两个窗口，农民在缴纳当年应交农业税及附加后，凭本人身份证、粮食补贴通知以及农业税完税凭证等有效证件到补贴窗口领取粮食直补资金。少数有特殊情况的乡镇，可采取直补资金与税费直接相抵扣的方式。吉林、河南、湖南等省则均采取这种“征补一条线”的连锁操作方式，征收农业税和兑现补贴一次到位。江西省农调队调查显示，93.3%的农民认为粮食补贴不要通过中间环节，直接向农民补贴最好；对通过什么渠道发放补贴更好，调查中有50%的农民对直接抵扣农业税款表示赞成。

（三）大力推进各项配套改革

粮食补贴方式改革试点不仅涉及到千家万户农民的切身利益，而且关系到国有粮食购销企业的改革发展。试点地区在完善粮食直补方案的同时，稳步推进各项配套改革。如吉林东丰县针对国有粮食企业的“三老”问题，加快了改革步伐，一是实行政企分开，保留县粮食局，行使粮食行政管理职能，国有粮食购销企业不再承担政府行政职能。二是实行新老划断，对国有粮食购销企业2002年末的政策性粮食库存进行清查核实，锁定库存。锁定后的政策性粮食，由政府委托企业代储代销，代储费用、利息继续享受政策性补贴，老库存分三年处理完。三是改制重组。四是搞活经营，积极开拓市场，大力发展粮办工业。通过订单与农民建立稳定的购销关系，向贸工农一体化方向发展。五是减员分流。

二、粮食直补在各地反响积极

（一）粮补改革，使农民成为最直接受益者，得到了广大农民群众的拥护

据调查，安徽天长市每个农民从改革中直接得到的收入为42元，来安县每个农民从改革中直接得到的收入为45元。同时，放开粮食收购价格，实现了优质优价，全县农民人均又增收27元。农民普遍反映政府的补贴直接发到农民手里，农民得到了实实在在的实惠，不会受到粮食部门压级压价的影响。同时政府公布的参考价格，使农民感到心里有底。常德澧县澧阳镇马堰村5组村民张求保说："现在的补贴办法比原补贴办法好，老百姓直接受益"，张公庙镇建楼村2组村民张如军说："虽然直接补贴金额不大，但体现了党和政府的关心，我们心情好；从粮站得补贴不好，粮站压价，不灵活，还要赔运费，农民不合算"。

（二）乡镇领导对改革的认同最高

据试点地区调查，100%的乡镇领导赞同改革。他们认为，按保护价收购政策非改不可，而且晚改不如早改。特别是乡镇领导认为直补制度对农业税征收工作有利，试点地区税收进度明显快于往年。

（三）粮食购销企业反映比较复杂

据调查，虽然大多数粮食购销企业对粮食直补政策表示赞同，但对企业今后的发展顾虑重重。粮食企业反映：粮价放开是市场发展的趋势，粮食企业早晚要面对这个问题。但粮食企业也面临一些实际问题，一是"老粮、老帐、老人"的问题，目前粮食库存中高价位收购的粮食比重大，顺价销售难度大，财务挂帐数额大，扭亏增盈十分困难。二是工作量增大，原来粮食部门是坐等收购，现在要主动出击，组织职工流动收购、入户收购，增大了工作量，增加了投入。三是粮食部门认为，粮食风险基金主要用于粮食部门政策性粮食储存费用补贴和处理亏损挂账，应将有限的资金用于保护粮农利益，而不是对全体农民进行补贴，否则，将影响粮农的积极性。

三、好政策关键是要落实好

粮食直补政策是我国粮食流通体制改革的重大突破，得到了各方面的拥护。但中国有2亿多农户，好政策能否操作好是人们最大的担忧。调查中各方面也提出了一些值得关注的问题：

一是农民担心"卖粮难"，如果粮食丰收，主渠道作用不突出，多渠道能力有限，"卖粮难"将不可避免。

二是国有粮食购销企业的"三老"问题突出，粮食企业难以轻装上阵参与市场竞争。

三是私人粮食购销主体担心资金、仓储、市场信息等条件难与国有粮食购销企业抗衡，粮食市场全面开放后，经营风险加大。

四是粮食部门和基层政府担心如果按计税土地面积进行补贴，不与粮食生产甚至是否耕种直接挂钩，势必产生"得而不种"现象，不利于国家粮食安全。

针对各方面反映的情况和问题，我们建议：

1. 抓住粮食流通体制改革的有利时机，建立对农民进行直接补贴的制度。随着粮食主产区粮食购销体制改革的推进，原有的保护价政策已经逐步被取消。我国加入WTO后，国外廉价粮食将对我国粮价产生很大的压力，中西部以粮食生产为主的农民增收困难。为了减轻农民的损失，保证国家粮食安全，把原有粮食风险基金的大部分转为对农民的补贴，是改革粮食购销体制和转变农业补贴方式的应有之义。但直接补贴的具体方式则要认真研究，充分试点，总结经验，统筹协调各方面利益。

2. 切实防止出现"卖粮难"。积极推进粮食产销合作，缓解主产区压力。国有粮食购销企业要发挥优势，扩大业务，不断创新粮食收购方式，力争主渠道阵地不丢，市场份额不减，经营量不少，确保农民售粮渠道畅通。农业发展银行应积极服务，加强监管，衔接落实好粮食收购贷款；同时鼓励其他商业银行给予粮食企业贷款，努力拓宽粮食购销渠道，解决农民的售粮问题。

3. 加大国有粮食企业改革力度，为粮食直补政策的实施创造条件。转变农业补贴方式的一个实质就是把原来补给国有粮食系统的资金直接补给农民。加大国有粮食购销企业的改革力度，化解"三老"问题，成为粮食风险基金转变用途的关键环节。政府和有关部门要积极支持国有粮食购销企业改革，使之真正成为一个自负盈亏的独立经营主体，参与市场竞争。同时协调农发行贷款政策，解决好改革后国有粮食企业收购资金问题，保证粮食购销市场稳定。

4. 切实保护粮食生产能力。试点中不少地区采取以计税土地面积或计税常产为依据确定每户农民补贴的办法，是针对当前粮食市场总体上供大于求的状况确定的，目的是支持和鼓励农民积极调整种植结构，促进增加农民收入。但必须坚决制止违反政策将基本农田改为非农用地的行为，这是一条不可逾越的红线。政府要严格执行基本农田保护制度，储粮于地，采取切实有效的措施保护好粮食生产能力，确保国家粮食安全。

我国粮食综合生产能力现状评价与政策取向

河北省农调队课题组[①]

粮食问题一直是党和国家十分重视的问题，党的十六大报告进一步强调要保护和提高粮食综合生产能力。改革开放以来，我国的粮食生产获得了长足发展，粮食产量先后登上了3.5亿吨、4亿吨、4.5亿吨和5亿吨四个台阶，使粮食供给持续出现宽松局面，为我国在风云变幻的国际形势中保持宏观经济的稳定奠定了坚实的基础。2000年后，伴随着农业生产结构的战略性调整，粮食作物种植面积持续回调，生产能力有所下降，在我国加入世贸的大背景下，对我国目前的粮食综合生产能力进行客观评价，研究我国粮食生产现实及潜在的经济安全及政治安全问题，具有重要的现实意义。

一、我国粮食综合生产能力现状及评价

从总体上看，我国的粮食生产自1996年呈现总体上供大于求的格局，近几年粮食产量的下调使这种状况缓解，但随着我国加入世界贸易组织，粮食的宏观安全问题被摆在了更加重要的位置。对我国粮食综合生产能力的现状进行分析表明，我国现实的粮食综合生产能力基本满足国内温饱型消费需求，但地区性、结构性供需矛盾仍然存在，产消差距逐渐减少，潜在的供需矛盾及安全问题不容忽视。

（一）我国粮食综合生产能力现状

1. 全国粮食综合生产能力的演变

改革开放以来，我国粮食综合生产能力明显提高。总产量由1978年的3亿多吨，先后登上了3.5亿吨、4亿吨和4.5亿吨三个台阶，1996年全国粮食大幅度增产，总产量又登上了5亿吨的台阶，其后，又分别在1998年和1999年两次突破5亿吨。同时人均占有量大幅度提高，1978年全国人均占有粮食产量为319公斤，1984年达到394公斤，1996年实现新的突破，达到414公斤，此后连续三年，全国粮食人均占有量都在400公斤以上。2000后随着农业战略性结构调整步伐的加快，粮食作物种植面积大幅度调整，全国粮食总产量比上年减少4621万吨，一年粮食减产之多，创历史之最。2001年全国粮食继续减产，2002年略有回升，产量回复到4.57亿吨。

从历史演变看，我国的粮食生产保持了稳定上升的总态势，波动周期短，总体波动幅度不大，年度间波动最大幅度为9%，平均年度波动率为±4.3%。演变情况如下图：

粮食播种面积总体上呈下降态势，1978年至2002年有两个明显的下降通道，即1978年至1986年和2000年至2002年。

2. 2002年我国粮食生产情况及分布

（1）粮食播种面积。2002年，我国粮食播种面积达到4000千公顷以上的省份有河南、黑龙江、山东、四川、河北、安徽、江苏、湖南、内蒙古、云南、吉林11个省，占全国粮食总播面的63%，比1998年上升了2个百分点；分省看，黑龙江、安徽、云南、吉

① 课题指导：张喜仓；课题主持：张建石；课题组成员：王英祥、赵宝民、张力 宋杏婵、袁庆芳、郭继红。

林四省粮食播种面积增加，其余省份播种面积减少，减幅较大的有山东省、江苏省。

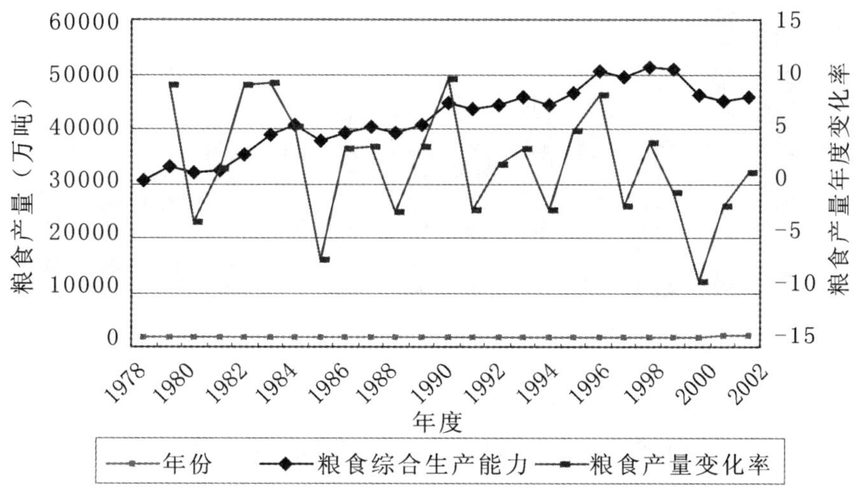

1978—2002 年我国粮食综合秤能力图

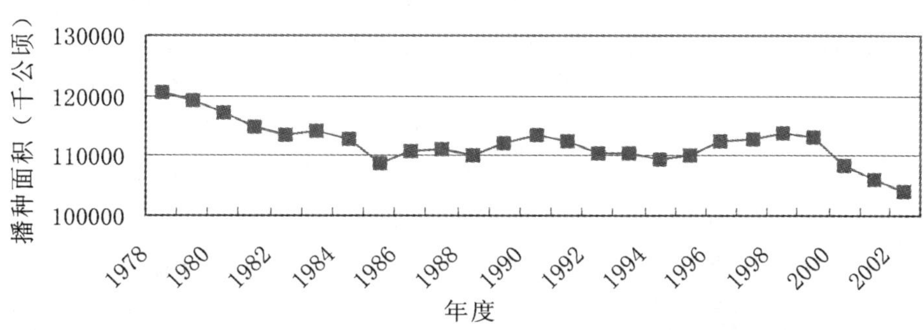

我国粮食播种面积演变图

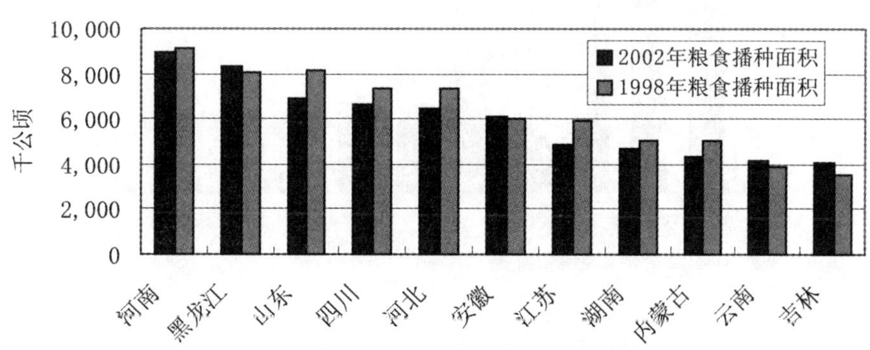

2002 年粮食播种面积在省际间的分布及变化

(2)主产区粮食产量在全国所占比重上升 1.6 个百分点。粮食主产区是指粮食总产量在 1000 万吨以上、人均占有粮食 300 公斤以上、粮食输出较多的传统农业产粮大省，具体包括河北、内蒙古、辽宁、吉林、黑龙江、江苏、河南、山东、湖北、湖南、江西、安徽、四川、云南 14 个省(区)。2002 年主产区占全国粮食总产量的 75.1%，比 1998 年增加了 1.6 个百分点。这说明我国的粮食生产正在向优势产区集中，农业生产的区域结构调整成效显现。

(3)东部地区粮食总产量在全国所占比重下降 4 个百分点。东部地区包括北京、天津、河北、辽宁、上海、江苏、浙江、福建、山东、广东、海南 11 个省份，2002 年东部地区的粮食总产量占全国粮食总产量的比重为 30%，较 1998 年下降了 4 个百分点，东部地区的粮食集中在山东、江苏、河北三省。

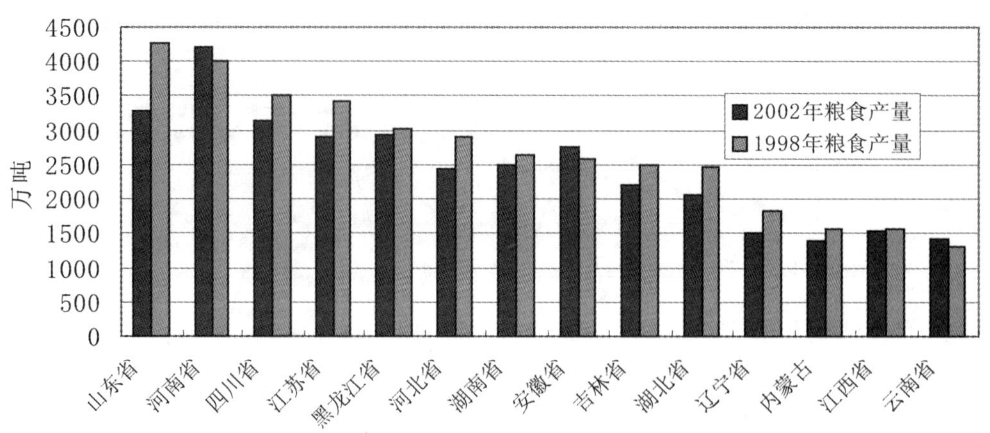

2002 年粮食主产区粮食产量在省际间的分布及变化

(4)西部地区粮食总产量在全国所占比重上升1个百分点。西部地区包括内蒙、广西、重庆、四川、贵州、云南、西藏、陕西、甘肃、青海、宁夏、新疆12个省份,2002年国家继续加大力度,支持西部地区退耕还林还草,实施"以粮食换生态"政策。不过由于所退耕地一般质量较差,对粮食总产量的影响不大。2002年西部地区的粮食总产量占全国粮食总产量的比重由1998年的27%上升到2002年的28%,上升了1个百分点,西部地区粮食总产量变化相对于东部地区要小。

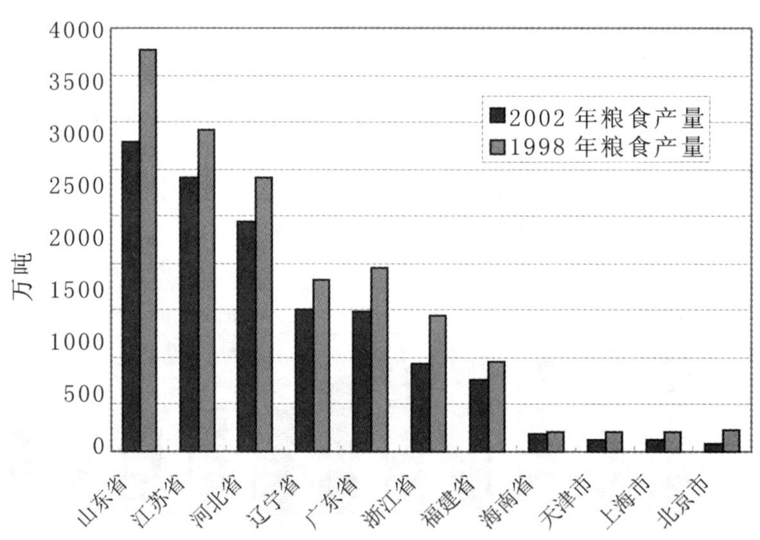

东部地区粮食产量在省际间的分布及变化

综上所述,近几年我国粮食生产的特点是:播种面积由于结构调整有较大幅度减少,单产水平基本稳定略增,粮食总产量连续三年下降。分区域看,东部地区所占比重下降,而西部地区所占比重略有上升,产粮大省粮食产量占全国的比重提高。

(二)我国粮食的供求情况

1978年以来,我国粮食供需总量的基本态势是平衡有余和平衡不足交替出现。平衡不足发生过三次,平衡有余发生过四次,第一次平衡不足是1980年至1981年,两年供需缺口分别为1000万吨和1200万吨,当时主要依靠进口解决;第二次是1988年至1989年,1988年粮食减产1000万吨,粮食供需出现缺口,导致1988至1989年粮价上涨,1988年上涨18%,1989年上涨38%;第三次是1993年,一直持续至1995年秋粮收获前,1993、1994年两年粮价分别上涨15%和50%,这次粮食不足的原因是结构调整中个别品种减产太多,影响了总产量,而出口过多也进一步加剧了国内的粮食

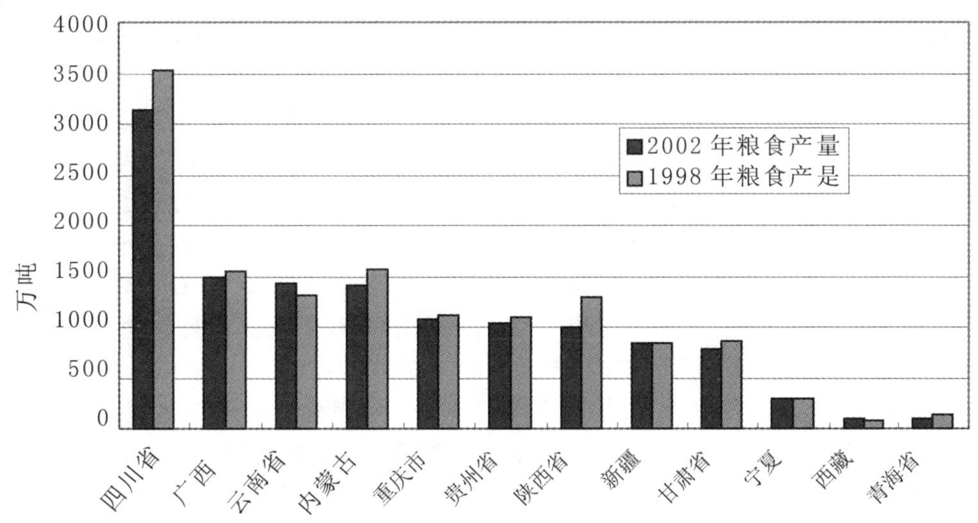

西部地区粮食产量在省际间的分布及变化

短缺。

粮食的供过于求第一次发生在 1978 至 1979 年，两年粮食增产大约 5000 万吨，超需求 300 万吨，同时大量进口了粮食，结果粮食过剩 2500 万吨，出现了第一次供过于求；第二次是 1983 至 1984 年，家庭联产承包极大地调动了农民的种粮积极性，粮食大幅度增产，两个年度总供给分别大于总需求 2000 万吨和 3500 万吨；第三次是 1990 年至 1991 年，由于大幅度增产，1991 年一些地区出现了卖粮难现象；第四次为 1996 年以后，也是粮食过剩最多连续时间最久的一个阶段。虽然 2000 年后粮食产量有所减少，从目前情况看，我们尚处于总体平衡有余阶段。

1. 目前粮食供需分析

我国粮食的消费主要包括口粮、饲料、种子、工业用粮四个方面。据国家农调总队测算，2002 年全国粮食总需求量为 48634 万吨，其中口粮为 26685.5 万吨，占总需求量的 54.9%；饲料粮 15142.6 万吨，占总需求量的 31.1%；工业用粮 5160.5 万吨，占总需求量的 10.6%；种子用粮 1645.4 万吨，占总需求量的 3.4%。从粮食供给形势看，2002 年我国粮食产量为 45710 万吨，供需缺口为 2924 万吨，但由于国家库存粮食较多，达到 2.5 亿吨以上，占全国粮食总产量的比重达 50%以上，我国总体上尚不存在供需矛盾问题。

2. 2002 年中国四种主要粮食品种进出口情况

2002 年是我国加入世贸组织的第一年，由于世界粮食的普遍减产，2002 年我国粮食出口大幅度增加，进口减少，实现贸易顺差，国际上的优质低价粮食并未对我国的粮食市场形成冲击。2002 年 1～11 月份我国粮食累计出口 1252 万吨，比上年同期增加 480 万吨，增幅 62%，占全国粮食总产量的 2.7%；进口 253 万吨，比上年同期减少 43 万吨，降幅 15%；粮食净出口 999 万吨，增幅 110%。分品种看，小麦进出口呈现双增长，出口增长更为明显。

3. 我国粮食的区域平衡分析

粮食区域平衡及其发展趋势是实现粮食生产布局及结构调整的重要依据。从我国分地区情况看，粮食供需的地区差异较大。调入省份主要集中在大城市及东南沿海的浙江、广东、福建、青海等地区。

东南沿海地区六个省市除江苏外，上海、浙江、福建、广东、海南均为传统的缺粮省份，由于收入水平较高及流动人口聚集，加之恩格尔系数仍然相对偏低，对粮食的需求量较大。广东自产粮食主要品种是稻谷，只有稻谷可满足大部分需求。2002 年广东从外省调进和国外进口粮食 1250.1 万吨，占当年消费量的 45.1%，其中从国内调入粮食 1190.7 万吨，占当年总需求量的 43.02%。浙江是我国粮食净调入最多的省份之一，粮食生产总量还不到总需求量的一半，粮食需求对省外的依赖程度较高，从国外进口的粮食目前还不多，外省粮源比例达到 80%以上，据测算，“九五”时期浙江省共从省外调入粮食 2400 万吨，占总需求量的 25%以上。福建省人多地少，粮食供需矛盾历来较为突出，是粮食主销区，2000 年产需缺口扩大到 500 万吨左右，2001 年粮食总产量占全年粮食消费需求的60.1%，仅能满足口粮需要。

4. 分品种的供求情况

当前全国粮食总量虽然供大于求，但地区间、品种结构间还存在供给紧张的状况，尤其是优质专用小麦的生产，缺口较大。全国小麦生产已连续3年减产，一方面病虫害和干旱影响着小麦的生产量，另一方面，随着农业结构的调整，小麦产需缺口将进一步扩大。近年小麦生产、供需状况发生了明显变化，尽管目前粮食库存充裕，仓储能力进一步增强，但从需求方面看，消费呈刚性增长态势，近期小麦供需仍将出现缺口，地区不平衡性也比较突出。我国小麦生产总量居前10位的省(区)分别是河南、山东、河北、江苏、安徽、四川、新疆、陕西、甘肃、湖北。1999年这10个省(区)小麦的总产量达9617.4万吨，占全国小麦总产的84.45%，是小麦的主要流出地区。目前我国每年进口大约20到22万吨泰国香米，很大部分被珠江三角地区所消化，每年需求量为8.9万吨，这个需求还在不断地上升，其余的主要满足北京、上海、厦门等经济发达地区。

(三)对我国目前粮食综合生产能力的评价

1. 现实生产能力基本满足国内温饱型消费需求，但地区性、结构性供需矛盾仍很突出。目前从全国总体而言，粮食生产量加上库存量，总量供需及主要品种的供应不会出现大的问题，现实的生产能力是能满足经济发展及人民生活水平需要的。但是，由于各地区粮食供需形势差异较大，结构性矛盾较突出，一方面一些品种大量积压、过剩，另一方面一些市场需求的优质专用品种供应不足，如高品质的小麦仍需大量进口。这既是全国粮食综合生产能力提高的结果，也显示了粮食产业升级、调整粮食结构的必要性。随着居民收入水平、消费水平的提高，粮食消费已由满足数量为主的温饱型向多样化、优质化为特征的小康型过渡，因此调整粮食结构更主要的是向粮食优质化、专用化转变，向质量、效益型转变。

2. 产消差距逐渐减少，潜在的矛盾不能忽视。由于近几年的粮食减产，我国粮食供需正逐步趋向平衡，但近期不会出现全局性的粮食短缺，理由有三：一是近年来虽然粮食播种面积下降，但由于生产条件改善，如南水北调，节水灌溉，农业科技水平的不断提高等，我国粮食综合生产能力并没有减弱；二是消费方面没有大幅增长的可能，城乡居民直接消费粮食数量均在减少，城镇居民食品消费的增长已处于一个相对稳定的时期。三是虽然近几年产需出现缺口，但库存较大，粮食市场依然是供大于求的格局，只不过供大于求的数量在继续减少。尽管我国粮食库存较大，但潜在的矛盾仍不能忽视，主要是国有粮食企业库存中有相当部分属于滞销品种，并不符合市场需求，库存的地区分布不平衡，一旦形成粮食紧张的预期，仍会出现市场价格的剧烈波动。

3. 粮食安全虽有保障，但粮食生产资源的绝对减少需高度重视。近年来我国粮食播种面积调减幅度较大，粮食总产量大幅度减少，这有利于尽快解决我国目前过重的库存压力，有其积极的意义。从目前看，粮食播种面积和产量的减少，还没有对我国粮食安全构成威胁。但是，从长远看，粮食播种面积已经到了底线，不可再鼓励继续大幅度调减粮食面积，特别是中、东部粮食产区，要稳定粮食面积，提高粮食单产，力争做到年度内产消基本平衡。一年一季的粮食波动并不可怕，可怕的是粮食生产基本资源的减少。比如说土地、水，这些资源如果被挪作他用，而且不能恢复作为粮食生产的资源的话，就会危及到今后的粮食安全问题。

二、粮食综合生产能力的影响因素分析

粮食生产过程是自然再生产与经济再生产的复合统一体，影响其生产的因素较多，而且各因素之间存在着错综复杂的关系。这就要求我们进行综合分析，找出影响粮食生产的主要方面，为今后的粮食生产及安全政策的制定提供重要依据。我们知道，粮食总产量由粮食播种面积和粮食单产的乘积决定，影响粮食综合生产能力的各因素最终都会作用于面积和单产的增减上，1978年以来粮食作物播种面积和单产对粮食总产量的影响程度不同，过去24年中播种面积对粮食生产的影响主要是负面影响，共有15年且影响的幅度明显高于正面影响，其中以2000年最高，影响粮食生产减少3.9%；单产对粮食生产的影响主要是正面的，共有16年，且影响幅度明显大于负面影响，最高的1982年，由于粮食单产的增加，使粮食总产增加10.5%。

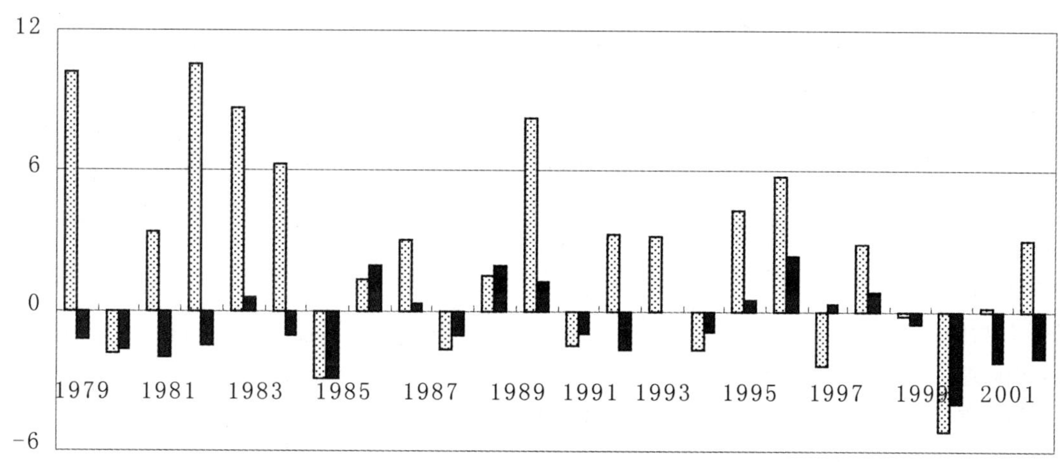

图 2—1 历年粮食单产和播种面积变化对总产增长率的影响(%)

(一)模型和指标的选取及解释

鉴于影响粮食播种面积和单产的影响因素不同,我们通过构造因子分析模型,来分别确定影响粮食播种面积和粮食单产的诸多因素的重要性程度,并把它们综合成少数几个综合因子,以寻求提高和稳定我国粮食综合生产能力的解决途径。

1. 单产影响因素分析

我们主要选取了影响粮食单产的 4 类 16 个指标进行分析:

一是生产物质投入类指标。包括单位面积化肥施用量(X_1)、单位面积农村用电量(X_2)、单位面积农业机械总动力(X_3)、单位面积用工数量(X_4)4 个指标;

二是资源环境类指标。包括有效灌溉面积占耕地面积比重(X_5)、受灾面积占农作物总播种面积比重(X_6)、水土流失面积与耕地面积之比(X_7)、盐碱耕地面积比重(X_8)、耕地复种指数(X_9)5 个指标;

三是政策因素类指标。包括粮肥比价(X_{10})、粮食价格指数(X_{11})、农业支出占财政支出的比重(X_{12})、政策虚拟变量(X_{13})4 个指标;

四是科技进步类指标。包括农民家庭劳动力平均受教育年限(X_{14})、农业科技进步贡献率(X_{15})、农业科研投资(X_{16})3 个指标。

根据《中国统计年鉴》和《中国农村统计年鉴》,我们搜集了改革开放以来全国范围内的时间序列数据,并进行了初步整理(对数变换),然后选用 SPSS 统计分析软件包进行数据计算。通过 KMO and Bartlett's Test 检验,KMO 值=0.803,接近于1,因此认为我们所选的指标和数据是适合采用因子分析模型的。估计出的因子分析模型 4 个主因子累积方差贡献率为 94.5%,即 4 个主因子基本保持了原来 16 个指标几乎全部的信息,通过因子模型的构造将原来的 16 个指标转化为 4 个新的综合指标,四个综合指标在 16 个原始指标上的载荷见下表:

第一主因子为科技进步水平,对粮食单产的方差贡献达到了 58.5%。主要包括化肥施用量(X_1)、农村用电量(X_2)、农业机械总动力(X_3)、用工数量(X_4)、有效灌溉面积比重(X_5)、水土流失面积(X_7)、盐碱耕地面积(X_8)、耕地复种指数(X_9)、农民家庭劳动力平均受教育年限(X_{14})、农业科技进步贡献率(X_{15})、农业科研投资(X_{16})等 11 个指标的 80%以上的信息,是影响粮食单产变动的主要因素。

第二个主因子为政策因素。包括农业支出占财政支出的比重(X_{12})、粮肥比价(X_{10})两项指标,对粮食单产的方差贡献达到了 16.2%,是影响粮食单产增长的重要因素。

第三个主因子为气候及政策因素。包括受灾面积(X_6)和政策虚拟变量(X_{13}),其对粮食单产的方差贡献达到了 11.6%。

第四个主因子是粮食价格因素。包括指标粮食价格指数(X_{11})和粮肥比价(X_{10})的少部分信息,其对粮食单产的方差贡献为 8.3%。

从上述分析可见,对我国粮食单产影响最大的因素依次为科技进步水平、政策因素、气候因素和价格因素。

表 2—1　影响粮食单产因素因子载荷矩阵

影响粮食单产的主要指标	主因子			
	1	2	3	4
化肥施用量	0.879	0.403	0.164	0.097
农村用电量(千瓦时)	0.913	0.337	0.208	0.048
农业机械总动力(瓦)	0.884	0.423	0.177	−0.002
有效灌溉面积比重	0.950	0.124	0.176	−0.115
受灾面积/农作物播种面积	0.447	−0.087	0.811	−0.012
水土流失面积比重	0.932	0.202	0.240	−0.126
盐碱耕地面积比重	0.810	0.471	0.272	−0.125
粮肥比价	0.493	0.506	0.325	0.506
粮食价格指数(上年=100)	−0.215	0.028	−0.188	0.921
农民家庭劳动力平均受教育年限	0.901	0.349	0.243	0.033
用工数量	−0.761	−0.596	−0.068	0.091
耕地复种指数	0.959	0.052	0.175	−0.119
农业科技进步贡献率	0.888	0.151	0.352	0.101
农业支出占财政支出的比重	−0.359	−0.871	−0.065	−0.115
政策虚拟变量	−0.076	−0.475	−0.748	0.287
农业科研投资	0.908	0.318	0.090	−0.192

2. 粮食播种面积影响因素分析

我们选取了反映影响粮食种植面积的 4 类 9 项指标进行分析：

一是粮食相对收益类，分别为粮油每亩减税纯收益之比(X_1)、粮棉每亩减税纯收益比(X_2)、耕地机会成本(X_3)三个指标。二是相关产业发达程度类，取牧业产值指数(X_4)一个指标；

三是资源禀赋及技术水平类，分别为耕地面积(X_5)和耕地复种指数(X_6)；

四是国家政策类，分别为粮食价格指数(X_7)、农业支出占财政支出的比重(X_8)、宏观政策虚拟变量(X_9)三个。

数据分析基于改革开放以来的全国范围内的时间序列数据，通过进行对数变换，然后选用 SPSS 统计分析软件包进行数据计算。KMO and Bartlett's Test 检验表明，KMO 值=0.770，接近于 1，表明所选指标和数据适合采用因子分析模型。从分析结果看，因子分析模型 4 个主因子的累积方差贡献率为 96.9%，即 4 个主因子基本保持了原来 9 个指标的 96.9%的信息，4 个综合指标在 9 个原始指标上的载荷见下表：

影响粮食播种面积因素因子载荷矩阵

影响播种面积的主要指标	主因子			
	1	2	3	4
粮油收益比	0.148	0.968	0.034	0.194
粮棉收益比	−0.011	0.836	0.273	−0.433
牧业产值指数	0.987	0.074	0.023	0.102
耕地面积	−0.958	−0.101	0.203	0.016
耕地复种指数	0.931	−0.061	−0.192	0.277
上年粮食收购价格指数	0.027	0.566	0.755	0.033
农业支出占财政支出比重	0.239	−0.026	−0.945	0.045
政策虚拟变量	0.155	−0.007	0.001	0.986
耕地机会成本	0.985	0.090	−0.006	0.016

第一主因子为资源及科技，主要代表了反映耕地面积、耕地复种指数、耕地机会成本、相关产业(牧业)发展速度四项指标93%以上的信息，其对粮食播种面积的方差贡献达到了42.6%，是影响粮食播种面积变化的主要因素。

第二主因子是比较收益，主要包括粮棉相对收益和粮油相对收益两个指标83%以上的信息，对粮食播种面积变化的方差贡献达到了22.0%，是影响粮食播种面积波动的重要因素。

第三主因子是支农政策，主要包含国家支农政策的农业支出和粮食价格两项指标，其对粮食播种面积变化的方差贡献达到了18.0%。

第四主因子是宏观政策，其对粮食播种面积的方差贡献为14.3%。

可见，对我国粮食播种面积影响最大的因素为资源及科技因素，其次才是比较效益及政策因素，资源及科技方面的制约成为影响播种面积的硬约束。

(二)影响我国粮食综合生产能力各因素作用机理分析

综合前述粮食单产及播面的影响因素分析，我们认为，对我国的粮食生产能力影响较大的因素集中在政策、科技、价格等方面，从运行方式看，各因素对粮食生产影响的大小、方向及作用机理是不同的，为了能为政策的制定提供依据，有必要对各因素的作用机理及作用方式作进一步深入分析。

1. 政策因素——影响即期产量的主要因素之一，持续作用时间为2～3年，作用方式有制度创新、价格刺激及政策引导等

改革开放以来，我国粮食产量的增长是波动性非常显著的增长，这与我国由兼业经营的小农户构成的粮食生产基础有关，他们对于国家政策保持着很强的敏感度，政府抓得紧一点，粮食生产就上去，政府抓得松一点，粮食生产就滑波，前面的因子分析结果也证实了这一点(政策因素对粮食播种面积波动的影响达到了30%以上，对单产波动的影响也达到20%以上)。改革开放以来我国实行了多种多样的农业政策，主要包括制度创新、结构调整、粮食收购政策等方面，它们对我国粮食生产产生了不同程度、不同侧面的影响，但有一个明显的特征就是一项政策的出台对粮食生产的影响一般只有2～3年时间，下面我们对其作用机理及影响程度作一分析。

制度创新——家庭联产承包责任制的实行。家庭联产承包责任制是从1978开始，并于1984年基本完成的一次制度创新，它摒弃了低效的政社合一、高度集中统一经营的人民公社体制，这一改革转换了农村经营机制，并诱发了一系列组织与制度的创新，极大地解放和发展了农村生产力，使过去长期被压抑的生产潜能释放了出来，它主要从三个方面影响了粮食生产：农民的生产积极性、投入的效率和技术的采用。据测算，由于家庭承包经营制的实行使水稻生产量增长1.6%，其它粮食生产增长2.4%，对增长的贡献率分别达到了34%和51%。

价格政策——粮食收购价格和粮食与生产资料比价。价格政策对粮食生产的影响主要是通过农业投入的多少来实现，它可以改善国家与农民的利益关系，影响农民的收入，主要对我国的粮食生产产生短期作用，从长期看，提价并不是长远的发展战略。价格政策在我国的改革初期(1978～1984)曾有过很大的作用，它对水稻生产的增长贡献达到22%，对其它粮食生产增长贡献达27%。但在以后的一段时间由于粮食价格的增长远远低于生产资料价格的增长，农民的积极性受到了极大的挫伤，对粮食的增长反而起到了负作用，1985～1992年间，由于价格政策的影响，水稻生产量减少0.3%，其它粮食生产减少1.2%。1994年和1996年连续两次提高定购价格，总的提价幅度达到了102%，并实行按保护价格敞开收购农民余粮，这些政策有力的调动了农民的积极性，粮食的播种面积不断扩大，在1992～1994年间，粮食种植面积均为16.53亿亩，而1995～1998年达到了年均16.85亿亩，农田灌溉面积1998年比1992年也增加5560万亩，扩大了7.63%，化肥的年均施用量也增长了23.6%。

2. 相关产业发达程度——决定播种面积的主要因素之一，决定需求的重要方面

根据供给——需求理论，粮食供给(生产)是由需求决定的，从因子分析的结果我们也可以看出，牧业发展是影响我国粮食生产的关键因素之一。我国的粮食需求主要由以下六方面构成，口粮、饲料粮、役畜用粮、种子用粮、工业用粮、损耗及其他来构成，饲料用粮及役畜用粮占粮食需求总量的三分之一强，牧业粮食需求的增加将诱发供应的紧张和粮食价格的增长，从而会对物质或用工的投入产生影响，从需求构成来看，口粮和饲料粮对粮食的需求影响最大，从而对粮食的供给影响也最大。但从发展的趋势来看，口粮需求比重将减少，而工业用粮和饲料粮的需求将大幅增加，因而牧业对粮食生产的影响程度也将加大。

3. 科技进步——单产增加的最重要支撑力量，增产的主要渠道

改革开放以来我国的农业科技取得了突飞猛进的发展，农业科技进步贡献率从改革初期的27%上升到了目前的45%，提高了18个百分点，技术进步对粮食生产的发展功不可没。以水稻的生产为例，科技进步对1978～1992年水稻产量增长的贡献率为94%，在其后的几年中，科技进步更是扮演着至关重要的角色。技术进步在粮食生产中的作用主要体现为良种的采用、栽培技术的提高、节水灌溉技术的推广、机械化程度的提高、生产结构的优化、科技投资的增加、劳动力素质的提高等方面。

4. 相关产品价格——对粮食的播种面积起到反向制约作用

相关产品（包括经济作物、蔬菜、水果）的价格将会对粮食生产产生重要影响，从因子分析的结果看，相关产品的价格（粮棉收益之比、粮油收益之比）可解释粮食播种面积增减变化的22%的信息量。相关产品的价格决定粮食的比较收益，对生产者的种植结构产生影响，从而会影响粮食作物的播种面积和生产投入，这一作用在国家取消粮食定购任务，农民的生产自主性加强后的表现尤其明显。

粮食生产环境条件的变化趋势

年份	受灾面积（千公顷）	有效灌溉面积（千公顷）	复种指数 %	水土流失面积（百万公顷）	盐碱地面积（万公顷）
1978	50,790	44,965.00	151	118.0	720.0
1980	39,370	44,888.07	147	118.0	710.0
1985	44,526	44,035.93	148	129.2	769.3
1990	39,786	47,403.07	155	136.4	753.9
1991	33,133	47,822.07	156	162.0	761.8
1992	34,713	48,590.10	156	162.6	763.3
1993	31,887	48,727.90	155	163.0	765.6
1994	44,365	48,759.20	156	163.0	765.6
1995	47,135	49,281.60	158	163.0	765.6
1996	42,086	50,381.60	—	182.4	772.1
1997	50,874	51,238.50	—	182.7	772.5

5. 生态环境的影响——影响粮食综合生产能力的外在决定因素

在20世纪80年代末，我国的化肥施用量、灌溉率及良种的采用等现代投入要素较改革初期明显增长，但粮食单产的增长速度却一度下滑，粮食产量的增长由5.9%下降到了1.6%，经研究发现，这一段时期农业生态环境恶化，环境因素对粮食生产起了较大的负作用。

研究证明，1977～1983年间环境的改善（特别是受灾面积的减少和复种指数的提高），解释了7%的粮食单产的增长，而这一时期，水土流失和盐碱化程度的增加则使粮食单产下降1.2%。在其后的1983～1989年，由于环境的恶化使粮食产量增长幅度降低近60%，单产损失达288.2公斤/公顷。

（三）主要结论

1. 粮食单产的提高是推动粮食综合生产能力提高的决定因素。1978年以来播种面积对粮食生产的影响主要是负面影响，共有15年且影响的幅度明显高于正面影响，其中以2000年最高，影响粮食减产3.9%；单产对粮食生产的影响主要是正面的，共有16年，且影响幅度明显大于负面影响，最高的1982年，由于粮食单产的增加，使粮食总产增加10.5%。

2. 对我国粮食单产影响最大的因素依次为科技进步水平、政策因素、气候因素和价格因素。上述四方面对粮食单产的影响达到94.5%。

3. 对我国粮食播种面积影响最大的因素为资源及科技，其次才是比较效益及政策因素，资源及科技方面的制约成为影响播种面积的硬约束。

4. 在影响粮食生产因素中，科技进步是粮食生产增长的“原动力”，科技体制对科技进步效果的实现起至关重要的作用；政策因素是影响粮食生产的主要因素，政策稳定才会对粮食生产的长期增长产生强有力的推动作用；耕地面积是制约粮食生产的最基础因素，水资源短缺和生态环境的恶化是制约粮食生产的关键性因素。

三、我国粮食生产警戒线的测定及未来供求形势预测

从目前情况看，我国总体上尚不存在粮食安全问题，但粮食安全问题作为一个经济及政治问题，始终被摆在特殊重要位置，这是因为粮食作为重要的公共物品，是政府需要考虑的重要方面，同时作为弱质产业，也是需要政府补贴的重要领域，粮食安全危机的避免虽然不能直接带来经济效益，但危机所造成的损失往往是巨大的。在此，我们进一步测算我国粮食安全的警戒线，在对未来我国粮食的供求状况进行初步预测的基础上分析影响粮食综合生产能力提高的主要因素。

(一)粮食安全警戒线的界定

随着我国粮食供求问题的基本解决，国家出台了加快农业生产结构战略性调整及退耕还林还草等政策措施，与世界各国一样，保护生态环境、实施可持续发展与确保粮食安全这两个世界性的重大问题，也摆在了我们面前。粮食安全的警情指标包括生产安全、库存安全等方面内容，在此，我们在对相关方面进行必要研究的前提下，重点研究粮食的生产安全问题。

1. 粮食安全的内涵

粮食安全是一个动态概念，在不同的时期有着不同的内涵，在与外国贸易不多的时期，粮食安全就是粮食供给能保证我国居民的基本生存，不因粮食问题影响全国居民的生存，不影响国家经济社会的发展，即对内安全。在与外国贸易较多的时期，粮食安全除了上述两方面的内容外，还应包括不因粮食供给不足，依赖其他国家的粮食供给而损害本国的国家主权、独立，不因国际粮食市场的波动而影响国内经济社会的发展。因此，粮食安全分为宏观安全和微观安全，宏观安全主要是指一个国家或者地区从总体上看的粮食安全，微观安全则是指每一个居民能够获得粮食的状况，也就是 1983 年 FAO 总干事萨乌马所提出的粮食安全概念，即确保所有的人在任何时候都能买得到又能买得起他们所需要的基本食品。

从我国的国情来看，加入 WTO 后，随着国际贸易的增多，我国的粮食安全同时面临着宏观、微观两个方面的安全问题，在此我们对于粮食安全警戒线的测定分为三个层次，即粮食自产底线、粮食安全线和耕地保有量。粮食的自产底线是粮食安全最基本的保障，是基于微观的粮食安全而言，是确保每一个公民能得到安全的食品供应的自产底线。粮食生产安全线则是基于粮食的需求量而言的，是宏观安全的概念，既要考虑到生产安全，又要考虑到库存安全及贸易安全等多方面的内容。耕地保有量主要是出于对潜在的粮食生产能力的保护。

2. 粮食自产底线的测定

粮食的总需求量 Q[d]应该分为两部分，一是粮食安全部分 Q[d(S)]，二是所谓的奢侈性消费部分 Q[d(L)]，即

$$Q[d]=Q[d(S)]+Q[d(L)]$$

联合国粮农组织总干事萨乌马所给出的粮食安全的定义指的是粮食安全部分，奢侈性消费 Q[d(L)]应该与“生存与健康”无关，而粮食安全部分 Q[d(S)]则是自产底线。自产是粮食安全的最有力的保障，对于粮食安全的决定性意义是明显的，特别是对我国这样人口众多而资源相对稀缺的大国。

粮食自产底线的测定是以每一个公民的安全产量与公民人数的乘积为基准，在全面建设小康社会的大前提下，比较公认的生产安全标准和营养安全标准为人均粮食占有量不低于 400 公斤，近期的人均粮食占有量按 350 公斤，由此推算目前我国的自给底线为 4.55 亿吨，2010 年为 5.6 亿吨，2030 年为 6.0 亿吨。

3. 粮食生产安全线的测定

目前我国已经加入 WTO，我国的粮食安全问题除了微观层面的要求外，粮食生产的贸易安全、外交安全等都必须放在同等重要的位置。

粮食生产安全线＝粮食生产安全系数 * 粮食需求量

粮食安全系数的确定除了应考虑需求量之外，还与多方面的因素有关，如生产的稳定性程度、国内国际市场的贸易安全度、国内的储备能力及储备量等，对此，我们一一进行分析，进而确定我国的粮食生产安全系数。

(1)我国粮食生产的不稳定程度测定

斯韦德析格的“变差指数”(variation index，简

称 VI)可以用来衡量一个国家的谷物产量的变异程度,即不稳定程度。它首先根据实际的谷物产量(y_i)推导出“时间趋势”值(Y_i),即正常年景的产量,看实际产量与趋势产量和一个时期里的平均产量($\bar{Y}$)的离差平方和,并且用自由度 $n/n-2$ 来进行调整,其公式为:

$$VI=\frac{\sum(y_i-Y_i)\times n}{\sum(y_i-\bar{Y})^2\times(n-2)}$$

这个变差指数恰好反映了产量的稳定程度,当谷物产量的增长完全符合趋势时,变差指数为 0,即稳定程度越大,相反,当数据序列中看不出任何趋势时,常规的方法认为两序列不相关,此时的变差指数为 1。从国家统计局农调总队对 1949 年到 2001 年 53 年的历史资料的计算结果看,我国粮食的变差指数为 5.54%,说明我国粮食生产的稳定性较强。

另外的测算结果显示,1949 至 2001 年,按 95%的置信度,我国粮食产量与上年比较波动的范围为±2056.2 万吨,相当于 2002 年总产量的 4.5%。

(2)对国际市场的依存度分析

从历史上看,我国粮食进口量的最高年份为 1996 年,进口数量达到了 2000 万吨,占当年粮食总产量的约 4%。有关研究表明,历史上我国的粮食安全对于国际市场的依赖程度是较低的。加入世界贸易组织后,我们面临着贸易一体化的格局,从近两年情况看,粮食的进出口方面虽然没有出现大的波动,但国际市场贸易风险依然存在。粮食是一种特殊的商品,粮食安全不是直接获益,而是避免损失。中国庞大的人口和国际粮食市场的贸易风险及外交风险,决定了中国的粮食问题必须立足在以自主解决为原则的基础上,要尽可能地降低对外依存度,有关专家指出,我国粮食的对外依存度不能超过 10%。

(3)我国的粮食储备能力及储备量分析

1981 年农户年末人均存粮 155 公斤,占人均口粮的 60%,1995 年和 1996 年农户年末存粮均达到 500 公斤以上,为全年口粮的 2 倍多。1998 年农户年末人均存粮达到 662 公斤,2000 年全国粮食减产,但农民人均年末存粮仍达到 493 公斤。同时,国家粮食储备增加,从目前形势看,我国的粮食储备较多,粮食生产安全线的确定可以暂不考虑粮食储备方面的影响。

(4)粮食安全系数的确定

粮食安全系数是粮食的安全生产量与总需求量之比。从历史上看,我国粮食生产比较稳定,这是粮食安全的最大前提,我国最大减产年份为 2000 年,减产 9%,而在 95%的置信水平下,我国粮食产量与上年对比的波动范围为±2056.2 万吨,为 2002 年产量的 4.5%。进口量最大年份为 1996 年,进口量为当年总产量的 4%,从进口配额看,到 2004 年我国小麦、玉米、大米的进口配额将达到 2200 多万吨,依 2002 年以来形势分析,由于我国采取了相应的措施,进口农产品尚不能对我国的粮食市场造成较大的冲击,但仍将呈现为逐年增多的趋势。

我们认为,粮食生产安全线的确定与自产底线不同,虽然不能过多的依赖国际市场,但完全依靠自给也是不可取的,在不引发贸易危机及不影响外交安全的前提下,仍可以有一个合适的对外依存度,这既可以降低粮食安全的运行成本,也体现了安全第一,兼顾效益的原则。综合我国的粮食生产情况及储备能力,我们认为我国的粮食安全系数确定为 95%比较适宜,即有 95%的即期需求由本期生产解决,5%由库存和国内外市场来调剂,以此计算 2005 年我国的粮食安全目标为 4.8 亿吨,在 2002 年的单产水平下,粮食面积的安全线为 16.3 亿亩,如果单产年均提高 1.5%,安全线为 15.6 亿亩,由于单产水平受多方面不可预知因素的影响,因此近年我国的粮食生产安全线以 16 亿亩为宜,粮食种植面积连续低于 16 亿亩不应该超过两年。

4. 耕地保有面积的确定

耕地保有面积是确保潜在的粮食生产能力的基本前提,只有确定一定的耕地保有量,才能在结构调整的大前提下确保粮食作物的种植面积。近年来,我国的耕地总量下降速度较快,1992 年到 1997 年平均每年减少耕地 410 万亩,2000 年减少 244.4 万亩,1996 年至 2000 年,全国因建设占用、生态退耕、农业结构调整和灾害毁损等减少耕地 5161 万亩,同期通过开垦、复垦、整理补充耕地 2467 万亩,增减相抵后,全国耕地减少 2694 万亩,占耕地总面积的 1.5%,年均以 0.4%的速度递减。2000 年我国耕地实际保有量约为 19.24 亿亩,我们认为,要确保在结构调整的大前提下粮食种植面积得到保障,近年耕地保有面积应保持在 19 亿亩的水平。

(二)未来中国粮食供求情况预测

1. 粮食供给情况预测

从改革开放以来我国粮食生产情况看，粮食产量整体呈现波动上升态势，由 1978～2002 年粮食产量曲线可见，长波周期为 6 年左右，短波周期为 3 年。第一个长波为 1979 年至 1984 年，第二个长波为 1984 至 1990 年，第三个长波为 1990 年至 1996 年，第四个长波为 1996 年以后。短波的周期为 3 年，比较典型的短波为 1984～1987 年，1987～1991 年，1990～1993 年，1993～1996 年，1996～1999 年，粮食产量从 1999 年开始连续三年下降，2002 年有所回升。

按照傅立叶级数理论，任何一个具有周期性波动的曲线，都可以展开为 n 个三角函数，故我们采用傅立叶级数预测。对全国粮食产量曲线进行傅立叶级数展开，去掉没有通过 T 检验且系数很小又不影响 R2 值的展开项，其方程为：

$$X=33260.557+778.619t+6248.964\cos t$$

$$(-3.805)\ (-3.199)\ (59.775)$$

$$+1112.608\cos 2\pi t/3-3905.504\cos \pi t/3$$

$$-2323.532\sin \pi t/3$$

$$(192.264)\ (5.241)\ (2.900)$$

$r=0.981$ $r^2=0.963$ 调整后 $r^2=0.952$

可见方程拟合效果很好。

由于 1978 年以来粮食产量呈整体上升趋势，所以按上述方程预测的粮食产量趋势也是上升的，而且其上升的斜率与 1999 年以前的基本一致。所以说，这种预测结果是一种比较乐观的结果，其中包含的前提条件是我国的耕地水平、科技进步贡献率、政策体制、价格刺激等方面的作用均相当于 1978 年以来的平均水平，但从目前情况看，我国耕地减少速度较快，同时由于结构调整政策的实施以及比较价格的影响，粮食生产的现状达不到上述平均水平，所以在 2002 年粮食生产摆脱连续三年较大幅度下降的态势后，能否继续保持增势，形成另一个周期尚难预测。另外，上述预测模型没有考虑 2000 年粮食产量突然下降的因素，从上图不难看出，在短波中，由波峰到波谷仅一年时间，而由一个波谷上升到新的波峰需要两年时间，它是一个周期不对称的波，而且 2000 年一年下降的产量相当于前十年累计增加的产量，因此，要恢复到 1998 年的历史最高水平，至少也需要五年的时间。

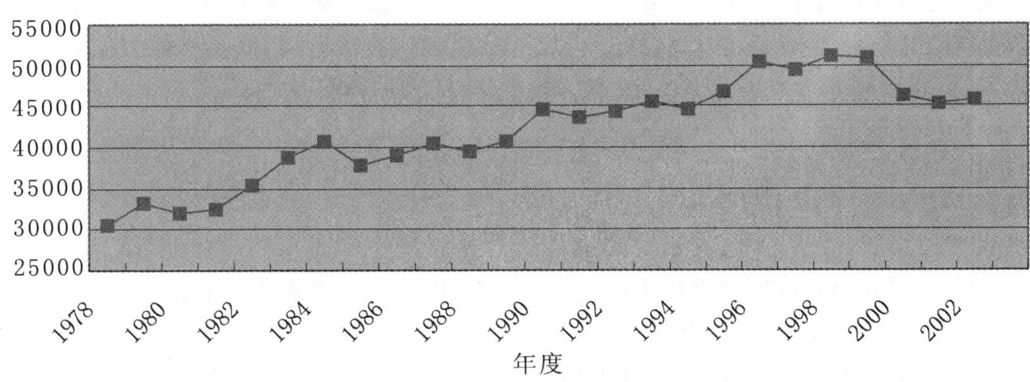

我国粮食综合生产能力周期波动图

根据上述情况及对未来几年耕地减少情况的预测，我们对预测结果进行了调整，调整的方法是将预测结果上提五年。调整的预测结果如下：

未来我国粮食产量预测表

单位：万吨

年份	2005	2006	2007	2008	2009	2010
预测值	47342	51805	54398	56934	57473	52455

2. 未来粮食需求情况的简单预测

从长远看，未来我国的粮食供求形势仍不容乐观。据国家农调总队预测，2005 年我国的粮食总需求约为 5 亿吨。如果按人均需求量大致推算的，根据数年内国内人均粮食（包括肉、蛋、奶、酒等）需求资料，考虑到全面建设小康的基本国情，未来人均粮食需求量应不低于 400 公斤，则至 2010 年，按 14 亿人口计算的需求量为 5.5～6 亿吨，2030 年，按 15 亿人口计算的粮食需求量为 6～7 亿吨。按照这种供需预测结果，2005 年至 2010 年，我国粮食供求问题有可能再度显露出来，粮食安全问题仍不可掉以轻心。

(三)制约粮食综合生产能力提高的主要因素

目前我国粮食综合生产能力主要受粮食价格、国家粮食政策和耕地的影响，而影响最大的因素是政策及粮食价格因素，且粮食供给价格弹性大于需求价格弹性。

1. 价格因素

在市场经济条件下，价格是决定生产的第一要素。粮食作物持续的供大于求状态及1998年进口量的大量增加，使国内主要农产品价格持续低迷，在较大程度上影响了农民的生产积极性，造成了粮食作物种植面积连续下降，产量连续下滑局面。价格成为影响粮食综合生产能力的第一因素。

2. 政策因素

从历史上看，我国粮食总产量的显著增加，最主要的推动因素是政策手段，即在大幅度地提高粮食收购价格的同时给农民分配土地。改革开放以来我国的粮食产量经历了两次显著增加，一次是1978年到1982年，政府连续三年提高粮食收购价格，幅度达49%，同时开始允许按照农民家庭人口承包土地，明确15年不变，导致1981年至1984年出现总产量连续大幅度增加，达到历史最高产量；另一次是1994年至1996年，政府两次分别提高粮食收购价格，幅度达105%，同时再次推行按家庭人口分配土地，并且明确30年不变，这也同样导致了1994～1996年的增产，并且再次达到历史最高产量。近年来，基于农产品总体上呈供大于求的局面，国家出台的一系列政策如农业结构调整政策、退耕还林政策等，在保护了潜在生产能力的前提下，抑制了现实粮食综合生产能力的进一步提高。

3. 耕地问题

由于非农建设用地的刚性增长及退耕还林政策的实施，我国的耕地面积面临着不断减少的局面，同时耕地质量下降的趋势短时期内也难以遏制，补充耕地的空间越来越小。按照《全国土地利用总体规划纲要》，到2010年，共安排非农建设用地2950万亩，但是2000年前，已经占用了1106万亩，后10年仅有1850万亩耕地的控制指标，从前四年耕地减少的平均速度来看远远不够。据预计，今后10年需要退耕5700万亩，既使不考虑今后土地减少的情况和土地质量情况这类问题，目前的耕地保有量就已经是粮食安全的最大隐患。2000年全国耕地实际保有量仅为19.24亿亩，人均耕地不足1.5亩，14个省区的人均耕地不足1亩，其中有6个省区的人均耕地低于0.5亩，耕地的不断减少已经成为限制粮食综合生产能力及潜在的生产能力的硬约束。

(四)主要结论

1. 粮食的基础地位不能动摇，未来粮食生产的安全隐患依然存在。非典期间局部地区的粮食抢购风再一次提示我们对粮食安全问题绝不可掉以轻心，粮食的基础地位不可动摇，我国目前虽然已经从总体上解决了粮食供求问题，但连续几年的产量下滑已使供大于求的局面大大缓解，而且从长远看，随着人口的不断增长，我国的粮食供求矛盾依然存在，并呈现为不断激化的趋势。

2. 粮食安全问题是一个多层面，多内涵的概念。在我国加入世界贸易组织之后，粮食安全被赋予了更丰富的内容，对粮食安全的要求也提升到一个更高的层次，粮食安全必须兼顾到宏观安全及微观安全等多方面内容。

3. 粮食安全警戒线的测定分为三个层次，即自产底线、安全生产线和耕地保有量。在未来的几年中，我国的粮食自产底线为4.55亿吨，安全生产线为16亿亩，粮食自产底线必须确保，粮食播种面积不能连续两年以上低安全线，耕地保有量保持在19亿亩以上。

4. 近中期粮食安全问题仍应放在重要位置。我国的粮食安全问题仍比较严峻，2005年至2010年我国粮食供求问题有可能再度显露出来，粮食问题不可掉以轻心。

四、保护粮食综合生产能力的政策建议

尽管我国目前并不存在粮食安全问题，但从长远来看，粮食安全潜在的危险依然存在。因此，保护粮食综合生产能力是一个长期的、战略性的问题。我们认为，总的指导思想应该是以大力提高和储备粮食综合生产能力为根本，以不断增强政府资源要素拥有及转换能力为途径，以加大农业适用技术投入为动力，以优化粮食品种结构提高单产为手段，以积极推进生产区域分工为基础，以灵活运用粮食进出口贸易政策为辅助，以完善各级粮食合理储备制度和市场化粮食流通体系为保障，保护粮食综合生产能力，确保粮食安全。

(一)储粮于田，确保粮食生产规模

研究表明，耕地面积年变化率和粮食产量年增

长率二者具有明显的相关，相关系数达0.7075，耕地面积对粮食总产具有明显的约束作用，目前我国人均耕地面积只有0.11公顷，不足世界平均水平的45%，预计今后还将呈快速减少态势，可见，要实现“藏粮于民”、“藏粮于库”向“藏粮于地”转变，关键在于保证有足够的耕地能在短时期内恢复粮食生产。因此，应鼓励对粮食进口替代的粮田在农业生产范围内加以利用，以求在实现耕地保护、提高耕地利用效率的同时，储备粮食生产能力，增强抵御风险的能力。

1. 必须始终坚持严格的土地管理制度。要正确处理耕地保护与经济发展的关系，控制非农业占用耕地，严格执行建设用地审批制度，盘活存量土地，提高土地使用效率。

2. 在农业结构调整中要始终重视保护耕地，保证调减粮食的耕地主要用于农业生产，保持潜在生产能力的增长。要重点解决水资源缺乏问题，大力发展旱作农业，提高水资源利用效率。要加大投入，加强农业基础设施建设，改善农业生产条件。

3. 稳定农民对土地的承包权。在这个问题上一定不能动摇，否则就会引起农民的动荡，即使具备条件实行规模经营的地方(目前实行规模经营的耕地面积约占6%)，也必须尊重农民的意愿，放弃承包田(主要是责任田)的经营权，转包给种田能手或集体组织，不能强制执行。

(二)进一步促进生产向优势产区集中，稳定主产区种植面积，充分发挥地区生产优势，提高规模效益

要加强对主产区粮食生产的支持，在确保农产品有效供给的同时，不能单靠市场机制来实现农业与非农业的协调发展以及使农民与非农民的收入达到均衡，必须用有支持倾向的政策来提高农业生产率和改善小农结构。其中最重要的是要对粮食主产区给予必要的支持。粮食主产区提供了全国2/3以上的粮食产量和3/4以上的粮食增量，只要主产区的粮食生产能力能够得到提高，国家的粮食安全才会有基本保障。

1. 调整粮食生产结构。具体地说，就是要淘汰粮食内部的劣质品种，提高产品品质；减少机会成本过高的东部发达地区和直接成本过高的西部边远山区的粮食生产份额；更多地进行粮食转化加工，发展粮食后续产业，拉长产业链条，增加产品的劳动、资本和技术含量；发展服务于农业和工业的新型服务业，让真正有粮食生产优势的地区和有优势的粮食品种的生产和加工转化都获得更大的发展、更广阔的国内和国际市场。

2. 建设稳定的商品粮基地。在推进农业结构战略性调整的新形势下，按照发挥区域优势的原则，重点抓好主产区的粮食生产，把主产区建成稳定的商品粮基地。通过对基地增加资金、物资、技术的实施有关配套政策，提高基地县粮食生产能力。商品粮基地也要调整结构、依靠科技、调整品种，搞好加工转化，提高质量效益，为确保国家粮食安全提供足够的、优质的、市场所需的商品粮源。

3. 加快土地流转，提高粮食生产的规模效益。粮食生产属于土地密集型产业，需要劳动力在一定的技术装备条件下，必须占有相应规模的土地，即土地的规模经济效益。而低于这一规模效益的农业生产不仅没有经济效益，而且还会给农业的可持续发展带来被动局面，如劳动生产率低、成本支出高、市场竞争无力、农民收入增长缓慢等。因此，应该按照依法、自愿、有偿的原则，加快进行土地承包经营的流转，使土地逐步向规模经营方向发展，以不断提高粮食生产的规模效益。)

(三)加大对主产区的财政支持，加大国家投资力度，改善基本生产条件

农业是工业化的母体，粮食又是农业的主要体现，其生产萎缩必然导致工业化的停滞，使整个国民经济增长受阻。据前面的分析，粮食主产区的粮食总产量，占到全国粮食总产的75%以上，要激发粮食主产区的生产积极性，使其很好地履行生产责任，就必须建立对粮食主产区适度倾斜的保护机制，加大国家投资力度。

1. 对粮食主产区安排专项贷款。为扶持粮食主产区调整产业结构，全面发展农村经济，要继续安排专项贷款，鼓励和支持粮食主产区从本地实际出发，积极发展高产、优质、高效农业，发展粮食和其他农副产品加工业，使产粮区和农民增加收益。

2. 改变政府在农业投资问题上相机抉择的指导思想。长期以来，各级政府基本上是根据农业发展的形势来决定财政支出的比重和农业基本建设投资比重，这种财政政策忽视了农业与工业的协调发展和农业现代化的长远战略目标，为此，应该制定合理、稳定、规范的农业投资政策，并对粮食主产区实行倾斜。

3. 增加农业基础投入，改善基本生产条件。在农业生产技术没有重大突破的条件下，粮食生产将主要依赖于高产农田，而粮食主产区具有较强的物质投入能力和优越的自然条件，所以必须广筹资本，增加主产区农业投入，改善农业基本生产条件。

（四）挖掘生产潜力，提高科技进步水平

技术进步是支撑我国粮食增长的最主要力量，大量科技成果被农业生产的广泛采用将是决定未来我国粮食生产能力的关键性因素。

1. 对科研机构应建立以政府为主的多渠道、多层次的拨款制度，使得农业科研投资在面临各种投资需求竞争日趋激烈的情况，率先得到保证。在投资规模上，应将目前我国农业科研经费占农业总产值的不足0.1%提高到发展中国家0.26%这个现有平均水平，甚至更高。只要农业科研投资得到保障，粮食增产、品质改善和其它多样化需求的满足就有了基础，特别是生物技术的发展将会为粮食问题的解决带来广阔的前景。

2. 必须落实科教兴农的战略，实行农科教相结合。首先要落实中央关于增加教育科技投入的决定，与加强农业的基础地位统一起来，在农业上率先到位；推广江苏从粮食经营环节上提取技术改进费的经验，增加对科技推广的投入。其次为大幅度提高粮食单位面积产量，推广高产优质抗性强的品种是具有决定性的因素，要化大力气引进培育和推广新品种。

3. 重建和再造一个富有成效的农业推广体系。通过深化改革，使农科教密切结合，形成合力，并大力加强技术推广服务体系建设，加强农业职业技术教育和成人培训教育，提高农民的科技素质，鼓励大专院校毕业生到农村广阔天地施展才能。

（五）建立国家粮食储备调控机制，稳定粮食生产能力

政府储备粮应达到两个目标：一是确保粮食安全，即确定合理的专项储备规模，以平抑趋势产量与实际产量之间的差额，保障粮食安全。二是确保效率。即在政府储备粮中，除专项储备粮以外的部分，要引入市场机制，重新设计市场经营思路，规定除要完成国家规定的为平抑市场供求进行吞吐调节的政策目标外，还要考虑经济效益目标，以提高国家财政支出的效率。

1. 要准确定位我国后备储备的目标与规模。我国后备储备的基本目标应该定位在确保粮食安全，也就是达到最低粮食库存的安全水平即可，扩大储备规模，价格就会回升，随之而来的是国家财政负担的加重，至于价格目标和收入目标，应当让位于相应的价格政策、市场政策和收入支持政策。因此，要逐步调整现有的粮食储备规模，同时优化储备结构，增加与消费和需求相适应的粮食品种，以此推动粮食种植结构的调整。

2. 加大粮食的宏观调控力度。粮食既然是商品就要用调节的方式予以解决，即使是运用政府的力量也要市场化。通过制定最低和最高价格干预粮食市场，通过抛售储备粮来平抑粮价，使粮食价格不至于过高收发通货膨胀，也使粮食价格不至于过低引发短缺。应对粮食市场的宏观调控手段主要靠有足够的粮食储备。如“非典”期间，浙江上虞粮食抢购风的平息，得益于该市较好地落实了储备风险基金，保持了相当的粮食储备规模，在紧急状态下，做到了调得出，加得上，销得开，压得准，使抢购风波很快得到了平息。

3. 完善后备储备粮的吞吐调节机制。一要建立国家粮食预警预报系统，以确保储备粮的适时吞吐调节。二要调整后备储备粮的布局，建立通畅的粮食储运网络。从我国目前粮食储备的布局和储运现状来看，重点要做两个方面的调整：一是要做好国家粮库的选点工作。二是可考虑在沿海地区建立粮食保税区，吸引外商前来建仓储粮，以便需要时可立即从这些保税区供给粮食。

（六）改进和完善对主产区农民的补贴政策，保护好农民生产积极性

长期以来，以保护价形式敞开收购农民手中的余粮，农民并未从巨额补贴中得到显著实惠，因此要制定鼓励粮食主产区和农民增加粮食生产的优惠政策，全面推行粮食补贴直接给农民的做法，有效地防止中间利益流失，让农民100%受益，使生产粮食的地区和农民有利可图。

1. 在主产区对农民直接补贴，有利于抵消粮食购销市场化改革和加入世贸组织对农民收入的短期负面影响。在粮食主产区，农民粮食收入的稳定，对于农民收入的增长具有重要的基础作用。粮食价格的下跌，将会导致农民粮食收入的下降，进而影响农民收入的稳定增长，甚至妨碍农村稳定。因此，在粮食主产区，对农民直接补贴，有助于熨平粮食购销市场化改革所形成的短期减收效应，促进改革的平稳推进。在主产区对农民直接补贴，也有利于抵消加入世贸组织对农民收入的短期负面影响。

2. 粮食直补要尽快法律化。当今世界许多国家、地区尤其是发达国家和地区为保护和发展农业，普遍以法律形式出台、实施农业补贴政策。如美国农业补贴已有 70 年历史，先后颁布了多次有关农业补贴法案，新近颁布的是《2002 年农业安全与农村投资法案》，核心内容是增加农业补贴。我国已加入 WTO，借鉴国际先进经验，在 WTO《农业协议》框架下，将粮食直补以法律形式来实施，有助于粮食直补政策的长期稳定，是众望所盼。

3. 主产区与非主产区实行“差别”补贴。省一级要划定粮食主产县和非主产县，粮经作物种植差异较大的县，划定粮食主产乡和非主产乡，各级对主产区和非主产区分别适调补贴率，实行“有差别”补贴，以充分调动主产区生产积极性。

河南粮食生产发展战略选择研究

陈保西　张亚民

粮食问题关系国计民生。温家宝同志在2002年世界粮食首脑会议上会见安南时指出："粮食问题就是发展问题"，"没有粮食的安全，就没有经济和社会的发展。没有经济和社会的发展为依托，粮食安全也无法实现"。十一届三中全会以来，随着党对农村各项路线、方针、政策的全面贯彻实施，长期困扰我国国民经济发展的粮食短缺问题，从根本上得到了解决，近几年更出现了供大于求的格局。河南自上个世纪80年代初期实现粮食净调出后，1997年粮食产量首次跃居全国第一，2000年始实现稳居全国第一。在此背景下，党中央、国务院抓住有利时机，及时提出调整农业种植结构，实施退耕还林、还草、还湖的"一退三还"的政策。河南也围绕农民增收这一目标，对全省农业结构进行战略性调整。那么，河南粮食生产如何在保证粮食安全的前提下，以市场需求为导向进行结构调整，使粮食生产者获得较好的收益，一直是决策和生产部门关注的焦点和难点。本文拟在对河南粮食生产历史和现实状况进行分析的基础上，提出粮食生产发展的战略选择，以期对各级领导和有关部门在指导农业结构调整时有所参考。

一、河南粮食生产历史的简要回顾与未来展望

(一)粮食生产的历史回顾

1949年：河南粮食种植面积1.54亿亩，平均亩产46.2公斤，总产量713.5万吨，人均产量170.94公斤。

1969年：河南粮食种植面积1.42亿亩，平均亩产93.3公斤，总产量1321.50万吨，人均产量229.33公斤。

1983年：河南粮食种植面积1.39亿亩，平均亩产208.5公斤，总产量2904.00万吨，人均产量383.34公斤。

1990年：河南粮食种植面积1.40亿亩，平均亩产236.4公斤，总产量3303.70万吨，人均产量385.50公斤。

2002年：河南粮食种植面积1.35亿亩，平均亩产312.72公斤，总产量4209.98万吨，人均产量439.27公斤。

在粮食生产的过程中，由60～70年代的种什么，吃什么，到80年代的什么产量高，种什么，又到90年代以来的需要什么，种什么(见表1)。

(二)未来粮食生产的展望

依据河南省近30年来粮食生产的相关历史资料，利用粮食单产时间序列外推模型、综合生产能力修正指数曲线模型和Cobb—Douglas生产函数模型，分别预测出河南未来20年各年粮食生产能力，在此基础上结合定性分析，综合测算出全省近一个时期的粮食生产能力(生产总量)为：2005年为4386万吨，2010年为4697万吨，2020年为5188万吨，前提条件是粮食面积．不少于1.3亿亩，不发生连续的重、特大自然灾害。

表 1　河南省主要粮食作物生产量的历史演变

单位:万吨

年份	总产量	小麦	谷子	高粱	玉米	大豆	红薯	稻谷
1949	713.50	254.5	75.0	68.0	66.5	58.5	52.5	40.0
1969	1321.50	393.0	84.5	66.0	138.0	82.5	357.0	131.0
1983	2904.00	1455.8	52.2	19.6	629.9	128.0	344.8	217.9
1990	3303.70	1639.9	33.6	10.1	960.5	86.7	253.7	270.0
2002	4209.98	2248.4	13.1	2.5	1189.8	97.8	266.9	336.5

二、河南粮食消费和需求的历史、现状与未来预测

新中国成立以来,河南省粮食消费和需求大致经过三个阶段,即半温饱型、温饱型、由温饱型向营养消费型过渡三个阶段。

半温饱型阶段(1949～1982 年)。这一阶段粮食产量极低,除了种子用粮外,基本上全部用以解决口粮问题。为了最大限度的增加产量,红薯成为最重要的粮食作物,其产量(折原粮)占到粮食总产量的 30%左右。即便如此,供求缺口依然较大,相当数量的居民尤其是农村居民口粮严重不足。所以当时的粮食转化率几乎为零,副食品匮乏,城乡居民的副食供应全靠国家调剂,凭票限供,消费量极少。

温饱型阶段(1983～1989 年)。这一阶段粮食产量逐步提高,不仅基本解决了全省人民的吃饭问题,而且粮食加工转化行业逐步形成和发展,城乡居民的副食消费量缓慢增加,食物结构的变化使粮食的需求呈现多元化。到 80 年代中期,全省饲料用粮达到 200 多万吨,各种工业用粮从无到有达到 30 多万吨,占当时粮食总产量的比重分别为 7.3%和 1.3%。农村居民年人均消费粮食 236.86 公斤,城镇居民年人均消费粮食 137.25 公斤。但主食中粗粮仍占相当大比重,城镇居民粮食供应中仍需搭配粗粮。

由温饱型向营养型转变阶段(1990 年至今)。这一阶段由于农业新品种、新技术的广泛应用和取消种植计划,粮食生产得到快速发展,产量连续攀升到 3000 万吨、3500 万吨和 4000 万吨新台阶,人均粮食占有量迅速提高,城乡居民直接消费粮食的数量呈稳中趋降的态势,粗粮退出口粮消费,城镇居民结束了凭票供应的历史。由于人民生活水平的全面提高,对肉、蛋、奶、菜、果、水产品等的需求量增加,间接消费粮食的数量直线上升。到 2002 年,全省城乡居民用以直接消费的口粮 2103.70 万吨(见表 2),占当年粮食生产总量的比重由第一阶段的几乎 100%降为 50.0%。在口粮消费中,粗、细粮构成发生了质的变化,以细粮为主、粗粮调配,且消费量明显下降。而饲料用粮和工业用粮(包括白酒、啤酒、黄酒、酒精、味精、米醋、酱油、淀粉等,不包括糕点等食品加工工业)分别达到 1370.84 万吨和 276.43 万吨(见表 3、表 4),分别占当年粮食生产总量的 32.6%和 6.6%。

表 2　2002 年河南省城乡居民生活用粮及构成

单位:万吨、%

	合计	小麦	稻谷	玉米	红薯	大豆	其它粮食
总 量	2103.70	1721.89	184.91	132.04	36.37	13.61	14.88
构 成	100.0	81.9	8.8	6.3	1.7	0.6	0.7

表 3　2002 年河南省饲料用粮及构成

单位：万吨、%

	合计	小麦	稻谷	玉米	其它粮食
总 量	1370.84	96.73	20.00	1227.83	26.28
构 成	100.0	7.1	1.5	89.6	1.8

表 4　2002 年河南省工业用粮及构成

单位：万吨、%

	合计	小麦	稻谷	玉米	红薯	其它粮食
总 量	276.43	69.70	4.20	74.97	103.00	24.56
构 成	100.0	25.2	1.5	27.1	37.3	8.9

按照十六大确定的全面建设小康社会的奋斗目标，今后一个时期全省人民的生活水平将大幅度提高，直接消费粮食的数量会进一步下降，而间接消费粮食的数量会进一步上升。根据对河南省人口的中长期预测，2005 年、2010 年和 2020 年全省人口将分别达到 9800 万人、10098 万人和 10524 万人，并随着城镇化步伐的加快，城镇人口分别达到 2803 万人、3454 万人和 4978 万人。据此，我们分别按照城、乡居民最近十年口粮消费的平均发展速度推算全省口粮消费量：2005 年为 2001.00 万吨，2010 年为 1913.58 万吨，2020 年为 1643.25 万吨。口粮占当年粮食生产量（测算数）的比重分别为：2005 年 45.6%、2010 年 40.7%和 2020 年的 31.7%。而满足人们日益增长的对肉蛋奶需求的畜牧业生产的发展，则需要消耗粮食生产量的大部分。按照目前单位肉蛋奶饲料消耗量和未来畜牧业发展的规模总量推算，则全省饲料用粮：2005 年为 1620 万吨，2010 年为 2075 万吨，2020 年为 2610 万吨，分别占当年粮食生产量的 36.9%、44.2%和 50.3%。与此同时，工业用粮需求量也会持续增加，预计 2020 年将达到 500 万吨左右，约占当年粮食生产总量的 10%（见表 5）。

表 5　河南省 2005～2020 年粮食消费及需求预测

单位：万吨

年份	生 活用 粮	生活用粮占生产量的 %	饲 料用 粮	饲料用粮占生产量的 %	工 业用 粮	种 子用 粮
2005	2001	45.6	1620	36.9	300	110
2010	1914	40.7	2075	44.2	400	110
2020	1643	31.7	2610	50.3	500	110

三、河南粮食生产发展的战略选择

从上述对粮食生产和消费两部分的现状分析可以看出，目前河南粮食生产总量大于粮食总需求量在 300 万吨以上，其中：近 80%为小麦。而玉米年产需缺口达 250 万吨左右（见表 6）。

表 6　2002 年河南省粮食主要品种产需状况

单位：万吨

	总量	小麦	玉米	稻谷	红薯	其它
生产量	4209.98	2248.39	1189.76	336.45	266.94	168.44
需求量	3867.04	1979.36	1444.24	211.22	139.37	92.85
产需差	+342.94	+269.03	−254.48	+125.23	+127.57	+75.59

据有关部门统计，自1997年以来全省因粮食生产连年取得好收成而使粮食库存持续上升，目前已高达2000万吨左右，其中小麦库存占90%以上，由于库容不足而露天外垛达1000万吨左右。存不下、销不了、补不起成为粮食企业和各级政府的沉重包袱，河南省财政用于粮食储备的资金每年达20多亿元。库存大自然导致市场价格偏低、农民卖粮难、增收难。而玉米因生产量不足仍需从外省购入才能满足全省畜牧业和相关工业生产发展的需要。与此同时，稻谷、红薯及一些小杂粮因生活消费量小和加工能力不足出现产大于需的状况，种植比较效益不高。据此，提出未来一个时期河南粮食生产发展的"路线图"选择如下：

(一)继续保持粮食资源大省的地位不动摇，变资源优势为经济发展优势

在目前全国粮食供求格局下，之所以提出保持河南粮食资源大省、全国粮食产量第一大省，理由在于：一是河南省既是人口第一大省，又是畜牧业养殖大省，自身属于粮食消费大省，如果河南的粮食不够吃或不够用，靠从外省调入或进口既不现实，也不可能，运力、财力都难以承受；二是河南自然区位优越，粮食产品质量大多高于北方和南方省份，市场竞争力较强；三是近年来国家在河南投入了大量资金，建立了一大批商品粮基地县，且国家已经实施了扶持"保护产区"的政策，多产粮食支援全国是全省人民义不容辞的责任和应尽的义务；四是粮食"产量第一大省"既是一个荣誉，又是一个"品牌"，是参与市场竞争的巨大优势。自上世纪90年代后期以来，随着全国性粮食供过于求格局的出现，一个以压减粮食种植面积扩增经济作物面积为主的种植结构大调整在全国各地如火如荼，据统计，2002年与1998年比，四年间全国粮食面积净减少1.47亿亩，平均每年减少3700万亩。其中：山东净减少1830万亩，江苏净减少1600万亩，河北净减少1330万亩，湖北净减少1270万亩……河南净减少不足200万亩。所以，无论粮食播种面积或产量，目前河南都居全国第一大省的位置，今后其他省份超过的可能性也不大。那么，如何把粮食大省提升为粮食强省，变资源优势为经济发展优势，是河南省的当务之急。

1. 稳定小麦种植面积，确保小麦生产量的持续稳定增长，着重抓好优质专用小麦的生产。1993年以来，河南小麦播种面积一直保持在7200万亩以上，最高时达到7445.97万亩。根据未来对小麦总需求呈上升发展趋势的情况，全省小麦种植面积应维持在7300万亩左右为宜，同时还要不断提高单位面积产量，只有这样也才能不断满足需求的日益增长。近年来，河南各地实施的"夏抓粮，秋抓钱"不失为成功模式，今后应当坚持。但在"夏抓粮"时，应适应市场发展的需要，突出抓好优质专用小麦的生产。

纵观近十年世界粮食贸易，占首位的是小麦，其贸易量达9000多万吨，占总贸易量的40%以上。我国曾经是世界小麦进口第一大国，期间我国也出口小量小麦，但因质量差仅作为进口国的饲用小麦。2002年我国首次成为小麦净出口国，也是这一年我国食用小麦自20世纪90年代以来第一次走出国门，而这小麦就来自河南的12个优质小麦生产基地县。从国内的情况看，近几年全国优质小麦的生产量和需求量均呈快速上升趋势，2002年全国优质小麦种植面积发展到7950万亩，产量达到2150多万吨；全国优质小麦的需求量达到2038万吨，表面上产需平衡，但由于国产优质小麦在品质指标上存在不平衡、不稳定的缺点，要全部满足国内食品加工的需求，仍需从国外进口。2002年全国进口的小麦为60.46万吨。由此说明，无论是国外或国内，小麦市场是巨大的，但惟有优质才是进入市场的前提。河南从1997年开始，一些地区因地制宜发展优质强筋小麦100万亩左右，1999年河南省政府提出"积极调整优化农业结构，以发展优质价高农产品为重点，提高经济效益"，使河南实施优质高效农业步入正轨，到2002年全省优质专用小麦面积已发展到2170万亩，这是河南根据市场导向，特别是应对加入WTO所做出的解决粮食问题的重大农业结构调整选择，目前已取得初步成效。但必须清醒的认识到，目前河南优质小麦产业化经营的格局还没有形成，小麦生产的专业化、标准化水平还比较低，与国外小麦相比，小麦的蛋白质含量还不够稳定，杂质和水分高于进口小麦许多，粉色也不如进口的小麦好。难怪国内一些厂家在选择使用小麦时，宁愿使用国外每吨价格高出国内100多元的进口小麦，也不愿使用国产小麦，况且国产小麦价格大多数时候大大高于从国外进口的小麦价格。

因此，在提高河南小麦质量的同时，还应考虑如何降低生产成本，只有生产成本降低了，才能具备价格竞争的优势。有关资料表明，河南小麦平均每50公斤生产成本(含税，下同)"八五"时期为

26.09元，“九五”时期为41.04元，增长57.3%，2002年虽有下降但仍达到40.08元。而降低生产成本的关键是提高农业生产率。一个国家的农业生产率，体现为劳动生产率和土地生产率。目前河南小麦的单位面积产量比全国平均高25%左右，但比英、法、德等发达国家低30%以上，特别是由于受农村劳动力转移缓慢的制约，很多农民处于隐性失业状态，劳动生产率低于沿海省份，更远远低于发达国家。在国际上，粮食贸易市场是各国劳动生产率的角斗场，谁的劳动生产率高，谁在某种农产品生产上具有比较优势，谁就有竞争力，就能赢得较多的市场份额。美国、加拿大、澳洲的谷物，荷兰的花卉和畜产品，泰国的大米无不如此。反之，就只能把市场拱手相让。

与此同时，还必须加大力度搞好小麦的就地加工转化工作。河南是小麦生产第一大省，又是人口第一大省，对以小麦为原料的食品加工业来说，有着得天独厚的条件和巨大的消费市场。然而，由于加工转化跟不上，多少年来只能在农产品的“原”字上做文章，大量的增值额被流失。如河南的高质量小麦卖到广东的价格每公斤不过1.3元左右，但经其加工后卖到河南市场的饼干每公斤少则十几元，多的几十元，增值额在10倍以上。同时加工转化还带动当地商业、运输、仓储、包装等行业的发展和就业、税收的增加。值得欣慰的是这种情况已引起河南省各级领导和有关部门的高度重视，省“十五”计划已明确提出在农业方面要建设两个基地，即全国重要的畜产品生产加工基地和全国优质小麦生产加工基地。实施区域化布局——重点建设豫北五市的优质专用强筋小麦，商丘、周口、驻马店、南阳四市的强、中、弱筋专用小麦生产基地；规模化生产——到2005年使全省的优质专用小麦面积达到2500万亩左右，产量达到900万吨左右；产业化经营——通过重点扶持莲花、天冠、南街村等省内40家大型小麦加工转化企业，使其技术装备水平和生产规模达到国内先进水平，年加工转化能力达到750万吨以上。各级财政、金融的资金投入，支持农民发展优质专用小麦。建立农业、粮食、科研、加工等部门的良好合作机制，实现优质小麦的品种供应、技术指导、产量收购和产品加工的产业化经营，把小麦资源优势变成经济发展的优势。

2. 进一步扩大玉米种植面积，重点发展优质专用玉米生产。历史上，玉米作为河南人民生活的主粮，在解决吃饱问题上做出了重要贡献。进入20世纪90年代，随着温饱问题的解决，玉米开始逐渐退出口粮消费。但近年来受畜牧业快速发展的影响，河南玉米生产再次受到关注，全省种植面积自1989年以来连续保持在3200万亩左右，2002年达到3480万亩，占秋收粮食面积的57.6%，玉米总产量达到1190万吨，占秋收粮食总产量的62.0%，面积和总产量双创历史新高。然而，由于需求的快速增长，供求缺口仍然高达200多万吨，并且今后一个较长时期内缺口还会进一步增大。同时，玉米具有粮食、经济作物和饲料的功能，是目前种植结构由二元结构向三元结构调整的最佳选择之一。因此，扩大玉米种植面积，提高生产量是弥补全省玉米供求缺口的重要途径。根据全省耕地资源和农作物种植结构调整的整体布局，全省玉米种植面积在2005年应达到3500万亩以上，2010年达到4000万亩以上，并通过实施新技术、新品种，使全省平均亩产由当前的340公斤，提高到2005年350公斤、2010年的400公斤左右，最大限度的减小供求缺口。

为了充分适应玉米消费市场专用化、多样化需求的发展，进一步提高玉米种植的比较效益，增加农民收入，同时大幅度提高玉米的加工转化增值，走玉米产业发展的道路，今后应重点抓好优质专用玉米的生产。据了解，目前我国已培育出在国内外具有广阔市场的八类优质专用玉米，即：玉米籽粒中含有大量人畜体内所需的赖氨酸、色氨酸，其含量为普通玉米的2倍以上，营养丰富，品质优良，粮饲兼用的高赖氨酸玉米（或曰高蛋白玉米）；淀粉含量大大高于普通玉米，主要用于医药工业，是制造抗生素的重要原料的高淀粉玉米；含油量达到8～9%，比普通玉米高1倍左右，既可作为化工原料又可加工食用，且有食用保健功能的高油玉米。还有甜玉米、糯玉米、笋用玉米、青饲玉米、爆裂玉米等。1999年，优质专用玉米在河南开始试种，当年全省种植面积不到30万亩，到2000年发展到300万亩，2002年达到1187万亩，其中：优质高蛋白、粮饲兼用玉米1100万亩，高淀粉玉米68万亩，高油玉米5.3万亩，甜玉米6万亩，爆裂玉米2万亩，糯玉米1.5万亩。就其发展速度而言是比较快的，但存在的问题是：全省优质专用玉米面积所占的比重仍然较低，仅为34.1%，况且这些面积中仍有一些品种的纯度不够、质量指标达不到技术要求，优质不优，专用不能；也有一些地区在品种上存在多乱杂现象，专用化、基地化无从谈起。因此，在今后进一步加快全省优质专用玉米生产发展时，这些问题应引起有关部门的高度重视。

在加工转化方面，目前全省玉米用作饲料的转化量占了粮食产量的很大比重，而深加工量却极其有限。据了解，玉米转化为饲料，其增值率一般在20～40%，如果加工成淀粉、玉米油、工业变性淀粉等，其增值率则可达50%到数倍甚至十几倍。随着今后全省玉米生产量的增加，应进一步扩大深加工量，提高转化增值率。在这方面，吉林省实施的“玉米经济战略”，实行优质玉米区域化种植、标准化生产、专用化品种供应和产业化经营，值得我们借鉴。

3. 控制稻谷生产、稳定红薯生产，实施精品发展战略。首先，河南稻谷生产在近10年来，其种植面积一直稳定在700万亩左右，受加工转化跟不上和大米品质不高的限制，整体上市场呈产大于求的态势。根据目前和未来河南的水资源条件、大米市场需求趋势以及河南稻谷产业化发展所处的劣势地位，今后全省的稻谷种植面积应控制在700万亩以下至500万亩以上，重点控制信阳稻谷生产的适度发展规模，稳定沿黄稻谷生产，重点发展市场销路好的原阳大米等，走精品发展的道路。第二，关于红薯生产。历史上，在20世纪50～60年代和70年代前期人们生活最困难的时候，尤其是广大农民食不果腹的情况下，红薯作为口粮发挥了最重要的作用，全省种植面积最高时达到2500万亩。进入80年代后，随着小麦产量的大幅度增长，红薯逐渐退出了口粮消费，加之加工转化能力未能及时跟上，使红薯种植面积逐年下降。到2002年已降为828万亩，为历史上种植面积最小的一年。根据对当前和今后国内外红薯消费市场的分析以及全省种植业结构调整的需要，今后一个时期内，全省红薯种植面积应相对稳定在700万亩左右为宜。在稳定种植面积的同时，积极实施红薯区域化规模生产，根据目前各地的发展情况，应主要集中在许昌、周口、洛阳等有加工基础的一些县区进行种植，控制一切零星的、分散的和非适宜(薄地、低洼易涝地等)地区的种植，从而形成一定的规模效益。

据有关资料分析，红薯深加工市场前景非常广阔。红薯经过加工后，价值可以成倍增长。由于它含有大量的糖、蛋白质、多种维生素和矿物质，所以在食品、化工、医药等方面有广泛的用途：用它加工的薯粉可用于食品添加剂和变性淀粉原料；利用红薯淀粉的糖化作用，可生产饴糖、葡萄糖、果糖、糊精、维生素C等，广泛用于医药和饮料行业；薯干用来生产酒精，具有投资少、成本低，利润丰厚的特点；红薯中制取的柠檬酸、磷酸淀粉酯可以替代进口产品，节约大量外汇等。但目前河南的红薯加工转化大多仍停留在原始的小作坊加工阶段和传统的粉条、粉丝、粉皮的“三粉”产品上，不少企业生产资金短缺、硬件设施不完善，加工技术落后、生产设备陈旧，产品质量差、档次低、多数产品不符合安全食品要求，综合利用跟不上、环境污染严重。由此造成全省红薯产业化整体上发展不快、效益不高。为了进一步加快红薯产业的发展、拉长红薯产业链条，今后应合理引导农民实施规模化、区域化、优质化生产，多渠道增加对企业的资金、技术投入，特别是对一些产品科技含量高、市场销路好的重点企业，各级财政应给予政策倾斜。通过二到三年的努力，实现种植农户大幅度增收、加工企业明显增效、当地经济显著增长。

4. 适度发展大豆生产。河南的大豆生产在1989年以前种植面积均在1000万亩以上，其中：有7个年份在2000万亩以上；有10个年份在1500～2000万亩之间。1990年以后基本稳定在800万亩左右，2002年为792万亩。导致种植面积大幅度减少至目前基本稳定的主要原因：一是大豆的单位面积产量长期低而不稳，从1949年到1992年的44年间，全省大豆平均亩产都在100公斤以内徘徊，使种植大豆的比较效益不高；二是近年来随着国内大豆加工企业突飞猛进的发展，带动大豆需求量的快速上升，大豆价格上涨。加之大豆新品种的推广种植，亩产有较大提高，近五年都在120公斤以上，使种植效益增长较多；三是全省畜牧业生产的持续发展，拉动饲料用粮(豆粕)的增长。

今后河南大豆生产应主要依市场导向，进行适度发展。原因是：

(1)今后河南形成大豆产业化发展有一定难度。首先，从种植量上看，2002年河南大豆种植面积和产量均居全国第四位，但与第一位的黑龙江相比，后者的面积和产量分别是河南的5.5倍和5.7倍；其次，从种植模式上看，东北地区有天时、地利的优势，因此早已形成大规模、区域化种植。而河南受人多、地少等因素制约，其种植仍然是分散的、零星的；第三，从大豆加工上看，目前全国大豆年加工能力已高达5000万吨，而实际年加工量只有2200万吨，全国仅日加工(压榨)能力在1000吨以上的大型油脂加工厂就多达72家，这些厂家绝大多数分布在水陆运输便利的东南和东北沿海城市。由于加工能力的严重过剩，大豆进口成为弥补原料不足的主要来源。2002年全国大豆进口量达1132万吨，略低于全国大豆产量1650.5万吨，使中国成为世界最大的大豆进口国。大量进口也拉动国际豆价上涨，出现进口价格高于国内价格。2003年上半年因豆价上涨或原料不足，全国绝大多数中小加工企业处于停产和半停产状态。

(2)种植效益上升的空间有限。由于目前大豆亩产水平仍然较低，全省平均亩产最高的2000年只有136.7公斤，主产地区东北最高的吉林省平均亩产也不过204.7公斤，而且今后短时间内大幅度提高亩产水平有一定的难度。同时，大豆价格上升的空间也有限，原因是加入WTO后，大豆市场国际化，当国内大豆价格上涨至接近或达到国际价格时，加工企业宁愿舍近求远，因为进口大豆的出油率高于国内2.5个百分点左右，美国、巴西、阿根廷又是世界最大的大豆出口国。而受世界大豆总消费需求相对稳定的影响，国际大豆价格大幅度上涨的可能性较小。

(3)河南大豆需求量稳定增长。从以上两方面分析，今后全省大面积种植大豆或向产业化进一步发展均没有太多利好。但河南是人口和畜牧大省，随着人们生活水平的不断提高和畜牧业生产的持续发展，生活用大豆和饲料用大豆都会呈稳定增长态势。据测算，目前这部分用量已达260万吨左右，其中饲料用量(豆粕折算量)达到240万吨左右。需求量高出全省大豆生产量100多万吨，今后需求量将继续增大。这种直接消费的拉动，使大豆种植面积今后仍将会在市场的调节下，维持在低生产水平上。

5. 大力压缩谷子、高粱、绿豆、大麦等小杂粮种植。目前全省这部分主要用来调节生活用粮的粮食作物面积为370万亩，产量71万吨。为了加快全省农作物种植向区域化、规模化、专业化推进，并最终走向产业化经营，首先，全省广大农民应从思想观念上克服小而全的种植方式，把种什么吃什么或吃什么种什么，逐渐变成吃什么就购买什么；其次，在地区布局上，小杂粮的种植应完全撤出粮食主产区、平原地区，集中安排在豫西等一些山丘、岗地、旱薄地。全省因此可压缩小杂粮面积150万亩左右。

(二)加快种植结构由二元结构向三元结构发展，减轻饲粮需求压力

统计资料表明：2002年河南耗粮型畜禽肉产量占全省肉类总产量的比重达到75.9%。为了减轻全省畜牧业生产对粮食生产需求的压力，今后一方面应在调整畜禽结构上做文章，大力发展节粮型畜禽；另一方面应进一步加快全省种植结构由二元结构向三元结构发展。据有关资料，目前美国人的动物食品中，有三分之一为反刍动物所提供，其中约23%的热量和45%的蛋白质又源于牛肉及乳制品。而给肉牛和乳牛提供的饲料单位中，约有80%来自牧草。由此可见，合理引导饮食消费，大力发展牧草生产，对于调整畜禽结构、减轻饲粮压力，具有重要的现实意义。2002年国家全面实施退耕还林、还草、还湖以来，河南积极响应，当年全省退耕还草面积接近1万亩。与此同时，全省青饲料种植面积也达到近20多年来的最大值23.43万亩，占农作物面积的比重由多年来的几乎为零，上升到2002年的0.1%。说明河南农作物种植模式开始由粮经二元结构向粮经饲三元结构起步，农业生产向可持续性发展迈进。

总之，只要抓住机遇，加强引导，合理规划，积极扶持，河南粮食生产必将会从粮食大省走向粮食强省，粮食资源优势转化为经济发展优势，为全省国民经济和社会发展乃至全国的粮食安全做出重要的贡献。

入世后陕西粮食问题的核心是增加农民收入
——WTO与陕西粮食问题研究

陕西省农调队课题组[①]

粮食是关系到国计民生的特殊商品。“无粮不稳”,“谷贱伤农”。粮食生产不但是农村经济的基础,而且是国民经济的重要部分,粮食生产往往左右着农村经济,影响整个国民经济的稳定和发展。加入WTO后,这一影响更加复杂。因此,研究入世后的陕西粮食问题,对于保障粮食安全、调整和优化农业生产结构、提高农业效益、增加农民收入和减轻国家负担等都具有重要意义。

一、陕西粮食产需的基本特点是“总体平衡,‘三个’短缺”

陕西是一个欠发达的西部农业省份,人口占全国的2.8%,粮食产量占全国2.2%。2002年人均产粮274公斤,比全国350公斤低76公斤。陕西粮食产需总体平衡,但呈现“三个”短缺:品种性短缺,年际性短缺,区域性短缺。

实行家庭联产承包责任制以来,粮食增产为陕西省国民经济的持续发展奠定了坚实的基础。改革开放初期,责任制极大的调动了农民的生产积极性,粮食总产由1980年的757.1万吨增加到1984年的995.4万吨,四年年平均增加59.6万吨,农民温饱问题初步得到解决。从1985年到1994年,陕西省粮食总产基本稳定在1000万吨左右,1993年粮食总产跃上1200万吨的台阶。1995年到2000年,全省粮食总产基本稳定在1100万吨左右。1998年粮食总产达1303.1万吨,创历史最高记录。全省人均粮食生产水平得以提高,1995年到2002年全省粮食人均生产水平基本稳定在310公斤左右,比1980年的267公斤增加了43公斤,增长16%。陕西农民人均纯收入由1985年的295.26元增加到2002年的1596.25元。

伴随着社会经济的全面发展,粮食消费总量呈逐年提高的态势。随着粮食总产和人口的增加,人民生活水平的提高,陕西省粮食的社会消费量迅速增加。据调查推算,1995年,全省粮食社会消费量为1069.9万吨,比1980年的815.9万吨增加了254万吨,增长31.1%,年平均增加16.9万吨,增长9.3%。从消费总量上看,全省粮食社会消费量增加较多,但人均社会消费水平并不高,增加幅度不是很快,1995年全省人均社会消费量为304.6公斤,比1980年的288.2公斤增加了16.4公斤,增长5.7%。2002年,全省粮食社会消费量达到1188.5万吨,人均社会消费量基本稳定在300~320公斤左右。

(一)粮食产消基本平衡,品种结构性短缺,年际性短缺,地区性短缺

1. 陕西省粮食基本处于温饱后的产需相对平衡阶段。粮食的产消水平基本与经济发展水平相适应。

① 课题组成员:刘鸿佛、孙卫南、王安仁、白云峰、种都权、肖茸。

粮食产消平衡表

年份	粮食总产量（万吨）	粮食消费量（万吨）	粮食产消差（万吨）	粮食人均生产量（公斤）	粮食人均消费量（公斤）	粮食人均产消差（公斤）
1995	913.4	1069.9	—156.5	260	304.6	—44.55
1996	1217.2	1085.7	131.5	343.6	306.4	37.12
1997	1044.4	1108.1	—63.7	292.5	310.4	—17.84
1998	1303.1	1121.2	181.9	362.4	311.8	50.58
1999	1081.6	1141.2	—59.6	298.9	315.4	—16.47
2000	1089.1	1167.7	—78.6	298.9	320.4	—21.57
2001	976.6	1178.2	—201.6	266.9	322.0	—55.1
2002	1005.6	1188.5	—182.9	273.7	323.5	—49.8

改革开放以来，陕西省经济得到了长足的发展，城乡居民收入连年增加，生活质量进一步改善，农民的温饱问题基本得以解决。近年来，由于粮食价格低迷，苹果滞销，农民负担居高不下等因素影响，农民收入增长趋缓，城镇职工受省上财力及就业率不高等因素影响，收入水平有限，受收入水平及生活习惯的影响，城乡居民对粮食的消费基本处于原粮消费相对充足状态，对肉蛋奶禽的消费水平还不高。1995～2002 年，年平均粮食总产 1078 万吨，年平均消费 1132 万吨，略有缺口；分年看，八年中，全省粮食产大于消的年份有两年，其余六年本省自产粮食难以自给。近两年来，全省粮食因退耕还林、结构调整使播种面积锐减，全年粮食产消缺口进一步扩大。但全省粮食从总体上看是安全的。

2. 从陕西省粮食产需品种结构看，玉米和杂粮自给有余，小麦和大米短缺。

1995～2002 年粮食分品种产消结构表

单位：万吨

品种	8 年粮食总产累计	8 年粮食消费累计	年平均粮食总产	年平均粮食消费量	年平均产消差
粮食	8631	9060	1078	1132	—54
小麦及水稻	4235.8	4744.8	529.5	593.1	—63.6
玉米及杂粮	4395.4	4315.2	549.4	539.4	10.0

从 1995～2002 年八年中，全省粮食年平均总产 1078 万吨，其中：小麦及水稻 529.5 万吨，玉米和杂粮 549.4 万吨，粮食年平均社会消费量为 1132 万吨，其中：小麦及水稻 593.1 万吨，玉米和杂粮 539.4 万吨，在粮食分品种的产消平衡中，粮食社会消费量逆差为 54 万吨，其中：小麦及水稻逆差为 63.6 万吨，玉米和杂粮顺差 10 万吨。陕西省粮食品种结构是由自然条件决定的，这种生产特点决定了全省粮食对市场具有较强的依赖性。在市场经济日趋完善及城乡人民生活水平进一步提高的条件下，生产和消费结构不协调的问题主要通过市场来解决。

3. 粮食生产的波动性较大，灾年短缺，但对总体平衡影响不大。

解放以来，陕西省先后建成一系列大、中型水利工程，改造了一大批中低产农田，这些农田水利设施曾在大灾之年发挥了巨大作用，但从总体上看，全省粮食生产至今还没有扭转“大灾大减产，小灾小减产，风调雨顺大增产”的靠天吃饭的被动局面，特别是在 1992 年后，全省气候条件年际间差异扩大，大灾和风调雨顺气候交替出现，致使粮食生产大增大减。丰年供过于求，平年产需基本平衡，灾年缺口较大。1995～2002 年八年中，陕西省粮食产大于消的年份有两年，1996 年粮食丰收，总产为 1217.2 万吨，产大于消 131.6 万吨，1998 年粮食创历史最高记录，总产为 1303.1 万吨，产大于消 181.9 万吨，其余六年受退耕还林、结构调整、自然灾害等因素的影响，粮食虽有一定缺口，但由于丰歉相抵，农户存粮及市场调节，全省粮食的供给比较充足，个别地方还出现过“卖粮难”的问题。

4. 从粮食消费结构看，生活用粮、籽种用粮趋于稳定，饲料、工业用粮增幅较大。

2002 年，陕西省粮食社会消费量为 1188.5 万吨，其中：生活用粮 725.5 万吨、籽种用粮 42.5 万吨，基本趋于稳定，饲料用粮 323.8 万吨、工业用粮 96.5 万吨，分别比 1995 年增加了 68.5 万吨和 69.7 万吨，增长 26.8%和 1.34 倍。

5、从地市粮食产消平衡看，地市间差异较大，全省有 6 个地市余粮，4 个地市短缺。（见下表，表中数据为 1995～2000 年数据）

单位：万吨

地市	6 年粮食总产合计	6 年粮食消费合计	产消差累计	年平均产消差
西安	1172.3	1275.8	－103.5	－17.2
宝鸡	782.6	677.3	105.3	17.5
铜川	125.3	156.7	－31.4	－5.2
渭南	1133.5	993.0	140.4	23.4
咸阳	1065.3	909.6	155.6	25.9
汉中	760.1	698.3	61.8	10.3
安康	581.4	557.6	23.7	4.0
商洛	381.8	451.0	－69.2	－11.5
延安	447.5	368.5	79.0	13.2
榆林	445.1	614.3	－169.3	－28.2

从上表可以看出，全省 10 个市中，缺粮最多的市依次是榆林、西安、商洛，余粮最多的市依次是咸阳、渭南、宝鸡、汉中。造成这种状况的主要原因是各市粮食生产条件及生产水平、人口数量等差异所致。

(二)陕西具有一定的粮食生产能力

自 1980 年开始，陕西省粮食总产量总体呈现为上升趋势，1989 年跃上 1049.2 万吨，1998 年又上升到 1303.1 万吨，达到陕西省历史最高水平。自 1989 年以来，全省粮食年平均产量为 1088.2 万吨，最低是大旱的 1995 年为 913.4 万吨。粮食总产是由夏粮与秋粮之和构成的，近十二年夏粮总产最高是 1997 年，为 584.9 万吨；秋粮总产最高是 1996 年，为 783.3 万吨。夏秋粮最高产量之和 1367.9 万吨，可视为目前陕西省粮食总产的最高水平。

1998 年粮食总产 1303.1 万吨，夏秋粮最高年份产量之和 1367.9 万吨，可代表陕西省当前及以后几年粮食最高生产能力。

随着农业结构的调整，经济作物种植面积扩大，小城镇建设，以及生态环境建设中的退耕还林（草）等实施，粮食作物的种植面积将逐年减少。另一方面，由于农业新技术的推广与应用，高产、优质新品种的不断涌现，将推动粮食作物亩产的增长。自 1980 年以来，全省粮食种植面积呈下降趋势。2002 年全省粮食种植面积为 5095.8 万亩，比 1980 年的 6466 万亩少 1370.2 万亩，平均年递减约 62.3 万亩。其中 2001 年比 2000 年减少 455.8 万亩，是年际减少最多的。根据陕西省山川秀美工程建设中退耕还林（草）的目标要求，以及用灰色系统对粮食作物播种总面积的预测，“十五”期间粮食播种面积约为 5500 万亩左右。

自 1990 年以来，粮食作物的亩产总体呈上升趋势。1991～2002 年平均亩产为 183.2 公斤，其中前五年平均为 173.3 公斤，后七年平均为 192.5 公斤。陕西省常年粮食总产为 1100～1150 万吨。列表如下：

项　　目	总面积(万亩)	平均亩产(公斤/亩)	总产(万吨)
近十二年亩产最高(1998年)	6156.7	214.2	1303.1
近十二年亩产最低(1994年)	7532.2	153.4	944.6
近十二年亩产平均(1991～2002)	5989.8	183.2	1093.8
两季最高实产和(1996年秋、1997年夏)	—	—	1368.2

从近十二年陕西省总产的分布情况看，有三年总产低于1000万吨，有三年高于1100万吨，有九年总产在1000万吨以上。把当年粮食总产量与上年比较，十二年中夏、秋粮比上年都增产的只有两年，夏、秋粮比上年都减产的有五年，其余五年都是夏、秋粮有增有减。十二年中最高与最低总产差389.7万吨，占十二年平均值的35.4%，说明粮食总产年际波动较大。

从以上分析的结果，可以认为陕西省粮食的年综合实际生产能力，在近几年内应为1250万吨左右。

(三)陕西的粮食生产还有很大的潜力

计算作物生产潜力的方法大体上可分为两大类，一类是光能利用率的计算，另一类是生态学上的初级生产力的计算。这两类计算方法都是通过计算作物对太阳光能的利用和固定来推算作物生产潜力。

根据测算，十年平均亩产光能利用率为1.74%，最高亩产的光能利用率为2.05%，最低亩产的光能利用率为1.47%。

粮食面积以5500万亩计算，再按上面方法反算亩产，则陕西省粮食生产潜力如下表：

平均光能利用率(%)	平均亩产(公斤/亩)	粮食生产潜力(万吨)
2.0	208.6	1147.6
2.5	260.8	1434.3
3.0	313.0	1721.4

小麦是陕西主要粮食作物，面积和产量都占第一位，探讨小麦的生产潜力，可从另一方面反映全省粮食作物的生产潜力。

计算陕西近十年小麦实际亩产的光能利用率。十年平均亩产光能利用率为2.63%，最高亩产光能利用率为3.15%，最低亩产光能利用率为2.41%。

小麦面积以2100万亩计算，再按上面方法反算亩产，则陕西省小麦生产潜力如下表：

平均光能利用率(%)	平均亩产(公斤/亩)	粮食生产潜力(万吨)
3.0	206.5	433.6
3.5	240.9	505.9
4.0	275.3	578.7

以上光能生产潜力的计算，仅是从理论上的估算，与实际情况相差甚远，但也给予极大的启示。陕西光能资源丰富，生产潜力大，只要因地制宜，认真搞好耕作改制和运用先进技术，努力做好水、肥、土、种的最优配置，亩产量还是具有20～30%的增产潜力的。

二、WTO对陕西粮食生产带来的机遇大于挑战

加入WTO是我国改革开放、实行市场经济的必然结果。加入WTO把我国的经济融入世界经济发展的大潮，共享世界经济的最新成果带来了种种机遇。同时，对我国传统的思想、观念、规则带来挑战。陕西的农业和农村经济、陕西的粮食问题也不可避免地成为人们关注的焦点。粮食种植结构的调整、种子的选育、粮食的销售和价格，政府对粮食的补贴政策，全省的粮食安全问题，粮食企业的生存状况等等都会随着WTO规则的制约而成为政府领导和决策部门需要认真对待和解决的问题。

(一)四大机遇

一是利用两个市场，利于粮食安全。

历史上，陕西省的粮食一直处于短缺状态。责任制的实行，使粮食连年增产，粮食短缺状况有了根本性的转变。正如1998年《中共中央关于农业和农村若干重大问题的决定》中提到的，粮食和主要农产品由过去的长期供给不足转变为现在的总量大体平衡。从研究1995～2002年陕西粮食平衡关系问题中发现，陕西粮食总体平衡，品种之间、地区之间的结构性、地域性则存在着固有的差别。专用小麦、大米产量不足，玉米、大豆、杂粮有余；关中大米短缺，普通小麦、玉米有余，陕北大米、面粉短缺，玉米、大豆、小杂粮有余，陕南则普通大米有余，

小麦、玉米短缺。2002 年西安粮食贸易洽谈会上提供的信息，全省每年需调剂调入小麦 10 亿公斤，玉米 15 亿公斤，小杂粮 15 亿公斤左右。加入 WTO，粮食市场全球化，为我们提供了在 WTO 规则下充分利用国际国内两个市场，在粮食货物贸易上调剂余缺的条件，从大局上利于保证陕西粮食安全。

二是利于利用两种资源，促进退耕还林（草）和结构调整。

中央相继做出退耕还林、农业结构调整、西部大开发的决定。陕西处于西部大开发的前沿。但陕西的资源状况并不优越。人口多，人均耕地少，每一农业人口平均仅 1.65 亩耕地，年降雨不能满足农作物生长需要，农业基础设施难以抵抗自然灾害。加之，多年的开荒加重水土流失，生态遭到破坏。加入 WTO 为我们利用国内国际两种资源带来机遇，我们完全可以依据承诺进口土地资源密集型产品，用外部资源弥补陕西省耕地的不足。通过退耕还林、结构调整，重新进行资源配置，利用陕西省有限的耕地和廉价的劳动力，发挥比较优势，发展高价值和劳动密集型生产项目。入世为利用两种资源，促进全省退耕还林和结构调整创造了条件。

三是利于扩大开放，充分利用外资。

农村资金缺乏，农民贷款难，是制约农村发展的重要因素。我国的开放政策为吸引外资创造了条件，加入 WTO 为外资的进入提供了新的保障。非歧视原则、禁止数量限制原则、公平原则以及对等原则，使外资大胆的进入我国，并且有利可图。农业的基础设施建设、农业的高新技术应用和推广、农产品的加工升值也会因外资的进入而得到加强和发展。外国先进耕作技术、管理技术、农产品加工技术和优良品种也会进入我国和陕西省，促进全省农业的发展。

外国农产品的进入，促使陕西农民以市场为导向，提高农产品品质，发展绿色农业、无公害农业，提高国际竞争力。WTO 的规则是双向的，在更多的吸引外资的同时，也为国内的出口创造了条件。我们也完全可以在农产品的货物贸易、农业对外投资等方面利用 WTO 规则，实行走出去战略，开展国际竞争。利用 WTO 的规则，保护自己在国际贸易中的合法利益。

四是利于促进农村新的合作组织的形成。

2003 年中央《关于做好农业和农村工作的意见》要求，积极发展农产品行业协会和农民专业合作组织，建立和健全农业社会化服务体系。全省农民种植规模小、商品率低，难以成为合格的市场主体，随着农村市场经济的发展和加入 WTO 后农业日益国际化及国内统一的农产品市场的形成，以农户为单位的“小生产”已不能适应市场经济发展的需要，与“大市场”的矛盾日益突出和尖锐。发展农民合作经济组织，应对入世条件下的市场竞争，是农业发展的专业化、国际化所需要的。入世则利于促进农村新的合作组织的形成。

（二）四大挑战

一是农产品市场价格受国际市场价格影响严重。

在 WTO 规则下，全球粮食市场一体化，成为统一的大市场，国际粮食和其他农产品的价格成为全球统一的，国际市场价格的变化也必然影响到国内的价格波动，刺激进口或者出口。目前国外以耕地资源占优的粮食，价格低于我国，而我国的入市采购又会拉动市场价格上涨，影响到国内市场粮食的紧张状况，也影响到农民从种植粮食中得到的收入多少和种粮的积极性。一旦全球性粮食大丰收，粮价下跌，会严重影响我国的农民收入，对政府保护粮食生产带来更大的压力。陕西目前来源于粮食生产的纯收入占农民人均纯收入的 18%左右，相当部分农户种粮纯收入占家庭纯收入的 50%，如果每公斤粮价降低 0.02 元，陕西农民人均纯收入降低 8 元。入世后，保护粮食价格，成了确保农民收入的一个重要内容。

二是农产品的质量要求更高，农产品知识产权凸显。

历史上的粮食短缺，使我们在粮食育种上以高产、抗逆性作为主要目标，对质量的要求也是按我们的生活习惯，以适合面条、馒头作为标准。国际上以面包为消费对象的消费者，要求小麦面粉的内在质量适合生产面包的要求，对粗蛋白、湿面筋、形成时间、稳定时间提出更高要求。对玉米、大豆的消费也有明确的要求，以出口国际市场为目标的粮食生产，就要生产适合消费对象需要的产品。况且，国际上为保护本国利益而设置的绿色壁垒以及无公害的要求，也对我们传统的粮食生产带来挑战，要求我们加强科学研究，培育出有自主知识产权、有核心竞争力的新品种，生产出无公害、符合国际标准、具有国际竞争力的农产品。

三是加入 WTO 对人们的观念和政府的施政

带来新的挑战。

WTO的法治、规范、诚信是大家都必须共同遵守的准则，诚信为本，不靠关系，不靠“条子”。政府的施政则是按照WTO《农业协议》，阻碍农产品自由贸易的政策措施必须废止。国内对农业的支持和保护，必须在WTO规则下进行，即符合“绿箱政策”、“黄箱政策”、“蓝箱政策”的规定。国家的管理也转变为服务。面对加入世贸组织，政府应积极应对，增强遵守规则、规范的意识，加强法治观念，建立和健全信用体系，完善农产品质量标准体系、农产品检验监测体系、农业信息体系，抓好市场中介服务组织建设。同时，入世迫使政府必须深化粮食流通体制改革，以适应新的形势。

四是农村就业、农民收入压力更大。

陕西农民的粮食生产是以自食为主，商品率不高。2002年，人均出售粮食仅150公斤。粮食纯收入在农民收入中占18%。外国粮食的进入，必然对国内的粮食造成压力，导致粮食价格没有了提升的空间，农民从粮食生产中得到的收入会下降；成本高、效益低的粮食生产就会萎缩，农民的就业压力会更大。同时，入世使二、三产业对劳动力的素质要求提高，从而，影响农村劳动力向二、三产业转移，影响农民的非农收入。

(三)入世一年来粮食运作情况

加入世贸组织一年来，我国的粮食正常运行，许多人担心的“冲击”并没有出现，却取得了令人意想不到的成绩，出口增加，进口减少。陕西的粮食也基本上是在风平浪静中走过。

一是全国粮食出口大幅度增加，进口减少。2002年1～10月中国粮食累计出口1098万吨，同比增加400万吨，增幅达57%；进口239万吨，同比减少13万吨，降幅达5%；粮食净出口859吨，增幅达92%。结构上表现为玉米和小麦出口大幅度增加，玉米、大米和大麦进口减少。1～10月玉米累计出口842万吨，同比增加355万吨，增幅达73%；小麦累计出口90万吨，同比增加37万吨，增幅达72%。1～10月玉米累计进口0.76万吨，同比下降77%；大米累计进口16.5万吨，同比下降15%；大麦累计进口159万吨，同比下降19%。没有纳入谷物类统计的大豆累计进口871万吨，同比下降28%；出口25.4万吨，同比增长45%。

二是陕西省的粮食形势和全国基本一致。陕西省粮食生产状况和陕西人的生活习惯决定了粮食的销售不可能大起大落。陕西粮食总体基本平衡、结构性短缺，粮食以自己消费为主，少量调剂出售。据陕西省外贸厅提供的数据，2002年，全省共出口粮食0.97万吨，比2001年的0.86万吨增长12.8%，外汇收入165.9万美元，比2001年的113.0万美元增长46.8%；2002年进口34吨，比2001年的38吨下降10.5%。外汇支出0.7万美元，比2001年的1.1万美元下降36.0%。省际之间、地区之间的品种调剂与往年也没有大的变化。

三是粮食价格没有出现大的震荡。2002年，世界主要粮食主产国粮食减产，国际市场小麦、玉米、大米和大豆价格大幅度上涨，而国内农产品价格基本呈现稳中趋降。据国家农调总队对全国120个农产品主产县集贸市场农产品价格调查，2002年全年农产品平均价格低于上年水平，稻谷下降4.0%，小麦下降3.5%，玉米下降4.8%，大豆下降2.3%。陕西省2002年农产品生产者价格指数谷物类为97.8，低于2001年，价格没有出现大的震荡。

四是入世一年来我国和陕西省粮食没有受到明显的冲击。2002年是我国加入WTO第一年，我国和陕西省粮食没有受到明显的冲击。其原因主要有以下几个方面：一是世界粮食主产区粮食减产，供需缺口较大，价格上涨；我国粮食略有增产，特别是优质小麦增产较多，市场供应量有所增加，国内粮价低位运行，对国际粮食市场保持了价格竞争优势。二是我国在WTO规则允许的范围内，采取了适当的调控措施。国务院于2001年5月颁布了《农业转基因生物安全管理条例》，农业部、国家质检总局、卫生部等部门相继出台了相应地管理办法，加强了对进口粮食和饲料的检验、检疫管理。2002年先后出台了玉米、小麦、大米以及豆粕出口全额退税的政策，以及大豆、玉米等粮食品种免征铁路建设基金的政策，为中国粮食国内外贸易创造了有利的条件，在一定程度上抑制了进口的增长。三是农村以市场为导向进行的农业结构战略性调整，多种专用的优质粮食品种在满足国内需要、替代部分进口以外，还有出口的空间。中国小麦纳入世界价格体系，全球权威的报价体系路透社硬质小麦出口报价单上列入了郑州小麦，并同时每日发布郑州商品交易所的小麦期货价格。中国小麦开始纳入世界粮食价格体系，促进了中国小麦出口，对实现中国小麦与国际市场的联动、调剂余缺大有裨益。四是中国是一个大国，人口众多，对世界市场不可能消极的被动的适应，而是还有一种反作用。

一年的实践还告诉我们，非关税贸易壁垒、技术贸易壁垒、绿色贸易壁垒、特殊保护条款等，仍然是我国对外贸易的障碍，加入 WTO 对我国农业的冲击依然存在。

三、入世后，陕西粮食安全的核心问题是增加农民收入

所谓粮食安全，是指一个地区的粮食供给能够保障该地区人民的需要，即买得起且买得到所需要的粮食。粮食安全问题不仅是经济问题，更是政治问题。“粮食稳，天下定”，2003 年 4 月份因“非典”引起的粮食抢购风，让我们切身感受到了粮食在陕西人生活中的极端重要性。粮食不光是经济增长的基础，更是社会稳定的基础，无论是政府还是部门都有责任把粮食这个基础工作做好，让城乡居民不为粮食问题担忧。但认真研究后就会发现，入世后，陕西粮食一般不再存在“买不到”的问题，陕西的粮食安全将实实在在地表现为农民收入问题。

（一）入世后，粮食购买的市场空间更加广阔，粮食安全问题的核心是农民收入问题。

目前国际经济一体化趋势不可逆转，各国经济发展依存度日益提高，农产品贸易自由化进程也在加快，一国的粮食安全问题不可避免的要放在全球的经济、政治框架内考虑，那么一个省的粮食安全问题也就自然的参与到了世界的粮食安全问题中来，利用好世界资源来解决本省的粮食安全问题是一条值得探索的新路。

粮食安全是一个动态的、相对的概念。陕西的粮食产需状况在不同时期、不同环境、不同发展阶段有很大差异。陕西粮食产需，解放前是供不应求，目前是总量上基本平衡。入世后，粮食安全观不再是一个时点拥有最大现实数量的粮食，也不再只是在一个时期内持续的粮食生产能力，更重要的是提高市场购买力。

入世后，国家粮食安全问题是稳定粮食总面积，其核心让种粮户有利可图。农户口粮安全的核心问题是解决对市场粮食“买得起”的问题。一个省的粮食安全应该考虑全省范围，甚至要立足全国，着眼全球。过分强调一个县或市的粮食安全，往往只会加大全省保证粮食安全的成本，这是计划经济的思维模式。从 1995～2000 年的各地市粮食产消平衡看，六年间余缺正好相抵，因此应该认识到各地市间的粮食流通对于各地市以及全省粮食安全的重要性。同时，应该看到，地区间调剂余缺的办法是市场手段为主。缺粮地区，更应该提高购买力，即提高农民收入。陕北连续五年遭受灾害，粮食减产，但没有引起粮食市场的波动，主要原因是省内外粮食的大面积丰收，填补了区域性短缺。

入世后，国外农产品的流入会降低国内和省内农产品价格，可能会降低农民出售农产品的收入。这更要求我们，把解决粮食安全的功夫下在粮食之外，把解决农业问题的功夫下在农业之外。实践证明，发展经济作物，往往成功地解决了粮食问题，而发展二、三产业，往往能成功地解决“三农”问题。

同时，我们还应当充分地认识到，中国是拥有世界 1/5 人口的大国，入世的机遇远远大于挑战，国外农产品的流入对我国尤其是陕西省粮食市场冲击不会太大。应对的举措应该是千方百计增加农民收入。

（二）陕西的粮食安全问题的重点是贫困人口的口粮问题，靠提高粮食生产能力往往不能解决贫困问题，扶贫问题的核心是农民增收问题。

陕西的贫困地区，往往是粮食低产区，贫困户往往是粮食低产户。这些户靠发展粮食生产，既不能解决温饱问题，也难以解决增收问题。因此，必须靠国家扶贫来解决问题。扶贫的基本目标是解决贫困人口的口粮问题，扶贫的核心问题成了农民增收问题。

（三）陕西的粮食安全，应该兼顾粮食企业与粮食生产者的利益。

粮食是一种特殊商品，粮食流通，既要考虑国家的粮食产需，又要兼顾农户和粮食企业的利益。一方面，要考虑让粮食企业有利可图。陕西的粮食企业在粮食的流通以及调剂过程中起到至关重要的作用，入世后陕西的粮食逐渐市场化，如果不能保障粮食企业获得一定的效益，这些企业将难以在市场经济的浪潮中生存。粮食企业，是一种特殊企业，政府既不能大包大揽，又不能放手不管。另一方面，必须顾及粮食生产者即农民的利益。“谷贱伤农”，伤的不仅是农民的收入水平，伤的更是农民种粮的积极性。政府在考虑粮食安全的同时必须兼顾农民的收入。

（四）陕西退耕还林的核心是增加工程区的农民收入。

进入新的世纪，我国农业的战略性调整的总体思路是沿海地区发展出口农业、高效农业；中部发展粮食农业，通过优化粮食种植结构，提高种粮效

益；西部发展生态农业，退耕还林，再造秀美山川。陕西省是退耕还林的重点省份，三年来，作为西部大开发重要内容的退耕还林工程的实施，直接增加了工程区的农民收入，通过治理生态环境，为城镇化、工业化带动二、三产业的发展创造了物质条件和软环境，为技能不多、文化层次不高的低收入农村人口增加了就业门路和收入渠道，为农村经济结构战略性调整提供了广阔空间。但我们要解决好的核心问题是“两个八年”问题，即“八年内怎么干?”、“八年后怎么办?”，其实质是工程区农民如何持续增收的问题。

四、陕西粮食生产应对 WTO 的对策

加入 WTO，既是机遇，又是挑战。陕西省是一个欠发达的农业省份，粮食既是国民经济的基础，又是农民收入的重要组成部分。入世后，陕西省的粮食问题的核心成了农民收入问题。面对新的形势，我们必须与时俱进、开拓创新，立足省情，着眼全国，面向全球，制定积极稳妥、切实可行的应对举措。

（一）充分运用《农业协议》的“三箱”政策，保护粮食生产。

农业是传统产业，又是低效产业。粮食是农业的基础，种粮是农业中效益较低的项目。但农业和粮食永远是人类赖以生存的基础。工业化和城市化是人类社会发展的必然。依靠“剪刀差”为城市和二、三产业发展提供积累是多数国家走过的必由之路。我国用二元结构模式发展国民经济，也是一定历史条件下的必然选择。问题是，二、三产业发展到一定阶段，必须支持和“返哺”农业，尤其是支持和“返哺”粮食生产。在现代经济体系中，农业是一个弱质产业。因此，入世后，陕西必须积极寻求在 WTO 框架下保护农业的有效方式。实质是，要利用“绿箱政策”，加强对农业的支持力度、尤其加大政府对农业的投入。

陕西省的财政支农资金为 20 亿元左右，农业税特产税为 13 亿元，表面上看，其中的 7 亿差额是二三产业对农业的倒流，近乎对农业补贴，但仔细研究会发现，这些费用的绝大部分是“农业管理和建设费用”，甚至还包含一定的水电投资，直接对农业补贴是非常有限的。入世后，我们必须充分利用绿箱、黄箱、蓝箱政策，增加补贴总量，调整补贴结构，改善补贴方式。

一是继续加强农村基础设施建设。结合农村小康建设，对农村的道路、电网、交通、通讯、供、排水堤坝及环境项目等设施增加投资。

二是增加对农业科研、技术推广、农民培训的投入，提高农民的整体素质，增加粮食生产的科技含量和核心竞争力。

三是完善服务机构，增加服务投资。完善农业的咨询、信息、检疫、质量监督、市场等服务机构，增加财政支持。

四是继续加大对贫困地区的扶持力度。在自然灾害补贴、粮食储备、退耕还林农业保险等“三箱”政策允许的范围内增加财政支持。

总之，加入世贸组织是为了促进陕西省农村经济的发展，三箱政策只是对财政支持的某种限制。对农业和粮食的补贴，重要的一点是逐步地取消农业税和农林特产税，对粮食生产者提供更多、更直接的补贴。

（二）发挥区域优势，发展粮食生产。

陕西南北狭长，土壤、地域、气候、温度、光照等自然条件把全省划分为陕南、陕北、关中三大经济区，自然地形成三个粮食生长带。陕北以秋杂粮、豆类作物为主，关中以小麦玉米为主，陕南汉中盆地以大米为主。尽管全省粮食总体基本平衡，但现实的结构和群众生活的需要，又造成陕西粮食不可避免地需要进行调剂，必须扬长避短，发挥区域优势，扩大无公害、标准化的粮食生产。

陕西农业科研力量雄厚，针对人们生活需求的多样性和陕西粮食生产的特点，培育优良的品种，增强有自主知识产权的产品的核心竞争力，促进陕西粮食生产。

（三）改善农业生产经营方式，解决好小农户走向大市场的问题。

实践证明，只有适度推进规模经营，才能提高市场竞争力，保护农民的利益。在与集团进行产品和服务的市场交易中，分散的农户处在弱势地位。如果农户不能联合，即使政府给予干预和保护，也无法避免农民利益的流失。农户只有按照合作社原则（或其他组织形式）联合起来，才能改善自己的市场谈判地位，保护自己的利益。在经济发展较好的乡村，在土地所有权不变的基础上，采取农民自愿的原则，以公司＋农户或协会＋农户的方式，农民也可以以土地入股、成立农民自己的公司等方式，鼓励适时、适度推进土地规模经营，提高土地的利用率，降低粮食生产成本，提高粮食品质，增强国

际、国内市场的竞争力。同时,应该大力发展畜牧业和粮食加工业,延长粮食生产链。

(四)改革和完善政府对粮食和农业的管理方式。

中国农业生产和市场受冲击,农产品难卖、农民收入不能持续提高,从根本上看,这些问题不是出在农业生产者方面,而是政府的农业管理体制和职能不能适应加入 WTO 的需要。因此,必须加快改革现行的管理体制。

他山之石,可以攻玉。发达国家政府在农业行政管理方面给我们提供了宝贵的经验:市场机制是资源配置的基本方式,以政府干预为辅;计划基本上是非强制性的,并且主要通过经济手段和导向性的服务来实施,用经济法规保障市场运转,促进生产率提高,政府一般不直接干预生产,不直接参与农产品购销活动;政府以促进农村发展和农民收入提高为主要目标,重视农业资源保护、农村基础设施建设、农业科技推广和农民职业培训,并借助各种中介组织(尤其是农民合作组织)实现政府与农民的沟通。

改红头文件为法规,改口号为合法举措。WTO 规则要求各国政府的经济管理部门按照市场化的管理方式来规范其管理行为,增加透明度。而我国农业行政部门机构设置重复、互相掣肘,普遍存在信息传递不畅、行政不透明的问题,存在所谓的"部门利益"和"地区利益",以致造成效益低下、腐败滋生。因此,必须创新农业管理体制和运行机制,改变以往通过各种文件、通知和规定来干预经济活动的弊端。实现以 WTO 市场准入原则为指南,逐步减少直至取消计划经济时代的数量管理模式,如项目审批、物价审批、在对外经济活动中的行政审批制、配额和许可证等措施。同时,要逐步完善农业和粮食生产、流通法规。

注:本报告研究过程中参阅了《中国粮食问题研究》(中国统计出版社)中刘鸿儒等同志"陕西粮食供需平衡总体处于安全状态"一文。

粮食“直补”:农民受惠,粮企自主

安徽省农调队

一、背景

古人云:“安民之本,必资于食,安谷则昌,绝谷则危”。我国是世界上人口第一大国,也是粮食消费第一大国。解决中国的粮食问题,至关重要的是能否找到符合中国经济发展和现代化需求的战略途径,我国政府一直在探索粮食流通体制改革的道路。粮食补贴方式改革是我国粮食流通体制改革的一项重大突破。实行对粮食生产环节价格补贴的“绿箱”政策,是适应 WTO 规则的基本要求,是保护农民利益的重要手段。改革粮食补贴方式既是增加农民收入、调整农业产业结构、提高农业竞争力和促进粮食流通市场化的需要,也是我国农业适应世贸组织规则、提高农业竞争力的需要,又是减轻财政负担提高支农资金使用效率的需要。

安徽省是农业大省,粮食生产在国民经济中占举足轻重的地位。建国以来特别是十一届三中全会以来,粮食产量不断提高,2001 年全省粮食总产 2263.7 万吨,比 1949 年总产增长 3.5 倍,比 1979 年的 1609.6 万吨增长 40.6%。1995 年以来各级政府重视、保护粮食生产的力度加大,为了减少粮食下跌对农民种粮造成的损失,国家制定了粮食保护价收购政策,粮食生产得以稳定发展,粮食生产水平不断提高,在这一时期创造了安徽省粮食单产、总产的历史最高记录。20 世纪 80 年代以来,全省共向省外调销出粮食 3000 万吨以上,而同期调入安徽省的仅 1000 万吨。另外,1982 年以来,全省还出口粮食近 150 万吨。

2002 年 2 月在全国改革的统一部署下,安徽省来安县和天长市在全国率先进行粮食补贴方式改革试点,放开粮食价格和粮食购销市场,调整对农民间接补贴政策,将保护价和市场价的差额直接补贴给农民。到 2002 年底,天长市发放粮补资金 2178 万元,平均每个农民从粮补改革中增收 42 元,来安县平均每个农民增收 27 元。改革措施实施以来,两个地方的粮食市场全面放开,农民卖粮渠道增多,农民群众的收入有所提高。改革激发了农民的生产热情;市场竞争趋于活跃,国有粮食企业负重应战,购销主体增多。

2003 年,安徽省全面在改革试点成功的基础上,全省范围内推广以“两放开,一调整”为主要内容的粮食补贴方式改革试点。

二、粮食补贴方式改革的必然性要求

(一)粮食补贴方式改革是适应加入 WTO 与世界经济接轨的客观要求。西方发达国家如美国、欧盟和日本的情况看,为适应新的贸易体系发展的要求,农业政策都做了相应的调整:各国都继续实施对农业资源环境保护、乡村基础设施建设、农业可以、农产品市场信息等方面的支持政策。据世界贸易组织统计,美国花费了 512 亿美元,欧盟在不需要减让的农业补贴上,欧盟和日本分别为 209 亿美元和 204 亿美元。同时,各国对农产品价格补贴和出口补贴等“黄箱”支持进行了削减,但削减的相当一部分资金又以收入补贴等形式进入“绿箱”政策的范围。1998 年以来我国对农产品的补贴的主要方式，是通过财政的粮食风险基金支付给国有粮食购销企业来实现对农民的间接补贴，是补贴在流通环节，这种农业支持方式对粮食价格产生了明显的扭曲作用，属于WTO农业协议规定需要减让承诺的“黄箱”政策。这种农业支持的水平和规模受农业协议的制约，应该慎用价格和收入支持的“黄箱”政策，增加对粮食生产后劲的支持。目前我国农业补贴中的“黄箱”支出，主要包括两部分：一是价格支持措施，即粮棉定价收购及保护价收购。二是农业生产资料价差补贴。两项合计我国黄箱政策补贴为290.43亿元，仅占农产品总产值的1.4%。我国按8.5%的农业产值来计算允许的黄箱补贴规模为1741亿元，还有1451亿元的补贴空间。

而对生产环节的补贴，即把补贴直接发放给农民属“绿箱”政策，此种农业支持方式的水平和规模不受农业协议的制约。加入WTO使我国农业直接面对来自国际市场，特别是发达国家的竞争，为提高农业竞争力，保护农民利益，必须在世界贸易组织农业协议框架下，进行粮食补贴方式的改革。

(二)粮食补贴方式改革是促进农业结构调整的现实需要。1998年以来按保护价敞开收购农民余粮政策，对保护农民种粮的积极性、发展粮食生产起到了积极作用。但是，实行按保护价格敞开收购政策不利于农业产业化、企业组织农户实行农业经营的专业化、规模化和纵深化。导致了农民对政府收购的依赖，尽管在粮食生产上没有多大的净收益，却仍然不会轻易放弃习惯的经营方式。短期看是保障了农民种粮利益，长远看却是对农民经营的误导，不利于农民利益的长远保护，也不利于我国农业的长远发展。现阶段我国粮食供求形式出现了新的变化，出现了阶段性过剩局面。总量失衡，供过于求，粮价下跌，谷贱伤农。因此，放丌粮食收购价格和粮食购销市场，实行市场调节，才能促使农民真正根据市场需求调整农业产业结构，发展效益更高的经济作物、养殖业和出口创汇农业，通过结构调整实现增收，从根本上保护农民利益。

(三)粮食补贴方式改革提高政府支农资金的使用效率必然要求。1998年以来，政府实施保护价收购粮食来保护农民利益，财政资金通过向粮食部门支付风险基金来进行补贴。粮食部门执行国家粮食购销政策，按保护价常年敞开收购农民余粮，又无法实现顺价销售，粮食库存不断增多，成本不断增加，亏损不断扩大，拖欠银行大量贷款，财政每年的补贴资金填不满亏损的空子，造成了财政资金在流通领域的极大浪费，财政对农业的补贴机制作用也没有得到有效发挥。只有改变财政补贴方式，把企业推向市场，积极参与市场竞争，才能破除企业坐吃补贴的制度根源，促使企业通过搞活经营求得生存发展。

三、粮食补贴方式改革的指导思想和主要内容

(一)粮食补贴方式改革的指导思想和基本原则

此次粮食补贴方式改革的初衷是要按照世贸组织协议和粮食商品化、市场化和国际化要求，改变财政支农方式，改革粮食流通体制，将国有粮食企业推向市场，促进种植业结构的调整，增强农业竞争力。因此，此次粮食补贴方式的指导思想是：切实保护粮食生产能力和种粮农民利益，促进农民收入增长；坚持以市场为取向，放开搞活粮食流通，继续发挥国有粮食购销企业的主渠道作用，深化国有粮食购销企业改革；搞好粮食储备，加强粮食宏观调控能力，促进农业结构调整和农村经济发展，切实维护好、实现好、发展好广大农民群众的根本利益。

根据改革的指导思想，粮食补贴方式改革试点应该遵循的基本原则是：一要有利于保护农民利益，促进农民增收。改革要着力保护农民利益特别是粮食主产区农民的利益，调动其积极性，从而解放和发展农村生产力，减缓近年来农民收入增长持续减缓的突出问题；二要有利于加强农业的基础地位，保证粮食安全。随着改革开放的快速发展和经济的迅速增长，农业产值占GDP比重在逐年下降，但是农业基础性地位没有改变。粮食补贴方式和配套措施改革将会增强农业竞争力，粮食是关乎国计民生的重要战略物资，必须在粮食市场化的情况下，采取粮食储备和保护耕地等有效措施保证粮食的安全；三要有利于深化国有粮食购销企业改革，提高政府资金使用效率；要通过粮食补贴方式改革的机遇，将；四要便于公开公正规范操作，保持农村稳定。

(二)粮食补贴方式改革试点的主要内容

扩大粮食补贴方式改革试点的主要内容是“两放开、一调整”。两放开就是放开粮食收购价格，全面放开粮食收购价格，不再按保护价收购农民余粮，粮食实行随行就市收购；放开粮食购销市场。

支持和鼓励各类经营者公平参与粮食收购和经营，实现经营主体的多元化。国有粮食购销企业实行自主经营，自负盈亏，参与市场竞争，继续发挥在粮食流通中的主渠道作用。一调整就是调整粮食补贴方式，将原按保护价敞开收购农民余粮间接给农民的补贴，改为按国际通行的做法，直接补贴给农民，补贴标准为粮食市场价低于政府保护价的差价。与此同时，妥善解决国有粮食购销企业老库存、老挂账等历史遗留问题。

（三）计算补贴的具体办法

1. 以1998年至2002年各县、市5年间国有粮食购销企业按保护价收购农民余粮的平均数为基础，确定各地享受补贴的商品粮常量。

2. 省政府的粮改方案规定各县、市根据实际情况，以农业税计税土地面积，或农业税计税常产，或两者各占一定比例的方式为依据，确定每个农户享受补贴的商品粮常量。农户享受补贴的商品粮常量确定后，由乡镇政府发给享受补贴通知书，并保持相对稳定。

3. 由统计调查得出的市场价，其低于省政府确定的保护价的差价部分，作为对农民补贴的标准。当市场价高于保护价时，取消差价补贴。2003年，全省混合小麦的差价补贴标准为每50公斤5.5元，中晚稻为4.5元。为保持政策的相对稳定，差价补贴标准原则上一定两年不变。

4. 将确定的每户农民享受补贴的商品粮常量，乘以政府公布的差价补贴标准，确定每户农民每年应得的补贴数额，对农民补贴资金兑付工作由乡镇财政所承担，直接兑付给农民。

5. 由省财政统一拨付农民补贴的资金给市、县财政。各地方财政部门在当地农业发展银行设立农民补贴资金专户，严格资金管理。

6. 经过省粮食补贴办公室核定，全省各市县直补农民资金6.09亿元，全省平均每个农民补贴款约12元。

四、粮食补贴方式改革的政策效果

经过一年多改革试点证明，粮食补贴方式改革促进了政府农业支持方式与世界通行做法的接轨，适应了WTO的要求；转变了财政支持农业的方式，提高了政府支农资金的使用效率；推进了粮食流通市场化，有利于解决粮食购销体制中的弊端；激励了农民面向市场，实施积极的结构调整。

（一）粮食补贴方式改革促进了政府农业支持方式与世界通行做法的接轨，适应了WTO规则的要求。对农民直接补贴的农业支持属“绿箱”政策范围，补贴多少不受限制，同时国家可以有效利用“黄箱”政策的支持量，最大限度的保护和支持我国农业。

（二）粮食补贴方式改革转变了财政支持农业的方式，提高了政府支农资金的使用效率。农业发展银行对粮食收购贷款严格审理，“以销定贷，以效定贷”。财政资金按照计算出来的补贴量直接补给农民，提高了财政资金的使用效率。全省农民人均增收12元，改革试点天长市平均每个农民从粮补改革中增收42元，来安县平均每个农民增收27元。

（三）粮食补贴方式改革推进了粮食流通市场化，有利于解决粮食购销体制中的弊端。粮食补贴方式改革放开粮食收购价格，实行随行就市收购粮食，消除了粮食收购价格和市场价格相背离的扭曲现象，使价格能够成为反映市场供求变化的信息。由市场形成价格，价格引导农户和企业市场价格机制能够在引导农民种植和粮食企业生产经营中发挥重要的作用。放开粮食购销市场打破了国有粮食购销企业独家垄断经营粮食的局面，初步形成国有、集体、个人等多种经济成份参与粮食收购的多元化购销局面，有利于活跃购销市场，推动粮食流通市场化。同时，放开粮食购销市场，也直接推进了国有粮食购销企业改革步伐，促使企业真正走向市场，参与激烈的市场竞争，真正成为市场竞争的主体，优胜劣汰，实现资源的优化配置。企业通过转换机制、减员增效、科学管理、增强活力，利用国有粮食购销企业在信息、仓储、网点和营销网络方面的优势，拓展在市场竞争中的生存与发展空间。2003年夏粮收购期间，国有粮食购销企业切身体会到了改革的冲击，粮食收购量锐减。截至7月21日，全省国有粮食企业共收购粮食50多万吨，而改革前同期收购量为170～190万吨，只相当于改革前的五分之一左右。重点调查结果显示，各县国有粮食企业收购量均有大幅下降。阜南县6、7月份收购小麦1.3万吨，为上年同期收购量的12.5%，占农户出售量的23.6%；埇桥区、临泉县、凤阳县收购量均为上年同期水平的四分之一。

（四）粮食补贴方式改革激励了农民面向市场，实施积极的结构调整。直补改革取消了保护价收购，农民多年来计划经济体制下形成的传统种植观念被打破，不再是种什么，国家收购什么，而是农民直接走向市场，农民完全按市场供求关系和价格规律合理安排生产，实现种植效益最大化，什么品种价格高、市场欢迎，农民就种什么，这从根本上解决了农业结构调整的内在动力机制问题，实现了由“政府指挥农民调”变为“农民积极主动调”的转换。2002年秋种期间，来安县“丰两优”水稻由改革前的5万亩迅速扩种到25万亩，占水稻种植面积的50%。2002年天长市农民自发调整和扩大优质油菜种植面积达50万亩，比上年增加15万亩；扩大百合、榨菜、冬菜等经济作物种植面积15万亩，比上年增加8万亩。

五、改革中各方的反映

为了了解和掌握粮食流通体制改革过程中农村地区不同群体对粮食补贴方式的认识和反映，安徽省农村社会经济调查队对全省省的10县(区)随机抽取100户农户开展了粮食补贴方式改革问题的快速问卷调查，同时有代表性地同10位干部、10家国有粮食购销企业和20个非公有制粮食收购主体进行了座谈。调查结果显示，安徽省粮食补贴方式改革正在各地政府的领导下积极稳妥的开展，农村居民普遍了解国家粮食补贴方式改革政策，非公有制粮食收购主体踊跃参与，国有粮食收购企业的收购情况受到了较大的影响。

(一)农户反映热烈

1. 在问及对粮食直补政策是否了解时，87%的农户表示了解，只有13%的农户表示不了解。

2. 在问及愿意从什么地方领取补贴时，愿意从财政部门、国有粮食企业和银行领取的分别为59.8%、14.9%和25.3%。

3. 调查中，66.7%的农户愿意领取补贴后缴农业税，33.3%的农户认为用补贴扣减农业税比较好。

4. 有98.9%的农户认为粮食直补的形式应该列入相关的法律或法规，提高直补的长期性和规范性。

5. 在与农户谈到愿意将粮食卖给谁时，80.5%的农户表示谁出价高就卖给谁，11.5%的农户愿意卖给私人粮贩，只有8%的农户愿意到国有粮站出售。

农民认为政府实行粮食补贴方式改革，是在为民着想，政策是好政策，关键是要落到实处，是要长期坚持不动摇。

(二)国有粮食企业认为市场冲击力大于企业承受力

粮食补贴方式改革是粮食流通体制改革的重要内容，各地国有粮食购销企业都较早的了解了相关政策并采取了积极的应对策略，转变经营观念，改变过去官商观念，树立市场竞争的观念，改坐站收购为流动收购，改季节性收购为常年收购；调整用人机制，一方面安置富余人员，另一方面改革现有用工制度。

绝大多数的国有粮食企业都表示直补后企业遇到很大的困难。粮食企业自身的体制还没有完全理顺，农发行的贷款门槛比以前高了，市场经营主体多了，2003年粮食收购量比上年同期急剧下降，希望国家能给予支持。

(三)非公有制粮食收购主体欢迎政府转变态度

调查中所有的非公有制粮食收购主体均表示了解国家的粮食补贴改革政策，建议把粮食直补方式以法律法规形式固定下来。他们普遍认为政府在粮食流通体制改革中转变了工作作风和方法，鼓励他们参与市场竞争。他们同时认为市场竞争较为激烈，利润水平低，资金不足，贷款难等因素制约了其快速发展和壮大。

六、改革需要研究的问题

改革粮食补贴方式，把过去给农民粮食差价的间接补贴，调整为直接把补贴送到农民手中。不仅经济效益显著而且具有重大的政治意义，是大势所趋，势在必行。但由于其涉及方方面面，改革非常复杂，大致有以下问题需引起高度重视。

(一)农民会不会存在“卖粮难”的问题。按照1998年以来的粮改政策，由国有粮食购销企业按保护价敞开收购农民余粮，基本没有出现“卖粮难”的问题。但是实行粮食补贴方式改革后，在不同形势下有两种可能性情况会出现：一是粮食收购主体多元化，不同主体抢购农民余粮，可能会带来粮食价格上涨，出现这种情况对农民比较有利，这也是我们希望看到的；但在粮食供大于求的形势下多元收购主体要么受利益驱使，多方竞相压价，要么，购销粮食的积极性不高，谁也不收或少收。二是国有粮食购销企业不再享受财政补贴，不再承担敞开收购农民余粮的责任，受经营情况或防范经营风险等因素影响，收购量可能减少。粮食市场体系发育不健全，长期的国有粮食购销企业独家经营，使个体、私营企业规模较小，既无雄厚的资金，也无稳固的销售渠道，根本无法承担大的粮食流通业务。如果出现这种情况，主渠道作用发挥不突出、多渠道能力有限，农民“卖粮难”的问题将不可避免。

（二）国有粮食购销企业能不能适应市场竞争的问题。长期以来，中央政府、省政府和地方各级政府把大量财政资金补贴给国有粮食购销企业。这种对农业扶持的方法滋生了国有粮食购销企业对政策的依赖性，致使企业收粮靠贷款，储存靠补贴，亏损靠挂帐，人满为患，吃大锅饭的情况没有改变。国有粮食购销企业的“老粮、老帐、老人”问题成为企业的沉重包袱。

（三）农发行现行贷款管理方式与市场化改革要求适应不适应的问题。粮补改革后，安徽省农业发展银行的信贷投放将严格放贷标准，发放贷款时“以效定贷，以销定贷”。全省绝大多数粮食企业实力不强，自有资金匮乏。农发行的举措势必造成信贷投放减少，企业贷款困难，影响粮食收购。

（四）进一步保护和提高粮食生产能力的问题。安徽省对农民补贴方式的调整是将农民原来按保护价收购时享受的间接补贴调整为直接补贴给农民。效果上看，有利于直接增加农民收入和粮食企业自身改革，符合了世贸组织规则，是国家探索对农业和农民补贴方式进行改革的重要内容。但是此次改革没有增加对改善农业生产条件和农业生产其他环节的投入，仅仅是利益分配方式的改革，存在如何进一步保护和提高全省粮食生产能力的问题。

（五）如何进一步加强对粮食的宏观调控的问题。实行粮补改革后，粮食市场完全放开，粮食生产市场化、国际化。国有粮食企业被推向市场，收购主体多元化。在应付自然灾害、应对突发性紧急事件、解决灾区和贫困地区所需粮食时，安徽省各级政府怎样发挥及时稳定粮价、调控市场正常运行、保障社会稳定和保护人民利益的政府职能，应该是需要进一步研究的课题。

七、粮食补贴方式改革的政策建议

粮食补贴改革涉及到政府、粮食企业和农民，范围广、难度大、问题多，为确保粮食补贴改革政策的实施成果，推进粮食流通市场化改革的顺利进行，我们建议制定以下配套政策措施：

（一）关于农民卖粮问题的建议。一是推进粮食产销合作，缓解主产区压力。推进主产地区与主销地区建立长期稳定的粮食购销合作关系；二是实行粮食出口鼓励政策，扩大全省粮食出口，缓解国内市场压力；三是加大农业产业化力度，拉长粮食产业化链，加强合同法执行力度，规范企业行为，减轻农民售粮的压力；四是制定优惠政策，鼓励收购主体多元化的发展，拓宽购销渠道，解决农民“卖粮难”问题。

（二）关于国有粮食购销企业参加竞争问题的建议。粮补改革以后，粮食市场全面放开，粮食价格随行就市，对国有粮食购销企业来说，既是机遇又是挑战，形势迫使国有粮食企业建立现代企业制度。政府应该给予国有粮食企业相当于其他行业国有企业类似的改革机制和优惠机制。粮食企业此时要抓住改革机遇，一是要努力调整用人机制。一方面要妥善安置富余人员，另一方面要改革现有用工制度；二是调整企业经营机制。建立产权清晰，权责明确，自主经营，自负盈亏的现代企业制度。利用国有粮食企业在信息、仓储等方面优势，搞活国有粮食购销企业。

（三）关于农发行现行贷款管理方式问题的建议。要适应粮食市场化的要求，及时调整农发行现行的业务范围和经营政策，当好粮食收购资金的“好管家”。在严格考察，确保信贷资金安全的前提下，公平公正的对待各种所有制类型的收购主体，对需要资金扶持的粮食购销企业，不论企业的所有制类型如何，及时投放贷款，扩大粮食购销，避免出现农民“卖粮难”。

（四）关于保护和提高粮食生产能力问题的建议。充分利用世贸组织农业协议中“绿箱”政策空间，增加那些不会引起贸易扭曲，又能提高本国生产效率的补贴措施。包括农业科技开支、农业技术推广和咨询服务开支、培训服务开支、农业基础设施开支、为保障粮食安全而提供的粮食补贴开支和自然灾害救济补助开支等等，着力改善农业生产条件。

（五）关于粮食安全问题的建议。粮食安全是社会稳定的基石，粮食安全关系到改革开放顺利深化的进程。应该建立以粮食储备为重要手段的粮食安全体系，发挥其确保粮食持续、均衡、安全供给的重要枢纽作用。制订有效的粮食储备制度，保持适度的粮食储备，对保障社会稳定，促进国民经济健康发展具有不可替代的重要作用。要逐步科学调整现有的粮食储备布局和规模，还要优化储备结构，增加与消费和需求相适应的粮食品种，以此推动粮食种植结构的调整。同时，保护好农业生产用地，不仅做到“储粮于仓”，更要做好“储粮于地”。在遇到粮食供给量和需求量发生变化时，能够及时恢复粮食生产。

辽宁粮食供需总量大体平衡，结构性矛盾依然存在

辽宁省农调队

粮食问题始终是各级政府十分关心的问题。进入20世纪90年代以后，辽宁的粮食生产实现了历史性跨越，由过去的粮食短缺省转变为粮食调出省，实现了丰年有余，歉年自给。但是，从粮食分品种的供需情况看，还存在结构性矛盾。

一、对近几年来辽宁粮食生产和市场供需情况的分析

近几年，辽宁粮食生产由于受自然灾害、退耕还林、农业产业结构调整等因素的影响，幅度波动较大，粮食产需之间出现了一定的缺口，在一定程度上缓和了粮食市场上供大于求的矛盾，库存压力也得到了缓解。

（一）近年来粮食生产的主要特征

1998年到2002年，辽宁累计生产粮食7522.5万吨，年人均粮食产量为364.89公斤，其中最低为275.68公斤，最高达到447.12公斤，波动幅度近40%，年度间起伏较大。其主要原因：首先是干旱等自然灾害严重影响，2000年由于干旱影响，粮食产量仅为1140万吨；其次是粮食播种面积持续减少，1998年粮食播种面积为4558.8万亩，2002年下降到3987.9万亩，缩减量为570.9万亩；再次是受国内外供求关系和国际市场的影响，粮食价格持续低迷，价格对粮食生产增长的作用消失殆尽。与此同时，种植业效益明显降低，农民对粮食生产的投入也减少。可见，自改革开放以来，对粮食生产起作用的有利因素除科技进步因素外，其他有利因素都在减退，粮食生产呈逐年下降态势。

（二）目前粮食消费的主要特点

近几年辽宁粮食生产在结构性调整和自然灾害等因素的影响下，出现了逐年下降的趋势，但粮食消费却呈现出稳步缓慢增长的势头。粮食消费主要包括：口粮消费、饲料用粮、工业用粮以及种子用粮，目前呈现以下几个特点：

1. 口粮消费小幅下降。影响口粮消费增长的主要因素是人口增长、收入增长和城市化进程步伐。近几年，随着收入的增长，辽宁城乡人均口粮消费呈小幅度稳步下降的趋势。2002年城镇居民人均口粮消费量为114.39公斤，农村居民为211.19公斤，分别比上年下降3.51%和7.65%，与1998年相比分别下降9.09%和15.39%。虽然每年人口的净增加量大约为10万人，但由于城市化进程速度也在加快，从总体来说，人口增长率将小于人均口粮下降率，口粮消费呈小幅度下降趋势。

2. 饲料用粮消费稳步增加。辽宁畜产品、水产品生产仍然处于稳定增长时期，2002年全省肉类总产量为270.2万吨，水产品产量374.8万吨，分别比上年增长8.78%和6.86%，进而拉动饲料用粮消费的稳步增长，据测算，2002年饲料用粮消费543.8万吨。

3. 生态环境建设补偿用粮消费明显增加。据林业部门统计，到2002年年末全省已完成退耕还林220万亩，按每亩补助粮食100公斤计算，共需粮食22万吨。

4. 工业等用粮消费平稳增长。由于粮食价格比较低廉，酿酒、医药和工业酒精行业对粮食的消费量逐年增加，据测算，工业等用粮消费量年均增长2%左右，2002年工业等用粮消费合计为141.44万吨。此外，随着科技进步和粮食加工技术的发展，其他相关行业也会增加对原料用粮的消费。

5. 种子用粮存在下降趋势。随着农业科技的普及与推广，农业产业结构的调整，粮食作物播种面积的减少，种子用粮明显下降，据测算1995年全省种子用粮为24.9万吨，2000年为23.5万吨，到2002年下降到21.64万吨。

(三)2002年辽宁粮食供需总体状况测算

2001年底辽宁粮食库存总量1402万吨，其中商品周转粮库存893万吨。按照联合国粮农组织的规定以及对辽宁省粮食安全的研究，粮食安全周转库存储备大约为280万吨左右。这样，2002年全省的粮食供给可以达到2106万吨。从需求方面看，2002年粮食消费总量大体为1391.08万吨，玉米和大米共出口83.83万吨，再加上大豆等其他粮食作物的出口，全省粮食出口总量不超过90万吨，辽宁每年通过粮食系统实现的粮食净调出量大约为40万吨，可见2002年辽宁粮食需求总量为1521万吨，供给大于需求585万吨左右。

二、对2002年辽宁粮食主要品种供需情况的分析

2002年辽宁省粮食总产量为1510.4万吨，其中水稻总产量359.2万吨，玉米889.42万吨，分别占粮食总产量的23.78%和58.59%，二者合计占粮食总产量的82.37%。

(一)对水稻生产和消费分析

2002年辽宁水稻播种面积为834.6万亩，总产量359.2万吨。城乡居民人均水稻消费86.92公斤，其中农民人均消费102.6公斤，城市居民人均消费71.24公斤，据此标准消费水稻365.3万吨。另外2002年辽宁生产啤酒137.07万吨，有关调查显示啤酒与水稻的消耗比为1:0.079，则啤酒生产消耗水稻为11万吨。2002年辽宁1～12月共出口大米6.73万吨，换算成水稻为9.6万吨。因此，2002年全省水稻总需求385.9万吨。供给和需求基本平衡。

(二)对玉米生产和消费分析

2002年玉米播种面积为2147.4万亩，总产量889.42万吨。城乡居民人均玉米消费21.32公斤，推算城乡居民消费玉米大约90万吨左右。2002年全省肉类总产量为270.24万吨，禽蛋总产量159.8万吨，按每公斤畜牧产品消耗粮食1.18公斤计算，需要饲料用粮543.8万吨。由于辽宁饲料用粮几乎全部为玉米，因此需要消费玉米543.8万吨。2002年辽宁白酒产量17.23万吨、酒精1.23万吨、淀粉10.51万吨，再加上其他工业产品产量，共计消费玉米65.23万吨。2002年1～12月份全省共出口玉米77.10万吨。在加上辽宁每年玉米调出量30万吨左右，因此，2002年辽宁玉米总需求大约为812万吨，玉米供给大于需求77万吨。

三、目前影响粮食主要品种供给与需求的因素

(一)从宏观经济形势看

1. 玉米。近年来，由于玉米的供大于求，农民从玉米生产中获得的收益一直徘徊不前，因而玉米播种面积有所下降，生产量也有所减少。但是，面对国内及国际的经济萧条形势，经济需求并不旺盛的条件下，玉米的需求仍然维持了相对稳定的发展。今后随着全球和国内经济的活跃，城乡居民收入的提高，对畜牧产品的需求将会有更快的增长，则畜牧业必然迎来一个更快的发展时期，对玉米的需求也将会有更大的增长。这就为辽宁玉米的生产提供了一个良好的发展前景。

2. 水稻。从目前看，辽宁的水稻生产量与消费量基本保持平衡，其消费主要由城乡居民的口粮消费构成。随着经济的发展，城乡居民收入的提高，将会导致居民食品消费结构的变化，从而居民的水稻消费总量会有所降低，不同水稻品种将具有不同的需求，对高质量、无公害的绿色水稻将会存在巨大的需求。同时，我国加入WTO后，大米是唯一具有竞争优势的品种，我国政府希望今后能进一步扩大大米的出口。因此，这就为辽宁水稻的发展提供了良好的机遇。所以，为适应将来经济发展的需要，今后水稻生产需要进行结构性调整，积极推进优质大米的生产，努力提高绿色产品产量。

(二)从政策性因素看

1. 粮食政策

2001年我国实行了“放开销区，保护产区”的粮食政策。对粮食主销区取消对农民的定购任务，

放开粮食的市场经营和价格控制；加大对粮食主产区的保护力度，对粮食主产区按保护价敞开收购农民余粮，并承诺增加财政投入，加强粮食主产区的基础设施建设，改善农业生产条件和生态环境，稳步提高主产区的粮食生产能力。在这项政策中，辽宁的优等稻谷、玉米皆被作为按保护价收购的粮食品种。这项改革将进一步加强辽宁玉米的强势地位，扩展辽宁优质稻谷的市场空间，为全省粮食主要品种的生产提供了良好的政策环境。

2. 农村税费改革

税费改革是我国继联产承包后，在农村实施的又一重大举措，它对促进基层政府机构改革，规范政府行为，确保农村政治稳定，减轻农民负担，提高农民生产积极性等起到了重要作用，取得了良好的经济效应和政治效应。农村税费改革会降低粮食生产成本，减轻粮食生产的税费负担，针对当前粮食生产收益偏低的局面，农村税费改革为提高粮食生产收益提供了可能，无疑这将对粮食生产也将产生推动作用。但是，目前的农村税费改革所采用的计税方法是以土地面积与常年农产品产量为基础，这意味着耕种土地越多，其税负也就越多，而对耕种土地很少或没有土地的来说，其税负很少或根本没有，出现“免费搭车”。长此以往，会对土地耕种者的积极性产生负作用，最终影响粮食生产。辽宁粮食作物中的玉米和水稻将成为农村费税的主要承载者，一旦出现如上面所述情况，将对玉米和水稻的生产产生较大的负影响。

3. 退耕还林政策

在辽宁拥有 6146 万亩耕地中，25 度以上坡耕地面积 746 万亩，沙化耕地面积 775 万亩。根据辽宁退耕还林 1520 万亩的规划，意味着四分之一的耕地面积将退耕还林还草，同时粮食单产在短时期内也不会有较大幅度提高，因此粮食产量的供给会出现下降，水稻和玉米的产量当然也会有所下降。另一方面，根据退耕还林的政策，需要对农户按照退耕还林面积进行粮食补助，补助以水稻为主，数量为每亩 100 公斤。如果全省退耕还林任务圆满完成，需要补助 152 万吨水稻。一旦退耕还林要求补助的水稻落实到位，水稻需求将会增大，造成辽宁水稻供求总体发生变化。

(三)从价格因素看

近几年来，粮食价格呈现小幅下跌态势，例如 1998 年玉米保护价为 0.92 元/公斤，水稻为 1.46 元/公斤；2000 年分别为 0.88 元/公斤和 1.22 元/公斤；2002 年分别为 0.84 元/公斤和 1.08 元/公斤。粮食价格下跌表明，种植粮食的收益在不断下降，个别生产玉米和水稻的农民实际上已经处于保本或亏损状态。但是这种态势不会继续维持下去，主要原因有以下二点：一是从价值规律来看，由于种植粮食所需的各种生产资料不变，造成粮食生产的成本刚性，这会阻止价格的进一步下跌；二是由于近年来辽宁自然灾害比较严重，种植业结构调整力度较大，以及实施退耕还林工程等，使玉米和水稻供给水平下降，而玉米和水稻需求却在加大，在一定程度上缓和了粮食市场供大于求的矛盾，近而会促使粮食市场价格止跌回稳。据统计，2002 年第二季度玉米和水稻的价格已经小幅上涨，分别为 0.93 元/公斤和 1.15 元/公斤。因此，如果不出现大的特殊情况，未来几年内粮食市场中玉米和水稻价格将保持以平稳为主，小幅波动的局面。这种价格状况既不可能刺激粮食生产，也不会影响粮食生产，价格将不会成为未来几年影响粮食生产的主要因素。

(四)从自然因素看

1. 灾害因素。辽宁属于北温带季风气候，气候呈现冬寒夏热、雨热同季等特点，年平均气温 6～10 摄氏度，年平均降雨量 350～1200 毫米，且从东南向西北逐渐减少，西部地区少而干燥，易受旱灾影响，东中部地区雨量比较充足。特殊的地理位置和气候条件，再加上辽宁农业生产基本上一年一季，农业生产比较容易遭受旱灾、水灾和早霜、冻害的影响。近几年辽宁自然灾害频繁，成灾面积占农作物播种面积的比重 1999 年是 36.26%，2000 年是 58%，2001 年是 40.86%，2002 年是 40.18%，使粮食产量大幅波动，粮食减产比较严重。

2. 粮食播种面积因素。粮食播种面积取决于耕种面积的维持，取决于种植业结构的调整方向。耕地是影响粮食生产的主要因素，同时也是刚性因素。近几年，全省的耕地面积一直呈下降趋势，从 1998 年到 2002 年的累计减少 65.5 万亩，目前人均耕地数量仅为 1.43 亩。在耕地面积不断减少的情况下，粮食种植面积受到挑战，即使是排除种植业结构调整影响，粮食种植面积肯定缩小，这又集中反映在玉米种植面积的减少上。种植业结构调整是另一个影响种植面积的重要因素。近年来粮食市场供大于求的矛盾比较严峻，粮食生产比较效益相对下降，非粮食作物种植面积会相对增加，但是由于粮食单产在近期内很难有较大的突破，所以要保证粮食产量的稳定，实现省内粮食供给与需求的平衡，就必须要严格保护耕地，同时也要在宏观角度上保持粮食生产的有效面积。

四、对2003年辽宁粮食供需平衡的预测

(一)对2003年粮食供给的预测

2003年粮食播种总面积3845.8万亩，比上年减少2.8%，其中水稻为596.7万亩，比上年减少13%，玉米为2093.6万亩，与上年持平。根据2003年的气候条件和播种面积的变化，预测2003年粮食总产量大约为1500万吨，其中水稻为320万吨，玉米为900万吨。

(二)对2003年粮食需求的预测

粮食需求主要分为以下几种：一是城乡居民的生活需求，主要是城乡居民的口粮消费；二是生产需求，其中包括农业生产中的种子用粮，为满足食品业、酿造业、化工业、制造业等的工业用粮和满足畜牧业发展的饲料用粮、储备用粮、出口以及调出。

1. 口粮消费。口粮消费在粮食消费中一直占有很大的比重，但是随着经济的发展和城乡居民收入的提高，无论其比重，还是其绝对量都呈下降趋势。近年来口粮消费每年下降速度大约为2.5%左右，据此测算，预计2003年全省口粮消费为667.1万吨。2002年口粮消费中水稻占53.39%，玉米占13.1%，则预测2003年居民口粮消费水稻为356.17万吨，玉米为87.75万吨。

2. 饲料用粮。近年来辽宁畜牧业发展速度较快，肉类总产量年平均递增速度约为5%。同时由于科学技术在畜牧业生产中的应用，使得每公斤肉类产量所消耗的饲料用粮由1996年的1.7公斤下降到1.18公斤，由此预计2003年饲料用粮571万吨。由于辽宁饲料用粮全部为玉米，则2003年饲料用粮消费玉米为571万吨。

3. 工业用粮。辽宁工业用粮呈现平稳上升趋势。近年来工业用粮增长平稳，年均增长2%。2002年工业用粮141.44万吨，据此预测2003年工业用粮为144.5万吨，其中水稻为11万吨，玉米为73.5万吨。

4. 种子用粮。随着农业科技的推广与实施，以及产业结构调整等影响，种子用粮呈现下降趋势。2002年每亩种子用粮为5.4公斤，据此预计2003年种子用粮20.54万吨，其中玉米用6.93万吨，水稻用2.65万吨。

5. 储备用粮。粮食储备一般包括季节性储备和救灾性储备。按照联合国粮农组织的规定，季节性储备占总消费量的18%，救灾性储备占总产量的1.5%。按此计算，2003年预计辽宁储备用粮为275万吨。

6. 出口及调出用粮。2002年辽宁粮食出口总计约为90万吨，粮食调出大约为40万吨。由于粮食出口及调出每年大体变化不大，因此可以预计2003年粮食出口为90万吨，其中水稻为10万吨，玉米为80万吨；粮食调出为40万吨，其中玉米为30万吨，水稻为5万吨。

(三)对2003年辽宁粮食供需平衡的总体判断

据以上分析，辽宁省2003年粮食总产量为1500万吨，其中水稻为320万吨，玉米为900万吨；粮食总需求为1808万吨。由于目前全省粮食储备以满负荷运行，所以在计算实际需求时，可以不考虑粮食储备。预测2003年全省粮食实际需求为1533万吨，其中水稻为375万吨，玉米为769万吨。可见，2003年辽宁粮食总量供需大体平衡，但品种之间供需矛盾仍然存在。

粮经比调整应因时、因地，良性互动

陕西省农调队

粮经比的实质是在可用耕地面积中，粮食作物种植面积与经济作物种植面积之比。进一步反映在农业经济核算上，表现为粮食作物产值与经济作物产值之比。分析和认识粮经比，要从两个方面看问题。一方面，粮食作为关系国计民生的重要产品，生产历来受到党和政府的高度重视，无农不稳，在很大程度上指的是有粮不慌，粮食生产松不得。另一方面，在确保粮食产量、存量相对安全的前提下，大力发展市场潜力大，前景好，经济效益高的经济作物生产，又是提高种植业经济效益，增加农民收入的重要途径，发展步伐慢不得。

进入新世纪，面对我国加入 WTO 后农业经济发展内外部形势的变化，省委省政府高度重视农业内部结构的战略性调整。为加强对农业和农村经济结构战略性调整的领导、指导，于 2001 年 5 月印发了《陕西省农业和农村经济结构战略性调整指导纲要》，对农业内部的结构调整提出了"要适应市场需求结构变化的要求，积极推进种植业结构调整，实现由以粮为主向粮、经、饲'三元结构'转变"的要求。最近，省委在研究农业和农村工作中又把全省粮经比调整情况作为专题之一，充分显示粮经比内涵的重要性和加快调整的迫切性。为了正确理解省委、省政府对种植业结构调整要求的精神实质，积极贯彻落实《陕西省农业和农村经济结构战略性调整指导纲要》，促使全省粮经比调整沿着正确的方向推进，现对陕西省粮经比的历史演变、不同时期的调整内容和目前的现状作以下简要分析。

一、统计上粮经划分标准及其变动情况

按照传统的粮经划分方法，农作物种植分为粮食作物、经济作物和其它农作物种植三部分。其中，经济作物主要包括棉花、油料、麻类、糖料、烟叶、药材和其它经济作物七项，其它农作物包括蔬菜、瓜类、绿肥、饲料四项内容。这一统计划分方法一直沿用到 1993 年。

1994 年国家统计局为了与国际接轨，种植业统计核算改变粮食、经济和其它农作物"三分法"分类，制定并发布了新的统计核算分类，共 10 项：㈠粮食作物；㈡油料作物；㈢棉花；㈣麻类；㈤糖类；㈥烟叶；㈦药材类；㈧蔬菜、瓜类；㈨茶、桑、果类；㈩其他种植业。

虽然这一统计标准有淡化粮经划分，重视农产品类别功能的作用，但粮经比的调整毕竟是科学利用耕地资源，积极推进种植业内部结构调整，优化农产品生产布局，使农民获取良好经济效益的重要途径。当然，以今天这样发展变化了的市场经济形势和农产品商品化程度分析研究粮经比，显然不能照搬传统划分方法。必须以"与时俱进"思想为指导，把蔬菜、瓜类、饲料等商品化程度高、经济效益明显的农产品生产作为经济作物生产看待，使粮经比的分析贴近时代脉搏，增强针对性、可用性。以下对陕西省粮经比的分析，我们把蔬菜、瓜类、饲料归入经济作物生产。

二、粮经比调整的两种统计考察方法及其结果

粮经种植面积比在微幅波动中由 89∶11 调整到目前的 81∶19。

从 1949 年新中国成立到 1978 年党的十一届三中全会召开的近 30 年中，陕西省农作物总播种面积由 7114 万亩上升到 7882 万亩。其中粮食播种面积由 6315 万亩上升到 6732 万亩，经济作物播种面积由 799 万亩上升到 1150 万亩。全省粮经比由 89∶11 逐步变化到 85.4∶14.6。调整幅度 3.6 个百分点。

从 1978 年农村经营体制改革到 1998 年农村改革 20 年，陕西省农作物播种面积由 7882 万亩下降到 7046 万亩。其中粮食播种面积由 6732 万亩下降到 6045 万亩，经济作物播种面积由 1150 万亩下降到 1000 万亩。粮经比相对稳定在 85.5∶14.5 上，波动在 0.5 个百分点以内。

1998 年到 2002 年，陕西省农作物播种面积由 7046 万亩下降到 6384 万亩(绿肥 88 万亩)。其中粮食播种面积由 6045 万亩下降到 5096 万亩，经济作物播种面积由 1000 万亩上升到 1202 万亩，实现真正意义上的"粮减经增"。粮经比由 85.8∶14.2 调整到 80.9∶19.1，4 年调整了近 5 个百分点。

粮经产值比由 77.5∶22.5 调整到目前的 43.3∶56.7。

从 1949 年新中国成立到 1978 年党的十一届三中全会召开的近 30 年中，陕西省粮食产值由 12 亿元增加到 27.4 亿元，经济作物产值由 3.5 亿元增加到 8.2 亿元。粮经产值比相对稳定，仅由 77.5∶22.5 变化到 77∶23。

从 1978 年农村经营体制改革到 1998 年农村改革 20 年，陕西省粮食作物产值由 27.4 亿元增加到 177.8 亿元，经济作物产值由 8.2 亿元增加到 126.2 亿元。粮经产值比由 77∶23 调整到 58.5∶41.5，年均调整 0.9 个百分点。

1998 年到 2002 年，陕西省粮食作物产值由 177.8 亿元下降到 134.6 亿元，经济作物产值由 126.2 亿元上升到 176.4 亿元。粮经产值比由 58.5∶41.5 调整到 43.3∶56.7，4 年调整了 15.2 个百分点，年均调整 3.8 个百分点。

三、粮经比调整的几个重要时段

在 1949 年到 1978 年的近 30 年时间里，无论是从播种面积看，还是从产品产值看，陕西省粮经比的变化都是微乎其微的。变化的内容主要是随计划的调整而产生的粮食与棉花、油料、烤烟等播种面积的调整。因此调整体现的是指令性计划的调整。

在 1978 年到 1998 年的 20 年时间里，粮经播种面积比的调整并不明显，但粮经产值比的调整却很明显。这一时期的粮经比调整具有双重性：粮食生产的指令性计划虽然减少，但没有彻底取消。农民对种植粮食还是种植经济作物有了更多的自主权、选择权。因此粮经比的调整是政府指令性、指导性调整与农民自发性调整相结合的产物。调整的方向主要是棉花、烤烟、糖料等不具有规模优势或效益优势的农产品生产逐步淡化，发展了以苹果为主的果品生产和以菜篮子建设为主的蔬菜生产、食用油料生产。据历史资料测算，从 1978 年到 1998 年的 20 年时间，陕西省果园面积由 148 万亩增加到 996 万亩，净增加 848 万亩。蔬菜生产面积由 117 万亩增加到 289 万亩，增加 171 万亩，油料生产面积由 195 万亩增加到 444 万亩，增加了 249 万亩。除了经济作物内部结构调整外，全省有 720 万亩左右耕地退出粮食生产而发展了水果(517 万亩)、蔬菜、油料生产(203 万亩，有复种因素)。

我国农业统计制度规定，农作物种植面积不包括园林水果种植面积。因而粮食生产占用耕地调整为园林水果生产用地，不能在播种面积面积中客观反映，这就是陕西省大力发展水果生产，而粮经播种面积比变化不大的原因所在。另一方面，农业统计制度规定，种植业产值、增加值核算中包括园林水果部分。我们通过种植业中粮食产值、增加值与包括园林水果在内的非粮食产值、增加值之比，就可以客观真实地反映粮经比的调整情况。从这个意义上看，使用粮经产值比考察粮经结构调整情况要比使用粮经面积比科学。

1998 年到 2002 年陕西省粮经面积比和粮经产值比同时实现大幅度调整。在这一阶段的粮经比调整中，省委省政府的积极性、主动性与农民的客观愿望形成共振，调整的力度和产生的效果是前两个阶段所不可比拟的。反映在粮经面积比的调整上，主要有退耕还林使粮食占用耕地面积缩减

650万亩(不增加经济作物播种面积,但客观上影响粮经面积比),增加蔬菜种植面积105万亩,增加药材种植面积42万亩,增加水果种植面积60万亩,合计调减粮食占用耕地857万亩。5年的粮食面积调减量超过1978年—1998年20年的调减量。同时,除退耕还林使粮食占用耕地面积缩减650万亩属刚性调整外,增加水果、蔬菜、药材等经济作物种植面积而调整粮经面积比,都是政府积极引导,农民积极响应,共同面对市场机制的理性、科学调整,这些调整在很大程度上具有前瞻性。已经并将在今后的国际国内农产品市场竞争中发挥优势,使农民增加收入。

四、陕西粮经比调整情况与全国的比较

粮经面积比:1978年陕西为85.4∶14.6,全国为80.3∶19.7,陕西粮食面积比重高于全国5.1个百分点。2002年陕西调整为80.9∶19.1,全国调整为67.2∶32.8。陕西粮食面积比重高于全国13.7个百分点。考虑到陕西粮食占用耕地面积调整到水果生产570万亩实际使粮食播种面积调减680万亩这一因素,陕西客观的粮经面积比应为69.7∶30.3,粮食面积比重仅高于全国2.5个百分点,比1978年缩小2.6个百分点。

粮经产值比:1990年陕西为65.1∶34.9,全国为60.4∶39.6,陕西粮食产值比重高于全国4.7个百分点。2002年陕西调整为43.3∶56.7,全国调整为41.3∶58.7。陕西粮食产值比重高于全国2个百分点,与全国粮经比差距比1990年缩小2.7个百分点。

由此看出,无论是粮经面积比还是粮经产值比,陕西与全国的差距在快速同步缩小,水平已经很接近。

五、进一步调整陕西省粮经比要注意的几个问题

第一、重视粮经比内涵的变化。在我国由计划经济向社会主义市场经济转变的过程中,粮经比调整的盲目性和滞后性是十分突出的。低水平农产品过剩和结构性农产品过剩就是这种盲目性和滞后性的表现。面对开放的国际国内市场,粮经比的深入调整重在超前性,稳定性,高质量,高效益。要求我们充分研究市场的趋向和作用,认真发掘自然资源的潜在优势,科学配置生产规模,高度重视产业之间的依存关系,慎重选择短期效益与长期利益。研究粮经比的调整,不能简单地看粮食种得多还是经济作物种得多,而要看调整的本身是不是发挥了自身优势,是不是符合市场变化趋势,是不是能形成规模经济效益,是不是具有长期性稳定性。

以前的粮食生产商品化程度不高,我们积极调整粮经比,扩大商品化程度高的经济作物种植无疑是正确的,现在我们发展优质专用粮食生产,规模大,效益高,商品化程度高,已经突破传统意义上的粮食生产,同样是正确的。我们要做大做强畜牧业,也要发展一批饲料用粮生产,这是一种产业联动。据进度统计,2001年以来,陕西省优质专用小麦、饲料玉米播种面积逐年增加。2001年优质专用小麦播种面积280万亩,饲料玉米30万亩,共占粮食播种面积的6%。2002年优质专用小麦播种面积420万亩,饲料玉米110万亩,共占粮食播种面积的10.4%。2003年优质专用小麦播种面积574万亩,饲料玉米力争达到200万亩,共占粮食播种面积可达15%左右。

第二、重视研究粮经比调整的时机、地域和幅度。首先,陕西省农村的贫困面较大,贫困程度较深。在集中连片的农村贫困地区,让农民当商品粮的消费者还不具备条件,适当保护一定规模的粮食生产,对农民的生产生活安全是十分必要的。经济发达地区的农民家底厚,承受市场风险的能力相对较强,粮经比调整的步子可以迈得大一些。其次,从宏观上看,保证全省粮食安全的产量水平应在1100万吨以上,按照目前的耕地产出水平,稳定5000万亩以上粮食播种面积是十分必要的,这一粮食播种面积安全水平刚好与2002年粮食播种面积相当。所以,在粮食播种单产没有实现较大幅度提高的情况下,粮经比的继续调整要有地域偏重。另外,市场的导向作用对粮经比的调整固然很重要,但要进行深入分析,要透过市场的表面现象看到内在本质,找准切入点,不盲目跟风。

第三、在粮经互动上下工夫。从长远发展看,粮经比的调整空间很大。从目前看,粮经比的调整有消化、巩固阶段性成果的必要。要重视稳定粮食产量,提高粮食生产水平,支撑经济作物的结构调整。经济作物结构调整产生的经济效益,反过来补充对粮食生产的物质、科技投入,提高单位耕地面积的产粮水平,增加优质粮食产量,从而增加可供粮经调整的耕地资源,拓展粮经比调整空间,实现

粮经比调整的良性互动。

第四、粮经比的调整走工程化的道路。值得注意的是，我们的粮经比调整所走过的道路是艰难的，政府和农民在成功的调整中尝到了甜头，在一些不成功的调整中也付出了代价。粮经比的调整走工程化的道路，就是在调整之前筛选项目，论证项目，在调整之中规范项目，扶持产业化发展的配套项目，调整成功之后要跟踪项目内外部环境变化，评估项目运行状况。同时要研究建立粮经比调整项目库，储备 2～3 个备选项目，减少草率调整。

2

土地流转与政策落实

浙江土地流转情况的调查与研究

浙江省农调队课题组[①]

本文所研究的土地流转是指农村农业生产承包土地经营权的流转，指在坚持农村农业生产土地集体所有权、农户承包权的前提下，按照依法、自愿的原则，农户将承包的农业生产用地的承包经营权在一定期限内流转给其他单位、个人或退还给发包方的行为。

当前，农业和农村经济已进入了一个新的发展阶段。根据市场需求和区域资源比较优势，对农业产业结构进行战略性调整，对农业生产要素进行重新优化配置，实现由传统农业向现代农业的跨越，已成为当前农村工作的一项重要任务。农业生产用地是农业生产的基本要素。在农村实行以家庭承包经营为基础、统分LM结合的双层经营体制下，绝大部分农业生产用地的经营权转到了一家一户的农民手中。家庭联产承包制虽然取得了令人瞩目的制度绩效，但随着农业和农村经济的发展，农村劳动力就业非农化程度的提高，出现了部分承包户不愿耕种土地而抛荒或粗放经营的情况。同时，这种以均田制为特征的小规模一家一户分散经营的土地承包制度，不可避免地带来了土地经营的细碎化，已明显地阻碍了农业生产效率的提高，阻碍了农业科技的广泛应用，难以有效地保障和控制农产品的质量安全，违背了现代农业生产规模化经营的规律，种地的比较效益日益低下，农业增效、农民增收在土地经营规模问题上受到了严重的制约。因此，如何创新农业生产用地经营权制度，建立灵活有效的土地流转机制，优化土地资源的配置，完善农业生产要素市场，促进农业和农村经济发展，已成为当前我国发展农业和农村经济的一个重要课题。在这方面，浙江省广大农村自20世纪90年代初以来就进行了积极的改革与探索，不断创新和完善土地经营权流转制度，在解决农业生产承包土地经营权的流转方面积累了不少经验，走在了全国的前列。本文通过对浙江省土地经营权流转情况的调查与研究，探索在现有农村双层经营体制下，如何解决承包土地经营权的合理流转问题，促进农业与农村经济的发展。

一、土地流转的条件和动因

（一）土地流转的条件。

1. 土地的“三权分离”奠定了流转的基础。

家庭承包制的推行实现了农业生产用地的集体所有权、家庭承包权和土地经营权的分离。所有权、承包权、经营权的“三权分离”，是农村经济发展、农村劳动力转移的客观要求和必然结果。“三权分离”充分体现了对农民承包权的尊重和农民对土地进行流转的意愿，是新形势下稳定土地家庭承包经营制的需要。农户家庭土地承包制既是农民从事农业生产的一种权力，又是土地集体所有制在农民身上的体现。因此，从产权角度看，农民作为集体的一分子，理应在产权利益上有所体现，放

① 课题组负责人：洪玉；课题组成员：洪玉、殷柏尧、葛小娥、王塞。

弃承包土地的经营权而获得一定收益，就体现了这一原则，也只有这样，才能使承包土地的经营权真正流转起来。

农村农业生产用地的“三权分离”，是中国特色土地制度的创新，是现阶段正确处理稳定土地承包制与开展土地经营权流转关系的原则。“三权分离”既避免了一讲稳定承包制似乎就不允许经营权流转的倾向，又避免了一讲土地流转和规模经营，似乎就是要把农民承包权收回的倾向，为“明确所有权、稳定承包权、搞活经营权”提供了制度上的保证。

2.农村市场经济的发展为土地流转创造了条件。

在市场经济的竞争环境下，比较效益或机会成本是资源和生产要素流动与配置的首要原则。在比较效益和机会成本的引导下，通过要素的不断流动和资源的重组，使要素所有者最终获得效益的最大化。土地是农业生产的基本要素，实行土地使用权的流转，是农业生产效益和农村市场经济发展的客观要求。

在传统的计划体制下，农业土地由集体统一经营，农民是作为集体成员参与农业生产，农民的收入由集体的统一评工计分来决定，农民不具有自行配置生产要素的权利，不能根据比较效益或机会成本的原则来安排自己的劳动时间或流动到更适合的就业领域。家庭承包制的推行，使农民在很大程度上具有了自行配置生产要素、安排劳动时间、选择适当就业领域的权利。在比较效益原则导向下，一部分劳动力和劳动时间向非农产业转移，从而为土地的流转创造了条件。同时，农民在从事小规模农业生产比较效益急剧下降的情况下，受比较效益的驱动，必然要对土地资源进行流动和重组，通过市场机制达到配置的优化，提高劳动生产率和经营收益。

(二)浙江省土地流转的主要动因。

浙江省农村承包土地经营权流转，最早出现在“八五”期间，在杭嘉湖、宁绍平原一带经济比较发达的地区，农户自发地开展了承包土地经营权的流转，发展到现在，大体已经历了两个阶段。第一阶段，是围绕发展粮田适度规模经营、解决粮田抛荒和完成国家粮食定购任务等问题而开展的。1997年底，全省有10.8万户种粮大户，经营耕地270万亩，承包了全省粮食定购任务的40%。第二阶段，是1998年省委、省政府做出发展效益农业决策后，全省围绕发展效益农业兴起的又一轮土地经营权流转。总结浙江省土地流转的原因主要有以下几个方面：

1.农民就业的非农化。

随着农村经济的发展和农村劳动力向非农产业的转移，使许多农民有了稳定的农业以外的就业渠道和收入来源。2002年，浙江省农村农民人均纯收入4940.36元，位于全国各省(市、区)第三位，其中来自二、三产业的收入占80%。从事二、三产业的农村劳动力逐年增加，2002年达到1256.02万人，占全部劳动力的57.5%。农民在少量的承包地上种田所取得的收入，对部分农民来说已经没有多大的经济意义，从而出现了大量土地的抛荒和粗放经营。一部分农民在农业税和政府处罚抛荒行为的双重支出的压力下，开始自发地把土地经营权转让给别的农民耕种。浙江农民首创土地流转的最初动因就是为了解决耕地撂荒和粗放式经营的问题。可见，当农民不需要通过耕种土地而又能获得种植业的平均利润时，土地流转的可能性就变成了现实性。这是浙江省发达地区发生土地流转的最根本的原因。

2.现代农业生产的规模化。

当经营农业可以取得相同或高于工商业经营利润的时候，社会资金、技术就会向农业转移。从20世纪90年代中后期开始，浙江省的一些工商企业开始把部分资金投资农业，对传统农业进行结构调整和技术改造，经营现代农业。而现代农业要求的规模化经营，极大地推动了土地流转的进行。同时，一些习惯于种植传统农作物的农民面对农业结构调整的资金、技术、市场等压力和风险，自愿将自己承包地的使用权流转给他们经营，获得了比自己经营还要高的土地使用权流转租金，同时自己又被雇佣，成为“产业农民”，获得土地经营权转让费和劳动工资的双份收入。如平湖市黄姑镇黄姑双龙葡萄园艺有限公司租赁农户350亩土地，租金每亩300元，并将流转出土地的农民吸收到公司做工，每月报酬600元。

3.粮食购销的市场化。

粮食购销市场化，一方面使农民的口粮得到了市场解决的途径，农民不需要通过自种粮食来取得口粮，同时也取消了国家向农户的征粮任务，农民不必为完成征购粮食任务而被迫种粮，这样就为种植业结构的调整、发展效益农业奠定了基础，从而有力地推动了土地的流转。许多以前为了口粮和完成征粮任务而被迫种地的农民纷纷放弃了种田，把自己的承包地转让给了别人。

4.政府引导的促进化。

政府的积极引导和政策服务促进了土地使用权的规范、有序的流转，使土地使用权供求双方得以有效对接。一些经济比较发达的地区针对土地利用率不高，土地出现季节性抛荒，甚至长期弃耕抛荒，特别是粮食购销体制市场化改革后一些地方出现土地弃耕增加的情况，各级政府积极加以引导，成立土地流转中介组织，进行牵线搭桥，建立健全土地经营权流转的机制，规范流转行为，有力地促进了土地经营权流转工作的进行。

二、浙江省土地流转的主要形式

浙江省农村在土地流转中，出现了许多种土地流转的形式，可谓是形式多样，各有千秋。但从流转的组织形式来分，概括起来主要有两种基本类型和九种主要形式。第一种类型是农户自主流转型。是指农户自己直接与接包方协商，实施承包土地经营权流转的行为。这种流转基本上是农户自发的行为，流转土地的规模比较小，转包期限不定，补偿标准多样，有些甚至是无偿或倒贴的，转让的权利义务不是很明确，因此，相对来说不是很规范。第二种类型是组织流转型。土地的流转是通过集体或中介组织进行的。这种类型的流转往往规模较大，连片经营，流转期限较长，比较稳定，权利义务明确，广大农户能从流转中得到补偿，流转比较规范。

(一)农户自主流转型。

1.农户自行转包。

农户将承包土地直接转包给他人，收取租金。主要特点是分散、期限较短、协议简单。这是一种基本上由农户自发进行、分布最广、数量最多的土地流转形式。这是浙江省农村土地流转初期的主要形式。

2.农户自行转让。

农户将承包土地无偿地转让给其他人耕种。这种情况大多数出现在亲朋好友之间，承让者大都只要完成国家任务和上交农业税即可。其特点是承包期限、权力义务一般都无书面规定。这也是流转初期农民自发进行的一种比较普遍的流转方式。

3.农户间自行互换。

这是农户间为了解决承租土地分散和地块零碎等问题，便于耕种而互相调换土地经营权的一种流转方式。

(二)组织流转型。

1.土地置换。

在成片流转土地中，有的农户不愿放弃土地，就由村集体出面，动员不愿放弃承包地的农户换到别的地方去，实行承包土地的置换。如浙江省萧山区许贤乡河口村，有190亩耕地承包给一大户从事花卉、苗木生产。这中间涉及到不愿放弃土地的农户38户68亩耕地，为使190亩耕地连成一片，由村集体出面，将这38户68亩耕地转换到别的地方。

2.出租承包。

浙江农村在第二轮承包时，许多地方都实行了“两田制”，一部分口粮田，一部分责任田。口粮田都分到户，而责任田许多地方只是量化到户，集体就把这些责任田连同村预留的机动田出租给承包大户，收益按量化耕地数分配给农户。如浙江省萧山区临浦镇丘桥村，将全村机动的71.5亩低洼水亩承包给一大户养殖珍珠，全村47户农户每户每年可得收益400元。

3.农户退包集体转让。

在经济较发达的一些地方，部分从事二、三产业或外出打工的农户，由于无力耕种而政府又不允许抛荒或因为农业比较效益低而自愿放弃承包土地的经营权。村集体组织实行农户退回承包经营权土地的转让工作，把这些土地的经营权有偿转让给其他经营者。由于退还给集体的土地一般土地等级比较低，耕种条件差，承让者一般只要完成国家税金、征购任务和村级提留即可。如浙江省义乌市下骆宅村，1997年全村有202户承包户主动提出退包，占全村总户数的46.7%。村集体及时将退回给村里的土地转包给他人，有效地解决了土地的抛荒问题。浙江省东阳市泗庭芳村在1998年实行第二轮承包时，有30户农户要求放弃40亩土地的经营权，由村里统一发包给一养虾大户经营。为了解决退包户要求重新承包的问题，大部分村都制订了相应的政策措施。如义乌市下骆宅村，规定退包农户可提前提出申请承包，由村里进行统一安排相应的承包土地。这种流转形式的特点是转出农户的承包权虚化并基本无偿流转，土地零星分散，流转规模较小，经营户主要是种养大户，也有无其他非农就业门路的农户，为解决劳力出路，多承包几亩田。

4. 农户委托转包。

是指农户将承包土地的经营权委托集体经济组织或其他各类中介组织转包给他人经营的流转形式。一是委托集体经济组织牵线搭桥，寻找接包者。二是委托中介组织将土地流转出去。中介组织制定并帮助签订比较规范的协议书，负责流转协议书及相关资料的档案管理。中介组织可以收取一定的中介费用，实行有偿或低偿服务。

5. 集体反租转包。

是指村集体将承包给农户的承包土地经营权有偿租赁过来，再租赁或转包给其他经营者。其特点是转包面积往往连片较大，形成规模经营，经营户一般都是种养大户或经营能手。村集体要做好连片土地上农户的工作，使其都愿意将承包地反租给集体。如浙江省武义县武阳镇草马湖村，将由50多户农户承包的已抛荒多年的326亩土地(包括山地和大田)，以每亩每年110元的价格租回，村集体再以每亩每年120元的价格出租给一位经营大户，发展观光休闲农业。又如浙江省永康市芝英一村反租农户的438亩承包土地转包给一家花卉苗木公司经营。也有一些经营观念较强的村集体，反租农民承包的土地以后，进行基础设施建设，改善生产环境后，再以较高的租金转包给经营户，壮大村级集体经济。如浦阳镇文溪村，村集体以前3年每亩150公斤、第4至6年每亩200公斤、后14年每亩225公斤稻谷的价格向农民租回土地，进行园区规划、基础设施建设后，再以高于补偿农户每亩25公斤稻谷的价格承包给村内外种养能手经营。这种形式有利于提高土地资源的经营效率，强化村级集体经济组织的协调、管理功能，增加农民收入，推进农业向集约化、现代化转变。但这种流转方式也受一定条件限制，只适用于农业劳动力转移比较充分并已获得了相对稳定的收入来源，转让出来的土地较多，村集体经济组织具有较高的经营管理能力和组织能力。容易出的问题是转让收入集体留得太多，农户的利益得不到切实保障。

6. 股份合作制。

是指农户将土地经营权折价入股，由村集体经济组织或其他企业实行股份合作经营，并按章程规定取得股份收益。这种形式把土地的经营权和收益权分离开来，使农户的承包关系从原来的土地实物占有转为价值占有。农户将土地的经营权折价入股，通过按股分红的形式，保留了原承包土地的收益权，避免了因放弃土地经营权而同时失去承包土地收益权的现象。如浙江省东阳市巍山镇施家田村，农户以200亩土地承包权参股东阳市金田高效农业发展有限公司，公司除每年给参股农户每亩最低分红100公斤稻谷外，年底还享受公司利润的分红。又如浙江省萧山市许贤乡潘山村，2001年成立了潘山村农业发展股份有限公司，全村土地100%实现流转。潘山村有水田410亩，享有人口田的人口为752人，村经济合作社对流转土地进行基础建设投资，建成现代农业园区，共投入资金183.4万元。农户按承包权面积入股，按人口田每人0.5亩折算10股，计7252股，集体田34亩，按每亩20股折算680股，村经济合作社按投入入股，每500元为1股，计3668股。建成的现代农业园区整体租赁给杭州恒和园林绿化工程有限公司从事花卉、苗木、无公害蔬菜、良种等农作物种植。收益分配原则如下：在确保农户土地承包权股份每年每股10元的前提下，收益的80%按股分红，10%上缴村提留，10%作为奖励基金和福利基金。这种由集体组织进行的较高层次的土地流转形式，有利于土地资源的合理配置，提高土地的经营规模和经营效率。但股份合作制与反租转包一样，较易出现行政干预，应当特别强调尊重农民意愿。采用这种形式，当地集体经济组织的干部素质要好，有较高的经营管理水平；非农产业发达，多数农户愿意放弃土地经营。

三、土地流转的意义

从我们对浙江省农村的调查可以看到，土地流转对于优化土地资源配置，推进农业结构的战略性调整、发展效益农业、提高农民收入，都具有十分重要的积极意义。

(一)土地流转较好地解决了土地抛荒和粗放经营的问题，促进了农业结构的调整，提高了土地规模化和集约化经营的水平，提高了农业生产的效益。

人多地少是浙江省的基本省情，2002年浙江省农村人口人均占有耕地仅0.65亩。家庭分散经营导致了土地经营的小规模和利用效率低下，形成对现行土地制度合理性的最大挑战。通过土地流转，实现土地的合理配置，使土地的经营规模得以不断扩大，有力地促进了农业结构的战略性调整，提高了农业专业化程度和产业化经营水平，提高了土地规模化和集约化经营的水平，提高了农业生产的劳动生产率和土地产出率。以前浙江省一些经济发达的地区土地抛荒和粗放经营的情况比较多，这几年，通过土地经营权的流转，农业生产用地的经营效率逐步得到恢复，耕地的抛荒和粗放经营问题得到有效遏制。

（二）土地流转进一步促进了农村劳动力的转移，推进了农村城市化和现代化的发展。

土地经营权流转机制的建立，改变了部分农民“亦工亦农、亦商亦农”的兼业化状态，促进了农村的分工分业，使经商打工办企业的人能安心工作，解除了土地对这些农民的束缚，进一步促进了农村劳动力向非农产业转移，向城镇集聚，推动了城市化、农村现代化进程。

（三）土地流转有利于增强农业主体市场活力，提高农业市场化水平。

土地流转有助于培育一大批新型农民以规模化经营参与市场竞争；有助于各类工商企业介入农业领域，增强农业市场主体的活力和抗御市场风险的能力；有利于增加对农业的投入，提高农业科技的应用和推广水平，并且以现代企业理念经营农业；有利于催生和培育各类农业龙头企业，发展各类农村专业合作经济组织，提高农业的产业化经营程度。特别是在加入 WTO 的形势下，通过土地流转，使农业在更广阔的空间内聚集各种要素，推进科技创新和技术进步，提高农业生产和农民的组织化程度，提高农业的市场竞争力。

（四）土地流转有利于土地价值的显性化，切实保护农民土地承包的收益权。

在稳定承包关系的前提下，通过市场机制，推行土地承包经营权的有偿流转，使农户在转让承包土地经营权的同时，取得了一定的转让收入，从而使农民对土地承包权和经营权的价值得到充分体现，实现土地的增值，增加农民收入，保护了农民的切身利益。

四、目前浙江省土地流转的特点和存在的主要问题

（一）土地流转的特点。

从调查情况看，目前浙江省土地流转已经进入了一个新的发展阶段，呈现了许多新的特点。

1. 流转的速度加速化。

从调查情况看，浙江省的土地流转已进入了一个新的快速发展阶段。一是土地流转的面积快速增长。到 2002 年 6 月底，全省流转面积达到 458.70 万亩，约占全省耕地的 19%，比 2001 年 3 月底的 278.0 万亩增加 180.7 万亩，增长 65.0%，比 2000 年底的 142 万亩增长 2.2 倍。二是土地流转的涉及面扩大。到 2002 年 6 月底，全省 88 个县（市、区）中有 70 多个县（市、区）开展了农村土地流转工作，涉及承包农户 232 万户，约占全省总农户的 20%，比 2001 年 3 月底的 150.04 万户增长 54.6%。

2. 流转形式规范化。

流转初期浙江省农村的土地流转基本是属于农户的一种自发行为，流转形式主要是农户自行转包、转让和互换等形式，流转土地的面积零碎，而且流转时间较短。随着社会对农村投资的加大、农业结构调整和现代农业的发展，对土地规模经营的要求越来越高，一些地方的流转的形式主要转向于土地置换、出租承包、农户退包集体转让和委托转包等流转形式，有组织、有序成片流转的比重逐渐上升。同时集体反租转包和股份合作制等的流转形式也开始出现并迅速发展。尤其是反租转包的形式在浙东北地区（含杭州、嘉兴、湖州、宁波、绍兴和舟山）比较多，占流转总面积的三分之一。土地流转的组织化程度不断提高，开始向规范化发展。据统计，2002 年 6 月底全省 458.7 万亩流转面积中，通过转包实现流转的面积为 260.7 万亩，占 56.8%，通过出租实现流转的面积为 83.46 万亩，占 18.2%，通过互换实现流转的面积为 21.86 万亩，占 4.8%，通过入股实现流转的面积为 7.65 万亩，占 1.7%，通过其他形式实现流转的面积为 85.03 万亩，占 18.5%。

3. 流转的机制市场化。

一是不少地方建立了土地流转的中介组织。中介服务组织牵线搭桥，开展中介服务，拓展了土地流转的空间范围。到 2001 年 3 月底，浙江省就建立了土地流转中介服务组织 3069 个，其中县级 6 个，乡级 153 个，村级 2910 个，发挥着良好的中介服务作用。如绍兴县建立了县、乡两级土地信托服务中心，每年有几万亩土地通过信托服务实现流转。常山县钳口乡建立土地流转服务中心，各村依托村经济合作社建立服务站。余姚市建立土地流转储备制度，把有流转意向的土地集中起来，统一对外招租，实现成片流转。土地流转的中介服务，既克服了分散农户自找流转对象的麻烦，又克服了接包主体直接与一家一户打交道的困难。二是土

地流转的市场竞争机制开始形成。一大批专业大户、农业龙头企业、工商企业、科技人员看好农业的发展前景，纷纷要求扩大土地规模或获得土地投资农业，使土地流转的市场竞争机制开始形成。三是通过市场化运作，协商确定租金。土地使用权流转供求双方根据市场的供求关系和经营产业的经济效益，协商确定流转租金，价格随行就市。四是以协议或合同形式规定土地流转的地块、期限、租金、权利和义务等，进一步规范了土地流转的程序。通过市场化行为，使流转土地的承包使用权价值得到充分体现。据调查，浙江各地流转的租金每亩一般在200以上，高的已超过了1000元。

4.流转的动机效益化。

以前的土地流转主要是部分承包农户由于耕地负担重或外出务工造成农业劳力不足，把承包地视作包袱，为了解决“抛荒”问题，一般都是无偿、有的甚至是倒贴税金流转土地。现在的土地流转主要是对土地资源、科技、资金等生产要素的优化配置，面向市场，发展效益农业，促进农业结构的战略性调整。土地流转以市场推动型为主，从土地无偿使用向有偿使用转变，租金的高低是决定承包农户是否将土地使用权流转的关键因素。从调查情况看，当土地使用权流转租金高于承包农户自己经营土地的收益时，承包农户土地流转的意愿增强；当租金低于农户自己经营收益时，流转的意愿减弱。因此，在各地土地使用权流转中，租金的高低一般与当地土地使用权流转速度成正相关，效益原则在土地使用权流转中得到充分体现。

5.流转的主体多元化。

在土地使用权流转中，一些原来的农业专业大户扩大了规模，新的专业大户不断出现，同时，还产生了一批新型的农业投资经营主体，其中农业龙头企业、工商企业、科技人员和科技企业等成了租赁土地使用权、投资经营农业的一股强劲的新生力量。近年来，全省各类企业投资农业的土地有30多万亩。绍兴市工商企业经营的土地面积达到10万亩，占流转面积的两成。在嘉兴市，到2002年底已有140家工商企业投资效益农业。平湖市有17家工商企业共投资4000万元，创办了农业车间、农业园区和生产基地，经营面积6460亩，占该市土地流转面积的16%。与此同时，外向型农业也迅猛发展，外资企业也纷纷前来投资落户，如广陈镇兰卉园艺有限公司引进外资40万美元，生产经营世界名花卉。一台商投资150万美元，在桐乡濮院镇建立了印度枣的种植基地。

6.流转的结果规模化。

土地使用权流转的推进，为种养大户和工商企业投资效益农业提供了广阔的发展空间，培育了一大批新型的市场农业经营主体，有力地推进了农业规模经营的发展。据对浙江省嘉兴市的调查，到2002年底，全市有各类农业规模经营大户24787户，规模经营面积30.31万亩，其中土地经营面积在30亩以上种养大户已发展到2600多户，经营土地面积近18万亩。由于规模经营大户懂技术、善经营、会管理，充分发挥了“一户带百户”、“一户促一业”的典型示范作用。如嘉兴亿达生物科技有限公司在平湖林埭租赁土地176亩，投资1200万元，重点发展龟、鳖养殖和加工，计划养殖规模300万只，并带动500户农户发展龟鳖养殖2000亩左右。农业规模经营的发展既加快了农业产业化结构调整，使嘉兴市农业生产从单一的数量扩张走向数量和质量并重，从以粮油生产为主转到粮经并重，形成较大规模的特色农业产业带、生产基地，名、特、优、新农产品的数量在不断增加，大大地提高了农产品的市场占有率和市场竞争力。嘉兴市已涌现37个专业乡(镇)、147个专业村、41个有一定规模的农业商品基地、9条特色农业产业带、56只名特优新农产品。

(二)存在的主要问题。

土地流转是经济和社会发展必然的趋势，但又是一个在实践中探索前进的过程。目前浙江农村的土地流转中存在的主要问题有以下几个方面：

1.一些地方组织流转工作不够积极稳妥。

从调查情况看，一些基层干部对《中华人民共和国土地承包法》没有认真学习贯彻，对搞活土地使用权流转的必要性和重要性没有足够的认识。有的认为土地流转时机还不成熟，土地使用权流转涉及千家万户方方面面的根本利益，搞不好怕引发各种社会矛盾，影响农村稳定，对土地流转工作消极被动。有的则对承包政策掌握不够，对农村基本经营制度理解不透，对土地所有权、承包权、经营权的界线认识不清，将承包权30年不变和土地流转对立起来，忽视条件，片面强调或夸大流转的作用，工作方法简单，不充分尊重农民的意愿，采取行政措施强行推动，引起农民强烈不满。

2.侵犯承包户利益的事时有发生。

一些地方把土地流转作为增加集体经济收入，作为壮大村级集体经济的途径，强行收回农民承包的土地或将流转的租金主要留归集体，严重侵害了农民的利益。如被查处的浙中某村，在完成土地整理以后，村"两委"出台了所谓实行"两田制"的承包方案，重新进行土地承包。把农户二轮承包时人均承包的 0.55 亩土地分成"两田"，即口粮田 0.33 亩，继续由农户承包，另 0.22 亩由村集体收回后统一发包增加村集体收入，为此群众意见很大，多次逐级上访要求归还原承包土地。这是一起典型的侵犯承包户利益的案件。

3. 流转运作还不够规范。

一是流转价格无标准可依，高低差距大，同一地方租金低的每亩只有 100 元，高的有 800 元至 1000 元不等。有个别地方土地流转作价存在政府行为，缺乏市场调节机制，部分农民感到流转价格偏低，或者流转时间过长而在价格上没有增长机制。二是期限过短，短期行为严重。据调查反映，85.2%的耕地接包方承包期限与期望转包期不一致，其中 56.5%的接包方实际承包期比期望转包期短。三是操作程序不规范，随意性大。许多流转还是采取口头协议的方式进行私下流转，有的即使有合同或协议，但条款不全，双方的权利和责任不明，造成承包关系不清晰，纠纷隐患较多。2002 年 6 月底，全省土地流转涉及农户 232 万户，流转面积 458.7 万亩，其中签订土地流转合同的，涉及农户 106.49 万户，占 45.9%，涉及土地面积 236.2 万亩，占 51.5%。

4. 农村社会保障制度尚不健全。

由于农村社会保障制度尚未建立和健全，农民势必把土地视为生活的基本保障和从业的最后退路，即使拥有相当资产的部分私营业主还保留着承包土地不愿流转。同时，由于城市化发展的相对滞后，不少地方农村劳动力转移还不很充分，农民的非农收入还不很稳定，影响了土地流转的进行。

5. 经营农业的效益有待进一步提高。

一方面由于近几年农产品市场波动变化大，造成农业经营者的收入不高不稳，一些种养能手或工商企业在农业经营中难以获得合理的收益，造成土地流入方的种养大户和工商企业对土地的吸纳能力减弱。另一方面，由于农业比较效益低，土地流转的租金也低，有些地方每年每亩租金在 100～200 元之间，一些农户认为反正转包也不能获得多少收入，还不如自己直接经营，不愿低租金流转。因此，农业比较效益低是制约土地使用权流转的重要因素。

6. 土地流转的市场化机制还不够成熟

浙江土地流转的市场化机制总的来说尚处在探索之中，虽然部分乡镇、村建立了"土地储备库"或"土地托管中心"等土地使用权流转中介服务组织，但服务功能不够完善，尚处在初级阶段，缺乏对土地使用权流转市场供求信息的收集、发布及产业发展等方面的服务。特别是土地经营权流转还没有一个完善的市场，缺乏一个从上到下网络状的中介服务机构，土地供求信息辐射面狭小，传播渠道不畅，在很大程度上延缓了土地流转的进程。从在调查中遇到的多数土地流转事例看，流出方和流入方之间发生土地使用权流转具有很大的偶然性，缺少进行市场双向选择的机会。而且目前建立的土地使用权流转中介服务组织，不少还是由政府部门组建并行使行政职能，是政府为农服务的一个窗口，或者是村经济合作社行使土地所有者权力的组织。因而无论是组织形式、服务功能、运行机制、离市场运作都还有一定的差距。

7. 部分农民思想上还存在一些片面认识。

部分农民在对土地使用权流转上也存在着一定的疑虑：一是对承包权与使用权认识不清，误认为流转使用权就会失去承包权；二是农民尤其是中老年农民恋土观念强，历来以土地为生，把土地视为生活保障和从业的最后退路，或由于对村领导不放心，宁可抛荒或粗放经营，也不把土地流转出去；三是一些集镇及城郊附近的农民，看到土地在不断增值，怕转让土地以后征用时会失去利益，即使自己无力经营土地也不愿将土地转让给别人，这在很大程度上影响了土地的使用权流转。

五、进一步推进土地流转的对策措施

搞好土地流转，是推进农业农村现代化的一项基础性工作，是促进农村稳定和农村经济新一轮快速增长的关键。实行土地经营权合理流转，并不是改变党在农村实行家庭承包经营制的基本政策，而是进一步深化和完善。因此，对待土地流转，一方面我们要积极鼓励，加快流转，另一方面要规范管理，合理流转。

（一）要始终坚持"平等协商、自愿、有偿"的原则，切实保护承包户的根本利益。

《中华人民共和国土地承包法》明确规定，土地承包经营权流转应当遵循"平等协商、自愿、有偿，任何组织和个人不得强迫或者阻碍承包方进行土地承包经营权流转。”“土地承包经营权流转的主体是承包方。承包方有权依法自主决定土地承包经营权是否流转和流转的方式。”因此，在土地流转过程中，必须充分尊重农民意愿与切身利益，坚持农户自愿协商，公平交易，充分体现其承包权的价值，逐步按市场规则实现合理定价。决不能采取行政强制手段和以侵犯农户承包权益、挫伤农民生产经营积极性为代价来推进土地流转。

积极引导不等于搞强迫命令，坚持群众意愿也不等于放任自流。各地政府必须正确处理好引导流转与尊重农民意愿的关系，在条件成熟的地方，要加大力度，积极引导。对于绝大多数农户同意，而个别农户要保留自己种植的，不要采取强行措施进行流转，应由村集体在做通农户思想工作的基础上，调换相应面积和等级土地后实行集中连片流转。“不得假借少数服从多数强迫承包方放弃或者变更土地承包经营权，不得以划分‘口粮田’和‘责任田’等为由收回承包地搞招标承包，不得将承包地收回抵顶欠款。”在大规模农田整治的地方，要切实保护好农户的承包权，严禁借发展集体经济之名剥夺农户的承包权。因此，土地流转必须根据各地非农产业的发展程度和农村劳动力转移状况、效益农业发展状况，从实际出发，区别对待，既要积极引导，稳步推进，又不能急于求成，搞一刀切。

要充分体现有偿原则，根据《土地承包法》的规定，“土地承包经营权流转的转包费、租金、转让费等，应当由当事人协商确定。流转的收益归承包方所有，任何组织和个人不得擅自截留和扣缴。”从实践看，只有确保转让土地使用权农民的利益，使他们从中得到实惠，才能吸引更多的农户转出土地，才能稳妥地推进土地流转。

（二）要积极优化土地资源配置，实行适度规模经营，突出发展效益农业这一主题。

土地流转的重要目标就是通过土地使用权的流转，优化土地资源配置，实行农业结构的战略性调整，扩大农业经营规模，实现适度规模经营，从而提高土地资源的配置效率，提高土地产出率，逐步形成以市场为导向，以效益为中心，以科技为动力，以产业化经营为载体的区域化布局、专业化生产、一体化经营、企业化管理、社会化服务的农业生产经营格局，以追求农业效益的最大化，提高经营者的经济效益，以更多的吸引种养大户和工商企业投资农业，培育土地流转的买方市场，进一步推动土地的流转。要以推进农业产业化经营为总抓手，更加大胆地推进农业结构的战略性调整，努力做大品牌农产品规模，做强农业特色支柱产业，着力提高效益农业的发展水平。要以科技为先导，大力实施科技兴农战略，瞄准国内外农业行业先进水平，积极引导先进技术、先进设施和高效农业品种，提高农产品的科技含量，以增强农产品的市场竞争力。因此，任何方式的土地流转都必须立足于优化资源配置，必须有利于土地与其他生产要素的有效组合。要逐步改变以往一些地方无序零星流转、分散开发的状况。通过积极的引导和协调，逐步形成以市场为导向、以效益为中心、以产业化经营为载体的集中连片流转。

（三）要坚持因地制宜，实行多形式多渠道的流转。

由于各地的自然与社会经济条件不同，区域经济基础和农民思想观念等方面存在着很大差异，决定了在不同地区采取完全相同的流转方式是不妥的。必须根据需要实行多种土地流转形式长期并存。对于一些二、三产业发展较快、村级组织能力和经济条件较好的地方，村集体经济组织要积极地加以组织引导，逐步形成以市场为导向、以效益为中心、以产业化经营为主体的集中连片的规范流转。有条件的可通过农田整治、土地平整等手段，改善农业生产条件，以便连片开发，招商引资。在流转渠道上有在本村内部的就地流转，也有跨村、乡、县，甚至跨省跨国的异地流转。这些流转形式和渠道的多样性，无疑增加了土地流转的灵活性和选择空间。因此，各地在实施土地流转时，必须针对当地的实际情况，因地制宜，在符合有关政策法规的前提下，采取切合实际的多形式、多渠道的土地流转方式。

（四）要进一步规范土地流转的程序。

土地流转工作，事关农村经济发展大局，事关农民的切身利益，事关农村社会的稳定，这项工作涉及面广，政策性强，而且时效长，因此，政府部门必须加强引导和规范管理，严格执行《中华人民共和国土地承包法》，按照市场经济的要求，建立规范有序的市场化流转机制，做到流转程序合法、流转手续完备、双方权责明确，合同规范、管理有效。在土地流转操作规程中，要严格把握以下三点：

1. 程序的合法性。

土地流转双方必须在自愿平等的基础上，进行充分协商，特别是由村经济合作社牵头的委托转包和反租倒包等形式的流转，必须具有农户签字的书面委托转包书。

2. 合同的规范性。

不论采取何种形式的土地流转，必须签订好土地流转合同，明确流转地块的座落、面积、价格及支付方式、期限、双方的权利和义务以及违约责任、解决争议的方式等。流转期限不应过短，可以根据土地流转和经营的内容不同确定，一般流转期限可在10年左右。土地流转合同签订后，应由乡镇农经部门进行鉴证，也可由公证机关公证。

3. 手续的完备性。

对原已流转的土地，凡流转手续不够完备，流转程序不够规范，或流转合同的内容不够明确的，应该经过双方同意完善合同，加以规范。同时，乡镇、村要加强土地流转中各种合同文本的档案管理，统一建档。

（五）要进一步完善土地流转的市场化服务。

1. 开展土地分等定级和价格评估工作。

土地流转是一种有偿的市场交易行为，遵循等价交换原则，因此，必须加强对土地的分等定级和价格评估工作，合理确定各类土地的质量、等级，评估其客观、公正的使用权市场价格，为土地市场流转双方的公平交易提供合理参考依据，以减少价格确定的随意性和不合理性，避免市场交易主体利益受到侵犯；为政府加强对土地市场价格管理提供科学依据；为经营者搞好财务核算，准确掌握经营成本，合理选择经营项目奠定基础。年转包金应根据土地等级、转包双方的经营能力、当地的经济发展水平等确定，一般包括以下几个方面：一是土地承包款；二是农税负担；三是转出方合理的收益。

2. 积极培育市场化的土地流转中介服务组织。

土地流转中介服务组织是土地流转双方的桥梁，浙江省虽然一些地方积极探索创建了土地流转中介服务组织，但是从总体上看，上地流转的中介服务相对滞后，在一定程度上制约了农业招商引资和土地资源的优化配置。因此，要积极培育土地流转的中介服务组织，逐步完善土地流转中介服务组织的服务功能，拓展服务领域：一是登记、汇集可流转土地的数量、区位、类别等情况，接受供求双方的咨询；二是对接包方经营能力进行评估；三是向社区内外及时发布土地流转供求信息，组织开展土地使用权公开、公平、公正招标竞投活动；四是多渠道收集并推荐发展效益农业项目，开展农业招商引资活动；五是协助土地流转各方签订流转合同，办理合同鉴证手续；六是调解合同纠纷，维护土地所有者、承包者和经营者的合法权益。

3. 建立土地流转交易信息网络。

目前，不少地方因土地供需双方未能及时沟通而使流转受阻，出现要转的转不出去，要接的接不到这一矛盾，形不成有效流转。因此，各地应尽早建立土地流转交易信息网络，由政府有关主管部门或中介服务机构通过各种渠道调查、搜集土地流转的供需和市场价格等信息资料，并加以统计、分析和预测，公开对外进行发布，使农户和有意投资农业的经营者能及时、准确获得可靠信息，沟通土地资源市场供需双方的相互联系，为尽早达成土地流转交易创造条件。

（六）要切实加强土地流转的后续管理工作。

1. 加强土地流转后的检查监督。

土地流转以后，并非就可以放任不管，相反，对于流转后的土地，各级政府部门更应加强检查监督和事后管理。因为经过流转后的土地上新依附的产权关系更加复杂，土地利用的方式也常发生了变化，如分散经营向规模经营的转变等，只有通过对这些流转土地的定期或不定期的检查和监督，才能保证土地流转合同中权利及义务的顺利履行，防止用地者破坏耕地资源的行为，杜绝改变土地使用性质等土地违法利用、违法经营的现象，真正使有限的土地资源得到充分利用和合理的开发。

2. 加强土地再流转的管理。

在农村实际生产过程中，有时还会发生某些农户将流转进的土地进行再次流转出去的现象，形成了农村土地交易的二级、三级市场。开展土地流转和再流转有利于建立一个多层次、多样化的农村土地市场结构，各级政府应把它放在土地流转相同的地位上加以重视，在产权设置、流转程序、流转方式和流转的检查监督等方面进行合理规范和管理，进一步促进农村上地市场体系的建立和完善。

3. 保护经营者的合法权益。

保护经营者的合法权益，是保证土地流转的重要保证。农户和企业经营流转出的土地以后，在允许范围内开发经营的，其经营权、产品处置权、收益分配权等合法权益受法律保护，任何单位和个人不得对其生产经营和产品销售活动进行干涉。同时，还应根据生产经营的需要，在接包期内允许对其接包的土地再转包。

（七）要切实加强领导，进一步统一思想，积极营造有利的外部环境，稳步推进土地流转工作。

加快建立土地使用权流转机制，是当前深化农村改革和发展的一件大事，是一项政策性强，工作量大，关系到农民群众切身利益的一项工作，各级党委和政府必须高度重视，把它列入重要的议事日程，认真研究，精心部署，加强领导，稳步推进。要针对基层干部群众中存在的各种疑虑，加大宣传教育力度。特别是要总结一批成功的实践典型，运用典型事例进行引导、示范，用看得见摸得着的事实进行宣传教育，从而使大家认识到，加快建立土地使用权流转机制不仅是提高农业效益的需要，而且还是一件带有方向性、战略性的大事，符合党在农村的基本政策，是家庭承包责任制的历史发展，是实现邓小平同志的设想的农业第二个飞跃的必由之路，是加快推进城市化进程、加强统筹城乡经济社会发展、全面建设小康社会的需要，使之消除思想顾虑，克服怕变心理，增强干部群众推进农业集约化、规模化、现代化的使命感、责任感和紧迫感，自觉投身到这项工作中去，切实改变有些地方认识不一致，政策不到位，措施不得力的状况。

要采取切实措施，积极营造有利的外部环境。政府对农业的投入要向集约化、规模化经营方向倾斜，支持种养能手发展生产。要实行市场化运作，像抓工业项目那样抓好农业项目的开发经营，进行招商引资。在促进农村劳动力转移方面，要继续大力发展农村的二、三产业，为农民就业和增收开辟新的空间。要积极推进农村城镇化建设，统筹城乡社会经济发展，进一步放宽政策，吸引农民离土离乡，进镇安家落户。同时，还要在农村逐步建立起养劳保险、社会福利、合作医疗等社会保障制度，消除离土农民的后顾之忧，稳步推进农村承包土地经营权的流转。

黑龙江农村土地使用权流转问题研究

黑龙江农调队

经过了二十多年的改革历程，黑龙江省农业和农村经济进入到全新发展阶段，尤其是加入 WTO 以后，农村土地经营规模小，土地分割细碎化、生产成本高、市场竞争力低下的问题日益突出，已经成为黑龙江省农业由传统向现代化转变和农村经济发展的重要制约因素。因此探讨通过农村土地使用权的合理流转，从而实现农业的适度规模经营，提高农业劳动生产率，促进农业增效、农民增收，是黑龙江省农业和农村经济发展中必须认真探索解决的重要课题。黑龙江省是全国人均占有耕地最多的省份，农业生产在全省农村经济乃至整个国民经济发展中占有举足轻重的地位，所以黑龙江农村土地使用权流转的现实意义、特点和规律也必然与其他地方有所不同。本文力争根据大量调查数据全面准确表述黑龙江农村土地使用权流转的总体状况和特点，探索符合黑龙江这样土地大省、农业人省的农村土地使用权合理流转的思路。

一、黑龙江省农村土地使用权流转的现状

黑龙江省自农村实行家庭联产承包责任之日起，农村土地使有权的流转就与其相伴相随，近年来呈现出加速发展趋势。

(一)农村土地使用权流转的总体情况

2002 年全省农村土地使用权流转面积合计为 1034.92 万亩，与 2001 年相比增长了 4.6%，比农村土地二轮承包前的 1997 年增加了 9.4 倍。2002 年参与土地使用权流转的农户 56.1 万户，占全省农户总数的 14%。全省各地都有土地使用权流转在进行，但发展不平衡，流转的速度、规模差距较大。

从流转土地的数量和分类看，2002 年使用权流转的土地中，耕地 981.1 万亩，占全省农村总耕地面积的 7.3%(不包括国营农垦系统、劳改系统等国有耕地)；林地 15.02 万亩；草原 36.3 万亩；水面 2.2 万亩；五荒地 9.3 万亩。由于在黑龙江林地、荒地绝大部分属于国家所有，所以农村土地使用权的流转主要是农村耕地使用权的流转，本文研究的也主要是农村耕地(不包括国营农垦系统、劳改系统所有的耕地)使用权的流转。

(二)农村土地使用权流转的组织形式

在流转的耕地中，农民自发进行流转的 652 万亩，占流转耕地的 66.6%；经过村组织流转的 329.1 万亩，占流转耕地的 33.5%。

(三)农村土地使用权流转的主要形式

黑龙江省农村土地使用权流转主要有以下五种形式：

1.转包。就是原承包方将全部或部分土地经营权有偿转移给本集体经济组织内部成员，承包方与发包方(村集体组织)的原承包关系不变。在合约期内，转入方按照合约自主使用土地使用权，风险自担，自负盈亏，并向转出方交付一定的转出费用。这种流转形式是目前黑龙江省农村土地使用权流转的主要形式，在全省各地普遍采用。2002 年在全省流转的耕地中，转包的 794.5 万亩，占 80.9%。

2. 转让。就是承包方将全部或部分承包土地及其相应的权利、义务转让给第三者，由第三者同发包方重新确定并履行有关的权利义务关系，原承包方与发包方的承包关系即行终止。这种流转关系一般也是有偿的，即受转方要付给转让方一定的补偿金。2002年在全省使用权流转的土地中，以转让方式流转的有73.4万亩，占流转土地的7.5%；

3. 互换。就是土地承包户之间互相串换土地。这种流转形式一般都是为了实现连片种植，以便耕种、管理、进行农田基本建设和实现农业机械化作业，以求降低成本和发展规模经营。2002年全省这种形式使用权流转的土地共7.44万亩，占流转土地的0.8%。

4. 租赁。就是承包方或集体经济组织将土地使用权出租给本集体经济组织以外的单位和个人。2002年以租赁形式流转的土地有64.5万亩，占流转土地的6.5%。

5. 股份合作。就是承包方将承包的土地使用权作价成为股份，与他人进行股份制或股份合作制经营，以入股土地使用权为依据参与分红。2002年全省以股份合作方式流转的土地9.74万亩，占流转土地的1%。

除以上五种主要形式外，黑龙江省农村土地使用权流转形式还有反租倒包，就是在保留原有农户土地承包权的前提下，按照有偿使用的原则，村集体经济组织将农户承包的土地反租回来，发包给其它的专业大户或企业经营，村集体经济组织向原承包户支付一定数量的租金，这样的形式多用于大中城市郊区的专业化园区建设；土地承包权抵押，就是以土地承包权作抵押筹措资金的土地使用权流转方式，在黑龙江这种流转形式采用的极少；委托代耕，就是土地承包人将所承包的土地交由亲朋好友代其耕种，种植计划由自己安排，承包义务由自己承担，以实物或现金付给代耕者一定报酬；等等。2002年采取这些形式流转的土地31.52万亩，占流转土地的3.2%。

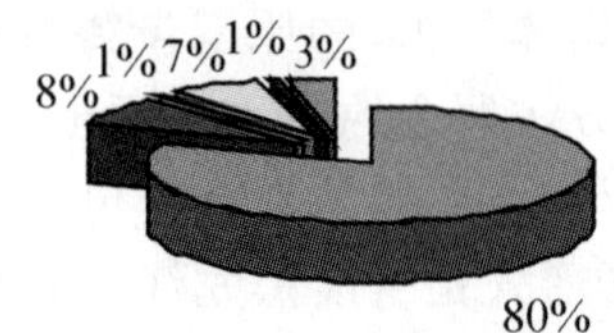

黑龙江省各种农村土地使有权流转形式比例图示

二、黑龙江省农村土地使用权流转的新特点

黑龙江农村土地使用权流转是随着全省整个国民经济、农村社会经济的发展逐步推进的，在国民经济发展进入新的发展阶段后，黑龙江农村土地使用权流转也呈现出新的特点。

（一）农村土地二轮承包后土地使用权流转明显提速。黑龙江省自1983年农村实行"大包干"以来，土地使用权的流转也随之产生并从没有间断过。但从其发生、发展的轨迹看，大体可以分为两个阶段。第一阶段自实行家庭承包责任制开始到第一轮土地承包期结束。这一时期土地使用权流转的范围和数量较小，扩展速度十分缓慢。第二阶段为农村第二轮土地承包之后，这一时期农村土地承包30年政策的落实使农民吃上了"定心丸"，国民经济的发展，农村经济结构的调整和农村劳动力的转移，促进了农村土地流转，全省农村土地使用权流转速度明显加快，进入了一个新阶段。2001年底，全省农村土地使用权流转面积达914.7万亩，占承包土地面积的6.8%，比1997年增长8.6倍，而到2002年底，增至到981万亩，占承包土地面积的7.3%，比上年增加了67万亩，是1997年的9.3倍。

（二）流转形式从比较单一向多样化转变。在农村二轮土地承包前黑龙江农村土地使用权流转纯粹是农民的一种自发行为，不仅流转的范围和数量小，而且流转形式十分单一，只有自由转包和互换两种形式。农村第二轮土地承包后，流转形式趋于多样化，从流转初期的农户土地互换、自由转包等简单形式逐步向包括股份合作、租赁经营、反租倒包等多种流转形式发展，而且不断地有创新。目前全省采取转包、互换以外形式使用权流转的土地占流转土地面积的比重已由1997年的3%增加到近20%。

（三）流转范围快速扩展，土地流转的参与者范畴发生根本性变化。全省土地使用权流转从以耕地为主逐步扩大到林地、草原、水面等整个农用土地，流转地域也由初期的小范围扩展到全省各地，无论是城镇郊区、二、三产业比较发达的地区还是边远地区，全省各地农村都有土地使用权流转在进行。土地使用权的流转已由原来的在亲属、同村、同组成员为主的农户之间进行，扩展到在不同地域、不同经济组织或单位之间进行。据我们对密山、富锦等7个县市39个村的调查，这些地方农村土地使用权在农户与不同地域、不同经济组织的农户、城镇居民、工商企业之间的流转面积约占总流转面积的23%。

另外，黑龙江省土地使用权流转还具有一个十分独特的现象，就是农民大量承包国营农垦系统的耕地。我们对辖区内有农垦农场的北安、富锦、密山等县市的调查表明，农民承包农场耕地的情况十分普遍，而且规模较大。如北安市赵光镇北乐村农民承包赵光农场的耕地达到300多公顷。富锦市的后山村、长胜村每年都有农户承包农场耕地，少时几十公顷，多时上百公顷。自20世纪90年代初开始，绥化、佳木斯地区农民到三江平原农垦农场承包土地搞异地开发，已成为黑龙江土地经营非常具有特点的一种成功模式。由于我们的能力有限，无法对农户承包农垦系统耕地的情况开展全面深入的研究，但在黑龙江土地流转和土地经营中，农民承包农垦系统的土地开展规模经营，对黑龙江农业、农村经济和国营农垦经济的发展都产生了重大影响。

(四)农村土地使用权流转价格机制实现市场化。黑龙江省土地使用权流转经过二十来年的逐步发展，流转价格由供求关系和产出效益等市场、效益因素所决定的市场决定机制已经形成。由于幅员广大，地域辽阔，各地区之间经济社会环境、发展水平差别大，土地使用权流转发展不平衡，所以在不同时期、不同等级土地、不同地域的流转价格差异很大，呈明显上下波动状态。据我们调查，近七年来在广大农区旱田流转价格在每亩50～100元，水田在100～150元这一区间变动，水、旱田之间相差幅度在50～100元/亩；在临近大城市的宾县与在三江平原边远地区的富锦市相比，同等的熟地流转价格至少相差20元/亩。同样是边缘地区的密山市与富锦市同等耕地的流转价格和变化趋势又不相同。产生这种情况就是因为各地的土地供求关系和各年份、各种作物的经营效益不同。比如由于2002年很多地方种植大豆取得了较好收益，2003年这些地方有能力的农民争着转包土地种植大豆，土地流转价格明显上升；再比如像富锦这样的地方，农民占有土地数量多，经营土地是这里农民的主业，土地使用权的需求量大，流转的价格就高，而宾县农民从事二、三产业和外出务工的多，对土地经营兴趣不浓，土地流转的价格就较低。

四个不同地域县、市农村土地(旱田)使用权流转平均价格变化情况

单位:元/亩

年份	富锦市9(东部)	宾县(中部)	龙江县(西部)	密山市(东南部)
1997	67	54	40	100
1998	67	54	40	100
1999	80	49	49	100
2000	100	63	51	93
2001	106	63	62	87
2002	113	67	57	80
2003	120	75	67	93

三、黑龙江省农村土地使用权流转中存在的问题

黑龙江省农村土地使用权流转虽然在近些年来有了较快的发展，在很多方面发生了根本性转变，出现了新的趋势，但这些都是与自身的过去相比显现出的进步，而与江苏、浙江等发达地区相比，对照提高农业市场竞争力的客观要求看，还存在以下几方面不足和问题：

(一)起步早，速度慢，规模小。黑龙江省农村土地使用权流转从80年代后期就已经出现，但一直行进得比较缓慢。开始绝大多数农户转入的数量都较少，而且多是在亲友之间流转，虽然到农村土地二轮承包后，开始有了较快的发展，总体规模也相对比较可观，但与发达省份相比行进速度仍然较缓慢，流转的面积占全省农村土地的比重较小。到2002年全省农村土地使用权流转面积也只有981.1万亩，占农村耕地总面积的7.3%。这个比重比流转速度较快的浙江省低至少6个百分点，比四川、安徽也分别低3个和3.5个百分点。另外黑龙江省农村土地使用权集中程度也不够，多是农户

之间小面积、小规模的流转，大规模集中的趋势不明显。2002年全省参加耕地使用权流转的农户户均转入土地18亩，这样的土地经营规模距离理想的经营规模相差甚远。黑龙江省土地流转之所以进行缓慢、规模不大，是有其深层次客观原因的，一是黑龙江省是个经济欠发达省份，农村社会经济比较落后，各地社会经济发展很不平衡，在很多地区以种植业为主的农村经济结构还没有得到根本的改变，土地对农民生活还起着十分重要基本保障作用，为此农民不敢轻易放弃土地，这是全省农村土地流转缓慢的主要原因之一。在黑龙江省农民家庭收入中，直接来自于土地经营的收入平均还占50%以上，齐齐哈尔、三江平原这些地区甚至还占70%以上，因此农民对土地十分依赖。我们对25个调查县的800个农户进行问卷调查时，90.4%的农民表示不会放弃土地承包权，78%的农民认为农村集体的土地使用权每到一个承包期结束时都应该打乱按人口重新分配，有20%的农民认为土地承包期不能搞的太长，原因归结起来只有一个，就是黑龙江省农民普遍认为土地承包权是农民生活的基本保障，集体成员应该平均分配。二是黑龙江省整个国民经济不发达，农村乡镇企业、二、三产业落后，加之农民自身素质较低，缺乏技能，农村劳动力向城市和其他产业转移难度大、速度慢、数量小，大量农村剩余劳动力在没有新就业门路的情况下，只能守着有限的土地过活，这严重制约着农村土地使用权的流转。从统计数据上看，黑龙江省乡村从业人员有900多万人，其中从事农林牧渔业的750多万人，占83%，平均一个农业劳动力经营耕地面积不足一公顷。三是在农产品尤其是粮食产品出现供大于求的局面，价格不断下跌，土地经营的比较效益越来越低的情况下，也使资本本来就不雄厚黑龙江农民没有积极性搞大规模的集约化经营。

（二）农村土地流转中介、服务、监管体系还没有建立起来，农村土地使用权流转仍以农民自发的、私下的进行为主，大多数地方还处在自然流转状态。从对全省的统计调查数据中可以看出，在农村土地使用权流转的过程中，农民自发进行流转的652万亩，占流转耕地的66.6%，经过村组织流转的329.1万亩，占流转耕地的33.5%。而据我们的对肇东、北林区、绥棱、富锦、密山等7县市39个村的调查，80%的土地流转是农民自发的、私下地进行，经过村级组织审批流转的绝大多数是因为要明确和落实税、费由谁来缴，才经过村里的许可或者备案，并不是实际意义的由村里规范的组织农村土地使用权流转。多数地方土地流转服务、中介、监管机构有名无实，乡、村级组织在农村土地使用权流转过程中的中介、服务和监管作用没有充分发挥。在我们调查中，90%的农户反映如果不涉及到税费收缴问题，村里根本不管土地流转的事，而且多数农民表示为了防止乡村借机乱收费不愿意让村级组织参与土地流转。

（三）土地使用权流转合约期短，流转后土地经营掠夺式短期行为十分普遍。据我们对7个县市39个村的调查，农村土地使用权流转的合约期78.1%的在3年以下，而且近60%的是一年，6.7%的在3～5年，有15.2%的在5年以上，合约期长的多是农户承包村里的机动地。流转合约期短问题产生的原因是多方面的，一是土地经营风险比较大，尤其是近几年黑龙江省连续遭灾，收成不稳定，各地转入方的农户为避风险，一般不定长期合约。二是土地转出方的农户大多数由于少有稳定的其他经营项目和收入来源，怕土地使用权长期出让使自己生活缺乏基本保障，而不定长期合约；三是部分农户土地使用权转让是因为贫困救急，本来就打算情况有所好转时还要继续自己经营，所以不定长期合约；四是近几年全省的主要农产品供过于求，价格持续走低，土地经营比较效益差，在此情况下转包形式流转的合约期自然不会太长。流转期限短，导致对土地经营的短期行为和掠夺式经营，种地不养地，农田基本建设欠缺现象普遍，使土地资源遭到了严重破坏，耕地地力急剧下降。

不同地域农村土地使用权流转合约期限情况

	3年以下	3～5年	5年以上
富锦市（东 部）	83.3%	5.1%	11.6%
宾 县（中 部）	66.1%	10.3%	23.6%
龙江县（西 部）	76.7%	7.1%	16.2%
密山市（东南部）	77.4%	8.8%	13.8%

注：表中数据是我们对不同区域四个县市部分土地流转户调查结果，不能完全代表全省或者当地的情况，但可以从中看出态势。

（四）流转集中的土地缺少大资本注入和效益好、技术新的经营项目开发运用，经营效益总体有一定提高，但并不十分理想，农村土地使用权流转缺乏动力。客观地说，流转后的土地有一部分的经营效益确实有显著提高。北安市赵光镇北乐村有十几户承包耕地大户，大面积连片种植大豆、中药材，取得的单位面积经营效益比当地普通经营者的效益高出5—8倍。在全省这样的事例也不在少数。但就全省总体情况看，流转后的土地平均经营效益有所提高可并不如此显著。我们对7个县市39村的调查表明，流转后的土地有67%在投资水平、经营模式上没有明显改变，经营项目没有创新，效益只有小幅提高。而提高的原因还有很大成分是“靠年头、赶行市”，即遇到风调雨顺获得丰收和赶上好的价格行情使收益提高。多数土地经营权转入方转入土地使用权的目的主要是通过扩大土地经营规模实现效益简单累加求得家庭总收益的提高和实现连片种植降低经营成本从而实现纯收益的增加，并不是依靠提高土地生产率、增加投入、运用高新技术和实现集约化经营大幅度提高土地单位面积经营效益从而增加收入。正因为黑龙江省土地使用权流转后没有显示出经营优势和取得显著的效益，农村土地使用权流转的动力不足。

2002年7个市县部分土地使用权转入户旱田作物经营效益与全省平均水平的比较

单位:元

	玉　米		大　豆	
	每亩纯利润	每百元投入利润	每亩纯利润	每百元投入利润
土地转入户平均	93.62	51.44	145.36	104.73
全省平均	87.92	49.15	135.55	98.34

(五)个别地方在进行园区建设、股份经营、连片种植过程中存在不尊重农民意愿，搞强迫流转的现象。虽然在黑龙江省这样的情况目前还不很严重，但在土地使用权流转的继续推进的过程中，必须注意防止这类现象的发生。

四、关于黑龙江农村土地使用权流转问题的深层次思考

黑龙江是个农业大省、土地大省，搞好农村土地使用权流转，提高农村土地经营水平和农业生产效益对全省农村经济以及整个国民经济发展都有重大意义。另外，黑龙江省还是全国重要的的商品粮基地，通过土地流转等有效手段促进黑龙江农业生产提档升级，对稳定全国农产品的市场供应、保障人民生活需要也具有重要战略意义。对如何推进黑龙江省农村土地使用权合理、有序、健康流转，我们做了以下几点思考：

(一)农村土地使用权流转必须以坚持稳定和完善家庭土地承包责任制为前提。以家庭承包经营为基础的农村土地基本经营制度在黑龙江省实行20年来，极大地调动了农民的生产积极性，实践证明这种土地经营制度适应黑龙江农村生产力发展水平，是农村社会稳定的根基，必须保持长期稳定不变。在这个前提下通过农村土地使用权合理流转，即不触及农村土地集体所有和农户长期承包经营的基本制度，稳定了承包关系，又能改变人人务农、户户种田的传统格局，解决了农村一家一户小规模的土地经营方式与社会化大市场日益突出的矛盾，有利于农民增收和农村经济整体素质的提高。从这个意义上讲，农村土地使用权的流转正是适应了稳定和完善家庭联产承包责任制客观要求产生、发展的，是农村改革进一步深化的具体表现，是对家庭承包责任制的完善和发展。如果不坚持稳定和完善家庭承包责任制这个前提，农村土地流转根本不可能顺利进行，同时还会影响农村社会的稳定。

(二)农村土地使用权流转必须尊重农民的意愿，尊重、维护农民的合法权益，按照“自愿、有偿”的原则进行。必须认识到黑龙江省目前和今后相当长一段时期，土地经营还是农民家庭收入的主要来源和重要生活保障手段，农民对土地的依赖眷恋程度还很高，土地还是农民的“命根子”，拥有农村土地使用权是农民的重要合法权益。因此，在土地使用权流转过程中，要明确农户是土地流转的主体，对所承包的土地拥有合法的使用权、收益权和自主流转权，农村土地流转必须随着农村经济发展水平的不断提高，坚持在具备条件的情况下，在农民自愿、自主的情况下渐进地推进，决不能搞“一刀切”和定指标、定进度强行推进。不但不能强迫而且也不能阻碍农民依法流转土地使用权。只有尊重农民的意愿，正确处理流转双方的利益关系，维护农民的合法权益，农村土地流转才能最终实现。否则就会损害农民权益，引发农村矛盾。

(三)农村土地使用权流转必须把促进农业增效、农民增收、农村稳定作为衡量工作成效的根本标准。农村土地使用权流转的根本目的就是促进土地按照效益法则向优势产品和优势产业流动，优化农村土地、资金、技术、劳动力等生产要素的配

置，加快农村分工分业和劳动力转移，拓宽农民的增收渠道和致富空间，根本出发点和落脚点是促进农业增效、农民增收和农村稳定。因此，必须把土地流转放在农村经济发展的全局来谋划。要把土地流转同结构调整紧密结合起来，同农业产业化经营结合起来，同农村劳动力转移结合起来，同农民增收这一工作目标结合起来。要把促进农业增效、农民增收、农村稳定作为检验土地流转工作成效的根本标准。要通过土地流转，加快构造优势产业，扩大经营规模，形成产业、产品特色，促进农业结构的优化；要通过土地流转，建立专业化、规模化、集约化的生产基地，大力发展产业化经营，提高农业的组织化程度；要通过土地流转，大力发展农村二、三产业，加快劳动力转移步伐，推进农村城市化进程，提高农民素质，从根本上实现农业增效、农民增收的目标。

（四）农村土地使用权流转必须以搞好农业结构战略性调整、推进产业化经营、加速小城镇建设，促使农村劳动力向城市和非农产业大量转移作为根本措施。大量农村劳动力固守在有限的土地上，分享有限的土地收益，不仅制约农村土地使用权的流转，也难以实现农民增收的目标。而没有其他的就业机会，使农民从非农产业获得稳定的收入，淡化土地对农民基本生活的保障作用，农村土地使用权就不可能流转。人动是地动的前提条件，只有农村劳动力转移出去了，土地使用权才能真正流转起来。黑龙江农村土地使用权流转速度慢的主要原因是整体经济落后，乡镇企业不发达，农民没有非农就业门路，致使农村劳动力大量滞留农村。所以黑龙江土地要流转起来，就必须在农村产业化、农业生产结构调整、发展城镇经济上下功夫，为农民创造更多的非农就业机会从而促使农村劳动力大量转移，为农村土地流转创造条件。

（五）农村土地使用权流转必须坚持有利于可持续发展的原则。黑龙江土地流转合约期短，对流转的耕地处于掠夺性经营和无保护、无保养状态，土壤肥力急剧下降的问题令人十分担忧。据我们对 7 个县市 39 个村的调查，转入土地农户几乎都不使用农家肥，大量使用化肥，都没有进行农田基本建设，耕地地力下降的现象普遍存在。黑龙江这片黑土地的黑土层已由 50 年前初垦时的平均厚度 40 至 100 厘米，下降到如今的 20 至 40 厘米，每年流失的黑土达 1 亿到 2 亿立方米，流失的氮、磷、钾元素折合成标准化肥 400 到 500 万吨，黑土耕地表层有机质含量已经下降到 2.5～6.5%之间，与开垦初期的 11.8%相比下降了一半以上。造成这种状况的三分是天灾，七分是人祸，农民种地不养地、粗放经营的不良耕作习惯，化肥和农药的大量使用，对土地进行掠夺性经营，造成土壤的物理性状恶化是其中主要因素之一。随着农村土地流转速度的加快，规模的扩大，如果土地短期流转行为得不到控制，流转土地得不到保护，地力得不到培育，继续这种掠夺式经营，必将加重对耕地资源的破坏，从而影响黑龙江农业的可持续发展。

（六）农村土地流转必须解放思想，努力创新，探索符合实际的流转机制。农村土地使用权流转是农村改革的进一步深化，在黑龙江省尚处于继续探索阶段，还没有现成的路数可循，要做好这项工作必须解放思想，实事求是，大胆实践，开拓创新。广大农村基层干部和农民群众中蕴藏着无限的创造力，要尊重他们的首创精神，坚持与时俱进，在中央政策的指导下，鼓励农民创造新的流转形式和进行各种试验，同时要注意总结，把农民群众的创造和实践上升到理性认识，找出具有规律性的东西，加以提炼，形成符合各地实际的土地流转机制。只有这样才能把土地流转真正搞好，使之符合农民的意愿，促进农业和农村经济的进步。

（七）农村土地使用权流转必须建立完善的中介、服务、监管体系，以保证农村土地流转工作沿着正确轨道规范、有序、合理、健康进行。黑龙江目前农村土地使用权流转还以农民自发的、私下的进行为主，中介、服务、监管体系很不健全，村级组织在土地使用权流转中的积极作用也远远没有得到发挥，这导致土地流转工作不规范，产生很多问题，存在很多隐患，成为农村社会矛盾产生的根源之一。因此，建立健全农村土地流转中介服务和监督管理机构就显得尤为重要。另外在中央政策指导下，遵循《农村土地承包法》等有关法规的规定，制定符合全省农村实际的更详细、更完善的农村土地流转法规，以规范农村土地流转也势在必行。村集体经济组织是农村土地的所有者，其发挥在土地流转的基础性服务和管理作用，及时掌握本村农户土地流转的意向，提供土地使用权流转的信息，协调土地使用权流转双方的利益，指导签订流转合同，调解土地流转中出现的矛盾和纠纷，切实维护土地所有者、承包者和经营者各方的合法权益，这是土地使用权有序、合理、健康流转的重要保证。但是要注意防止借机向农民滥收费、高收费的现象发生。

从调查数据看土地承包政策的落实与完善

宁夏自治区农调队

根据自治区党委、政府领导的重要批示，自治区农调队于近期组织对全区农村土地政策贯彻落实情况进行了认真调查研究。调查采取问卷调查方式进行，设计土地政策问题22个，抽取固原市原州区、吴忠市中卫县和石嘴山市平罗县部分乡村，随机抽选农户调查，共发放调查问卷110份，收回问卷110份，同时向当地农村二轮土地承包合同管理机构进行了调查了解，全面掌握了调查县、乡总体承包情况。因此，这次调查基本真实地反映了农民的看法和农村二轮土地承包政策(以下简称土地政策)贯彻落实情况。

一、调查结果分析

(一)土地政策已深入人心

在调查的县(市)、乡、村中，普遍对农村二轮土地承包工作十分重视，组织宣传工作得力，宣传手段多样化，群众发动充分。有89.1%的农户参加了县乡村层层举办的宣传会议，有31.8%的农户看到了乡村印发的土地政策宣传材料，有33.6%的农户从电视、广播等新闻媒体中听到或看到和掌握了土地政策精神，还有6.4%的农户从其它渠道了解了土地政策，只有1%的农户不太清楚。

(二)土地承包工作没有完全落实到位，还留有空白

调查显示，到1999年，调查县市二轮土地承包工作只完成应签合同的88.5%；到2002年底，签订承包合同的农户为94.5%，还有5.5%的农户没有与乡村签订土地承包合同。主要原因，一是对承包方案不满意，这种情况占没有签订承包合同农户的33.3%；二是对乡村具体操作不公平有看法，这种情况占16.7%；三是农户不想再承包耕地，这种情况占11%；四是其它原因没有签承包合同占39%。

(三)农村土地流转基本平稳，但具体操作还不规范

在调查中发现，有83.6%的农户之间进行过承包耕地的适当调换。调换的主要原因是为了集中土地，便于耕作，这类情况占67.2%；为了完成乡村安排的连片种植计划而进行土地调整的占23.2%；为了获得宅基地而调换住房附近土地的占8.8%；其它原因调整土地的占0.8%。目前农村土地调换方式主要有以下几种情况。一是农户之间自愿协商，自由调换，不经过乡村组织批准和备案，这种情况约占55.2%；二是农户主动提出调换土地请求，村队干部或第三人做见证或帮助协调，进行土地调整，这种情况约占32.4%；三是农户自己不愿意调换，乡村组织出于某种考虑，强行组织调整，这类情况占6.9%；四是农户不愿意调换，由乡村组织出面先将土地租赁后，再转包给其它农户经营，其实就是一种“反租倒包”形式，这类情况约占4.1%。

(四)农户自留地纳入承包合同的情况已经相当普遍

在调查的农户当中，约有44.5%农户反映自己的自留地纳入承包合同，有43.6%的农户自留

地没有纳入承包，约有11.9%的农户不知道情况。据调查了解，自留地纳入承包的主要原因，一是村队土地紧张，为了负担部分农业税费，将农户自留地纳入承包，这类情况占70%；二是农户之间自留地面积悬殊，为了平衡多数人的心理，乡村将自留地纳入承包，这类情况占21.7%；三是乡村为了多收取额外税费，将自留地纳入承包的占1.7%；四是因为其它原因将自留地纳入承包的占6.6%。

（五）农民群众对土地承包政策的看法

调查中我们主要就目前农民群众对农村土地政策的看法进行调查了解，掌握的情况是，一是群众对农村二轮土地承包满意的占70%，基本满意的占21.8%，不满意的占4.6%，说不清的占3.6%。说明土地承包工作留有缺憾，个别工作需要补救。对承包工作不满意的主要原因是，个别遗留问题没有解决，承包方案不公平，具体操作不合理、不公平。二是承包期内对承包地进行"大稳定、小调整"认为有必要的占70.9%，认为没有必要的占22.7%，，说不准的占6.4%；三是对农转非人口承包土地的处理看法是，69.1%的农户认为应当收回，26.4%的农户认为只要村队土地宽余，多数群众同意，可以暂时保留，4.5%的农户拿不准，不好说。四是因婚丧嫁娶而增减人口的土地，48.2%的农户认为要进行调整，30%的农户认为要根据具体情况确定，土地宽余的可以调整，土地紧张的不可以调整，13.6%的农户认为可以适当调整，但调整面不易过大，8.2%的农户说不清。五是无能力耕作的土地，23.6%的农户认为要收回土地重新发包，收回土地的人口由乡村供养，59.2%的农户认为不收回土地，由农户自己转包，12.7%的农户认为可保留口粮地，其余土地收回重包，4.5%的农户说不清。对撂荒土地19.1%的农户认为要收回重新发包，25.5%的农户认为不应该收回土地，但撂荒土地的农户要足额交纳各项税费，9.1%的农户认为要查清原因，酌情减少承包面积，46.3%的农户说不清该怎么办。六是对乡村机动地看法不一。26.4%的农户认为机动地应该留，但不宜太多，18.2%的农户认为机动地管理使用要公开，由村民大会决定，36.6%的农户认为不应该留，还有19.1%农户说不清楚。七是对农村荒地开发，有21.1%的农户认为乡村不要管，谁有能力谁开发，15%的农户认为农户可以开发，但要纳入乡村统一管理，9%的农户认为荒地应由乡村统一组织开发，然后统一发包，19.5%的农户认为要承担必要的水费和管理费用，31.6%的农户认为不允许农户自己开发，3.8%的农户说不清楚。八是约有11.8%的农户目前想退包耕地，79.1%的农户想继续承包耕地，约有9.1%的农户目前拿不定注意。据了解，想退包耕地的原因有以下几种，认为耕地生产经营效益低下，无法耕种的占48.2%，无劳动力耕种的占3.7%，认为税费负担过重的占37%，外出务工，没有精力耕种的占7.4%，其它原因（如开发荒地面积大，各项税费相对较少，想退包耕地专营荒地等）占3.7%。

二、值得注意的几个问题

（一）个别农户长期不签订承包合同，背后隐藏的问题不容忽视

农村二轮土地承包工作按照国务院及国家农业部有关文件要求，应该全面落实，应签则签。但由于种种原因，目前尚有少部分乡村农户没有签订承包合同（问卷调查反映的为5.5%，三县区承包管理机构提供的总体数据比例为1.8%）。调查了解到的主要原因有两方面，一是对个别农户的遗留问题乡村一直没有很好解决，或解决的群众不满意，个别农户拒绝签订承包合同；二是部分农户长期拖欠乡村统筹和提留款（主要是村提留），乡村借二轮土地承包之机，不让这些农户签合同，以便追缴欠款。从实际情况看，这两种做法都无助于问题的解决，反而强化了乡村与群众的对立情绪。我们认为，长期这样拖下去，更加不利于问题的解决。

（二）自留地纳入土地承包问题

农村自留地政策是农民目前可长期支配使用的少量土地，对于自留地是否纳入二轮土地承包，国家有明确的规定。在这次调查中，有近一半的农户反映自己的自留地已经纳入承包合同。究其原因，我们认为客观上确有土地紧张，农户之间自留地面积差距悬殊，存在矛盾；但更主要是个别乡村干部主观上对这项政策的歪曲和随意篡改，致使好政策走了样，伤了群众的心。

（三）退包耕地和无力承包耕种问题

目前绝大多数农户还离不开土地，土地还是他们赖以生存的主要依靠。尽管要求退包耕地的农户还是少数，但反映出的问题应该引起各级组织的高度重视。随着农业结构性矛盾更加突出，农资价格的居高不下和农产品价格逐年下滑反差越来越大，以土地为基础的种植业生产经营效益已经到了极限，农村税费负担尽管实施税费改革以后由所好转，但乡村组织自我创收能力不足，各项公益性事业又必须逐年有所投入，农民面临减收与增支的双重压力。因此，农村退包耕地和无劳动力农户的土地问题要提早加以研究，同时切实做好增加农民收入的各项工作，努力提高农业生产经营效益，拓展新的增收渠道。各级组织责任重大，任务艰巨。

(四)土地流转操作上的不规范，可能引起矛盾与纠纷

从调查周围的情况来看，农村土地流转工作基本上处于放任不管，一些不规范，不合法的土地流转现象很普遍，这次调查约占 80%以上。至于乡村组织事前主动参与流转，或事后进行备案的则更少。个别农户之间，甚至农户与乡村组织之间因为处理与之相关的事务时，便因为土地流转不合法，无有法律支持依据而不能有效解决，造成更大矛盾和持久的纠纷。

三、几点建议

党的农村土地政策事关农民生计的大事，工作要求高，政策性强，必须尽早采取措施，标本兼治，防患于未然，化不利为有利，使党的土地政策发挥应有的作用。

(一)加强“土地承包法”的宣传与贯彻落实

《中华人民共和国农村土地承包法》已经于 2003 年 3 月 1 日施行，这是我国农民政治生活中的一件大事，以法律形式“赋予农民长期而有保障的土地使用权”，符合目前农村实际和农民心愿，标志着农村土地承包经营制度真正走上了法制化轨道。解决当前农村土地承包工作中的一些问题，要紧紧抓主“土地承包法”的宣传与贯彻落实，对各级组织和干部再动员、再教育，在全区深入开展土地承包工作的督察和检查。对照土地承包法律和国务院有关政策规定，切实纠正在土地承包工作中的违章违纪做法，结合地方实际，制定自治区和地市县贯彻土地承包法的具体意见，做好土地承包期延长 30 年的后续工作。对少数没有延长和没有签订承包合同的，要限期完成签订工作，使全区土地承包期一律延长至 30 年。抓住重点案件下决心从根本上解决农村中久拖不决的遗留问题，理顺农村生产关系，充分调动和保持农民生产劳动积极性，进一步巩固好农村家庭承包经营制度。

(二)整顿和规范农村土地流转

认真落实《中共中央关于做好农户承包地使用权流转工作的通知》精神，坚决防止和纠正不顾经济发展水平强制推行土地流转，不能用收回农户承包地的办法扩大规模经营和搞农业产业化，也不能以任何形式和名义剥夺农民的承包经营自主权。规范和整顿农村土地流转，并不是限制土地流转，而是按照土地承包法律要求，使其“合情、合理、合法、有序、高效”的流转。一是要在坚持和完善家庭承包经营制度的基础上，建立和健全包括土地要素在内的市场体系，培育好土地经营权流转市场；二是依据“自愿、有偿、依法、规范”的原则，在充分尊重农民意愿、保护农民利益、不增加农民负担的基础上，实行“公开、集中、规模、分类”流转，不断提高土地资源的配置效率；三是发展并推进流转形式多样化，包括转让、转包、入股、互换、联合等；四是充分发挥政府的协调、引导和服务作用，处理好各方面的经济利益关系，保证农村经济社会的稳定发展。

(三)继续做好农民增收工作

农村土地问题从根本上说是农民增收问题。千方百计做好农民增收工作，对于化解农村土地纠纷，减少农民对土地的过分依赖，促进土地合理有序流转具有重要意义。抓好农民增收工作必须把握农业农村经济发展新阶段的特点，突出农业结构战略性调整主线，抓住农业产业化经营关键，强化农业社会化服务基础。一是抓好产业结构调整，围绕支柱产业，以农业示范园区为突破口，着力搞好农业区域化产业布局，建立规模化生产基地；抓好品种结构调整，依靠外商、能人、科研院所引进新品种，促进产品质量提升，提高农产品市场竞争力。二是牢固树立抓龙头、带基地、扩规模、上总量，切实走好产业化经营路子。要跳出农户抓龙头，特别注意抓好龙头企业的培育和壮大，把主要精力放在培植带动力强的龙头企业上，每个县(市)都能因地制宜，培育扶持 2～3 个大型农业龙头企业，做大做强 1～2 项支柱产业，为农民增收打好基础。要跳出农业抓农业、抓市场，突出抓好市场化、城镇化建设，发展农村二三产业，转移农村劳动力，拓展非农产业收入空间；从过去抓生产转向创市场，拓展农产品运销，以市场安排生产，以订单促进流通，降低市场风险。三是以提高农民组织化程度为目标，突出加强农业实用技术推广体系，农业信息服务体系，农产品质量安全体系，农产品市场体系和农业执法体系"五大"服务体系建设。鼓励发展农村合作经济组织，积极引导、扶持发展专业协会、产销服务队、专业合作社、经济联合社等农村专业合作经济组织，不断提高农民群众自我服务、自我提高、自我创新能力。

(四)深化和完善农村税费改革

"多予、少取、放活"是今后农业农村经济发展的总体指导思想。增加农民收入，"加法""减法"要同时做。"加法"是搞好各项增收措施的落实，"减法"是巩固农村税费改革成果，确保农民负担不出现反弹。完善和巩固农村税费改革成果，当前迫切需要解决三件事情。一是严把"一事一议"的筹资和筹劳关口。要制定和完善配套制度，不仅要明确上限，同时要制定严格的议事规程和使用范围，要公布收费依据和标准，接受群众监督，严禁事情办完结以后，变成固定收取的费用。二是按照精简、效能、统一的原则，加快乡镇机构改革，精简乡村机构和人员，实行减人减事减支出。三是建立农民负担监督监测新机制。除加强平时农民负担监督检查工作以外，由地市级以上党委、政府统一布置建立农民负担监测网点，对基层组织税费收缴情况进行监控，定期汇总情况，逐项排查核实，发现问题及时纠正，确保农民负担长期保持稳定。

失地农民的困难、心态和需要解决的问题

毛　峰

为了进一步了解当前失地农民生活中有哪些困难、最需要解决什么问题以及失地农民的心态和真实想法，最近国家统计局农调总队在28省、自治区、直辖市开展了调查。这次调查以人均耕地面积0.3亩以下的农户为主要对象，共调查了2942户。从调查的情况看，失地农户的生活总体上比较稳定，但存在着这样或那样的困难和问题。

一、基本情况

（一）43％的调查户完全丧失了耕地。在这2942户中，共有家庭人口12170人，其中劳动力7187人，平均每户4.14人，劳动力2.44人；原有耕地13740.15亩，平均每户4.67亩，平均每人1.13亩。从2000年至今，这些农户的耕地共被占用9400.15亩，平均每户被占用3.2亩。现在尚余耕地4340亩，平均每户1.48亩，平均每人0.36亩。其中，人均耕地在0.3亩以上的有442户，约占调查总户数的15％；人均耕地不足0.3亩的有1237户，约占42％，完全丧失耕地的有1263户，约占43％。

（二）20％的劳动力赋闲在家。在7187名劳动力中，征地时安置就业197人，约占劳动力总数2.7％；外出务工1784人，约占24.8％；经营二、三产业1965人，约占27.3％；从事农业1807人，约占25.2％；赋闲在家1434人，约占20％。

（三）46％的失地农户收入水平下降。在接受调查的2942户中，耕地被占用前年人均纯收入平均为2765元，耕地被占用后年人均纯收入平均为2739元，约下降了1％。其中，年人均纯收入增加的有1265户，约占调查总户数的43％；持平的有324户，约占11％；下降的有1353户，约占46％。

二、失地农民的心态和真实想法

在调查中，绝大多数接受调查的失地农民坦率地谈了自己的想法、意见和要求，希望能够增加收入，发家致富，过上好日子，也谈到了他们的忧虑和担心。

（一）许多失地农民对今后的生活前景感到彷徨、焦虑。对于祖祖辈辈靠土地生存的农民来说，一旦失去耕地，心里总感觉不是那么踏实。他们虽然有的被安置在企业，有的外出打工，有的在从事二、三产业，但还是觉得没有种地牢靠、保险。在河南漯河市源汇区调查的10户农户中，有8户都表示还是有耕地比较好，起码可以保证最基本的生活需要。他们害怕以后所在企业倒闭、所做生意赔本后，生活无着落。河北农民耕地减少甚至完全失去耕地之后，由于就业困难，使一些失地农户经济来源减少，收入水平下降。据卢氏县的调查，在2000年前耕地未被征用时，失地农户的年人均纯收入为1301元，而耕地被征用后的2003年，预计年人均纯收入为1045元，下降了25％。其中1000元以下有4户，最低只有500元，超过1500元的只有2户，大大低于该县2002年1536元的平均水平。广东的农民普遍认为种田是最没有经济效益的，但还

是保留土地好。不少失地农民都认为土地是生活的保障，担心失去土地后生活困难。有些农民尽管目前生活还过得去，但由于平时打散工收入不稳定，没了土地心里没有底，担心以后的生活问题，希望有比较稳定的工作维持生活。

(二)有些失地农户对耕地补偿低、补偿不到位感到不满。黑龙江、福建、安徽、山东、河南、重庆、云南等地在对失地农户的调查中，有些地方的农民反映占地补偿费用没有落到实处，失地农民没有得到合理、及时的补偿，意见很大。河南漯河市源汇区、卢氏县、辉县等地的农民认为每亩万元左右的土地补偿费太低，又没有完全兑现到农民手中，因而不断上访。农民希望国家提高土地征用标准，强烈要求在征用耕地时严格按政策规定操作，希望政府及有关部门要做好补偿费的发放监督工作，确保补偿费及时发放到农民手中。

(三)一些地区耕地征用缺少民主程序，缺乏透明度。山西、贵州、青海的一些地方基本不征求农民的意见，不对村民发布征地公告，征地补偿不公示。黑龙江五常市金山村的农民反映，该村土地征用村领导及农民事先根本不知道，直到上级政府让村领导领取赔偿款的时候才知道土地被征用了，村干部及农民都觉得自己那份权利被剥夺了。江苏接受调查的农户中有44%不能肯定其被征用的土地是否为合法征用。广西农民认为征地工作透明度不够，等级上乘的土地被征用后农民得到的土地补偿费也只有每亩数千元，直接损害了他们的利益。

(四)失地农民对地方政府直接介入土地买卖反映强烈。目前土地征用不完全是市场行为，农民多是在行政手段干预下被动地失去了耕地。各地反映失地农民对当地政府以土地是国家所有为理由，在工业园区和土地中心低价征购农民的土地，然后再高价拍卖，政府赚钱农民吃亏的作法非常反感；对在征地过程中，政府及有关部门的诸如土地补偿款及时足额到位、安置工作、解决就业、养老、医疗等承诺，在征地过后因种种原因无法兑现而不满，部分群众觉得政府说话不可信甚至有欺骗行为，不再信任当地政府。

(五)盼望政府的关心。对于那些在经济上处于弱势的失地农户来说，在遇上生、老、病、死而造成债台高筑、在经济上几乎完全崩溃、处于无援无靠、失望的情况下，希望能够得到政府的一声问候和给予一点支持。

三、失地农民急需政府帮助解决的问题

(一)失地农民迫切希望政府帮助他们解决就业问题。调查显示，失地农民最大的困难是失去土地以后，也就失去了最基本的收入来源，生活保障出现危机，担忧征地补偿费用完后的生存问题。农民失去土地后，客观上需要从农业转向其他行业。但随着城镇就业难度增大，再加上农村劳动力自身能力、地理条件、信息沟通等多种因素的制约，他们要找到一份工作实在不容易。天津有54%的农户表示最急需政府帮助解决的是就业问题。河北迁安、高碑店市的失地农户，有80%以上反映就业困难。河南漯河市源汇区和孟津县的失地农户中赋闲在家的劳动力所占比重则分别高达43.5%和47.8%。广东约有四成的调查户耕地被征用后的收入减少，有8%的劳动力找不到工作赋闲在家。陕西的失地农村劳动力只有38%找到了工作。接受调查的失地农民普遍认为失业是他们面临的最大问题，盼望政府在劳动就业方面能够帮助他们，包括给予就业指导、组织劳务输出、提供技术培训和工作岗位等。

(二)大部分自谋职业和自主创业的失地农民希望政府在贷款、税收、场地等方面对失地农民提供优惠政策，鼓励和扶持失地农民发展生产经营，提高自身造血能力，增加收入。广东、广西、河南等地的失地农民反映，失去土地后生活越来越艰难，便在街上、村里摆个摊、开个店、办个厂，但没有政府优惠政策，不管是亏本还是赚钱，各种摊派、税费名目繁多，每样照收不误。加上城市自谋职业的失业人口享有的优惠政策，失地农民不享有，在激烈的竞争中处于不利地位，有时生意根本无法做下去，他们对后半辈子的生活深感忧虑。部分被调查农民在耕地被征用后，有意自谋职业或发展养殖业，但苦于没有资金，未能实行。他们希望得到政府部门在资金、技术上的扶持，希望金融机构能放宽信贷条件，降低贷款门槛，资助农民自主经营。

(三)失地农民希望在农村建立社会保障机制，首先解决农村的养老问题和医疗问题。调查中了解到，对于年龄稍大一些的农民来说，养老保障就成了一块很大的心病。据江西的调查，每100个失地农户中有7个60岁以上的老人，老龄化的趋势十分明显。多数失地农民由于在就业、收入等方面的不稳定性，其结果直接冲击着依靠子女养老的传

统家庭养老模式。大多数老年家庭现在都是靠征地款来维持生计、"坐吃山空"，但过几年征地款"吃"完了，生活就没了着落。失地农民还非常担心的自己的医疗无着落，看病就医花费太高，看一次普通的感冒就得花费几十元甚至上百元，一次还不一定能医好。希望有关部门在今后征用土地过程中，对失地农民进行"开发式安置"，除了给付补偿金外，还要对那些以土地为生的农民采取诸如以土地换取养老和医疗保障的方法，以土地换取就业的方法，解决失地农民的后顾之忧。

（四）失地农民普遍希望国家关注农村的教育问题。他们反映，尽管目前农村学校实行"一费制"后，学费的确有所下降，但是伙食费、住宿费、补课费等却相应地提高了，有的学校还要收取赞助费、借读费等，结果教育支出还跟改革前一样，仍是不堪重负。他们希望政府加强学校收费的监督力度，坚决制止学校的变相收费行为，同时根据实际情况，适当减免一些特困学生的学费，以保证学生不会因为费用问题失学。

（五）失地农民强烈要求税费核销与土地征用同时进行。福建、安徽等地农民反映土地被征用后，与土地有关的税费没有核销，已经被征用的土地仍要交纳各种税费。他们强烈要求税费核销与土地征用同时进行，土地被征用后，就不能再向他们征缴有关的税费。

（六）不少失地农民急需解决拆迁过程中的住房安置问题。宁夏绝大部分城镇近郊农民失地以后，需要迁出原住址。在搬迁中，大多数地区让农民自行解决临时居住房，许多农户无钱租房，感到无家可归，整天发愁。黑龙江五常市安排失地农民的新迁地址，道路交通差、卫生环境差，吃水难。

广西失地农民的现状、问题和意见

广西自治区农调队

根据总队的部署，广西自治区农调队于近日对邕宁、玉林、贵港、合浦、钦州5市县的101户农户开展了失地情况（土地被征后人均耕地在0.3亩以下）抽样调查，结果表明，广西农民耕地被占用后人均收入有所减少。失地农户年人均纯收入由失地前的1918.83元，下降到失地后的1717.42元，下降了10.50%，年人均生活费用支出也由失地前的1447.75元，下降到失地后的1410.32元，下降了2.59%。绝大部分失地农民心态不稳，就业有困难，生活水平下降，希望政府和有关部门关注。主要情况如下：

一、失地的程度

被调查的101户农户共被占用252.23亩耕地，户均被占用2.5亩，占户平均原有耕地3.33亩的75.08%。失地前人均拥有耕地0.57亩，失地后人均拥有耕地0.14亩。

二、当前失地农民的就业状况

根据调查，101户农户共有588人，339人劳动力没有一人得到安置就业。有93人劳动力还在经营农业，占劳动力人数的27.43%。有92人劳动力外出打工，占劳动力人数的27.13%。有90人劳动力经营二、三产业，占劳动力人数的26.55%。有60人劳动力赋闲在家，占劳动力人数的17.70%。

三、失地后农民的收支情况

被调查的101户农户中，失地后年人均纯收入增加的有21户，占20.79%，减收的有76户，占75.25%。失地后，有30户年人均生活费支出增加，占29.70%，有65户年人均生活费支出减少，占64.36%。失地后年人均纯收入最高的户为3500元，与失地前相同。失地后年人均纯收入最低的户为800元，比失地前的1000元低20%。失地后年人均生活费支出最高的户为2600元，比失地前的3000元低13.33%，失地后年人均生活费支出最低的户为648元，比失地前的600元高8%。

值得一提的是，在年人均纯收入增加的21户农户中，玉林市就占了11户，占52.38%，在年人均生活费支出增加的30户中，玉林市就占了13户，占43.33%，由于该市的调查点原本人均拥有耕地就少（0.42亩），农民的就业门路多，在51人劳动力中有20人经营二、三产业，占39.22%，比5县（市）平均高出47.7%，故该市人均收支失地后不减反增，年人均纯收入由失地前的2135元增加到失地后的2274元，年人均生活费支出也由失地前的1315元增加到失地后的1453元，从而对全区产生了影响。如果扣除该市的影响，那么，邕宁、贵港、合浦、钦州5市县的81户农户的年人均纯收入就由失地前的1865.37元，下降到失地后的1580元，降幅达15.30%，年人均生活费用支出也由失地前的1505.31元，下降到失地后的1399.83元，降幅达7.01%。

四、失地农民生活中有哪些困难，他们最需解决什么问题

（一）生活来源无保障。主要是粮食不够吃，生活困难。有部分农户以前主要是靠种地为生，土地被征后，得到的只是每亩8000—25000元不等的土地补偿费，这点钱顶不了多大作用。现在苦于就业无门，收入无保障，征地补偿费过不了几年也就坐吃山空了。今后该怎么办？有土地种点粮食、蔬菜等作物还能过日子。现在失去了土地，觉得生活无保障。

（二）找工作难。如邕宁县到目前仍有41个劳动力没有稳定的工作，其中有31人靠在本地打零工为主，每月有工做的不到15天，月收入在200元上下，有10人更是无所事事，赋闲在家。

（三）自身文化低、无技术，没有能力从事其它行业。

（四）当前失地农民急需解决的问题是补偿费用完后的生存问题。他们希望：一是要安排一部分人就业，二是对从事二、三产业经营的农户给予各种优惠政策，三是征用耕地后要及时利用被征耕地发展有幅射能力的产业来带动当地经济的发展，以增加就业机会，四是将征而不用的耕地退回给农民，如邕宁县龙岗村有一千多亩耕地1998年被某公司以搞高效农业示范基地项目申报征用后，由于该公司自身存在问题，一直没有按项目内容发展高效农业，而是被转让或招租，目前大部分耕地被用来种植甘蔗等低值农作物，仍有一百多亩撂荒，农民对此意见很大，要求将撂荒部份退回给农民。

（五）有些农户在征地时为了顾全大局，牺牲个人利益，“小家”服从“大家”，对国家建设用地表示理解和支持。但对失地群众的生活困难问题、养老问题、医疗问题、就业问题、失业安置问题和征地后出现的遗留问题，当地政府及有关部门都没有过问过。

（六）被征地农户基本上都是城郊农民，有些农户过去有门路、有本钱、生意做得火红、生活过得好，失地对他们没有影响。而大部分失地群众觉得失去土地后生活越来越艰难，在街上、村里摆个摊、开个店、办个厂政府没有一点优惠政策，更谈不上扶持。相反，不管是亏本还是赚钱，各种摊派和收费、税费一样照收不误，而且名目繁多。加上城市失业人口多，生意竞争激烈，无法做下去，他们对后半辈子的生活深感忧虑。群众迫切希望政府及有关部门在经济上每月或是每年能给予一些适当的固定的补助。

（七）征地工作透明度不够，等级上乘的土地被征用后，农民得到的土地补偿费也只有每亩数千元，直接损害了被征土地农民的利益。

（八）征地后出现的遗留问题危害了群众的利益。征地后对桥、洞、排水设施处理不好，使周边土地流失和水淹现象严重，有的受征地工程的影响，周边作物遭到严重的鼠害。

五、农民的心态是怎样的，最真实的想法是什么

（一）征地过后，政府及有关部门在征地时的一切承诺与安慰都变成了空话，群众觉得政府不可信甚至有欺骗行为。

（二）失地几年来，生活越来越困难的群众有着怀旧的想法，觉得还是以前有那几块属于自己的土地好，生活来源有最基本的保障，日子过得稳定，没有那种无止境的忧虑感。

（三）对于那些在经济上处于弱势的失地农户来说，遇上生、老、病、死而造成债台高筑、在经济上完全崩溃、处于无援无靠、失望的情况下，政府的一声问候和给予一点的支持是多么的珍贵和必要。遗憾的是，征地后，几年来没有得到半点征地问候和安慰，更谈不上什么支持。

（四）群众说，靠山吃山、靠水吃水，我们住在城市郊区，只有摆摊、开店、办厂，希望政府和有关部门给予一些特殊的优惠，在就业、安置方面希望政府给予一些优先考虑。

（五）失地农民多数不愿被征用耕地。

耕地被占用后，绝大部分农民家庭收入减少，生活水平下降，主要是农民做惯了农活，一直从事农业生产，虽然农业收入不高，但仍能维持日常生产及生活的开支，家家户户都种有粮食和蔬菜，不用到市场上购买。现在耕地被占用，大多农民由于自身素质不高，文化水平低，就业技能差，门路不广，很难找到好的工作。绝大部分农民家庭收入明显减少。部分赋闲在家的农民，整天无所事事，靠打牌、赌“六合彩”打发时间，靠吃土地补偿金度日。由于绝大部分农民生活水平下降，生活受到很大影

响，农民心态不稳，有的埋怨耕地补偿金太少，无法安排耕地被占用后的生产及日常的生活，有的虽把补偿金投入到生产中去（从事二、三产业），但收益不明显，有的还亏本，生活没有着落。绝大部分农民想过那种有地种的稳定生活，不太情愿耕地被占用。他们急切盼望有关部门多关心他们的工作和生活，多给他们进行职业技能培训，以提高他们的自身素质，多给他们提供就业门路，使他们也过上稳定的生活。

（六）目前最希望政府尽快办理好留有商住地（即生活出路地）用地和建设手续、解决日后生活出路问题，政府变更商住留有地用途，政府应负责征回等量地给被征户，而且在办理相关证件时给予优惠，不收行政性费用（有文件依据）。部分被征地农民还要求应把他们列入生活低保范围。贵港市城区不少接受调查的农户反映，当前社会治安问题很大，偷、抢、骗非常严重，望政府抓好治安。

（七）绝大部分农民认为，土地征用补偿费用太少。公路征用的每亩只补 3000 多元，城市建设征用每亩只补 2 万元左右。

（八）绝大部分农民认为，国家征用土地后，对失地农民的就业应该进行合理安置。县城附近的失地农民目前以外出打工为主，但由于文化素质低，又无专业特长，工难找，收入低，每天打零工收入 15 元左右，难以维持家庭生活。

（九）农民素以种养为生，耕地是其命根子。对于国家搞建设或以发展经济的目的而需要征用耕地的，大部份农民是可以理解并愿意支持及配合的，但对征地补偿费偏低（与市郊区比有几倍的差距）以及征地单位不为农民安排工作和出路等问题，农民意见就很大，因为没有了耕地以后的农民就等于自动变为居住在农村的市民了，柴米油盐菜样样都需购买，现金开支增加是肯定的，而本身又没有稳定的收入来源和依靠，在补偿费吃完后，今后的生活如何过？许多农民忧心忡忡。有的征地单位在征地前向农民保证一定会解决他们的出路和生活安置问题，说的好听，但地征到手后却又不管被征地农民的死活，农民有一种被愚弄的感觉。许多农民表示，他们热爱劳动，不愿赋闲在家，希望政府帮助他们发展二、三产业或安排工作，靠劳动致富，同时要求政府对征地项目（特别是对那些不在市郊区或工商业区的农民承包的耕地）严加监督和控制，并在征地价格方面多为农民着想，在征地定价时向农民倾斜，他们认为补偿费至少应与市郊区一样同地同价，因为耕地的功能是一样的，但征地一方可不是那么想的。

失地农民利益缺失，凸显补偿安置方法缺陷

——对江苏省土地征用情况的调查

江苏省农调队

近年来，随着江苏城市化和工业化建设步伐的加快，新一轮基础建设、招商引资的力度加大，特别是工业园区和经济开发区的兴起，导致农村土地征用的规模越来越大，征地农民的数量越来越多，其中不少农民已基本失去土地。各地在征地农民的补偿安置方面，虽然做了大量的工作，较好地维护了农民利益，但仍存在征地补偿安置标准低、不到位、工作透明度不高等诸多问题，征地农民的意见很大，因征地引发的纠纷也频频发生。为全面了解征地农民的生活状况，分析征地纠纷产生的原因，更好地做好土地征用工作，我们在全省24个县(市、区)，对94名乡村干部和479户1998年以来被征用土地的农户进行了调查。

本文包括以下五个方面的内容：调查农户的基本情况；土地征用的现状和存在问题；农民土地纠纷的原因解剖；失地农民的意愿；完善征地补偿安置办法的建议和对策。

一、调查户基本情况

(一)调查户的分布

全部调查户分布在全省24个县(市、区)的48个乡镇，其中有一半乡(镇)处于城郊结合部。在每个调查乡(镇)抽选10户农户开展调查。从区域分布看，苏南地区调查160户，占33.4%；苏中地区调查120户，占25.1%；苏北地区调查199户，占41.5%。全部调查户中，耕地在1998至2000年征用的农户有93户，占19.4%；耕地在2001年征用的农户有99户，占20.7%；耕地在2002年征用的农户有160户，占33.4%；耕地在2003年1～6月征用的农户有127户，占26.5%。

(二)征地前土地用途

全部调查户中，征地前被征土地种植有粮食、棉花、油料的农户有416户，占86.8%；种植有蔬菜及特种经济作物的农户有166户，占34.7%；种植有果园或其它经济林木的农户有23户，占4.8%；建有住房的农户有38户，占7.9%。

(三)征用耕地年产值

被征用耕地前三年每亩平均年产值1372元。全部调查户中，征用耕地前三年平均年产值低于1200元的有300户，占62.6%；征用耕地前三年每亩平均年产值在1200元至2000元之间的农户有117户，占24.4%；征用耕地前三年每亩平均年产值在2000元以上的农户有62户，占13.0%。全部调查户中每亩耕地年产值最低的为70元，最高的约为10000元。

(四)人均耕地拥有量

在土地被征用前，全部调查户耕地面积1469亩，人均0.78亩。土地被征用后，全部调查户耕地面积579亩，人均耕地0.31亩，比征用前减少0.47亩，下降60.3%。在全部调查户中，有169户的耕地被全部征用，占35.3%；有121户的人均耕地面积在0.1至0.3亩之间，占25.3%；有80户的人均耕地面积在0.3至0.6亩之间，占16.7%。

(五)人员就业状况

全部调查户现有人口为1889人,劳动力1218人,劳动力人数占调查人口总数的64.5%。劳动力平均年龄40岁,平均接受教育的年限为8年。在全部劳动力中,农业就业劳动力占45.3%,比土地征用前减少13.3个百分点,农业就业人数比土地征用前下降22.9%;非农就业劳动力占43.3%,比土地征用前增加9.1个百分点,非农就业人数比土地征用前增长26.4%;未就业劳动力占11.4%,比土地征用前增加4.2个百分点,未就业人数比土地征用前增长58%。在全部就业劳动力中,自谋职业劳动力占40.7%,比土地征用前增加7.2个百分点,自谋职业劳动力人数比土地征用前增长15.5%。

(六)农户收入来源

土地征用前:调查农户自报的年人均纯收入为3476元。有51.7%的调查户第一收入来源是劳务收入,有40.7%的农户第一收入来源是种植业、林业收入。

土地征用后:调查农户自报的年人均纯收入为3433元(不含征地补偿安置费),比土地征用前少了43元,下降1.2%。有66%的农户第一收入来源是劳务收入,比土地征用前增加了14.3个百分点;有17.1%的农户第一收入来源是种植业、林业收入,比土地征用前减少了23.6个百分点。

二、现状与问题

(一)建设占用耕地逐年增加,征用耕地数量呈明显上升趋势

近两年来,江苏省建设用地数量越来越大。据统计:2001年全省建设占用耕地33.28万亩,比上年上升110.1%;2002年建设占用耕地54.11万亩,比上年上升62.6%。与之相适应,土地征用的规模也必然呈扩大趋势。在我们调查的全部调查户中,2001年被征土地204.1亩,2002年被征土地342.9亩,比上年上升68%,2003年1~6月被征土地248.4亩,半年被征耕地相当于上年全年被征耕地的72.4%。

分区域看,苏南和苏中地区建设用耕地增长较快,苏北地区建设用地增加相对较慢。苏南地区2001年建设用地面积为2000年的2.7倍,2002年建设用地面积为2001年的2倍;苏中地区2001年建设用地面积为2000年的1.4倍,2002年建设用地面积为2001年的2.6倍;苏北地区2001年建设用地面积为2000年建设用地面积的1.8倍,但2002年建设用地面积比2001年有所减少,只及上年的80.4%。从全省建设用地的使用构成看,苏南地区所占比例逐年上升,苏北地区所占比例逐年下降。2000年至2002年三年全省建设占用的耕地中,苏南地区所占比例分别为40.7%、52.7、65.4%,苏北地区所占比例分别为44.5%、37.3%、18.4%,苏中地区所占比例分别为14.8%、10%、16.2%。

(二)公益事业征地比例有所下降,经营性征地比例逐年上升,工业园区和经济开发区征地比例上升势头得到有效扼制

征用土地主要用于各种类型的开发区、公益事业和其它经营性项目。全部调查户中,被征土地用于工业园区和经济开发区的有173户,占36.1%;用于能源、交通、水利等公益事业的有166户,占34.6%;用于园区外兴办生产企业的有82户,占17.1%;用于商业、旅游、娱乐、房产等经营性项目的有37户,占7.7%。

从调查户历年征地使用情况看:(1)工业园区和经济开发区征地在当年被征土地中所占比例较大。2001年和2002年,工业园区和经济开发区征地在当年被征土地中所占比例分别为44.2%和46.2%,但2003年上半年,由于加大土地市场整治力度,清查清理各类开发区、园区用地,工业园区和经济开发区征地在当年同期被征土地中所占比例有所下降,为40.4%,比上年下降了5.8个百分点。(2)能源、交通、水利等公益事业征地在当年被征土地中所占比例呈下降趋势。2002年和2003年1~6月份能源、交通、水利等公益事业征地在当年被征土地中所占比例,分别为32.2%和24%,分别比上年下降12.7和8.2个百分点。(3)商业、旅游、娱乐、房产等经营性项目征地和园区外兴办生产企业征地在当年被征土地中所占比例呈明显上升趋势。2002年商业、旅游、娱乐、房产等经营性项目和园区外兴办生产企业征地在当年被征土地中所占比例,分别为3.6%和14.4%,分别比上年增加1.7和10.5个百分点;2003年1~6月份商业、旅游、娱乐、房产等经营性项目和园区外兴办生产企业征地在当年被征土地中所占比例,分别为10.5%和20.2%,分别比上年增加6.9和5.8个百分点。表1为2001年以来调查户被征耕地使用构成情况表。

表1 调查户被征耕地使用构成情况表

单位:%

	2001年	2002年	2003年1～9月
1.能源、交通、水利等公益事业征地	44.9	32.2	24.0
2.商业、旅游、娱乐、房产等经营性项目征地	1.9	3.6	10.5
3.工业园区和经济开发区征地	44.2	46.2	40.4
4.园区外兴办生产企业征地	3.9	14.4	20.2
5.其它	5.1	3.6	4.9
合计	100.0	100.0	100.0

(三)征地补偿安置标准偏低,兑现承诺不到位,部分农民收入水平下降

尽管江苏省不少地方根据当地经济发展水平,适当提高了征地补偿安置标准,但总体来说,补偿安置的标准仍然偏低。在调查的94位乡村干部中,没有一位认为征地补偿安置标准高;有31位认为征地补偿安置标准适中,占33%;有50位认为征地补偿安置标准偏低,占53.2%;有13位认为征地补偿安置标准明显偏低,占13.8%。在调查的全部农户中,只有2户认为征地补偿安置标准高;有138户认为征地补偿安置标准适中,占28.8%;有241户认为征地补偿安置标准低,占50.3%;有98户认为征地补偿安置标准明显偏低,占20.5%。从实际补偿安置情况看,全部调查户中平均每亩耕地的补偿安置费为20114元,人均补偿安置费8147元,仅相当于全省城镇居民一年的人均可支配收入。

在补偿安置标准偏低的同时,仍有相当一部分征地农户未能完全得到政府的承诺。全部调查户中,政府承诺安排农转非的有59户,实际安排51户,到位率为86.4%;政府承诺安排就业岗位的有39户,实际安排28户,到位率为71.8%;政府承诺安排参加养老保险的有15户,实际安排11户,到位率为73.3%;政府承诺安排参加医疗保险的有7户,实际安排4户,到位率只有57.1%。在有货币补偿的调查户中,有17.3%的农户实际得到的补偿安置费低于政府的承诺,这部分农户政府承诺的补偿安置费每亩为17689元,但农民实际得到的每亩只有12418元,到位率为70.2%。

由于补偿标准低,兑现承诺不到位,征地农民的就业受到较大影响,不含征地补偿安置费的收入水平有所下降。全部调查户中,有183户的家庭纯收入水平比征地前下降,占38.2%,人均纯收入比征地前减少800元左右。

(四)征地补偿安置政策不统一,基层征地工作的难度较大

各地补偿安置政策不统一主要表现在以下三个方面:

1.未认真执行补偿安置政策。目前,江苏省各地确定征地补偿安置标准的法律依据是《江苏省土地管理条例》(以下简称《条例》)。该《条例》规定:耕地征用前三年亩平均年产值不到1200元的按1200元计算;考虑乡村集体经济组织留用部分,支付给农民的每亩耕地补偿安置费用标准至少应为耕地征用前三年亩平均年产值的10.6倍,即12720元。而在《条例》实施后的调查农户中,就有43.6%的农户每亩耕地补偿安置费低于这个标准,这部分农户平均每亩获得的耕地补偿安置费只有7748元。

2.不同用途或项目征地实行不同补偿标准。在各种类型的征地中,能源、交通、水利等公益事业征地平均每亩耕地补偿安置费最低,为10219元;商业、旅游、娱乐、房产等经营性项目征地平均每亩耕地补偿安置费最高,为29520元;工业园区和经济开发区征地平均每亩耕地的补偿安置费为21717元,园区外兴办生产企业征地平均每亩耕地的补偿安置费为17973元。在同类用途不同征地项目中,补偿的标准也大不相同。以丹徒区为例,该区目前正在实施的312国道、沪宁高速拓宽工程及扬溧高速建设工程,征地费用每亩分别为8000元、25600元、12000元。同为省重点工程,征地标准差异大,尤其是3个工程涉及到同一个镇、村、组。

3.补偿安置标准在地区间差别大。江苏省苏南、苏中、苏北三大经济区域中,苏中地区的补偿安置费最高,苏南次之,苏北最低,平均每亩耕地的补偿安置费分别为26513元、23448元、9654元。此外在各县(市)之间,乃至同县(市)的乡(镇)之间、同乡(镇)的村之间,补偿标准也有很大的差别。

由于补偿安置政策不统一,造成同一地区低价征地与高价征地并存,导致农民互相攀比,增加了基层征地工作的难度。

(五)基层工作不到位,土地征用工作的透明度不高

在调查过程中,不少农民反映土地征用工作的透明度不高,具体体现在以下三个方面:

1.不能肯定被征用的土地是否为合法征用。由于一些地方在征用土地前,不向农民征求意见,也不发布征地公告,一切均由基层干部说了算,造成不少农户对征地用途、工作程序、补偿标准不清楚,不能肯定被征的土地是否为合法征用。在全部调查户中,就有193户不能肯定其承包耕地是否为合法征用,占40.3%。

2.农户与地方政府之间无土地补偿或生活安置方面的合同、协议或保证。为了体现土地征用工作的严肃性,信守承诺,在征用土地时,政府与征地农户之间签订土地补偿或生活安置方面的合同、协议或保证,明确补偿安置标准和双方的权利与责任,不仅有利于土地征用工作的顺利开展,而且有利于减少征地纠纷,但在调查的全部农户中,未与政府之间签订有关土地补偿或生活安置方面的合同、协议或保证的农户达264户,占55.1%。

3.不知道法定土地补偿安置费的计算方法。由于不少基层干部有畏农、惧农思想,或是担心土地补偿安置费达不到《条例》规定的最低补偿标准,会导致农民找麻烦、闹事,或是由于利益关系,不希望老百姓对土地补偿方面的规定知道得太多,很少向村民发放《条例》,造成农民对现行征地政策不明确。全部调查户中,有386户的耕地是在《条例》施行后被征用的,在这部分农户中,有221户知道有《条例》,占57.3%,不知道的165户,占42.7%。在知道有《条例》的221户农户中,知道其中土地补偿安置费计算方法的农户只有97户,占43.9%,不知道的124户,占56.1%。在386户调查户中,不知道《条例》中土地补偿安置费计算方法的农户比例高达74.9%。

(六)征地补偿安置的方式主要以货币补偿为主,保障性安置比例小,且有的安置效果不理想

从调查情况看,各地安置被征地农民大多以货币补偿为主要安置方式。在调查的全部农户中,纯粹采用货币补偿方式安置的农户为373户,占77.9%。货币补偿的方式主要有一次性货币补偿、定期货币补偿、一次性货币补偿与定期货币补偿相结合三种,三种方式所占的比例分别为47.7%、44.5%、7.8%。

除货币补偿外,各地还积极探索了诸如安排就业岗位、农转非、养老和医疗保险以及入股分红等安置方式。由于这些安置方式更倾向于保障征地农民的长远利益,我们将这类安置方式,称之为保障性安置方式。但在这次调查的全部农户中,采用有保障性安置方式的农户较少,只有69户(其中有的农户采用两种以上的保障性安置方式,如农转非后再安排就业岗位),占14.4%。

从保障性安置方式的使用情况看,总的效果较好。69户不含征地补偿安置费在内的年人均纯收入比征地前提高了280元,而采用其它安置方式的农户人均年纯收入水平,比征地前反而减少了100元。因此,在补偿安置方式的选择上,更应侧重于保障性安置。但由于其中部分农户的保障性安置流于形式,造成这些农户的实际安置效果不够理想,影响了保障性安置的整体效果。如:在政府实际安排有农转非的51户农户中,有31户在子女入托入学、房屋产权、户口等方面不能够享受城镇居民待遇,占60.8%;在政府实际安排有就业岗位的28户农户中,有13户认为其就业岗位收入水平低于当地平均收入水平,占46.4%。

(七)未批先用、边报边用、征而不用等非法占地和浪费耕地资源的现象依然存在

在调查过程中,我们发现各地都不同程度存在着未批先用、边报边用、征而不用等非法占地和浪费耕地资源的现象。如宿豫县区划调整后,新城区近期规划9.6平方公里,在早期的城市建设中,该县不得不采取“先上车后买票”的办法,截止目前新城区累计使用土地1.12万亩,其中工业园区项目用地0.61万亩,所使用的土地虽已分期分批办理了报批手续,但其中不少土地是采用未批先用或边报边用的办法占用的。在全部调查户中,被征土地至今仍未被利用的农户有17户,占3.5%。这部分未被利用的土地,多数用于工业园区建设和兴办生产企业,在征用1~2年后,仍未见企业开发。当地农百姓就业渠道窄,收入明显下降。据征地未被利用的17户的调查资料测算,征地后这部分农户的年人均收入水平比征地前减少400多元,下降幅度接近10%。面对因征地而长年抛荒浪费的耕地资源,失地农民非常痛心。

(八)大多数农民对征地的补偿安置工作满意，但纠纷比例较高

在全部调查农户中，对征地补偿安置工作很满意的有46户，占9.6%；基本满意的有263户，占54.9%；不满意的有170户，占35.5%。尽管对征地补偿安置工作很满意和基本满意的农户比例达到64.5%，但仍有不少农户由于征地的补偿安置费用低、征地补偿安置不到位、征地后生活水平下降或生活困难等原因，而与村及村以上有关单位或部门产生各种纠纷。据调查，在全部调查户中，因土地征用而与村及村以上有关单位或部门产生纠纷的农户有128户，占26.7%

三、纠纷产生原因

为分析因征地而产生纠纷的原因，我们对94名乡村干部和产生过征地纠纷的128户农户作了进一步调查。

(一)乡村干部对征地纠纷案件变动趋势及成因分析

1. 征地纠纷案件变动趋势

表2为94名乡村干部对一年来征地纠纷案件变动趋势分析情况表。从表中数据可以看出，选择近一年来土地纠纷的案件呈上升趋势的人数明显多于选择呈下降趋势的人数，说明土地纠纷案件在数量上正呈增加趋势。

2. 征地纠纷案件产生原因

在94名乡村干部中，有29名干部对当地征地纠纷案件上升产生的原因进行了分析，表3是分析情况表。从表中数据可以看出，乡村干部认为，补偿安置标准低、征地政策不统一、保障性安置比例小是征地纠纷案件产生的三大主要原因。

表2　近一年来土地纠纷案件变动趋势分析表

纠纷案件与上年相比	上升	下降	差不多	无纠纷	合计
人数(人)	29	15	37	13	94
所占比例(%)	30.9	15.9	39.4	13.8	100.0

表3　征地纠纷产生原因分析

征地纠纷主要原因	土地征用规模扩大	补偿安置标准较低	补偿安置不能到位	保障性安置比例小	土地升值	征地政策不统一	未按规定程序征地
选择人数(人)	12	26	11	19	12	20	9
所占比例(%)	41.4	89.7	37.9	65.5	41.4	69.0	31.0

注：由于同一乡村干部认为征地纠纷产生的主要原因可有两个或两个以上，故表中各主要原因的“选择人数”合计大于按受调查的乡村干部总人数。

(二)农民对征地纠纷产生原因的分析

农民对征地纠纷产生的原因可分为直接原因和间接原因两类：

1. 直接原因

表4　农民土地纠纷原因分析表

		补偿安置费用低	补偿安置不到位	补偿安置标准低于其它农户	生活水平下降或生活困难	其它	合计
第一原因	户数(户)	80	23	1	18	6	128
	比例(%)	62.5	18.0	0.8	14.1	4.6	100
第二原因	户数(户)	18	38	5	36	9	106
	比例(%)	14.1	29.7	3.9	28.1	7.0	82.8
综合原因	户数(户)	106	67	9	64	15	—
	比例(%)	82.8	52.3	7.0	50.0	11.7	—

注：农民土地纠纷原因归为5类，农户可以多选。第一或第二原因农户比例是指选择某类原因农户数占全部农户的比例。由于少数农户纠纷原因只有1个，故选择第二原因的总户数可小于选择第一来源的总户数。综合原因的户数和农户比例，是指全部调查户中选择有某类原因的农户户数和农户比例。

表4为128户因征地发生纠纷的原因分析表。根据表中数据和调查资料分析，导致纠纷产生的直接原因主要有以下三个方面：

(1)征地补偿安置费用低，且低于法定标准。

128户中有80户认为征地补偿安置费用低是其纠纷产生的第一原因，占62.5%。在这80户中，有33.3%的农户所得的每亩耕地补偿安置费低于条例规定的最低标准。

(2)承诺兑现不到位。

128户中，有23户认为承诺兑现不到位是其纠纷产生的第一重要原因，占18.0%。在有货币补偿的108户中，有74户的货币补偿承诺兑现，到位率为68.5%；在政府承诺安排就业岗位的12户中，有2户兑现承诺，到位率为16.7%；在政府承诺安排农转非的22户中，有15户兑现承诺，到位率为68.2%。

(3)生活水平下降或生活困难。

128户中，有18户认为，生活水平下降或生活困难是纠纷产生的第一重要原因，占14.1%。这18户在土地征用前，人均耕地0.82亩，年人均纯收入2806元，其中77.9%的收入来自被征用的土地。土地征用后，人均耕地0.13亩，人均年纯收入只有1822元，比土地征用前减少了984元，下降35.1%，这部分农户中的大多数需要用土地补偿安置费来维持生活。

2.间接原因

有些农户征地纠纷是由补偿安置方式的缺陷、补偿安置政策不清等因素引起的，我们将这类引起征地纠纷因素称作间接原因。间接原因也主要有三个方面：

(1)补偿方式大多以短期的货币补偿为主。

128户农户中，有95户只有货币补偿，占74.2%。在95户只有货币补偿的农户中，有60户采用一次性补偿或3年内分期补偿的补偿方式，占63.2%。由于征地补偿大多以短期货币补偿为主，不能有效保护农民的长远利益，因而会引发较多的土地纠纷。据调查资料测算，采用一次性货币补偿方式的纠纷发生率为30.1%，而采用分期货币补偿方式的纠纷发生率为23.6%。

(2)宣传工作不到位。

由于土地征用的宣传工作不到，不少农民不能肯定征用土地是否为合法征用，不知道《条例》的存在，不了解补偿安置政策，极易造成农民误解和引发干群关系紧张。据调查资料测算，能肯定土地为合法征用的农户，土地纠纷比例为20.3%，比不能肯定土地为合法征用农户的土地纠纷比例36.3%，低16个百分点；与地方政府之间有土地补偿或生活安置方面的合同、协议或保证的农户，土地纠纷比例为22.3%，比没有土地补偿或生活安置方面合同、协议或保证的农户的土地纠纷比例30.3%，低8个百分点。但知道《条例》中土地补偿安置费计算方法的农户的土地纠纷比例为37.1%，比不知道土地补偿安置费计算方法的农户的纠纷比例20.1%，高17个百分点，但这并不是由于农民熟悉《条例》后造成的，而是由于征地时这部分农户并不了解《条例》，土地被征用后，其中的大多数农户通过各种途径了解到《条例》规定的补偿安置标准，在发现其实际所得低于《条例》规定的标准后，才与村及村以上的单位或部门产生纠纷。

(3)不同征地用途，农民配合程度不同。

能源、交通、水利等公益事业征地的补偿安置费最低，但农民配合程度最高，发生纠纷的比例最低，为18.1%；商业、旅游、娱乐、房产等经营性征地的补偿安置费最高，但农民的配合程度最低，发生纠纷的比例最高，达52.8%；工业园区和经济开发区征地，用于发展地方经济，农民的配合程度较高，发生纠纷的比例低于总体平均水平，达25.7%；园区外兴办生产企业征地，农民的配合程度较低，发生纠纷的比例高于总体平均水平，达29.3%。

为便于进一步分析纠纷产生的原因，现将不同类型农户土地纠纷比例列表如下：

表5　不同类型农户土地纠纷比例一览表

农户类型	纠纷比例(%)
全部调查户	26.7
一、无货币补偿农户	30.8
有货币补偿农户	26.4
二、一次性货币补偿农户	30.1
分期货币补偿农户	23.6
保障性补偿安置农户	27.5
三、能肯定土地被合法征用的农户	20.3
不能肯定土地被合法征用的农户	36.3
四、与政府有合同、协议或保证的农户	22.3
与政府无合同、协议或保证的农户	30.3
五、知道《条例》中补偿标准的农户	37.1
不知道《条例》中补偿标准的农户	20.1
六、征地用于公益事业的农户	18.1

续表

农户类型	纠纷比例(%)
征地用于商业、旅游等项目的农户	52.8
征地用于园区建设的农户	25.7
征地用于园区外兴办生产企业的农户	29.3
七、认为补偿安置标准高或适中的农户	10.0
认为补偿安置标准低或明显低的农户	33.6
八、完全失地的农户	32.0
未完全失地的农户	23.9
九、对土地征用满意或基本满意的农户	17.2
对土地征用不满意的农户	44.1
十、兑现承诺不到位	46.7
兑现承诺到位	24.7

四、失地农民意愿

(一)失地农民的概念与规模

顾名思义,失地农民就是失去土地的农民,但农民由于征地失去的土地有多有少,征地对他们生活的影响程度也就不同。为了反映失地较多农民的生活状况,我们将现有耕地不能满足其口粮自给的农民定义为失地农民,并将这部分农民作为重点调查和关注的对象。

近五年江苏省农村居民平均每年的人均口粮消费量为269公斤,若按目前全省每亩耕地的年平均粮食产量890公斤测算,平均每人0.3亩耕地可满足其口粮自给。人均耕地在0.3亩以下的农民,口粮将不能自给,应作为我们重点关注的对象。

全部调查户中,人均耕地面积在0.3亩以下的农户有289户,占60.3%,平均每征用3亩耕地,约增加1户失地农户。分地区看,苏南、苏中地区由于人均耕地占有水平较低,征地规模又相对较大,征地农户中失地农民的比例相对较高,约为65%,苏北地区人均耕地占有水平较高,征地规模又相对较小,征地农户中失地农民的比例相对小些,约为50%。另根据调查资料测算,苏南地区每征用3亩耕地,约增加1户失地农户,苏中地区每征用2.6亩耕地,增加1户失地农户,苏北地区每征用3.8亩耕地,增加1户失地农户。

(二)失地农民生活状况

289户失地农民在土地征用前人均耕地面积0.59亩,土地征用后,人均耕地面积只剩下0.06亩。农民失去土地后,劳动力就业结构、农民收入水平和收入来源发生了较大的变化。

1. 非农就业人数增加,但未就业劳动力也大幅增长,总就业率下降。

全部失地农户在土地征用后,农业就业人数256人,比征用前减少了139人,下降35.2%;非农就业人数402人,比征用前增加了90人,增长28.9%;未就业人数119人,比征用前增加了47人,增长65.3%。在失地农户的全部就业劳动力中,征地后农业就业比例为33%,比征地前减少17.7个百分点;非农就业比例51.7%,比征地前增加11.6个百分点;未就业比例15.3%,比征地前增加了6.1个百分点,即总就业率为84.7%,比征地前减少了6.1个百分点。

2. 人均收入水平下降。

全部失地农户自报的人均收入水平为3780元(不含补偿安置费),比征地前减少了89元,下降2.3%,未能与全省农民的人均收入水平保持同步增长。全部失地农户中,有120户的家庭纯收入水平比征地前下降,占41.5%,这部分农户的年人均纯收入比征地前减少940元左右。在家庭纯收入水平比征地前下降的120户中,有66户的年人均收入水平低于全省农民的人均生活消费支出水平,占55%。

3. 更多失地农民的收入来自劳务收入,但补偿安置费成为部分失地农户的第一收入来源。

表6为失地农户收入来源分析表,从表中可以看出,土地征用前农民收入来源主要来自两个方面:一是劳务收入。将这一来源作为第一选项的农户占65.1%,作为第二选项的占17.0%。二是种植业、林业收入。将这一收入来源作为第一选项的农户占27.7%,作为第二选项的农户占55.4%。土地征用后,农户的收入来源发生了较大的变化:一是收入主要来自种植业、林业的农户比例大幅下降,来自劳务的农户比例大幅增加。全部失地农户中,第一收入来源为种植业和林业的农户比例只有1.7%,比征用前减少了26个百分点,第一收入来源为劳务收入的农户比例达到81.7%,比征用前增加了16.6个百分点。二是补偿安置费收入成为部分农户的重要收入来源。全部失地农户中,第一收入来源为补偿安置费收入的农户比例为4.8%,第二收入来源为补偿安置费收入的农户比例达到31.1%,其中不少农户需要用征地的补偿安置费来维持生活。

表 6 失地农户收入来源分析表

			种植业和林业	养殖业	劳务	房租	补偿安置费	其它	合计
征用前	第一来源	户数(户)	80	3	188	1	0	17	289
		比例(%)	27.7	1.0	65.1	0.3	0	5.9	100
	第二来源	户数(户)	160	32	49	21	0	20	282
		比例(%)	55.4	11.1	17.0	7.3	0	6.9	97.6
征用后	第一来源	户数(户)	5	5	236	2	14	27	289
		比例(%)	1.7	1.7	81.7	0.7	4.8	9.4	100
	第二来源	户数(户)	46	16	27	29	90	80	288
		比例(%)	15.9	5.5	9.3	10.0	31.1	27.7	99.7

注:失地农户收入来源其有 6 个答案,农户可以多选。收入来源比例是指选择该答案农户数占全部失地农户的比例。由于少数农户收入来源只有 1 个,故选择第二来源的总户数可小于选择第一来源的总户数。

(三)失地农民意愿

1. 大多数农户对土地征用工作满意或基本满意。

全部失地农户中,有 34 户对土地征用工作很满意,占 11.8%;有 163 户对土地征用工作基本满意,占 56.4%,有 92 户农户对土地征用工作不满意,占 31.8%。在对土地征用工作不满意的 92 户中,有 78 户希望提高补偿安置标准,占 94.8%;有 23 户反映在一定的区域范围内,征用土地补偿标准不统一,占 25%;有 24 户反映征用土地的项目不是国家的急需项目,占 26.1%;有 55 户反映再就业困难,生活压力大,占 59.8%;有 15 户反映土地低价征用后再高价出售,占 16.3%。

2. 多数农民希望能用土地补偿安置费购买养老保险和医疗保险。

全部失地农户中,有 69 户非常希望用补偿安置费为其购买养老保险和医疗保险,占 23.9%;有 115 户希望用补偿安置费为其购买养老保险和医疗保险,占 39.8%;有 105 户不希望用补偿安置费为其购买养老保险和医疗保险,占 36.3%。若征地补偿安置不足以购买养老保险或医疗保险,在非常希望或希望用土地补偿安置费购买养老保险或医疗保险的农户中,有 78 户不愿自己出钱,占 42.4%;有 93 户愿意出钱,但出钱数量不超过 1 万元,占 50.5%;有 11 户愿意出 1 至 2 万元,占 6%;有 2 户愿意出 2 万元以上,占 1.1%。

3. 农民希望征地后的就业问题由用地单位和乡村发展二、三产业来解决。

全部失地农户中,有 160 户希望就业问题应由用地单位解决,占 55.3%;有 86 户希望就业问题应由乡村集体经济组织发展二三产业来解决,占 29.8%;有 43 户认为,就业问题应由自己解决,占 14.9%。

4. 农民希望提高一次性货币补偿标准。

由于目前征地一次性货币补偿标准偏低,农民普遍要求提高补偿标准。全部失地农户认为一次性货币补偿标准应在 47000 元/亩左右,其中:有 44 户认为应在 20000 元/亩左右,占 15.2%;有 116 户认为应在 35000 元/亩左右,占 40.1%;有 96 户认为应在 75000 元/亩左右,占 33.2%;有 33 户认为应在 100000 元/亩以上,占 11.4%。区域不同,征地用途不同,农民对一次性货币补偿标准的要求也有所不同。表 7 为不同区域、不同征地用途,农民希望一次性货币补偿标准情况表。

5. 农民希望落实征地补偿安置政策,加强土地征用工作透明度。

农民要求所有征地项目都必须严格按照《条例》规定,制定补偿安置标准,并足额补贴到他们手中。同时,希望基层政府认真执行征地公告、征地补偿安置方案公告和征地补偿登记"两公告一登记"制度,将征地政策、征地补偿安置费用、地类、面积等告知土地将被征用的农户,广泛征求意见,确保补偿安置切合实际,符合大多数农民的意愿,让农民知情、参与、监督,使农民放心、称心、满意。

表7　农民希望一次性货币补偿标准情况表

		实际补偿数额（元）	希望补偿数额（元）	差额比率（倍）
不同区域	苏南地区	23448	54000	2.30
	苏中地区	26514	55000	2.07
	苏北地区	9654	38000	3.94
不同用途	用于能源、交通等公益事业	10219	41000	4.01
	用于商业、旅游等经营项目	29520	57000	1.93
	用于园区建设	21717	52000	2.39
	用于园区外兴办生产企业	17973	41000	2.28

注：差额比率＝希望补偿数额÷实际补偿数额

五、建议与对策

（一）适当提高补偿安置费的标准，并建立补偿安置标准增长机制

为了保证失地农民的生水平不下降，补偿安置标准应在现有水平上有较大提高。尽管农民希望的标准在现有水平上要提高1倍以上，但农民并没有漫天要价。如农民希望的补偿安置标准在人均耕地占有水平高、经济欠发达地区要比人均耕地占有水平低、经济相对发达地区要低些，公益事业、园区建设项目征地农民希望的补偿安置标准要比经营性项目征地农民所希望的补偿安置标准要低些。少数农户希望每亩耕地的补偿安置费在10万元以上，但这部分农户大多是住在城郊结合部，其每亩耕地的年产值要比其它农户的平均水平要高1倍左右，而且其耕地的升值潜力也较大，他们所希望的标准若与土地征用后再出让的价格比，仅是一个很小的比例。如果将土地补偿标准能提高到农民所希望的水平，则因征地引发的纠纷必会大幅减少。

在提高补偿安置标准的同时，还应建立补偿安置标准增长机制。一方面，随着农民收入水平的逐年提高，补偿安置标准也应逐年有所提高。另一方面，生产水平不同，种植结构不同，土地的产出水平也有很大差异，农民失去土地后，往往会将土地的产出水平与经营高效益品种相联系，会产生诸如“如果我经营某品种，将会获得怎么样的收益”之类的联想。事实上，如果农民的土地不被征用，也有可能去经营比原来收益更高的品种，也就是说农民对其经营的土地有增值的预期心理，若这种心理得不到满足，一旦其生活受到影响，则会对征地产生不满情绪，最终引发纠纷。因此，在制定补偿安置标准上，应考虑农民收入水平的提高和土地的预期增值心理，将补偿安置标准的确定，与当地农民收入水平挂钩，做到逐年有所增加。

（二）在一定区域范围内统一征地补偿安置政策，改进土地征用制度

为了便于基层开展土地征用工作，在同一区域范围内的补偿安置政策应当统一，不管采用何种补偿安置方式，农民从各种征地项目中所得到的补偿不应有较大差别。为此，必须改变目前农民意见较大的经营性用地征用办法，尝试将这部分用地由农民或集体经济组织以土地流转的方式，实现土地用途的转变。农民的土地虽然改变了农业用途，但没有失去土地，并且能获得较为满意的收益。非经营性的能源、交通、水利等公益事业征地，以及城市化和工业化的园区征地，可在耕地分级的基础上，结合当地的经济水平制定统一的补偿安置政策。

（三）出台失地农民补偿安置条例，方便农民监督

要针对目前征地补偿安置工作中存在的问题，制定失地农民补偿安置条例，进一步明确有关补偿安置的指标概念、补偿安置标准的计算方法、补偿安置的形式、补偿安置的时间界限，规范补偿安置费的分配行为，规定补偿安置双方的权利和义务。如目前《条例》中规定的亩耕地“前三年平均年产值”的概念，“前三年平均年产值”数据由何部门确定，“被征地单位”是乡级、村级，还是组级。再如：征地补偿安置的补偿时间应在征地前，还是在征地后多长时间之内，分期补偿的期限及每年补偿的最低标准范围，乡、村、组是否都可留用部分土地补偿

费,留用比例应为多少,在补偿安置不到位或对补偿安置工作不满意时农民应该找谁等。只有指标、时间概念清楚,补偿安置标准明确,失地农民才能参与补偿安置的监督工作,维护自身的权益。

(四)补偿安置方式的选择,应侧重保障性安置方式,但更要注重实际效果

补偿安置的方式很多,除货币补偿外,各地还积极探索了调田安置、留地安置、入股安置、保险安置、"农转非"安置、就业安置等多种方式。在这些方式中,以农转非、保险、入股分红、安排就业岗位为代表的保障性安置方式,由于能提高农民收入水平,能保护农民长远利益,应受到广泛推崇。但在调查过程中我们发现,采用这些保障性安置方式若不注重实际效果,给农民带来的伤害会更大。由于保障性安置的货币补偿一般较少,若这部分农民每年所得保险利益低、土地入股没有红利、农转非后无就业岗位或就业岗位不稳定,他们的生活将会受到严重影响。而一些非保障性的安置方式,只要补偿安置标准高,补偿安置到位,也会为农民所接受。在对土地征用工作很满意或基本满意的309户中,就有249户是以货币补偿为主要补偿安置方式,占81.6%。

(五)严格执行征地补偿安置政策,加强检查监督,保护失地农民利益

要严格执行《条例》规定的土地征用补偿安置标准,对不安规定支付补偿安置费,或侵占、截留、挪用补偿安置费,或不尊重失地农民意愿强行将土地补偿安置费入股的违法行为,要坚决查处,并追究领导责任。否则,即使征地补偿标准提得再高,也保护不了失地农民的利益。

另一方面,农民失去土地以后,补偿安置标准是否符合法律规定,补偿安置工作是否到位,补偿安置的效果如何,必须明确列入某一职能部门的日常职责范围。今后,随着经济的发展,因征地而失地的农民将越来越多,失地农民的数量到底有多少,生活状况怎样,各级领导都非常关心,加强这一方面的监督管理也非常必要。只有分工明确、管理有序,才能反映失地农民的意愿,了解其生活状况,进一步做好征地的补偿安置工作。

(六)加强征地的行政审批工作,防止耕地被过量征用

首先,征地审批工作应与当地的补偿安置情况挂钩。凡征地补偿不到位、安置不落实的单位,不得申请新的征地项目,补偿安置费达不到《条例》规定标准的征地项目,也一律不予批准。其次,征地审批工作应与被征耕地的使用效益相联系。土地是人类赖以生存并不可再生的资源,也是发展经济的主要载体,怎样科学合理使用好每一寸土地,是关系到子孙后代的大事。因此,征地审批工作应充分考虑征地项目是否符合产业政策、是否重复建设、是否粗放经营、工艺是否落后、附加值的高低等因素,看其是否与经济持续发展、两个率先的要求相符合,努力使有限的耕地资源发挥出最大的效益。第三,要加强征地项目审批后的检查监督工作,防止超越审批计划多占耕地、边报边用、征而不用等现象的发生。只有这样,才能有效防止耕地被过量占用,保护好失地农民的利益。

(七)在建立征地农民基本生活社会保障机制的同时,更要做好征地农民的再就业工作

农民失去土地,也就失去了最基本的生活保障,征地农民若遇到再就业困难或收入水平下降,容易成为农村新的贫困阶层,不利于小康社会的建设和城乡一体化的推进。因此有必要建立和健全失土农民基本生活保障机制。通过养老保险、医疗保险或其它生活保障方式,帮助失地农民在生活遇到困难时,能维持最基本的生活水平。当然,对失地农民的安置决不能仅仅满足于最基本的生活保障,而应当帮助他创造良好的就业环境,使他们的收入水平与其它农民的收入水平相比,至少能够同步增长。

在对待征地问题上,失地农民大多能够配合政府做好土地征用工作。能源、交通、水利等公益事业征地的补偿安置标准明显低于其它类型征地的补偿安置标准,但纠纷比例最低;一些农民对土地征用工作不满意,但并未因征地而产生土地纠纷。这些都说明只要征地补偿符合法律规定,农民对国家建设征地还是能够理解的。但理解国家征地,并不等于自愿让出土地,对农民来说,失去土地是被动的,并非市场行为,是农民在为社会经济的发展作贡献。因此,在对待征地农民的就业问题上,国家也应充分理解农民希望政府安排就业的迫切心理,应当主动为农民解决就业问题,而不能采用市场行为,让农民去自谋生路。另一方面,农民在非农就业中,属弱势群体,不仅竞争不过下岗工人,甚至竞争不过外来的农民工,也只有通过政府的努力,他们才能实现充分就业。

3

劳动力就业与转移

当前我国农村劳动力转移面临的问题与对策

阳俊雄

我国农村转移劳动力已超过农村劳动力总量的三分之一，为农村经济发展和农民增收作出了重要贡献。但是，近年来农村劳动力转移的速度有所放慢。

一、农村劳动力转移基本情况

(一)2003 年末已转移农村劳动力约 1.7 亿人

据对全国 31 个省(区、市)6.8 万个农村住户和 7100 个行政村的抽样调查，2003 年末，农村转移劳动力达 16950 万人(约 1.7 亿)，比上年增加 490 万人，增长 3%。转移劳动力占农村劳动力的比重为 34.9%，比上年提高 1 个百分点。

(二)1997 年以来农村转移劳动力年均增长 4%

改革开放以来，我国农村劳动力转移经历了两个高潮期：一是 1984～1988 年，转移农村劳动力的数量平均每年达到 1100 万人，年均增长 23%；二是 1992～1996 年，平均每年转移农村劳动力超过 800 万人，年均增长 8%。1997 年以来，农村转移劳动力数量的增长速度呈逐年下降趋势，1997～2003 年年均转移 500 万人左右，年均增长约 4%，但 2003 年仅增加 490 万人，增长 3%，低于近年平均水平。

(三)县域经济是吸纳农村转移劳动力的主体

在转移劳动力中，县域经济吸纳了 11050 万人，占 65%；地级以上大中城市吸纳了 5900 万人，占 35%。在县域经济吸纳的转移劳动力中，县级市吸纳的劳动力 1370 万人，占 12.4%；建制镇吸纳 730 万人，占 6.6%，乡镇地域内非农企业吸纳 8950 万人，占 81%。在转移到地级以上大中城市的劳动力中，转移到直辖市的劳动力约 1000 万人，占 17%；转移到省会城市的劳动力约 2000 万人，占 34%；转移到地市级城市的劳动力约 2900 万人，占 49%。

(四)第三产业吸纳了 60%的农村转移劳动力

在农村转移劳动力中，转移到第二产业的劳动力占 40%，转移到第三产业的劳动力占 60%。在转移到第二产业的劳动力中，转移到制造业的劳动力占 67%，转移到建筑业的劳动力占 22%，转移到采掘业的劳动力占 8%。在转移到第三产业的劳动力中，转移到批发与零售贸易业的劳动力占 17%，转移到居民服务业的劳动力占 15%，转移到交通运输业的劳动力占 12%，转移到包括住宿、餐饮、娱乐、文化、教育、体育等其他行业的劳动力占 56%。

二、农村劳动力转移中的主要问题

(一)县域经济吸纳农村转移劳动力的能力减弱

近年来，县域经济吸纳农村转移劳动力的能力有所减弱，主要表现在两方面：一是近年农村劳动力转移主要以进城务工为主。在 2003 年新增的转移劳动力中，靠进城务工实现转移的劳动力约 340 万，占新增转移劳动力的 70%。二是从县域经济返回农业的劳动力逐年增多。从返回劳动力情况看，2003 年，县域经济吸纳的劳动力返回农业的人数占全部返回农业劳动力的 51.3%，比上年提高 2 个百分点。其中，从县级市返回农业的劳动力占 22.5%，从建制镇返回的劳动力占 14.9%，从乡镇地域内非农企业返回的劳动力占 13.9%。

县域经济吸纳农村转移劳动力的能力减弱，使长期以来农村劳动力“离土不离乡”的转移模式发生转变，“离土离乡”的农民逐年增多。这一转变不仅催生了我国每年春节波澜壮阔的人口大迁移浪潮，使得我国的运输系统不堪重负，而且，也加大了农村劳动力自身的转移成本。

(二)农村转移劳动力素质较低

从文化素质看，已转移的农村劳动力仅有 20%左右具备高中以上文化程度。其中，文盲劳动力占 1.5%，小学文化程度的劳动力占 16.5%，初中文化程度的劳动力占 61.7%，高中文化程度的占 13.6%，中专及以上文化程度的占 6.7%。而且，这些劳动力中 85%以上没有接受过专业技能培训。由于文化素质低，又不具备专业技能，使得农村转移劳动力的就业空间狭小，只能选择从事一些简单的体力劳动，造成这些岗位就业竞争激烈，工资水平低下。从 2003 年调查的情况看，因找不到工作而返回农业的劳动力占返回农业劳动力的 16%。

(三)农村城镇化发展滞后

农村城镇化发展滞后主要表现在两方面：一是小城镇发展滞后。县域经济吸纳农村转移劳动力主要靠乡镇地域内的非农企业，在县域经济吸纳的农村转移劳动力中，县级市吸纳劳动力 1370 万人，占 12.4%；建制镇吸纳劳动力 730 万人，占 6.6%，乡镇地域内非农企业吸纳劳动力 8940 万人，占 81%。二是城镇化进程慢于农村劳动力转移的速度。改革开放以来，农业劳动力占全社会劳动力的比重下降了 25 个百分点，而城镇人口比重只上升了 20 个百分点。农村城镇化发展滞后，造成农村第三产业不能随农村工业化的推进而发展，使农村非农产业结构升级缓慢，延缓了农村劳动力转移的步伐。

(四)中西部地区农村劳动力转移滞后

东部地区转移劳动力占农村劳动力的比重为 41.7%，比全国平均水平高 6.8 个百分点；中部地区转移劳动力占农村劳动力的比重为 29.5%，比全国平均水平低 5.4 个百分点，比东部地区低 12.2 个百分点；西部地区转移劳动力占农村劳动力的比重为 26.5%，比全国平均水平低 8.4 个百分点，比东部地区低 15.2 个百分点，比中部地区低 3 个百分点。

(五)部分地区出现农业劳动力不足现象

农村转移劳动力以青壮年劳力为主。在已转移的农村劳动力中，未满 18 岁的劳动力占 3.5%，18—40 岁的劳动力占 81%，40 岁以上的劳动力占 15.5%。在一些经济不发达地区，农村劳动力转移的方式是以进城务工为主，由于青壮年劳力大量转移，家庭农业生产经营劳力不足。

三、对策建议

(一)促进二三产业发展，壮大县域经济

县域经济是吸纳农村转移劳动力的主体，县域经济吸纳农村转移劳动力的能力减弱，一方面是乡镇企业吸纳能力减弱，另一方面是县城和镇的吸纳能力不强。提高县域经济的吸纳能力，首先是要加强县城和中心镇建设，充分发挥其产业聚集和经济带动的功能，培育和发展一批小城市和小城镇，提高县城和中心镇的吸纳能力；其次是要推进乡镇企业的结构调整和体制创新，使乡镇企业适应新阶段农村经济发展新的环境，再造辉煌；再次是要大力发展私营经济。

(二)给农民平等就业机会，提高大中城市的吸纳能力

在当前县域经济吸纳能力减弱的情况下，农村劳动力实现转移的方式发生变化，“离土离乡”成为了近年实现农村劳动力转移的主要方式。在当前形势下，要加快农村劳动力转移的速度，必须提高大中城市的吸纳能力。农村劳动力向城市转移目前还存在许多政策性、制度性的障碍因素，根本的是没有给农村劳动力平等的就业机会。因此，要尽快消除这些不平等因素，培育和发展城乡统一的劳动力要素市场。

(三)加快农业发展提高农业劳动生产率

在一定的农业劳动生产率条件下，农业劳动力剩余是有限的，农业劳动力转移要以农业劳动生产率提高基础上的农业剩余产品不断增加为前提。因此，只有加快农业的发展，提高农业劳动生产率，才能使农村劳动力的转移可持续，才能使已转移的农业劳动力不重返农业。

(四)加快中西部地区农村非农产业发展

中西部地区农村劳动力转移滞后，主要原因是农村非农产业发展滞后，城市化水平低。中西部地区农村非农产业要实现加快发展，要抓住两个机遇：一是抓住国家促进区域经济协调发展，加大对中西部地区投入，逐步扭转地区差距扩大趋势的政策性机遇；二是要抓住东部地区产业结构升级的经济发展机遇，引导东部已失去竞争力的产业向中西部地区转移。

（五）着力提高农村劳动力就业技能

农村劳动力素质低是制约农村劳动力转移一个重要因素，随着我国经济的发展，经济结构升级，这一制约将更为明显。但是，要改变这种状况不是一朝一夕的事。因此，近期要着力加强对农村劳动力专业技能的培训工作，根据劳动力市场需求，有针对性地传授一些专业技能，培训一批符合市场需求的具备专业技能的农村劳动力。从长远来看，发展农村教育，造就一代新型农民才是治本之策。

农民外出务工成本收益与政府支持政策

河南省农调队课题组

成本和收益是要素拥有者进行经济决策时必须考虑的基本因素。厂商要实现利润最大化，政府要实现资源在全社会范围内的有效配置，个人要实现收入或效用最大化，都必须进行成本和收益的比较分析。本课题把外出农民的劳动力视为他自己拥有的一种资源，试图利用课题组调查取得的第一手资料，同时配合常规统计调查数据，从微观（农民工、企业）和宏观（政府或国民经济）、农村和城市等多个视角，系统研究农民外出务工的成本和收益，透视、分析进城的现状和问题，研究、探讨降低成本、提高收益的对策和途径，为党委和政府决策提出政策建议。

一、农民外出动力与河南农民外出就业及收入基本情况

（一）实现利益最大化是农民外出就业的基本动力

20多年来，我国农民外出务工人数不断增长，他们从“离土不离乡”在本地乡务工，到跨出县界、省界，在城市和沿海地区寻求就业机会；从独闯天下，到举家外出；从分散盲目流动，到逐步有组织转移，一些人已经成为新“市民”。统计表明，1978～1998年，农村劳动力外出就业从不足200万的基数增加到6538万人，年均增加350多万人。1998年以后，农村劳动力外出就业数量增长更加明显，1999～2002年4年间，农村劳动力外出数量分别达到7072、7800、8961和9430万人，4年间平均每年增加715万人。值得注意的是，9430多万外出就业的中国农村劳动力，以及随同外出的2000多万非劳动力的家庭人口，两项相加，总数约为1.2亿，差不多是日本全国的总人口，数量庞大。作为农业和人口大省，仅2002年，全省外出农民就达983.9万人。外出务工已成为中国引人注目的社会经济现象之一。

这种大规模的农民告别祖祖辈辈耕作的庄稼地，奔向陌生的城市寻求新生活的现象为什么会发生？是什么力量在推动着一向是面朝黄土背朝天的农民突然有了到城市谋生的欲望？国家宏观经济形势的巨变是一个客观原因，但从农民自身这个微观主体——行为决策者的角度进行考察，也许能够得出更为深层次的原因。毕竟行为主体是决定性的力量。首先看一下农民自己的回答。对信阳、安阳、驻马店、商丘、南阳市所属10县（市）300个农户调查显示，当问到“你认为促使您家人外务工的主要原因是什么时”，100人中，有53人回答其主要原因在于在于从事农业的比较效益较低；44人回答是增长见识，开阔眼界，分别占总人数的53%和44%。其它回答情况占总人数的3%。可见，目前条件下，农民外出务工的主要目的或基本动力来自追求利益最大化，更准确的讲，动力来源于农民工对进城务工收入和成本的比较。正像已有研究成果指出的那样：在经济制度和政策一定的前提下，农村家庭劳动力是否外出就业表现为权衡外出就业的利益和风险的理性行为。当外出就业的经济效益高于本地就业利益、劳动力要素的外出

边际收入大于本地劳动边际收入，农户家庭就可能选择外出就业[①]。

农民是理性的，外出务工不仅仅是顺应工业化、城市化发展的必然趋势而做出的理性选择，更是勤劳的农民为了实现自己收益最大化的理性选择。

事实上，关于农民外出（进城）动力问题，经济学家们在理论上也一直在进行着积极的探索。发展经济学家拉文斯坦的"推—拉"理论认为，农业劳动力流入城市的非农职业转化，是因为城市工业部门相对于农业部门而言，有更高的比较利益。张培刚认为，劳动力从农业转入到其他生产部门，可以从每个货币报酬的差异中得到解释；也就是说，由于产业、部门之间存在劳动收益的比较利益差异，劳动力总是从货币收入较低的农业部门向收益较高的工商部门流动。简言之，农村劳动力从农村转向城市的基本动力在于城市与农村相比有着较高的比较利益。

诺贝尔经济学奖获得者刘易斯在20世纪50年代中期提出了第一个人口流动模型。他认为，发展中国家普遍存在着"二元经济结构"：一个是以传统生产方式进行的、劳动生产率极低的农业部门；一个是以现代方式进行的、劳动生产率和工资水平较高的工业部门。经济的发展依赖于现代工业部门的扩张，而现代工业部门的扩张又需要农业部门提供丰富廉价的劳动力。其劳动力的转移过程可概述如下：工业部门在生产中获得的利润假定全部用于投资，形成新的资本积累，从而生产的扩张会进一步吸引农村人口向城市转移。这个过程一直要进行到农村剩余劳动力全部被工业部门吸收完为止，这便是发展中国家经济发展的第一阶段。一旦农村剩余劳动力转移完时，农业劳动生产率就会提高，收入水平也会相应提高。在这种情况下，工业部门想要雇用更多的农村劳动力，就不得不提高工资水平与农业竞争。农业部门就会像工业部门一样逐渐地实现了现代化，二元经济也就变成了一元经济，这就是经济发展的第二阶段。不过，刘易斯认为，当今的发展中国家仍处于劳动力无限供给的第一阶段。刘易斯从发展城市经济的角度论述并构建了一个农村劳动力不断转向城市的经典模型，其基本前提就在于刘易斯承认城市较之于农村的较高收入能够带动农村劳动力向城市的转移。拉尼斯和费景汉进一步发展了这一思想，且作了精细的理论描述。

托达罗在刘易斯—拉尼斯和费景汉模型的基础上，把城乡关系和农民进城分析推到了新的高峰。他认为，一个农业劳动者决定他是否迁入城市的原因不仅决定于城乡实际收入差距（预期的城乡工资差异），还取决于城市的失业状况（农村劳动力在城市获得工作机会的概率）。人口流动率超过城市工作机会的增长率，不仅是可能的，而且是合理的。在城乡预期工资差异很大的条件下，情况就会如此。因此在许多发展中国家，城市高失业率是城乡经济发展不平衡和经济机会不平等的必然结果。托达罗不仅突破了在解释城乡人口流动原因上的传统局限，而且提倡要发展农村经济，得到了经济学界的普遍赞同。

诺贝尔经济学得主W・舒尔茨指出："全世界的农民在处理成本、报酬和风险时是进行计算的经济人。在他们小的、个人的、分配资源的领域中，他们是微调企业家，调谐做得如此微妙以致许多专家未能看出他们如何有效率。"他认为农民和其他经济主体一样都是理性经济人，在受资源约束的条件下，他们也同样追求最大化实现自己的经济利益。

综上所述，理论和事实能够让我们得出这样一个基本结论：农民进城务工是一种追求自身利益最大化的理性选择。在具体选择过程中，出于实现收益最大化的动机和本能，农民会仔细比较自己外出务工的成本（包括机会成本）和收益。一旦发现存在净收益就必然会做出积极的选择。从而，我们考察农民进城务工的成本和收益的关系也就显得尤为必要。

（二）外出就业规模逐步扩大，务工收入成为农民增收关键因素

河南是农业大省、人口大省，农村人口占总人口的70%以上，农村劳动力资源十分丰富。党的十一届三中全会以来家庭联产承包责任制的实行和一系列农村改革政策的实施，调动了农民的生产积极性、提高了农业劳动生产率。农村人口的不断增长、人均耕地的不断减少以及产业之间、城乡之间的悬殊差异，促使农村富余劳动力走出农业，离开家乡，挤进都市，开辟新的就业渠道，形成了浩浩荡荡的劳动力流动大军。

20多年来，河南省农村劳动力流转和外出就

① "中国农村劳动力流动"课题组，1997。

业先后经历“两个时期”、六个阶段的变化。1997年以前是以乡镇企业为就业主渠道时期；1997年我国农产品供求态势发生根本性变化、出现有效需求严重不足以后，国家实施了积极的财政政策，着力激活内需，使农村劳动力转移进入一个新的时期，由乡镇企业为转移主渠道逐步转向通过调整社会经济结构、加速城镇化多渠道转移富裕劳动力。到2002年河南省农村劳动力累计转移1310万人，比1978年增加1165.5万人，平均每年转移48.6万人。农村劳动力中从事第二、第三产业的比重由1978年的5.7%，上升到2002年的27.7%，增加22个百分点。

河南农村劳动力转移和外出就业具体包括以下六个阶段：

第一阶段是从1979～1983年的起步阶段。改革开放初期，土地承包经营政策极大地调动了广大农民的生产积极性，加之国家大幅提高了农产品收购价格，暂时弱化了农民向非农业领域转移的冲动，同时，从旧体制下解脱出来的农民，这时大都还在为满足基本的温饱需求而劳作，由从事农业的单一经营逐步向林牧副渔业等多种经营转移，农村二、三产业发展开始起步，但跨地区、进城转移、就业的很少。

第二阶段是从1984～1988年的高速转移阶段。1984年，党中央、国务院明确了乡镇企业在国民经济中的重要地位，社队企业正式改名为乡镇企业，突破了原来的“三就地”(就地取材、加工、销售)的限制，并在政策、资金、税收等方面给予大力支持，农业劳动力进入了快速转移时期，1980年到1988年，河南农村劳动力年均向非农产业转移33.6万人。乡镇企业发展出现高潮，农村劳动力转移进入“黄金时期”，跨地区转移和进城就业数量不断增加。

第三阶段是从1988～1991年的整顿提高阶段。在此期间乡镇企业的发展受到很大冲击，农村非农就业增长基本处于停滞状态，1989～1991年，河南农村非农就业仅增加19.9万人，年均仅增长1.7%。这期间二、三产业吸纳劳动力成了负数，很多职工又回到土地，出现了城市向农村的非正常回流现象。

第四阶段是从1992～1996年的超常转移阶段。1992年初，邓小平视察南方并发表重要讲话，把我国改革开放引向一个新的阶段。解除了姓“社”姓“资”的思想禁锢，给广大农民和乡镇企业职工以极大的鼓舞。之后，乡镇企业进入高速增长轨道，乡镇企业吸纳了大量农村劳动力。1992～1996年，河南农村非农产业劳动力增加了377.3万人，年均增加94.3万人，年均增长10.5%，农村就业压力得到很大缓解。

第五阶段是从1996～1997年的调整重组阶段。这一阶段国有企业改革加快、城市下岗工人增多，乡镇企业压缩和调整、推进两个根本性转变，一部分乡镇企业为了生存和增强市场竞争力，开始上规模上档次，走资本密集和技术密集的渠道，同样的投资吸纳劳动力的能力相对减弱，企业间“两极分化”加剧，很多乡镇企业开始跌入低谷。农村劳动力转移出现了大面积滑坡。1996年和1997年河南农村劳动力转向二、三产业的数量分别为237.6万人和172.7万人，分别比1995年少82万人和146.9万人。

第六阶段是1998年以后劳动力转移进入的新阶段。国家通过实行积极的财政政策，大力发展农田水利、交通、通讯、农村电网改造、流通市场等基础设施建设，扶持发展有中国特色的多元城镇化建设。这些政策和措施，为农村劳动力就业开辟了新的空间。据调查推算，2002年河南省离家到乡外打工(1个月以上)的农民约1120万人，比上年增加130万人，增长13.1%。农民外出务工正孕育一个新的高潮。

纵观农村农村劳动力转移的六个阶段，我们发现每次城市经济大发展，城市工业大突进或者农村经济发展进入低潮阶段，都伴随着农村劳动力的大流动；相反，每次城市经济发展出于低速甚至是停滞、整顿时期或者农产品价格大幅上升、农村非农产业迅速发展的时期，都伴随着外出务工劳动力的锐减、甚至大量回流。再一次证明了农民进城务工的基本动力在于追求进城务工更高的比较收益。

农村劳动力转移和农民外出就业，在为城市发展提供大量廉价劳动力资源，推进我国工业化、城市化、现代化建设的同时，也为自己及家人挣得了收入。据河南省农调队对4200个农户的抽样调查资料推算，2002年全省在外打工收入528亿元，人均4714元。除去自身在外消费后，全年共为家乡寄带回现金约309亿元，人均寄带回2759元。农民人均纯收入中工资性收入达567.07元，占农民人均纯收入的25.6%，比上年增长9.6%。在工资性收入中仅农民外出务工获得的收入就达288.52元，占工资性收入的50.9%，比上年增长16.2%。

工资性收入对农民收入增长的贡献率达 41.9%，比上年提高 2.7 个百分点。? 在最近几年农产品价格低迷、农业收入连年下降条件下，农民收入之所以仍能保持不断增长，可以说外出就业收入增加起到了关键性的支撑作用。

二、成本内容及其测算：对农民理性假设的实证分析

(一)成本的不同含义

在经济学意义上，成本是和收益相联系的概念，指获得收益的代价。厂商要实现利润最大化，居民、政府要实现资源的有效配置，都离不开成本收益的核算、比较。选择外出务工是农民做出的关于如何利用自身劳动力资源的重要决策行为，作为理性经济人的农民工，同样要考虑成本和收益，以做出使其务工收益最大化的决策。

从不同角度考察成本问题，其具体含义往往不同。因此，为避免歧义和后面测算、研究问题的方便，有必要首先明确几个成本的概念。

第一，显成本和隐成本。从支出方式看，成本可划分为显成本和隐成本。所谓显成本(explicit costs)，是指经济活动的实际支出或者直接花费；隐成本(implicit costs)则是指经济主体拥有的某种资源(诸如他的时间与资本)的潜在价值。

第二，直接成本、机会成本和总成本。这是从资源配置或决策角度对成本进行的考察。这里所说的直接成本(通常叫住成本)，就数量来讲相当于上面谈到的显成本。机会成本(opportunity cost，又称择机代价或替换成本)，指因把资源投入某一特定用途所放弃的用于其他用途可能获得的最大收益。直接成本和机会成本之和便构成某种决策或活动的总成本。后面我们测算农民外出就业成本时，遵循的就是这一划分思路。

需要指出，机会成本是一个有重要意义的概念，同时也是一个极易引起歧义的概念。众所周知，任何物品的生产都需要投入，而在市场经济中，任何投入都有其价格。从这个角度理解，生产物品的成本(生产成本)也就是物品的货币成本。然而，一件物品，其决策成本并非其货币成本，而是用于这种物品上的资源本来可以用来制造其他物品的价值，即机会成本。

一般认为，在一个市场机制运转良好的市场环境中，机会成本大的物品，其货币成本一般也较大；机会成本小的物品，其货币成本一般也较小。道理在于：如果某种物品的机会成本大，这意味着消费者对用生产该种物品的资源来生产其他物品的评价较高，这种资源的市场价格当然也高，正常的市场体系会把这类信息反应在该种物品的高价格上，所以，物品就会有很高的货币成本。

但是，机会成本并不等同于货币成本。有时候，市场机制无法正常运转，即市场失灵，这时物品的货币成本就不能如实反映资源的机会成本；有时候，某些物品可能没有市场价格，但却存在机会成本；还有的时候，某些“免费”的东西，其实并非免费，而是需要人们付出一定的时间、精力等机会成本。进一步地分析，可以发现：机会成本实质上是对人们决策价值的一种相对度量，它不是人们的实际付出，而是对实际付出的一种的理性评估。理性的人在作决策时，总是希望选取机会成本低的某种决策。但由于信息的不对称、有限理性及市场失灵等因素的影响，实际作出的决策可能并非最优决策，但这丝毫无损机会成本概念的科学价值[①]

第三，沉没成本。沉没成本(sunk cost，也叫旁置成本)，是指过去已经支出、当事人现在无论作出何种决策都无法收回的成本。这里借用一个通俗的例子，假定你并不喜欢武侠片，但周围许多人都赞美《英雄》，而且你也被铺天盖地广告所诱惑，于是决定冒险花 50 元去看一场《英雄》。但电影开始后不久，你就觉得它并没有你想象的那么好。这时，无论你花上 90 分钟继续看下去、还是退场去干其他事，50 元钱都是无法收回的。这 50 元电影票费用实际上就是一种沉没成本。尽管许多经济学家认为，这种成本与当前决策无关，在决策时不应考虑。但实际上，如果不是从短期，而是从再生产或长期立场上看问题，它同样是经济活动过程付出的代价的一个部分，在比较成本和收益时，决策者也会把它计入成本之中。

第四，微观成本和宏观成本。微观成本指企业或居民个体经济活动发生和支付的费用；宏观成本是某项活动引起的由政府或社会所承担的经济代价。

(二)农民外出就业的直接成本、机会成本和总成本

为了进一步测算农民外出就业成本，我们首先

---

① 《成本概念需要澄清的几个问题——兼与张树民先生商榷》，黄文平，浙江财经学院经济系。

讨论直接成本、机会成本和总成本内容的构成。

我们认为，从决策角度看，农民外出就业成本不仅应该包括直接成本，而且应当包括机会成本。

1.农民外出就业的直接成本

作为外出就业引起的花费，直接成本由流迁费用和生存费用两部分构成。在自由竞争劳动力市场的假定下，流迁费用(流迁成本)指外出就业形成的交通费、职业介绍信息费和变卖旧房屋、购置或租用新住宅带来的损失费用等。当然，如果是二元经济，政府基于非经济性因素考虑强行手取“入门费”等，自然也应记入直接成本之列。生存费用指维持劳动力再生产所必需的费用。不过，它并非外出者(进城者)在迁入地再生产劳动力必须的全部费用，而在新旧环境中再生产同质量劳动力两种必要费用之间的差额。扣除一部分费用的原因在于，即使劳动力不外出，而是在原地工作、生活，同样需要消费，也必须花费一定生活费用。把新旧环境中两种再生产劳动力费用之间的差额计算为外出就业成本，是因为这种消费差额不仅真实的发生了，而且是由外出引起的。

2.农民外出就业的机会成本

按照机会成本定义，农民外出就业的机会成本是指由于外出就业而放弃的在原就业地能够获得的最高收入。但是，农民在原就业地或者家乡放弃的收入具体指那些收入，如何计算？目前，社会各界的理解很不相同。不少学者提出，由于我们农村劳动力严重过剩，农业劳动的边际生产率等于或者接近于0，所以即使农民工不外出，在家也无法就业、没有收入，因此，其外出就业的机会成本等于0，或者说接近于0。

我们不同意种观点，理由是，尽管农村劳动力总体过剩，但是进一步考察劳动力队伍的内部结构不难看出，外出的劳动力恰好是农村劳动力的精华部分，是发展农业和农村生产力最急需的劳动力，而非过剩的部分。他们之所以外出，不是因为他们无法加入农村劳动队伍，挣得与家人或在业者同样多的收入，而是因为他的加入会使家人或者其它人成为过剩劳动力，更重要的是，即使挣得这样的收入，他也不满意。换言之，他是不满意在家乡的收入、他对自己抱有更大的收入预期，认为如果自己外出将会获得更高的收入。大量调查表明，我国外出的劳动力总体素质高于其它劳动力。以河南省为例，2002年外出的劳动力年龄一般在25岁到40岁，文化水平为大约接受了9.45年的基础教育，而全省农村劳动力的受教育年数据估算仅为7.26年。可见，如果这些农民工不外出就业，被挤出劳动岗位的极可能不是他们，而是其他人，从而也就说明了外出劳动力不是边际劳动生产率为零的农村剩余劳动力。因此，计算他们的收入就必须考虑其在家务农及在当地务工应该能够获得的收入。

另外，关于机会成本还有一项内容经常被人们忽视，即直接成本有关费用的利息收入。从理论上讲，这部分收入之所以应算入机会成本，是因为如果该劳动力不外出，他就不必支出直接成本有关费用，而一旦外出，就在开支这部分成本的同时，又放弃了这部分货币资本的利息收入(隐性收入)。不过，由于利息收入数额不大，所以具体计算时也可以不予考虑。

(三)对河南籍在郑务工农民成本和收益的测算

1.调查对象和方式

测算农民外出就业成本需要完备详实的资料，常规统计数据无法满足这种需要。为此，我们在充分利用河南省42个国家调查县4200个农户调查数据的同时，对河南最大的劳动力输入地——郑州市进行了专题调查，除对100名外来务工者进行问卷调查以外，还委托西平、泌阳、舞阳(县)、唐河、邓州、新密、璞阳(县)等7个县市农调队，对70位在郑务工农民工进行了走访调查，详细调查了他们本人及其家庭2002年的收支状况；同时，还对信阳、南阳、安阳、驻马店、商丘等五个主要农村劳务输出省辖市的10个县(市)、30个乡(镇)、30个村进行了问卷调查，对象包括20位县级领导、60位乡级领导和300个农户的户主，目的是从不同角度了解农民外出就业存在的问题，听取他们的意见和建议。这些调查，为我们测算、分析农民外出就业成本、收益，提供了宝贵的第一手资料。

2.外出务工成本测算公式的表达

根据前面对农民工外出成本内容的讨论，如果用C代表某个农民工外出就业的总成本，则C可表达为：

$$C=(C_1+C_2)+C_j \cdots\cdots ①$$

该式表示，总成本C由两类成本构成：直接成本(C_1+C_2)和机会成本C_j。其中，直接成本C_1、C_2分别被称为直接成本Ⅰ、直接成本Ⅱ。

直接成本和机会成本具有不同的性质。直接成本是外出就业者直接支出形成的费用，表现为“支”。在直接成本中，由于外出务工引起的在交易费用方面的支出，如职业介绍信息费，从家乡到务工地的交通通讯费，按照政府有关部门要求办理有关手续和证件的费用等，构成 C_1 即直接成本Ⅰ。而由于城市劳动力生存成本高于乡村所造成的外出务工者生存成本的增加，构成 C_2 即直接成本Ⅱ。这一部分相当于外出比在家乡时“多支”的部分。机会成本不是直接的货币支出，它具有隐成本性质，是指因把资源用于特定用途而放弃的用于其他用途获得的收入。在这里，特指因农民进城务工而放弃的务农收入以及在当地务工所获收入，是农民潜在收入的损失，表现为“少得”。

3. 成本收益余额、成本净收益率与劳动力外出的决策依据

农民外出目的是获得比在家乡所能得到的更大的收益或者更高的收益率。收益不同于收入，它是收入扣除成本之后的余额。而收益率是指收益和(总)成本的比率。由于成本收益率是同时包含投入(成本)和收益(产出)在内的相对数，因此，它比收入更能反映农民外出目的实现程度。用字母 I 表示收入，R 表示收益，R’表示收益率，则它们之间的关系可简单用以下公式表示：

$$R' = (R/C) \times 100 \cdots\cdots ②$$

式中，$R = I - C$。

从式①、式②，我们推导出农民外出就业的均衡条件：

$$R = I - (C_1 + C_2) + C_j \cdots\cdots ③$$

$$I - (C_1 + C_2) = C_j \cdots\cdots ④$$

其中，式④是式③的变形。在式③中，令 $R=0$（这意味着理性的农民将停止外出就业，城乡劳动力正常流动处于均衡状态），则可得到式④。

式④的经济含义是，如果农民外出就业获得的收入，在扣除直接成本后，恰好等于他不外出而在原地就业获得的收入，那么农民外出的动力便会消失，城乡劳动力流动处于均衡状态，外出与否无所谓。如果 $R>0$，即 $I-(C_1+C_2)>C_j$（或者 $R>I-(C_1+C_2)-C_j$，在利益吸引下农民必然外出；如果 $R<0$，即 $I-(C_1+C_2)<C_j$（或者 $R<I-(C_1+C_2)-C_j$），这意味着农民外出挣到的钱，在扣除直接成本后，不足以弥补在家就业的损失，他自然不会外出。

4、外出就业成本和收益测算结果及简单结论

根据对 154 位在郑务工的河南籍农民工调查获得的数据，包括 2002 年各种办证费、信息费、交通通讯费，各项生活消费支出、在郑州借出和存入银行的金额，2002 年应得工资收入，寄回和带给家人的现金，本村农民人均纯收入，本村农民人均在本地务工获得工资收入等，同时参考常规抽样调查数据，利用式①、②，便可测得农民工外出的总成本、总收益和总成本收益率（参见表 1）。

表 1 在郑务工农民工成本收益情况

单位：元/劳动力

收支项目	金额（元）	直接成本Ⅰ构成（%）	直接成本Ⅱ构成（%）	总成本构成（%）	成本收益率（%）
收入项目					
(1)工资收入	6451.2				
(2)福利收入	——				
收入额合计	6451.2				
成本项目					
(1)直接成本 1	429.0		13.6		
＃办证费	129.6	30.2			
信息费	13.7	3.2			
交通通讯费	120.0	28.0			
学习培训费	165.7	38.6			
(2)直接成本 2	2718.1		86.4		
＃务工地生活消费	4169.6				
家乡生活消费	1451.5				
直接成本额合计	3147.1			56.4	

续表

收支项目	金额（元）	直接成本Ⅰ构成(%)	直接成本Ⅱ构成(%)	总成本构成（%）	成本收益率（%）
(3)机会成本					
#劳均务纯收入	2299.5				
家乡劳均务工收入	132.5				
机会成本额合计	2432.0			43.6	
成本额合计	5579.1				15.6
收益余额项目					
成本收益余额	872.1				

从表1内容，我们可以得出以下简单结论：

第一，农民离开家乡，扣除各种成本包括机会成本以后，一年下来平均每人的净收益是＋872.1元，外出成本收益率为＋15.6%，说明在目前条件下外出的确有利可图，动远比不动好。由此，我们也可以看到我国千万农民工尽管面临种种恶劣的务工环境，却义无反顾，以极大勇气和热情冲破重重障碍，积极寻求外出就业机会，其原因就在于外出务工能够获得更高的比较收益。这同时也解释、验证了一个著名的农业经济学假设——农民和厂商一样也是一个理性经济人。

第二，农民外出的经济成本巨大。既要增加在外花费，又要放弃在家乡获得收入的机会，总成本高达5579.1元，其中直接成本为3147.1元，机会成本为2432.0元。

第三，直接成本大小主要取决于城市经济发展水平和状况即农村外部环境以及城乡消费水平的差距，机会成本的高低则由农村经济发展水平和状况决定，取决于农民工放弃的同等劳动力在农村能够得到的收入（农业收入和非农收入）的多少。因此，农民外出就业的成本收益，实际上是国民经济发展状况的一种综合反映。

第四，直接成本和机会成本占总成本比例，前者为56.4%，后者为43.6%。这意味着在促使农民外出务工方面，城市和农村在不同方面起着重要作用。解决好农民工有关问题，应从城乡两个方面着手，不可偏废。

第五，政府各种办证费、管理费等是农民工外出成本的重要组成部分，占了第一类直接成本的30.2%。其他条件不变，这类成本提高，意味着农民进城就业收益率降低。不管提高这部分成本的动机、行为是否合理，从短期看，客观上会阻碍农民工进城。

三、外出收益模型：影响因素及其作用分解

（一）影响外出务工成本收益率的主要因素

成本收益率R’是一定时期农民外出务工收入与为获得收入而支付的成本之间的差额和外出就业成本C的比率。作为反映外出劳动力收益水平的综合性指标，其影响因素众多。从成本收益率的概念和计算公式出发，可以从三方面进行分析。

第一，工资水平或者劳动力市场供求状况。R不等于工资额W，也不等于单位工资或工资率W’，但是同它们密切相连。如果设R为农民工一年的净收益，W为年工资或者收入总额，T为年劳动时间，则其关系是：

$$R=W-C \text{ 或 } R=T\times W'-C$$

由于W或W’是劳动力的价格，在完全竞争市场上由市场供求关系决定。从短期考察，当劳动力供不应求时，雇主会竞相提高工资；反之，当供过于求时，雇主则必然压低劳动力价格，使W或W’下降。而在C一定条件下，W变化必然使R发生相应地变化，从而决定R’的变化。

需要进一步指出的是，由于市场竞争的不完全性，特别是在我国市场发育滞后，劳动力市场信息不畅的情况下，影响农民工工资水平的因素实际上更为复杂。如，由于劳动力市场信息不对称现象的存在，雇主方往往会利用信息优势，压低工资水平。特别是在劳动力市场供大于求、农民工素质相对低下的情况下，信息不对称会使工资信号出现较大程度上的扭曲。又如，由于农民工在地区和行业之间流动的不均衡，也会造成工资水平忽高忽低、从而影响农民工务工收益水平的稳定性。

第二，外出就业成本的大小。从 $R'=(W-C_1-C_2-C_j)/(C_1+C_2+C_j)$ 可以看出，在其它条

件不变情况下，外出就业成本，尤其是诸如职业介绍信息费、交通费的变化，直接影响农民外出收益和收益率的大小。成本对收益率的影响具有双重作用，一方面使 R(即工资 W 和成本 $C_1+C_2+C_j$ 的差额)绝对减少；另一方面，又通过增大分母量，使收益率 R'相对变小。

在外出就业成本中，其各个组成部分均受多种因素影响。其中，C_1 主要受以下因素影响：农民工自身的文化素质、家庭成员状况；原有的生活水平和消费习惯；农民工自身的社会交往阅历和经验；城乡之间的空间距离及交通条件；城乡之间固有的经济和信息联系等。C_2 和 C_j 主要受城乡差距大小等因素影响。

第三，城乡经济发展和居民生活水平差距。在农民进城成本一定条件下，城市发展水平愈高，它能提供的工资水平也愈高，即 W 愈大，这有利于提高农民成本收益率。另一方面，城乡经济发展和居民生活水平差距愈大，意味着农民进城成本(C_2)愈高，净收益愈少，在其它条件一定的情况下，农民成本收益率会降低。在综合考虑以上两方面因素的情况下，城乡差距对农民收益的最终影响，取决于较高工资水平带来的收益增加与较大成本支出之间的比较。如果较高工资收入所带来的收益增加大于成本支出的增加，收益 R 及收益率 R'就会增加；相反，如果较高工资带来的收益增加赶不上成本支出的增加，那么 R 和 R'就会减少。从现实看，这一关系在不同时期、不同地区和不同农民工个人身上会表现出不同的结果，但从总体趋势上看，较高工资带来的收益增加是明显大于成本增加的。这也正是近年来农民工进城务工数量增加较快的根本原因。广东等沿海发达地区尽管远离河南、四川等中西部省区，但一直是吸引外来农民最集中、最多的地区，除这里经济发展快、就业机会多外，重要原因还在于其工业化、城市化水平高，工资水平和净收益相对较高，远非内地能比。

(二)外出就业成本收益率和家庭收益率模型的构建

为验证和定量分析不同因素对外出就业成本收益率的影响，我们利用对 2002 年在郑务工河南籍农民调查资料(样本数为 154 个)，辅之以常规抽样调查数据，C 设定线性多元回归模型形式(式⑤、式⑥)，分别构建了外出就业成本收益率和家庭收益率数学模型。模型为：

$$R'=\alpha+\beta_1\times W-\beta_2\times C_1-\beta_3\times C_2--\beta_1\times C_j\cdots⑤$$

$$S_1=\alpha+\beta_1\times W-\beta_2\times C_1-\beta_3\times C_2--\beta_1\times C_j\cdots⑥$$

为研究和论述方便，式中变量的含义与前面保持一致，分别为：

R'——外出就业的成本收益率

C_1——直接成本Ⅰ

C_2——直接成本Ⅱ

C_j——外出就业机会成本

这里需要对变量家庭收益率 S_1 以及建立该模型的意义作一说明。S_1 被定义为一定时期内外出就业者寄给家人或者带回家中的收入(包括他在务工地的个人存款和借给别人的收入)与外出就业成本的比率。如果用 S 代表外出就业者给家庭带来的总收益，S_1 代表外出就业者一年中寄给家人或者带回家中的收入，S_2、S_3 分别代表收入中存入银行和借给别人的部分，则 S'可以表达为：

$$S'=s/c\cdots\cdots⑦$$

或者 $S'=(S_1+S_2+S_3)/(C_1+C_2+C_3)\cdots⑧$

大量研究表明，农民外出务工挣钱，不仅是为个人，而且在很大程度上是为整个家庭。外出挣钱愈多，收益额愈大，寄回带回家的钱也就愈多，整个家庭的收益率也就愈大，成本收益率与家庭收益率具有很强的相关性。但是，由于外出就业农民个人及家庭具体情况不同，所以即使两人在外挣钱一样多、收益额和收益率一样大，他们寄回带回家的钱也不完全相同，说明外出就业成本收益率和家庭收益率存在区别。为全面反映农民外出收益情况，我们同时建立家庭收益额和家庭收益率模型(各变量性状及模型估计见附录)：

从成本收益率模型估计结果看，拟合值 R＝0.563，F＝47.93，说明模型拟合很好，方程在 95％的显著性水平下显著成立；且全部变量在 95％的概率水平下均是显著的，顺利通过 T 检验。因此，有理由认为建模成功。于是，我们得到如下模型：

$$R'=112.578+0.015\times W-0.031\times C_1-0.008\times C_2-0.058\times C_j\cdots\cdots⑨$$

$$S'=185.645+0.006\times W-0.022\times C_1-0.006\times C_2-0.051\times C_j\cdots\cdots⑩$$

$$S=2798.168+0.458\times W-0.008\times C_1-0.145\times C_2-0.967\times C_j\cdots\cdots⑪$$

（三）工资和成本变动对收益率影响程度分析

在成本收益率和家庭收益率模型中，解释变量的系数反映或代表着该变量与被解释变量之间的边际关系。通过观察，我们可以得出如下结论：

1. 工资收入水平对外出农民工及其家庭收益额、收益率均具有重要影响

工资收入是农民工的基本收入来源，也是形成各种收益额和收益率的基础，因此工资收入多少直接影响农民外出的收益额和收益率。从模型结果分析，农民工年收入每增加 100 元，将使家庭净收益增加 45.8 元，使外出收益率和家庭收益率分别提高 1.5 和 0.6 个百分点。它说明，增强农民工外出动力，增加农民收入，除采取措施降低成本外，还必须通过各种途径切实保护农民工权益，不断增加农民工工资水平，杜绝和防止垄断劳动力市场，压低和克扣工人工资等现象。

2. 各类成本均以反向影响外出农民工及其家庭收益额、收益率

成本（包括机会成本在内）是净收益的一种扣除。在工资收入不变条件下，成本增加意味着净收益的减少。模型中各类成本变量的系数均为负值，表现的正是这种经济关系。根据模型估计，如果工资收入一定，包括办证费等在内的务工成本（直接成本Ⅰ）每减少 100 元，农民工净收益率将提高 3.1 个百分点，家庭净收益率提高 2.2 个百分点。这说明，政府不合理的“办证”、收费行为，在限制农民进城方面具有双重功效：不仅直接“卡死”了一些农民的进城通道，而且还通过增大农民外出成本和降低农民收益率，提高了“门槛”，减弱了农民进城的动力。

3. 机会成本对农民外出成本收益率和就业决策影响巨大

尽管机会成本与支出费用构成的直接成本性质不同，但是，在以相反方向影响农民收益和收益率这一点上，作用是相同的。不仅如此，从量上考察，其程度甚至超过直接成本。根据模型判断，来郑就业农民的平均机会成本，每提升 100 元，其本人和家庭的外出收益率相对降低 5.8 和 5.1 百分点，家庭收益额相对缩减 96.7 元。这里蕴含的经济意义是：农民工家乡经济越落后，就业机会和挣钱愈少，他外出动力就越大，经济上也更划算。事实上，多年来以来，我国农民工流动的基本特点之一，就是民工潮从农村流向城市、从落后地区流向沿海发达地区流动。而且一般而言，一个地区经济发展和收入水平愈低，农民外出务工数量也往往大。河南省外出务工最多市县，都是经济比较落后的；与此相反，如果经济愈发达，挣钱机会和收入愈多的地方，农民外出就业的动力也就愈小，越没有必要进城或者到外地就业。当然，如果农民外出目的是做生意、当老板，则属于另外一种情况，不是这里要研究的一般农民工的成本、收益和就业问题，因为他的收益中包含大量的资本收入。

（四）外出机会成本影响农民工流动和成本收益率的个案分析及其启示

关于外出机会成本影响外出就业收益率和农民工流动问题，我们对新密市调查的结果很有代表性。

新密是郑州市下辖的一个县级市，离郑州市区 50 公里。当地经济较为发达，资源型企业较多，煤炭、造纸、耐火材料、建材是其四大支柱产业。当地经济发展不仅吸纳了大部分本地农民，而且长期以来吸引外来人员就业达 4～5 万人，主要从事井下、体力劳动，当地劳动力主要从事井上及一些闲杂劳动。

据新密市农调队调查，离开本地到郑州及外地就业的劳动力不多。即使外出，这些农民工也多是从事一些技术性工作，或者是做生意、当老板。近几年，该市以曲梁乡为中心，服装业发展较快，一批以服装为业的私营企业应运而生，在外务工人员中以此类行业较多。在我们调查的 10 个外出就业人员中，有 2 人从事与服装生产经营相联系的职业，一个在郑州从事服装批零，一个长期从事服装辅料入纽扣批零，另外也有几个属于采购员，从事企业营销工作，还有一个原来是水泥厂技术员，现在在郑州一家企业担任工程师。

可以看出，像新密这些地区出来的农民工，由于在家乡当农民或找到一个工作不是太难，工资又在 500 元以上，相当于甚至高于郑州市农民工平均收入水平（被调查的 154 个河南籍在郑农民务工者 2002 年平均收入为 537.6 元），因此这类地区外出务工人员肯定不多，因为缺乏动力支持。可以设想，如果让他们外出，其机会成本自然较高，成本收益率、家庭收益率又必然较低。

新密市的案例给我们三方面的启示：

第一，在理论方面，从传统的城市化“推力论”分析，农民进城的动力（可能性），应当来自于农业劳动生产率的提高和农村经济的发展。而从机会成本理论分析，动力（必要性）却来自于农业和农村经济落后和不发展，来自于家乡及农民相对或绝对

的贫困。现实经济生活也证明了这一点，一些短期甚至偶然因素，如农业受灾、收成不好等，也可能导致农民进城务工数量的增加。譬如河南省，今年秋季洪涝等自然灾害较重，因灾返贫问题比较突出，不少农民迫于挣钱压力外出打工。据了解，目前外出打工人数反而多于往年。

第二，务工地和家乡之间（城乡、地区之间）经济发展和收入差距愈大，农民外出就业的机会成本愈小，外出的收益率和动力也就愈大；相反，务工地和家乡之间经济发展和收入差距愈小，农民外出就业的机会成本愈大，外出的收益率和动力也就愈小。

第三，如果说在谈到农业问题时，"农业的出路在农外"这种观点是正确的话，那么这里同样可以说，"城市的问题在城外"。要想从根本上解决农民工"过多"、"过快"、"无序"涌入城市，减少、防止"盲流"冲击城市的问题，必须实行统筹发展战略，加快农村地区、落后地区经济发展步伐，缩小城乡、地区之间的差别，才能解决农民工的相关问题。

四、"逆歧视"与福利缺失：市场、体制和政策对农民工收益的影响分析

（一）"逆歧视"概念和实际工资比较模型

1. "歧视"和"逆歧视"的含义

"歧视"是现代经济学领域中最有创见的思想家之一，诺贝尔经济学奖得主加里·贝克尔（Gary S. Becker 1930—）引入经济学的概念，也是一种独特分析方法。他在博士论文[①]中，首次运用了这种方法。他借助于将对歧视的"偏好"引入雇主和雇员的效用函数这种简单方法，试图使竞争的劳动市场模型与白人工人和黑人工人之间可观察到的工资判别事实相符；这本书最初没有引起什么反响，但是最终它引发了说明劳动市场中种族的和性别的收入判别持续存在的一系列完整解释。近年来，有学者用"歧视"、"逆歧视"分析我国就业和农民工问题，并提出了各种"歧视"模型，所以"歧视"和"逆歧视"成为描述外来劳动力与输入地劳动力之间竞争和替代关系的概念。

2. 一个"逆歧视"工资比较模型

为进一步了解、把握"歧视"和"逆歧视"的概念，现在介绍一个实际工资的比较模型。

设劳动力输出地的物价水平为 P，输入地的物价水平为 P'，则两地的物价水平差异为 $\alpha=(P'-P)/P$，正常情况下，$\alpha>0$，因为欠发达地区在赡养老人、子女抚育和教育、基本生活开支等方面费用相对较低。再假设外来劳动力的工资收入中，汇回输出地消费的部分为 $\beta\in(0,1)$，$(1-\beta)$的部分在输入地消费。同时，假设输入地当地职工的货币工资为 W'，外来劳动力的货币工资为 W，要使当地和外地劳动力的实际工资率保持一致，则：

$$W'/P'=W(1-\beta)/P'+W\beta/P$$

整理得：$W'=W(1-\beta)+(P'/P)W\beta$

即：$W'=W(1+\alpha\beta)$ 上式表明，如果外来劳动力的货币工资为 1，则本地职工的货币工资为 $1+\alpha\beta$ 时，两者的实际工资水平是一致的。$\alpha\beta$ 则被称作"歧视系数"（加里·贝克尔，1976），可理解为，当外来劳动力的货币工资既定时，本地职工的货币工资为外来职工工资的 $1+\alpha\beta$ 倍；或者说，当本地职工的货币工资既定时，外来职工的货币工资为本地职工货币工资的 $1/(1+\alpha\beta)$。若本地和外来职工的实际工资相同，则受歧视者为外来职工；相反，若本地和外来职工的货币工资相同，则受歧视者为本地职工。若两类劳动力的生产率相同，外部劳动力市场的企业主不会主动牺牲利润而给予本地职工以更高的货币工资，这样在面对相同的货币工资时，外来劳动力由于实际工资较高而获得了就业岗位，本地劳动力要么退出就业竞争，要么为了就业而降低实际工资水平。这一现象被称为劳动力自由流动而引发的对输入地劳动力的"逆歧视"。

资料显示，在外来劳动力进入前，城市或发达地区外部劳动力市场的均衡就业量为 N_0，实际工资为 W_0/P，外来劳动力进入后，就业总量增加到 N_1，实际工资降为 W_1/P。但由于实际工资的下降，本地就业者减少到 N_2，本地就业量的净减少为 N_2N_0，外来的就业人数为 N_2N_1。这是短期静态分析，若将模型动态化，由于本地企业的利润增加（增加额为三角形 AE_0E_1 的面积），投资的扩张会创造更多的就业机会，即劳动的需求曲线 D 会外移，但只要上文的"逆歧视系数"有效，就会吸引近乎无限的外来劳动力涌入，即供给曲线还会外移，结果实际工资难于上升，新创造的就业机会不断地被外来劳动力填补。[②]

---

①《歧视经济学》（芝加哥大学出版社，1957 年；第二版，1971 年。

②《管理世界》2002 年第 9 期，顾建平。

(二)是否存在"逆歧视"——以郑州市为例

1. 按货币工资测算存在"逆歧视"

按照上述"逆歧视"模型的思路和方法，利用154位来郑务工者的实际调查数据和《河南统计年鉴》中有关数据，测算了郑州市在岗职工的实际工资和歧视系数(见表2)。

在郑农民工154人的调查

郑州居民消费支出	农村居民消费支出	消费支出差额	a值	b值	ab值
5478.96	1451.51	4027.45	2.77	0.37	1.02
郑州在岗职工实际货币工资	(1+a*b)值	农民工务工收入	寄回部分	在岗职工应得货币工资	差额
11966.00	2.02	6451.23	2371.75	13032.04	1066.04

2002年，郑州市在岗职工平均工资为11966.00元，农民工工资为6451.23元，本地职工名义工资比外来农民工高5514.77元。尽管如此，由于计算得到的αβ值，即歧视系数为1.02，照此推算，如果假定外来人员劳动生产率与本地职工相同，则本土就业者人均年工资应当达到13032.04元，而不是他实际得到的11966.00元，反映出他同外来农民工相比，少得1066.04元工资，说明存在着就业的"逆歧视"，即外来民工对本地人员就业的替代和排挤。

2. 农民工福利缺失降低对本地劳动力的"逆歧视"程度

必须指出，上面测算"逆歧视系数"时，仅仅计算了职工的货币工资，没有考虑两个群体的福利收入差异因素。而实际上，城市职工和外来农民工的收入结构有很大差别。众所周知，城市职工除获得货币工资以外，还享有许多物质福利。这种福利过去是以免费或者低租金住房、免费医疗等形式存在的。上世纪90年代中期以来，随着国有企业改革深化、新住房制度的实行，以及与此相配合的新的社会保障体系的建立，逐步演变为一种新福利或新保障形式——以基本养老保险、失业保险、基本医疗保险和城镇居民最低生活保障为主要内容的社会保障体系。而绝大多数外来农民工，由于体制等多方面复杂原因，至今无法获得这种福利，其货币工资几乎就是其全部收入。

农民工福利收入项的缺失和城市职工隐蔽型福利收入的存在，导致两大就业群体实际收入差别远远大于货币工资的差别，结果是大大低估"歧视系数"，高估农民工对城市劳动力的"逆歧视"程度。换言之，如果考虑到国家对城市劳动力的福利补贴(从而使其竞争能力降低)这一因素，农民工对本地人"逆歧视"程度和替代效应没有那么大，那么其就业竞争力就会更强。

有研究表明，1995年城市国有企业所享有的实物性福利，相当于其货币收入的72%(赵人伟，2000)。如果把这部分福利也考虑在内，国有企业职工的年平均收入就比农民高出127%。假定这一结论适合于2002年的郑州市，那么就意味着农民工只有拿到10290.76元，才相当于城市职工的实际收入20581.5元。这意味着城市职工(在市场上)要求的报酬同不享受福利收入("市场补贴")相比高出7549.5元。可见，实际上农民工的工资远远低于城市职工的实际收入。如果考虑到福利收入这一因素，农民工对城市职工的"逆歧视"根本不存在了。这同时也从另一方面说明了农民工具有较强的就业竞争能力。

(三)现实中怎样实现了"逆歧视"——农民工赢得就业岗位的代价

文化素质不高的农民，之所以能在劳动力同样过剩、就业竞争日益剧烈的城市找到工作，实现对本地人的"逆歧视"(如果说存在"逆歧视"的话)，其根本原因也在于，他们能够适应市场需求和外部环境的现实，为得到打工机会和收入，"主动"牺牲一部分眼前经济利益和社会权益。当然，他们为此付出的代价是巨大的，不仅加大了经济成本，降低了外出收益率，而且饱受歧视，付出了城里人难以承受的心理和社会成本。

1. 从事苦、脏、差、险的职业和劳动，以健康和生命为代价求得就业岗位

城市或发达地区，劳动力市场同样存在着二元分割。主要由国家机关、事业单位和国有控股企业等体制内单位构成的"正规部门"的"正式职工"，形成一个"内部劳动力市场"，人员的进入存在严格的

身份和学历限制，外地初级劳动力即使入其门，也是编外的临时工，这就确保了体制内职工工资和福利水平随当地经济发展而稳步上升。“外部劳动力市场”主要存在于：(1)体制外的非国有经济单位，如个体、私营和外资企业；(2)对劳动力的文化和技能要求不高的产业，如建筑、运输、商贸流通、餐饮服务等行业；(3)正规部门中脏、累、险、苦的岗位。也就是说，非正规部门从业人员和正规部门的临时工共同构成了“外部劳动力市场”，在这个市场上，就业量和工资完全按新古典法则来决定。由于进入门槛相对较低，大量的本地和外地劳动力纷纷涌入这一市场，使之成为实现市场化就业的主渠道。这样，一方面，国企改革和结构调整要求下岗职工进入外部劳动力市场来实现再就业；同时，离地转业农民和外地劳动力，也是涌入这些非正规部门和外部劳动力市场，最先或者主要在这里同城市劳动力“交锋”。由于供求关系严重失衡，实际工资水平长期维持在低于其边际生产力的生理需要水平，工资上升滞后于经济增长，劳保福利也没有保障。

调查表明，目前海南省农民工就业主要集中在劳动密集的行业和职业岗位。2002 年河南省进城务工人员中，以从事工业的最多，达 278.7 万人，占 28.3%；其次是从事建筑业的 242.0 万人，占 24.6%；从事社会服务业的 130.0 万人，居第三位，占 13.2%；列第四位的是从事批发零售贸易餐饮业的 102.0 万人，占 10.4%；排第五位的是从事交通运输业的 32.3 万人，占 3.3%；其他依次是教育文化艺术及广播电视业 16.1 万人，占 1.6%；农业 6.5 万人，占 0.7%；卫生体育和社会福利业 5.6 万人，占 0.6%；党政机关和社会团体 4.3 万人，占 0.4%；房地产业 1.3 万人，占 0.13%；科学研究和综合技术服务业 0.6 万人，占 0.06%；其他第三产业 164.5 万人，占 16.7%。而无论是在那个行业和地方，最苦、最累、最脏、最差、最险的劳动，几乎都是农民工在那里干。劳动条件恶劣，隐性健康损害，职业病和工伤事故时有发生，工伤赔付不合理。

2. 靠剥削自己积累起高于城市职工的“货币工资”

农民工是城市中低收入、低消费的弱势劳动群体。2002 年河南省农村进城务工人员全年在外总收入为 484 亿元，虽然总额可观，但人均只有 4916 元，其中在省内城镇务工者年人均劳务收入为 3723 元，在外省城镇务工者年人均劳务收入 6248 元，省外比省内高 67.8%。从城镇级别来看，城镇级别越高，规模越大，农民工的收入就越多。其中进入省会城市农民工的年人均收入为 5981 元，地级市为 4726 元，县级市为 4169 元，建制镇为 3587 元，四级城镇农民工收入之比为 1∶0.8∶0.7∶0.6。我们在郑州调查的 154 位农民工，年平均年收入 6451.2，每月占有 537.6 元。月平均收入在 300 元以下者有 24 人，占 20%；其中，还有 10 人，全年未得到收入的。

从消费情况来看，大量调查表明，进城农民工基本上奉行“能省则省”的原则，除了衣、食、住、行生活必需费用，每月用于其他消费的费用极少。2002 年河南省农村进城务工人员全年在外总消费为 182 亿元，年人均为 1848 元，其中在本省内城镇从业的农民工年人均消费 1230 元，在外省城镇从业的农民工人均消费 2558 元。被调查 154 位在郑州务工者，年均消费 2977.1，月均 248.1，辛辛苦苦一个月，其消费仅比郑州市最低生活保障线规定的 180 元，多 68.1 元。有关专家对深圳各类不同社会群体消费水平的调查表明，在住房、交通、用水、用电、用气、饮食、服装、电讯、医疗、教育、文娱、休闲、旅游等方面的消费，从综合数据看，一个农民工同有深圳户籍的职工对比，相差 5～6 倍。就是说 5～6 个农民工的消费支出，才抵得上一个有户籍职工的消费支出。可见，大多数民工除了用于生活的必须消费之外，几乎不花费什么钱。大部分收入用于汇回家。在城市生活中，农民工的消费行为基本限制在“必须消费”上，对生活的要求较低，他们的生活参照系不是城市市民而是家乡的农民，这种较低的经济参照系的选择有利于进城农民工的经济适应，可以说，农民工只要找到了工作，有了基本的收入，在经济上能够维持城市生活的最低消费，就有了立足。这种适应还处于一种生存适应状态。农民工由于需求低，在经济层面的适应是较容易的。

正如一位专家所讲的那样，“长期以来，我国劳动力成本低廉的竞争优势，在很大程度上是挤压了劳动者合理的劳动待遇和基本的社会保障而形成的。简单劳动的低工资使农民工无法享有像样的生活条件，雇主也往往不会主动去改善他们的生活状况。2003 年的 SARS 危机中，北京采取措施改善建筑工地民工的居住条件，很多人才从媒体的报道中了解到，原来民工都是几十人拥挤于一室，睡大通铺，而住在地下室里的生活环境也好不到哪里去。”这实际上也道出了农民工在城市能够找到工作、实现“逆歧视”的奥妙。

3.多种场合受歧视，多项权益受侵蚀

第一，就业门槛高。民工进城，首先会遇到就业的“身份”障碍。改革至今，民工外出就业还要办理很多特有证件，而办理这些证件要跑计生、公安、劳动、民政等部门，经历繁杂的手续，交不少的费用。对河南省部分地区外出就业者调查显示，多数农民工都办理有外出证、流动人口证、未婚证等，费用多在100元以上。有农民反映，进城还没有找到工作，七费八费就已掏空了他们的口袋。此外，随农民工进城的子女，入托、上学受到种种限制，只得当“高价生”，比城市学生多交很多费用。

第二，工资被拖欠。民工的工资一般是按季、按年甚至是按活计完成的阶段发放的。一个项目在没有做下来之前，民工是难以领到工资的。最让他们伤心的也许是，项目做完了也领不到工资，拖欠工资实在是家常便饭。逢年过节，往往是民工讨“债”的日子，各地常有因拖欠民工血汗钱而引发群体纷争或民工跳楼、割腕等极端事件。面对愈演愈烈的工资拖欠问题，最近两年特别是今年春节前后，从中央到地方各级政府加大了治理力度，取得了一定成效，但是根源并没有消除，问题远远没有得到很好解决。

第三，“不敢提”签劳动合同。劳动合同是对劳资双方的保护，是劳动者参加社会保险的前提，也是政府和执法部门处理劳动争议的法律依据。尽管劳动法规定用人单位必须签订劳动合同，但是实际上由于种种原因农民工签合同者很少。我们对60位外地在郑州务工者调查表明，仅6位签订了劳动合同。对另外100位在郑州农民工的调查表明，在单位打工的86人当中(包括国有、集体和个体私营企事业单位)，有44%的被调查者没有与所在单位签订劳动合同。当问到为什么没有签时，回答自己认为签不签合同无所谓的最多，占52.3%；其次是回答自己不知道要签合同，占18.2%；回答自己想签合同，但不敢提出来，怕失去工作的占15.9%，排第三位；其他是回答自己向单位提出来要签合同，但单位不同意，占13.6%。“不敢提出来，怕失去工作”，既反映出农民工极其珍视工作机会，同时也表明农民工和雇主地位的不平等和他们心理的极度压抑。

第四，多数农民工被排除在新福利体系之外。尽管各地要求所有企业职工都要参加社会保险，但一方面，由于农民工工资本来就低，再让他从自己工资拿钱交(扣)保险金，客观上对其收入和生活影响较大；另一方面，由于许多人对新社保福利性缺乏认识，不知道所交保险金仍然属于自己的收入。更重要的是，社保体系本身不完善，城乡及全国各地不统一，流动性较大的农民工回乡或到其它地方就业时，其保险金无法接转，收益没有保证。因此，出现在社保问题上农民工与企业“两不情愿”的现象。广东就曾发生因结转困难，农民工回乡时干脆放弃自己保险金的情况。企业不交社保基金当然乐意，因为那会降低其生产成本，而农民工因种种原因不参加社会保险，却意味着他事实上放弃了应该享有而且从形式上来讲的他也能够分享的福利收入。调查表明，大多数农民工没有参加社会保险，在我们调查的86单位打工者中，有28人参加了社会保险，占单位打工者的32.56%。在随机抽取的60位在郑河南籍农民工中，仅有2人参加了保险。农民工参保情况可想而知。

五、降低进城务工成本支持农民外出就业的对策和建议

(一)充分认识降低进城务工成本、支持农民外出就业的重大意义

农村富余劳动力向非农产业和城镇转移，是实现农业现代化的客观要求，也是工业化和城市化的必然趋势和世界经济发展的一般规律。大规模推广、运用先进农业科学技术，实行农业产业化、规模化经营，是提高农业劳动生产率、增强农产品国际竞争力的客观要求，也是实现农业现代化必要条件。而人多地少，农村劳动力严重过剩，是中国一大国情，也是制约我国农业生产和农民增收的基本因素。从根本上讲，发展农业必须减少农民；增加农民收入，必须把富余劳动力大规模地向非农产业和城镇转移。从改革以来我国实践看，农民外出务工就业，促进了农民收入的增加，促进了农业和农村经济结构的调整，促进了城镇化的发展，促进了城市经济和社会的繁荣，是国民经济能够保持长期快速发展的重要条件。

转移农村富裕劳动力，首先需要农民有积极性和动力，尤其是要能获得较高收益和收益率。大量调查研究表明，农民外出就业具体动机很多，除挣钱之外，还包括社会、文化等方面的目的。但是，经济人的理论假设和我们关于农民外出就业是理性行为的实证分析都表明，其基本动机和目的是优化

自身劳动力资源配置，实现个人和家庭收益最大化。

大规模、持续转移农村富裕劳动力，需要政府和社会创造有利环境和条件。收益是农民外出就业获得的工资收入与为此付出成本之间的差额。工资是劳动力的价格，其大小由市场决定。成本包括直接政府收费等直接成本和机会成本。成本一定，农民工工资收入愈高，则其收益额愈大、收益率愈高；工资收入一定，外出就业成本越大，则农民工实际获得的收益额就会越小，收益率就会越低。而无论是劳动力市场上工资的决定，还是外出过程中成本的形成，都需要一个公平的制度环境、政策环境。

改革开放以来，随着体制转轨和限制农民外出政策的解禁，农村劳动力转移规模逐步扩大，环境也不断改善。但是，正像《国务院办公厅关于做好农民进城务工就业管理和服务工作的通知》中所说受的那样，“当前在一些地方，农民进城务工就业仍然受到一些不合理限制，农民工的合法权益得不到有效保护，拖欠克扣工资、乱收费等现象严重。”种种不合理现象的存在，既直接抬高农民外出就业的成本，也严重制约劳动力市场的发育、发展，影响劳动力价格或工资决定的公平性，其结果是农民工收益被侵蚀，收益率被降低，外出就业的积极性和动力被大大减弱。如果这种状况不尽快改变，农民收入增长将更加困难，城乡差距将愈来愈大，工业化、城市化和农业现代化进程将可能阻断，全面建设小康社会的战略将受到严重制约。

（二）进一步加大户籍制度改革力度，为全国统一的劳动力市场的发育发展和农民工权益保障创造必要前提

传统的户籍制度是计划经济的产物，在当时的历史条件下，它对丁维护社会稳定和确保农业的基础地位确实起了重要作用。然而，随着市场经济的发展，“铁篱笆”似的户籍制度不仅钳制了人才的自由流动，不利于社会经济的发展，而且客观上伤害了广大农民的感情，损害了他们的利益。我国法律规定的很多权利，在实践中都不同程度、不同形式地与户籍制度挂上了钩。从政治权利，到财产权、教育权、劳动权、休息权、社会福利保障权等，无不与户籍有着密切关系，离开了户籍，这些权利都很难实现。目前，进城务工经商的农民不仅不能获得与城市居民平等的发展机会及社会地位，甚至连基本的人身安全感都无法保障。

最近几年，各地加大了户籍制度改革力度。譬如河南省，1999 年取消了“农转非”许可证制度，在全省 15 个市的县镇开展了小城镇户籍改革试点工作；2000 年河南省政府作出了《关于进一步加快城镇户籍管理制度改革的通知》，明确规定，在小城镇已有合法稳定的非农职业或已有稳定的生活来源，有合法固定住所的农村户口人员，不受“农转非”转户指标和居住时间限制，可在河南省的县级市、县城的城区建成区和建制镇的建成区办理常住户口。石家庄、郑州等省会城市户籍改革也迈出了较大步伐。江苏省今年就宣布取消农业户口、非农业户口的区别和称谓，废除“农转非”计划指标管理体制，实行居住地户口登记制度。但从总体上看，户籍改革仍然不够彻底。一方面，一些特大城市改革行动迟缓。有些地方虽然也进行了改革，表面上“准入”无限制，但把户籍与投资、买商品房、学历层次要求等联系起来，因此实际上仍然把外地农民排斥在“准入”之外，改革很不彻底。

户口制度是涉及到人口流动、迁徙等全局性的问题，必须由国家审视度势，做出决策，在全国实行，才能解决这个问题。我们主张，第一，尽快取消农业和非农业人口的制度安排，全国统一实行居住地户口登记制度；第二，废除一切把户口与就业和福利联系起来的制度，按照国际惯例，尽快建立统一户口登记制度。任何人只要在居住地有稳定的收入来源，在当地有固定的聚居场所，都有资格登记入户。只有通过这种彻底改革，消除了农业户口和非农业户口的界限，才能消除实际上存在的农民和非农民的身份制，为从根本上解决劳动力合理流动问题提供必要的体制性条件。

（三）深化就业制度、社会保障制度改革，构建城乡一体、竞争有序、高效公平的开放的劳动力市场体系

劳动力市场是市场体系的重要组成部分，它的发育与完善在很大程度上决定了市场体系的发育与完善，进而决定了市场经济体制的建立与完善。就我国目前的劳动力市场来讲，除了在市场规模、市场管理、信息传递、服务方式、市场规划等诸多方面不能适应改革的需要外，一个特别值得重视的问题就是由于城镇就业压力的增大，一些地方政府靠行政手段人为地分割市场，给劳动力自由流动，特别是给农村剩余劳动力转移设置许多障碍，削弱市场在劳动力资源配置中的基础性作用。

应当看到，虽然人为限制外来人员就业的措施对于暂时缓解城乡就业压力和矛盾起了一定的作用，但从长远看只是一种拆东墙补西墙的办法，用一部份人失业换取另一部份人的就业，在总体上并没有增加就业机会，甚至因为城市经济效率的损失和工农、城乡关系扭曲而使就业机会减少，进而损害对城市和整个国民经济发展：第一，对城镇就业而言，用行政手段强化业已松动的二元就业体制、人为分割城乡就业市场，限制城乡一体的就业竞争。其结果是城市职工长期形成的优越感和传统的就业观念难以消除，“有人没事干，有事没人干”的矛盾难以根本解决。如城市的二、三产业：建设、环卫、搬运等行业以及有毒、有害工种和技术性不强的重体力劳动岗位普遍缺乏劳动力，同时又有大量的下岗职工等待国家的安置；第二，对用人单位来讲，使企业自主权难以实现。企业是面向市场的法人实体和竞争主体，而劳动力又是企业重要的生产要素，用人多少、用人条件直接影响企业的资源使用效益和企业的经济效益。独立自主的用人权是企业实行独立经营、自负盈亏的前提条件，是建立现代企业制度的必然要求。如果地方政府从局部利益出发，通过一定途径和行政手段强行要求企业安置职工，人为干扰“逆歧视”，使企业吸纳廉价劳动力受到限制，用工成本必然增加，造成相应的效率损失。这种损失无论由企业承担，还是通过减免税等由政府承担（目前许多城市为完成再就业任务采取的就是这种做法），最终结果是一样的，都不利于创造就业机会，反而使岗位总量减少。第三，对政府而言，插手于劳动力市场的运作，有悖于市场经济体制所要求的政企分离的原则，使政府行为错位。政府的任务和责任，就是要通过加速发展经济，为企业创造宽松的外部条件，从而创造更多的就业机会。效率问题交由市场解决，政府管的是公平问题，包括竞争的公平和分配的公平”。政府干预劳动力市场的行为还影响了我国人事制度、户籍制度、教育制度、社会保障制度的相应改革，同时又给予了它们在这些相关事宜方面的特权，成为滋生腐败的温床，使得本该管公平的政府却在自身制造不公平的局面。第四，对劳动力素质提高而言，限制措施起着负反馈的作用。市场在劳动力配置中起基础作用时，会以劳动力素质高低为标准，进行优胜劣汰，这样就会反过来刺激劳动力提高自身素质。而劳动力市场上的限制措施，使有的劳动者依赖于政府行为，甚至通过不正当的关系获取工作岗位，相反使一些素质劳动者难以配置到好的岗位或难以获得好的报酬，这样对于劳动力寻求自我素质提高的动力削弱。

健全的社会保障制度是消除劳动力区域间流迁后顾之忧和保障其权利的基础。农村社会保障体系建设严重滞后，城乡社会现代保障体系不统一，进城务工农民难以进入城市社会保障体系，是造成农民工福利收入缺失、无法同城市人平等竞争的重大障碍。从有利于劳动力流动的角度，当前社会保障制度改革可从以下几方面入手：一是加快农村社会保障体系建设步伐，为逐步同城市接轨创造条件，二是在城市要千方百计扩大社会保障覆盖面，提升统筹层次，将流动人口也纳入到社会保障体系中来，为劳动力流动解除后顾之忧；三是应建立全国统一的社会保障机构，以期最终建立覆盖全国的社会保障体系；四是在现行户籍和管理体制尚无突破性进展的情况下，可在流动人口中首先推行医疗、工伤保险，以解他们的燃眉之急，再逐步推开到其它领域；五是逐步对常住户籍人口与外来流动人口制定相同的标准，公平地享有社会保障权利。

（四）正确认识和处理“逆歧视”问题，给进城就业农民更多优惠政策

首先，应正确认识现实生活中存在的“逆歧视”，即农民工对城市职工的替代和排挤效应问题。我们认为，如果存在农民工对城市职工的“逆歧视”，那么“逆歧视”也是一种正常经济现象，合乎市场经济所要求的平等竞争的原则，也是逐步拥有自主权雇主，从利润最大化或成本最小化原则出发，对劳动力进行自由、理性选择的必然结果。它同一般意义上的社会歧视，如城市对农民工子女入学等方面的歧视等根本不同。

其次，正如前面已经分析的那样，总体文化素质不高的农民，之所以能在某些就业层次上同城市劳动力展开就业竞争，并占领就业岗位，关键是他们为生活所迫，为得到难以得到的打工机会和收入，不得不牺牲一部分眼前经济利益和社会权益。

最后，苦、累、险、脏且工资收入低的职业或岗位（主要是非正规就业岗位）是城市职工与农民工展开竞争的焦点职业或岗位。起初，这些职业和岗位为城市人所不齿，农民工进入这些岗位只是起着“填空”作用。两个就业群体主要是互补就业，替代关系不明显。随着城市企业改革进行，下岗职工数量不断增加，就业竞争压力愈来愈大，迫使城市职工逐步降低就业条件，放下架子同农民工进行“平等”竞争。在现有体制下，失业确实意味着许多福利权益的丧失。但是,即使这样,城市人仍然享有比农民工多得多福利特权。而所谓农民工替代、排挤本地人的"逆歧视",也就是在这样一种"平等竞争"条件下发生的。因此,我们认为,"逆歧视"是改革和允许农民进城就业的产物,但同时也是市场竞争不够充分、经济环境还不公平条件下竞争的结果。以"实现再就业"为借口,给城市人以新的优惠政策和特权,甚至限制农民工进城就业是极为不公平的。从改革方向看,政府应当支持、保护的首先应该是农民工,而不应当是城市职工。

(五)实行补偿性人力资本投资的政策,相对减少农民支付的成本

制度和外部环境一定条件下,农民自身人力资本状况或科学文化素质高低对外出农民就业竞争能力及其收入状况具有决定性影响。一般来说,科学文化程度高的农民市场意识较强,能够通过多渠道收集社会信息,了解职业和岗位需求,自觉地接受各种职业岗前培训和专业技术教育,具有较强的就业竞争力,其工资收入高;反之,科学文化素质较低者,因缺乏竞争力,获得工资也往往愈低。我们对郑州市农民工的调查也证明了上述判断。小学及小学以下、初中、高中及中专、大专文化等 4 个文化组年均工资收入依次递增,分别为:5274.5 元、6271.9 元、6482.5 元、9120 元。

但值得注意的是,工资收入高并不意味着净收益和收益率也高,因为如果成本上涨幅度大于收入增长幅度,那么随着收入的增加净收益和收益率反而会降低。调查测算表明,目前确实存在农民外出净收益和收益率随文化程度提高而降低的现象。同上述 4 组文化的农民工年均工资收入依次递增相反,其净收益额和成本收益率随着文化程度提高而不断降低,其扣除成本后的年均净收益额分别是:1310.2 元、1008.1 元、660.2 元,252.2 元;成本收益率依次是:33.0%、19.2%、11.3 和 2.8%。小学及小学以下文化者成本收益率比大专文化者高 30.2 个百分点。具体分析各文化组农民工的成本构成发现,导致其净收益额和成本收益率下降的主要原因是其人力资本投资较大。2002 年,4 组农民工花费的学习培训费用分别为 57.14 元、180.17 元、191.43 元和 716.67 元。大专文化农民工人力资本投资额是小学及小学以下农民工人力资本投资额的 12.5 倍。这种情况势必影响农民增加人力资本投入、改善其科技文化素质的积极性。

改善农民科学文化素质是提高我国国民的整体素质、增强农民外出就业能力的客观要求,也是推动农村富裕劳动力转移、实现农民增收的基本途径。鉴于目前存在的农民工人力资本收益率较低的情况,我们建议:第一,加大政府对农民培训的投资力度,改善培训和办学条件,降低农民学习、培训费用。这样可以减轻农民获得技能的成本支出,提高外出就业的收益率,进而增强其外出务工的动力;第二,改进教学培训模式,调整培训计划,使之更能适应农民外出就业的实际需要,以提高人力资本投资效益,把沉没成本减少到最低限度。

(六)完善法律法规制度

市场经济是法制经济,相关体制改革的成果只有上升为法律法规才能有效保障各相关主体包括劳动者的合法权利。目前,一是应加紧进行与《劳动法》相配套的立法工作,重点加快制定促进就业、社会保障、劳动保护、最低工资标准、户籍管理等一系列配套法律法规建设,使之形成较为完善的体系,推动劳动力流迁走上依法管理轨道;二是要加大执法力度,特别应制止各种乱收费、乱摊派等直接导致农民工流迁成本升高的现象;三是要加快配套规章制度的建设,制定全国统一的规范的劳动力流迁制度。只有在全国范围内做到依法管理才能够真正降低劳动力流迁成本,按照市场要求配置全国劳动力资源。

破解现代化建设的头号难题

——江苏农村劳动力转移调查报告

刘光平　蒋书明

加快农村劳务输出，是增加农民收入、促进农村经济发展的需要，更是推动农村变革、促进区域共同发展、实现江苏省“两个率先”目标的重要举措。要率先全面实现小康，要率先基本实现现代化，必须破解农村劳动力转移——这一现代化难题。最近，省农村经济调查局，在全省所有县市区开展了一次大规模的农村劳动力转移调查，摸清农村劳动力转移的底数。本次调查采用全面调查和抽样调查相结合的办法，在摸清全省所有1350乡镇(含相当乡镇的办事处)农村劳动力转移背景情况的基础上，按照科学的抽样调查方法全省抽取了1.39多万户农村居民进入了入户访问调查。本次调查准确科学地搞清了到2003年8月底，江苏省农村劳动力转移的规模、结构、流向、培训组织情况，摸清了全省农村劳动力的转移规律，发现了农村劳动力转移的薄弱环节。同时为了更详细的掌握劳动力转移的本质特征，我们又在泗阳、沭阳普查了6个村。现将调查结果分析如下，供各级领导参考。

一、五力推动，劳动力转移出现新天地

2003年以来，省委、省政府高度农村劳动力转移工作，把劳动力转移作为农民增收、实现“两个率先”的重要措施来抓。全省农村劳动力转移不仅克服了“非典”的影响，而且在原来的基础上又有了一定幅度增长，呈现出良好的发展势头。表现五个方面的特点：一是农村劳动力转移出现新高潮；二是出现了异地输出与就地转移同向增长的新趋势；三是农村劳动力返乡创业渐成新气象；四是呈现转移范围扩大、培训组织力度加大等新局面；五是农村外出劳务收入大幅增加，为农民增收作出了新贡献。

(一)新水平：全省农村劳动力转移步伐明显加快，劳动力转移总量创新高。

经过全省上下的努力，全省农村劳动力转移实现千万跨越。到2003年8月底，全省农村劳动力累计转移人数已达到1340.9万人(包括地域转移和产业转移)，占全省农村劳动力总量的50.94%。与年初相比，转移比重提高了2.9个百分点，人数增加70.03万人，增长5.5%。(注：全省还有147.6万农村劳动力已经转移，但由于转移时间较短，达不到国家规定的转移时间，属于临时性转移，而不作为转移总量)。

分地区看，苏南转移水平达到了67.18%，苏中为54.05%，苏北为39.44%；与年初相比，各地均有不同程度的增长。

(二)新趋势：江苏农村劳动力异地输出与就地转移同向增长。

在转移的农村劳动力中，全省异地输出达到了617.73万人，与年初相比增加60.9万人，增长10.9%。就地转移723.17万人，较年初增加9万

人，增长1.3%。

分地区看，苏南75.96%的农村转移劳动力为就地转移，苏中只有47.23%，苏北为37.08%。经济越发达，劳动力就地转移的比例越高。

表1　全省各地农村劳动力转移水平

名　称	2003年8月底		2002年		增减	
	转移的劳动力人数（万人）	比重（%）	转移的劳动力人数（万人）	比重（%）	转移的劳动力人数（万人）	比重（%）
全　省	1340.9	50.9	1270.87	48	70.03	2.9
南京市	76.1	60.04	68.86	55.4	7.24	4.64
无锡市	112.4	72.1	108.73	71.4	3.67	0.7
常州市	83.3	65.2	77.78	63.4	5.52	1.8
苏州市	152.3	72.3	147.38	71.3	4.92	1
镇江市	56.5	59.9	55.01	56.4	1.49	3.5
苏南合计	480.6	67.18	457.74	65.06	22.86	2.12
南通市	180.5	50.6	173.91	49.1	6.59	1.5
扬州市	95.2	58.5	93.48	57.2	1.72	1.3
泰州市	109.4	56.7	101.62	51.9	7.78	4.8
苏中合计	385.1	54.05	369.02	52.22	16.08	1.83
徐州市	127.2	37.8	120.43	36.4	6.77	1.4
连云港	59	35.8	55.31	34.2	3.69	1.6
淮安市	80.5	39.2	76.16	36.5	4.34	2.7
盐城市	111.7	41.1	103.17	38.7	8.53	2.4
宿迁市	96.8	42.8	89.03	40.2	7.77	2.6
苏北合计	475.2	39.44	444.10	37.34	31.10	2.1

表2　农村劳动力转移地域情况

单位：万人

名　称	农村劳动力转移总量	就地转移		劳务输出	
		数量	比重（%）	数量	比重（%）
全　省	1340.9	723.17	53.9	617.73	46.1
南京市	76.1	44.37	58.3	31.73	41.7
无锡市	112.4	92.1	81.9	20.3	18.1
常州市	83.3	56.4	67.7	26.9	32.3
苏州市	152.3	139.3	91.5	13	8.5
镇江市	56.5	32.9	58.2	23.6	41.8
苏南合计	480.6	365.07	75.96	115.53	24.04
南通市	180.5	87.7	48.6	92.8	51.4
扬州市	95.2	46.5	48.8	48.7	51.2
泰州市	109.4	47.7	43.6	61.7	56.4
苏中合计	385.1	181.9	47.23	203.2	52.77
徐州市	127.2	60.8	47.8	66.4	52.2
连云港	59	19.9	27.1	39.1	72.9
淮安市	80.5	15.2	18.9	65.3	81.1
盐城市	111.7	46.3	41.4	65.4	58.6
宿迁市	96.8	34	35.1	62.8	64.9
苏北合计	475.2	176.2	37.08	299	62.9

（三）新气象：由打工经济向创业经济转变。江苏农村劳动力返乡创业渐成气候。

愈来愈多的农民从兼业型外出劳务输出，逐步发展到离开土地举家常年外出打工，同时一批农民从外出打工赚钱，逐步发展到投资创业，带动更多的劳动力转移。调查显示，2003 年以来，全省返乡创业人数达到了 4.6 万人，创办各类企业 1.15 万个。其中苏北 2.57 万人，占全省总数的 55.9%；创办企业 4267 个，占 37%。外出民工返乡创业潮正在涌现。

（四）新局面：转移范围继续扩大，培训组织力度加大。

一是转移范围继续扩大。

2003 年以来，劳动力转移半径在扩大，省内外不断拓展。资料显示，全省向省外输出的农村劳动力已达 200.29 万人，占劳务输出总数的 14.94%。与年初相比，增加了 11.69 万人，增长了 6.2%。在外出的劳动力中，转移到苏南的达 162.26 万人。全省外出最多的是南通市 92.78 万人，其次分别是盐城、淮安、宿迁、徐州、泰州均在 60 万左右。

表 3　民工返乡创业情况

名　　称	返乡创业人数（人）	民工返乡创办企业数量（个）
全　　省	45956	11515
南 京 市	1491	321
无 锡 市	1498	2100
常 州 市	2700	345
苏 州 市	1027	152
镇 江 市	1856	425
苏南合计	8572	3343
南 通 市	4622	1332
扬 州 市	4073	710
泰 州 市	3027	1863
苏中合计	11722	3905
徐 州 市	7169	787
连 云 港	2690	416
淮 安 市	5192	1107
盐 城 市	5798	1486
宿 迁 市	4813	471
苏北合计	25662	4267

表 4　农村劳动力外出分布

单位：万人

名　　称	外出劳动力合计	1. 乡镇外本县	2. 本市外县	3. 本省（苏南）※	4. 本省（苏中、苏北）	5. 外省	6. 国外
全　　省	617.73	133.42	72.59	164.26	41.84	200.29	5.34
南 京 市	31.72	11.27	8.79	7.46	0.55	3.54	0.11
无 锡 市	20.34	12.88	3.97	1.54	0.74	1.14	0.06
常 州 市	26.96	12.27	4.83	3.94	0.35	5.24	0.33
苏 州 市	13.02	8.25	2.57	0.66	0.34	0.97	0.23
镇 江 市	23.60	10.62	3.78	4.36	0.83	3.87	0.14
苏南合计	115.64	55.29	23.93	17.97	2.81	14.76	0.88
南 通 市	92.78	16.15	11.65	12.02	5.65	45.74	1.58
扬 州 市	48.76	10.20	8.09	6.92	3.36	19.76	0.44
泰 州 市	61.63	14.79	5.65	15.19	2.33	23.33	0.33
苏中合计	203.17	41.14	25.39	34.13	11.34	88.83	2.35
徐 州 市	62.39	11.15	5.78	16.21	5.14	23.70	0.41
连 云 港	42.97	3.20	4.22	13.74	5.46	15.71	0.64
淮 安 市	65.36	6.57	4.64	27.14	8.97	17.72	0.31
盐 城 市	65.39	10.89	6.89	24.58	4.17	18.19	0.66
宿 迁 市	62.81	5.17	1.75	30.50	3.95	21.37	0.08
苏北合计	298.92	36.98	23.27	112.17	27.69	96.69	2.11

二是受培训、有组织转移的比重进一步提高。

资料显示,在转移劳动力中,受过培训的比例已达31.03%,较上年增加了8.43个百分点;有组织转移的比例由上年的12.7%上升到16.51%,提高了3.81个百分点。

分地区看,转移劳动力中受过专业培训的比例苏中地区比较高为47.92%,主要是师傅带徒弟,苏南、苏北基本相当,分别为24.43%和24.03%。有组织转移苏北最高为22.25%,其次为苏中14.94%,苏南为12.11%。苏中、苏北多数市社会中介机构组织转移的规模已超过政府及有关部门组织转移的规模。

表5 农村劳动力转移培训和组织情况

单位:%

名　称	受过专业培训的	有组织转移的	其中:政府及有关部门组织转移的	其中:社会中介机构组织转移的
全　省	31.03	16.52	7.50	9.01
南京市	31.22	10.64	5.47	5.17
无锡市	11.79	10.03	7.50	2.53
常州市	31.00	14.56	8.86	5.70
苏州市	28.01	14.13	8.96	5.17
镇江市	21.10	9.18	5.67	3.51
苏南合计	24.43	12.11	7.66	4.45
南通市	44.06	13.27	4.47	8.80
扬州市	54.38	21.16	13.36	7.81
泰州市	48.65	12.28	5.10	7.18
苏中合计	47.92	14.94	6.85	8.09
徐州市	18.37	23.12	6.32	16.81
连云港	18.98	31.35	14.28	17.07
淮安市	29.95	20.49	12.16	8.32
盐城市	31.41	19.67	5.68	13.99
宿迁市	21.10	20.00	5.00	15.00
苏北合计	24.03	22.25	7.88	14.37

三是工业、建筑业和社会服务业继续保持较强的吸纳能力。

调查资料显示,在转移劳动力中,工业吸纳的转移劳动力最多,达533.55万人,占39.79%;其次是建筑业271.98万人,占20.28%;再次社会服务业139.3万人;其他依次是:批零贸易餐饮业、交通运输业。但2003年以来,吸纳的最多是建筑业,较年初增加了24.04万人,其次是工业,增加了21.13万人,再次批零贸易餐饮业和交通运输业,分别较年初增加了14.31万人和12.53万人。

表6 农村转移劳动力从事行业结构

单位:%

名　称	1.农林牧渔业	其中:种植业	2.工业	3.建筑业	4.交通运输业	5.邮电通讯业	6.批零贸易餐饮业	7.文教卫生	8.社会服务业	9.其它
全　省	2.66	0.93	39.79	20.28	5.43	0.66	8.76	1.85	10.39	10.17
南京市	2.71	0.90	33.18	14.61	7.83	0.25	12.65	1.36	13.45	13.96
无锡市	1.14	0.75	64.55	5.96	3.84	0.61	4.36	0.91	3.37	15.25
常州市	2.30	0.56	56.45	16.49	3.30	0.17	5.79	1.47	6.04	7.99
苏州市	3.00	0.82	59.91	5.90	3.77	0.54	7.98	2.40	6.82	9.70

续表

名　　称	1.农林牧渔业	其中:种植业	2.工业	3.建筑业	4.交通运输业	5.邮电通讯业	6.批零贸易餐饮业	7.文教卫生	8.社会服务业	9.其它
镇 江 市	0.85	0.29	55.02	16.38	5.26	1.41	4.34	1.86	7.00	7.88
苏南合计	2.14	0.71	55.59	10.36	4.52	0.55	7.06	1.66	6.95	11.16
南 通 市	1.76	0.15	29.99	37.24	3.59	0.88	7.92	1.83	6.74	10.04
扬 州 市	3.19	1.76	35.36	24.34	4.95	0.40	5.67	2.31	13.89	9.90
泰 州 市	1.52	0.45	29.46	25.04	9.94	0.72	11.27	1.72	11.91	8.42
苏中合计	2.05	0.63	31.17	30.59	5.73	0.72	8.31	1.92	9.98	9.55
徐 州 市	4.12	1.10	32.20	20.41	5.17	1.20	13.00	1.83	12.89	9.19
连 云 港	6.32	2.15	25.05	28.95	6.19	0.46	7.31	0.18	16.29	9.27
淮 安 市	0.78	0.39	27.15	27.08	5.68	0.61	10.10	2.61	16.17	9.82
盐 城 市	3.39	1.04	31.02	20.16	8.31	0.60	8.63	2.59	15.92	9.37
宿 迁 市	4.26	2.53	35.23	17.61	5.05	0.58	13.36	2.02	11.05	10.84
苏北合计	3.69	1.39	30.80	21.97	6.10	0.74	10.85	1.97	14.20	9.68

四是年轻化、知识化和城镇化的特点进一步突出。

年龄结构:在转移劳动力中,45岁以下的劳动力所占比重达80.16%,其中35岁以下占50.53%,分别较上年提高了0.27和0.14个百分点。苏北外出劳动力60以上是35岁以下青年。

表7　农村转移劳动力年龄结构

单位:%

名　　称	合计	25岁以下	25～35岁	35～45岁	45岁以上
全　　省	100	17.58	32.95	29.63	19.84
南 京 市	100	15.56	35.59	33.33	15.51
无 锡 市	100	9.06	26.15	31.22	33.57
常 州 市	100	11.33	31.59	32.15	24.93
苏 州 市	100	9.57	32.32	29.63	28.48
镇 江 市	100	12.31	28.62	34.42	24.65
苏南合计	100	11.03	30.83	31.59	26.55
南 通 市	100	11.95	28.67	36.58	22.80
扬 州 市	100	9.34	40.86	29.21	20.59
泰 州 市	100	10.33	38.18	32.25	19.24
苏中合计	100	10.84	34.38	33.53	21.24
徐 州 市	100	34.08	29.23	24.58	12.11
连 云 港	100	17.56	34.77	24.20	23.47
淮 安 市	100	28.36	38.29	25.82	7.53
盐 城 市	100	28.77	32.57	25.44	13.22
宿 迁 市	100	33.42	37.54	22.31	6.73
苏北合计	100	29.68	33.93	24.48	11.91

文化层次:在转移劳动力中,初中以上文化程度的占84.22%,较上年提高了1.22个百分点,其中高中及以上文化程度的占20.51%;转移劳动力平均文化指数为9.13年,比全体劳动力文化指数高1年。

表 8　农村转移劳动力文化程度

单位：%

名　　称	合计	1. 文盲半文盲	2. 小学	3. 初中	4. 高中	5. 中专	6. 大专及以上
全　　省	100	1.04	14.73	63.71	15.60	2.87	2.04
南京市	100	0.80	11.75	54.02	25.50	4.47	3.46
无锡市	100	0.51	18.22	58.12	17.77	3.55	1.83
常州市	100	0.52	10.44	57.22	23.73	4.90	3.18
苏州市	100	2.15	22.52	53.22	14.41	3.60	4.10
镇江市	100	0.84	14.32	59.67	18.16	4.39	2.64
苏南合计	100	1.12	16.75	55.94	19.01	4.04	3.14
南通市	100	0.59	16.13	63.64	16.42	1.76	1.47
扬州市	100	0.96	17.48	66.32	10.85	2.23	2.15
泰州市	100	1.19	14.98	68.48	11.06	2.55	1.75
苏中合计	100	0.85	16.14	65.68	13.52	2.10	1.72
徐州市	100	1.20	10.86	71.35	13.52	2.35	0.73
连云港	100	1.48	16.55	68.41	10.28	2.17	1.11
淮安市	100	0.69	9.47	73.33	13.02	2.16	1.32
盐城市	100	0.52	7.67	65.26	20.92	3.54	2.09
宿迁市	100	1.88	15.67	71.77	8.89	1.08	0.72
苏北合计	100	1.13	11.56	69.97	13.83	2.32	1.19

转移地域：在转移劳动力中，有 2/3 的农村劳动力转移到了城镇，其中苏北 3/4 的外出劳动力在城镇打工。因此，进一步清理针对农民进城务工的歧视性政策和各种乱收费，取消不合理的就业限制，意义重大。

表 9　农村转移劳动力按城乡划分

单位：%

名　　称	合计	1. 转移到农村	2. 转移到城镇	其中：		
				苏南五市市区	苏南城镇区	外省城镇区
全　　省	100	33.86	66.14	12.84	17.25	16.78
南京市	100	32.33	67.67	29.02	10.29	5.07
无锡市	100	54.31	45.69	6.86	36.94	1.51
常州市	100	25.57	74.43	16.65	42.30	7.15
苏州市	100	55.79	44.21	3.77	17.46	4.90
镇江市	100	41.28	58.72	8.83	42.59	4.84
苏南合计	100	44.78	55.22	11.32	28.14	4.52
南通市	100	38.64	61.36	5.57	4.18	27.49
扬州市	100	33.36	66.64	6.78	1.76	19.87
泰州市	100	26.97	73.03	10.70	6.84	22.40
苏中合计	100	34.02	65.98	7.33	4.33	24.16
徐州市	100	21.97	78.03	11.53	6.73	30.85
连云港	100	23.30	76.70	19.94	12.32	18.42
淮安市	100	19.22	80.78	21.26	15.70	20.63
盐城市	100	25.24	74.76	19.39	11.50	18.54
宿迁市	100	23.12	76.88	25.12	39.34	23.53
苏北合计	100	22.67	77.33	18.84	16.71	23.19

（五）新贡献：农村外出劳务收入进一步提高。

农村劳动力转移人数的增加，带来农民了收入的增加，1～3季度全省农民工资性收入人均为1532.6元，增加142.5元，增长10.3%，增幅比上半年回升2.6个百分点，呈现出较快发展的态势。一方面农民就地转移得到的收入有一定幅度的增长，全省在本地劳动得到的收入人均832.2元，增加57.6元、增长7.4%，增幅比上半年回升2个百分点；另外一方面，农民异地输出所得收入大幅度增长。全省农民外出劳务收入人均462.6元，增加85.6元、增长22.7%，增幅比上半年回升4.3个百分点。

江苏省农村劳动力转移速度之所以加快，有五大动因：

1.宏观经济形势向好，为劳动力转移提供保证。

经济持续、快速增长和投资的大幅增加，有力地支撑了劳动力转移。2003年以来，全省上下认真贯彻党的十六大精神，围绕“两个率先”目标，着力抓好关键措施的落实，努力克服非典和洪涝灾害的不利影响，全面推进各项工作，国民经济运行总体上呈现稳定、快速的高增长态势，初步核算，前三季度全省国内生产总值8502.5亿元，比上年同期增长13.2%，增幅比上半年提高0.2个百分点。大部分经济指标提速，增幅创近年来最高水平。一是工业生产稳定快速增长。前三季度全省规模以上工业增加值为3345.5亿元，同比增长22.1%。二是投资高速增长。前三季度完成全社会固定资产投资3451.9亿元，同比增长26.2%，全省国有及其他投资2385.75亿元，同比增长60.4%，高于上年同期29.7个百分点，总量列全国31个省市之首，增幅快于全国平均水平29个百分点。三是“三外”全面增长。前三季度全省实现进出口总额为784.3亿美元，其中出口402.8亿美元，分别增长58.6%、48.6%；新批外商直接投资、外商实际投资额220.5亿和112.1亿美元，同比分别增长53.6%和72.7%；完成对外承包劳务营业额13.5亿美元，同比增长41.7%。外资、外经、外贸均呈较快增长势头。稳定的投资环境、优惠的招商措施推动了江苏省吸收利用外资快速增长，外商实际投资已超过广东位列全国第一。经济的持续快速增长带来了对劳动力需求的增长，三季度企业劳动力需求景气指数为108.9，比上年同期上升14个点，外资企业、建筑企业及服务业企业成为吸引劳动力的主渠道。

2.领导重视，加快了劳动力转移的进程。

各级各部门比较重视，把农村劳务输出作为农民最大的致富工程来抓。省委书记李源潮，省委副书记、省长梁保华分别就劳务输出作出了重要批示，李源潮在批示中指出，加快农村劳务输出，是增加农民收入、促进农村经济发展的需要，更是推动农村变革、促进区域共同发展、实现江苏省“两个率先”目标的重要举措。各地各部门要按照统筹城乡经济社会发展要求，加强组织领导，加大培训力度，强化信息服务，完善政策激励机制，动员全社会尤其是教育系统的力量，共同推进这项工作。梁保华在批示中指出，各地各部门要进一步把农村劳务输出作为统筹城乡经济社会发展，促进农民增收致富的重要措施来抓，落实各项政策措施，完善服务体系，加强南北挂钩协作，加大投入支持力度，大力发展农村劳务输出，为促进农业和农村经济发展，加快农村全面小康建设步伐作出新的贡献。8月13日，省委、省政府在南京召开了全省农村劳务输出工作会议，总结交流了近年来江苏省农村劳务输出工作情况，分析了当前形势，研究落实了新增500万农民实现由农到工大转移的任务，部署了今后一个时期全省农村劳务输出工作。成立了省农村劳务输出工作协调小组，下发了《中共江苏省委、江苏省人民政府关于进一步加强劳务输出工作的意见》。组织领导的加强，有力地推动了全省农村劳动力的大转移。

3.各方努力，合力推动了农村劳动力转移。

2003年以来，全省各地，进一步创新工作思路，坚持异地输出与就地转移同步，培训与维权齐抓，就业与创业并重，职业转移与身份转移结合，不断提高农村劳务输出工作的水平。培训力度的加大，服务功能的强化，有力地推动了农村劳动力转移。据对全省1300多个乡镇统计，2003年以来各级各类组织和机构共培训各类劳动力达164.78万人次，发布用工信息17.09万条，帮助民工签订劳动合同114.36万份，帮助民工讨回工钱14.2亿元，提供法律援助5.7万次，新办各类个体工商户13万个，吸纳劳动力就业69.77万人。

4.环境的改善，有力地促进了农村劳动力转移。

近年来，江苏省相继取消了一些对进城务工农民的限制性政策、歧视性规定和不合理收费，降低了农民进城务工的“门槛”。从过去的“盲流”，后来的“打工者”,到现在的“双赢”。特别是苏南发达地区的同志讲的更直接,我们是利用苏北廉价的劳动力和有文化的劳动力来帮我们苏南发展经济。对劳务输出的认识提高到目前这样一个层次,确实是一个了不起的进步,对进一步改善劳务输出环境大有益处。据统计,转移劳动力中,转移到城镇的比重已达 66.1%。

5.北输南接,加速了劳动力转移。

全省劳务输出已由早期的自发无序,逐步向稳定有序转变,政府发动、亲友带动、中介拉动、企业推动等多渠道的劳务输出格局已基本形成。特别是南北挂钩、对口帮扶成效显著。2003 年 1～8 月份“南北挂钩”输出劳动力达 15.8 万人。

二、典型解剖,破解劳动力转移新难点

为了更进一步了解外出劳动力的状况,探索农村劳动力外出的规律。我们在泗阳县、沭阳县随机选择各选择三个乡镇,每个乡镇调查了 1 个村,共计调查 6 个村,对 6 个村的人口状况和劳动力转移状况进入了一次全面的普查,逐户逐人登记了每一个人的就业状况。通过这次调查,摸清了目前农村劳动力外出就业情况。调查结果显示,目前农村劳动力转移难度主要来自于大量的劳动力供给,用工单位相对挑剔,高年龄的、低文化、少技艺农村劳动力难以找到合适的外出途径。

调查的六个村共有劳动力 10516 人,其中男性 5697 人,占 54.2%,女性 4919 人,占 45.8%。在未来的七年内,将有较多的人口转变为农村劳动力。调查的六个村共有人口 17090 人,其中男性 8994 人,女性 8096 人。在总人口中,8～15 岁人口 2679 人,占总人口的 15.67%,如果按照目前全省农村人口 5100 万人推算,在今后的八年中将新增劳动力 800 万人左右,平均每年将新增 60～80 万人。从人口年龄分布看,近三年劳动力增加较快。

目前调查村劳动力外出就业呈现以下规律性特征:

(一)年青农民外出打工的比例最高。但是随着结婚年龄的到来,女性外出的比例在下降。

在 16～25 岁的农村劳动力中,共有 1246 人外出,占这一年龄段农村劳动力的 57.4%,其中男性外出比例为 60%,女性外出比例 54.9%。从总体上看,大部分年轻人外出已经成为苏北的一道风景线。但分年龄组看,18 岁年龄组外出比例为 55.1%,其中女性 62.8%,19 岁年龄组外出比例最高,高达 70.1%,且女性高达 71.8%。20 岁年龄组外出比例达 66.2%,女性达 64.6%。21～22 年龄组外出比例也在 62%左右。到 24～25 岁,女性外出的比例大幅度降低,24 岁年龄组外出的比例为 52.9%,25 岁降低到 43.6%。

表 10 16～25 岁年龄组外出劳动力比例

年 龄	外出就业比例(%)	男外出就业比例(%)	女外出就业比例(%)
16～25 岁合计	57.4	60.0	54.9
其中:16 岁	36.2	24.0	47.3
17 岁	51.7	43.7	58.8
18 岁	55.1	48.0	62.8
19 岁	70.1	68.1	71.8
20 岁	66.1	67.7	64.6
21 岁	61.9	65.6	57.9
22 岁	62.1	66.4	57.7
23 岁	56.4	63.2	49.0
24 岁	52.9	68.5	35.4
25 岁	43.6	55.9	30.0

(二)壮年劳动力外出比例低于青年。男性外出的比例大大高于女性。

在 26～35 岁的农村劳动力中,共有 1218 人外出,占这一年龄段农村劳动力的 40.5%,其中男性外出比例为 52.1%,女性外出比例 27.5%。女性外出比例只有男性的 1/2。从总体上看,这部分青壮年人在结婚成家后,大部分女性留在家里照看孩子,也有一部分男性在家创业。分年龄组看,26～30 岁年龄组外出比例为 40～50%之间,31～35 岁年龄组外出比例 30～40%之间,且女性外出比例低于 30%。其中 35 岁年龄组女性外出比例只有 18.1%。调查数据显示,26～35 岁男性外出比例差异随着年龄的增长有所降低,但是降低幅度不大,而 27 岁以后的女性外出就业的比例因就业难度较大和自身情况比例显著下降。

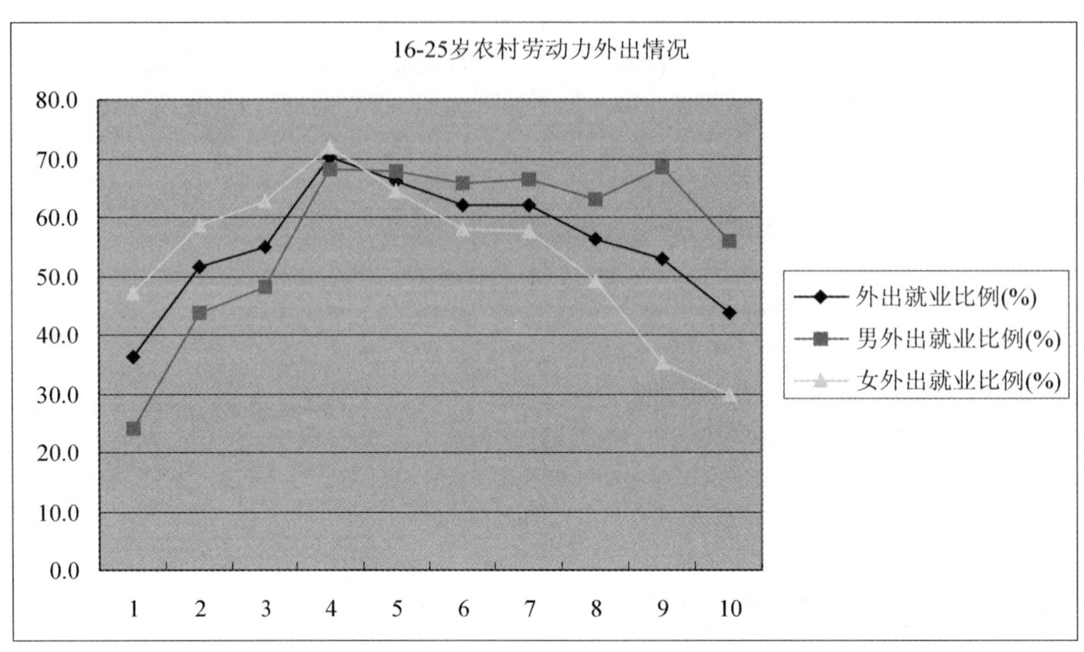

表 11　26～35 岁农村劳动力转移情况

年龄	外出就业比例(%)	男外出就业比例(%)	女外出就业比例(%)
26 岁	51.4	62.2	38.0
27 岁	45.5	56.3	34.2
28 岁	37.7	48.5	25.8
29 岁	42.9	53.4	29.8
30 岁	50.0	63.7	32.1
31 岁	37.6	51.2	24.0
32 岁	36.9	50.6	23.3
33 岁	39.6	49.7	30.0
34 岁	38.3	46.0	29.4
35 岁	33.2	45.5	18.1
26～35 岁合计	40.5	52.1	27.5

(三)中年劳动力外出比例大大低于青壮年。男性过了 40 岁后外出的比例显著降低,过了 40 岁女性外出比例不足一成。

在 36～45 岁的农村劳动力中,共有 645 人外出,占这一年龄段农村劳动力的 23.4%,其中男性外出比例为 34.3%,女性外出比例 11.3%。女性外出比例只有男性的 1/3。从总体上看,这部分中年人在结婚成家后,保持着女性在家种田,部分男人外出打工的格局,男性在家从事农业生产。分年龄组看,36～40 岁年龄组外出比例为 20～30%之间,41～45 岁年龄组外出比例 10～20%之间,且女性外出比例低于 10%。其中 35 岁年龄组女性外出比例只有 3.6%。调查数据显示,36～45 岁男性外出比例差异随着年龄的增长和素质的制约,外出打工难度逐步加大,女性外出就业难度更大。

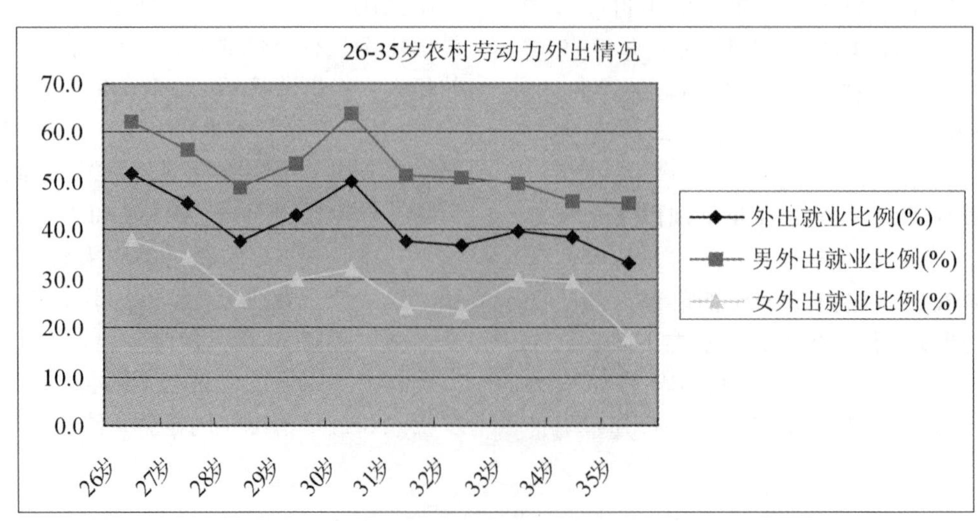

表 12　36～45 岁农村劳动力转移情况

年龄	外出就业比例(%)	男外出就业比例(%)	女外出就业比例(%)
36 岁	33.7	46.3	18.8
37 岁	29.2	44.4	14.4
38 岁	33.4	44.0	20.8
39 岁	24.2	40.2	7.6
40 岁	24.6	39.7	10.2
41 岁	20.1	31.1	8.7
42 岁	16.0	22.0	7.6
43 岁	13.0	19.1	5.4
44 岁	16.2	24.4	7.9
45 岁	11.9	18.7	3.6
36～45 岁合计	23.4	34.3	11.3

（四）46 岁以上劳动力外出比例大大降低。

在 46～60 岁（女 55）的农村劳动力中，共有 160 人外出，占这一年龄段农村劳动力的 6.2%，其中男性外出比例为 8.6%，女性外出比例 2.4%。女性外出比例不足男性的 1/3。从总体上看，这部分够人有的家庭孩子较大，外出由于素质、年龄愿意已经不具有竞争力，基本在家从事农业生产活动。分年龄组看，46～48 岁年龄组外出比例为 8～14%之间，49～60 岁年龄组外出比例 8%以下，且女性外出比例很低。这表明，46 以上农村劳动力外出比例差异随着年龄的增长和素质的制约，外出打工十分困难。

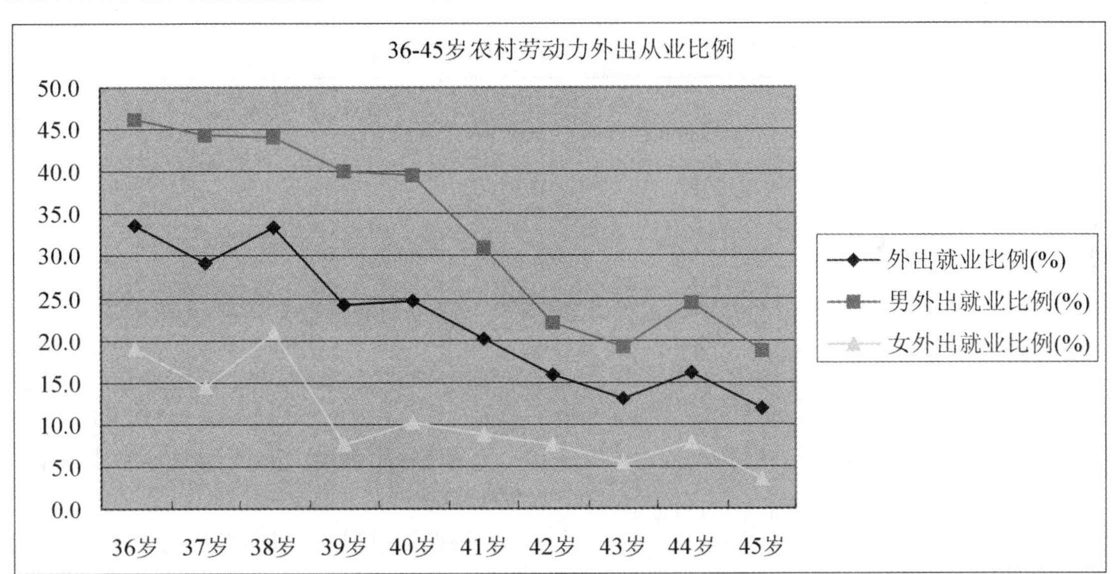

表 13　46～60 岁农村劳动力转移情况

年龄	外出就业比例(%)	男外出就业比例(%)	女外出就业比例(%)
46 岁	14.2	20.0	7.1
47 岁	8.0	14.0	0.9
48 岁	9.4	14.5	4.2
49 岁	3.8	7.1	0.0
50 岁	4.4	7.8	0.6
51 岁	6.9	11.1	1.3
52 岁	7.0	9.4	4.2
53 岁	3.9	8.0	0.0
54 岁	4.9	7.6	2.4
55 岁	4.8	5.9	3.6
56 岁	6.9	6.9	
57 岁	2.0	2.0	
58 岁	0.0	0.0	
59 岁	4.7	4.7	
60 岁	0.7	0.7	
46～60 岁合计	6.2	8.6	2.4

（五）劳动力政府组织推动力度还不够大，劳动力转移的市场化特征明显。

从调查总的情况看，目前农村劳动力外出仍然自发性为主，政府组织的比较低。在外出的 3269 人中，由政府组织的只有 40 人，仅占 1.2%，由亲友介绍的 1019 人，占 31.2%；自发的等其他方式 2209 人，占 67.6%

（六）外出劳动者签定合同情况较低，签定合同的比例仅仅 15%。

调查中发现，有些农民外出常常出现拿不到工资，不给签合同，任意延长劳动时间，缺乏起码的劳动保护，没有劳动保障等问题的现象。调查结果显示，农村外出劳动者劳动保护意识亟待加强，外出劳动力签定合同情况较低，签定合同的比例不到 15.5%。其中 16～25 岁的外出劳动力签定合同的比例不到 20.5%。26～35 岁为 13.5%，36～45 岁为 11%，46～60 岁为 9.4%。

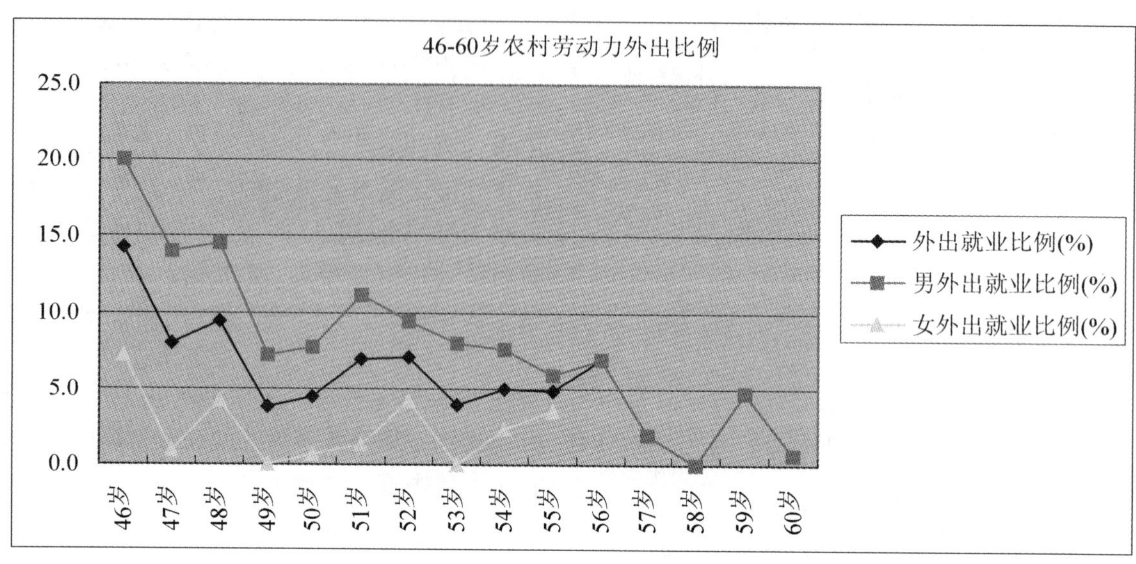

表 14　分年龄组外出劳动力组织情况

年龄	总计	政府组织人数	亲友介绍人数	其他人数
16～25 岁	1246	22	406	818
26～35 岁	1218	14	380	824
36～45 岁	645	4	195	446
46～60 岁	160	0	38	122
总计	3269	40	1019	2209

表 15　农村劳动力外出签定合同情况

年龄	外出劳动力人数总计	签定合同人　数	没有签定合同人数
16～25 岁	1246	255	991
36～35 岁	1218	165	1053
36～45 岁	645	71	574
46～60 岁	160	15	145
总计	3269	506	2762

表 16　农村外出劳动力参加劳动保险情况

年龄	外出劳动力人数总计	有劳动保险人数	没有劳动保险人数
16～25 岁	1246	178	1068
26～35 岁	1216	114	1102
36～45 岁	645	42	603
46～60 岁	160	11	149
总　　计	**3267**	**345**	**2922**

(七)外出劳动力有劳动保险的比较低,参加保险的仅有 11%。

调查结果显示,目前外出劳动力的保险意思还比较薄弱,大部分人没有参加劳动力保险。在外出劳动力中,参加劳动保险的比例 10.6%,其中 16～25 岁的外出劳动力参加劳动保险的比例不到 14.3%。26～35 岁为 9.4%,36～45 岁为 6.5%,46～60 岁为 6.8%。

三、五道坎,破解劳动力转移新障碍

(一)劳动力需求与劳动力供给不相适应。

仍有数量较大的农村富余劳动力需要转移,任务艰巨。据测算,目前江苏省还有农村富余劳动力 700 万人左右。从发展的趋势看,今后几年,江苏省处于新增劳动力的高峰期。同时,随着农业技术的进步和企业资本有机构成的提高,农村富余劳动力还会增加。从调查来看,目前亟待转移的农村劳动力有 253.98 万人,其中 30 岁以下 86.2 万人,占 33.9%,30～40 岁 102.5 万人,占 40.4%。文化底、年龄高,且有各式各样的困难,转移难度很大。

转移任务较重主要集中在苏中、苏北，许多县(市)劳动力转移率只有1/3左右。

(二)农村劳动力自身素质与市场需求不相适应。

调查中我们发现，由于文化程度较低，无技术专长，农村劳动力在转移时间、目的地、从事职业等重要方面，都带有较大的盲目性和随意性，外出时“毫无目标，走出去再说”的情况比较普遍。要进一步加快劳动转移，劳动力自身的障碍不可忽视。在调查中发现，农村劳动力就业结构层次偏低，主要是由劳动力素质偏低造成的。劳动力素质低主要表现在两个方面：一是文化素质低。二是劳动技能低。有一技之长的劳动力不多，大批转移出去的劳动力只适合从事以体力为主、技能较低的传统工作。由于产业结构的调整，劳动力市场正由单纯的体力型向专业型、技术技能型转变。就业市场竞争程度更为激烈，低素质劳动力就业的难度大大增加，从而制约了农村劳动力向非农产业的转移。从总体上看，江苏省农村现有劳动力整体素质还不够高，平均受教育年限仅为8年，难以适应劳动力市场的需求。而随着经济发展水平的提高和高新技术产业的兴起，对劳动力素质要求越来越高。因此，提高农村劳动力素质，已成为江苏省实现农村劳动力有效转移的关键。目前经济欠发达的苏北地区虽有一定数量的剩余农村劳动力资源，但由于培训薄弱，致使有效供给不足，出现了苏南企业赴苏北招工招不满的现象，主要是可供挑选的适合的劳动力较少。从调查情况来看，现在有一技之长的车、钳、铆、电焊，或稍为好一点的缝纫工，有多少要多少，而如果没有这些技能和文化水平，找工作就比较困难。有技能的人工资也比较高，可以拿到1000元左右，有的可以达到1500元，如果干粗活，就只有400元至600元。此外，随着劳动力市场开放步伐的加快，劳务市场竞争将更加激烈，没有一技之长将难以立足。中部地区和西部地区的农村劳动力向江苏转移的数量在不断增加，特别是安徽地区的农村劳动力转移已形成了对江苏农村劳动力转移的一种竞争压力。一是你的工作钱少一点我干，二是你的工种稍微不好一点，我也干。对于追求利润最大化的企业来说，价格是决定其使用劳动力的一个重要因素。目前江苏省农村劳动力的机会成本约在20元左右，而中西部地区只有10元左右。中西部地区劳动力价格低廉，具有明显的竞争优势，这是江苏省农村劳动力向外输出面临的一个重大挑战。

(三)劳动力的大量输出和进城农民的权益维护不相适应。

统一开放、城乡一体的劳动力市场尚未形成，供需脱节、信息不灵的问题仍然突出。就业歧视在一些地方仍然存在，虽然改革了户籍制度，但依附在户籍上的劳动用工、教育、社会福利等制度的相应改革还跟不上。制约了农村劳动力向城镇和二三产业转移数量。在被问及目前最需政府帮助解决的问题时，有303户首选需进一步撤除进城务工壁垒，占3%。根据调查，目前有一些地方对推进农村劳务输出的重大意义认识不够到位，工作没有摆上重要位置；一些地方对如何加快农村劳务输出思路还不太清楚，办法也不够多，缺乏有效的组织推动；一些地方重输出轻管理，对做好农民进城务工就业服务和帮助他们解决实际困难重视不够。在被问及目前最需政府哪些服务时？从首选情况来看，牵线搭桥列第一位占31%；第二位专业培训占15%；其他依次：资金帮助占14%，规范劳动合同占13%，讨工钱占3%，撤除进城务工壁垒占3%，法律援助占2%，其他帮助19%。由于剩余劳动力数量较多，而又没有建立起完善的社会化服务体系及劳务中介机构，单靠政府部门很难给他们提供较全面的就业指导和信息，在搞好农村剩余劳动力职业教育、对外出人员进行专业技能培训、组织管理等方面也很不完善。

(四)劳动力大量输出和劳动力管理服务不相适应。

劳动力的大量外出，给外出劳动力的管理提出了更高的要强。从调查情况看，目前外出劳动力管理中主要存在三个问题值得注意，一是劳动力市场发育迟缓，“农民工”自身利益难保证。一方面，由于农村剩余劳动力转移的盲目性和随意性，导致其就业困难，从而收入无保障。有的招工单位纯粹为了骗取招工费和抵押金；有的生产厂家、个体老板恶意拖欠工人工资或硬性赖帐。另一方面，外出劳动力因其文化程度低，当他们的正当权益受到非法侵害时，缺乏维护，自卫能力差，人身安全无保障。二是季节性流动，对“农民工”管理难。农业生产的自然特征，决定了大部分农村剩余劳动力农忙季节在家忙农活，农忙结束后在外干的“季节型”和春节回家、节后离家的“候鸟型”，呈现出断续转移的状况。大部分外出劳动力主要依靠亲戚或朋友介绍和自己外出瞎碰找工作。三是外出“农民工”的子女教育难。由于对外来打工人员的歧视,农民子女到外地入托、上学难。留在家的儿童大多数与爷爷、奶奶生活在一起。这种隔代教育对后代的成长影响较大,由于过分地溺爱、娇惯,造成部分小孩难以管教,轻者经常逃学,不到校上课,甚者小偷小摸,给社会秩序造成不良影响。四是一些农民工的合法权益得不到有效保护,拖欠克扣农民工工资、乱收费等问题还比较突出。调查显示,在转移劳动力中,与服务对象签订书面协议仅占 26.6%,达成口头协议的占 31.8%,没有任何协议的高达 41.6%。1~8 月份全省有 158.1 万民工被拖欠工资,拖欠金额 37.9 亿元,人均 2400 元。在"被拖欠工资打算以何途径要回?"问卷中,从回答情况来看,主要还是依靠自身力量,靠政府、社会部门和法律的力量比重比较低。60%的人靠自己慢慢磨,10%的人打算找有关部门帮忙,5%的准备通过法律途径要回,余下 25%的人准备通过其它办法解决。一方面反映农民及法人的法制观念还比较淡薄,另一方面反映政府、社会部门和法律在方面投入力量比较小,影响力不强。

(五)现行制度建设与劳动力外出转移不相适应。

主要表现在:

现行土地政策,一定程度上制约着农民流动。现行的农村土地承包政策,30 年不变,加上当前土地流转机制不活,外出打工者一心挂两头,只好根据农业生产季节特点,农忙时在家种田,农闲时在外干的"季节型"和春节后离家,春节前回家的"候鸟型",造成了农村外出打工者断断续续。这种还处在散兵游离式无序流动状态,极易形成不确定性,人财浪费。同时,给户籍的管理和对社会劳力的宏观调控加大了难度。

现行教育政策,不适应劳动力转移的需要。目前的中小学教育主要以升大学的应试教育为方向,辛苦学习多年的孩子一旦考不上大学,由于缺少必要的职业技能,则难以适应劳动力市场的需要。

城乡二元结构,使农村劳力流动渠道不畅。改革开放 20 多年来,随着社会主义市场经济的进一步发展,对农民就业和流动的束缚正在逐步解除。但目前农村劳动力的自由流动在改革城乡分割制度方面仍存在诸多障碍,一些农村剩余劳动力迫切需要转移,想要走出去挣钱,但内外环境不佳,渠道不畅。就内部环境而言,在各级组织中劳动力转移的中介机构少,缺乏对劳动力转移的协调、服务、培训等项工作;就外部环境而言,农民外出打工,在户籍管理、婚姻、子女入学等方面受到限制。一些用人单位还把农民打工族视为弱势群体,多从事那些收入低、工作环境差、劳动强度大的行业。外出渠道不畅,使准备出去务工的农民感到很茫然,很无奈。

四、八大拓展,破解劳动力转移着力点

目前,江苏省农村劳动力转移虽已具规模,但总体水平和输出层次仍然比较低。由于我国经济结构调整加快,城市产业向技术含量高的方向发展,就业"门坎"不断的提高;加上全国各地劳务输出的规模日益扩大,且中西部地区劳动力价格较低,相互竞争激烈,江苏省农村劳动力向外输出的难度在加大。因此,必须加强农村劳动力转移的产业化研究,总结经验,制定政策,加强规划与引导,改进服务和管理工作,形成符合江苏实际的促进农村劳动力输出的机制。努力实现三大飞跃:一是实现无序输出到有序转移的飞跃;二是实现打工输出为创业转移的飞跃;三是实现农民到市民的飞跃。重点应在以下八个方面要有新拓展:

(一)强化劳动力市场建设,在促进劳动力有序转移上要有新拓展。目前,江苏省农村劳务输出仍然带有很大的自发性,有工就做,无工就返,这种以自发转移为主的方式带来了一定的负面效应,从而加大了劳务输出的难度。因此,必须加快城乡就业服务机构和场所建设,积极培育社会各类职业介绍机构,促进国有、民办等多种所有制职介机构的成长发育和有序竞争,充分发挥各类劳务输出机构在提供务工信息和就业服务等方面的作用,使之成为机制活、网络广、竞争力强的劳务输出主体。各地要加强与输入地的联系和合作,鼓励扶持劳务输出机构在输入地建立窗口,创建稳固的劳务用工职介基地。积极发展境外劳务输出,大力拓展农村劳动力海外就业市场。坚持一手抓市场建设,一手抓管理监督,加强法规和制度建设,完善和规范市场行为,整顿劳务市场秩序,规范劳务市场运行,依法严厉打击非法劳务中介活动,保证农村劳动力合理有序畅捷流动。

(二)强化劳动力转移区域协作,在劳动力北输南接上要有新拓展。实行农村劳动力北输南接,促进南北经济与资源的有效配置,是省委、省政府作出的战略决策,是实施区域共同发展战略的重要内

容。要继续完善农村劳动力北输南接的机制，加强苏南与苏北的对口劳务协作，实现农村劳动力有计划、有组织、有目标的转移。挂钩市县要进一步巩固对口合作，其他市县也要抓紧建立劳务协作关系。苏南地区要从促进区域共同发展的高度，强化吸纳苏北劳动力的责任意识，坚决取消不合理的限制政策，加强对用工企业的指导，鼓励用工企业优先使用苏北地区的农村劳动力，提高苏北地区劳动力在苏南新增外来劳动力中的比重。苏南16个挂钩县(市、区)要确保完成任务。苏北地区要主动加强与苏南挂钩市县的联系与沟通，定期交流情况，积极做好农村劳动力资源的调查建档、职业培训、中介服务等基础性工作，切实加强对劳务输出人员的跟踪服务和管理。对南北挂钩市县劳务输出输入要实行严格的责任制，由市县长签订责任状，明确责任部门，明确专人负责，明确具体任务，加强督促检查和考核，确保工作落到实处，收到实效。

(三)强化劳动力技能培训，在提高输出劳动力素质上要有新拓展。强化职业技能教育是农村劳动力转移的内在要求和现实要求，更是农村劳动力在城市的生存要求。要实现农村劳动力真正的、彻底的转移，使之出得去、活得下、发展好，就必须对他们进行各种职业技能教育，教会他们在城市谋生的手段和技能，提高他们的生存能力。转移农民必须培训农民。各级政府要加大财政支持和政策鼓励，支持各种类型的农民技能培训。贫困地区要把扶贫开发与劳务输出工作结合起来，将扶贫资金安排一部分用于对贫困农户输出前职业技能的培训。要大力推行国家职业资格证书制度，对经过培训鉴定合格的农村外出劳务人员，及时颁发相应的职业资格证书。要改革农村教育思路，按照劳务市场需求，调整培养目标，改进教育内容，加快农村职业技术教育和民办学校的发展，探索初三、高三学生有序分流的办学方式，使经过9年或12年教育的苏北农村新增劳动力踊跃到苏南企业就业。要坚持以市场为导向，广泛利用社会教育资源，建立机制灵活、形式多样的技能培训体系。要坚持长期培训和岗前培训相结合，在根据用工需求抓好输出前短训的同时，针对劳动力市场变化的趋势，对需求量大的工种开展储备性培训。鼓励中介机构与培训机构联合办学，加强企校挂钩合作，积极发展订单培训，增强培训的针对性和有效性。通过多渠道的培训，使输出劳动力能够带技术转移，向收入高的岗位转移，提高劳务输出人员的层次和收入水平，更好地促进农民增收。

(四)强化劳动力信息网络建设，在提高劳务信息服务质量上要有新拓展。加强农村劳动力资源的信息化建设，建立统一的就业、失业和转移就业登记管理制度，全面掌握农村劳动力的动态变化情况，特别是要加强与对口挂钩市县的联系，及时了解和把握劳务输出输入供求趋势。各级劳动保障部门要进一步加大投入力度，力争年内全部建成对口挂钩市劳动力交流信息网络，并逐步和原有的劳动力市场信息网连成一体，形成上下贯通到底、横向对接到边、功能完善、覆盖全省的劳动力市场信息网络体系。要完善信息预测预报制度，进一步扩大信息服务范围，强化信息服务功能，提高信息服务质量，依靠各类现代媒体、劳务中介机构、劳动力市场等多种途径，全方位收集和广泛发布用工信息，逐步形成输出与输入、培训与就业的有效衔接机制，为求职者提供方便有效的服务，提高劳务输出和对口交流的效率。

(五)强化维权工作，在维权服务上要有新拓展。要加强劳动保障法律法规的宣传贯彻，依法管理和规范用人单位的用工行为。劳动保障部门要加大对农民工劳动合同的监督检查力度，及时受理劳动合同纠纷。对拖欠克扣农民工工资、劳动条件差、劳动安全和职业病防护没有保障等突出问题，要集中力量进行专项治理，对一些拖欠克扣农民工工资比较严重的行业，如建筑业，要制定专门的措施，保障保农民工工资按时发放。要狠抓职业中介的秩序和规范行为，严厉打击非法职业中介行为，加强与用人单位的交流和合作，及时掌握劳务人员生产、生活情况。各地各级要设立“劳务输出投诉办公室”，受理维权案件，保障劳动者合法权益。

(六)强化“三化”战略的实施，在劳动力就业空间上要有新拓展。要实现今后5～8年500万农民大转移，既要加快农村劳务输出，积极推动当地农民走出去，同时又要大力发展农业产业化、农村工业化和农村城镇化，千方百计拓展本地农村劳动力就业空间，实现农村劳动力的就地转移。一要大力推进农业产业化，培育农民就业的新空间。要调整优化农业和农村经济结构，加大招商引资力度，大力引导“三资”推进农业产业化，特别是要通过加强南北合作，利用苏北较丰富的劳动力资源、农产品资源和土地资源优势，吸引经济发达地区产业的梯度转移，重点引进一批劳动密集型、种养业项目、农产品加工项目，延长农业产业链，提高农民的就业率。二要加速推进农村工业化，拓宽农民就业的新领域。积极发展乡镇企业，优化乡镇企业产业布局，提高工业园区、工业小区、科技园区建设水平，形成产业集聚、企业集群、就业集中的新型工业化发展格局，增强对农村劳动力的规模集聚能力。要按照“六放”的要求，进一步解放思想，拓宽思路，完善政策，落实措施，大力发展个体私营经济，鼓励农民自主创业，要像对待外商那样对待返乡创业者，像支持城镇下岗职工创业一样支持返乡创业者，着力营造各种所有制经济公平竞争、竞相发展的宽松环境，促进个体私营经济健康发展。三要加快推进农村城镇化，提供农民就业的新载体。要把大力培育县城镇、中心镇与大中城市对接的新型城乡体系作为发展重点，统筹规划城乡生产力、基础设施和人居环境布局，做大做强服务业，努力提高第三产业发展水平，促进人流、物流、信息流向城镇集聚。

(七)强化劳务输出政策落实，在营造劳务输出良好环境上要有新拓展。近年来，省委、省政府相继出台了一系列鼓励劳务输出的政策措施，对促进农村劳务输出发挥了重要作用。要在进一步抓好现有各项政策措施落实到位的同时，针对工作中出现的新情况、新问题，进一步细化和完善各项政策措施，积极探索推进农村劳务输出的新机制。要结合江苏省户籍管理制度的改革，推行城乡劳动力“无差别”用工，取消职业工种限制，简化审批手续，减轻经济负担，为农民进城务工大开方便之门。按照统筹城乡经济社会发展的要求，加快建立并完善社会保障制度，把进城务工农民纳入社会保险范围，依法维护和保障外来民工享有医疗、失业、养老等社会保障权利，解决农民工的后顾之忧。要认真贯彻执行《农村土地承包法》，依法完善土地流转政策，切实保障外出农村劳动力土地承包经营权转让、转包、租赁、互换或其他方式流转的权力和利益。对损害外出农村劳动力土地流转权和收益权的行为，要依法予以查处。要采取多种形式，积极接收外来务工人员子女在当地全日制公办中小学入学，在入学条件、收费标准等方面与所在城镇学生一视同仁，对家庭经济困难学生酌情减免费用，下决心解决农民工子女入学难的问题。要积极探索外出人员小额贷款政策，为贫困农民劳务输出创造条件。

(八)强化制度创新，在创新制度上要有新拓展。

1.进一步深化户籍制度改革，拆除壁垒，加快准市民向市民转变。要放宽农民进城落户的条件，允许农民自主进城定居，解决目前城乡居民两种身份、就业和待遇不平等的问题，统一城乡就业政策，为农村劳动力转移大开方便之门。

2.进一步完善土地制度。要在保持转移农民原有土地承包关系稳定的前提下，赋予基层更多的灵活性，妥善解决城镇建设用地和工业发展用地的矛盾，确保城镇基础设施建设用地不受影响，为城镇扩容创造条件，为农村劳动力“异地转移’创造空间。

3.进一步改革社会保障制度。要从建立城乡统一劳动力市场需要出发，将进城的农民工纳入社会保险的范围，从根本上改变城市下岗职工与农民工就业竞争的劣势地位。在开放城市劳动力市场的条件下，加强失业保险和城市最低生活保障，建立城市包括下岗职工和进城农民在内的就业困难群体扶助体系和制度。

4.进一步打破城乡分割体制，变城乡分开的“就地转化”政策为以“就地转化”与“异地转化”相结合。

四川农村劳动力怎样走出“无限”供给与有限需求的困境

四川省农调队课题组

就业问题是当前中国经济发展面临的最大挑战之一，也是各级政府及社会各界广泛关注的问题。中国是一个农业大国，农村人口众多，农村劳动力就业在社会经济生活及整个劳动力就业中占据重要位置，举足轻重，它既是一个经济问题，也是一个政治问题。党的十六大确定了全面建设小康社会的奋斗目标，劳动者的充分就业是其关键之一；而全面建设小康社会的重点、难点在农村，实现农村劳动力的充分就业，具有重要的现实意义和深远的历史意义。为此，本文拟在充分利用各方面资料的基础上，运用定量、定性的分析方法，对四川农村劳动力就业现状进行多方位的描述，对影响四川农村劳动力充分就业的制约因素进行多层面的剖析，对实现四川农村劳动力充分就业的出路进行多视角的探讨，以力求为有关部门制定科学的农村劳动力就业政策提供决策参考。

一、四川农村劳动力就业的现状及特征

劳动力是重要的生产要素，也是其最积极和最活跃的要素。劳动力就业是劳动者的基本权利和人类发展的基本活力，它不仅是人类生存的基本手段，也是人们参与社会经济活动，融入社会，实现自身价值，获得社会承认的主要途径。从建国到改革开放前，四川和全国一样，实行的是高度的计划经济体制和严格的城乡隔离政策，形成了封闭的城乡二元结构，农民被关在城门之外。庞大的农村劳动力只能在狭窄的土地上，进行简单低效的劳动；而这一时期，全国各地又实行的是“一大二公”的人民公社体制和不适当地强调了“以粮为纲”，限制发展多种经营和二三产业，生产结构单一。农村劳动力的充分就业问题一直未被得到重视，农民长期被禁锢在有限的土地上。到1978年全省农村就业劳动力中，从事工副业的劳动力只有119万人，仅占农村就业总劳动力的4.5%，对于庞大的农业大军来说，可谓微不足道。但由于这一时期农村劳动生产力的低下和普遍存在的“出工不出力”现象，农村劳动力的就业问题被掩盖起来。

始于上世纪70年代末期的农村改革，在农村普遍推行了以大包干为主的家庭承包责任制，废除了人民公社“大锅饭”、“大呼隆”的旧体制，农民对土地有了使用权和经营权，极大地调动了农民的生产积极性，农村多年积累的生产力迅速被释放出来，农业生产率显著提高，农村劳动力的就业问题开始凸现出来。与此同时，沿海经济发达地区以劳动密集型为主的非农产业高速发展，本地区劳动力供给不足，这就为像四川农村劳动力资源丰富，就业又难以充分的地区提供了流动就业的契机。进入90年代后，随着农村产业结构的调整和限制农民流动就业特别是进城务工政策的放宽，四川农村劳动力在农业内部、行业间、区域间的流动大规模展开，农村劳动力就业出现了新的变化和特点。

(一)农村劳动力就业的现状及变化特征

1.农村劳动力资源及特点

劳动力资源是一个国家或地区有劳动能力人口的总和。通常采用劳动适龄人口,即16～59岁的男性人口和16～54岁的女性人口来反映劳动力资源状况。四川人口总量大,农村人口比重高,农村劳动力资源丰富。四川地处中国的西部,经济发展水平一直较低,文化教育水平一直不高,农村劳动力资源的特征明显。

(1)劳动力资源数量庞大。2001年末全省总人口8436.6万人,其中劳动力资源5498.3万人,仅次于河南、山东省,位居全国第三位。在全省劳动力资源中,农村劳动力资源3947.8万人,占71.8%;这一比重比全国高0.3个百分点。全省农村劳动力资源占全国农村劳动力资源总量的7.6%,高于其人口比重的0.2个百分点。

(2)劳动力资源中男性多于女性。2001年全省农村劳动力资源中,男性1993.8万人,占50.5%;女性1785.0万人,占49.5%。男性劳动力资源比女性多208.8万人,所占比例比女性高1个百分点,这与四川人口的性别比例一致。

(3)劳动力资源年龄较轻。据第五次人口普查资料显示,四川农村劳动适龄人口平均年龄36.12岁,年龄中位数34.52岁。分年龄段看,16～19岁的劳动力占6.8%,20～44岁的劳动力占66.4%,45岁以上的劳动力占26.8%。劳动力资源的年龄较轻可谓精强力壮,这也许是四川农村劳动力资源唯一比较明显的优势。

(4)劳动力资源质量不高。四川农村劳动资源虽然庞大,年龄也比较轻,但质量却不高。以文化程度为例,2001年四川农村劳动力资源中,不识字或识字很少的劳动力占8.57%,小学文化程度的劳动力占40.04%,初中文化程度的劳动力占44.12%,高中文化程度的劳动力占5.76,中专文化程度以上的劳动力占1.51%,农村劳动力的文化程度偏低。同年,全国平均每百个农村劳动力中,高中及以上文化程度为12.28人,四川仅有7.27人,低5.01人,低40.8%;若再与江西、山东、河南、湖南、湖北等人口、劳务输出大省相比,四川农村劳动力的文化水平也是较低的,在竞争日益激烈的劳动力市场中处于不利地位。

(5)劳动力资源区域分布不均。由于历史和现实的种种原因,四川农村劳动力资源在不同区域内分布不均。2001年四川成都平原行政区域土地面积占全省的4.7%,而农村劳动力资源量却占全省的35.1%,两者之比(以行政区域土地面积比重为1,下同)为1:7.46;丘陵和贫困山区行政区域土地面积占全省的32.3%,而农村劳动资源量却占全省的53.1%,两者之比为1:1.64;民族地区行政区域土地面积占全省的50.5%,而农村劳动资源量仅占全省的3.0%,两者之比为1:0.06;攀西地区行政区域土地面积占全省的12.6%,而农村劳动力资源量占全省的8.7%,两者之比为1:0.69。

2.农村劳动力就业变化特征

就业人口是指从事一定社会劳动并取得劳动报酬和经营收入的人口。就业人口的规模、构成及分布与经济发展水平、经济结构等因素密切相关,就业结构是否合理又直接影响到经济发展。四川省农村劳动力资源数量较大,就业数量也较大。

(1)就业总量由急剧增长到缓慢下降。农村劳动力就业总量是由农村人口以及农村劳动力资源决定的。四川农村人口由1980年的6326.5万人增加到2001年的6925.9万人,劳动力资源由2875.3万人增加到3947.8万人;而同期从业人员由2744.5万人增加到3778.8万人,增长37.7%,平均每年增加49.3万人。纵观改革开放的20多年来,四川农村劳动力就业总量增长可以分为三个阶段:第一阶段,快速增长阶段(1978～1991年)。由于1957年前后和“文革”期间计划生育受到严重破坏,在这10多年中,造成人口出生高峰,在这时期陆续进入劳动年龄和就业,就业劳动力由1978年的2622.9万人增加到1991年的3745.3万人,13年时间增加1122.5万人,年均增加86.3万人。第二阶段,缓慢增长阶段(1992～1998年)。由于长期实行计划生育政策,减少了出生人口,农村劳动力就业进入缓慢增长阶段,1998年比1991年增加83.2万人,年均增加11.9万人。第三阶段,缓慢下降阶段(1999～2002年)。由于城镇化水平提高,举家外出户增多以及高校扩招,农村就业劳动力开始减少,2002年农村就业劳动力3762.3万人,比1998年减少67.2万人,年均减少16.8万人。

(2)就业仍以第一产业为主。统计资料显示,目前四川农村劳动力就业的绝对数量仍以第一产业为主,但绝对数量和比重都趋于下降;从事二、三产业的人员不断增加,比重提高。2001年四川农村从事第一产业的劳动力2582.6万人,比1990年减少557.7万人,减少17.8%;占全省农村就业人员的比重为68.4%，比1990年下降14.6个百分点。从事第二产业的劳动力407.4万人，比1990年增加172.8万人，增长73.7%；其中从事工业180.5万人，增长26.6%，从事建筑业226.9万人，增长146.6%；从事第二产业的劳动力占农村就业人员总数的10.8%，比1990年上升4.3个百分点。从事第三产业的劳动力788.7万人，比1990年增加543.1万人，增长2.2倍；占农村就业人员总数的20.8%，比1990年上升了14.1个百分点。

(3)就业结构具有明显的地区差异。根据“配第一克拉克定理”，一个国家或地区的劳动力构成会随着社会经济的发展，由第一产占优势而逐级向第二产业和第三产业占优势的方向发展。四川农村劳动力就业结构也不例外，不同区域乡村劳动力的就业结构与该地区经济发展水平密切相关。如经济发展水平较低的凉山州，农村第一产业的就业比重高达83.0%，二、三产业的就业比重仅为17.0%，第一、二、三产业的就业比例为8.3:0.4:1.3；而经济发展水平较高的成都市，农村第一产业的就业比重只有43.2%，二、三产业的就业比重超过了第一产业，达到56.8%，第一、二、三产业的就业比例为4.3:2.5:3.2。这表明，经济不发达的地区农村就业仍以传统的农业为主，而经济较发达的地区则以二、三产业为主。再从农业内部看，全省种植业的就业比重为94.4%，最高的广安市为98.5%，最低的甘孜州为71.8%，这说明四川省不仅是一个农业大省，而且生产类型还比较传统，结构比较单一；全省畜牧业的就业比重为5.3%，最高的是甘孜州为27.3%，最低的是广安市为1.3%；全省渔业的就业比重为0.2%，各地区比重相差不大，仅有眉山市达到了0.5%；全省林业就业比重为0.1%，以阿坝州、甘孜州、攀枝花市的比重较高，分别为1.2%、0.8%、0.6%，其他地区相差不大。农业内部的这种就业结构，除与各地区农业发展水平有关外，还与全省各地区自身的地理状况有关，地处山区的畜牧业、林业就业比重较大，而盆地内大多数地区仍集中在传统的种植业上。

(4)就业人员的文化素质与就业的行业密切相关。四川农村劳动力资源质量不高，就业除主要集中在第一产业(2001年第一产业的就业比例比全国高5.8个百分点)外，在二、三产业的就业也大多选择素质要求不高的行业。以在第二产业的就业为例，工业对劳动力的文化、技能等素质要求较高，而建筑业对劳动力的素质要求较低，劳动力素质较高的省区在第二产业的就业上往往选择比较效益高、技术含量大、工作条件好的工业行业；而四川则选择了要求相对较低的建筑业。2002年，四川农村劳动力转移到建筑行业的劳动力占19.6%，比全国平均水平高1.7个百分点，比福建、湖南、湖北高3.7、3.4、3.3个百分点，仅仅比安徽低2.4个百分点；转移到工业行业的占15.6%，比全国低11.6个百分点，与湖南、湖北、安徽、福建省区比较，分别低8.9、1.0、5.7、15.7个百分点。

(二)农村劳动力流动就业的现状及变化特征

劳动力流动就业是指跨区域的就业。上世纪80年代末90年代初，中国出现了波澜壮阔的民工潮。一方面由于乡镇企业进入常规发展时期，再加上经济环境发生了一些变化，乡镇企业吸纳劳动力的能力逐年下降，“离土不离乡”的就业方式已不能满足农村富余劳动力就业的需要。另一方面，随着改革开放的深入发展，东部沿海地区和城市经济发展很快，它们不仅较好地解决了本地富余劳动力的就业问题，还出现劳动力资源短缺的现象，产生了对外来劳动力的需求。而在这种情况下，农民为了求生存、求发展，寻找新的就业机会，越来越多的农民勇敢地离开了本乡故土，走上了打工学艺，闯荡天下的艰苦历程，开始跨区域流动，除了在本县、本地区、本省流动外，还在外省特别是东部发达地区及大城市流动，终于形成了波澜壮阔的流动就业大军。2002年四川农村常年外出流动就业的劳动力达1100多万人，其中省内乡外540多万人，省外583万人，在省外流动的四川人口分布在全国各个省市区。据第五次人口普查资料显示，2000年四川外出流动就业人数超过10万人的省市区有12个，流入广东省的最多，有284.4万人，占41.0%；浙江、福建、云南、新疆、江苏有川籍流动人口231.6万人，占33.4%；以上6省区共吸纳四川流动人口516.0万人，占四川在外省流动人口的74.4%。近年来，四川农村劳动力流动就业呈现出以下特征：

1. 由体力型向素质型转变。在劳动力流动初期，四川农村劳动力外出所从事的主要是脏、险、苦、累、差的行业和工种，是典型的体力型劳动力。经过多年打工生涯的磨练，加之九年制义务教育进一步普及和职业培训力度的加大，无论在专业技能、还是在法律意识、道德观念、思想水平等诸方面都有明显提高，外出劳动力中中青年和具有一定文化或劳动技能者增多，正逐步由体力型向素质型转变。据调查,2002 年四川农村外出劳动力中除了 2.8%的人识字很少或不识字外,大多数外出劳动力均有一定的文化和技术特长,其中初中以上文化程度者占外出劳动力的 71.1%,比 1990 年的 57.1%提高了 14 个百分点;受过职业教育或培训的由 1994 年的 12.38%上升到 2002 年的 27.82%,提高了 15.44 个百分点。

2. 由东部向西部转变。劳动力流动随经济热点的变化而转变,东部沿海地区因产业结构调整给其它省区农村剩余劳动力提供的就业机会相对减少。而随着西部大开发战略的实施,国家加大了对西部地区的投资力度,出现了大量的“东企西移”、“外资西进”,西部地区形成了新的经济热点,劳务需求迅速增大。同时,在西部务工也能获得较高的收入,据调查,2002 年四川转向西部的劳动力人均年收入分别比转向东部、中部和省内的高 1.6%、20.5%、16.6%。因此,近年来西部地区开始成为大量“川军”寻求就业机遇的热土。2002 年四川农村向东部流动的劳动力 265.6 万人,比最多的 1993 年下降了 16.5 个百分点;而流向西部地区的劳动力达 110.6 万人,比 1990 年增加 94.5 万人,增长约 7 倍。虽然流向东部地区的绝对量仍大于西部地区,但流向西部地区的增长远远超过流向东部地区的增长。

3. 由无序向有序转变。四川农村劳动力外出务工方式多样,但一直以依靠地缘、人缘关系的“老带新”和“投亲靠友”为主。农民进城务工,最初大多数是自发性的,盲目性较大,一旦找到工作站住了脚跟,便利用各种关系相互联络,将本村、本乡的亲朋好友介绍到自己就业的单位作伴,彼此关照,相互提携,自组化程度逐渐提高。此种方式占全省外出劳动力的 70%左右。近年来,四川省委、省政府高度重视农民外出务工工作,积极发展劳务经济,切实加强了农民进城务工就业服务和管理工作,全省各地通过政府部门、单位组织成建制的输出和中介机构组织的输出占外出劳动力的 20%左右,四川农村劳动力流动的有序性增强,盲目性减少。

4. 由季节性(临时性)向常年性转变。过去,农忙务农、农闲外出务工是四川农村劳动力转移的主流。随着土地承包制度的完善,土地使用权可以流转,外出务工人员可以将土地转包给他人耕种,或出钱请人代耕,不再像以前那样一到农忙季节就要急匆匆地赶回家去抢种抢收,而是相对固定地、常年性地安心在外务工。根据调查测算,四川农村外出务工的劳动力中,有 80%左右是常年性的,那些临时性、季节性的务工人员主要是在乡外县内的一些短期性或规模较小的工程项目中务工,离家较近,往往是干完一个工程后再去寻找另外的工程。

5. 由个体外出向举家外出转变。随着农民进城务工就业环境的逐步宽松、外出务工人员对城市经济生活的逐步适应,以及愈来愈多的进城务工人员寻求到了较为固定的就业岗位,较为稳定的经济收入,不少务工人员的思想观念发生了根本性改变,不再留恋故土,不再追求“落叶归根”,决定在城镇置办家业,为留在农村的家庭成员寻找务工机会或选择读书的学校,实现了举家外出这一跃。根据调查资料测算,2001 年四川农村举家外出务工的农户达 140 万户,比 1997 年增加 40 万户;举家外出的农户占乡村总户数的 7.1%,比 1997 年上升 3.0 个百分点。近两年,这种举家外出的农户还在增多,预计接近 200 万户,占乡村总户数的 10%左右。

(三)农村劳动力就业面临的形势严峻

1. 劳动力数量大,与经济发展不相适应

四川是一个人口大省、农业大省,二三产业和城市化发展滞后于全国,历史遗留的庞大人口基数和劳动力的过快增长,给四川农村劳动力的充分就业形成了巨大压力。四川农村劳动力从 1978 年 2627.23 万人增加到 2001 年的 3789 万人,增长 44.2%;同期全省劳动力资源的数量从 3932.51 万人增长到 5460.2 万人,增长 38.8%。由于农村人口基数大,经济发展水平低,计划生育工作相对落后于城市,农村劳动力占劳动力资源的比重从 1978 年的 66.8%增加到 2001 年的 69.4%,上升了 2.6 个百分点。

四川的人口和劳动力数量相当于世界上一个大国,分别超过了加拿大、德国、英国、法国、意大利、泰国和韩国等国家。尽管四川省实施计划生育政策成效显著,人口增速得到有效控制,但是由于人口基数巨大,最近 10 年平均每年增加 72 万人;据测算,从 2003 至 2013 年,四川省每年还将新增劳动力在 100 万人以上,这与全省的经济发展水平很不适应。以 2001 年为例,当年全省人口 8640 万人,占全国的 6.8%;就业人员 4665 万人,占全国的 6.4%,就业人员比重偏低于人口比重;而人口和劳动力比重与经济比重更是不相称。同年,四川省国内生产总值仅占全国的 4.6%,其中除第一产业增加值占6.6%比重稍高一点外，第二产业仅占3.8%，第三产业仅占4.6%；全社会固定资产投资总额占4.3%，社会商品零售总额占4.5%，进出口总额占0.5%，地方财政收入占3.7%。这种较大的人口和劳动力比重与较小的经济份额，一方面说明了四川省的劳动力资源并没有得到充分利用，没有取得相应的经济效果；另一方面说明了全省的人口和劳动力供给相对过剩，超过了经济发展的需求，其就业压力超过了全国。

2. 城乡富余劳动力数量巨大，就业竞争激烈

对农村隐性失业即农村剩余劳动力数量的测算，理论界有不同的看法和估算方法，主要有理论测算法、模型测算法、比较分析法、抽样估算模型、农作物播种面积法、社会平均劳动生产率法等。这些不同的测算方法，但有一点是共同的，即其中关键是计算农业劳动力的需要量。因为农业剩余劳动力实质是指超过农业生产所需要的劳动力，它的数量等于实际农业劳动力的数量减去一定生产力水平和技术条件下耕地对农业劳动力需求后的差额。为此，我们选择了多种方法对四川农村剩余劳动力进行了测算，从其测算结果来看，2001年四川农村剩余劳动力人数最高的为1600万人，最低的为1150万人，如将其几种计算结果平均，则为1392万人，我们判断目前四川农村剩余劳动力在1300～1400万人之间。

在城镇，富余劳动力也十分庞大，据测算，2003年至2015年，全省城镇每年将新成长劳动力15～20万人；各类学校毕业生每年在13～18万人；机关事业单位机构改革产生的富余人员还会增加；由于加入WTO、产业结构升级和优化、技术进步、企业转换经营机制剥离的人员和因企业竞争力差而破产倒闭的人员每年约25～30万人；以及每年失业人员的结余40～70万人。在未来10多年间，四川城镇每年需要新增就业的人数在150～180万人。

城乡富裕劳动力如此巨大，而未来四川经济发展可能提供的就业岗位十分有限，肯定难以满足。虽然可以向省外乃至境外寻求新的就业门路，但近年来整个就业形势并不乐观，向外拓展的难度也不小，就业竞争必将更加激烈。再加之四川农村劳动力素质不高，观念滞后，在这场激烈的就业竞争中，很难取得主动和优势。

3. 农村劳动力就业空间缩小，稳定性较差

人均自然资源匮乏。就总体而言，四川幅员辽阔，土地资源丰富，总面积达48.5万平方公里，占全国面积的5.05%，居全国第5位。但由于四川人口众多，人地矛盾十分突出，人均土地资源匮乏致使农民增收缺乏坚实的物质基础，“人口多，底子薄”构成了全省人口与资源的主要特征。从农业生存发展所依托的土地资源来看，主要呈现以下特征：一是人多地少，人均土地面积0.58公顷，仅为全国人均0.76公顷的76.3%；人均耕地面积0.053公顷，仅相当于全国的51.6%；每个农村劳动力占有耕地0.163公顷，仅相当于全国的41.2%。二是耕地以坡耕地为主，占耕地面积的83.5%，平坝耕地(≤2度)仅占16.5%，耕地利用以旱作物为主，旱地占54.7%，水田占45.3%。三是耕地质量不高，中、低产田土面积大，约占耕地面积的75.0%。四是耕地后备资源不足，难利用地面积大。宜耕的荒地资源不足90万公顷，还有64万公顷坡度大于25度的坡耕地需退耕还林还牧，难利用的土地有500多万公顷。五是水土流失严重，地力下降。全省水土流失面积达1990.8万公顷，占总面积的41.1%，致使土层变薄，养分流失，生产力下降。从人口与资源变动状况看，由于人口刚性增长，而耕地面积逐年减少，人增地减，加剧了人地矛盾。人均耕地拥有量下降，对农业经济可持续发展和农民增收有明显的制约作用。1978年，四川农村劳动力2627.2万人，到2002年增长到3762.3万人，24年累计增加1139.4万人，平均每年新增农村劳动力47.5万人。这期间，耕地面积却由1978年的491万公顷，减少到2002的406万公顷，年均减少耕地3.54万公顷，每年相当于减少一个中等县的土地面积。一增一减，人多地少，矛盾十分突出，制约了农村劳动力的充分就业。尤其是近年来在城镇化、工业化加速发展的情况下，使得在城镇边缘的失地农民增多，一些农民沦为种田无地、就业无岗、低保无份的“三无游民”，就业前景堪忧。

农产品供给充足。20世纪90年代以前，四川与全国一样，农产品供不应求，属于短缺时期，之后情况发生了根本变化，特别是1995年以来，粮食、油料、棉花、畜产品、水产品、水果、蔬菜等主要农产品连年丰收，农产品供求关系发生了根本变化，由原来的卖方市场转变为买方市场。在粮食供给方面，80年代全国粮食年自给率为85%，进入90年代达到99.6%，近几年来粮食生产总量累计增加1500亿公斤，而同期粮食消费总量累计仅增加500

亿公斤，平均每年净剩余350亿公斤。四川也和全国一样，据抽样调查资料测算，2002年末全省农民人均存粮多达600公斤，按目前的消费水平可吃16个月。在猪肉供给方面，1995年以前四川每年销往省外的肥猪250多万头，近几年来因东部沿海以及西部省区生猪生产的不断发展，外销量锐减，平均每年仅50万头左右；省内消费需求增量也十分有限。农产品市场这种饱和状态，使得增加生产总量没有过去那样重要或必要，所需要的劳动力也就难有较大增长；即使可以进行产业、产品结构调整，但也有的结构调整实践表明，不少调整项目吸收劳动力的能力也十分有限。这也就是说，农产品供给充足，会相对减少农村劳动力在农业上的就业机会。

外部环境不宽松。影响农村劳动力就业的因素复杂多样，除经济增长这个主要因素外，其他外部环境的影响也较大。特别是我国城乡二元化结构的隔绝状态，影响了农村劳动力外出就业。建国以来实行的严格户籍制度，以农业户口和非农业户口把中国公民划分为两大阶层，除特殊情况外，农民不能转成非农户口，并限制迁入城市定居和谋求非农职业。近几年来，户籍制度有所松动，但农民进城务工经商从事二、三产业的稳定性仍然较差，外部环境并不宽松，一遇风吹草动，在城市就业岗位本来紧张的状况下，农民工首当其冲成为精减的对象。如2003年上半年一场突如其来的“非典”，尽管上至中央，下到基层，做了大量的稳定工作，全省仍有80多万外出务工人员返乡。

二、影响四川农村劳动力充分就业的制约因素

农村劳动力就业问题既是一个经济发展问题，又是一个政治问题。它关系到经济的快速健康发展和社会的稳定与长治久安，必须引起各级党政领导及有关部门的高度重视。但由于历史的原因和认识上、观念上的误区，以及体制上、政策上的缺位，使四川农村劳动力充分就业受到多方面、多层次的因素制约。

(一)理论认识的偏差和指导工作的不到位，使农村劳动力的就业问题没有得到社会各界足够的重视和关注

目前在理论界，有部分专家学者认为：农民有了承包地，不存在失业问题。其实这种观点是片面的。从表面上看，农民几乎人人都有了承包地，一年四季可以在承包地上劳作，并有一定的收获。但实际情况是，劳作的对象即承包地非常有限，完全不能满足一个劳动力对劳动时间的需求。如四川平均每个农村劳动力占有耕地不足1.7亩，按照国际通用的平均每个农业劳动力占有耕地6～8亩，才能保障劳动力充分就业的标准，四川平均每个劳动力占有耕地数量仅为国际标准低限的28%。这说明，现有的承包地只能满足四川农村劳动力四分之一的劳动时间，还有四分之三的劳动时间处于失业状态。同时，土地资源的日益减少和劳动力的不断增加，这种刚性矛盾使农村劳动力不能充分就业的问题更加突出。

在实际工作中，政府对农村劳动力就业，既没有一个健全的机构来管理，也没有一项具体政策和可行的措施来指导，农村劳动力的就业大部分是自发和无序的。尽管近年来各地把农民进城务工作为增加农民收入的一项重要措施来抓，制定了相应的对策，但由于方方面面的原因，效果并不明显。目前，各级党委和政府及社会各界还没有象关心城镇失业那样，来关心农村劳动力的隐形失业和失地农民的失业问题；还没有象为下岗职工再就业工程采取的力度那样，来为农村劳动力充分就业谋出路。也就是说，农村劳动力就业问题还没有得到社会各界的足够重视和关注。

(二)素质偏低和就业观念的误区以及部分城市人有意无意的歧视抵触，限制了农村劳动力就业渠道的拓宽，增加了就业难度

据调查，目前四川农村劳动力平均受教育年限为7.3年，其中，小学以下文化程度占47.5%，初中文化程度占45%，高中文化程度占7.3%，大专及以上文化程度占0.2%；而且，大部分劳动力未受过劳动技能和实用技术的专业培训。由于文化程度低，不少农民思想也就可能保守，接受能力就差，还会缺乏市场观念，怕担风险，不敢大胆采用新科技和新的经营理念，来拓宽自己的经营范围。而是按照习惯了的传统农业耕作方式，年复一年地在承包地上重复简单再生产或盲目生产。即使进城务工，由于文化程度低，也只能凭体力干别人不愿做的赃活、累活、苦活，就业渠道非常受限制。

农民自身就业观念也存在误区。一是农民有一种职业上的强烈自卑感。农民特别是中青年农民普遍认为从事农业不是社会的一种平等职业，光彩职业，总是觉得低人一等，只有在城市里的劳动才是工作，才是一种职业。因此，不愿用更多的精

力去钻研农村科技和实用技术，扩大生产领域，增加就业机会和增收门路，不少农民特别是中青年农民两眼只盯住城市里有限的就业岗位，造成一方面是农村劳动力大量外出务工就业难，而另一方面又是土地粗放经营和大量撂荒的现象产生。二是就业观念落后。如在2003年6月宜宾市的一次招聘会上，一家沿海公司招聘包括主管、片区经理等23名人员，结果无一应聘，其原因是认为搞促销是骗人的，不愿去从事。三是怕风险，怕吃苦。沿海地区许多人都喜欢销售工作，但四川的农民工却普遍怕风险，怕吃苦，不愿做这项工作，首选的是简单、无风险的职业或工种。

同时，由于大量农民进城务工使城镇居民失去了部分就业机会，也带来了一些社会治安问题。一部分城镇居民对农民进城务工也就有意无意、或多或少产生了片面认识或歧视抵触情绪，也在一定程度上形成了农民进城务工的不利环境和就业难度。

(三)体制上的缺位和政策上的偏向，使农村劳动力失去了平等发展和就业的机会

自新中国建立以来的很长一段时期，由于国际形势和国内政治的需要，实行了重工轻农、重城轻乡的发展战略，造成了今天的“二元”经济结构和城乡分隔体制。在城乡就业问题上，不是城乡统筹，而是实行城乡两套政策，也就是只管城镇，不管农村的政策，严重阻碍和延缓了农村劳动力的转移和就业。

一是农村缺乏自我积累和发展机制。农业的积累长期被国家建设和城市工业无偿大量占用，国家对农业的投资不足，城市工业对农业的反哺更是微不足道，农村缺乏自我积累和发展机制，使农村一、二、三产业不能协调发展，劳动力受限于土地，没有或很少有机会转移到农村二、三产业上。

二是管理体制上严重缺位。在国家现行的管理机构中，至今还没有一个健全的机构来具体管理指导农村劳动力就业，劳动和社会保障部门管理指导的主要是城镇居民的就业和社会保障，而对农民的就业和社会保障还无力进行管理和指导，农民的就业和社会保障只能靠自身微弱的力量。

三是户籍管理体制，严重剥夺了农村劳动力在更广阔空间的就业机会。计划经济时代的户籍管理体制，使城乡居民贴上了终生标签，把农民牢牢的拴在土地上，极大地限制了农民的迁徙自由和就业空间。要想改变农民身份，没有特殊的关系和理由以及像入学、参军等途径，几乎是不可能的事。目前，有的地区虽然放宽了农民进城的条件，简化了务工人员的繁杂手续，但缺乏相应的配套措施，农民进城务工的大门并没有真正完全打开，城乡壁垒并没有真正完全打破。

四是农村劳动力缺乏基本的社会和劳动保障。城镇职工有“公费医疗保险”、“再就业工程”、“养老保险”、“最低生活保障”等一系列社会保障措施。而在农村，除了“五保人员”可以享受一定的福利外，不管是从事农业的农民，还是外出务工人员，都严重缺乏基本的、应有的社会和劳动保障措施，严重影响了农村劳动力的发展。

(四)生产要素的短缺和人均资源的匮乏，难以为四川农村劳动力的充分就业提供相应的岗位

拥有生产要素和资源是实现就业和发展经济的前提。四川除劳动力要素充足外，其他生产要素都处于绝对或相对短缺，这既影响了经济发展，又影响了劳动力的充分就业。在农村这种情况表现得更加突出。

一是生产资料的严重短缺。耕地是农村劳动力不可或缺的生产资料，但四川人多地少的矛盾由来已久，农村平均每个劳动力占有耕地1.7亩，即使扣除转移到二、三产业的劳动力后，平均每个农业劳动力占有耕地也仅有2.5亩，大大低于国际惯用保障劳动力充分就业平均每个农业劳动力应占有耕地6～8亩的标准。再从拥有的生产性固定资产价值看，2001年四川平均每个农户拥有生产性固定资产原值3453元，比全国的4884元低了30%；其中一产业低26%，二产业低66%，三产业低26%。生产资料占有量的不足，严重影响了四川农村劳动力的充分就业。

二是资金投入不足。近年来，国家对农村和农业的投入并无明显增加，农户自有资金十分有限，商业银行为规避风险对农业贷款也无较高的积极性，有的地方商业银行已从农村撤退，全社会对农村和农业的资金投入严重不足。不仅如此，由于利润、利益的驱使，农村的资金大量流入城市，使本就严重短缺的农村资金更加捉襟见肘。没有资金投入，就不可能增加就业机会，就不可能缓解农村劳动力的供需矛盾。

三是信息不畅。市场经济也就是信息经济，谁先掌握信息，谁就有了发展的空间和占领市场的先机。四川地处西部，特别是在农村交通闭塞，信息不畅，不能及时了解农村科技和实用技术、农产品供销态势、劳动力需求等市场信息，既影响了农村经济的全面发展，也影响了农村劳动力就业岗位的增加。

（五）经济发展水平低，产业结构不合理制约了农村劳动力的充分就业

经济发展水平决定了社会就业的需求量，就业问题最终要靠经济的不断发展来逐步加以解决。2002年四川人均GDP为5766元，比全国人均低2231元，低38.7%。与东部沿海省市相比差距更大，上海比四川高6.05倍，北京高3.93倍，浙江高1.92倍，广东高1.61倍，江苏高1.5倍。经济发展水平低限制了社会对劳动力的需求量，加之产业结构不合理，2002年四川一、二、三产业的结构为21.1:40.7:38.2，与全国的14.5:51.8:33.4产业结构相比，四川一产业偏高，二产业偏低，三产业略高全国水平。如与上海的1.6:47.4:51、北京的3.1:35.6:61.3、广东的8.8:50.1:41.1产业结构相比，四川二、三产业发展更是严重滞后，使就业不充分的状况更加凸现。

四川农村非农产业不发达也直接影响了农村劳动力在二、三产业的就业。我们可从农村居民在本地企业中得到的收入上看出，2001年四川农村居民人均在本地企业中得到的收入为124元，全国为230元，比四川高85%。与东部沿海省市比差距更大，上海比四川高22.6倍，北京高12.1倍，浙江高8.5倍，天津高7.3倍。在本地企业中得到的收入低，说明当地的二、三产业不发达，在其就业打工的机会少。

四川城镇化水平也较低，延缓了农村劳动力的转移，使大量劳动力只能滞留在农村，增大了农村劳动力的就业难度。2002年全国城镇化率达到37.7%，四川仅有28.2%，四川落后9.5个百分点，如果与东部沿海省市相比，差距更大。实践表明，加快城镇化建设，提高城市经营水平，是减少农民，减轻农村劳动力就业压力的有效而可行的途径。

（六）城镇下岗职工再就业及新增劳动力就业的压力，增加了农村劳动力进城务工的难度

农村劳动力外出务工是实现其充分就业的有效途径。近年来，四川各级地方政府把外出务工作为农民增收的重要措施来抓，建立健全服务和保障体系，促进了外出务工规模的逐年扩大，使四川成为全国有名的劳务输出大省，为增加农民收入和解决农村剩余劳动力发挥了重要的作用。

2003年一季度四川外出务工人员达1124.9万人，占全省农村劳动力的比例达29.9%，比上年同期增加84.6万人，增长8%，所占比重提高了3.9个百分点。近几年来，四川外出务工人员占全省农村劳动力的比例，每年都以2个以上百分点的速度提高。但是，随着城镇就业体制改革和企业机制的转型，农村外出务工人员受到来自城镇下岗职工、大中专毕业生和城镇新增劳动力的三重压力，进城务工机会的增加会相对减少，或者说城镇为农民工提供的就业岗位的增长会放慢，农民进城务工的难度会愈来愈大。

（七）一家一户的生产经营方式，在一定程度上束缚了农村劳动力的就业空间

二十多年来，家庭经营联产承包责任制为农村经济发展和提高农村生产力水平起到了根本性的作用。这种一家一户的生产方式无疑会在今后一个较长时期内继续坚持和发挥作用。但是我们也应当看到，随着我国社会主义市场经济的日趋成熟和农村生产力水平的不断提高，某些方面的局限性已开始暴露出来。一是一家一户的生产规模小，专业化水平低，往往是“小而全”的种养殖结构或“小打小闹”的非农产业经营，难以满足劳动力的充分就业。2002年四川平均每个农户经营承包耕地3.1亩，在这样一个规模内，要满足每个农户劳动力的充分就业是根本不可能的。虽然目前各地采取措施鼓励土地的合理流转，也取得了一定的效果，但在总体上并未改变生产经营规模狭小的格局。二是以户为经营单位的组织化程度低，不利于农业产业链的延伸和就业空间的扩大。产业化经营是农村经济发展的必由之路，它既扩展了农业的生产经营空间，也缓解了农业上的就业压力，还加大了可承受市场风险的能力。但一家一户经营的方式，不利于农业产业化的发展，也给扩展农村劳动力就业空间带来阻碍。近年来，四川省各地虽然也把农业产业化经营列入农村工作的重要议事日程来抓，取得了初步成效，但由于基础差，起步迟，以及其他方方面面的原因，农业产业化经营要成为农村经济发展和农村劳动力就业新的增长点，尚需时日，还有很多艰难的工作要做，还需付出很大的努力。

三、实现四川农村劳动力充分就业的出路

实现农村劳动力充分就业是一项复杂的系统工程，涉及到方方面面，需要各级政府的重视和支

持，各有关部门的协调和配合，以及社会各方面的关心和帮助。要调动一切积极因素，发挥政府、社会和农民的积极性、主动性和创造性，制定有力的政策，创造良好的环境。要利用一切有效资源，拓宽农业内与农业外、农村与城镇、省内与省外（乃至境外）的就业空间，为实现四川农村劳动力充分就业，增加农民收入，加快四川农村全面建设小康的步伐，探索出一条有效途径。

（一）挖掘农业内部潜力，拓展农业就业空间，保障和稳定农村劳动力的基本就业

由于四川农村劳动力就业问题十分突出，农村劳动力转移不可能一蹴而就，今后一段时间甚至在相当长一段时间内，相当部分的劳动力仍会在农业上就业。为了使劳动力资源得到合理利用，使其充分就业，不能仅两眼向外，还必须挖掘农业内部潜力，拓展农业就业空间，以发展农业产业化经营和实施农业综合开发为重点，来保障和稳定农村劳动力的基本就业。

1.进一步挖掘农业内部的就业潜力。一是要抓住当前农业和农村经济结构战略性调整的契机，大力发展高产优质高效农业，加快发展林业、水产养殖业、畜牧业，特别是畜牧业、水产养殖业等劳动密集型产业。发展多渠道贸易，增加劳动与技术密集的农产品出口出川，以扩大就业。二是要充分开发利用全省非耕地资源，特别是荒山、荒沟、荒丘、荒滩等涉及生态环境建设的非耕地资源开发，推动农业综合开发。统计资料显示：四川现有 80 多万公顷宜农荒地，50 多万公顷宜牧荒地，可养殖水面 17 万公顷，综合开发的潜力巨大。但目前开发程度还较低，有的地方尚未起步，长期闲置。如果将这些尚未开发的资源有计划、分步骤加以利用，不仅可以吸纳为数可观的农村劳动力就业，还能进一步增强农业发展后劲。

2.大力发展农业产业化经营，延长农业产业链，最大限度地增加农业内部的就业。要以优势产业为核心，建立产、供、销一条龙服务，推进贸工农一体化，增加就业岗位。积极扶持龙头企业，实行公司＋基地＋农户、经营大户＋农户、农户＋市场、专业合作社＋农户等多种经营形式。优先扶持全省 115 家省级重点龙头企业，抓一批“五专”（专业大户、专业村社、专业场站、专业协会、专业市场）经营组织和外向型企业，增加就业岗位。

3.提升农产品的市场竞争力。农产品竞争力的核心是产品的不可替代性。各地应根据市场需求，首先立足当地资源优势，重点发展畜牧、林果、渔业、中药材、蔬菜、花卉等农产品。其次应有过硬的产品质量作保证，各地要注意优化产品品种和品质结构，全面提高农产品质量。随着人民生活水平的不断提高，对产品质量的要求也越来越高，低质价廉的农产品将逐步退出市场，四川农产品要走出四川，走向全国乃至全世界，都需要有过硬的产品质量作保证。特色的产品、过硬的质量再结合适度的宣传，必将树立起四川农产品良好的品牌形象，以保障和稳定四川农村劳动力的基本就业需要。

（二）把农村就业问题纳入整个社会经济发展框架，以城乡就业的统筹安排和全国一盘棋，来实现有效的劳动者就业宏观调控

1.充分认识农村就业问题的重要性。农村劳动力充分就业，是农民增收奔小康的基本条件，只有农民安居乐业，农村才能稳定繁荣；如果农村劳动力就业不充分，大量的闲置人员无事可做，将直接威胁到城乡社会治安与稳定，将最终影响到农村经济至整个国民经济的持续、快速、健康发展。因而，要站在整个国民经济发展全局的高度，正确处理好城镇下岗职工增多需要再就业与农民进城务工的矛盾，要像重视城镇职工再就业那样来重视农村劳动力的开发利用。如果忽视农村劳动力的就业，忽视农民工的利益，不仅会造成新的社会不公，城乡差距拉大，社会问题增加，最终也不利于整个国民经济的持续、快速、健康发展。

2.把农村就业问题纳入整个国民经济和社会发展的轨道。要改变过去有意无意将农村劳动力就业排斥在国民经济和社会发展规划之外的做法。不能简单的认为农民有一份土地（不管多少）就能保证任何一个农村劳动力有事可做，也不能片面的认为农民只能在农村就业，只能搞农业。要将城市就业与农村就业统筹考虑和实现全国一盘棋，纳入整个国民经济和社会发展的规划之中，来实现有效的劳动力就业宏观调控。

3.把农村劳动力就业问题与解决城镇下岗职工再就业结合起来，实现城乡劳动力的交流。当前在我国城乡同时存在大量“富余”劳动力，解决农村劳动力就业和解决城镇下岗职工再就业任务都十分艰巨，不能把二者对立起来，应本着统筹兼顾，突出重点的原则，采取务实的态度，引导城乡劳动力合理有序流动。一方面，要千方百计扩大城乡就业空间，拓展就业门路，创造就业机会，尤其是在税收、营业执照及双向流动等方面创造良好的外部条件。另一方面，要积极探索城乡互动、工农联手共创更多就业岗位的路子，鼓励城镇下岗职工和其他有识之士带资金、技术、信息到农村开发农业或兴办企业，实现部分城镇下岗职工再就业和农村劳动力就地转移就业的双赢。

4.尽快建立城乡统一的劳动力市场体系。今后10～15年，四川将有上千万农民需要从农业上转移出来，尽快建立城乡统一的劳动力市场体系已经刻不容缓。城乡统一劳动力市场体系，就是在政府宏观调控之下，以城乡劳动力开发、配置、利用、流动为综合目标，以提高劳动者的整体素质为基础，以制定各种政策作为指导，以我国信息化和各种先进配套设施为载体，以规范和利用劳动力供给、价格和竞争机制为重点，以创造为城乡劳动力输出输入、管理、培训、中介、仲裁等各种直接或者优质服务为宗旨，营造有利于城乡劳动力合理转移的软硬环境，建立上下沟通、左右协调、国内国外对接的有中国特色的城乡一体劳动力市场网络体系。各级政府应当根据当地人口规模、地域面积，增加相应的投入，建立适应本地区与外地区流动的上下沟通服务的硬件和软件基础设施，实现网络化服务和信息共享，使求职者可以顺利进行求职登记、用工登记，做好劳动力资源收集、信息发布、招工简章审批、失业、就业证件办理、企业空岗报告、下岗人员优惠窗口、招工备案和劳动合同签订、就业前培训、职工流动转移、劳动人事代理、社会保险交费等工作，从而实现人力资源的合理配置。城乡统一劳动力市场的交易场所或中介组织，在合理利用和配置劳动力方面具有重要作用，应当严格遵守国家的法律、法规以及政府出台的有关政策，遵循市场经济规律，利用市场竞争机制，确保其健康发展。

（三）根据不同的自然区域和经济区域优势，实现四川农村劳动力充分就业的有效模式

在四川，实现农村劳动力的充分就业，就是要实现农村剩余劳动力的充分转移。农村剩余劳动力转移实质上是产业转移、空间转移和时间转移。产业转移分产业间的转移和产业内的行业转移；空间转移分当地转移和异地转移；时间转移分季节性转移和长久性转移。由于四川不同的自然区域和经济区域的优势不同，四川农村劳动力转移就业的基本模式就不尽相同，实践证明：“离土不离乡”、“异地开发”和“迁移性开发”这三种基本模式是可行而有效的，应当继续坚持并不断丰富完善。

1.“离土不离乡”模式。把农业剩余劳动力适时适度地从农业生产领域中转移出来，是一个关系到四川国民经济持续、稳定、协调发展的重大战略问题。人多地少，这是四川省基本省情之一。据统计，2002年全省农村从业人员3779万人，其中农业劳动力就有2583万人，占全部从业人员总数的68.4%；经测算，目前四川农业上需要转移的富余劳动力超过1000万人，今后一个时期每年还将新增转移人数50～80万人，如此庞大的劳动力，显然难以全部离土离乡进入城市，而“离土不离乡”这种模式，为四川农村剩余劳动力转移起到了不可替代的作用。已有的实践表明，农村剩余劳动力转移“离土不离乡”的有效载体是农村非农产业。今后应以资源定产业，把优势产品、特色产品做成产业，扩大农产品的加工比重和加工质量，这是调整和合理分配农村劳动力，特别是促进农业剩余劳动力就地转化，避免大量的“民工”涌入城市的一条切实可行的途径。从四川目前的发展现状来看，除了成都、德阳、绵阳等经济较发达城市郊县外，大部分市、县的发展水平都较低，其潜力巨大，只要我们定位准确，措施具体，狠抓落实，是完全能够吸引更多的剩余劳动力“离土不离乡”的。

2.异地开发就业模式。异地开发是人类社会活动的一种普遍现象，人们离开原居住地到另一新地域从事各种生产活动，通过异地开发，可以扩大人们的生存空间。异地开发模式也就是农村劳动力到外地农业内或农业外进行生产活动，有的属于双栖式流动，有的属于候鸟流动。第一种情况是：农民到适合进行农业开发的异地他乡进行生产活动。如近几年，就有成上千万的四川农民，从本土流入他乡种植水果、棉花、甘蔗、蔬菜等。这种转移方式只是工作环境有所改变，而生产开发内容或项目没有改变，生产过程熟悉，上马快，能够迅速形成生产力，可达到安置农村劳动力和促进转移地区生产发展的目的。这种转移方式非常适合四川农村劳动力的转移，据测算，这种转移方式每年至少解决20万四川农村剩余劳动力就业。第二种情况是：农村剩余劳动力外出进城就业。2002年四川农村劳动力外出务工（乡以外）的达1100多万人，2003年上半年虽遇突如其来的“非典”影响，仍有较大增加，这其中的很大一部分也在城镇找到了相对固定的就业岗位和稳定的收入。这就说明进入城镇异地就业是可行的，虽然这种方式会付出一定的社会成本，但其巨大的综合效益是肯定无疑的，各有关方面应当继续支持和鼓励。

3.迁移开发模式。迁移开发模式是从流动性质来看的，迁移开发模式时间限定是以取得迁到地的常住居民身份为标志。迁移开发模式是农村剩余劳动力的根本性转移，它既符合产业演化规律又符合我国农村人口逐步向集镇转化的发展潮流，也是四川省农村剩余劳动力转移的一种理想模式。当然，在实施这种向现有城镇或新集镇迁转模式中存在一定的困难，但是，只要我们政策到位，措施配套，保障有力，是能够有所作为的，是能够加快这种转化进程的。根据调查测算，目前四川农村举家外迁、进入城镇及经商的农户已达195万户，占全省农户总数的10%左右，比1999年提高了5.5个百分点。可以预见这种势头是会继续保持下去的。

综合上述三种模式分析，我们认为，从目前来看，异地开发模式是四川农村剩余劳动力转移和开发利用的较好模式，这种模式在更大程度上体现了剩余劳动力的主体意识，农民走出封闭的天地，可以在更广阔的天地有所作为；同时，异地开发模式更具有国家投入少，社会效益高的优点。从长远来看，迁移开发模式是四川农村剩余劳动力转移的理想模式，也是从根本上解决四川农村劳动力充分就业的最终出路。

(四)积极发展小城镇和提高城市化水平，吸纳更多的农村劳动力就业

小城镇处在大中城市结合部，是连接农村的桥梁纽带，是农村发展非农产业的基地，也是农产品的集散地。未来我国农村劳动力转移就业的规模和质量在很大程度上将取决于小城镇的发展，取决于城市化水平的不断提高。从四川情况来看，目前虽有各类型的小城镇1650多个，其数量较为可观，框架雏形也基本形成。但关键是小城镇经济发展缓慢，综合功能微弱；四川城镇化水平只有28.2%，比全国平均水平低9.5个百分点，在吸纳农村劳动力转移就业上还难有大的作为。当务之急是要加快发展小城镇特别是中心集镇，吸引农村资金和城市资金，加强小城镇基础设施配套建设，完善经济社会发展基础条件。引导乡镇企业、民营企业向小城镇相对集中，大力发展以服务业为主的第三产业，扩大就业领域，增大就业容量，创造更多平等的就业岗位；同时，还要尽快制定吸引农民进镇的政策，建立新型、开放的户籍管理制度，完善社会保障制度，探讨有利于农民进镇的土地承包政策，降低农民进镇的门槛。在发展小城镇方面，尤其要注意以下两点：

1.小城镇建设应高起点规划，使其成为连接中等城市和农村的桥梁。发展小城镇首先应发展能带动中等城镇发展的大城市。四川农村居民人均纯收入超过2000元的有成都、自贡、攀枝花、德阳、绵阳、乐山、眉山7个市，这些中等城市多数集中在成都附近，应通过成都的快速发展来带动其他城市的发展乃至其他城市周边小城镇发展；乐山、眉山是由发展旅游而增加农民收入，攀枝花则是通过发展特色工业而增加农民收入。因此，发展小城镇建设应在不同片区有一个中心城市，这一中心城市的聚集作用带动该片区的中等城市发展，中等城市再带动小城镇的快速发展。农民纯收入全省排位靠后的阿坝、甘孜和凉山，远离中心城市，交通不便，应通过发展交通、依托旅游业发展中等城市，再带动小城镇发展。其次，发展小城镇应合理布局，围绕中等城市，相互呼应，共同带动农村发展。

2.小城镇建设应协调发展第三产业。第三产业属于劳动密集型产业，可以吸收更多的劳动力；第三产业的边际成本低，能为小城镇发展积累大量建设资金。但四川在小城镇发展过程中，一度偏重于第二产业，二三产业发展不够协调，在一定程度上制约了小城镇发展。发展第三产业，应根据小城镇不同的特点，确定不同的发展方向。对于以第二产业为主的小城镇，不能为了发展第三产业而发展第三产业，应根据第二产业发展的需要，服务于第二产业，如大力发展交通运输、邮电通讯、金融保险、信息服务、技术服务等。对于以第三产业为主的小城镇，应以完善生活设施和生活环境，吸引先富起来的农民购房迁入，聚集人气，扩大消费市场，为第三产业的发展拓展空间。同时还应充分利用大中城市对小城镇的辐射作用，参与大中城市的经济分工，发展第三产业特别是服务行业；如休闲、观光、度假的观光农业，餐饮、观光、住宿一条龙的“农家乐”等。

(五)继续发挥乡镇企业吸纳农村剩余劳动力“蓄水池”的作用，大力发展民营经济，实现农村劳动力就业的多元化

1. 继续发挥乡镇企业吸纳农村剩余劳动力“蓄水池”的作用。目前乡镇企业仍是吸纳农村劳动的主要渠道之一，仍发挥着吸纳农村剩余劳动力“蓄水池”的作用，2002年全省乡镇企业吸收劳动力666万人，占全省乡村劳动力的16%，占全省劳务输出近一半。同时，全省乡镇企业还吸纳城镇下岗失业人员21.6万人。在今后的发展中，首先要调整乡镇企业产业结构，加速发展农村第三产业，提高乡镇企业吸纳农村劳动力就业的能力。其次要把农产品加工业和劳动力密集型产业作为乡镇企业结构调整和进一步发展的重点来抓，以市场为导向，加快加工、保鲜、储运技术和设备的引进和开发。再次是要改善目前乡镇企业分散布局的状况，把发展乡镇企业与小城镇建设结合起来，引导乡镇企业布局适当集中，通过乡镇企业和小城镇的协调发展，为农村劳动力转移创造更多就业岗位。目前乡镇企业的分散布局造成规模不经济、占用耕地多、污染难以治理等诸多弊端，影响其吸纳农业劳动力的能力。有研究表明，乡镇企业改善布局，向小城镇集中，将产生积极的连带效应，将带动小城镇第三产业的发展，相同投资带动的就业将是分散办厂的1.5倍。因此，政府应根据经济利益原则，积极引导乡镇企业向小城镇集中。通过有步骤地改善小城镇投资环境，降低乡镇企业成本，促使乡镇企业合理集中，使之规模化、优质化，从而吸收更多的农业劳动力就业。

2.大力发展民营经济，实现农村劳动力就业的多元化。民营经济是指民有、民营、民受益的经济实体，它是以民为本、自力更生、自主经营、自求发展的民本经济。它具有自我激励、自我约束、自我选择的优势；具有产权多元化、资本社会化、公民自由参与、机会平等和能满足人民生活多样化需求的特性。通过大力发展民营经济，创办民营企业可以实现就业、带动就业和就业的多元化。在发展民营经济方面，应特别注意以下两点：

(1)鼓励外出农民回乡创业。外出打工农民从观念到能力都会发生大的转变，他们不但熟悉故乡的资源、环境，而且拥有一定的资金、技术和经营意识，是发展民营经济的重要力量。因此，应不断完善和落实各项优惠政策，营造创业环境，鼓励外出农民在拥有一定资金、技术之后回乡创业。要在税费减免、资金信贷、场地安排等方面，给返乡创业者以优惠。要在人口管理、教育、住房等多方面，制定吸引外出人员返乡创业的政策；在法律上给予保护、政治上提高待遇，以吸引打工仔回乡创办企业。同时，要把鼓励返乡创业和发展小城镇结合起来，在小城镇通过兴办小型工业园区、商业服务业一条街等形式，为返乡创业提供必要的条件。

(2)积极引导农民投资办企业。据抽样调查，2002年末四川省农民户均金融资产达6166元，如果能将其一半转化为投资，将带动大量农民就业。但是四川省农民很少进行投资，原因有多方面，其中最主要的是农民没有较强投资意识和较好的投资途径。当前社会投资规模逐渐扩大，零星的农民个人资金很难有发挥作用的空间。可以通过建立农村开放式投资基金，有效地将农民手中的闲散资金聚集起来进行投资，以增加农村建设资金和农民获得稳定的股利收入。在农村推行投资基金肯定会有一定的难度，首先应建立起良好的运行机制，切实保障农民的投资利益；其次，应从思想较活跃、有带头作用的农民为突破口，对他们进行教育引导，再让他们去带动其他农民，也可从年轻人入手，带动父母和亲戚进行投资。

(六)建立健全农村劳动力充分就业的服务组织，把农村劳务输出当着劳务经济、劳务产业来经营

改革开放以来，四川农村劳动力跨区域流动就业规模不断扩大，地域不断扩张，行业不断扩展，劳务开发成效显著。2002年全省农村劳动力转移和输出人数达1296万人，占农村劳动力总数的34.3%；实现劳务收入430亿元，占第一产业产值的近一半，成为农村经济发展的一大支柱，其中转移输出到省外达600万人，占全国省际间流动的农村从业人员总数的14.5%。但是，我们也应该看到，四川农村劳动力转移和输出的质量还不够高，面对竞争激烈的就业环境，应当走规范化、集团化、产业化的道路。把农村劳务输出当着一种经济、一种产业来经营，按照市场化、产业化的要求，从机构组织、教育培训、劳务信息、供需接轨、就业安置、权益保障等方面规范劳务输出行为。当前应急需解决好以下两个问题：

1.尽快建立省、市、县垂直的、运行有效的劳务输出组织或机构。劳务输出的组织化程度与劳动力转移的相关系数较高，四川省劳务输出的组织化程度不高，有组织输出的劳动力占转移劳动力的比例仅为20%左右。因此，应尽快提高劳务输出的组织化程度，增加农村劳动力转移数量，建立省、市、县垂直的、运行有效的劳务输出组织或机构。县级劳务输出机构应主要负责建立农村劳动力档案，掌握劳动力的供给情况，根据用人单位需求开展技能培训，推荐农村劳动力外出打工人员；市级、省级劳务输出组织应主要负责用工信息的收集与传递，省会及中心城市应建立跟踪监测网点，对困难的农民工进行帮助。

2.积极为劳务输出提供全方位服务。目前,政府部门对农村剩余劳动力转移和输出的管理和服务存在明显的“缺位”。面对农村富余劳动力这一日益扩大的社会弱势群体,大多数地方至今没有专门归口管理的机构(即使有也大多只管收费办证,很少提供具体的服务),转移出来的农村劳动力处于“谁都管”又“谁都不管”的混乱状态。如农民工缺少劳务需求信息而形成盲流的问题,农民工外出尤其是举家外出的土地承包经营问题,工钱被拖欠、生产安全得不到保障等侵犯民工基本权益的问题,农民工子女入托、入学问题以及劳资纠纷和农民工的社会保障问题,这些都需要政府制定相应的政策或指定相关部门加强管理和提供服务。

(七)废除不合理的政策和制度,为农村劳动力的充分就业提供政策支持和法律保障

农村劳动力的充分就业涉及面广,环节多,政策性强,需要政府的政策支持和国家的法律保障。在这方面尚须继续努力,如政策过时、制度僵化、限制较多、劳动者基本权益得不到保障等等,都在一定程度上制约了农村劳动力的充分就业,急需改革和完善。

1.改革户籍制度。在城市长时间打工的农民不能成为城市市民,使他们丧失了许多应有的权益和待遇,既影响了农村劳动力的充分、稳定就业,又影响了农民的预期收入和支出,改革现行户籍制度势在必行。首先可以在小城镇内取消农业户口和非农业户口的差别,只要有固定职业、固定居住条件就可以办理小城镇户口。在大中城市,对那些有固定职业、固定居住条件或投资项目的农民可以先推行“绿卡户籍制”作为过渡户口,待条件完全具备后,转为城市户口。对于那些一时得不到“绿卡户口”或城市户口的务工农民,可以统一建一些廉价的民工住宅区供民工购买或租用,实行相对集中的户籍管理。同时,在民工聚居地兴办民工子弟学校,实行民办公助,城市的中小学应尽可能的吸纳民工子女入学,尽可能降低收费标准。

2.保障民工合法权益。目前农民进城务工的许多权益得不到有效保障,比如工作环境恶劣、工伤事故无人管、工资被无故克扣、工作单位不交纳保险等。这一方面是当前国家法律、法规还不够健全,很少有保护农民工合法权益的法律;另一方面是农民工缺少法律意识,碰到上述事情束手无策。为此,首先应加强立法,完善有关民工的法律法规,保护民工权利。其次应对用人单位加大监管力度,监督用人单位切实建立健全劳动保护、职业卫生保护、权益维护等规章制度,加大违法案件的查处。再次要加强对民工法律知识的宣传教育,劳务输出组织应在民工外出打工前对其进行有关法律知识培训,发行各种有关农民法律教育的磁带、光盘,让民工学会运用法律武器来保护自己的合法权益。第四,成立法律援助组织和机构。当民工权益受到侵害而又没有经济能力聘请律师时,有关的法律组织和机构应当及时有效的提供法律援助,以维护农民工的正当权益。

3.建立农民工社会保障制度。农民离乡进城务工,承担着多种风险,失业、意外伤亡是其中最大的风险,如果放弃承包地,还面临养老的风险,建立进城农民工社会保障制度势在必行。首先,用人单位要为进城民工购买养老保险,农民工自己也要参加失业、医疗、意外人身伤亡等社会保险,并以此作为民工能否享受城市户口的一种激励手段。其次,社会保险费用应城乡统一,不应对农民收取更高的保险费用,使农民工愿意交纳,交纳得起。第三、培养农民的保险意识,使他们自觉自愿地参加保险,按时交纳保费。第四,鼓励有条件的农民参加商业保险。当前,参加商业保险的农民工很少,一般只有郊区农民和进城经商的农民参加,商业保险相对于社会保险其保费虽然贵一些,但可以鼓励那些有固定职业和较高收入的农民工购买。

(八)加强农村义务教育和职业技术教育、提高农村劳动者的整体素质

四川农村劳动力虽然总量上过剩,但高素质的劳动力却不足,多数属于低知识的“体力型”。今后的就业市场对低素质的劳动者需求将会逐渐减少,需求的重点将会是高素质和高技能的劳动力,从现在开始就必须加强教育和培训。

1.针对不同的对象进行不同的教育。首先,不同年龄受不同的教育。据第五次人口普查资料显示,四川省农村人口(除转移到省外的劳动力)中0～14岁的占22.58%,20～40岁的占37%,说明当前农村劳动力转移的主体是20～40岁的中青年。对于他们应进行短期培训,至少掌握一门专业技术,例如驾驶、烹饪、理发、制造家具等实用且在短期内可以学会的技术,让他们能顺利实现转移。0～14岁的农村人口,未来几年将成为转移主体,为提高他们今后的转移速度和层次,应加强对青少年的基础教育和学历教育,以提高文化基础知识,为今后的转移打下坚实的基础。对于40岁以上的农村人口，应通过家庭受教育人口带动他们在实践中进行学习。其次，不同性别受不同的教育。在农村劳动力转移中，男性占主体，是女性的2倍多。但是近年女性转移增长速度比男性要快得多。这主要是因为随着第三产业的发展，就业需求量越来越大，而第三产业特别是餐饮服务业对女性劳动力需求量很大。针对这个特点，职业技术学校应多设立有关服务行业的课程。对男劳动力，主要进行实用技术培训，让他们至少掌握一门实用技术。

2.加强农村基础教育。目前在四川省一些地区，尤其是经济不发达的地区，一些本应正常学习的青少年却过早地进入劳动领域，或失学、辍学在家。若不采取措施遏制这种势头，必将影响四川后备劳动力的素质，其后果必然造就一批新时代的“文盲”。因此应继续强化九年制义务基础教育，并把重点放在老、少、边、穷地区，对贫困户、困难户子女入学要给予帮助，使失学或辍学少年回到学校。县乡政府应担起责任，加快中小学危房改造，增加教育经费，适当提高并及时兑现乡村教师工资。要坚决制止学校乱收费，严禁有关部门搭车收费。

3.加强农村职业技术教育。在四川省转移的农村劳动力中，受过专业培训的劳动力仅占17.6%，比全国水平低7.5个百分点。由于素质不高，外出打工的农民主要从事“脏、乱、差”的工种，而且大部分是替别人打工，很少有自己当老板。因此，加强对农村劳动力的培训十分必要。首先，要求农民必须参加职业培训。农村职业技术教育应与农村职业培训机构联合起来办学，职业技术学校可以根据职介机构提供的市场需求信息设置课程；职业培训机构也可运用职业技术学校的场地和师资力量进行培训。其次，探索新型的办学模式。农村职业技术学校应充分利用现有的学校资源，开展职业教育和技能培训，探索“公司＋学校＋农户＋市场”等新型办学模式，使职业培训更有针对性，更能适应市场的需要，最终提高培训的就业率。

农村劳动力转移是实现农村小康的战略性举措

云南省农调队

党的十六大为我们制定了全面建设小康社会的奋斗目标。云南省要实现这一目标，关键在于要使占全省人口总数84%的农业人口走上小康之路。农村如何实现小康，对全省实现全面建设小康社会这一伟大目标具有举足轻重的作用。

云南省地处边疆，农业生产方式和生产力落后，山区、半山区占全省土地面积的94%，且道路交通状况较差，很多地区由于地理环境因素，气象农业的特点十分显著，这决定了农业生产的产业比较效益低下，与发达地区相比成本比较高。在这样的客观环境下，发展云南农业生产就必须走符合云南的发展道路，实现云南农村的小康就要有多种发展思路。简而言之，就是要走跨越式发展之路。另一方面，据调查测算，云南省农村现有富余劳动力750万人左右，占整个农村劳动力总数的35%；随着农业现代化程度的不断提高和农村人口的逐年增长，农村劳动力富余情况还将日趋突出。农村富余劳动力是农村生产力中的重要因素，将他们进行合理的引导、配置，发挥他们的潜能，是发展农村经济的有效途径。十六大报告提出，“农村富余劳动力向非农产业和城镇转移，是工业化和现代化的必然趋势”。农村富余劳动力的合理流动和转移，从农业以外的产业中获得效益，是提高农民生活水平、促进农村小康建设的重要途径。

劳动力的流动与转移是市场经济的特征之一和固有规律。农村劳动力转移，是指农村劳动力改变原来在户口所在地从事农业生产性劳动的状况，转而从事非农性劳动，或者到户口所在地之外的地区从事农业生产或非农产业性劳动，并获取一定劳动报酬的行为。农村劳动力转移可分为产业性转移（指转移后从事非农产业劳动）和地域性转移（指转移到户口所在地之外的地方所从事的劳动）两种。

本文结合云南省实际，就全省农村劳动力转移问题，从下面几个方面展开分析：

一、云南省农村劳动力转移现状与差距

（一）现状及特征

云南省是一个农业人口比例较大的省份，2002年农业人口占全省总人口的84%，农业对GDP的增长贡献仅为0.8%，城镇化水平为26%，农村居民家庭人均纯收入为1609元，城镇居民家庭人均可支配收入为7628.34元；2001年农民消费水平为1646元，非农业居民消费水平为5137元。

云南省2002年有农村劳动力1986万人，富余劳动力750万人左右。从数量上看，2002年实现转移208.4万人，占整个农村劳动力的10.5 %，占农村富余劳动力的27.8%；从转移劳动力受教育程度上看，初中及以上文化程度为149.8万人，占转移劳动力总数的72%；从空间尺度来看，转移的劳动力绝大多数在本乡本土内进行转移，少部分在本县县城，极少有出省的现象；转移时间较短；所从事行业多为建筑业、服务行业以及其他行业。这些转移的劳动力中，受过专业培训的仅占转移劳动力的23.6%；在农民人均收入中，工资性收入（指受

雇于单位或个人的务工收入）仅占 11.5%。从以上情况不难看出，全省目前的农村劳动力转移，还处于小规模、近距离、无专业培训、低收益的阶段，是一种尝试性的自发行为，他们所从事的也多是一些简单、纯体力性质的劳动。转移带来的经济收益低下，没有对家庭经济起到根本性改善作用，也未能产生显著的感召力，从而无法形成规模，对整个农村经济的拉动作用不明显。

（二）差距

农村劳动力转移的规模与城市化水平、产业结构、农民家庭经济收入有密切联系。这里分别列举三组对比数据（2000 年统计数据），从中可以看出云南与全国的平均水平、以及与江苏、浙江、广东等发达地区的差距所在。

2000 年主要指标对比表

地区名称	城镇人口占总人口比重（%）	一、二、三产业从业人员比例（以总的从业人数为 100）	人均工资性收入占农民家庭人均纯收入的比重（%）
全　国	36.22	50.0:22.5:27.5	31.17
江苏省	41.49	42.2:29.7:28.1	46.26
浙江省	48.69	37.8:30.9:31.3	47.03
广东省	55.00	41.1:26.2:32.7	37.27
云南省	23.37	73.9: 9.2:17.0	17.83

从上表可以明显看出，云南的城镇人口比重大大低于全国和发达地区水平，城镇化水平还远远低于全国和发达地区水平；同时，农村劳动力向城镇转移也还尚存很大的空间。另外，云南从事农业人员的比例大大高出全国和发达地区，第二、三产业从业人员比例明显过低，劳动力资源配置极不合理，重新进行劳动力资源的整合，大力发展二、三产业势在必行。再从农民家庭经济收入中的人均工资性收入占人均纯收入的比例分析，越发达的地区，其工资性收入的比例越高，他们越早的实现了劳动力的转移。而全省目前工资性收入的比例很低，说明全省农村劳动力转移的规模和效益与发达地区存在着相当大的差距。

二、农村劳动力转移势在必行

（一）实现农村劳动力转移的必然性

农村富余劳动力的转移有其内在动力和外在条件。

首先，随着我国经济建设的不断深入，带来了社会的不断进步、经济的不断发展、人民生活的不断提高。然而，应该看到的是，这种发展和变化并非是平衡的，在改革开放、社会发展的进程中，不可避免的伴随着一种新的不平衡，那就是产业之间、城乡之间发展速度的不平衡，这种不平衡带来了产业效益差距、城乡社会和生活水平差距、贫富差距的拉大。随着交通渠道以及信息传播渠道的不断畅通，信息的共享和互通成了发展的促进剂，产业效益差距和城乡差距对广大农民无疑是一种最强烈的刺激，他们在了解外面世界的同时，清楚地认识了自我，看到了自身与他人的差距，从而对生活有了新的追求。比较效应以及富裕农民的生活使得广大农民看到了自己的明天，同时也使他们认清了一条致富的途径——劳动力转移，到农业之外去寻找致富之路，这是农村劳动力转移的内在动力之内因。

其次，根据调查资料测算，云南省目前存在大约 35%的农村富余劳动力，再加上随着农业生产现代化水平的不断提高，形成对农业生产者数量需求的逐渐减少，还将释放出一定数量的农村劳动力，这就更加剧了农村劳动力的富余程度。由于人多地少现象的日趋突出，劳动力的满溢现象必将形成，这些富余的劳动力必将到土地之外寻找出路。这便是农村劳动力转移的内在动力之外因。

以上两方面的原因毫无疑问的成为农村劳动力转移问题中来自农民自身的强大内在推动力。

另外，要实现劳动力转移，必须有与之配套的载体。一是在可持续发展和协调发展战略指导下，随着产业结构调整步伐的不断加快，非农产业比重将进一步加大，乡镇企业的培育和发展时不我待，发展非农产业是发展经济的必由之路；二是随着城镇化建设进程的加快，城市基础设施将不断完善、环境保护和社会化服务体系不断完善、社区配套建设不断加强等势在必行。这些都将对劳动力产生极大的需求，成为农村劳动力转移的强大载体，这便是载体容量所提供的外在条件。

以上因素，构成了实现农村劳动力转移的必然性。

（二）实现农村劳动力转移的必要性

一方面，在全面建设小康社会的大前提下，农村小康是关键。而农村的小康又是以农民增收为前提的，在农业产业比较效益较低的现实状况下，进行劳动力的转移尤为必要。

另一方面，农民大量富余劳动力的存在，实际就形成了大批农民无事可做，或者是大量时间处于闲散状态，这也就是我们通常所说的隐性失业。这样一方面农民无用武之地，另一方面收入上不去，势必给农业和农村造成极大的压力，同时也给社会带来不安定的因素。所以，推动农村劳动力的有序转移是极为必要的。

三、制约云南省农村劳动力转移的因素

（一）劳动力自身缺乏竞争能力

市场经济的基本规律是以公平竞争的市场为导向，只有适应市场，才能赢得市场。在人口逐年增长、社会群体受教育程度普遍提高的趋势下，劳动力市场已逐渐成为一种买方市场，劳动力供过于求成为劳动力市场的显性压力。为适应生产发展和市场竞争的需要，发展生产力是第一要务，吸收高素质劳动力是关键所在。同时，素质是劳动力在竞争中取胜的决定性因素。2002 年云南省农村劳动力中，文盲比例为 17.28%，小学程度比例为 44.31%，初中程度比例为 32.29%，高中或中专及以上程度仅占 6.12%；劳动力中，受过专业技能培训的仅占 6.66%。由此看出，云南省农村劳动力普遍文化程度较低、缺乏专业技能。因而，一旦进入市场，便缺乏竞争能力。又由于目前全省农村劳动力的转移，客观上还处于时间短、范围窄、劳动强度大、劳动保障低、经济效益差的状况，转移的驱动效应和追逐效应低，从而难以形成规模大、效益高的农村劳动力转移格局。

（二）市场容量不足、分布不均

农村劳动力转移的有效载体是二、三产业、乡镇企业和城镇。从云南省的情况来看，承载农村富余劳动力的载体自身总体上呈现出发展水平不高、发展不均衡的特征。一方面，由于云南省经济较落后、投资力度不足，二、三产业不发达、比重不合理、生产力水平相对较低、乡镇企业发展较为落后。局部地区虽然较发达，但主要局限在昆明附近，而昆明附近的劳动力市场，又受到外省素质相对较高劳动力的冲击；另一方面云南省小城镇建设和城市化发展速度缓慢，城市发展不平衡，中心城市发展较快，而小城镇和中、小城市发展缓慢，且数量少、规模小，这就使得城市就业空间极为有限。以上原因，造成了全省劳动力就业市场容量不足、分布不均的特征。

（三）缺乏市场信息平台

农村劳动力的成功转移，必须依托于信息的牵引。对于身居农村的农民而言，他们大多只能依靠老乡介绍、或道听途说和一些迟到的信息，其准确度、可靠性与时效性可想而知。这种信息的获取方式，面窄、消息滞后、无目标性可言，大大影响了农民实现劳动力转移的有效性和成功率，不利于农村劳动力的转移。

（四）观念因素

随着我国改革开放步伐的加快，人民生活、社会经济、物质文化等各方面都取得了可喜的成就，人们的观念也在不断更新。但是，作为农民自身，尤其是一些边疆、民族、落后地区的农民，他们还存在一些旧的观念，尤其是对土地的依赖和农耕传统的根深蒂固，使得他们中的大多数发展和致富的目光仍然局限于土地的耕种，甚至认为只有耕作，才是农民之正业，才是踏实之举。城市对他们而言是望尘莫及的，对于"农转非"或跻身城市他们没有勇气、没有信心、甚至没有奢望，在他们的概念中唯有求学是农民改变身份的唯一途径。而正是这种观念上的禁锢，束缚了思想，也制约了行动。

就现实的社会观念而言，在农民离土离乡、弃农务工、农民市民化的问题上，也存在许多无形的阻力。首先，作为用工单位来讲，其主观意识并没有把农民工和城市工同等对待、甚至漠视，这是农民就业成功的无形阻力；其次，在广大市民的潜意识中，怕农民进城抢了自己的饭碗，分享了城市的资源、社会保障、甚至恶化了周围的环境，这是市民心里存在的忧虑。因此，人们不愿意接受农民进城的观念和现实，这也是农村劳动力转移的隐形阻力。

四、促进云南省农村劳动力转移的对策

农村劳动力转移问题是一个综合性的社会问

题。要使农村劳动力的转移具有长期性、规模性、导向性和效益性，需要劳动力自身、市场、政府的共同努力，缺一不可。

（一）提高农民个人素质是关键

1.立足基础教育，加大投入力度

教育是兴国之本，发展之基。科学文化是国家富强、民族兴旺、经济发展的基石和风帆。其中基础教育是关键，尤其是农村基础教育。云南省农村由于长期经济基础薄弱，传统观念落后，使得农民受教育程度较低，在成年人口中还有一定比例的文盲、半文盲存在，这是农民、农村、农业发展滞后的关键所在。随着科教兴国战略的实施，农村适龄儿童入学率大幅度提高、基础教育水平得到极大改善，这是改革开放的重大成果。但是要清楚的认识到，目前城乡教育水平的差距是巨大的，要使全省五分之四左右农村人口的受教育水平得到提高，是一项艰巨而漫长的任务。因此，必须加大教育经费投入，培养大量本土师资力量，提高原有教师素质，并提高农村教师待遇，改善教学设施及设备，在观念转变上多下功夫，巩固和发展适龄生源，降低辍学率，对贫困学生实行适当的学费及书费的减免，坚持不懈，才能最终使农村基础教育的广度和深度得到根本的改善，使广大农民的素质得到根本性提高。

2.创立多元化的培训体制，强化技能培训

劳动力市场的激烈竞争，对劳动力素质要求的不断提高，对农村劳动力来说无疑是一道隐形的门槛。要在短时期内使农民掌握一定的劳动技能，迈过这道门槛，在农村长期基础教育薄弱的状况下，采取应对措施，进行短期的技能培训是一条成功的捷径。由于技能培训要求的是周期短、实用性和针对性强的特点，所以有的放矢是关键。因此要以地州(市)级为市场信息调查层面，及时掌握总体市场需求；以县、乡镇一级为平台，组织技能培训，让农民在短时期内获得适时对路的技能训练。另外，还要以政府出面组织企业和社会力量共同创立多元化培训体系来努力提高农村劳动力的技能素质，使之成为发展农村经济的一条有力措施。

3.发掘特长技艺，鼓励自我创业

就业是获得经济效益的当然途径，但并非唯一途径。技能是就业的必备条件，而特长则是创市场的优越条件。对于那些怀有一技之长的人，应该大力鼓励并扶持其创业。云南有着边疆、多民族和立体气候的特点，是特色技能的培育沃土，在这片土地上蕴藏着众多的民间特色。为此，应该充分发挥民间艺人、民族特技等优秀人才的才能和聪明智慧，在鼓励城镇和国家机关、企事业单位人员自我创业的同时，应充分鼓励农村技能人才自我创业，并在政策、资金等方面予以扶持，这将促进云南特色产业的创立和发展。

（二）为农村劳动力转移提供就业机会

作为农村劳动力的转移，就业载体至关重要。载体的承接能力直接决定着转移的规模与效益。从农村转移出来的劳动力，一是转向当地的非农产业或乡镇企业，离土不离乡，即产业性转移；二是转向城镇或大中城市的第二、三产业，离土又离乡，即产业性转移与地域性转移并存。因此，发展二、三产业和乡镇企业，加快小城镇建设和走城市化道路，是实现农村劳动力转移的可靠载体。为此应从以下几方面做好工作：

1.大力发展乡镇企业，扩大就业空间

在社会主义初级阶段，在工业现代化的初期，乡镇企业起着重要的作用。事实证明，在我国改革开放的二十多年中，乡镇企业作出了巨大的贡献。同样，在今后的建设小康进程中，在农民富裕、农村发展的事业中，乡镇企业也将担负起重要的使命。乡镇企业有其特殊性，它产生于农村、离农民最近，与农村有着密不可分的联系，在掌握农村对产品的需求信息方面、在以农产品作为直接的生产原料方面、以及直接面向农村的销售等方面，乡镇企业都有着其他企业不可替代的优势。云南有着丰富的植物资源、药材资源、矿产资源、旅游资源、气候资源和民族文化资源，要使这些自然资源为人们带来更多的经济效益，乡镇企业占有较为突出的优势地位。长期以来，由于地理环境和经济不发达的原因，云南省交通的发展较为滞后，使很多农产品无法运出农村，形成高收成、低收益的状况，挫伤了农民的种植积极性，给很多地方的农产品种植带来了制约性影响。在农产品的就地加工、药材种植园区、花卉种植园区、矿产开采与加工、民族风情旅游等项目的开发上，乡镇企业有着其他企业所不能比拟的地域优势，也是云南省乡镇企业发展的优势所在。我们应该针对各地情况，积极扶持并发展乡镇企业，让乡镇企业成为全省农村、农民发展经济的有效载体，同时也成为吸收农村富余劳动力的可靠载体。目前全省乡镇企业发展较为落后，无论数量还是规模都有待加快发展。乡镇企业所面临的问题普遍有规模较小、资金不足、设备落后、技术力量薄弱、市场信息不灵、政策重视程度和扶持措施不够等，这些因素都不同程度的制约了乡镇企业的兴起和发展。因此，在农业和农村工作发展的新阶段中，应该重新认识乡镇企业的地位和作用，要把乡镇企业的发展列为农村产业结构调整的重要内容。政府和社会各界应该给予大力扶持，使全省乡镇企业能够得到良好的培育和健康成长，使之成为农村劳动力转移的可靠载体。

2.加快小城镇建设，走城市化道路

加快小城镇建设，走城市化道路是发展经济、建设小康社会的必由之路。只有降低农民比重，提高城市化率，才能减轻农村和农业的负担，从而使农村经济和总体经济得到较快发展。城镇的数量、城市规模的扩大和功能的健全是产生新的就业空间的前提。针对云南省现状，首先应在继续加大省会城市和中心城市发展力度的基础上，加快中小城市的发展，并在扩大城市规模和健全城市功能上下功夫，加大对城市基础设施和环境保护的投入，健全社会综合服务体系，培育老龄人口服务机制，加强社区管理和服务设施的健全。走以省会城市为中心、以区域中心城市为龙头、以中小城市为平台，并以中心城市带动中小城市共同发展的多元化、辐射型发展的城市化道路。在这项工作中，应认真贯彻城乡统筹、协调发展的思路，积极推进城市化进程，为农村劳动力转移开创更多就业空间。同时，全省的小城镇建设应以农村产业化为依托(农村产业化必须以全省各地的农业优势为依托，重点是发展龙头企业)，以农村产业化来带动农村城镇化，以农村城镇化来推动“离土不离乡”的农村劳动力转移。

(三)制定相关的配套政策和措施

走城市化道路，让农民变市民，使耕地集约化，最终达到减轻农业负担、发展农业生产、增加农民收入的目的。为此，政策是关键，措施是保障。

1.建立农村土地使用权交易制度

土地是农业最根本的生产资料。要使农村劳动力的转移顺利实现，同时又保证农业生产的可持续发展，必须妥善解决好土地使用权的租赁和转让问题。为此，要认真贯彻党的十六大精神，尽快建立农村土地使用权交易制度(思茅地区的景东县已有尝试)，让农民有租赁或转让土地使用权的权利。通过租赁，可使农民在转移之后继续拥有土地的收益权；通过转让，可让农民获得一次性转让收益。同时应当允许任何一个公民以合法方式成为土地使用权的受让方。这样既有利于促进农村劳动力的转移，又有利于土地资源的开发和利用，让土地集中到那些有种田经验、种田能力或有投资能力的人手中，既有利于农业生产的发展，又能最大限度的解放农村劳动力，从而实现合理转移，对最终走向集约化经营也是十分有利的，这是一种人力资源与土地资源共同整合的双赢措施。特别对于云南省，在还有78个重点扶持发展县的情况下，建立农村土地使用权交易制度，对脱贫致富奔小康更具有现实的经济意义和社会意义。为了使此项制度得到有效且有序的实施，必须出台省的政策措施，并制定完善的地方性政策法规予以保护，使云南省的农村基础经济坚实有力，使农村劳动力的转移更加“放心、大胆”，顺利实现土地的有序整合、劳动力的合理流动。

2.改革城市户籍管理制度，为农民市民化建立政策通道

农民要真正成为市民，需要解决好养老保障、医疗保障、劳动安全保障、住房基本保障和子女就学保障等问题。上述问题的解决对于现行的户籍管理制度提出了改革的要求。应当在他们有了稳定职业及稳定住所的条件下，给予合法的城市居民身份——城市户口。这一方面能够对农村劳动力转向城市产生极大的影响力，也有利于转向城市的这部分农民的生活稳定和经济发展，同时也有利于城市的管理和社会治安综合治理。这是推进小城镇建设、走城市化道路的有效措施。为此，要加快云南省的户籍改革步伐，将其列为推进政府职能转变的一项重要内容并尽快实施，使其成为全省经济社会发展的一项政策动力。

3.制定就业保障制度，给农民以等同于市民的待遇

目前，城市失业人口及其就业问题已受到各级政府的高度重视，并将其作为社会稳定，经济发展的一项重要工作来抓。而建设农村小康进而实现全社会小康，必须实现城乡经济社会的统筹协调发展、建设现代化农业、发展农村经济、增加农民收入，这就必须走农村劳动力转移的道路。为此应该引进一种新观念——农民就业问题。农民应该与市民面临同一个就业市场，进行同台竞争。因此，建议制定社会就业保障制度，并让取得城市合法资格的农民同样享有这种保障。只有这样才能维护劳动力市场的公平、有序竞争与健康发展。此项工作将是整个社会主义市场经济发展、完善的重要内

容。给转移到城市工作的农民以市民待遇既是现实的要求，也是一项长期的工作。它虽有很大难度，但不能延缓。从云南的现实来看，应及早准备，及早就位。如可在 2003 年－2006 年每年新增城市就业 60 万个岗位计划中列出部分岗位作为社会保障制度的试点，通过实施后逐步完善。

(四)各级政府应将促进农村劳动力转移列入任期目标

云南省农村劳动力的转移目前尚处在自发阶段，转移人数少、转移时间短、转移区域小、转移收益低，并且转移后所从事的行业大多属劳动强度大、劳动安全保障低、卫生条件差，因此不能形成规模。为促进农村劳动力的有序、合理转移，确保转移效益，应将促进农村劳动力转移工作列入各级政府的任期目标，特别应列入县政府的责任目标。为此，应当做好以下工作：

1. 加大宣传力度，鼓励农村劳动力转移

在社会主义市场经济条件下，政府职能主要是经济调节、市场监督、社会管理和公共服务。但现阶段，在云南省的“三农”工作中，政府仍然是主要的组织和管理主体。特别是在农村劳动力转移工作中，政府更是组织和管理的主体。因此，要统一思想，提高认识，加大宣传力度，让全社会对农村劳动力转移的必要性、必然性和可行性有一个清楚的认识，在认识的基础上让农民树立自信，让市民消除排斥心理，让用工单位铲除偏见，转变观念、达成共识，形成全省的良好氛围。

2. 创建劳动力市场服务体系，实行就业规范管理

为使云南省农村劳动力转移逐步走入法制轨道，就必须创建劳动力市场服务体系，实行就业规范管理。为此，就应该以劳动行政管理部门为主，牵头组织有关部门组建市场跟踪调查体系，掌握市场供需动态；创建市场供求信息平台，向社会提供信息服务；成立就业服务指导机构和管理中介机构，为准确定位、高效就业提供规范的管理和服务。这样，既为求职者提供了信息、咨询和推荐服务，又为用人单位提供了劳动力引荐；既规范了劳动力市场管理，又维护了社会劳动秩序。

3. 树立典型，带动全局

比较效应和追逐效应在农村劳动力转移中起着极为重要的作用。事实是让人信服的根本。因此，地、县政府应该首先选择具有可塑性的村作为榜样，重点扶持，组织培训，培育出一批有一定劳动技能的农民，并组织输出帮助他们实现转移。与此同时，对这些转移出去的劳动力进行跟踪调查，了解、掌握他们的就业状况和就业收入，对此进行宣传报道。要充分发挥新闻媒体的作用，以新闻报道、现场参观等行之有效的宣传手段，让更多的农民看到转移效益、树立转移信心，以此为动力，尽快促进全省农村劳动力的转移。同时，也可以将通过转移而实现了致富且对当地社会做出一定贡献的农民纳入各级政府的劳动模范评比范畴，使典型和榜样的作用具体化、制度化，不断增强这方面的效应。

4. 建立农村劳动力转移的组织机构

云南省劳动力转移目前还处于规模小、领域窄、区域近的状态。要拓宽农村劳动力转移的涉及领域和转移范围，扩大转移面，为农民顺利实现劳动力转移提供帮助，则应组织专门机构，深入了解农村劳动力富余情况，以及市场需求状况，联系用工单位，并组织适时的专业技能培训，然后组织转移，并协助管理，以组织的形式实施该项工作。为此，各级政府应建立专门的组织机构来负责此项工作。通过组建专门机构，一是有利于推动农民的转移意向，二是对用工单位来说提高了他们对劳动力的可信度和可接收程度，三是便于增强对转移劳动力的管理力度(转出方政府协助管理)，四是有利于扩大转移规模和跨区域、远距离转移。这项工作应与政府机构改革和转换政府职能结合起来。

综上所述，实行工业化、城镇化和知识化“三化”并举，是当前加速农村劳动力转移的有效途径。转移农村劳动力是解决“三农”问题的重要出路，也是全面建设小康社会的一个战略性举措。只有大力发展非农产业，不断提高城市化水平，才能大量吸纳农村富余劳动力。这是在农业之外解决农民问题的根本途径。另外，世界发达国家的发展规律表明，到工业化中期都会出现农村劳动力大规模向城市转移的现象，这是国家由贫穷落后走向繁荣富强的必由之路，也是国家实现城市化和农业实现现代化的必然过程。因此，只有解放思想、转变观念、付诸实践，为农村劳动力转移提供市场空间、技能帮助、政策保障和措施扶持等，才能有效促进农村劳动力的有序、规模化转移，这是全省当前和今后一段时期农村工作的目标之一。

向城镇集中：农民所思，政府所想

——关于郊区农民“向城镇集中”的调查与思考

上海市农调队

内容提要：最近，上海市统计局农调队就郊区农民“向城镇集中”的意向进行了一项调查。调查结果显示：近70%的农民愿意向城镇集中；农民最愿意移居的是区县政府所在地的城镇；多数农民希望由政府组织他们向城镇集中；超过四成的农民表示向城镇集中后仍将拥有原在农村的老住宅；农民普遍希望用“以房换房”的方式出让老住宅；农民向城镇集中后最大的担心是“生活开支增加”、“没有社会保障”和“找不到稳定的工作”。

文章分析认为，加快郊区农民向城镇集中进程，一方面需要提高郊区城镇对农民的吸引力，避免城镇建设中规模相对不足的矛盾；另一方面需要系统地研究农民向城镇集中的“动力”问题，以多种方式启动农村存量土地的置换，在让广大农民向城镇集中的同时能得到更多的实惠，从而顺利实施郊区土地资源的重组和优化配置，以加快郊区城市化、农民市民化的进程。

“十五”期间，上海市将积极推进郊区城市化、农民市民化的进程。就农民是否愿意“向城镇集中”问题，市统计局农调队最近在闵行、嘉定、松江、青浦、金山、奉贤、南汇、崇明八个区县的30个镇抽选的300户农户进行了一次民意调查。

一、调查设计与组织

为使调查结果能反映农民对“向城镇集中”的想法，我们对调查样本的选择作了具体的规定：一是受访者须是上海市承包土地、并有固定的农村住房的农民；二是在非农企业就业的中青年受访者(45岁以下的农民)应占较大的比重；三是受访者的文化程度应以初、高中为主，以提高此次调查的成功率。

从基本背景资料看，实际接受调查的300户农民家庭均有自己承包的耕地和农村住房，家庭成员在非农企业就业的比重超过70%；家庭主要收入来源于非农产业的占80%以上；受访者的年龄在45岁以下的占53.7%；初中和高中文化程度分别占48.3%和13.8%，小学和大专及以上文化程度分别占23.7%和2.6%。这些基础数据与农村总体水平比较接近，具有一定的代表性。调查由受训后的调查员直接入户调查，以真实地记录农民对“向城镇集中”的意愿。

二、农民“向城镇集中”的意愿及主要原因

(一)近70%的农民愿意向城镇集中。在回答“是否愿意向城镇集中”时，有68.3%的农民表示“愿意”或“很愿意”。他们认为，这不仅会使生活条件变得更好，而且可以充分享受城镇的物质和文化

生活方式，也有利于后代的成长。这表明，加快郊区城市化建设已深得民心。但仍有24.7%的农民表示"不太愿意"向城镇集中，有4.3%的农民表示"很不愿意"向城镇集中，两者合计为29%。他们认为目前向城镇集中的门槛太高，且有的集镇条件也不尽人意，担心向城镇集中后生活成本高了，而实际生活质量却难以提高。

关于"不太愿意和很不愿意向城镇集中"的原因(可多选)，有73.9%的农民是因为担心"城镇房价高而买不起"，有46.7%的农民担心"没有社会保障"，有40.2%的农民担心"生活会不习惯"，有38%的农民担心"找不到理想的工作"，有23.9%的农民表示"缺少相应的鼓励政策和措施"，有9.7%的农民担心会带来诸如"工作不便、生活环境变差等"。

(二)农民最愿意移居的是区县政府所在地的城镇。在回答"具有吸引力的城镇类型"时，有47%的农民认为是"区县政府所在地的城镇"，他们认为移居到这样的城镇生活，不仅购物、就医、入学、出行等大大方便了，而且社会治安和环境良好，是自己比较理想的生活居住地；有28%的农民认为是"重点规划建设的中心镇"，有22.3%的农民认为是"自己居住地的乡镇"，主要是考虑今后的工作、走亲访友比较方便；另有1%的农民打算"移居到市区生活"。

(三)多数农民希望由政府组织他们向城镇集中。在回答"希望以何种形式向城镇集中"时(可双选)，有56.2%的农民希望"由政府组织"，有42.5%的农民希望"提供城镇社会保障"，有34.1%的农民希望"提供购房贷款、免税、退税等优惠"，有29.8%的农民希望"由政府提供廉价、廉租房源"，有20.1%的农民表示"自己买房置业"。这表明，多数农民仍习惯于由政府组织向城镇集中，觉得这样既可解决许多困难，也比较方便可靠；而真正愿意接受市场化运作方式的农民仅为五分之一，这可能与他们的实际富裕程度有关。

(四)超过四成的农民表示向城镇集中后仍能拥有原在农村的老住宅。在回答"向城镇集中后是否会愿意有偿出让原农村的老住宅"时，有52.3%的农民表示"愿意"，有33.3%的农民表示"不太愿意"，有10.3%的农民表示"很不愿意"，两者合计为43.6%；另有4.1%的农民则"说不清"。这表明，目前尽管有超过五成农民向城镇集中后愿意出让农村的老住宅，但不会出让农村老住宅的农民仍超过四成，特别是一些区位条件比较好的地区，多数农民仍希望保有原来的农村老住宅。

对"不愿意有偿出让农村老住宅"的原因调查(可多选)，有77.2%的农民表示希望拥有城镇和农村两个居住点，有38.2%的农民表示可以出租，有33.8%的农民表示现在出让农村老住宅不合算，以后出让肯定会增值。

(五)农民普遍希望用"以房换房"的方式出让老住宅。在愿意出让农村老住宅的农民中，在回答"将以何种形式出让农村老住宅"的调查(可多选)：有79.9%的农民希望"以房换房"，即以农村老住宅换取同等城镇新住宅居住面积，顺利实现向城镇集中；有56.2%的农民希望由"政府制定收购办法，委托中介公司收购"；有47.3%的农民希望"换取城镇社会保障"；有26.1%的农民表示"自由交易"，即建立农民房屋和宅基地买卖市场，允许农民自由买卖房屋和宅基地，以确保农民得实惠。

(六)农民向城镇集中后最大的担心是"生活开支增加"、"没有社会保障"和"找不到稳定的工作"。在回答"农民向城镇集中后可能会碰到的困难"时(可多选)，有81.3%的农民担心"生活开支增加"，主要是指住房、水、电、煤和购买副食品支出将大幅度增长；有51.7%的农民担心"失业、就医、养老没有保障"，有50%的农民担心"找不到稳定的工作"；有30.3%的农民担心"生活不习惯"，主要为年龄在50岁以上的农民；有23.7%的农民担心"户口不能农转非"；另有3.9%的农民担心"住房条件变差"。

三、关于加快农民"向城镇集中"的若干思考

根据上述调查结果分析，加快郊区农民向城镇集中进程，一方面需要提高郊区城镇对农民的吸引力，避免城镇建设中规模相对不足的矛盾，围绕市政重大基础设施项目调整郊区城镇体系的区域布局，加强规划和城镇基础设施建设，逐步形成以新城、县城和中心镇为多极核心的规模不等、各具特色、功能互补、设施一流、环境优美的新型城镇体系，以满足农民向城镇集中后追求现代生活的需要。另一方面需要系统地研究农民向城镇集中的"动力"问题，积极探索比较合理、可行的方案，以加快农民向城镇集中的进程。

从上海的实际情况看，以多种方式启动农村存量土地的置换，在让广大农民向城镇集中的同时能

得到更多的实惠,从而顺利实施郊区土地资源的重组和优化配置,以加快郊区城市化、农民市民化的进程。下面就这一问题谈一些认识和思考。

(一)利用降低商务成本的契机扩大招商引资,以启动新一轮的农民向城镇集中的土地置换。根据上海经济发展规划要求,争取用10年左右的时间把郊区建成世界级的制造业基地,关键是要增强郊区对招商引资的吸引力。近年来郊区对国内外投资的吸引力与周边地区相比有减弱的趋势,其中的重要原因是郊区建设用地成本上升较快,已明显高于周边地区。考虑到土地的可供量和级差效应、农村劳动力安置和社会保障水平较高等因素,郊区以降低用地成本吸引国内外投资的余地越来越小。如果不坚持制度创新,采取切实有效的措施降低用地成本,就有可能坐失经济发展的良机,新一轮的农民向城镇集中的土地置换也有可能延缓。

从目前郊区农转非建设用地成本的形成特点看,主要可分为前期成本和后期成本两块。前期成本主要是指必须交付的规定费用和相关的用地补偿费用,包括耕地垦复基金、耕地占补平衡费、耕地占用税及青苗补偿费和劳动力安置费等;后期成本主要是指养老、医疗、失业等社会保障应支付的费用。由于郊区养老、医疗、失业等社会保障成本平均每人约为8万元左右,据测算,每占用郊区一亩地要安置一个人,这样郊区一亩工业用地的实际总成本在15万元左右,商业或房地产开发用地的实际总成本在35万元左右。如果按此总成本确定投资商的用地价格,许多投资项目可能会外流。

要切实降低用地成本,使郊区真正成为国内外投资的热土,以启动新一轮农民向城镇集中的土地置换,亟须改革目前把用地总成本一次性兑现的做法,逐步理顺投资商、政府和农民在土地流转中的各自利益关系。根据谁用地、谁付费,收益期与成本回收期相统一的原则,建立土地流转运作新机制。具体做法是,从投资商的角度讲,用地前期只需承担必要的土地近期开发成本,后期的用地成本主要是通过其持续经营活动而交纳的地方税收来体现;从政府的角度讲,有计划地供应建设用地有利于增加社会就业和地区经济的发展,有利于增加地方税收,最终可以通过调整税率或财政支出结构、增加社会福利预算项目、以加大财政转移支付的途径,逐步对向城镇集中的农民偿付土地置换的后期成本。目前郊区工业园区平均每亩工业用地每年可实现的税收在4万元左右,十年累计可达40万元,把其中的三分之一用于补偿农民是可行的。这样,广大农民与土地彻底分离后仍能长期分享土地资源重组、配置优化带来的收益,真正实现投资商、政府、农民三方共赢的目标。

(二)利用金融、财政杠杆启动农村存量土地资源的重组和优化配置。随着城市基础设施建设重点向郊区转移,一大批在郊区的市政重点建设项目的完成和"153060"工程的全面启动,农村存量土地资源重组和优化配置可实现的增值效益巨大,但前提是必须尽快改变目前农村存量土地主要集中于农民的分散、低效利用的状况。实现农村存量土地资源的重组和优化配置,须充分利用金融、财政杠杆将农村存量土地资源先导入市场化流转轨道。

具体做法是,可以利用已建立的土地储备制度,灵活运用土地储备银行或土地储备基金的运作机制,来解决经批准的农村存量土地市场化流转交易中的现金流量支付问题;同时,辅以配套的财政政策,建立必要的农村存量土地市场化流转的专项贷款贴息制度和发行土地储备债券等,以筹集更多的资金,实行滚动开发。目的是通过征用、收购、置换等方式,将农民手中分散的土地集中起来,进行土地整理和开发。在完成一系列前期开发整理工作后,根据上海城市建设的总体规划和市场需要,通过招标、拍卖,有计划地将土地投入市场,回笼资金,以解决农村存量土地资源的市场化流转后的农民利益补偿,让更多的农民能够分享土地资源重组后的增值效益,从而也为加快农民向城镇集中提供了新的动力。

(三)利用营造森林资源与实业开发相结合的方式引入社会资本,以启动农民以土地换保障的改革。土地历来是农民生活、养老的重要保障。近年来,上海市加快了农业结构战略性调整步伐,实施大面积退耕造林,以提升农业的"绿肺"功能。但从实践结果看,农民仍然束缚于土地,以前是靠种田吃饭,现在要靠营林吃饭,人均一亩地,农民不可能真正脱贫致富。再说林地所有权没有改变,一旦出现新的生存问题,就有可能出现新的砍林、毁林事件,从而影响到上海生态型城市的建设。目前郊区农民普遍存在"既不愿意种地,但又不想轻易放弃土地"的心态,这实际反映了当前农民对土地保障的担忧和无奈。创造性地采用营造森林资源与实业开发相结合的方式,引入社会资本启动农民以土地换保障的改革,不仅可大大加快农民向城镇集中进程,对提高农民的生活质量有重要意义,而且可加快上海生态型城市建设和森林资源的综合性开发。

具体做法是，在符合土地利用总体规划的前提下，根据退耕造林区域特点设计一些捆绑式的实业开发项目，如与森林配套的低密度的别墅房地产业、综合性的休闲度假产业、旅游娱乐产业、高附加值的珍稀养殖业和特色农业等，通过分类包装，允许这部分土地先期进入市场，以招标、拍卖、综合经营权转让等形式引入社会资本，形成滚动开发，回笼更多的资金解决农民以土地换保障的成本支付。

（四）利用更优惠的政策启动农民向城镇集中后的宅基地置换。加快郊区城市化建设的一个重要目的是集约利用土地。上海土地资源极为稀缺，上海城市建设和经济的发展，还将占用一部分耕地。因此，在鼓励农民向城镇集中的同时，研究切实可行的农民宅基地货币化置换方案就显得更加必要。

从现实情况看，目前农村不仅工业用地极为粗放，潜力很大，而且农村居民生活用地的潜力也很大，通常一户农户的宅基地实际占地面积在0.5～0.6亩之间。如果在未来的郊区城市化进程中，能用十年左右的时间使70%的农民向城镇集中，并顺利实现农村宅基地置换和工业用地向园区集中，即60万农户、约200万人口和新增企业向城镇或工业园区集中。考虑到郊区城镇和工业园区扩张还要占用一部分土地，增减相抵实际可净回收20多万亩土地，相当于目前一个闵行区的耕地面积，这对重新整合、优化郊区土地资源配置至关重要。

农村宅基地置换要充分考虑农民可接受的方式，可以通过赎买、土地入股分红、提供社会就业和养老保险等多种货币化补偿的方式进行。考虑到农民向城镇集中的实际情况，对愿意将宅基地置换的农民还可考虑给予必要的奖励，并制定进镇购买商品房免税、退税、贷款低息或贴息等优惠政策，鼓励更多的农民向城镇集中后自愿出让宅基地，确保郊区农村宅基地资源的充分回收和更合理的利用。对一些向城镇集中后不愿意出让农村宅基地的农民，特别是城乡结合部地区，应研究相应的经济和非经济制约措施，以杜绝土地资源的低效利用。

思路决定出路

——推进新疆农民非农化进程的调查与思考

余晓明　韩永贵　张敬东

大力发展农村二、三产业及加快农村小城镇建设，增加农民的非农收入，实现农村劳动力的转移，推进农民非农化进程，是从根本上解决"三农"问题必然选择。"中国的问题仍然是农民问题，但农民问题不再是土地问题，而是就业问题"。更具体地说，是农民向二、三产业和城镇转移就业问题。新疆农村经济结构单一，农村二、三产业发展落后，小城镇建设滞后，大量农村剩余劳动力滞留在第一产业，直接影响农民收入的增加和农村经济的可持续发展。新疆农民人均纯收入与全国平均水平的差距就表现在非农收入上。因此，探讨发展农村二、三产业和加快小城镇建设的政策及其对策，具有十分重要的意义。

一、新疆农村二、三产业及小城镇建设的现状

(一)新疆农村二、三产业发展现状

1.发展历史回顾

以乡镇企业为主体的新疆农村二、三产业改革开放以来走过了一段迂回曲折的发展道路。新疆农村二、三产业与内地相比，起步较晚，发展总体水平不高，是农村经济的一个薄弱环节。其发展历程大致经过了三个阶段：

第一阶段(1979年～"六五"期末)：农村二、三产业起步创业阶段

党的十一届三中全会以后，新疆农村二、三产业开始起步，但由于政策上、体制上、认识上的种种原因，发展十分缓慢，总体规模很小。从1979年至1983年营业收入始终在3亿元左右徘徊。到"六五"期末的1985年，乡镇企业达9.88万个，从业人数达到36.78万人，总收入10.51亿元，总产值10.96亿元，上交国家税金4722万元，固定资产原值3.85亿元。

第二阶段(1985～1995年)：快速发展阶段

"七五"期末的1990年，乡镇企业发展到14.43万个，从业人数46.40万人，实现总收入24.99亿元，年均递增18.95%("七五"期间，下同)，总产值25.31亿元，年均递增18.42%，固定资产原值达到15.42亿元。进入"八五"以后，特别是1992年邓小平同志视察南方谈话，给乡镇企业的发展注入了新的活力，乡镇企业多轮驱动，多轨运行，保持了快速高效的发展态势，开创了一年上一个新台阶的局面。1995年，新疆乡镇企业已发展到25万多个，从业人数近70万人，实现营业收入149.57亿元，乡镇企业总产值164亿元，增加值25.28亿元。上交税金7.65亿元。"八五"期间，乡镇企业年均增长速度保持在40%左右，是发展速度最快的一个时期。

第三阶段(1995年至今)：深化企业改革和调整结构阶段

2002年新疆乡镇企业个数达到35.19万家，职工人数86.67万人，营业收入373.95亿元，实现

增加值90.49亿元。在此期间，乡镇企业营业收入保持着年均14.6%的增长速度。乡镇企业进行了大规模的改造、改制，非公有制经济迅速发展。2002年，私营企业达1.57万家，个体企业发展到33.32万家。个体和私营企业个数占乡镇企业个数的99.1%，个私企业实现总产值占乡镇企业总产值的74%，实现增加值占75%，上交税金占71%。

2. 农村二、三产业(乡镇企业)发展的特点与问题

(1)个体、私营经济已成为农村二、三产业发展的主力军

长期以来，农村二、三产业的发展主要依靠乡镇企业中集体经济的力量，到90年代中后期特别是十五大以后，随着改革的深入和市场经济的进一步发展，开始打破单一的产权结构，实现了投资和产权主体的多元化，集体经济成分进行了大规模的改制、改造、明晰产权关系，通过租赁、拍卖、破产等，引入承包制、股份合作制，对各种历史遗留问题进行了全面的清理，通过改制、改造，使乡镇企业的集体经济素质有了较大的提高。与此同时，个体和私营经济迅速发展，给农村二、三产业发展注入了新的活力，并成为主力军。(见表1—1、表1—2)

表1—1　新疆农村个、私经济占乡镇企业的比重变化情况(个数)

年份	乡镇企业个数(万个)	个私经济企业个数(万个)	个私经济占比重(%)
1984	2.49	1.80	72.3
1985	9.88	9.09	92.0
1990	14.43	13.75	95.3
1995	28.11	27.32	97.2
2000	31.65	31.14	98.4
2001	33.47	33.11	98.9
2002	35.19	34.89	99.1

注:资料取材于《新疆统计年鉴》。

(2)以农副产品加工业为主，农村第二产业比重大，第三产业比重呈逐年上升趋势。

2002年，以农副产品加工业为主的规模以上乡镇企业153家，占乡镇企业规模以上工业企业的42.7%. 第二产业产值达198.44亿元，占乡镇企业总产值的比重为54.7 %。以商饮服务业为主的农村第三产业发展呈逐年上升的趋势，占乡镇企业总产值的43.2%。(见表1—3)

表1—2　新疆农村个私经济占乡镇企业的比重变化情况(总产值)

年份	乡镇企业总产值(亿元)	个私经济总产值(亿元)	个私经济占比重(%)
1984	6.59	0.94	14.2
1985	10.96	3.43	31.3
1990	25.31	9.83	38.8
1995	164.91	84.04	51.0
2000	302.21	217.26	71.9
2001	331.6	243.92	73.6
2002	362.95	278.4	76.7

注:资料取材于《新疆统计年鉴》。

表1—3　乡镇企业三次产业产值比重变化情况(%)

年份	第一产业(%)	第二产业(%)	第三产业(%)
1984	4.1	83.2	12.7
1985	3.3	71.1	25.6
1990	1.6	69.3	29.1
1995	1.4	65.6	33.0
2000	1.1	55.0	43.9
2001	1.1	55.5	43.4
2002	2.1	54.7	43.2

注:资料取材于《新疆统计年鉴》。

3. 以乡镇企业为标志的农村二、三产业已成为新疆国民经济发展的重要组成部分

农村二、三产业随农村改革和发展的深入，不断成长壮大，已成为农村经济和国民经济的重要支柱，对农村经济结构的调整，农民增收、农民就业、农村稳定、提高农业劳动力者的素质、促进农村两个文明的建设等方面都起到了积极的促进作用。而且，从目前乃至今后一个较长时期看，农村二、三产业的发展将是农村经济和国民经济实现可持续发展的重要前提和保证，是“三农”问题得以解决的必不可少的重要途径。2002年，全区农民在乡镇企业的就业人数占全区农村就业人数的近四分之一；乡镇企业增加值占全区国内生产总值的5.7%，交纳的税金占全区财政收入的9.5%。农民人均从乡镇企业获得的工资收入占农民人均纯收入的24.1。(见表1—4)

表 1—4　2002 年乡镇企业在全区国民经济中的地位

	主要指标	所占比重
从业人数(万人)	86.67	占全区农村从业人数的 23.2%
增加值(亿元)	90.49	占全区国内生产总值的 5.7%
实交税金(亿元)	12.67	占全区财政收入的 9.5%
农村人均获得工资额(元)	449	占全区农民纯收入的 24.1%

4.农村二、三产业规模经济不突出，地域发展不平衡

全区平均每个乡镇企业拥有固定资产原值 4.3 万元，乡镇企业普遍是小作坊式生产，产出水平很低，平均每个乡镇企业实现产值 10.3 万元，投入偏小，产出偏低，劳动生产率水平不高。全区目前产值上 1000 万元以上的乡镇企业仅有 60 余家，仅占全区乡镇企业总数的万分之一点八，远低于全国平均万分之二十五的水平。

地域发展不平衡十分突出。南疆贫困三地州克孜勒苏、和田、喀什地区乡镇企业总产值仅占自治区乡镇企业总产值的 9%，三地州合计乡镇企业产值低于一个米泉市的水平(米泉市 2002 年乡镇企业产值 33.19 亿元)。乌鲁木齐市、昌吉州、伊犁州、塔城地区四地州(市)乡镇企业产值占全区乡镇企业总产值的 2/3。全区产值 1000 万元以上的乡镇企业有 60 家，米泉市就拥有 30 家，其中还拥有产值上亿元的企业 5 家。经济总量已占昌吉州乡镇企业 1/3 强，占全区的 1/10。米泉市乡镇企业从业人员已占全市劳动力的 43%，农牧民人均纯收入中来自乡镇企业的占农民人均纯收入的 1/3 强。在自治区农村社会经济调查队进行的全区县(市)农村经济综合实力评比中，该市名列第一。以米泉市、乌鲁木齐为龙头的天山北坡经济带的乡镇企业已成为全区农村二、三产业发展的带动力量。但区域发展不平衡的问题也不能不引人重视。

5.农村二、三产业效益低，发展缓慢，在全国位次处于落后水平

全区乡镇工业增加值率(工业增加值与产值的比值，下同)23.6%。远低于全区工业平均增加值率 35.8%的水平。2001 年，全区乡镇工业企业平均每个实现增加值 5.8 万元，远低于全国平均每个乡镇工业企业实现增加值 30 万元的水平。全区乡镇企业平均每个实现净利 6300 元，产值利润率仅为 6.4%，效益十分低下。

就全国而言，新疆的乡镇企业发展十分缓慢，发展层次低，总量偏小。2000 年，全区乡镇企业增加值仅占全国的 0.28%。据有关资料，1995 年起，新疆乡镇企业总产值、工业产值、总收入、上交国家税金及纯利润全国 31 个省、市、自治区名次排序中，新疆均处于第 26 位。

(二)新疆农村小城镇发展现状

减少农民，才能致富农民，农村小城镇的发展为农村人口的转移提供途径，也是提高农民收入的根本途径。

1.基本情况

2002 年，全区农村小城镇(含城关镇、工矿区镇和部分沿路镇，下同)218 个，人口 392.28 万人，占乡村总人口的 41.4%。

表 1—5　2001 年新疆农村小城镇基本情况一览表

指　　标	单　　位	数　　量
镇个数	个	218
镇总户数	万户	101.49
镇总人口	万人	392.28
镇从业人员数	万人	143.70
镇行政区域面积	千公顷	463730
年末耕地面积	千公顷	608.75
农民人均纯收入	元	2498.89
乡镇企业个数	个	26436
其中:工业企业	个	6112
乡镇企业从业人员	人	123831
乡镇企业营业收入总额	亿元	96.51
乡镇企业净利润总额	亿元	6.84
乡镇企业实纳税金总额	亿元	3.32
财政收入	亿元	7.16
财政支出	亿元	10.29
年末各项存款余额	亿元	81.23
年末各项贷款余额	亿元	40.94

2.农村小城镇发展的特点及问题

(1)建设规模扩大,城镇化水平逐步提高

2002年,全疆农村小城镇218个,占乡镇总数的27.3%,从分布上看也已由过去只集中在少数几个县(市)扩大到全区各县市区。星罗棋布的小城镇已成为广大农村区域的政治、经济、文化和信息中心。随着农村小城镇建设规模的不断扩大,其综合实力快速增强,已成为广大农村重要的经济中心和经济增长点。镇区农民人均纯收入为2498.89元,比全区平均水平高出635.63元,高出34.1个百分点。

(2)基础设施逐步完善、配套

新疆小城镇基础设施建设经过多年的努力,已初具规模,在某些方面甚至已高于西部地区的平均水平。据统计,2002年,全区小城镇共有汽车站139个,供水站285个,垃圾处理站56个,城镇内通公路里程7331公里,按每镇平均值计算,以上指标在西部地区处于中上水平。邮电通信事业近年也得到迅速发展,电话装机总量53.04万部,平均每百户装有电话0.5部。

除了镇区基础设施得到极大改善外,镇区以外的农村社区建设也得到较快发展,通过近些年的努力,新疆农村小城镇所辖行政村的"五通"(通电、通邮、通电话、通自来水、通公路)率大大提高,通电、通邮、通公路的村已在90%以上。

(3)社会保障服务项目增多,功能增强。

农村小城镇不仅是农村文化教育中心,也是农村的科技,文化艺术,广播电视宣传中心。据统计资料显示:2002年,新疆农村小城镇拥有各类学校1703所,幼儿园、托儿所408个;有文化站、图书馆540个;有医院、卫生院398个;农村小城镇农业科技与服务网络健全,人员素质较高,拥有农业科技与服务单位982个。

(4)随农村二、三产业发展,非农化进程加快

由于乡镇企业的发展,给农村小城镇经济格局带来了变化。2002年,全区农村小城镇中乡镇企业数2.64万家,占全区乡镇企业数的7.5%;乡镇企业总收入占镇区经济总收入的44.7%。乡镇企业的发展,从根本上改变了传统的以农为主的"一头沉"格局,在小城镇经济总量中,第一产业比重为61.6 %,二、三产业比重已分别达17.4%和21%,一个个初具工业化、城市化的小城镇正在形成。小城镇已成为农村剩余劳动力的"蓄水池",有力地推动了城乡一体化进程。

(5)区域性布局较强

新疆农村建制镇中有60.3%的镇分布在文化、经济状况相对较好的北疆。其中乌鲁木齐、昌吉两地的农村小城镇占全区总数的24.1%。分布在北疆的农村建制镇的平均经济实力和社区基础设施建设均要好于全区平均水平。从新疆农村建制镇总体分布来看,有近40%的城镇分布于国道、省道等交通主干道两侧20公里的范围内。这些镇总体的经济实力、规模、基础设施建设状况均要优于全区平均水平。

(6)城镇化水平不高,农村城镇建设处于起步阶段。

一个地区农村人口城镇化率(农村人口城镇化率=城镇镇区人口/农村人口)在20%以下的,为城镇化的起步期,20~40%为发展期,40~75%为成熟期。2002年末新疆的城镇化率为11.9%,处在城镇化的起步期。城镇化水平不高,城镇人口聚集度低是新疆农村小城镇发展所面临的主要问题之一,形成这一结果的主要原因是:城镇镇区规模偏小,聚集功能差,对农民的吸引力差。新疆小城镇镇区平均占地面积0.72千公顷,只占小城镇平均行政区域土地面积的0.3%,镇区人口规模在3000人以下的镇占到总数的75%。镇区规模小,单位土地面积上人口密度不足,致使镇区内单位面积资产累积度低,影响了小城镇发展的后劲。同时城镇较低的人口聚集度严重地影响了城镇二、三产业尤其是第三产业的发展,二、三产业的发展受制,又反过来影响了对农村剩余劳动力的吸纳能力,从而制约城镇人口规模的扩张。从已形成的农村小城镇镇区来看,多数镇区的基础设施利用效率较低,尚未真正达到集聚人口、密集就业、高效率运行的城镇发展目标,农村小城镇辐射功能及吸引力、凝聚力尚须进一步加强。

小城镇的规模小、数量少,目前农村小城镇个数只占到全区乡镇总数的27.3%。远低于江苏省79.9%,广东省95.7%的水平。统计数据显示,2002年新疆农村建制镇财政收入为7.16亿元,财政支出为10.29亿元,支出比收入多出4.14亿元,农村城镇财政入不敷出,城镇现有的财力难以满足城镇正常运转,要想依靠政府投资拉动农村城镇经济发展恐怕是有心无力。财政上的"拮据"加之发展滞后的二、三产业,难以为城镇后续发展提供足额资金支撑。

(7)城镇二、三产业发展不快,吸纳农村劳动力

能力弱

农村城镇化的基础和前提是发展经济、增强实力,提高产业聚集度。有了较为发达的二、三产业作支撑,才能使小城镇人气旺、商机多、经济兴。新疆农村小城镇二、三产业虽然发展较快,但是和农村经济发展、农村剩余劳动力就业需求相比还是相对滞后的。2002 年,农村城镇乡镇企业从业人数仅占建制镇从业人员总数的 8.6%。大量城镇人员还是"以农为本"。发展迟缓的二、三产业难以大量吸纳农村剩余劳动力向小城镇转移。二、三产业发展缓慢,城市经济集聚程度低,是新疆农村城镇辐射集聚功能低的主要症结。

二、发展新疆农村二、三产业与小城镇建设的思路

(一)加快新疆农村二、三产业发展的思路

1.坚持发展是硬道理

加快发展以乡镇企业为主体的农村二、三产业是解决新疆"三农"问题的有效途径。当前新疆农业和农村经济发展中的突出问题,仍然是农民收入增长困难。新疆与内地省区相比农民收入增长缓慢的一个重要原因,是收入来源单一,尤其是来自二、三产业的收入低。要富裕农民,必须减少农民;要繁荣农村经济,就必须加快发展以乡镇企业为主体的农村二、三产业。无论从实现自治区国民经济"十五"发展目标的战略高度,还是从全面建设小康社会与保持农村社会稳定的政治高度来认识,在新疆发展乡镇企业都是一个重大的经济和政治问题。

2.积极推进体制创新,再造农村二、三产业发展的机制优势

一是全面推进乡村集体企业改革。至今改制不彻底的地方多数是集体经济相对落后的地方,未改制的企业大多是村级集体企业。要积极探索这些地方、这些企业改制的有效形式,彻底解决少数地方改制不到位和部分企业改制不转制的问题。二是以建立法人治理结构为突破口,激活机制,提升管理水平。对已改制的企业,要进一步引导他们尽快完成由集体企业到股份制、股份合作制企业的角色转变。按照"规范、完善、配套"原则,完善法人治理结构,建立起适应社会主义市场经济要求的运行机制。三是继续引导大力发展非公有制企业。要积极鼓励非公有制企业充分利用自身优势,整合资源,联合发展,努力形成规模优势和产业特色。

3.大力推进科技创新,努力提高农村二、三产业的整体素质

一是要加快引进推广先进技术、先进装备和先进工艺的步伐。二是要加大产学研对接力度,加速科技成果转化。三是要增强企业自主技术创新能力。四是要造就一支高素质的乡镇企业人才队伍。要通过多种形式、多层次配套提高乡镇企业人才队伍的素质。

4.加快结构调整步伐,增强市场竞争能力

把乡镇企业结构调整与自治区农业和农村经济结构调整、农业产业化经营、小城镇建设、国有企业改革有机地结合起来,把改造传统产业与发展新兴产业,营造规模优势与发展"专、精、特、新"企业有机结合起来。抓住自治区大农业结构调整的有利时机,顺应新疆大农业产业化发展的新要求,依托特色产业产品的优势,以天山北坡经济带为突破口,加快区域结构调整;以农副产品加工、保鲜、储藏、运销为主攻方向,加快产业产品结构调整;以发展个体私营经济为新的增长点,加快所有制结构调整;以上规模、上水平、上档次为重点,走联合发展之路,加快组织结构调整;以小城镇为依托,加快布局结构调整。努力提升第一产业,优化调整第二产业,大力发展第三产业,实行多业并举,促进一、二、三产业协调发展。

5.扶持发展一批对自治区经济发展有影响力的大型龙头企业,充当发展农业产业化的主力军

6.集中连片发展,优化企业布局

把乡镇企业的发展与小城镇建设结合起来,按照"着眼当前,考虑长远,统一规划,分步实施、合理布局、各具特色"的基本要求,有计划、有步骤、有重点地引导乡镇企业集中连片发展,加快工业园区建设。要集中力量,多方筹资加大工业园区内基础服务设施建设,制定并落实各项优惠政策,不断改善投资环境,为招商引资工作的开展创造条件。今后乡镇企业工业园区要依托小城镇建设,新建企业应进入小城镇内工业园区,有条件的老企业可以通过联合改建和易地建厂向小城镇集中,鼓励偏远地区异地到小城镇兴办乡镇企业。要在集中连片发展中,通过积极的布局,逐步建立各具特色的工贸小区、工业园区和科技园区,并与小城镇建设紧密结合起来,提高农村城镇化水平,在加快小城镇建设中实现乡镇企业快速发展。

(二)新疆农村小城镇建设的思路

积极发展小城镇,推进农村城镇化进程,要以

促进农业现代化，农村工业化，加快农村劳动力转转移，提高农民收入，提高农民生活质量为基本指导方针和思想。

1.提高认识，加快发展

认识跟不上，思想放不开，体制不适应，政策不配套，这些都是制约城镇化进程的障碍。这些障碍不破除，城镇化进程就加快不了。

一是要破除认识上的障碍。当前特别要防止两种倾向：一种是认为现在抓城镇化还为时过早，因而工作抓不紧，步子迈不开；另一种是急于求成，片面强调数量的扩张，忽视内涵的提高，结果一哄而起，成为新的铺摊子。二是要破除思路上的障碍。有的往往为城镇化而城镇化，没有很好地把城镇化同产业现代化和人的现代化有机结合起来；有的不是把推进城镇化作为新的经济增长极来加以运筹；等等。这些思路上的障碍，容易导致工作的绝对化和片面性，容易步入误区。三是要破除体制上的障碍。城乡分割的二元经济结构，计划经济条件下形成的投融资体制，不适应市场经济的行政管理体制等体制性的问题，在很大程度上阻碍了城镇化的发展。特别是行政管理体制带来的城镇规划和行政区划的矛盾问题，值得认真研究。四是要破除政策上的障碍。现行的人口政策、户籍管理政策、社会保障政策、土地政策和产业政策中，有的规定不利于人口和产业向城镇集聚，不利于要素向城镇集聚，应积极予以调整。

2.科学规划，合理布局

对小城镇的建设与发展首先要进行科学规划，合理布局。规划要立足现实，高起点、高质量，注意处理好生产与生活、需要与可能、经济建设与资源环境保护、近期建设与长期发展、经济效益与环境和社会效益的关系。要充分考虑区域范围内经济现状、发展趋势、城市化进程以及小城镇的基本条件，走可持续发展之路。企业用地选址要符合土地利用总体规划，注意节约用地和保护耕地，尽量利用荒丘、荒坡、荒地及其他非耕地、空闲地。要选择企业比较集中、基础设施条件较好、便于工业“三废”综合治理的区域，避免大量企业搬迁。要集中力量，建一片、用一片、成一片。要因地制宜，切实可行，防止贪大求洋和乱铺摊子。要严格按照规划组织实施，切实维护规划的严肃性、权威性和延续性

3.形成主导产业，以要素集聚和产业发展为重点，不断提高城镇化发展的水平

小城镇建设，必须把发展经济作为中心环节。要依托当地的资源优势，选择培育主导产业，不断优化产业结构，大力发展非农产业。要积极引导以乡镇企业为主体的农村二、三产业向工业园区集中发展，加快发展乡镇企业工业园区建设。通过建设产业先进、经济繁荣、基础设施优良的工业园区，达到扩张和繁荣小城镇的目的。同时通过建设规划科学、功能齐全、各项社会事业协调发展的小城镇，促进工业园区的发展，使两者互为依托、相互促进，协调发展。要加快制定切实可行的优惠政策，在信贷上给支持，税收上给扶持，用地上给优惠，吸引更多的企业向小城镇集中发展。

4.建立经营小城镇的理念，运用市场机制搞建设，积极探索城镇化发展的新途径

城镇化需要大量基础设施投资，包括新建和改造的投资。如何解决这部分资金，是一个关键。小城镇建设资金不足往往是农村城镇化发展的主要制约因素。在推进城镇化中，城镇建设和基础设施建设的任务很重，每个镇要增加2～3千人，就需要投入上亿元搞基础建设，对于新疆来说，靠各级财政根本无法解决小城镇建设资金问题。如果不运用市场机制，不依靠全社会力量，而仅靠政府投入是不可想象的。因此，要运用市场机制搞建设的办法，进一步解放思想，以改革的思路和办法，研究城镇建设的筹资体制和机制，拓宽投资渠道。按照“谁投资，谁所有，谁受益”的原则，鼓励和支持包括企业在内的社会法人和个人以股份制、股份合作制等多种形式，参与城镇住宅开发、基础设施和公共设施的建设、管理和经营；大力推行基础设施有偿使用，公用事业合理计价，引导基础设施、公用事业建设由公益性向公益性与经营开发性并举，以经营开发为主转变；积极争取建立城镇和城镇建设基金并组建投资公司，促进投资资金保值增值和滚动发展；积极推行政府特许专营制度，动员民间资本和外商资本参与城镇建设；开通国际资本市场的通道，充分利用国际资本市场，筹措城镇基础设施建设资金。运用市场机制搞城镇建设，事实上是政府引导型和民间推动型成功结合的城镇化道路，是在市场经济格局下加速城镇化进程的有效途径。

5.突出资源优势，发展特色城镇

小城镇建设要坚持因地制宜，分类指导的原则，根据当地资源优势、区位优势、交通优势、市场优势、文化背景、经济发展水平，突出地方特色，具体分析和定位小城镇的发展类型和发展方向。要

加大对地方特色产业、支柱产业、支撑企业和知名产品培育力度,不断壮大规模经济优势。要有重点地选择一批目前已形成一定规模、条件较好、辐射能力较强的小城镇,给予重点扶持,进一步加快完善其功能,提高其建设和发展水平,树立典型,发挥示范作用。力争通过5到10年,逐步建设一批工业主导型、商贸带动型、民族文化型、交通服务型、旅游观光型、边境口岸型等不同类型的小城镇,使其成为具有较强辐射和带动作用的区域经济文化中心。

6.完善农村的社会保障体系

目前,国家建立的社会保障制度主要是针对城市的,农民的社会保障除了民政部门的救济以外,主要靠自己、靠子女。推进城镇化,如果农民进城全部享受城市居民的社会保障,国家财力难以承受。所以,有些地方为了消除农民的后顾之忧,对进城农民的承包地仍然予以保留。这虽然也不失一种办法,但只是一种权宜之计。从长期看,不解决这个问题,城镇化进程也会受到影响。

根据小城镇发展的进程,逐步建立健全小城镇的社会保障制度。对已经在小城镇落户、有稳定工作和住所的农民,根据国家的统一要求,在养老、医疗、失业等方面逐步建立必要的社会保障制度,增强小城镇的凝聚力,保证小城镇居民的基本生活保障。但是由于我国还处于社会主义初级阶段,国家还没有足够的财力,应在国家财政承受能力的范围内,保障最基本的生活,应当大力提供自我保障,积极参加商业保险。在税收上采取优惠政策,鼓励发展各种形式养老机构,从根本上解决小城镇人口的养老问题。

三、农村二、三产业及农村小城镇建设的发展目标

发展农村二、三产业及农村小城镇建设是增加农民收入、转移农村剩余劳动力、推进城市化进程并最终解决“三农”问题的最有效的途径。通过其发展要在2005年以前使全区农民人均纯收入中来自非农产业的比重水平达到全国平均水平,即由目前全区农民人均纯收入中来自非农产业的18.8%比重,力争在2010年前实现全区农民人均非农产业收入比重占据半壁江山的目标。同时,通过发展农村二、三产业及农村小城镇建设加大农村剩余劳动力的转移力度,由目前的每年转移3～5万人,争取达到每年转移8～10万人,使全区目前的约150万剩余劳动力得到尽快转移。

(一)以乡镇企业为主体的农村二、三产业发展目标

1.“十五”期间,新疆乡镇企业发展的总体目标是:

营业收入到2005年达到530亿元,年均递增12%;

增加值:2005年达127亿元,年均递增12%;

工业增加值:2005年达到52亿元,年均递增9%;

转移农村剩余劳动力:2005年乡镇企业从业人员由2001年的82万人达到120万人,年均递增10%;

农民从农村二、三产业中得到的收入:由2001年的占18.8%的比重提高到2010年的50%的比重。

2.产业发展目标

根据国家产业政策,“十五”期间乡镇企业将积极调整产业结构,加强带动第一产业,优化提高第二产业,加快发展第三产业,并积极推进农业产业化经营,在农产品种植、养殖、加工和储藏、保鲜、运销等方面培植一批龙头企业。

乡镇企业中第一产业到2005年比重稳定在1%左右。第一产业将重点抓好农业产业化基地建设,发展设施农业,进行绿色、精品、创汇的农产品和观赏性动植物的种植、养殖,为农产品加工、活跃城乡农产品市场和提高人民生活水平提供高质量的产品。

第二产业到2005年增加值要有较大增加,比重继续有所下降,为49%。大力发展农产品加工业和为石油工业配套的行业和产品,突出食品加工、节水灌溉材料、电子信息、建筑建材、机械制造、服装纺织、石油化工、金属冶炼及制造、环保等具有一定优势的行业,重点培植,优先发展。同时,坚决淘汰国家明令禁止生产、严重污染环境的产品。

第三产业到2005年增加值要有较大增加,比重有所上升,达到50%。在继续搞好传统服务业的同时,积极发展新兴服务业,大力发展旅游、商贸、流通、餐饮、娱乐休闲、交通运输、信息服务等,以及围绕小城镇建设,发展社区服务业。

(二)农村小城镇建设的战略规划与目标

农村二、三产业从“星罗棋布”转向小城镇相对集中连片发展是新世纪新疆农村二、三产业跃上新

高度、进入新阶段的一个重要标志。今后一个时期，要把工业园区建设同小城镇建设相结合，统筹规划，统一安排，大力发展小城镇建设，使农村二、三产业发展与小城镇建设互为依托，互相促进，共同发展，提高企业和人口的集聚效应，转移更多的农村剩余劳动力。到2010年，力争建成国家级小城镇建设示范镇25个，自治区级小城镇建设示范镇100个。

农村小城镇建设的发展目标是：要把小城镇建设成为经济繁荣、政治稳定、科技进步、农民富裕、规划布局合理、基础设施基本配套、交通方便、环境优美、具有地方民族特色的小城镇。

到2005年使全区20%的小城镇建设达到如下目标：

1.拥有1个科学、合理、适用，具有地方和民族特色的总体规划。

2.中心区内道路、电信、供电、供水、排水、园林环卫等主要基础设施基本齐全。

3.镇区建成1至2个基础设施配套的住宅示范小区、工业小区或商贸小区。

4.砖混结构住宅比例达到80%以上，人均居住面积14.4平方米，住宅应功能齐全，分区明确，布局合理。

5.建设园林化小城镇，加强公共绿地和公园建设，实现绿化覆盖率25%以上，人均占有公共绿地面积3.5平方米以上。

6.镇区自来水入户率达到80%以上。

7.镇区道路铺装率达到80%以上，主要道路有路灯和排水设施。

8.大力推广和应用先进适用新技术和科技成果，逐步建立科技信息化服务网络。

9.文化、教育、医疗、卫生和社会福利等服务设施能满足群众生活需求。

10.建立适应小城镇发展要求的新的户籍管理制度、住房制度、劳动就业制度、教育制度和社会保障制度。

农村小城镇建设的发展重点是：在各县、市在县(市)域范围内，确定1～2个县城以外具有区位优势，基础设施条件较好的中心镇，重点扶持其建设发展。

南疆优先发展集市贸易(市场)型和农副产品加工型小城镇。

北疆可根据当地实际条件确定合理发展模式(旅游、市场、加工)型小城镇。

四、支持农村二、三产业发展与小城镇建设的政策与对策

(一)农村二、三产业发展的政策与对策

1.增加对乡镇企业为主体的农村二、三产业的财政投入支持

发展需要资金。目前资金短缺是制约乡镇企业加快发展的极大障碍，要下决心解决这一难题。解决的办法就是要把增加对乡镇企业的投入与扩大投融资渠道结合起来。一是要发挥银信部门的主渠道作用。各商业银行对那些有市场、有效益、有前途的乡镇骨干企业、农业产业化龙头企业、高科技企业和外向型企业要积极给予重点信贷支持。二是要放宽乡镇企业的融资渠道。要在政策上允许乡镇企业通过多形式、多渠道吸纳社会闲散资金。允许建立乡镇企业股份流转机制的探索和试验，允许条件成熟的乡镇企业发行债券，促进乡镇企业多元投资主体的形成和产权的流动、重组。鼓励支持符合条件的乡镇企业股票上市，在乡镇企业上市问题上应与国有大中型企业同等待遇。三是建立为乡镇企业提供信用担保的基金。担保基金可以采用股份制形式，要有政府财政的支持，银行参与，也可以吸纳有能力的企业入股，完善其功能，使其集政策性、公益性、营利性于一体。四是继续推进银企合作。建立重点企业联系制度，根据企业运行情况、产品市场前景、资产负债率、信用程度等，选择一些重点企业、重点项目进行扶持。对重点企业要适当扩大授信额度，及时为企业解决资金需求，以满足乡镇企业上规模、上档次的需要。

就财政资金支持而言，要从以下几方面加大支持力度：

(1)继续加大对乡镇企业财政贴息资金的扶持力度

“十五”期间，应继续加大对乡镇企业贴息资金的扶持，确保贴息资金每年到位1000万元，支持乡镇企业健康发展。

(2)积极扶持乡镇企业建立担保基金，成立担保机构

目前，乡镇企业资金短缺，特别是贷款难、担保难问题已成为制约新疆乡镇企业发展的重要因素。从区内外部分地区的成功经验来看，建立乡镇企业担保基金，成立担保机构是解决这一问题的一个行之有效的办法。支持乡镇企业建立担保基金，成立

担保机构，切实解决发展乡镇企业资金难的问题。担保机构可以考虑由财政、银行、乡企局三家组建，并按照现代企业管理机制规范化管理，化解金融风险。

(3)进一步加大对小城镇和乡镇企业工业园区的扶持力度

近几年，新疆在加快小城镇及乡镇企业工业园区建设方面做了积极的工作，取得了一定的成绩。但由于资金投入不足，多数小城镇及乡镇企业工业园区普遍存在基础设施不完善，服务设施不配套的现象，严重制约了小城镇及乡镇企业工业园区进一步发展。“十五”期间，自治区财政要加大对小城镇及乡镇企业工业园区基础、服务设施的投入，进一步改善和优化外部环境，发挥其应有的作用。

(4)加大对乡镇企业农业产业化龙头企业的扶持

龙头企业是实施农业产业化经营的关键。从乡镇企业发展的实际情况看，农副产品加工企业已成为乡镇企业的主体力量，在新疆农业产业化经营中发挥着十分重要的作用，但由于现有龙头企业存在规模小、数量少、且技术装备落后的实际问题，因而龙头企业的带动辐射能力较弱，导致乡镇企业难以在农业产业化经营中担当重任。在这方面，我们和乡镇企业发达地区相比悬殊太大。如江苏省乡镇企业营业收入超 5000 万元的有 1496 家，其中超亿元的有 588 家，涌现出一批如江苏阳光集团、森达集团等全国知名的大型企业集团。“十五”期间，对乡镇企业农业产业化龙头企业应在技术改造、技术创新等方面应给予大力扶持。可以考虑结合新疆农村经济结构调整，分别在农牧产品加工的不同行业(如：棉纺、乳制品、肉制品、林产品、冷水养殖及加工等)扶持建立或选出 5～10 家予以重点支持。

(5)继续加大对乡镇企业专项资金的扶持力度

“九五”期间国家和自治区财政为促进乡镇企业的发展，拿出了一些专项资金如东西合作专项贴息，但 2002 年以来，国家取消了专项资金，对乡镇企业各项工作的开展带来不利的影响。自治区财政应积极协调，力争“十五”期间，继续保留对乡镇企业专项资金的扶持。

(6)继续加大对乡镇企业人才培训工作的扶持力度

人才短缺是制约乡镇企业加快发展的又一个重要因素，从目前乡镇企业的人力资源情况看，引进人才是必要的，但加快培养本地人才更为重要。财政应拿出专项资金，继续加大对乡镇企业人才培训工作的扶持力度，支持乡镇企业人才培训基地的建设与改造，扩大培训规模，尽快提高乡镇企业人员素质。

2.加大招商引资工作的扶持力度。采取积极的财税政策，引导大中型工商企业进军农村，引进内地特别是东南沿海地区企业进入新疆农业产业化领域

从新疆农村二、三产业发展的实际考虑，单纯依靠农村农民及本土的力量图发展将面临许多困难，依托新疆各地的优势资源，加大招商引资工作的力度将是农村二、三产业发展的主旋律。要采取积极的财税政策，引导大中型工商企业进军农村，特别是引进内地特别是东南沿海地区企业进入新疆农业产业化领域。内地尤其是东部地区充裕的资金、先进的技术和管理经验与新疆独特的优势资源相结合是实现农村经济发展的“双赢”之路。目前新疆农村二、三产业发展较快的米泉市、伊犁州县市的成功经验就在于此。因此，应当在财政资金上对招商引资工作列专项予以重点支持，同时，对进入本区的大中型工商企业及内地企业在财政扶持上“扶优扶强”，给予更多的倾斜支持。

3.切实减轻乡镇企业负担

要采取坚决措施减轻乡镇企业负担。在减轻乡镇企业负担上，既要治标，更要治本。一要坚持强化领导与统一思想相结合。要像抓减轻国有企业负担和农民负担那样，切实抓好减轻乡镇企业负担的工作。二要坚持清理与规范管理相结合。抓紧清理和取消向乡镇企业的不合理收费项目，经常检查和督促，尽快制定向乡镇企业收取费用的监督管理办法。三要坚持堵住源头与严肃处理相结合。首先要规范行政行为和部分执法，做到令行禁止，依法收费，杜绝“三乱”；其次要加速费改税，消除“三乱”的温床；再次要严格预算外资金的管理，发现不合理收费和乱摊乱罚资金要坚决清退，返还企业，对情节严重的要依法依纪严肃惩处。

4.努力创造发展乡镇企业的良好政策环境

要花大力气抓好法律、法规和政策的贯彻落实，彻底改变“政策够用不管用”的状况。要全面落实《乡镇企业法》和中共中央(1997)8 号文件等规定的各项政策措施。在财政支持方面，要根据已制定的原则和条件，对乡镇企业同等对待。要严格执行国家现行政策规定，对乡镇企业减征 10%所得

税，用于乡镇企业支农、建农和补助社会性支出。国家支持国有企业的税收优惠政策，也要同样适用于乡镇企业。对符合国家产业政策要求的劳动密集型、农副产品加工型、高科技型和环保型企业等，在税收上要给予适当优惠。要制定促进人才向乡镇企业流动的政策规定，在档案管理、职称评定、子女就业、工资住房等方面与其它企业平等对待。要支持加快建立和健全乡镇企业行政执法队伍，提高执法水平。要依法坚决制止各种非法改变乡镇企业所有权、干预乡镇企业自主经营权、侵占乡镇企业财产、撤换乡镇企业负责人等行为，切实维护乡镇企业的合法权益。

(二)扶持促进小城镇建设的政策与对策

1.加大对农村小城镇建设的资金投入力度

发展农村小城镇对转移农村剩余劳动力，增加农民非农产业收入，加快城乡一体化进程，实现国民经济的健康稳定发展都具有十分重要的意义。全国各地都十分重视农村小城镇的发展。广东省、浙江省、江苏省每年财政用于小城镇建设的资金都在数百亿以上(2001年，江苏省用于农村小城镇建设的资金达到192亿元)，资金的投入支持极大地推动了这些地区小城镇建设的步伐。

新疆农村小城镇建设起步晚、步子慢与投入不足有关。1999年至今，农村小城镇建设的事业费补助每年不足1000万元，与我们同在西部的甘肃省每年的村镇建设事业费补助达2000多万元。财力及投入的不足，成为新疆农村小城镇建设的重要制约因素。因此，在财力力所能及的基础上应加大对此项工作的资金扶持力度。

2.加快“撤乡并镇”的步伐，并从财政上予以扶持

撤乡并镇是加快城镇发展步伐的有效途径。目前，新疆建制镇数量少，比重远低于全国平均水平，因此，要考虑有条件的地方进行“撤乡并镇”，加快城镇建设步伐。对“撤乡并镇”后的富余人员及其它遗留问题，可以由财政和地方政府共同负担逐步加以解决。

3.逐步将乡镇企业向小城镇集中，充实小城镇经济发展动力

由于小城镇建设落后，乡镇企业不得不长期分布于广阔的农村，乡企游离于城镇之外，多数企业得不到城镇规模效应提供的巨大利益。目前，乡企面临着诸多问题：产业结构调整、产品更新换代、技术改造、专业协作、防治污染、降低成本、提高效益等，迫切要求向小城镇集中。另外，乡企的分散也不利于农村人口向城镇人口的转移。乡镇企业向小城镇的转移，同时也会为小城镇的生长创造机会和条件。因而，应抓紧时间制定吸引乡企向小城镇聚集的政策措施，并以此为基础发展新的乡企和其他企业，进一步充实小城镇的经济力量。

4.进行政策制度的创新

加快户籍制度改革步伐，放开农民进入小城镇落户的限制，逐步打破长期约束我国劳动力流动，影响人力资源合理配置的基本约束。采取灵活的土地政策。结合农民承包土地30年不变的政策，允许农民进城后以土地使用权有偿转包或入股的方式从原承包地获取一定的收入，用以支付进城初期的安置费用，待下一轮土地承包时再行调整。其实，农民并非一无所有，他们创业最大的“本钱”，是手中的土地承包经营权。国家规定，土地承包制度30年不变，这30年的土地使用权，可以有偿转让。在南方很多地区，土地使用权的流转，已不是新闻。按照市场利率计算(银行年存款利率为2.25%)，一亩地30年的使用权，就值1.33万元。新疆农村人均耕地较多，一户约4人，北疆地区人均耕地4亩多，也就是说，如果一户人家举家入城，其土地使用权，折合成人民币相当于20多万元。这笔钱只要能变现，再加上农民的自筹资金，到城镇里做小生意、办个小企业，应该绰绰有余。

5.改革小城镇建设的投融资体制，充分利用市场机制，更多地发挥民间投资的作用，建立以政府投入为导向，主要依靠社会资金建设小城镇的多元投资体制和建设体制

“十五”期间，在所有建制镇设立财政预算制度，充实小城镇的财力，规范小城镇财务制度；在小城镇收取的城市建设维护税、基础建设配套费、市场管理费等要专项用于小城镇基础设施建设。

6.完善小城镇政府的经济和社会管理职能，为城镇的规划实施和管理提供制度上的保障。

7.将现有的城镇居民社会保障制度延伸到小城镇，而且一定要涵盖新进入小城镇的居民，建立起适应小城镇发展要求的新的住房制度、医疗制度、劳动就业制度、教育制度和社会保障制度。同时，结合下岗职工再就业工程，积极对新落户的城镇居民进行工作技能培训，提高他们对城镇生活的适应能力。

4

结构调整与制度创新

WTO与我国农业支持体系的转型与创新

安徽省农调队课题组

一、WTO框架下的农业支持政策

(一)农业支持体系的基本定义及其目的

农业支持与保护是世界大多数国家在经济发展到一定阶段实施宏观调控确保国民经济稳定发展的重要手段和政策措施。我们认为,所谓农业支持体系,就是指政府为使农业有效支持国民经济持续、稳定、协调发展,保障农产品有效供给和农民收入稳定提高,保障社会安定和生态环境良性循环,通过增加农业投入,加强和完善农业基础设施建设,对农业生产和农产品价格及市场贸易、科技推广等环节实行支持的一系列政策、手段和措施的总和,以达到加强农业基础地位、实现农业可持续发展、提高农业综合生产能力为基本目标,进而达到增加农产品有效供给、保护农民利益为出发点而采取的。

研究农业支持体系问题,就有必要讨论一下什么是农业补贴的问题。一般意义上的补贴,是指政府通过财政手段向某种产品的生产、流通、贸易活动或某些居民提供的转移支付。农业补贴主要是对农业生产、流通和贸易进行的转移支付。WTO农业多边协议框架下,农业补贴具有两层含义:一种是广义补贴即政府对农业部门的所有投资或支持(support),其中较大部分如对科技、水利、环保等方面投资,由于不会对产出结构和农产品市场发生直接显著的扭曲作用,因而是现行农业协议(Agreement on Agriculture, URAA)的“绿箱政策(Green Box Policies)”所允许的。另一种是狭义补贴,如对粮食等农产品提供的价格、出口或其它形式补贴。这类补贴又称为保护(protection)性补贴,通常会对产出结构和农产品市场造成直接明显的扭曲性影响。WTO在理念上不赞同保护性补贴,并试图通过多边贸易协议框架加以限制和削减。

(二)WTO农业支持政策的基本内涵

农业是弱质产业。在工业化过程中,农业一直处于比较利益低下的位置。因而,农业扶持和补贴作为一种政府行为,成为许多国家保护农业的宏观调控手段。尤其在发达国家,农业支持更是保障农民利益,强化农产品出口竞争力的法宝。由于各国对农业支持的出发点不同,对农业补贴的范围,强度不同,使各国农产品的生产成本大相径庭,造成农产品在国际市场上的不平等竞争,破坏了国际农产品市场的正常秩序。为了改变这一状况,乌拉圭回合农业协议中,对农业的国内支持进行了规范,为国际农产品贸易开创了公平合理竞争的平台。从农业协议内容看,WTO对国内农业支持从两个方面予以规范:

第一方面,是对农业支持总量的约束和规定。农业协议规定:以1986—1988年3年国内支持总量(SMS)为基期,自1995年开始,发达国家在6年内以每年相同的比例逐步削减20%的国内支持总量,发展中国家在10年内以每年相同的比例逐步削减13%的国内支持总量。

第二方面,是对农业支持范围的约束和规定。

WTO农业协议把国内支持农业的政策措施分为两类：

一类是基本上不会对农产品生产和贸易造成扭曲的支持政策，称为"绿箱政策"。它是政府在执行农业计划时制定的，其费用是由纳税人（财政）而不是从消费者中转移而来的，而且对生产者没有直接影响的农业支持措施，因此，免予减让。主要包括四个方面：第一，政府一般性服务，如科学研究、病虫害控制、培训、技术推广与咨询、商检、市场营销和促销、基础设施建设等服务；第二，以粮食安全为目的的公共储备；第三，国内粮食援助；第四，与生产不挂钩的直接收入支持，如作物保险、自然灾害救济、结构调整援助、环境或储备计划、地区援助计划等，这些方面的补贴，不要求削减。

另一类是对生产和贸易可能产生不公平的政策，被视为"黄箱政策（Amber Policies）"。如价格支持、营销贷款、种植面积补贴、牲畜数量补贴、种籽、肥料、灌溉等投入补贴等，这些补贴大部分要求予以削减。

但是，农业协议对"黄箱政策"也作了一些例外规定，使"黄箱政策"中的一些补贴不受协议的约束和限制。一是给予发展中国家特殊差别待遇（Special and differential treatment），对发展中国家为促进农业和农村发展所采取的支持和补贴措施，包括农业投资补贴、对低收入或资源贫乏地区生产者提供的农业投入品补贴、以及为鼓励生产者不生产违禁麻醉作物而提供的支持等均可免予削减承诺。二是规定了农业补贴的"微量允许"，按发达国家和发展中国家区别对待，即允许发达国家对"黄箱政策补贴"（AMS）不超过农业总产值的5%，发展中国家不超过农业总产值的10%，均无须进行削减，不受农业协议的约束。农业协议还规定，没有超过"微量允许"的补贴，可以不纳入农业"黄箱补贴"额AMS的计算范围。三是为满足欧盟和美国的要求，农业协议规定，一些与农产品限产计划有关的"黄箱政策"如休耕补贴等，可纳入"蓝箱政策（Blue Box Policies）"，免予削减承诺，不受农业协议的约束和限制。

农业协议对国内支持政策的划分，也就是对国内农业支持范畴的规范，是WTO各成员国必须遵循的。因此，如何利用"绿箱政策"，加大农业支持力度，成为各国政府农业施政的一个重要导向。

（三）主要发达国家和地区的农业支持水平与政策调整

90年代中期（即WTO农业协议生效）以来，为履行乌拉圭回合农业协议的有关规定，各成员国开始调整国内补贴政策。从总体上看，调整的总趋势是：各国利用"绿箱政策"的补贴力度逐步加大，但进展缓慢。在发达国家"黄箱政策"的补贴依然很高，同时，"蓝箱政策"也在一些发达国家开始启用。而在发展中国家，大多数农业支持的总体水平仍然很低，面临的主要任务不是如何削减"黄箱政策"，而是如何用足用好"绿箱政策"。"蓝箱政策"在发展中国家受经济发展水平的制约，很少运用。

据专家研究，在1986～1988年的基期间，WTO成员国农业支持以"黄箱政策"占主导地位，基期补贴AMS总值为1980亿美元，90%以上集中在发达国家。大多数发达国家基期AMS超过农业总值的20%，欧盟、日本等高达50%以上。而同期，发展中国家中有61个国家基期AMS为零值（实际是负数），10个发展中国家AMS为正值，主要是墨西哥、韩国、委内瑞拉和巴西。此后，由于农产品价格干预等"黄箱政策"受到约束，许多成员国调整政策，增加了"绿箱政策"措施支出。据WTO估计，1995年成员国的"绿箱政策补贴"比1986～1988年基期显著提高，增加了54%。其中"绿箱政策补贴"占总支持水平的比例，美国达到76%、韩国63%、加拿大51%、日本47%，最顽固的欧盟也有21%，新西兰是"绿箱政策"的最忠实执行者，达100%。

近年来，WTO各成员国加紧了对国内农业支持政策的调整，以适应新形势下国际市场，提高农业竞争力，保障农民收益。对国际农产品贸易影响最大的欧盟和美国更是紧锣密鼓地对农业政策进行重大调整，不仅对本国和地区农产品生产与贸易产生影响，而且对世界农产品生产和贸易，以及WTO农业协议也带来了挑战。

欧盟的农业支持改革：从对农产品的价格支持转变为对农民收入的直接支持。1999年3月26日，欧盟15国国家元首和政府首脑在德国首都柏林达成一项关于2000年议程农业指导政策与资助调整的全面协定，规划了财政前景、共同农业政策改革和结构性调整行动等3方面内容，被认为是欧盟共同农业政策的一项新改革。欧盟在其最新改革的共同农业政策中，将推行新农业支持政策，以使对农业的支持符合WTO规范。新政策的一个核心内容就是降低补贴价格，鼓励竞争，把对农业的补贴进一步从生产补助中分离出来，即从对农产品的价格支持转变为对农民收入的直接支持，从而达到加强欧洲农业在国际贸易中地位的目标。根据新规定，未来在市场支持价格中，谷物将减少15%、牛肉减少20%、牛奶从2005年到2006年将减少15%。这一政策旨在使欧洲农产品更接近世界市场价格，改善农产品在区域内和国际市场上的竞争力，推动欧盟内部需求和出口增长。减少的价格补贴将通过增加的直接补偿而被部分抵消，从而提高农民生活水平。

美国的农业支持政策改革：大幅增加对农业的补贴。美国农产品出口量在世界市场占有很大份额，目前小麦出口占世界市场的45%、大豆占34%、玉米占21%。农产品出口占美国农业总销售的比例高达25%。因此，农产品出口对美国农业盛衰意义重大。近年来为了解决国内农产品供过于求、农产品过剩问题，不断调整农业结构和农业出口政策，同时努力打破出口障碍，迫使别国降低农产品进口关税和农业补贴，以增强美国农产品的竞争力．与此同时，美国大搞霸权主义，“只许州官放火，不许百姓点灯。”一面长期与欧盟和其他一些农业发达国家讨价还价，迫使它们减少对农业的补贴，自身却于2002年5月2日通过一项新的农业法案，要大幅增加对农业的补贴。这意味着在今后10年，美国政府对农业的拨款将增加到1800亿美元，比现在增加了735亿，其中对农业的补贴将比目前提高70%，补贴的对象也从以前的谷物和棉花生产农场扩大到畜牧农场、水果和蔬菜生产业主。此外针对畜牧业、水果和蔬菜生产业的土地保护项目的开支也增加了80%，而这些行业过去是很少得到政府拨款支持的。

美国现行的农业法是1996年克林顿总统执政时签署的，其最主要的内容是自由种植和政府逐步减少对农业的补贴。美国新农业法案的出台标志着美国的农业政策发生重大转向，也是布什政府从原先反对农业实行大幅补贴立场的倒退。美国这项旨在“有利于保证美国农业近期和长期的生存能力”的新法案，日益增加对本国农业生产的补贴，不仅将损害发展中国家和发达国家的利益，而且也是对乌拉圭回合农业协议的严重背叛。

欧盟和美国农业补贴政策的调整给人们的启发：欧盟和美国农业补贴政策的调整，无论未来趋势如何，我们从中看到重要的一点，那就是无论经济发展到何种程度，农业发展和农民利益归根结底都关系到国家的经济发展和长远利益，作为WTO成员国和发展中的农业大国，必须在遵循WTO相关原则的前提下，积极有效地灵活运用一切有利于推动本国农业发展、有利于保障本国农民切身利益的农业政策，进行农业支持体系的创新，推动本国农业的发展，提高农业竞争力，切实保障和提高农民收入水平。

二、我国现行农业支持体系进行转型与创新的必要性

（一）我国农业支持发展现状

农业具有经济再生产与自然再生产相互交织的特点。我国农业生产又高度分散，与发达国家的农业相比，我国农业具有更大的自然风险与市场风险。为了维护农村的稳定、确保农业的增长与发展，长期以来，我国政府采取了一系列补贴和支持农业发展的政策措施。但是，由于这些政策与措施大多是在计划经济体制下的封闭经济体系内形成的，因此既不适应社会主义市场经济改革的总体要求，更不符合开放经济条件下农业政策的国际规范，与WTO的规则不一致。所以，以市场化、国际化为背景，以提高我国农业的效率水平和竞争能力为目标，对我国业已实施的农业补贴与支持政策重新反思与调整，对我国现行的农业支持体系进行转型和创新，是我国加入WTO之后必须认真解决的重大现实问题。

我国的农业补贴政策形成于20世纪50年代之后的计划经济体制时期，在80年代之后进行了多次重大改革。在计划经济体制下，我国农业政策的基本目标是在确保农业为工业化作出持续贡献的前提下，实现我国主要农产品的基本自给。因此所采取的农业补贴政策仅仅是在对农业进行“剥夺”的同时为了维持农业的供给能力而进行的必要补偿，其主要特征是通过扭曲生产者价格的方式来实现消费者价格扭曲。农村改革之后，农业生产有了快速发展，农产品收购价格大幅度提高增加了农民的收入；农民又将从农业中获得的积累大量投向了非农产业，农民的收入越来越依赖于非农产业的发展。结果，农业的增长源泉主要来自于制度与技术，在制度的边际报酬递减的情况下则主要来源于生物技术、化学技术为主的农业技术改进，而农业生产的工具、设备、设施等固定投入并没有根本性改变，农业的组织制度与规模收益从相反的方面制约了农业生产效率的进一步提高。但是，总体上供

给增长削弱了人们对农业素质与问题的关注，在工业化成为国民经济的总体目标、市场化与国际化成为改革开放的迫切要求、农民的收入来源已经不再主要依赖于农业的情况下，农业补贴政策改革的结果是农业补贴水平的逐渐下降和农业支持力度的进一步降低；同时，农业补贴方式并没有在新的体制下得到根本性的改进。

我国农业的财政支持水平非常低。我国农业的财政支持水平非常低一直处于负值。根据张仲芳的测算，1993～1995年农产品市场价格支持总量分别为－1287.17亿元、－1132.63亿元、－591.39亿元，年均为－1050.97亿元①。具体表现在：

第一，农业基础设施薄弱。自1950年后，我国农业财政支出占国家财政总支出的比例远低于农业创造的国内生产总值占全部国内生产总值的比例。农业基本建设投资占全国基本建设总投资的比重1980年为2.9%，1985年为1.6%，1990年为1.4%，1995年为1.0%，1999年为2.4%，远低丁国际中等发达国家10%的比例。从而导致农业基础设施薄弱，以水利设施为例，全国1/3的水库带病运行，60%的排灌工程设施急需维护②。这种状况使得我国农业抵抗自然灾害的能力十分薄弱，一些地方旱不能灌、涝不能排。1990年至1997年，全国农作物受灾面积4933万公顷，成灾面积2498万公顷，成灾率51%。这种状况增加了我国农产品生产的成本，失去价格竞争优势，并难以保证产品品质。

第二，农村教育投资不足，医疗卫生条件差，农村人口素质低下。我国长期以来实行对农村的歧视性政策，我国财政对农村义务教育经费的投入严重不足，并且把相当的资金缺口通过摊派和收取高额学费的方式转嫁给农民，出现了“农村的学杂费比城市高，财政困难的地方收费比富裕地方高”怪现象。个别地方农民子弟读不起书，存在着辍学现象。如1999年，农村小学毕业生升学率为81.12%，初中毕业生升普通高中的升学率仅为6.18%；并最终导致我国农村人口素质低下。职业教育和基础教育的严重割裂，使得农村人口拥有技术专长的人员微乎其微，人口素质低下，是我国农业发展落后和农产品竞争力受到限制的重要原因之一。

第三，农村产业化的发展受到技术和资金限制。没有农业生产的产业化、加工出口企业的规模化，就谈不上农产品的标准化，质量的国际化。农业产业化、，关键是龙头企业的发展。但是，我国的龙头企业在发展中很难得到银行、投资机构的青睐，融资难度大，缺乏实力。缺乏研发能力，影响到产品的深加工。如玉米，美国深加工量占玉米加工量的20%左右，品种超过2000种，而我国玉米深加工不到玉米加工量的9%，品种只有100多种。

第四，公共产品投入的贫乏，加大了农民交易的成本。按国土面积计算，目前我国每平方公里国土拥有公路0.12公里，即使是东部沿海地区也只有0.3公里，这大大低于发达国家，与印度每平方公里拥有公路0.61③公里相比，差距也很大。我国至今还没有一条贯穿南北或东西向的高等级公路。农村电网老旧，电压不稳，电价昂贵；通讯不便，信息闭塞增大了农民交易的成本。

第五，相关法制制度的落后。我国农业外贸管理体制不顺，其中多头管理，是制约我国农业尽快与国际接轨，农产品抢占国际市场的主要因素之一，增大了企业走向国际市场的难度。再如现行的出口农产品质量监管体制，出口禽畜产品检测检疫管理实行的是口岸检疫与内地检疫分立体制，相互协调不足，整体功能发挥不够，手段落后，质量标准不统一，且费用较高，如检测一个蔬菜品种需交纳一二千元，不仅令企业左右为难，而且使出口产品质量得不到根本保证。

第六，预警机制滞后，导致农业出口损失巨大。1978年8月至2001年9月，我国受到欧美等29个国家和地区的450多起反倾销调查，涉及金额500亿美元。这与我国预警机制建设落后有着直接的关系。如针对中国出口的大葱，日本国内不但对自己国家的种植面积有十分精确的统计，就连我们国家各地每年大葱的预计种植面积、分布地区和预计产量，出口数量，市场价格变化都了如指掌，将这些信息提供给企业，而我国企业却无从知道这些

① 参见张仲芳(1997)[11]对我国1993－1995年的农业国内支持水平的测算。

② 数据资料来源于杨军、汪文(2003)[10]。

③ 数据来源于中华财会网《中长期财政投资的方向和重点》一文(http://www.e521.com/ckwk/caizheng/600004/0122110800.htm)，2002年1月22日。

信息，经营的风险也随之提高。

（二）我国现行农业支持体系中存在的问题

我国农业补贴政策的变化，真正属于市场化改革的是在1993年，当时我国对粮食的生产与流通、收购与销售价格实行了完全放开。由于这种改革是在短缺经济的背景下进行的，而短缺经济下的任何以价格与经营放开为内容的改革都无一例外地会导致商品价格水平的短期上涨。因此，在这一轮改革之后，我国粮食等主要农产品的收购价显著高于市场均衡价；迫于库存压力出口时，整体收购和经营成本又显著高于国际市场价，因而具有保护性补贴效果。近年粮棉国有部门亏损挂帐高达数千亿元，可见实际补贴规模在我国史无前例。然而，应当注意的是，我国农业补贴政策与其它发达国家如西欧、美国类似政策相比，至少存在两点不同：

第一，从保护性补贴政策设计目标看，国外主要是基于“农民收入平价（farmer's income parity）”原则，试图通过大规模补贴把农民收入提高到与城市居民大体相等的水平。由于这一原则与农产品消费需求规律存在矛盾，补贴带来的农产品过剩需要到国际市场上释放，结果表现为农产品出口贸易争端加剧。我国20世纪90年代高价收购粮棉农产品政策，固然兼有提高农民收入意图，但根本目标是控制1994～1995年发生的严重通货膨胀。因而，我国90年代发生的农业补贴，本质上不是一个长期性部门政策目标，而是特定情形下短期宏观稳定政策的一个构成部分。

第二，从补贴政策发生机制看，我国粮棉流通干预政策的补贴效应，不是事先的预期计划的产物，而是事后的出乎意料的结果。国外实施农业补贴和保护政策，通常有相应立法规定和年度预算，具有可预期性和自觉性；我国情况不同。政府一度在周期性高价位上敞开收购粮棉，但对其可能带来的财务成本缺少心理准备，也没有预算内支付计划。相反，1998年粮食部门在农发行的2000多亿元亏损挂帐数字公布后，上上下下对其原因感到困惑不解，有关部门则试图通过紧急仓促的政策调整，来控制和弥补巨额亏损挂帐。直至目前，具有补贴性质的上千亿粮棉价格干预“沉没成本”，相当大一部分仍然作为国家政策银行未还贷款“挂帐”形式存在。这都说明我国补贴具有非计划性和不自觉性。

总之，这种保护性补贴加剧了对农业产出结构和农产品市场的扭曲，加大了国家财政包袱，加深了国际舆论对我国农业保护政策的误解，实际绩效呈现一种不理想状态。

农业保护制度是我国农业支持体系的重要内容，而我国的农业保护制度却存在着严重的结构性缺陷。我国现行补贴政策一是对主要农产品价格和生产资料价格进行补贴，扭曲了价格而招致农产品出口国的强烈不满和责难；二是补贴对象为流通领域的国有企业如粮食企业和生产资料经营企业，而生产企业和农民得到的好处很少，对提高市场竞争力意义不大。

（三）解决问题的出路在于农业支持体系的转型与创新

农业支持体系的建立，不仅受WTO规则的制约，而且受到一个国家或地区经济发展水平的制约，同时还受到一个国家或地区的社会经济发展规划、社会文化以及决策者的偏好和决策水平等因素影响。加入WTO，使得农业补贴问题再一次摆到了决策者的面前，由于它带有计划经济的明显痕迹，同时又主要是在封闭经济体系下形成的，因此，无论是从市场化改革的要求看，还是从国际化趋势看，我国现行的农业补贴政策都将面临着重大的变革：首先，国民经济的市场化改革将进一步推动农业的市场化进程，从而必须建立一套符合市场化农业发展要求的农业补贴政策体系。作为长期以来受到计划高度保护和干预的农产品市场将全面放开并逐渐对外开放，农村中的土地制度、生产经营制度、户籍制度、劳动力转移制度都将按照现代产权制度、现代企业制度、自由市场制度、现代社会制度进行更为全面、深入、彻底的改革，农业作为国民经济基础的重要性将大大下降，粮食作为重要“战略物资”的概念将成为历史，一个既融入国内市场体系又融入国际市场体系的自由流通的农产品市场和产业化经营的农业经济部门，必须在政府特定的补贴与支持政策的干预下，成为真正产业化、市场化的国民经济的一个产业部门。其次，农产品市场的逐渐开放将迅速提高国内农业的国际化水平，因此，我国的农业补贴政策必须符合国际规范。在加入WTO之后，国内农业将不再是仅仅面对国内市场，而是要在很大程度上直接面对国际市场，也就是说，国内农业将国际化；在这样的情况下，国内农业补贴政策也需要符合国际规范。

我国入世之后，继续通过财政重点倾斜的办法，将有限的财政资金直接投入重点企业和农产品流通企业的做法不仅受到WTO“黄箱政策”的限制，而且也受到我国财力水平的制约。现行农业支持体系已经严重地制约着农村社会经济环境的改善，严重地制约着农村社会经济的发展和农民收入水平的提高，进而也影响着我国社会经济的发展。所以，必须对我国的农业支持体系进行转型和创新。

三、安徽省在农业支持体系的转型与创新方面的探索

（一）安徽的基本情况

安徽位于长江三角洲腹地，沿江通海，自然资源丰富，是传统的农业大省，全省 6400 万人口中，农业人口有 5000 多万。农产品总产规模较大，是全国重要的农产品生产基地，全省人均耕地虽然只有一亩多，但是粮食产量长期稳定在 250 亿公斤以上，位居全国第六前后。其他农产品丰富多样，如油料作物年产 268 万吨左右，棉花年产 24 万吨左右，还有近 300 万吨肉类、150 万吨水产品，这些产量在全国同类产品中都占有相当的份额。但是，农业进入新的发展阶段，安徽农业的数量优势逐渐弱化，质量效益优势不明显。农业在安徽省的 GDP 中约占 25%，由于许多农产品还处于原始产品状态，价值低，既影响了安徽的经济效益，也使农民的纯收入低于全国平均水平。

虽然从经济总量上看，安徽主要经济指标仍处于全国中等水平，如 2002 年，全省国内生产总值为 3569 亿元，居全国第 14 位；工业增加值 1290.52 亿元，居全国第 14 位；固定资产投资总额达到（扣除城乡集体、个体投资）792 亿元，居全国第 15 位；地方财政收入 206.2 亿元，居全国第 16 位；社会消费品零售总额 1054.3 亿元，居全国第 14 位。但是 2002 年人均水平远远落后于全国的平均水平。2002 年，全国人均 GDP 为 7992 元，安徽只有 5817 元，在全国排在第 24 位；全国城镇人均收入 7703 元，安徽为 6032 元；在全国排 30 位；全国农民人均可支配收入 2476 元，安徽为 2118 元，居全国第 19 位。

总之，作为一个农业大省，安徽农业基础薄弱，抗灾能力不强，产业化水平不高，农业生态环境污染日趋严重；这些问题严重制约着农村经济的发展，也已成为制约安徽省经济可持续发展的突出因素。综合经济实力相对落后地区，农业资金投入严重不足，以下三个问题能够进一步说明安徽农业资金严重短缺的问题：

第一，安徽省仍有 50%以上的耕地、60%以上的人口和 75%以上的国民生产总值，汛期处于洪水的威胁之下。同时，由于降水在时空分布上的不均匀，江淮分水岭地区和淮北平原又严重缺水，加之水资源污染仍然十分严重。此外，已经建设起来的水利工程等基础设施，由于洪水毁坏、工程老化、供排水渠道淤积，再加上其它人为损坏等因素，这些设施也难以真正能够有效地发挥作用。2000 年和 2001 年连续两年，安徽省绝大多数农村都遇到了多年未遇的旱灾。要解决旱情，必须首先有水。而要解决水利问题，就只有通过拦河留水、打井提水或挖当家塘蓄水。然而当前的一家一户的分散农户经营体制是根本无法解决这些问题的。特别是 2003 年夏淮河洪涝灾害使安徽省损失惨重，受灾人口达 2800 多万，直接经济损失 162 亿元，农作物绝收面积 1000 多万亩。

第二，安徽省现有 4000 多座大中小型水库，其中有 1400 多座病险水库需要除险加固，安全状况令人担忧。水库一旦垮坝，将酿成重大事故，因为它直接威胁着人民生命财产的安全。历史上曾多次发生小型水库垮坝事件，教训是惨痛的。另外，全省还有 50 条一级支流、140 多条二级支流和山区河道都没有得到有效的治理。与此同时，水资源供需矛盾日益突出，即使是中等干旱年份也缺水在 60 多亿立方米，有 66 个县城以上的城镇缺水。

第三，安徽省农业科技投入严重不足，科研水平低。经过多年的发展，全省已经形成地市级以上农业科研机构 44 家，从业人员 2129 个，专职农业科研人员 1412 人的科研队伍，为安徽农业发展做出了巨大的贡献。但是，全省农业科技总量不足和农业科研投入不足的问题异常突出。首先是科技人员总量不足，人才流失和浪费并存的问题。在美国、日本等发达国家，每万名在业人口中有 40 名左右的科技人员，我国有 4～6 名，而安徽省只有 0.5 名（包括推广人员），其中农业科研人员与农业人口的比例更小，这与安徽省农业大省的地位极不相称。而且更为严重的是，由于工作和生活条件等方面的影响，优秀中青年人才外流现象不断发生。而另一方面，由于课题与经费不足，部分科技人员存在闲置现象，造成人才浪费。其次是农业科研投入不足的问题异常突出。安徽省农业科技人员人均经费比其他行业科技人员低 45.8%，农业科技人员年人均科技活动支出比其他行业要低 27.6%。

由于科研及事业经费缺口大，严重影响了科研工作的深入，科技水平的提高以及科研成果的转化①。

无论是农业基础设施资金投入不足，还是农业科技工作中存在的问题，一个最根本的原因就是安徽省的经济发展水平相对比较落后，没有资金投入到农业上，对农业支持不够，另一方面，由于种种原因，对于农业的索取又比较多，在安徽这样一个经济发展水平下，如何建立一种新型的农业支持体系，安徽近几年作了一些探讨。

(二)安徽省在农业支持体系的转型与创新方面的探索:农村税费改革与粮食直补改革

1. 安徽省农村税费改革方案设计、实施及效果②

现行农业税制主要沿袭1958年颁布的《中华人民共和国农业税条例》，1988年新开征农业特产税，1994年分税制改革后将农业税、农业特产税划分为地方税；20世纪80年代后期，农业税逐步由实物形式改为货币形式。随着社会经济的发展和农民负担③问题的异常突出等问题的出现，农村税制改革的要求在安徽表现的十分强烈。早在20世纪90年代的早期，安徽一些地方就自发地开展了农村税费改革。1993年涡阳县新兴镇进行了全镇范围的农村税费改革，1994年太和县进行了全县范围的农村税费改革试点。在1998年10月中央《关于农业和农村若干重大问题的决定》中作出要"逐步改革税费制度"之后，安徽又在来安、望江、怀远、濉溪四县进行了农村税费改革试点。2000年，按照中央的部署，安徽全省范围的农村税费改革试点全面启动。安徽的此次农村税费改革，减轻了农民负担，降低了农民生产农产品的实际成本；增加了农民收入，调动了农民的生产积极性。

(1)农村税费改革方案设计

①农村税费改革方案设计的基本原则

农村税费改革是一项崭新的课题，没有任何经验可以借鉴。如何推进农村税费改革，必须要有一个明确的指导思想和一个完整的试点方案。推进农村税费改革，就是要根据社会主义市场经济发展的要求，按照既要切实减轻农民过重的负担又要保障农村基层组织基本正常运转的原则，对现行农村税费征管体制进行调整和完善，建立与社会主义市场经济相适应的农村分配体制。为此，农村税费改革试点方案设计的基本原则有：

第一，统筹安排，全面推行；

第二，从轻确定农民负担水平并保持长期稳定，兼顾乡镇政府及基层组织正常运转的需要；

第三，简便易行，规范税费征收行为；

第四，综合配套改革，推行乡镇机构和教育体制改革，完善乡镇财政体制，促进乡镇财政良性循环；

---

① 参见安徽省农村社会经济调查队的李家仪、毛孟毓等人(2002)[2]编著的《安徽农村社会经济实证研究》(中国统计出版社)第37—38页。

② 这部分内容的一些观点和数据大多来源于《WTO与我国农业支持体系的转型与创新》课题成员苏伟亚、邓德平、孟昭杰等人于2000年10月完成国家统计局农调总队招标课题《安徽省农村税费改革实证研究》(属农调系统招标课题)。

③ 关于农民负担的研究文献资料很多，根据河南省社会科学院农村经济所的生秀东的研究，农民负担有广义与狭义之分。狭义的农民负担指农民为实现农村公共产品的供给而承受的税费负担。根据公共财政理论，其供给应由政府承担，农民作为纳税人承担公共产品的供给成本。现在人们一般所说的"农民负担"就是指这种狭义的农民负担，它包括四个方面：第一，农业税收。第二，"三提五统"。"三提"是指村级组织向农民收取的公积金、公益金、管理费。从理论上讲，它是当前虚置的土地集体所有权在经济意义上的实现(地租)。在实践上，现行的土地集体所有制对农业家庭经营，对农民利益并没有起到保护作用，反而使集体组织与农户处于对立地位。它是建立在不合理的土地产权制度之上的。"五统"是指乡镇政府向农民收取的计划生育费、民兵训练费、教育附加费、乡村道路建设费和优抚费。统筹款在性质上属于社会公共产品费用，理应由政府财政负担，由农民在税外负担是不合理的。实际情况还要糟糕，统筹款几乎涵盖了乡财政所有的支出项目。第三，农民义务工。一般每年少则十几个，多则二十几个。第四，"三乱"，即是指对农民的乱集资、乱收费和乱罚款。"三乱"名目十分繁多，有的地方农民全年负担达到100多项，其中，统筹收费如农村办学费、村干部报酬及保险金、国防教育费和优抚对象优抚费、计划生育补贴费及保险金、民兵训练费等；服务费用如猪禽检疫防疫费、水利工程供水费、人身农房保险费等；管理费用如市场管理费、土地及宅基管理费、水土保持费、林木砍伐费、中小学生杂费、公路建养费、各种牌证照费等；用工及其他费用如植树、兴修水利、公路建设用工折款等；罚没款如违反土地管理条例罚款、超生罚款、不按规定品种或技术程序种植罚款等；集资如社会福利募捐、集资办电、集资建校、集资建桥、集资建农贸市场等。

广义的农民负担包括税费负担，还包括农民的一些机会成本：第一，农民所承受的工农产品价格"剪刀差"损失。这部分收入损失实际也是农民的负担。第二，地方政府对农业生产经营活动的干预，对土地承包经营权的侵害也是农民的负担，它使农民利益直接受到侵害。表现形式之一是在实施农业产业化过程中，"公司+农户"在地方政府手中变成了"公司+乡政府+农户"。由政府直接下达种植计划，稍有不从，就遭罚款。表现形式之二是频繁地收回土地承包权，造成农户对土地经营预期的短期化。第三，长期存在的城乡分治的二元社会结构造成的农民负担。仅由于出生地不同，农民生来只能种地，改变命运的机会极少。由于存在就业障碍，农民失去了争取高收入的机会；由于缺乏社会福利保障，农民的生命成本加大。这也是农民的一种隐形负担(主要观点来源于生秀东(2003)[12])。

第五，健全农民负担监督管理机制，坚持群众路线，促进农村民主与法制建设；

第六，公平税赋，发展生产和有利于产业结构的调整和布局；

第七，符合 WTO 规则和多边农产品贸易规则。

②安徽农村税费改革方案设计的主要内容

安徽农村税费改革的主要内容可以概括为“三个取消、一个逐步取消、两个调整和一项改革”。具体有以下 8 个方面：

第一，取消乡统筹费。取消现行按农民上年人均纯收入一定比例征收的乡村两级办学经费（即农村教育事业费附加）、计划生育、优抚、民兵训练、修建乡村道路费。取消乡统筹后，原由乡统筹开支的乡村两级九年制义务教育、计划生育、优抚和民兵训练支出，由各级政府通过财政预算予以安排。修建乡村道路所需资金，不再固定向农民收取。村级道路建设资金由村民大会民主协商解决，乡级道路建设资金由政府负责安排。农村卫生医疗事业逐步实行有偿服务，政府适当补助。

第二，取消农村教育集资等专门面向农民征收的行政事业性收费和政府性基金、集资。取消在农村进行的教育集资，取消农村中所有专门面向农民征收的行政事业性收费、政府性基金、集资。中小学危房改造资金，由财政预算安排。

第三，取消屠宰税。停止征收在生产环节和收购环节征收的屠宰税，原来随屠宰税附征的其他收费项目也要一律停征。各地不得以任何名义变相收取屠宰税。

第四，逐步取消统一规定的劳动积累工和义务工。为规范和加强对农民的劳务管理，切实减轻农民负担，同时考虑到目前安徽省农业基础设施薄弱、建设任务重，决定全省用 3 年时间逐步取消统一规定的劳动积累工和义务工。2000 年每个劳力每年承担义务工和劳动积累工最高分别不超过 7 个和 13 个，2001 年不超过 5 个和 10 个，2002 年不超过 4 个和 6 个，2003 年起全部取消。劳动积累工主要用于农田水利基本建设和植树造林。义务工主要用于植树造林、防汛、公路建勤。投劳任务较少的地方，也可一步取消。“两工”取消后，村内兴办水利、修路架桥等集体生产和公益事业，必须遵循“量力而行、群众受益、民主决定、上限控制”的原则，实行“一事一议”，由全体村民或村民代表大会讨论，按多数人的意见作出决定。除遇到特大防洪、抢险、抗旱等紧急任务，经县级以上人民政府批准可临时动用农村劳动力外，任何地方和部门不得无偿动用农村劳动力。

第五，合理确定农业税计税面积、计税常产和计税税率。一是确定农业税计税土地面积。农业税计税土地面积，以农民第二轮合同承包、用于农业生产的土地为基础确定。对二轮承包后，经国家土地管理部门批准征（占）用的计税土地并已缴纳耕地占用税的土地，不再作为农业税计税土地；对于二轮承包后新开垦的耕地按规定免税到期的应纳入农业税计税土地。各级农业税征收机构要建立农业税计税土地档案，实行动态管理。计税土地发生增减变化时，农业税应当同步进行调整。对有纳税任务的其他单位和个人从事农业生产的，计税土地面积为实际用于农业生产的土地。二是调整农业税计税常产。农业税计税常产以 1998 年前五年间农作物的平均产量为依据确定，并保持长期稳定。三是合理确定农业税税率。考虑到安徽省地域条件的差异和农业生产条件的差别，以及农民的承受能力和近几年农业税税率的执行情况，全省农业税税率仍实行地区差别比例税率。贫困地区农业税税率从轻确定，全省农业税税率最高不超过 7%。各县（市、区）农业税的具体计税常产、计税税率和农业税征收任务，经省农村税费改革领导小组批准后，要分类测算到乡，并落实到农户或其他农业税纳税单位和个人。

第六，调整农业特产税政策。按农业特产税税率略高于农业税税率、减少征收环节、农业税和农业特产税不重复交叉征收的原则，根据国家农业特产税的统一政策，结合安徽省农业特产品集中产区和山区、库区的实际情况，适当调整部分农业特产税税率，并报国务院有关部门批准后实行。取消原来一个应税品目两道环节征税，实行一个应税品目只在一道环节征税。对在非农业税计税耕地上从事应税农业特产品生产的，继续征收农业特产税。对在农业特产税土地上种植应在生产环节纳税的农业特产品，其应纳农业特产税税额小于农业税税额的，不征收农业特产税，只征收农业税；大于农业税税额的，只征收农业特产税，不征收农业税。严禁两税重复征收。

农业特产税减免政策按《安徽省农业特产税征收管理实施办法（试行）》执行。

第七，改革村提留征收和使用办法。村干部报酬、五保户供养、办公经费，除原由集体经营收入开支的仍继续保留外，由农民上缴村提留开支的部分，改革后采取农业税附加和农业特产税附加的方式收取，原公积金支出项目的资金需要，通过“一事一议”的方式及筹资上限控制等方式解决。

第八，清理税收及附加征收、税费尾欠。对于税费清欠。在税费改革过程中，各地要认真审核和清理历年形成的农业税、农业特产税、“村提留和乡统筹”尾欠，并具体核实到户。清理农业税尾欠、农业特产税尾欠，要严格按照税法规定进行。对“村提留和乡统筹”尾欠，要制定具体的分年度清欠计划，根据清欠数额和农民承受能力，分批、分期清欠。除农业税、农业特产税、“村提留和乡统筹”的尾欠外，其他所有尾欠不在清欠范围内，不得再追缴。对农业税尾欠、农业特产税尾欠，由乡镇财政部门核实。对“村提留和乡统筹”形成的尾欠，由乡镇农民负担监督管理办公室清理初审，并报县农民负担监督管理部门核实。农业税、农业特产税、“村提留和乡统筹”的尾欠，统一由乡镇财政部门组织收取。各地要继续贯彻有关减免政策，符合税费减免条件的应及时予以减免。对清收的税、费欠款，要按原来的渠道管理和使用，任何部门和单位不得挪用。

(2)农村税费改革方案的实施

①广泛调研，科学测算

第一，税率最高不超过7%。试点省份的具体适用税率和农业税征收总额，由国务院确定；省级以下地区按照比现行农民税费负担明显减轻的原则逐级核定。中央确定7%为上限税率，但这并不意味着各地都要达到7%，还要考虑农民比改革前的实际负担水平有所降低，因此，具体到各县、乡、村的适用税率和农业税征收总额，要按照比现行农民税费负担明显减轻的原则逐级核定。

第二，征收农业特产税附加，农民负担水平要比改革前有明显减轻。安徽省有22个山区和库区县，人多地少，山林面积大；还有一些县近年来农业结构调整步伐比较大，农业特产品生产发展较快，农业特产税占财政收入的比重较大，农业税比重较小。改革后新农业税中的增收部分(即相当于原乡统筹)及农业税附加不能满足乡镇及村的基本正常运转。对于此类问题，国务院原则同意这些县比照征收农业税附加的形式，征收农业特产税附加。农业特产税税率分品种确定，农业特产税附加比例不超过正税的20%，以解决这些县的乡镇及村级财力缺口问题。这里同样也有一个基本原则，就是改革后农民负担水平比改革前有明显减轻。另外，根据中央7号文件规定，取消对同一税目在两道环节征收，并且在同一土地上对农业税和农业特产税不重复交叉征收。

第三，取消“两工”，实行“一事一议”解决集体生产和公益事业的用工。对于过去统一规定的农民负担的劳动积累工、义务工，考虑到很多地方农田水利建设的任务很重，有些地方已经把农民投劳作为有关项目投资的配套资金来源，一下子全部取消“两工”有一定的难度。经国务院同意，省试点方案对“两工”采取逐步取消的方式，具体规定是，2000年每个劳动力承担义务工和劳动积累工最高分别不得超过7个和13个，2001年不得超过5个和10个，2002年不得超过4个和6个，到2003年全部取消。也就是说在三年内逐年减少直至全部取消。各地也要按此原则执行。使用“两工”不能强行以资代劳。要在省规定的上限内，对农民负担的“两工”确定逐年减少的数额，保证三年后全部取消。以前投劳任务比较少的地方，也可以从本地实际出发一步取消。各地、各有关部门一方面必须尽可能在过渡期内把农民投工投劳使用好，特别是以此作为配套资金来源的在建水利、农业综合开发等项目要力争在近三年内建成；另一方面，在规划编报新的项目时，不得再把农民投工投劳作为配套资金来源。逐步取消“两工”以后，村内兴办水利、修路架桥等集体生产和公益事业的用工，实行“一事一议”，由村民自主决定。村提留改为农业税附加以后，村内兴办集体事业和公益事业，所需资金不再固定向农民收取，也要采取“一事一议”的办法。在改革后村级资金受到较大影响的情况下，“一事一议”的实际效果如何，将直接关系到村内集体事业和公益事业的发展，各地必须对此引起足够的重视。“一事一议”总的原则是“量力而行、群众收益、民主决策、上限控制”。在这个问题上，需要注意以下三点：一是坚持量力而行的原则，办事不超过农民的负担能力；二是在政策允许的范围内，把农村急办的事办好，发挥效益；三是积极采取宣传、引导措施，尊重农民民主权利，向农民说清道理。既要提高“一事一议”的实际效果，防止议而不决，一事无成，影响村内必要的集体事业和公益事业的发展；也要防止少数人说了算，导致农民负担失控。

第四，不征收实物征收代金。对于税收及附加征收、农业税及附加和农业特产税及附加采取征收代金制，在一定时期内保持相对稳定。农业税及附加、农业特产税及附加统一由财政机关负责征收，使用财政部门统一印制的专门票据，可以由粮食、林业、供销等部门在收购农副产品时代扣代缴。

第五，千方百计解决基层财力平衡问题。实行税费改革后，农村分配关系规范化、法制化了，不能再以其它名目向农民多收钱，不能再搞其他形式的收费和摊派，也不能随意挤占村级资金，两相比较，财力平衡就出现了缺口，而且一些乡镇税费改革前存在债务负担重。通过对税费改革的实践，村一级减收的幅度较大，比乡镇一级的困难要大得多，而税费改革方案对此估计不足。对于这些问题，一是要积极调整支出结构，不把改革中形成的财力缺口留给基层，要把改革后新增的农业税、农业特产税要全部留给乡(镇)，农业税附加和农业特产税附加要全部留给村，各级都不得以任何方式截留。二是要明确财政预算安排和资金支出的顺序。首先要保稳定，保工资发放，保基层组织正常运转，不能将硬缺口留在工资上。三是要推动乡镇政府在转变职能的基础上，立足自身，通过精简机构、清理人员、调整事业布局、优化支出结构等办法，减轻支出的负担和压力。四是乡镇和村在节支的同时要注意增收，大力发展经济，培植财源，从根本上缓解收支矛盾问题。

农村税费改革的配套措施是农村税费改革的重要组成部分，是农村税费改革内容的深化、延伸和扩展，是农村税费改革取得成功的政策性保障。安徽省的这次农村税费改革与乡镇政府机构、乡镇财政体制改革、农村教育体制改革等方面的改革结合起来进行。精简了乡镇机构和人员，减少财政支出，减少了由农民负担支出的村组干部人数，停止了各种达标升级活动，对涉及农民负担的各种行政事业性收费、政府性基金、集资达标项目等一律停止执行，对不利于控制和减轻农民负担的干部考核指标坚决取消。为此，省委、省政府制定了一系列配套改革措施，主要包括：《关于进一步完善乡镇财政体制的若干意见》、《安徽省农业税征收实施办法(试行)》、《安徽省农业特产税征收实施办法(试行)》、《关于将原有乡统筹开支的五项事业支出纳入乡镇财政预算管理的若干意见》、《安徽省农村劳动积累工、义务工和村内兴办集体生产公益事业筹资筹劳管理暂行办法》、《关于对违反农村税费改革政策行为的处分规定(试行)》、《关于减轻村级负担的若干规定》、《关于清理整顿涉农收费切实减轻农民负担的意见》等等。

(3)安徽农村税费改革试点的效果

经过三年多的试点，安徽省农村税费改革取得了重要的阶段性成果：

①有效地遏制了农村“三乱”，明显减轻了农民负担。2000年，农民负担的减负率达31%，平均每个农民因税费改革增收60元以上，农民普遍感到农业综合成本降低，实际可支配收入相对增加，使他们由原来的“所剩无几”，变得有能力进一步增加对农业的投入，农村税费改革得到了农民的衷心拥护。2001年全省减少农民政策性负担19.4亿元，农民人均政策性负担比改革前减少39元，减幅达35.6%。如果加上减少“两工”、规范涉农收费和制止农村“三乱”，减负效果更加明显。

②积极探索了农村义务教育和乡村两级运转必要经费的解决办法。通过精简机构、并乡并村等配套措施，以及调整财政支出结构和上级给予转移支付、村级补助等办法，基本解决了乡村财力缺口问题，目前已初步建立了农村中小学教师工资发放、学校公用经费和危房改造投入、乡镇五项事业费、村级三项费用的经费保障渠道。

③规范了农村税费征管。对农业税征管体制、征收程序、征收办法都进行了规范，普遍实行了纳税登记和纳税通知制度，全省大力推行了“定税额、定时间、定地点”的“三定”征收办法，减少了乡村干部因催粮催款与农民群众直接发生矛盾摩擦，改善了干群关系。

④促进和带动了农村其他改革工作。农村税费改革除了取消农民不合理负担、调整农业税和农业特产税政策、改革村提留征收使用办法等主体改革以外，同时还推动和促进了乡镇机构、农村教育体制、县乡财政体制等各项改革，并已取得了初步成效。

2. 安徽省粮食补贴改革试点分析

古人云：“安民之本，必资于食，安谷则昌，绝谷则危”。我国是世界上人口第一大国，也是粮食消费第一大国。“国以民为本，民以食为天，食以粮为源。”解决中国的粮食问题，至关重要的是能否找到符合中国经济发展和现代化需求的战略途径，我国政府一直在探讨粮食流通体制改革的方式。粮食补贴方式改革是我国粮食流通体制改革的一项重大突破。实行对粮食生产环节价格补贴的“绿箱政策”，是适应WTO规则的基本要求，是保护农民利益的重要手段。改革粮食补贴方式既是增加农民收入、调整农业产业结构、提高农业竞争力和促进粮食流通市场化的需要，也是我国农业适应世贸组织规则、提高农业竞争力的需要，又是减轻财政负担提高支农资金使用效率的需要。

2002 年 2 月，安徽省来安县和天长市在全国率先进行粮食补贴方式改革试点，放开粮食价格和粮食购销市场，调整对农民间接补贴政策，将保护价和市场价的差额直接补贴给农民。到 2002 年底，天长市发放粮补资金 2178 万元，平均每个农民从粮补改革中增收 42 元，来安县平均每个农民增收 27 元。改革措施实施以来，两个地方的粮食市场全面放开，农民卖粮渠道增多，农民群众的收入有所提高。改革激发了农民的生产热情；市场竞争趋于活跃，国有粮食企业负重应战，购销主体增多。

2003 年，安徽省全面在改革试点成功的基础上，全省范围内推广以“两放开，一调整”为主要内容的粮食补贴方式改革试点。

(1)粮食补贴方式改革的指导思想和基本原则

此次粮食补贴方式改革的初衷是要按照世贸组织协议和粮食商品化、市场化和国际化要求，改变财政支农方式，改革粮食流通体制，将国有粮食企业推向市场，促进种植业结构的调整，增强农业竞争力。因此，此次粮食补贴方式的指导思想是：切实保护粮食生产能力和种粮农民利益，促进农民收入增长；坚持以市场为取向，放开搞活粮食流通，继续发挥国有粮食购销企业的主渠道作用，深化国有粮食购销企业改革；搞好粮食储备，加强粮食宏观调控能力，促进农业结构调整和农村经济发展，切实维护好、实现好、发展好广大农民群众的根本利益。

根据改革的指导思想，粮食补贴方式改革试点应该遵循的基本原则是：一要有利于保护农民利益，促进农民增收。改革要着力保护农民利益特别是粮食主产区农民的利益，调动其积极性，从而解放和发展农村生产力，减缓近年来农民收入增长持续减缓的突出问题；二要有利于加强农业的基础地位，保证粮食安全。随着改革开放的快速发展和经济的迅速增长，农业产值占 GDP 比重在逐年下降，但是农业基础性地位没有改变。粮食补贴方式和配套措施改革将会增强农业竞争力，粮食是关乎国计民生的重要战略物资，必须在粮食市场化的情况下，采取粮食储备和保护耕地等有效措施保证粮食的安全；三要有利于深化国有粮食购销企业改革，提高政府资金使用效率；要通过粮食补贴方式改革的机遇，将；四要便于公开公正规范操作，保持农村稳定。

(2)粮食补贴方式改革试点的主要内容

扩大粮食补贴方式改革试点的主要内容是“两放开、一调整”。两放开就是放开粮食收购价格，全面放开粮食收购价格，不再按保护价收购农民余粮，粮食实行随行就市收购；放开粮食购销市场。支持和鼓励各类经营者公平参与粮食收购和经营，实现经营主体的多元化。国有粮食购销企业实行自主经营，自负盈亏，参与市场竞争，继续发挥在粮食流通中的主渠道作用。一调整就是调整粮食补贴方式，将原按保护价敞开收购农民余粮间接给农民的补贴，改为按国际通行的做法，直接补贴给农民，补贴标准为粮食市场价低于政府保护价的差价。与此同时，妥善解决国有粮食购销企业老库存、老挂账等历史遗留问题。

(3)计算补贴的具体办法

①合理测算享受补贴粮食数量。以 1998 年至 2002 年各县、市 5 年间国有粮食购销企业按保护价收购农民余粮的平均数为基础，确定各地享受补贴的商品粮常量。

②分解享受补贴的粮食数量到每一农户。省政府的粮改方案规定各县、市根据实际情况，以农业税计税土地面积，或农业税计税常产，或两者各占一定比例的方式为依据，确定每个农户享受补贴的商品粮常量。农户享受补贴的商品粮常量确定后，由乡镇政府发给享受补贴通知书，并保持相对稳定。

③确定补贴标准。由统计调查得出的市场价，其低于省政府确定的保护价的差价部分，作为对农民补贴的标准。当市场价高于保护价时，取消差价补贴。2003 年，全省混合小麦的差价补贴标准为每 50 公斤 5.5 元，中晚稻为 4.5 元。为保持政策的相对稳定，差价补贴标准原则上一定两年不变。

④将粮食补贴直接兑付给农民。将确定的每户农民享受补贴的商品粮常量，乘以政府公布的差价补贴标准，确定每户农民每年应得的补贴数额，对农民补贴资金兑付工作由乡镇财政所承担，直接兑付给农民。

⑤设立专户，管理好粮食补贴资金。由省财政统一拨付农民补贴的资金给市、县财政。各地方财政部门在当地农业发展银行设立农民补贴资金专户，严格资金管理。

⑥实施细则。第一，绝大多数县采取将补贴发放给从事种植业的农民，个别县规定只补给缴纳农

业税的农民，农民交纳农业税后才能领到粮食补贴；第二，绝大多数县以计税常产确定每户应该享受的补贴，个别县以常产和计税面积各半的标准确定每户的补贴额；第三，补贴款基本上由省财政转移支付；第四，根据农户应享受补贴的商品粮数量和差价补贴标准，计算每一户农民的粮食补贴额，由乡镇政府统一发放粮食补贴通知书，并张榜公布；第五，农户凭粮食补贴通知书及本人身份证明，在规定时间直接到乡镇财政（农税）所领取补贴资金。

（4）粮食补贴方式改革的政策效果

经过一年多改革试点证明，粮食补贴方式改革促进了政府农业支持方式与世界通行做法的接轨，适应了 WTO 的要求；转变了财政支持农业的方式，提高了政府支农资金的使用效率；推进了粮食流通市场化，有利于解决粮食购销体制中的弊端；激励了农民面向市场，实施积极的结构调整；提高了农民收入，经过测算，全省 2003 年度粮食直补资金为 6.09 亿元（另外还有 0.18 亿元的运作成本），这些资金如果不打折扣地全部到达农民手里，全省农民人均可以得到补贴额为 12 元。

最近，安徽农调队对全省 10 县（区）随机抽取 100 户农民开展了粮食补贴方式改革问题问卷调查，同时有代表性地同 10 位乡村干部、10 家国有粮食购销企业和 20 个非公有制粮食收购主体进行了座谈。

调查结果显示，农村居民普遍了解国家粮食补贴方式改革政策，普遍认为粮食补贴方式改革是为民着想，是一项好政策，盼望在落实中不走样并能长期坚持不动摇。98.9％的农户和绝大多数非公有制粮食收购和粮食加工企业认为，粮食直补的形式以法律或法规的形式规范，提高直补的长期性和规范性。非公有制粮食收购企业积极参与收购农民粮食，国有粮食收购企业认为受到极大冲击。在与农户谈到愿意将粮食卖给谁时，80.5％的农户表示谁出价高就卖给谁，11.5％的农户愿意卖给私人粮贩，只有 8％的农户愿意到国有粮站出售。直补后粮食价格上涨，小麦价格小幅稳定走高，非公有制粮食收购企业积极参与抢购粮食，抬高了粮价是一个重要原因，另一方面价格上涨后，农民惜售。粮食收购企业也普遍认为市场竞争激烈，利润水平低，他们资金不足而贷款困难是制约其快速发展和壮大的一大因素。

具体说，粮食补贴方式改革有以下效果：

①促进了政府农业支持方式与世界通行做法的接轨，适应了 WTO 规则的要求。对农民直接补贴的农业支持属“绿箱政策”范围，补贴多少不受限制，同时国家可以有效利用“黄箱政策”的支持量，最大限度的保护和支持我国农业。

②转变了财政支持农业的方式，提高了政府支农资金的使用效率。农业发展银行对粮食收购贷款严格审理，“以销定贷，以效定贷”。财政资金按照计算出来的补贴量直接补给农民，提高了财政资金的使用效率。改革试点天长市平均每个农民从粮补改革中增收 42 元，来安县平均每个农民增收 27 元。

③推进了粮食流通市场化，有利于解决粮食购销体制中的弊端。粮食补贴方式改革放开粮食收购价格，实行随行就市收购粮食，消除了粮食收购价格和市场价格相背离的扭曲现象，使价格能够成为反映市场供求变化的信息。由市场形成价格，价格引导农户和企业市场价格机制能够在引导农民种植和粮食企业生产经营中发挥重要的作用。放开粮食购销市场打破了国有粮食购销企业独家垄断经营粮食的局面，初步形成国有、集体、个人等多种经济成份参与粮食收购的多元化购销局面，有利于活跃购销市场，推动粮食流通市场化。同时，放开粮食购销市场，也直接推进了国有粮食购销企业改革步伐，促使企业真正走向市场，参与激烈的市场竞争，真正成为市场竞争的主体，优胜劣汰，实现资源的优化配置。企业通过转换机制、减员增效、科学管理、增强活力，利用国有粮食购销企业在信息、仓储、网点和营销网络方面的优势，拓展在市场竞争中的生存与发展空间。2003 年夏粮收购期间，国有粮食购销企业切身体会到了改革的冲击，粮食收购量锐减。截至 7 月 21 日，全省国有粮食企业共收购粮食 50 多万吨，而改革前同期收购量为 170～190 万吨，只相当于改革前的五分之一左右。重点调查结果显示，各县国有粮食企业收购量均有大幅下降。阜南县 6、7 月份收购小麦 1.3 万吨，为上年同期收购量的 12.5％，占农户出售量的 23.6％；埇桥区、临泉县、凤阳县收购量均为上年同期水平的四分之一。

④激励了农民面向市场，实施积极的结构调整。直补改革取消了保护价收购，农民多年来计划经济体制下形成的传统种植观念被打破，不再是种什么，国家收购什么，而是农民直接走向市场，农民完全按市场供求关系和价格规律合理安排生产，实

现种植效益最大化，什么品种价格高、市场欢迎，农民就种什么，这从根本上解决了农业结构调整的内在动力机制问题，实现了由“政府指挥农民调”变为“农民积极主动调”的转换。2002 年秋种期间，来安县“丰两优”水稻由改革前的 5 万亩迅速扩种到 25 万亩，占水稻种植面积的 50%。2002 年天长市农民自发调整和扩大优质油菜种植面积达 50 万亩，比上年增加 15 万亩；扩大百合、榨菜、冬菜等经济作物种植面积 15 万亩，比上年增加 8 万亩。

四、关于安徽农业支持体系转型与创新的结论及问题的进一步探讨

安徽是农业大省，经济相对比较落后，但是对于加大农业的支持力度，不是无能为力，相反，可以做的工作很多。加快农村税费改革步伐，着力减轻农民负担，调整粮食等大宗农产品的补贴方向等，为加入 WTO 后我国农业支持体系转型与创新进行了有益的尝试，取得了满意的效果。从安徽农业支持体系转型与创新中，我们得出了一些重要的启示。

（一）支持农业，首先不能掠夺农业

从安徽农村税费改革的实践中，我们得出的第一个重要的启发就是：支持农业，首先不能掠夺农业。直到今天，我国实行的农业政策实际上是仍未能从根本上改变掠夺农业的政策。

1. 工农产品剪刀差是对农民的掠夺

国家长期实行过度地提取农业剩余政策，通过工农产品剪刀差即工农产品的不等价交换，为城市工业尤其是重工业的优先发展积累巨额资金。建国后，我国照搬苏联模式建设社会主义，实施工业化优先发展战略，尤其是重工业优先发展战略。为了确保工业化优先发展所需的原始积累资金，国家从 1953 年开始实行农产品统购统销政策，人为实行工农业产品不等价交换，获取工业化所需的原始积累资金，这种工农业产品价格剪刀差一直延续到现在。尽管 1985 年国家改农产品统购统销为合同定购，但剪刀差并没有消除。这种农产品不等价交换是农民的最大一项隐性负担，毛泽东也承认国家对农民“挖得很苦”，农民对国家作出了“很大贡献”，这种“挖得很苦”、“很大贡献”，对农民来说就是人为的政策制度给他们带来的最大的不公平负担。根据中共中央政策研究室、国务院发展研究中心的“农业投入总课题组”估计，在 1950～1978 年的 29 年中，政府通过工农产品剪刀差大约取得了 5100 亿元收入，同期农业税收入为 978 亿元，财政支农支出 1577 亿元，政府提取农业剩余净额为 4500 亿元，平均每年从农业部门流出的资金净额达 155 亿元。1979～1994 年的 16 年间，政府通过工农产品剪刀差大约取得了 15000 亿元收入，同期农业税收入为 1755 亿元，财政支农支出 3769 亿元，政府提取农业剩余净额为 12986 亿元，平均每年从农业部门流出的资金净额达 811 亿元①。进入 20 世纪 90 年代，剪刀差还呈不断扩大的趋势，每年剪刀差绝对额都在 1000 亿元以上。这说明本来很贫困的农民每年还要向城市和市民支付 1000 亿元以上的负担。这种工农产品不等价交换形成的剪刀差，给农民造成的负担时间之长、数额之大，在历史上都是绝无仅有的，但大多数农民并不清楚个中缘由，也没有切身的体验，这是因为这种农民负担的方式和方法具有很强的隐蔽性特征。在人民公社政社合一的体制下，政府不是与单个的农民进行交易，而是通过公社、大队、生产队与之发生交易行为，加上连续不断的政治运动和高压控制，故而未引起农民外向的强烈不满，但这种隐蔽性加重农民负担的做法却是以农业的长期落后和农民的长期贫困为代价的。

国家财政支农的比重却呈下降趋势。如 1991—1997 年，国家财政支农的比重分别为 10.3%、10.0%、9.5%、9.2%、8.4%、8.8% 和 8.3%，1993 年以来，除了 1994 年、1996 年外，其他年份国家财政对农业总投入的增长幅度均低于国家财政经常性收入的增长幅度②。

“剪刀差”是统治或计划经济的产物，王耕今等使用的概念为：“所谓工农产品不等价交换，是指在交换过程中人为地压低农产品价格、抬高工业品价格。”一是从价值的角度看，农产品按低于其价值的价格出售，而工业品则按高于其价值的价格出售，这种由价格反映的价值差距就是剪刀差；二是从交换的角度看，将充分竞争条件下的市场价格视为“等价交换”，而将垄断造成的对市场价格的偏离视为“不等价交换”，这种国家的计划价格与市场价格

① 参见中共中央政策研究室、国务院发展研究中心的“农业投入总课题组”(1990)[13]的估计。

② 数据来源于张晓山、崔红志(2001)[14]。

的偏离就是剪刀差①。

张西营、邢莹则认为：在封建社会，宫廷贵族凭借国家工具，对农民实行掠夺性的价格政策，出现过一定程度的"剪刀差"；当代的一些发展中国家（尤其是原苏联阵营的一些社会主义国家）存在与我们类似的"剪刀差"；西方市场经济国家农产品过剩，从全球战略的角度出发，对农产品实行支持价格，形成一种"逆向剪刀差"或"反剪刀差"②。

2. 农业税的存在从法律上使"剥夺"农民的剩余合法化，安徽的农村税费改革实质上是一种政策上的调整

（1）征收农业税违反税收的基本原则

从农业税来看，传统的观点认为我国农业税率不高，但有的学者指出我国农业税远远高于发达国家增值税的基本税率，也高于发达国家农业所实际负担的税率。综观世界各国税制，基本上不单独设立面向农业和农民的税种，我国单独设立面向农业和农民的农业税的做法有损税收统一、公平和中性原则。比照城市居民月收入 800 元以上才征收个人所得税，我国绝大部分农民根本没有达到纳税的起点标准。就法理来说，如果土地长期承担着农民的社会保障，国家没有面向农民的社会保障制度，那么政府也就没有直接向农民的农业收益收取税费的理由。知名农业问题研究专家、中国体改研究会副秘书长、中国改革杂志社总编辑温铁军博士分析认为：按照联合国的规定，1 亩地是一个人维持基本生存的最低保障。而在我国，至少有 1/3 的省市人均耕地不足 1 亩。也就是说，在那里土地对于农民不是财产而是生存保障。世界上没有对社会保障征税的③。从根本上说，农村居民和城市居民都应该享有同样的权利和义务，应该服从同样的税收原则，享受同样的政府服务。城市居民享有社会保障，农村居民也应该享有社会保障，城市居民享受免费行政服务，农民居民也应该享有免费行政服务。反过来，城市居民交纳累进个人所得税，农村居民也以同样的税率交纳累进个人所得税。

（2）安徽农村税费改革存在的矛盾和问题

安徽省的农村税费改革试点是安徽省农业支持体系转型和创新的两个重要方面之一。农村税费改革试点确实明显减轻了安徽农民的负担。但是，目前安徽农村税费改革试点中还存在诸多矛盾与问题，使试点经验难以推广，继续深化改革的方案迟迟未能出台，改革试点陷入了困境。在这些诸多矛盾与问题中，突出表现在：

第一，村提留作为农业税附加有悖于法理。村提留是纯粹的集体资金，而安徽的试点方案却将其作为农业税和农业特产税附加来征收。由于农业税附加也是税的性质，是国家财政收入，这就等于"剥夺"了集体对于耕地所拥有的权利。尽管农业两税附加仍归村里使用，却属于"赐予"的性质，与其本身应拥有的权利具有本质不同，也是对农民作为国家主人翁地位的削弱。

第二，乡村基层组织特别是村级组织可用资金大大减少，乡村两级历史债务难以消化。过去由"三提五统"开支的项目，现在纳入乡镇财政支出，财力缺口较大，加之乡村集体经济基础比较薄弱，乡村优抚、遗属补助、计划生育、乡村九年制义务教育和民兵训练支出等各项事业费开支在短期内难以有效地落实。安徽省现有三万多个行政村，负债总额达数十亿元，最多的一个村负债超百万元。面对这样的巨额债务，要想通过税费改革一举消化，解决历史遗留的复杂债务问题，显然是不现实的。而如果不能及时有效地化解乡村两级债务，农村"三乱"极有可能伺机抬头。乡村债务负担过重，已经成为制约经济发展的一个重要原因。在被调查的 9 个乡（镇）中，平均每个乡（镇）债务额高达 640 多万元。其中负债额达到 1000 万元的有 3 个乡，最少的也有 165 万元，平均村级债务近 20 万元，户均债务 200 多元，负债最高的村达到 100 万元以上。定远县两个村 2000 年仅用于村级债务利息支付就高达 17.3 万元。所调查的乡镇基本上是乡乡有债务，村村有借款。特别是皖北地区的平均每个乡镇负债 600 至 700 万元，平均每村负债达到 20 万元。

第三，教育经费不足。近年来，我国义务教育经费中的政府拨款平均只占 50%左右。在农村，税费改革之前，各地通过征收农村教育费附加和教育集资，来消化近年因投入教育基础设施而背负的沉重债务。税费改革后，农村教育集资被取消，教育经费列入财政支出，农村义务教育的投资来源大

① 参见王耕今、张宣三（1993）[3]。

② 参见张西营、邢莹（1993）[15]

③ 参见李红平（2002）[22]。

大萎缩。不断增长的支出需求形成较大的财政预算缺口，原有的债务也将因还款来源切断和利息等因素而越来越沉重。因此，如何在税费改革的政策环境中保证乡村两级正常的办公经费，按时发放教师工资，满足农村对教育投入不断增长的需求，还需要作出妥善安排。

第四，未能建立起乡镇财政增长的机制。即便通过转移支付能暂时维持运转，今后还是难以自求平衡。因为大多数乡镇的财政收入主要是依靠农业税收，而农业税要在较长时期内保持稳定不变，这就使刚性增长的财政支出特别是财政支出人员的工资增长将成为无源之水。至于目前各乡镇负债四五百万元和拖欠的人员工资更是难以偿还。农民已经交纳了农业两税及其附加，村里再通过“一事一议”收钱，操作难度很大。农民交了税，就拒绝再交费，农村教育及公益事业的发展必将受到影响；要不然就与过去一样强制征收，又会发生干群之间的直接冲突和矛盾，甚至引发一些恶性事件，将农村税费改革的成果付之东流。

第五，税负欠公平，农民负担由地少的向地多的农户转移。原先的农业税是按地计征，只占耕地常产的2.5%，而五项乡统筹费和三项村提留费相当于农业税的三倍，都是按人口征收的。农村税费改革之后，乡统筹费已纳入农业税，村提留中的公益金和管理费作为农业税附加，全都按地亩征收。城镇郊区的农民只有一二分地甚至没地，大多从事二三产业，人均收入较高，负担却很轻甚至没有负担，把过去应该负担的“三提五统”费也漏掉了；而偏僻边远的地方人均有三亩多地的，他们的负担就重得多，比地少的人能高出二三倍。正是这些地多的农民却相对贫困，人均收入较低，这就产生了“穷人替富人纳税”的不合理现象。特别是税费改革后，一些地方计税价格偏高和计税常产偏高增加了种地成本，种田效益过低，生产的农产品满足了生活和生产的基本需要后，农民就不愿多种地了。庐江县税费改革之前的 1999 年亩均负担税费 185.07 元，2000 年度亩均税费 104.07 元，2001 年与 1999 年相比，虽然每亩土地负担的税费减少了 90.75 元，下降幅度高达 49%，但是 2001 年亩均税费负担仍达到 94.32 元。

计税土地面积与实际不符，存在着有地无税和没有耕地也要缴税的两种现象。自大包干以来的 22 年中，耕地的变动甚大，许多耕地尤其是城镇郊区的耕地，被国家和集体征用了不少，却没有从承包地总量中如数核减，因而省里核定的计税面积普遍大于实际承包面积。蒙城县柳林镇实有耕地面积 9 万亩，而二轮承包耕地面积只有 7 万亩，蒙城县立仓镇也有近 2 万亩土地是无税土地。有的地方占用土地后，没有及时办理有关手续，造成了没有耕地也要缴税、税费难落实等问题。

第六，征收农业特产税违反“鼓励发展生产原则”和“公平原则”。农业特产税是 80 年代中期设立的，初衷是保护粮食生产，防止多种经营过多地挤占粮食生产用地。而今随着市场经济的发展，要求“压粮扩经”，农业特产税就制约了农业经济结构调整。勤劳的农户在山上发展经济林，种植茶叶、板栗、药材等经济作物，绿化了山场，却还要多交农业特产税；而那些不在山上发展生产的农户，甚至连原有的经济林都砍光了，山场荒芜了，也不用交农业特产税。所以，征收农业特产税是打击发展生产者，鼓励落后，这违反了税收的公平原则和鼓励发展生产原则。

第七，农业税计征繁杂，农业特产税无法据实征收。农业税由计税亩数、计税常产、计税价格、税率等构成。农业特产税征收范围很广，包括烟叶收入、园艺收入、水产收入、林木收入、牲畜收入、食用菌收入、其他农产品收入七大类，包括晾晒烟叶、水果、水生植物等 29 大项，具体应税农特产品税目难计其数；各种农作物实际产量，收购价格和税率各不相同。而且几乎所有的应税农产品的价格和产量受多种因素影响都是变化的。随着产业结构的调整，名、优、特、新产品将不断出现，很难动态掌握农村名、优、特、新产品的生产经营变化，农业特产税具实征收很困难。

(3)安徽农村税费改革存在问题的原因

这些问题产生的深层次原因，是在这次制度变迁过程中，出现了对过去制度安排的自我强化，即路径依赖问题。在农村税费制度的改革过程中，传统文化思想观念、社会意识形态、政治组织、政府机构、基层政府工作人员等因素，会以各种方式促使农村税费制度的改革产生路径依赖性。这种路径依赖与农村税费的关系，具体体现在以下几个方面。

第一，不彻底的土地制度改革，加大了农民负担治理难度，影响农村税费制度变迁实现改革预期。目前我国的农村地权制度变迁具有明显的依赖特征；一是对改革前制度的依赖，即对土地集体所有性质和土地计划经济的依赖、留念，不敢或不想创新；二是对初始选择制度的依赖，即对改革初期的土地制度安排过分信赖，而不进行再创新，从而沿着初始选择的制度往下发展。这就导致了包括农村税费制度在内的农业制度的变迁总是不能到位；土地依然由村组分割所有，不能进行社会化市场配置，土地所有权在各种产权中依然居于主导地位，承包权利的约定仍然是以集体与农户的单边行政契约为主，定价刚性、单边选择刚性、流动刚性。承包权的规范与界定仍然是以政策规定为主，法律规范为辅。土地承包权的性质依然是以契约规范的债权性质，没有完全物权化。土地的各种社会功能依然存在，经济功能和要素性质仍然有不少约束，与土地乡村分割相连的基层政府依然存在，而基层政府反过来又强化了土地制度变迁对原有路径的依赖。我国法律规定，农村集体土地属“农民集体所有”，但事实上农民拥有了土地承包经营权后就很难享受集体土地的所有权。村集体经济组织或村民委员会对土地所有权的拥有，从根本上看，也是名不副实。因此，从产权经济学角度看，中国农村集体土地所有权归属是虚拟的，事实也是如此，许多地方因土地所有权主体不明晰而产生农村剩余产品分配不公、农民实际负担有增无减的情况。比如，一些地方的村集体经济组织或村民委员会不能代表“村农民集体”行使土地所有权的职能，而是执行乡镇政府的意愿，以土地所有者的身份随意提高承包费，或者拿出一部分土地作为“机动田”搞招标承包，在农村税费改革中需要核定二轮承包土地的面积及常年产量，有些村集体经济组织不能明确自己的位置，随意调整。还有的侵犯农民土地收益权，随意增加农业税的基数以此提高农业税附加和农业特产税附加；也有要求农民除上缴负担监督卡上的费用外，还要上缴“地方卡”上的费用的。这些现象表明，以产权归属为核心的农村土地制度改革在目前还难以深化。可见，土地制度改革的不彻底性加大了农民负担治理的难度，使农村税费改革预期难以顺利实现。

第二，不到位的乡镇机构改革，形成了农村既得利益集团，影响农村税费制度变迁实现改革预期。20世纪80年代以来，全国乡级机构作了几次改革，但改革的目标不明确，结果越改越庞杂，越改机关人员越多，这些人员逐渐成为一个既得利益集团。乡级机构改革的不彻底性，导致了农民负担治理的复杂性，其复杂性表现在“三个矛盾难以解决”：一是乡镇机构设置不合理与农民得不到急需服务的矛盾难以解决。比如农民很需要政府加强对农业结构调整的指导，提供资金、技术、信息等方面的服务，但目前乡镇机构没有按照社会主义市场经济发展要求去设置，农村基层干部群众普遍认为不合理，不能适应农民进行农业结构调整需要各方面服务的新要求，导致农业结构调不了或调不好，严重影响了农民收入的提高。二是乡镇机关人员工资实际支出与农业收入不高而承受困难的矛盾难以解决。近几年由于受宏观经济环境的影响，加之农业结构调整难以实施到位，农民的收入特别是现金收入很少，而乡镇机关人员的“吃饭”问题需要的支出，已经超出了农民的经济和心理承受能力，这也加大了农民负担治理工作的复杂程度；其三是乡镇机构庞杂所形成的官衙作风与保护农民利益的矛盾难以解决。现在农民对乡镇政府最不满意的是机构庞杂形成的官衙作风，因为这一作风直接或间接地损害了农民的利益，加重农民负担。

第三，不规范的农村公共物品供给机制，增大了乡镇政府运转成本，影响农村税费制度改革。农村公共物品是指在乡镇社区乃至更大范围内由政府提供的，使全体社区农民生产生活受益具有外部性但收费存在困难的物品和服务。从理论上讲，现阶段农村公共物品需求应具有以下特征：一是实用性：即对农民从事的生产经营活动和所处的生活环境有利。二是经济性：体现成本的可承受性，不能超越经济发展水平，不能超越农民实际承受能力。三是决策的规范性：农民应该对其所必须消费的公共物品的数量、结构、效用比较了解。但现实情况并非如此，现行农村公共物品供给的特征却表现为：一是主观性：脱离农民对公共物品需求状况的实际。诸如要求村村通电话等形式的达标升级活动。二是强制性：主要表现为自上而下的政府行为，决策过程未经基层人大的充分酝酿讨论，没有通过法定程序。这种主观性和强制性打乱了公共物品的供求平衡。除了供求之间不均衡外，农村公共物品的供给机制不规范性还体现在资金截留上。市场经济制度下的农民作为纳税人，通过纳税实际上已经付费实现了公共物品的购买。乡以上财政收入的部分和乡级财政收入的部分，应视作农民为获得公共物品而支付的费用。因此，为农村提供公共物品的资金首先应该来自中央、省、县三级财政。如提供维护社会治安，发展教育事业，治理环境污染等带有更大区域范围内的公共物品；其次应来自乡级财政收入。严格意义上讲，在市场经济下，乡镇作为基层政府，按其职能的要求，其财政支出应全部体现为公共物品的供给上，而不应被使用在发展乡级经济上，乡经济发展所需的资金应按市场经济方式筹集。

第四，取消不恰当的税收，保持和增强农产品在国际市场的竞争力。虽然在目前我国的农产品出口中，水果、蔬菜、园艺花卉等劳动密集型产品具有一定的优势，但它是以低成本构成的价格优势为主要因素。要保持这种优势，并将此转变为国际市场的竞争优势，减轻加在农民身上的各种税收是重要措施之一。目前我国农民的人均税费高于城镇居民的人均税费，增加了农产品的成本，也妨碍了农民收入的提高。因此，政府应毫不犹豫地消除一切妨碍农业发展和农民生活水平提高的障碍，把加在农民身上的农业税、特产税、三提五统等负担减下去。减轻压在农民身上的负担就等于给农民以补贴，而且是农民能够直接感受得到的、最直接、效果最好的补贴，是任何国际规则都干涉不着、限制不了的补贴。从这个意义上说，减负就是对农民最大的补贴。

(二)支持农业要有明确的支持方向

1. 安徽粮食改革中需要研究的问题

改革粮食补贴方式，是安徽农业支持体系转型与创新的第二个最重要的方面。它把过去给农民粮食差价的间接补贴，调整为直接把补贴到农民手中。不仅经济效益显著而且具有重大的政治意义。但由于其涉及面广，改革非常复杂。我们认为，大致有以下问题需要进一步研究。

①国有粮食购销企业能不能适应市场竞争的问题。长期以来，中央政府、省政府和地方各级政府把大量财政资金补贴给国有粮食购销企业。这种对农业扶持的方法滋生了国有粮食购销企业对政策的依赖性，致使企业收粮靠贷款，储存靠补贴，亏损靠挂帐，人满为患，吃人锅饭的情况没有改变。国有粮食购销企业的“老粮、老帐、老人”问题成为企业的沉重包袱。国有粮食购销企业不再享受财政补贴，不再承担敞开收购农民余粮的责任，经营风险大为增加。

②农村信贷管理方式与市场化改革要求不适应的问题。粮补改革后，安徽省农业发展银行的信贷投放将严格放贷标准，发放贷款时“以效定贷，以销定贷”。全省绝大多数粮食企业实力不强，自有资金匮乏，特别是在粮食流通改革后，一大批新进入粮食流通领域的个体、私营、合伙等形式的收购企业如何获取信贷资金支持的突出地显现了出来。农发行的举措势必造成信贷投放减少，企业贷款困难，从而将在一定程度上影响粮食的收购。

③如何加强粮食宏观调控问题。实行粮补改革后，粮食市场完全放开，粮食生产市场化、国际化。国有粮食企业被推向市场，收购主体多元化。在应付自然灾害、应对突发性紧急事件、解决灾区和贫困地区所需粮食时，全省各级政府怎样发挥及时稳定粮价、调控市场正常运行、保障社会稳定和保护人民利益的政府职能，应该是需要进一步研究的课题。

④进一步保护农业和农民问题。安徽省对农民补贴方式的调整是将农民原来按保护价收购时享受的间接补贴调整为直接补贴给农民，对国家来说，只是把过去直接投到粮食收购企业的资金，让企业以提高收购粮食的价格的方式转交给农民，而现在转为国家将这部分资金直接交到农民的手里。从效果上看，这种改革有利于直接增加农民收入和促进粮食企业自身改革，符合了WTO规则。但是国家并没有多拿出钱补贴粮食或者说是补贴农民，实质上仅仅是利益分配方式的改革。这种改革不涉及粮食以外的任何农产品，所以，如何进一步增加农产品的补贴力度，改善农业生产条件和农业生产其他环节的投入，以提高农民收入的问题，仍需要进一步研究解决的问题。

2. 我国当前农业补贴政策的主要问题

①补贴重点欠明确，补贴力度不够强。就补贴领域而言，对农产品的补贴主要集中在粮棉产品，虽然已开始有选择地补贴某些优质品种，但还不够普及、稳定；对投入品的补贴几乎涉及化肥、农药、农膜和种子等农业生产资料的诸多方面，而且很少分地区和人群；对农业结构调整补贴的力度有限；农业产业化的龙头企业同样面临金融支持乏力的难题，这些均反映出补贴重点不够合理、明确。从补贴力度来看，在一般政府服务中，对农民培训的支出比例很低，仅占一般政府服务的2.1%，其中没有或很少有补贴，导致农民的人力资本匮乏；农业技术推广补贴力度不大，进展迟缓；市场营销服务未明确给予补贴性支持，呈现短缺态势；检验服务因补贴资金缺额大，比较落后，难以满足加入WTO后农产品进出口及国内生产的需要。在国内粮食援助上，一方面补贴资金欠缺，另一方面粮食库存积压严重。此外，自然灾害救济支付、环境计划下的支付与地区援助计划下的支付等，投入有限，补贴不多，还有发展空间。

②缺乏增加农民收入的补贴政策。在“绿箱政策”中，我国缺少6项与收入支持有关的政策，占了“绿箱支持”的一半，因而增加农民收入的补贴手段比较匮乏。这可能是我国长期处于工业化前期阶段，资金短缺，财力不足的国情所致，也是发展中国家工业化过程中的常见现象。

③粮棉流通领域补贴资金沉淀过多，保护生产能力和增加农民收入的效果不显著。我国粮棉价格支持政策，通过直接补贴粮棉流通部门来刺激生产，间接增加农民收入。但这种间接保护生产、补贴农民收入的方式，因流通部门环节多、损失大，致使增加农民收入的效率下降。据经合组织测算，发达国家价格补贴政策的效率仅为25%左右，即政府的价格补贴每1元钱，农民只能获得0.25元左右，还会因过剩库存产品增加而加重财政负担。那么，为什么发达国家不心甘情愿地彻底放弃价格支持政策呢？主要原因可能在于该项政策具有刺激生产、维持供给能力、增加收入和保持就业的多重功能。是否采用或以多大力度使用价格支持政策，取决于政府对农产品增产和农民增收两大政策目标的倾向。

④管理体制运行不畅，补贴效率难以提升。农业补贴政策主要涉及财政、农业、外经贸、粮食、民政和银行等部门，因政出多门，协调困难，交易成本高，时滞长，加之部门本位主义、地方保护主义和寻租活动的影响，使得农业补贴中的“跑、冒、滴、漏”现象难以避免，从而降低了农业补贴的效率。另外，因中国农民数量庞大，在政府与农民之间缺乏一个有效的中介组织载体，许多针对农民的直接补贴政策，其运行成本都比较高昂，也降低了补贴资金的运行效率。

⑤微量允许标准内的“黄箱支持”利用不充分，特定产品支持力度更低。根据原国家计委宏观经济研究院的马晓河、蓝海涛测算，按我国承诺的微量允许标准8.5%计算，以1999年为基期，我国用于“黄箱政策”特定产品（小麦、玉米、稻谷和棉花）的支持为459亿元，剩余空间还有452亿元；非特定产品补贴约为1793.6亿元，尚有大约1004.3亿元支持空间。特定产品支持的剩余率为49.6%，而非特定产品支持的剩余率为35.9%。前者比后者高13.7%[①]，而且粮棉受冲击较大，表明特定产品的支持更为薄弱。

⑥“蓝箱补贴”闲置未用。我国以往因财力有限，微量允许标准尚留有较大的“黄箱支持”空间，“绿箱支持”的空间更大，对农业补贴的约束主要来自资金不足，而非WTO规则的限制，故无暇顾及“蓝箱补贴政策”。但随着目前财力状况的不断改善，农业生产正面临进口产品冲击的背景下，再闲置“蓝箱补贴政策”，就会自缚手足。

3. 改变补贴方式，使农民成为真正的受益者

过去我国财政对农业的补贴主要是价格补贴，即保护价收购。在补贴方式上，多为“暗补”，即财政补贴资金不直接以财政拨入的方式进行，而是通过流通渠道间接地给与补贴。实际上，这种补贴主要是补给了农产品购销的中间部门、流通环节，农民能够享受到的极少，且容易在补贴过程中流失，因而补贴效果差，对生产的直接刺激力度不大。因此，应减少对间接的、中间环节的暗补，直接将补贴用于农产品保护及与之相关联的仓储建设、保管费用等方面，用于国家要扶持与发展的农业生产经营项目。这样既减少了补贴资金的流失，又能够达到保护农民利益、促进农业发展的政策目标。

根据农业补贴政策存在的不足，借鉴国际经验，要使补贴从农产品流通领域转向补贴农业生产领域，从保障农业生产型补贴逐步转向增加农民收入型补贴。在对粮棉等农产品流通领域的补贴资金转移过程中，要保留以往储备费用等合理、必要的流通环节补贴，只将超量资金与部分增量资金转入生产领域，加大农业生产环节的补贴力度。在财力无法与发达国家相抗衡的硬预算约束条件下，集中使用资金，避免撒胡椒面，突出重点产品、地区、人群和企业，降低补贴资金运行中的交易费用，提高补贴效率，进而促进农产品国际竞争力的提升。为缓解我国工业化中期阶段农民增收困难这一主要政策目标的压力，要将短缺时代刺激生产、增加产量的农业补贴政策重心，逐步转到扩大就业、增加收入的方向上来。考虑到财力有限、农民数量庞大的国情现实，不能盲目与发达国家所实行的高成本农民收入补贴政策攀比，只能随着国家经济实力的增强，农民比例的下降，分阶段、分地区和分人群，逐步增大对农民收入的补贴支持强度。通过增加农民收入，引导农民加大人力资本投入，以增强

① 参见马晓河、蓝海涛(2002)[17]

经营能力，提高技术水准，从而间接强化农产品的国际竞争力。

（1）遴选补贴重点，加大补贴力度

①调整农业补贴结构，提高资金补贴效率。在农业补贴中，调整补贴结构与增加补贴数量同等重要。一方面，要根据国内外农产品的竞争态势，努力使补贴结构合理化，突出补贴重点，提高资金补贴效率。一是重点补贴优质化、专用化农产品、绿色产品以及精深加工的农产品生产；二是农业投入品以良种和节水型灌溉中的水电费补贴为主，其中良种补贴又要向大豆、玉米、小麦和棉花倾斜，以降低这些产品的生产成本；三是对受冲击较大的粮棉油糖等敏感性农产品主产县的中低收入纯农户和以农业为主要收入的所谓“一兼户”进行补贴；四是以贴息贷款和直接补贴农产品基地建设的方式，重点支持农业产业化龙头企业的收购、加工和销售活动。

②加大资金投入力度，增强农业的国际竞争力。

第一，资助农村居民教育培训。一是通过中央财政转移支付和省市级财政补助的方法，解决乡村教师工资问题，减免当地农民子弟的基础教育学杂费支出。二是直接补贴冲击严重的主产区农民的职业培训费用。对营销技能型的农民经纪人培训、绿色证书培训以及进城后的岗位资格培训，都可凭有效证件和培训资格证书，领取一定金额的学杂费补贴。三是资助非政府创办的培训机构。在粮棉油等受冲击的主产区，政府可公开招标选择若干家有实力的民营培训机构，根据培训的合格农民数量，给予其培训费用一定比例的补贴。同时，由教育主管部门配套监督处罚措施，对滥竽充数的培训机构严惩不贷。

第二，扩大农业技术推广的资金补贴额度。一是资助民营企业和农民专业大户建新技术推广示范基地；二是设立新技术、新品种风险基金，对因技术、品种不稳定造成的损失给予补偿。

第三，加大农产品检验服务的支持力度。除了少数复杂的质量检验和特殊的疫病防治收取较低的成本费用外，一般农产品的质量检验和畜禽检疫均免费进行，资金缺口通过设立产品检验专项资金来弥补。

第四，增设市场营销服务专项资金。一方面集中以往分散在其他项目中的市场营销服务资金；另一方面扩大资金投入，显著提高市场营销服务的效果。一要主要补贴我国农产品参展或举办国际农产品博览会；农民专业协会、农业网络公司和驻外使领馆的商务性机构等收集、处理国内外农产品供求和价格信息；农产品批发市场和期货市场的投资等。二要减免农产品广告的税收，统一做当地特色农产品的公共广告等。三要对涉农的 IT 企业将电脑网格向农产品主产区延伸的投资与运营活动，进行贴息贷款或直接给予资金补贴。

第五，增加国内粮食援助补贴。用过剩的粮食替代部分最低生活保障金的发放，同时增加粮食补贴数量。城镇低收入者凭票到指定网点领取。

第六，进一步加大自然灾害救济、环境保护与贫困地区的资金补贴力度。其中，将部分自然灾害救济金转为收入保险基金，在少数自然灾害频发地区，进行收入保险补贴制度试点。

（2）有选择地引入“绿箱”中的收入补贴政策

①减免税收和村提留、乡统筹费。减免受冲击严重的粮棉油糖等农产品主产区、贫困地区以及受灾地区有关农产品的税收和村提留、乡统筹费。这些地区的地方政府由此发生的财税收入减少额，由中央政府转移支付解决。

②建立农业保险补贴制度。第一，重点对粮棉油糖等敏感性大宗农产品，以及畜禽、蔬菜和水果等主要出口创汇产品进行保险补贴。第二，成立政策性农业保险机构。有四种方案：第一，全国只成立一家政策性农业保险公司，并在粮食、棉花、大豆和甘蔗等敏感性农产品，以及畜禽、蔬菜和水果等主要出口农产品的主产区域设立一家商务代表处，将政策保险业务委托若干家商业保险公司代理，同时减免这些公司的有关税收，并对发生的风险损失按比例补贴；第二，在市场和生产风险高的棉花、大豆等大宗农产品及主力创汇的畜禽、蔬菜主产区域，试点设立几家政策性农业保险机构；第三，增加农业发展银行的政策性农业保险功能；第四，由政府机构，如民政部门代理政策性农业保险业务。

③设立结构调整专项补助资金。对受冲击最严重的大豆、玉米、棉花、油料和小麦主产区，进行转项补贴。

（3）将粮棉保护价收购资金，转为直接向低收入农民发放的“绿箱收入补贴”

在粮棉油等受冲击严重的主产区，对年平均纯收入低于贫困线的纯农户和以农业为主要收入来源的兼业户，根据受冲击后产品的积压程度，直接给予不同等级的收入补贴。政府根据当地农户的收入分布状况分配补贴资金。受补贴的农业生产者提出书面申请，连同土地使用权证或土地承包合同，到基层政府的民政部门申报，经选拔公示无异议者，报请县政府批准后，核发收入补贴证明。农民凭此证明和身份证等有效证件，到当地的农村信用社、农业银行储蓄所及延伸到乡下的邮政储蓄网点，领取固定数额的收入补贴。政府将此项财政资金通过农业银行和邮政局储蓄系统，分别下拨到以上网点，并支付适量的财务代理费。

(4)充分利用微量标准允许的"黄箱补贴"，重点加大特定产品的补贴力度

一是由多家部门联合成立一个专家组，及时跟踪、计算并由外经贸部世贸组织司或其他有关部门公布权威的综合支持量(Aggregate Measure of Support，AMS)，以避免数据多头计算影响决策。二是以微量允许标准为限，优先追加特定产品和大豆的补贴资金。既要从进口农产品增加所带来的新增关税中支付，也要从其他新增财政收入中划转一定资金补贴受冲击大的农产品。三是将某些非特定农产品的支持转入特定农产品的支持中，以腾出非特定农产品的补贴空间。如不划分农产品类型，对化肥、农药、农膜等农业生产资料的补贴，属于非特定产品支持的农业投入品补贴。可将小麦、玉米、大米和棉花这些特定农产品的化肥、农药、农膜和种子等农业生产资料的补贴，根据农民出售给政府的数量，凭发票直接领取补贴，然后在市场上自由采购。对特定农产品以及大豆的种子补贴比例控制在20%左右。四是免除曾收取的农产品运输基金，明确并增加小麦、玉米、棉花等特定农产品和大豆的运输补贴。五是设立贷款担保基金，增大产业化龙头企业的贴息贷款规模，扩大贷款担保范围，同时减免税收。

(三)制度创新设计

(1)加快管理体制改革，使农业管理体制从分割到集中

我国目前农业产前、产中和产后管理涉及到很多部门，加上地区间封锁，形成了部门分割和地方保护的格局，从而使得政策的制定、执行和协调成本比较高，也提高了农业产品的交易成本，降低了竞争优势。大多数发达国家对农业产业链条各环节的管理和政策都出自一个综合性的农业管理部门，这对我国农业管理体制改革有着一定的借鉴意义。我们建议，第一，围绕农业补贴成立一个由有关部门组成的过渡性协调机构，最终由农业委员会(农业部)管理该机构；第二，在重要农产品主产区成立区域性的农业行业协会，帮助政府有关部门调查行业损失，摸清农民的收入及受损情况，降低农民收入补贴发放的运行成本。

(2)产业组织要发展壮大

随着贸易自由化的推进，必然导致大量行业协会及农业企业的产生和发展壮大，如众所周知的美国大豆协会、谷物协会及杜邦、孟山都、诺华公司等等。这些非政府组织不仅发挥着有效地组织生产和营销活动、提高竞争力的作用，而且扮演着技术传播载体和政府施政载体的角色；同时在双边和多边贸易谈判中，来自行业协会等非政府的利益举张和压力往往是政府谈判的很好借口和筹码。可以说，国际市场农产品的竞争，不仅是产品本身价格和质量的竞争，而且也是各国行业协会和大公司组织和营销手段及管理素质的竞争。

我国目前千家万户的小农经济与国外的大农场、大型农业公司及其形成的训练有素、协调有方、咄咄逼人的全国性行业协会相比，在竞争中无疑是不堪一击的。加入WTO后，政府一方面应从政策上培育大型农业企业，鼓励形成跨地区乃至全国性行业协会；另一方面也应学会如何与这些大型公司和行业协会打交道。这对政府来说可能是一个很大的挑战。因为它们既能帮助政府起到贯彻和执行行业政策、规范业内行为和提高组织化程度的作用，但同时也代表了各行业的利益。他们参与决策过程的意愿和游说能力会日益增强。政府必须在各利益集团之间的利益纠纷中寻求平衡和折中。换言之，政府意志在宏观经济政策中的表达会受到许多利益集团代表人的制约，进而削弱政府对宏观经济的调控能力。

总之，政府既要鼓励形成一大批行业协会和大型农业企业，并逐渐从直接干预农业中退出，将许多职能让位于这些组织，同时又要规范这些组织的行为，并把握好退的节奏。退得过慢，对农业干预过多，会延缓经济和贸易自由化的进程，无法满足WTO协议框架的要求；退得过快，则会给市场机制尚未健全的领域留下太多的真空地带，导致经济秩序的紊乱。

(3)决策机制应该是政府从独断过度到参与决策

所有公共政策的背后都有各利益集团的竞争，都是各方利益妥协的产物。如果政策制定过程没有相关利益代表的参与，那么所制定的政策既缺乏

充分的决策支持信息，又容易产生利益歧视，而且也难以达成政策共识，从而增加政策执行的难度。

因此，为了使农民利益的保护落到实处，必须有农民自己的利益代表参与到政策的制定过程中。农民收入的增加、农民利益的保护只有在这种决策机制中才能得到最终的体现。当然，要形成这样一种机制，既需要有政府的主动“邀贤”，又需要农民组织的高度发育和协会领导人的训练有素。

(4)政策法规应该从模糊变得透明

政策和法规本身及其制定过程的透明，能增加共识，提高执行效率。对一些重大问题的隐瞒可能会换得短期的利益，但从长远看，会丧失贸易信誉。在WTO农业协定的动植物检疫条款中有明确的增加制度透明度的规定。加入WTO后，对我国动植物检疫制度和其他政策法规及其透明度要求冲击会很大。如何把握好短期利益和长期利益的平衡，需要有关部门尽快拿出应对措施。

(5)政府职能应该从管制到服务

尽管我国改革开放已20多年，但计划经济时代遗留下的管制行为仍然很严重，许可证、配额审批及计划管理仍然很盛行。许多地方政府在制定农村规划时，竟然还要规划种多少亩水果、养多少头猪。管制不仅导致严重的贸易扭曲(这正是世贸组织规则所严格禁止的)，而且还会导致利用“权力寻租”所产生的腐败，由于过分干预而产生的干群磨擦及由于决策失误而导致的资源浪费等一系列问题。

加入WTO后，政府的职能必须从管制转变成服务，为农村、农业和农民提供充分的市场信息和营销服务、技术、推广、培训与咨询、病虫害预测预报、抗灾救灾、风险管理、检测检验及基础设施建设等公共产品和服务。

主要参考文献

[1]何开荫，孙力．中国农村税费改革初探[M]．北京：中国致公出版社，2000。

[2]李家仪，毛孟毓等．安徽农村社会经济实证研究[M]．北京：中国统计出版社，2002：1—38。

[3]王耕今，张宣三．我国农业现代化与积累问题研究[M]．太原：山西经济出版社，1993：88—89。

[4]胡乐亭，卢洪友，左敏．公共财政学[M]．北京：中国财政经济出版社，1999。

[5]赵晓晨．中国加入WTO农业承诺及其对策[J]．江西财经大学学报，2003，(1)：48—52。

[6]张存彦，刘宇鹏．农业支持与保护的国际比较[J]．中国财经信息资料，2002，(23)。

[7]陈卫红．WTO规则下我国农业补贴政策的重新定位[J]．江海学刊，2001，(6)：17—20。

[8]单玉丽．WTO框架下提高农民收入的探讨[J]．亚太经济，2002，(5)。

[9]程国强．难有突破的补贴议题——中国农业面对的国际农业补贴环境分析[J]．国际贸易，2002，(11)：23—28。

[10]杨军，汪文．对构建我国农业支持体系的探讨[J]．农村经济，2003，(2)。

[11]张仲芳．我国农业支持水平的测算[J]．财经科学，1997，(3)：98。

[12]生秀东．农民负担与农民权利的关联思考[J]．中州学刊，2003，(1)：40—43。

[13]农业投入总课题组．农业保护：现状、依据和政策建议[J]．中国社会科学，1990，(1)。

[14]张晓山，崔红志．关键是调整国民收入分配格局—农民增收问题之我见[J]．农业经济问题，2001，(6)：2—3、6。

[15]张西营，邢莹．新时期的剪刀差及剪刀差研究的新时期[J]．经济研究，1993，(5)。

[16]张文兵．农村税费改革试点中的路径依赖问题研究——以安徽为例[J]．农村财政与财务，2002，(10)：28—32。

[17]马晓河，蓝海涛．加入WTO后我国农业补贴政策研究[J]．管理世界，2002，(5)：66—75。

[18]徐志全．在WTO框架内如何保护和支持农业发展[J]．调研世界，2001，(4)：9—12。

[19]于天义，刘延萍．农村税费改革后面临三大难题[J]．价格月刊，2002，(12)。

[20]张土云，许多．对农村税费制度改革的思考[J]．农业经济问题，2001(8)：32。

[21]钱克明．加入WTO与我国农业政策调整和制度创新[J]．农业经济问题，2002(1)。

[22]李红平．WTO语境下的三农问题：误区与出路[N]．南方周末，2002—02—07(1)。

[23]冼频．构建适应税费改革的农业支持体系[EB/OL]．http://www.people.com.cn/GB/guandian/1035/1992030.html，2003—07—30。

农村产业结构变化分析

张明梅

2003年我国克服了突如其来的“非典”疫情，战胜了频繁发生的多种自然灾害的严重影响，赢得了农村产业结构调整顺利、稳步进行的难得局面。农业结构进一步优化，农产品品种结构和区域布局发生了积极变化。农村产业结构内部，第一产业比重继续下降，非农产业比重稳步上升；第一产业内部，农业比重继续下降。

一、农村产业结构的变化及主要特征

(一)农业结构的变化及主要特征

中国加入WTO后，面对日益激烈的市场竞争，各级政府做出了积极的反应，加快了农业结构调整的步伐，以适应这一新形势。2003年中国农业结构调整继续平稳进行。初步统计，2003年第一产业增加值达17247亿元，按可比口径计算，增长2.5%，增幅比2002年下降0.4个百分点。

农业比重继续下降，林业、畜牧业和渔业继续发展。2003年农业在农林牧渔业增加值中的比重下降了1.7个百分点，畜牧业和林业比重提高。

2003年上半年，受“非典”的影响，生猪、家禽压栏现象普遍，产出增速下降。“非典”过后，畜产品价格回升，产销形势好转。2003年畜牧业增加值占农林牧渔业增加值比重达27.5%，较2002年提高1.6个百分点。据测算，畜牧业对农林牧渔业总产值增长的贡献率达一半以上，畜牧业主产区畜牧业总产值增速普遍高于全国平均水平。

2003年，渔业结构调整步伐加快，名特优新产品增加，养殖规模扩大。渔业增加值占农林牧渔业增加值比重为10.5%。据测算，渔业对农林牧渔业总产值增长的贡献率达到20%以上。

2003年，林业占农林牧渔增加值的比重达到4.9%，比上年提高0.5个百分点。

表1　农林牧渔业增加值构成

单位：%

年份	1997	1998	1999	2000	2001	2002	2003
农 业	62.3	62.2	61.7	59.5	59.3	58.8	57.1
林 业	4.2	4.2	4.3	4.5	4.3	4.4	4.9
牧 业	23.9	23.6	23.5	24.9	25.6	25.9	27.5
渔 业	9.6	10.0	10.5	11.1	10.8	10.9	10.5

种植业生产结构、品种结构调整力度加大。2003年各地进一步调整农业生产结构。粮食、糖料面积减少，棉花、油料、蔬菜面积扩大。

蔬菜、水果在调整品种、优化品质的基础上稳定增长。我国蔬菜产业发展进入产量充足、消费层次提高和消费数量增势趋缓的阶段。2003年蔬菜面积继续增加，但增幅明显下降。蔬菜总产量变化不大，受天气等因素影响，季节性供求矛盾凸显。经过几年的发展，我国蔬菜保护地种植已经占有重要的地位，但与各地发展的实际需求相比，其科技含量、抗风险能力仍有较大的差距。我国水果生产进入面积稳定、产量小幅增长、内部结构调整的新阶段。2003 年全国水果生产仍持续发展，但结构更加优化、质量有所提高，大宗水果生产丰收，全国水果总产量登上新台阶。

退耕还林还草工程成效显著。退耕还林工程初步改善了工程区的生态环境，促进了林业的发展，促进了农业结构调整，提高了农民的生态环保意识，农民也得到了实惠。自 1999 年开始试点到 2003 年底，全国累计完成退耕还林 2.27 亿亩，其中退耕地造林 1.08 亿亩，宜林荒山荒地造林 1.19 亿亩。

西部地区退耕还林还草，改善了工程区的生态环境，恢复和重建畜牧业发展的基础，为我国畜牧业大发展奠定了基础。1997～2002 年，陕西延安和榆林地区裸地及低覆盖度的面积减少了 7.81%，中高覆盖度植被增加了 8.45%。四川农业大学观测结果表明，退耕地还林 2～3 年后的径流含沙量，比同一地区农耕地减少 22%～24%。内蒙古乌兰察布盟实施退耕还林后，全盟畜牧业产值占农业总产值的比重，从退耕前的 15%提高到 2002 年底的 40%。

农业的区域性布局逐渐形成。2003 年，我国农业区域性布局进一步优化。种植业生产逐渐向中部地区集中，中部地区无论作为粮食作物还是经济作物的主产区地位更加突出。东部沿海地区、大中城市郊区和经济比较发达的地区，积极发展高附加值农业、高科技农业和外向型农业；西部地区加快发展生态农业，林业、畜牧业增加值占农林牧渔业增加值的比重进一步上升。

(二)非农产业结构变化及其特征

2003 年，乡镇企业经受住了“非典”疫情的严峻考验，努力开拓市场，千方百计扩大出口，加大投资力度，加快结构调整步伐，保持了持续稳定的增长态势。据农业部统计，2003 年乡镇企业实现增加值 36600 亿元，比上年增长 13%。其中工业增加值 25960 亿元，增长 14%，工业在乡镇企业中的主导地位没有动摇；营业收入 146000 亿元，增长 12.6%；出口交货值 13870 亿元，增长 20%；实现利润 8550 亿元，增长 13.2%；上交税金 2700 亿元，增长 15.1%；支付劳动者报酬 9000 亿元，增长 5.5%；从业人员年末数达 13500 万人，比上年末增加 212 万人。各项经济指标是近 5 年来最好的。

非农产业结构调整取得新成效。通过产业结构调整，乡镇企业第二产业的采矿业及污染严重的行业大幅度削减，而具有一定技术含量和市场需求的食品加工、服装、电气等行业相对稳定并有所增加。第三产业、农产品加工业、劳动密集型和技术密集型产业成为乡镇企业的主体产业。与 2002 年相比，2003 年乡镇企业增加值中，工业的比重上升 0.6 个百分点，这主要是“非典”疫情使第三产业受到较大影响所至，同时说明工业在乡镇企业中的主导地位没有动摇。交通运输业和商饮服务业比重下降 0.6 个百分点，第三产业实现的增加值继续占到全部乡镇企业增加值的 20%以上。农村非农产业增加值构成见表 2。

表 2 农村非农产业增加值构成

单位：%

	工业	建筑业	交通运输	商饮服务
1995	76.32	9.05	5.68	8.94
1997	78.36	8.12	3.73	9.79
1998	71.11	8.15	6.23	14.50
1999	68.86	8.21	6.38	16.55
2000	69.27	7.74	6.10	16.89
2001	67.56	7.9	6.34	18.20
2002	70.3	7.1	5.6	17.0
2003	70.9	7.1	5.5	16.5

注：农村非农产业增加值数据为农业部统计乡镇企业增加值中扣除农业部分后得来的。

(三)农村产业结构变化及其特征

2003 年按增加值考察的中国农村产业结构变化特征是第一产业比重下降，第二产业比重上升，第三产业受“非典”影响，比重的提高幅度下降。区域间的结构差异继续存在，并且呈扩大态势。2003年农村增加值中，第一产业的比重为28%，比2002年下降2.5个百分点；第二产业比重为54.9%，上升了2个百分点；第三产业比重为17.1%，上升了0.5个百分点(表3)。近几年各业比重的变化幅度不大，我国农业与农村经济发展战略性调整正有序的进行。

表3 农村各业增加值构成

单位：%

	第一产业	第二产业	第三产业
1997	48.5	44.5	7.0
1998	40.5	47.2	12.3
1999	37.0	49.6	13.4
2000	35.3	50.4	14.3
2001	32.8	51.9	15.3
2002	30.5	52.9	16.6
2003	28.0	54.9	17.1

2003年地区间发展不平衡的问题更为突出。2003年东部地区乡镇企业增加值比上年增长15.5%，高于全国平均水平2.5个百分点，而中西部地区仅增长11.2%，比东部低4.3个百分点；东部地区乡镇企业增加值占全国的比重由上年的65%上升到65.9%，中西部地区则由上年的35%下降到34.1%。2003年上海、江苏、浙江3省(市)乡镇企业增加值占全国的26.9%，比上年提高1.07个百分点；出口占全国的47.91%，比上年提高3.98个百分点。环渤海地区乡镇企业起步相对较晚，但随着该区域城乡一体化进程的加快，投资环境的改善，奥运经济的启动，东北老工业基地振兴措施的实施，乡镇企业发展速度明显加快。2003年，环渤海地区5省(市)(北京、天津、河北、山东和辽宁)乡镇企业增加值占全国的30.33%，比上年提高1.16个百分点。

二、农村产业结构与就业结构的偏差

受"非典"影响，2003年农村就业结构呈现出第一产业比重下降，第二产业比重提高，第三产业比重的提高幅度略有下降的格局。农村劳动力就业结构与农村经济结构之间的偏差继续扩大。

(一)农村就业结构

近年来农村劳动力就业非农化进程比"九五"时期有所加快。1995～2000年，第一产业劳动力占农村劳动力的比重平均每年下降不到0.7个百分点，而近3年(2000～2003年)平均每年下降1.1个百分点。2003年，农村劳动力中从事农业的劳动力占65%，比2002年下降了0.9个百分点，从事非农产业的劳动力的比重为35%。在非农产业中，第二产业就业比重为16.3%，比上年上升了0.9个百分点；第三产业的就业比重为18.7%，与2002年基本持平(表4)。

表4 农村三次产业劳动力构成

单位：%

	1990	1995	1999	2000	2001	2002	2003
第一产业	79.4	71.8	70.2	68.4	66.5	65.9	65
第二产业	14.1	17.0	16.6	17.3	18.2	15.4	16.3
第三产业	6.5	11.2	13.2	14.3	15.3	18.7	18.7

注：①计算劳动力结构时，外出的临时工、合同工按比例均摊于工建运商各业之中。②2003年为预测数。

近年来农村劳动力就业非农化速度由慢转快的主要原因：一是农产品价格下降，农民务农收入减少，导致外出务工经商的农村劳动力数量明显增加。根据国家统计局农调总队对全国30个省(区、市)6万多农户、18万多农村劳动力进行的抽样调查，2003年当年转移农村劳动力达490万人。二是随着西部大开发政策实施力度的不断加大，为农村富余劳动力转移到第二、三产业提供了就业岗位。

(二)农村产业结构与就业结构间的偏差

2003年农村三大产业增加值结构与就业结构之间的总偏差呈扩大态势。1999～2003年期间，增加值结构与就业结构之间的总偏差从66.4%扩大到77.2%(表5)。从各部门的偏差来看，2003年第一产业劳动生产率较低的局面依然没有得到改变，2003年第一产业的结构偏差为－37%，比2002年有所扩大。2003年第二产业劳动生产率依然居农村三大业之首，结构偏差为38.6%，与2002

年基本持平。第三产业的结构偏差为1.6%，这说明了农村第三产业在十几年的迅猛发展之后，其劳动生产率在目前的技术水平条件下很难有大的突破。

表5　农村增加值与就业结构间的偏差

单位：%

	1999	2000	2001	2002	2003
第一产业	－33.2	－33.1	－33.7	－34.6	－37
第二产业	33.0	33.1	33.7	38.6	38.6
第三产业	0.2	0.0	0.0	2.1	1.6
合计	66.4	66.2	67.4	75.3	77.2

近两年出台的一系列政策和2003年的“非典”疫情，使近期农村产业结构与就业结构之间的偏差变动较大。与2002年相比，2003年农村产业结构与就业结构之间的总偏差为77.2%，比2002年扩大1.9个百分点。其中第一产业的结构偏差扩大2.4个百分点，第二产业的结构偏差基本没有变动，第三产业结构偏差缩小0.5个百分点。

三、农村产业结构调整的趋势及影响因素变化的判断

党的十六大报告提出：“农村富余劳动力向非农产业和城镇转移，是工业化和现代化的必然趋势”。转移农村劳动力是解决“三农”问题的根本出路之一，也是全面建设小康社会的一个战略性问题，这已成为理论界和社会各界的共识。今后伴随着农村富余劳动力转移的加快，就业结构与经济结构偏差扩大的态势将有所缓解，整个农村产业结构调整将向着更为合理的方向发展。

(一) 2004年非农产业结构调整影响因素变化的判断

我国加入世贸组织后，国内外市场竞争越来越激烈，对产品质量等各方面的要求越来越高。大多数乡镇企业规模小，技术装备和工艺水平相对落后，管理方式比较传统和粗放，市场开拓和新产品开发能力与消费者需求的变化不相适应，在激烈的竞争中面临着严峻的挑战。特别是一些资源型企业关停后，如何进行产业调整和产业升级是众多乡镇企业，尤其是中西部地区乡镇企业面临的问题。

当前，影响乡镇企业结构调整的因素很多，其中最主要的是投资因素和市场因素。从投资情况看，2002年和2003年两年共投资16000多亿元，尤其是一批技术水平高和外向型项目的建成投产，对2004年及以后乡镇企业的发展将产生积极的影响。从市场因素看，有利方面主要是乡镇企业的特色产品和优势产品如纺织、服装、皮革制品、轻工电气产品、食品、玩具及工艺品等在国内外市场上有较强的竞争力，市场空间是广阔的。不利因素是多数产品已成为买方市场，加之农民增收比较缓慢，农村总体购买力不强，这对乡镇企业的发展直接或间接产生一定的制约作用。其次是国际政治经济生活中的不确定性因素依然存在，而国际和地区间政治经济形势的复杂化，无疑将对国际贸易产生一定影响。此外，为履行加入世贸组织的承诺，我国陆续对很多产品不同程度地降低关税，这在一定程度上会增加我国产品在市场上的竞争压力。一些国家不时采取技术壁垒和绿色壁垒等措施实行贸易保护主义，这也将有可能对我国的外贸出口产生负面影响。总的来看，乡镇企业具备坚实的物质基础和快速发展的条件。

(二)2004年农业结构调整影响因素变化的判断

农业结构的调整不仅涉及农林牧渔业之间的结构调整，还涉及各业内部产品品种结构的调整。针对2003年粮食减产的情况，中央和各地有关部门出台了相应的扶持政策。粮价回升、良种保障、国家出台的一系列保护和提高粮食综合生产能力的政策措施，都为2004年粮食产量、面积恢复奠定了良好的基础。2004年中央财政支持实施了优质专用小麦示范项目，对确保粮食质量，优化结构，提升品质将起到促进作用。

2004年水果、蔬菜市场需求将继续增加，生产也将继续保持稳定发展，产销两旺仍是基本的发展趋势。其主要影响因素变化：一是需求拉动。消费者消费层次的提高，对水果、蔬菜消费量的增长，尤其出口市场的打开以及水果加工业的发展，促进了水果、蔬菜生产销售情况的好转和效益的提高；二是技术推动，通过更新品种、发展套袋技术等，水

果、蔬菜品质有一定提高；三是交通、通讯等流通条件的改善和市场信息的交流，扩大了市场、促进了竞争。目前各地都在积极地进行产业结构调整，对水果、蔬菜产业的重视程度有所提高。

受"禽流感"影响，使得刚刚摆脱"非典"影响的家禽饲养业再次面临严峻的考验，预计 2004 年畜牧业产品结构调整将会有所放缓，禽肉禽蛋占畜牧业比重将有所下降，下降程度取决于疫情的长短。

渔业以结构调整为主线，继续保持较快发展，海洋深水抗风浪网箱养殖、工厂化养殖、稻田养鱼和名优水产品养殖势头强劲，名特优水产品产量将快速增长。远洋渔业稳步发展，大洋性渔业比重继续上升。以出口为导向的水产品生产、加工体系进一步完善。受"禽流感"影响，水产品的消费有所增加，将会促进 2004 年淡水养殖的发展。

农业的投入、产出分析

柏先红

2003年，我国农业和农村经济发展既受到“非典”疫情的袭击，又遭到严重自然灾害的影响。各地紧紧围绕增加农民收入这个中心，认真落实党中央、国务院的各项方针政策，深化和完善农村各项改革，积极推进农村经济战略性结构调整，克服了“非典”疫情的冲击和自然灾害的影响，农业在结构调整中平稳增长，畜牧业和渔业生产稳步发展，生态建设步伐进一步加快；但粮食生产因面积调减和自然灾害的影响，减产幅度较大，粮食安全问题应引起高度关注。

一、农业投入和产出的增长

(一)农业生产要素的投入状况

以下从土地、劳动力、农户投入、财政投入4个方面对农业生产要素的投入进行描述。

1. 土地要素的投入及其变化。土地是农业生产要素中最基本的要素。这里所涉及的是广义范畴的土地概念，包括农用耕地、林业用地、茶桑果园、养殖水面等。

近年来耕地减少呈加速趋势。2003年全国新增耕地面积466.5万亩，减少4270.5万亩，其中建设占用耕地343.5万亩，灾毁耕地75万亩，全年耕地净减少3804万亩。2003年末全国耕地为18.5亿亩，人均仅为1.4亩。

农作物总播种面积减少。2003年全国农作物总播种面积为15225.1万公顷，比2002年下降1.5%。种植结构继续调整，粮食、糖料面积减少，棉花、油料、蔬菜面积增加。调查结果显示，2003年粮食播种面积9941万公顷，比2002年减少448万公顷，下降4.3%；棉花种植面积大幅增加，达到511万公顷，比2002年扩大92万公顷，增长22.1%；油料种植面积1497万公顷，扩大20万公顷，增长1.4%；蔬菜种植面积继续增加，达到1791万公顷，比2002年扩大56万公顷，增长3.2%；糖料种植面积165万公顷，减少17万公顷，下降9.4%。

林业用地面积增速较快。2003年完成造林面积930万公顷，比上年增长19.7%，其中，退耕还林工程完成退耕地造林335万公顷，宜林荒山荒地造林347万公顷。

水产养殖面积扩大。2003年全国水产养殖面积达到715.7万公顷，比2002年扩大30.3万公顷，增长4.4%。其中海水养殖面积153.2万公顷，比2002年增加18.7万公顷，增长13.9%；淡水养殖562.5万公顷，增加11.5万公顷，增长2.1%。

2. 农业劳动力投入状况。2003年乡村从业人员约48970万人，比2002年增加443.1万人，增长0.9%。其中农林牧渔劳动力31259.4万人，比2002年减少731.2万人，下降2.3%。

2003年农民外出务工继续保持较快增长。虽然“非典”期间有700万～800万农民工返乡，但“非典”过后，各级政府采取了积极有效的措施组织农民工外出务工，第三、四季度外出务工劳动力大量增加，全年外出务工人数比上年增加约830万人,增长10.3%。

3. 农户的生产投入情况。2003年农户人均生产投入857元,比上年增加40元,扣除农业生产资料价格上涨因素影响,实际增长3.5%。农户增加的生产投入主要用于农业,2003年农户家庭经营生产投入中用于农业生产的支出为668元,比上年增加24元,增长3.6%,增加额占当年全部生产投入增加额的60.5%。购置和建造的生产性固定资产支出增速较快,人均102元,增加16元,增长18.5%。

4. 财政投入。2003年第一产业固定资产投资1156亿元,比2002年增长3.7%。2003年国家对农业和农村的政策性扶持力度加大,全年"六小工程"投入比上年增加一倍多,退耕还林补助增加76亿元,农村税费改革转移支付达到305亿元。

(二)农业的产出状况

1. 农业产值增长情况。2003年预计农林牧渔业总产值达到28827亿元,按可比价格(下同)计算比2002年增长3.4%。从农林牧渔各业来看,农业产值预计15099亿元,增长0.9%;林业1189亿元,增长6.9%;牧业9421亿元,增长6.2%;渔业3119亿元,增长4.6%。

2. 主要农产品产出。2003年,受面积调减和自然灾害的影响,粮食、棉花、油料、糖料等大宗农产品减产。棉花产量487万吨,比2002年下降0.9%;油料产量2805万吨,比2002下降3.2%;糖料产量9670万吨,比2002年下降6.1%;粮食产量43067万吨,比2002年减产2639万吨,减产5.8%。

畜牧业、渔业生产稳步发展。2003年肉类总产量达6920万吨,比上年增长5.1%,其中,牛、羊肉产量分别增长12.9%和10.8%。奶业产业化步伐加快,产量高速增长,2003年全国牛奶产量比上年增长34%。全年水产品产量达4690万吨,增长2.8%。

(三)农业生产的主要特点

1. 农业结构稳步调整,农业产出稳步增长。2003年各地继续以农民增收为目标,以市场需求为导向,调减供过于求农产品的生产,扩大需求旺盛的农产品生产。种植结构继续调整,主要农产品向优势区域集中的步伐加快,农产品优质化水平进一步提高。优质专用小麦占小麦总面积的比重达到38%,比上年提高7个百分点;优质水稻、优质专用玉米和"双低"油菜籽种植面积的比重分别达到55.6%、28%和70%,均比上年提高4个百分点。畜牧业、渔业生产稳步发展,养殖结构继续优化,名、特、优、新产品发展迅速。2003年也是退耕还林力度最大的一年,生态建设步伐进一步加快。蔬菜、水果尤其是畜牧业生产的稳定增长,使全年农林牧渔业基本保持了平稳增长的态势。据初步统计,全年实现农林牧渔业增加值17247亿元左右,比上年实际增长2.5%,增速较上年下降0.4个百分点。

2. 受面积调减和自然灾害的影响,粮、棉、油等大宗农产品减产。2003年我国粮食总产量43067万吨,比上年减产2639万吨,减产5.8%,粮食总产量已降到20世纪90年代以来的最低点。主产区粮食减产幅度大。2003年,河北等13个粮食主产省(区)粮食产量为30579万吨,比上年减产2335万吨,减产7.1%。面积减少是粮食减产的主要原因。调查结果显示,2003年全国粮食播种面积为9941万公顷,比上年减少448万公顷。粮食面积减少对粮食减产的影响占73.5%。而粮食面积减少的主要原因则是由于"九五"时期粮食出现了阶段性过剩,1998年以来,粮价低迷、农民种粮收益减少、种植结构调整和耕地逐年缩减。

3. 主要农产品供过于求的矛盾趋于缓解,全年农产品生产价格总水平上涨4.4%。由于粮食连年减产,市场粮价上涨的心理预期趋强,购销行为有所改变,农民惜售,经营者囤积,各级储备库充库,加上2003年10月份以来国际市场大豆价格上涨的带动,致使国内市场粮价全面回升。2003年小麦、玉米生产价格分别比上年上涨3.0%和4.6%,大豆价格上涨20.6%。由于国家库存账面仍较充裕,目前全国粮食总量仍供大于求,粮食价格的上涨属正常复归。

棉花需求强劲,产需缺口拉大,价格上涨较多。2003年由于灾害造成全国棉花单产下降18.8%,全国棉花产量487万吨,比上年减产0.9%。随着纺织品结构调整和出口形势的好转,全国棉纺能力增长较快,国内棉花市场供需缺口进一步加大,棉花价格持续上涨,全年籽棉生产价格比上年上涨35.3%。

(四)农业生产要素的投入和产出效益状况及其变化

1. 土地要素的投入效益——耕地生产率。受自然灾害的影响,2003年粮食、棉花和油料的单产水平都有不同程度下降,但由于农产品价格上涨,单位面积产值增加。2003年，平均每公顷播种面积生产的农作物种植业产值达到9914.1元，比2002年增加280.9元，提高2.9%；按播种面积计算的单位面积产量，粮食为每公顷4332.1公斤，下降1.5%；棉花为每公顷953公斤，下降18.8%；油料为每公顷1873.7公斤，下降4.5%。

2. 劳动力要素的投入效益——劳动生产率。2003年，农业劳动生产率进一步提高，平均每一农业劳动力创造的农业总产值达到9221.7元，比2002年增加659.7元，增长7.7%。平均每一劳动力生产粮食1377.7公斤，比2002年下降3.6%；生产的棉花15.6公斤，增长1.4%；生产的油料89.7公斤，下降0.9%；生产的糖料311.7公斤，下降3.1%；生产的肉类达到221.4公斤，增长7.6%；生产的水产品达到150公斤，增长5.1%。

3. 资金的投入效益——资金生产率。2003年，农户平均每百元投入创造的农业总产值为432元，比2002年增加2元，微增0.5%。

4. 粮食生产成本收益率。2003年粮食作物成本收益率回升。据国家统计局农调总队的调查，2003年全国粮食生产平均每亩投入为184.4元，比2002年增加10.7元，增长6.2%。平均每亩纯收益为190.2元，比上年增加9.9元，增长5.5%。成本收益率为30.3%，比2002年提高13.4%。

二、农业增长的类型和因素分析

我国人口多，人均农业资源相对稀缺。2003年人均常用耕地仅1.2亩；人均水资源2076立方米，比2002年下降5.6%。农业必须走节约资源、保护生态环境的可持续发展道路。近年来，农业结构调整和农业产业化的推进，促进了农业增长方式由粗放型向集约型转变。农业科技进步对农业增长的贡献率逐年提高。以下对农业增长因素的产出弹性和对农业增长的贡献率进行分析。

(一)增长因素分析

在正常年景，农业总产值的增长来自两个方面：一部分来自生产投入的增加，一部分来自科技进步带来的投入产出比的提高。在这里，我们将农业投入要素分为耕地、劳动力和资本的投入。

我们利用修正的柯布—道格拉斯农业生产函数模型来分析农业增长的因素，并计算增长因素的贡献率。模型形式如下：

$$Y = AL^{\alpha}K^{\beta}S^{\gamma} \quad (1)$$

式中：Y为农业总产值；L为农业生产中的劳动力投入；K为耕地的投入；S为农业资本的投入，主要包括国家财政用于农业的支出和农户的生产投入。α为劳动力的产出弹性；β为耕地的产出弹性；γ为资本的产出弹性。

利用1978年到2003年数据，对模型进行估计结果如下：

$$LNY = -28.658 + \underset{(-1.859)}{0.697} \times LN(L) + \underset{(0.839)}{2.098} \times LN(K) + \underset{(2.823)}{0.431} \times LN(S) \quad (2) \quad (8.681)$$

$R^2 = 0.962$ D. W $= 1.174$

从(2)式可以看出，农业劳动力对农业总产值的影响不显著，没有通过t检验。其原因可能是我国农业劳动力严重过剩，近年来劳动力数量的变动只是富余劳动力部分的变动，劳动力数量的增减不等于劳动量的增减，因而劳动力数量增减对农业产出并无显著影响。将L剔除后，估计出的最终结果如下：

$$LNY = -16.795 + 1.67 \times LN(K) + 0.47 \times LN(S) \quad (3)$$
$$(-2.76)(3.111) \qquad (19.15)$$

$R^2 = 0.961$ D. W $= 1.215$

从(3)式中可以看出，农业资本的产出弹性达到0.47，农业资金投入对农业经济的增长有明显的促进作用。这说明财政支农支出和农民生产投入增加，能促进农业产出的增长。耕地投入对产出的弹性超过1，这也许是由于耕地投入增加，往往伴随着政策利好及农民生产积极性提高等因素，使耕地的产出弹性较大。这也说明常用耕地的减少会导致产出的大幅度降低，并很好地解释了2003年粮食减产的主要原因是播种面积的减少。

(二)农业增长因素的贡献率

1. 农业资本对农业增长的贡献。这里的农业资本是指新投入的资金，包括农户的生产投入和国家财政投入，不包括固定资产存量。据测算，2003年新投入的农业资本为8530.5亿元，比2002年增长10.6%。将农业资本的产出弹性与增长率相乘，就得到资本对农业增长的贡献为5.0%。

2. 劳动力对农业增长的贡献。2003年农林牧渔劳动力为31259.4万人，比2002减少731.2万人，下降2.3%。由以上对产出模型的分析可知，在我国人均耕地极少，农村劳动力严重过剩的条件下，农林牧渔劳动力的少量增减，对农业增长几乎没有影响。

3. 耕地对农业增长的贡献。2003年退耕还林和建设用地力度较大，全年耕地净减少3804万亩。据此计算，2003年耕地减少2%，耕地对农业增长的贡献为－3.34%。

4. 科技进步对农业产出的贡献。农业科技进步率是农业总产值增长率中扣除新增投入量产生的总产值增长率之后的余额。农业科技进步率除以农业总产值增长率，就是农业科技进步贡献率。2003年农业科技进步对农业经济增长的贡献为1.74%。农业科技进步贡献率为51.2%。“九五”期间农业科技进步贡献率为45.2%，这表明近几年依靠科技进步调整农业结构、提高农业效益已取得了成效。

三、农业增长趋势及影响因素变化的判断

2003年，按照统筹城乡发展的思路，国家出台了一系列促进农村经济发展的政策：加大农业基础设施的投入力度；进一步加大农业产业结构调整；加大农村粮食流通体制改革力度，放开市场；加大对农村公益事业的投入；启动农村金融体制改革。2004年2月8日，中央一号文件《中共中央国务院关于促进农民增加收入若干政策的意见》正式公布，提出了降低农业税税率、进一步推进农村税费改革等37条具体政策。这些政策措施的逐步落实将对农业经济增长产生积极而深远的影响。

(一)农业资金的变化趋势

2004年财政支农支出将大幅增长。国家从2004年起降低农业税税率，取消除烟叶外的农业特产税，将新增财政支出向“三农”倾斜。预计国家固定资产投资用于农业和农村的比例将保持稳定，并逐步提高。2004年中央一号文件提出，集中力量支持粮食主产区发展粮食产业，促进种粮农民增加收入；改革粮食流通体制，实行对种粮农民的直接补贴，从现有的粮食风险基金拿出不少于1/3用来直接补贴粮食主产区的种粮农民。所有这些都传递出国家鼓励农民种粮食的重要信号。这有利于保护和提高主产区的粮食生产能力，稳住全国粮食生产的大局。

中央一号文件提出改革和创新农村金融体制。建立金融机构对农村社区服务的机制，明确县域内各金融机构为“三农”服务的义务。随着扩大农户小额信用贷款和农户联保贷款等政策的落实，农户和农村中小企业对信贷的需求将逐步得以满足。

(二)劳动力的变化趋势

2004年国家将进一步清理和取消针对农民进城就业的歧视性规定和不合理收费，加强对农村劳动力的职业技能培训；推进大中城市户籍制度改革，放宽农民进城就业和定居的条件。这些政策都将加速农业劳动力的转移速度。目前我国第一产业劳动力比重为50%，按照农村全面小康第一产业劳动力低于35%的目标，21世纪头20年，每年将转移600万农业劳动力到非农产业，第一产业劳动力每年将减少1%左右。由于转移的都是农村富余劳动力，而且劳动力转移有利于土地的规模化经营，因而将不会对农业产出产生较大影响。

2004年中央一号文件强调，各地和有关部门要把加强对农村劳动力的职业技能培训作为一件大事抓紧抓好。这有利于提高农村劳动力素质和生产效率，增强我国农业在国际上的竞争力。

(三)耕地变化趋势

随着工业化、城镇化的推进，建设用地增加不可避免。近年来国家先后启动的退耕还林、京津风沙源治理等一批重点生态建设工程造成了耕地的减少。此外，农业结构调整和自然灾害也造成部分耕地损失。2003年耕地面积为18.5亿亩，比2002年净减少3804万亩，减少幅度是近年来最大的。2004年中央一号文件提出了加快土地征用制度改革的政策，要求各级政府落实最严格的耕地保护制度，严格遵守对非农占地的审批权限和审批程序，这将有助于遏制耕地快速减少的趋势。从2004年起，国家将实施优质粮食产业工程，集中力量建设一批国家优质专用粮食基地。支持粮食主产区重点建设旱涝保收、稳产高产基本农田。这将有助于提高耕地质量，确保国家粮食安全。

(四)科技进步变化趋势

目前，我国农业科技投入约占农业总产值的0.2%，而世界平均水平为1%，一些发达国家超过5%。2004年中央一号文件强调，加强农业科研和技术推广，改革农业科技体制，较大幅度增加预算内农业科研投入，继续安排引进国外先进农业科技成果的资金，增加农业科技成果转化资金，引导和推动企业成为农业技术创新主体，加快形成国家推广机构和其他所有制推广组织共同发展、优势互补的农业技术推广体系。随着农村经济结构调整和农业产业化的推进，农业产业布局将更加合理，经济作物与粮食作物的比例更加优化，预计2004年科技进步贡献率将进一步提高。

(五)农产品价格变化趋势

2003年农产品生产价格上涨既有农业内部产业结构调整,农产品结构优化升级,市场供求关系变化的影响,也是国家统筹城乡经济发展,加大对农业支持力度,放开粮食收购和销售市场等一系列政策措施的结果,这些推动农产品价格回升的因素仍在继续发挥作用。2003年农产品价格上涨属恢复性上涨,农产品价格还没有回升到1996年的价格水平,预计2004年农产品生产价格维持上涨行情的可能性较大。

农业产业化，路向何方

——对河北省农业产业化发展的回顾与分析

河北省农调队

从20世纪90年代中期开始，农产品供给有余、价格回落、农民收入低速徘徊局面的长期持续，使农业结构调整上升为农村经济发展的首要政策选择。农业产业化作为结构调整的主要途径之一，也成为各级政府的工作重点和农民的希望所在。

十几年来，农业产业化的发展已使河北省农业和农村经济发生了一系列新变化。为了总结河北省农业产业化的经验，为今后的发展指明方向，我们对5年来全省农业产业化发展状况、结构特点和存在问题等进行了评估分析，并对影响产业化发展的相关因素进行了研究。

一、主要特点

近年来，河北省的农业产业化无论从规模、水平、效益、带动性等方面都取得了明显变化，发展毋庸置疑，成效有目共睹，作用日益增强。

(一)规模不断扩大。主要表现：

一是总体规模快速扩大。农业产业化生产经营总量由1998年的618.5亿元发展到2002年的1003.2亿元，增长62.2%，年均递增12.9%，比同期GDP年均增长速度高3.6个百分点，比农林牧渔业产值年均增长速度快9.4个百分点。产业化经营率由28.4%发展到40.8%，提高12.4个百分点，年均提高3.1个百分点。

二是主导产业不断壮大。年销售额亿元以上主导产业由116个发展到157个，增加41个；年销售额由402.1亿元提高到709.3亿元，年均增长15.2%；主导产业上缴税金由8.2亿元提高到14.4亿元，年均增长15.1%。

三是龙头企业迅速发展。年销售收入500万元以上龙头企业由411个发展到578个；销售收入由171.4亿元提高到359.2亿元，增幅达109.6%，年均递增20.3%，快于同期规模以上工业企业年均增速7.2个百分点；生产性固定资产原值由64.6亿元发展到238.4亿元，增长2.7倍，年均增长38.6%。

四是基地生产稳定增长。种植业基地由191个发展到239个，种植面积由85.0万公顷发展到124.5万公顷，年均增长10.0%；养殖基地由132个发展149个，基地销售产值由111.4亿元增长到172.5亿元，年均增长11.6%；加工基地由20个发展到23个，销售产值由112.5亿元增长到142.7亿元，年均增长6.1%。

(二)效益稳步提高。主要表现：

一是上交税金稳定增长。2002年全省农业产业化各类生产经营主体共上交税金20.0亿元，比1998年增长55.8%，年均增长11.7%。其中，龙头经营组织上交税金11.7亿元，增长58.1%，年均增长12.1%；基地上交税金8.2亿元，增长70.1%，年均增长14.2%。

二是龙头经营组织利润增加。2002年，龙头经营组织实现利润总额55.6亿元，比1998年增长143.9%，年均增长25.0%。

三是农户收入不断提高。2002年，全省农业产业化参与农户中，平均每户从产业化经营中获得纯收入3484元，增收比率达到33.5%，比5年前提高4.8个百分点。产业化经营农民受益率为14.5%，比1998年提高了4.4个百分点。

(三)带动能力增强。主要表现：

一是参与产业化农户增加。到2002年底，全省参与产业化生产经营的农户达到599.5万户，比1998年增长39.1%；产业化经营农户参与度达到41.8%，提高11.0个百分点。

二是从业人员增长。2002年，全省龙头企业从业人员达到15.7万人，占全省农村非农行业从业人员的比重为1.5%。平均每个企业从业人员达到271人。

三是农副产品加工能力提高。龙头企业生产加工所消耗的农副产品原料价值，由1998年的91.6亿元增长到2002年的174.6亿元，增长90.6%。包括基地直接出售的农副产品在内，2002年全省农副产品转化率达到23.4%，比1998年提高8.5个百分点。

(四)贡献逐步提高。主要表现：

一是成为农民增收的重要途径。2002年，全省农民人均从产业化经营中增加纯收入59.1元，对当年农民人均纯收入增长的贡献率达到72.4%。

二是财政贡献率稳步上升。2002年，全省农业产业化财政贡献率为3.7%，比上年提高0.2个百分点。

三是对支柱产业贡献增加。2002年，全省畜牧、蔬菜和果品三类产业化生产基地规模达到254.3亿元，占全省三大支柱产业的比重达到22.4%，比上年提高3.5个百分点。

二、存在问题

突出表现为：单个产业化生产经营单位发展相对缓慢，成长性不足，做大做强的能力欠缺；生产经营品种类别高度集中，产业雷同，低水平重复发展现象突出；产业内部各生产经营主体间联结松散，利益机制薄弱；发展规模和水平呈现不平衡状态，区域特征明显，地区差距较大。

(一)产业化生产经营个体发展相对缓慢。主要表现：

一是总体规模扩大主要依靠单位数量的增加。5年间，全省新增龙头企业167个，种植基地48个，养殖基地17个，加工基地3个；按平均水平计算，新增单位销售额占到产业化生产经营总量的21.0%；也就是说，从1998年到2002年间产业化总规模扩大了384.7亿元，其中新增单位的规模为210.8亿元，拉动增长贡献率达到54.8%。

二是单个产业化生产经营单位发展速度偏低。2002年，全省龙头企业平均生产性固定资产原值、年实现销售收入和消耗农副产品原料价值分别比1998年增长1.6倍、49.0%和35.5%，农产品生产基地平均年销售产值增长27.8%。而同期全部龙头企业(集团)生产性固定资产原值增长2.7倍，销售收入增长1.1倍，消耗农副产品原料价值增长90.6%，基地销售总产值增长53.1%，其增长速度分别比个体平均增长速度高110.0个百分点、61.0个百分点、55.1个百分点和25.3个百分点。

三是生存能力较差，新旧单位更迭频繁。在1998年全省116个主导产业、411个龙头企业、115个专业市场、56个中介服务组织和343个农产品生产基地中，到2002年仍在统计中的分别还有96个、259个、76个、25个和265个，其他单位或因经营规模缩小已达不到统计标准、或已停产甚至倒闭而不再纳入统计范围之内。这类单位占到1998年全部产业化经营单位个数的30.7%，其销售总额占当年产业化经营总量的19.3%。

(二)产业雷同，低水平重复发展现象突出。主要表现：

一是规模偏小。目前，全省157个主导产业中，年销售额10亿元以上的主导产业仅12个，实现销售额285.9亿元，占全部产业销售额的40.3%。也就是说，其余145个主导产业规模普遍偏小，年平均销售额仅为2.9亿元，处于较低水平。

二是结构较差。目前，全省形成的主导产业中，许多地方仅是将原有的农产品加工企业、农贸市场和政府性质的行业协会等和大量分散生产经营的农户统计到一起形成的，产业的突出形态是“头小尾大”，虽然逐年有所改善，但尚未得到根本性改变。2002年单个主导产业销售额中龙头经营组织所占比重仅为37.2%，而基地比重则高达59.4%。

三是类别集中。目前，全省157个主导产业，按生产经营品种大致可分为23类。从销售额看，蔬菜类、皮革加工类和禽蛋类产业排前3位，分别为119.1亿元、113.8亿元和67.4亿元，占全部产业销售额的42.3%。从联系农户数量看，蔬菜类、生猪类和水果类产业排前3位，分别为91.4万户、52.7万户和51.5万户，占全部产业联系农户的53.0%。

四是发展扎堆。目前全省各地的产业化发展主要集中在蔬菜、禽蛋、生猪、果品等品种上。在全省93个已形成主导产业的县(市、区)中，有33个县(市、区)发展蔬菜产业，21个县(市、区)发展禽蛋产业，19个县(市、区)发展生猪产业，17个县(市、区)发展水果产业，四类县(市、区)合计已占主导产业县(市、区)总数的96.8%(包括重复)。

(三)利益机制薄弱，联结松散。主要表现：

一是定单联系少。目前，全省738个龙头经营组织(包括龙头企业、专业市场和中介服务组织)中，和农户已经建立起订单关系的龙头仅有192个，占全部龙头的26.0%；订单内容多是一纸简单的收购合同，收购价格以随行就市类型为主，占63.5%；实行保护价收购的占18.2%；实行优惠价格的占2.1%；还有16.1%的龙头是以提供系列化服务作为合同内容。

二是产权连接等高级形态比重小。目前全省仅有2家龙头和所联系农户实行利润返还，9家龙头实行股份分红制度，这两类仅占全部龙头组织的1.5%。

三是龙头与农户的利益连接以松散的市场买卖关系为主。目前全省龙头组织中，有535家基本上是以松散的市场买卖关系或相对稳定的购销关系与农户产生“商品”经济联系，而非“市场”经济关系，这类龙头占全部龙头组织的72.5%。

(四)区域间发展规模和水平不平衡。主要表现：

一是设区市之间差距很大。2002年，全省有4个市的农业产业化经营率超过全省平均水平，7个市低于平均水平。农业产业化经营率最高的邢台市和最低的张家口市之间相差26.2个百分点。产业化经营规模最大的石家庄市和最小的张家口市之间相差9倍。

二是县级之间也存在较大差距。2002年，全省产业化经营总量超10亿元的县(市、区)已有28个，农业产业化经营规模最大的辛集市达到70.4亿元，而全省尚有16个县(市、区)没有形成符合统计标准的产业化经营项目。

三是产业化发展具有相对集中的区域特征。目前，河北省农业产业化生产经营规模较大、经营水平较高的县(市、区)，主要分布石家庄市、邢台市、廊坊市、保定市、唐山市、秦皇岛市等省会和环京津地区，分布特点和经济发展的区位优势有着较为密切的相关性。

四是发展差距有逐步扩大趋势。1998年，全省产业化经营率最高的市和最低的市相差24.5个百分点，到2002年变为相差26.2个百分点。1998年，全省产业化经营规模最大的石家庄市和最小的张家口市，其产业化总量之比为7.8∶1，到2002年已经扩大到10∶1。县(市、区)之间也存在类似情况。

三、相关因素分析

(一)关于农业产业化行政管理机制，我们认为应进一步解决好行政分割、职能弱化等问题，不断提高行政服务水平。

一是行政分割问题的解决是提高行政效率和服务水平的前提。目前，在农业产业化发展中尚未形成一个科学、协调、统一的宏观调控管理机制。依附在原有行政部门划分基础上的职能权限必然造成产业经济链管理上人为的“割裂”，容易形成各部门“齐抓共管”的局面，但难以解决“各把一段、各管一块”的问题，无法实现“边缘衔接，交叉补位”的格局，直接影响就是行政效率的降低，生产经营组织“婆婆”多，成本增高，市场竞争能力下降。

二是职能的错位和缺位是造成行政服务职能弱化的重要原因。部门间职能衔接的局限性必然造成行政职能无法按照生产和市场要求追踪延伸，实现对生产全过程的有效服务。特别是目前的产业化行政管理部门基本上是政策、管理、项目、技术等职能混在一起搞，甚至是什么有权抓什么，什么有利做什么，职能缺位和错位现象严重，也在相当程度上加剧了行政服务职能的弱化。

三是行政引导与农民自主经营的矛盾是推进农业产业化发展面临的现实问题。面对千差万别的市场需求和瞬息万变的市场行情以及高度分散的农业生产经营主体，农民作为生产者和经营体，其个体对市场的影响是微不足到的，抵御市场风险的能力非常弱；因此通过行政的手段实现市场和农民的协调运行，是行政部门的重要职能之一。但在对农民的行政服务上，即使不用“行政命令”而用扶持引导的方式，也难以改变农民“不见兔子不撒鹰”的经营思维，还容易形成“不引导发展盲目”、“一引导盲目发展”的状况。因此，科学、有效的解决行政引导与农民自主经营的矛盾是当前推进农业产业化发展需要重点解决的问题之一。

(二)关于农业产业化政策,我们认为应重点处理好对龙头扶持的政策选择和实施等问题,实现产业化的良性健康发展。

一是针对龙头发展与带动农户之间还处于弱相关的实际状况,应进一步拓宽农民进入产业化的途径和方式。目前各地在发展农业产业化过程中,都有一个共同的着力点,那就是鼓励、扶持龙头的发展,特别是在"龙头工程"实施后,各项优惠措施的逐步落实客观上为龙头发展创造了一个良好的条件和氛围。但需要明确一点,在农业产业化发展中,龙头的发展不是根本目的,根本目的是通过壮大龙头,提高其对农业和农民的带动能力,最终实现农业的高效和农民的增收。但客观上看,龙头的壮大,并没有与其带动性、吸纳性成正比或同比增长,由于企业市场竞争战略和投资选择的不同,这种带动具有隐性、长期、滞后甚至是阶段性减少的情形。因此,要制定更快地吸纳更多农民进入产业化经营的政策,进一步拓宽渠道和领域。

二是扶持政策的选择应以市场化为目标,最大限度的降低公益性特征。贴息或低息贷款、减免税政策等等"输血"措施会在较短时期内使龙头快速"强壮"起来,但这种"输血"型的"强壮"对有些龙头来说并不是真正抵抗力和竞争力增强,而是"虚胖",且极易患"输血依赖症",不输甚至会垮掉,从而使扶持政策丧失了市场原则而成为公益性服务。龙头企业作为参与市场竞争的主体,其资源的获取应当是市场化的,其利润的实现也应当是市场化的,因此,"输血"政策也应按市场化来运作,以激活其自身的"造血"机能。至于龙头对农户的带动作用这一"公益性目标"应放在"造血"机能完善后,而非之前或之中加以推进和解决,最终形成让"看不见的手"指挥龙头,让龙头用"看得见的手"指挥农民的局面。

(三)关于农业产业化的运行,我们认为应从加强龙头与农户的利益连接机制入手加以推进。

一是龙头与农户的逐利性矛盾需要通过法律和市场进行规范和解决。在市场经济原则下,无论是龙头企业还是农户,作为自主生产经营的独立体,追求利润最大化都是其根本特性。由于在同一条经济链中,龙头与农户间未能建立起法律基础上有效的利益联结机制,因此龙头对农副产品原料的需求和收购行为完全是随机的市场性,一切按其自身生产的利润最大化要求操作,农户往往处于被动的境地;另一方面,农民从自身利益出发,即使有定单,在价格变化对其有利时,也不履行定单,从而加剧了龙头企业对农民在利益联结上的"歧视",导致利益关系的混乱和破裂。

二是把农民作为企业发展的合作伙伴是形成利益共同体的基础。实现企业发展和农民增收的"双赢目标",其主动权操控在企业手中。最近有资料介绍的湖北"中汇米业"的成功经验具有较为典型的借鉴和指导意义,大致可以总结为:在处理龙头企业与农户的利益关系时,企业要具有长远、发展的眼光,以好的项目为依托,以尊重农民为前提,以信守诺言为保证,把农民作为企业发展的合作伙伴而不是"唐僧肉",才能实现企业的超常规发展和农业产业化的良性健康推进。

四、几点建议

当前,在推进全省农业产业化发展中,我们认为需强化和完善以下几项工作:

(一)加大开拓力度。

一是体制创新。创新行政管理体制,创新行政服务手段,创新扶持帮助方式,创新信息协调机制等等。

二是市场开拓。利用政府牵线搭桥的有利位置和信用影响,帮助企业按照市场运作方式广泛开展招商引资和市场推介等活动,做到引进来,推出去,树立品牌形象,拓展市场份额。

(二)加强引导工作。

一是信息引导。配合政府部门行政职能的转变,把市场信息网络建设作为政府服务的基础性工作来抓,为企业和农户提供包括政策、法规、资源、技术、供求、价格、生产、管理等多方面的信息,服务于生产,服务于社会。

二是机制引导。结合资金、技术、项目的引进与开发和各种优惠政策的扶持,引导龙头企业逐步扩大对农户的带动面,提高利益联结水平,在不影响龙头企业市场化运作的前提下,最大限度地发挥其作为龙头的"公益性"作用。此外,以中介服务组织和各类农业专业协会为龙头主体,开展以"公益性"目标为主、市场化目标为辅的利益机制建设,提高分散农户生产的市场联合水平和竞争能力。

(三)提高服务水平。

一是进一步宽松发展环境。提高政府部门服

务水平，主要任务之一就是为各类农业产业化生产经营主体创造一个宽松的环境，坚决取缔掣肘农业产业化发展的各项政策和规章制度，一切让位于发展这个第一要务。包括政策、技术、信息等软环境，也包括交通、通讯、融资等硬环境，需要全身松绑，放手发展。

二是优化资源配置。针对目前各地农业产业化项目“遍地开花”，低水平重复建设现象比较普遍的现实，要超前规划，长远谋划，利用行政和市场的多种手段和措施，在资金、税收等杠杆的调节下，逐步引导龙头企业和基地建设资源的有效整合，使龙头做大做强，基地拓展提高，真正形成区域化布局、专业化生产、一体化服务的农业产业化新格局。

不同规模类型养牛场经济效益分析

——对焦作市规模养牛业的调查报告

张杰业

改革开放以来，河南畜牧业坚持“科技＋品牌＋规模经营”的发展战略，依靠科技进步和技术创新，积极调整优化产业、产品和布局结构，养殖场数量增加、规模扩大，养殖小区迅速发展，中原肉牛肉羊、黄河滩区绿色奶业示范带等区域化生产布局初步形成，已发展成为全省农村经济的支柱产业。2002年全省牧业产值占农林牧渔业总产值的比重达到34.2%，牧业收入占农民人均纯收入的9.2%。但河南畜牧业仍存在巨大的市场发展潜力，尤其是作为农业大省，饲草饲料资源丰富，仅农作物秸秆一项，目前饲用率仅30%左右，若能达到70%，牛羊饲养量将成倍增长，发展牛羊生产特别是规模经营的资源潜力巨大。为了解秸秆养畜在促进农业结构调整、农民增收中的作用，特别是规模养殖场(户)利用农作物秸秆等发展牛羊生产的经济效益情况，省农调队对焦作市18个不同规模类型养牛场的生产经营情况进行了专题调查。

一、资源优势及秸秆青贮养牛现状

焦作市北依太行山，南临黄河，水肥条件较好，历来以粮食高产稳产闻名全国，而畜牧业传统上以猪禽饲养为主，优势并不明显。2001年以来，该市充分利用辖区内饲草饲料资源丰富，以及80万亩黄河滩区可以大力发展秸秆养畜的得天独厚条件，强力推动秸秆青贮养牛，全市共新建百头以上养牛场196个，新建百头以上养牛小区204个，新建秸秆青贮、氨化池6432个，秸秆青贮能力达到180万立方米。2002年，全市青贮玉米秸秆156万立方米，玉米秸秆青贮率由2000年的5.9%提高到52%；牛存栏量由2000年的18.95万头猛增到30.98万头，增长63.5 %，规模化养殖比重达到55%，已初步形成一个新兴产业。利用秸秆青贮养牛，一方面促进了秸秆禁烧工作的开展，并通过秸秆过腹还田为农业生产提供了大量的有机肥，有效降低了农业生产成本，另一方面有效地促进了畜牧业品种结构的调整和农民增收，同时，也为一些因污染环境而被关停的乡镇企业找到了新的出路，实现了经济效益、社会效益和生态效益的同步发展。2002年，焦作市牧业产值占农林牧渔业总产值的比重由2000年的31%提高到2002年的35%，高于全省平均水平0.8个百分点，其中养牛业产值占牧业产值的10.2%；牧业收入占农民人均纯收入的比重达11.6%，较2000年提高5.4个百分点，高出全省平均水平2.3个百分点。

二、不同规模类型养牛场基本经营情况

目前焦作市共有规模化肉牛养殖场(户)5300个，占全市全部养牛场(户)的33.1%；规模化养牛存栏17万头，占全部牛存栏的55%。其中近两年新上的养牛场，一部分是受政府优惠政策鼓励而上

马的中小规模养牛场，如不少县(市)规定，对养殖户新建的青贮池按照每立方米2元、老池青贮按照每立方米1元，购买铡草机按照购机价格20%的标准予以补贴，同时，群众每购进一头牛政府补贴300元，并在养牛贷款上给予优惠，贷款贴息一年；一部分是由以前从事其它经营活动并有相当经济实力的私营企业和个体工商业主转变而来，主要经营大中型养牛场。总体上划分，焦作市的规模化肉牛养殖场(下同)主要有三种类型：存栏20～30头规模的养牛场3938个，占全市规模养牛场(户)的74.3%，共存栏肉牛10万头；存栏40～50头的720个，占13.6%，共存栏3.5万头；存栏100头以上的196个，占3.7%，共存栏2万头。在实际调查中，我们抽取了存栏20～30头规模的养牛场7个，50头左右的4个，100头左右的6个和300头规模的1个。这4种18个不同规模类型养牛场的基本经营情况如下(见表1)：

表1　18个养牛场基本经营情况

指标		单位	总计(18个)	20～30头(7个)	50头(4个)	100头(6个)	300头(1个)
总人数		人	71	1～2	2～4	3～9	15
#雇工数		人	38	0	1～2	2～6	13
设计栏位		个	2590	300	460	830	1000
高峰期存栏		头	2100	250	380	790	680
现实际存栏		头	1374	226	214	634	300
空栏		个	1216	74	246	196	700
空栏率		%	47.0	24.7	53.5	23.6	70.0
总投资		万元	944	52.5	120	480	300
#固定资金		万元	374	2.8	35.0	196	150
流动资金		万元	570	49.7	85.0	284	150
#贷款		万元	197	21.0	44.0	132.0	0
贷款占总投资		%	20.9	40	36.7	27.5	0
平均	每个牛场投资总额	万元	52.4	7.5	30	80	300
	#拥有固资	万元	20.8	0.4	8.8	32.7	150
	占投资额	%	39.7	5.3	29.3	40.9	50
	拥有流资	万元	31.6	7.1	21.2	47.3	150
	占投资额	%	60.3	94.7	70.7	59.1	50
	#贷款额	万元	10.9	3.0	11.0	22	0
	占投资额	%	20.8	40	36.7	27.5	0

(一)经营方式及用工

据调查，18个养牛场全部为私营，其中，2001年以来新建的有14个，占77.8%。各养牛场场地宽敞，场舍硬件设施齐全，都有规模不等的秸秆青贮设施，草料供应充足。从用工情况看，18个养牛场总人数71人，其中雇工38人，每位雇工月工资100～300元不等，其中：20～30头规模的每场1～2人，没有雇工；50头规模的每场2～4人，雇工1～2人；100头规模的每场3～9人，雇工2～6人；300头规模的每场15人，雇工13人。

(二)饲养方式

购买犊牛和架子牛进行育肥是目前焦作市规模养牛业主要的饲养方式，与散养自繁相比，具有生长周期短，投入大，资金周转快，综合效益高的特点。18个规模养牛场中，采取购买犊牛进行育肥的11个，占61%，生产周期8～10个月；采取购买犊牛和架子牛混合育肥方式的有7个，占39%，生产周期5～7个月。

(三)栏位设计及使用

总体来看，18个养牛场共设计栏位2590个，高峰期存栏2100头，现实际存栏1374头，空栏

1216个，空栏率为47%。具体来说：20～30头规模的7个牛场共设计栏位300个，高峰期存栏250头，现实际存栏226头，空栏率24.7%；50头规模的4个牛场共设计栏位460个，高峰期存栏380头，现实际存栏214头，空栏率53.5%；100头规模的6个牛场共设计栏位830个，高峰期存栏790头，现实际存栏634头，空栏率23.6%；300头规模的1个牛场设计栏位1000个，高峰期存栏680头，现实际存栏300头，空栏700个，空栏率70%。由此可以看出，300头规模的牛场空栏率最高，高出平均水平23个百分点；其次为50头规模的，高出平均水平6.5个百分点；20～30头规模的低于平均水平22.3个百分点；100头规模的空栏率最低，低于平均水平23.4个百分点。

（四）资金投入及使用

总的来看，18个养牛场总投资为944万元，其中固定资产374万元，占39.6%；流动资金570万元，占60.4%；贷款197万元，占20.9%。从各规模养牛场的资金投入情况看，20～30头规模的平均每个投入7.5万元，50头规模的平均每个投入30万元，100头规模的平均每个投入80万元，300头规模的投入300万元，资金投入量随着经营规模的扩大而增加；从各规模牛场拥有的固定资产占资金投入情况看，20～30头规模的平均每个占5.3%，50头规模的平均每个占29.3%，100头规模的平均每个占40.9%，300头规模的占50%，固定资产占总投资的比重随着经营规模的扩大而上升；从各规模牛场拥有的流动资金占资金投入情况看，20～30头规模的平均每个占94.7%，50头规模的平均每个占70.7%，100头规模的平均每个占59.1%，300头规模的占50%，流动资金占总投资的比重随着经营规模的扩大呈下降趋势，表明小规模养牛场受经济实力所限，不得不将有限的资金大部分都投入到日常生产经营中去，而不能用于增加场舍等固定资产的投资，同时表明，经营规模越大，对流动资金的需求就更加旺盛；从贷款情况看，18个养牛场中16个有贷款，占88.9%，其中300头规模的无贷款，全部为自筹资金；平均每个养牛场的贷款额占投资额的比重，20～30头规模的为40%，50头规模的为36.7%，100头规模的为27.5%。贷款额占总投资的比重随着经营规模的扩大而递减，表明小规模养牛场（户）特别是一些新上项目的养牛场（户），因自身资金不足对银行等金融机构的依赖性较强。但随着经营规模的扩大和经济实力的增强，对银行等金融机构的依赖性有所减弱（不考虑金融部门不愿放贷情况）。

（五）购销情况

除少部分新上养牛场（主要是20～30头小规模的牛场）开始时由于经验不足购进一部分土牛外，大多数规模养牛场基本是从东北、河北等地购进西门塔尔、夏洛莱、皮埃蒙特等优良杂交品种牛。在销售方式上，部分新上养牛场（主要是20～30头小规模的）由于批量小，多以本地销售为主，单畜牛重一般在1000斤以下；大型牛场一般以外销为主，主要是供港和大中城市，单畜牛重一般在1200斤以上。据测算，供港和大中城市的肉牛约占全市全部出栏肉牛的2/3。外销方式主要是以养牛经纪人组织货源，充当中介联系人为主。

三、不同规模类型养牛场（单畜）经济效益对比分析

对不同规模类型养牛场进行经济效益核算，不仅有利于反映整个养牛业的规模化养殖情况，而且可以找出其发展中存在的薄弱环节，利于推进规模化养牛业的持续健康发展，实现最佳规模效益，进而促进农民增收。这里主要从成本核算和销售渠道两个角度对其经济效益进行对比分析。

首先，根据养牛业的生产经营特点，我们采取以单畜平均月赢利水平为主、成本利润率为辅的成本核算方法，以一个生产周期为基本核算单位，对不同规模养牛场从购买犊牛和架子牛育肥到出栏的经济效益进行对比分析。

单畜月赢利水平核算：首先按售牛单价和出栏单畜重量计算单畜销售收入；再按购牛单价和单畜重量计算单畜购买成本，然后计算单畜饲养成本，即从购进到出栏需要消耗的饲料折价，以及应摊的人工、防疫、水电、利息、折旧等杂项支出，将购买成本、饲养成本累计就是单畜生产成本；最后，计算销售成本。用单畜销售收入减去单畜生产成本和销售成本即为单畜赢利，单畜赢利除以生长周期就是单畜月赢利水平。单畜成本利润率：单畜赢利除以单畜总生产成本再乘100。

需要说明的是，考虑到各规模养牛场肉牛出栏较少有中间环节，多为由经纪人居间服务、客户上门收购，出场即为实现销售，运输等费用较少发生，故销售成本在此忽略不计。也就是说，上述单畜月赢利水平即为养牛场实现的单畜月毛利。同时，在

实际调查工作中，由于各养牛场生产经营情况十分复杂，如所进每批牛的生长周期不同，各个生长阶段的成本消耗也就不一样，有的牛场一年可以出栏肉牛两茬，而有的一年只能出栏一茬，加之不少养牛场没有详细的核算资料，个别新建牛场还没有出栏，牛场之间购买牛犊架子牛、销售肉牛渠道也不尽相同，因此，核算中有些影响因素较难剔除。

(一)成本核算及情况说明

1. 购买成本

牛的品种、品质决定牛的生长速度和成牛体型，进而影响到成牛销售价格，如土牛饲料回报低，而良种牛饲料回报高，同量的饲料消耗良种牛增重是土牛的3～5倍，土牛增重多为每月30斤，良种牛月增重可达90斤。购买时对牛群的估价也非常重要，若错误估价一头牛，价格与实际可相差200元左右，以致购牛成本上升，效益大打折扣。调查表明，规模养牛场购进单畜重一般为400～700斤，以2002年10月份市场杂交品种牛购进价格4～4.5元/斤进行计量，单畜购买成本约为1700～3000元。

2. 饲养成本

掌握肉牛在不同阶段的生长规律和饲养技术至关重要，掌握与不掌握，饲养成本至少相差200元，这里包括精料与草料的搭配比例、投料量的精确度等，从而影响到肉牛的生产周期，进而影响其养殖效益。此外，其它杂项支出因资金投入多少和肉牛存出栏量不同，也存在一定差异。由此可见，不同规模类型养牛场之间，饲养成本存在着差异，甚至是同一牛场内部不同批次的牛群之间，饲养成本也会有所不同。以500斤小架子牛从购进育肥到出栏为例(见表2)，按社会平均生产水平，育肥期6个月、出栏重1000斤的单头牛饲养成本约为920元；育肥期8个月、出栏重1200斤的单头牛饲养成本约为1260元。即出栏一头牛平均需要耗费的饲料折价和各项饲养费用支出大约为900～1300元。

表2　500斤小牛育肥到出栏平均饲养成本

项 目	单位	育肥6个月(1000斤)	育肥8个月(1200斤)
饲养成本合计	元	920	1260
#饲料折价	元	810	1080
#日耗精料	斤	5	5
育肥期耗精料	斤	900	1200
精料价格	元/斤	0.6	0.6
精料折价	元	540	720
日耗草料	斤	30	30
育肥期耗草料	斤	5400	7200
草料价格	元/斤	0.05	0.05
草料折价	元	270	360
#分摊杂项支出	元	110	180
#人工	元	35	65
防疫	元	5	5
水电	元	2	2
利息	元	30	40
折旧	元	38	68

据上述两项成本分析及实际调查，一头500斤左右的小架子牛，从购进育肥到出栏的生产成本约需3000～4000元。

(二)销售收入实现情况

这里视各规模类型养牛场经历一个生产周期后肉牛出栏即为销售收入实现。调查表明，销售渠道不同直接影响到养牛场销售收入的实现水平。以500斤小架子牛从购进育肥到出栏为例(见表四)，按社会平均生产水平、2003年9月份市场价格计算，供港肉牛实现的销售收入最高达4800元，分别比供应大中城市和在本地销售的高360元和1300元左右。需要说明的是，各个牛场之间的肉牛销售以及同一个牛场内部不同批次肉牛之间的销售渠道，都可能存在着差异，即有可能是上述三种销售渠道的单一或混合。

(三)经济效益对比分析

1. 从购买犊牛和架子牛育肥到出栏(成本核算)的角度分析

(1)效益比较

首先需要说明的是,这里考察的是在一个生产周期内、各种不同规模类型养牛场单畜的经济效益。单畜的经济效益越好,表明养牛场的规模效益也就越高。

对18个养牛场进行粗略核算(见表3),初步判断,在现有饲养及技术条件下,肉牛单畜平均月赢利90元左右、成本利润率20%左右视为正常经营水平,低于这个水平视为养殖效益相对较低,高于这个水平视为养殖效益较好,且单畜平均月赢利水平越高、成本利润率高于正常经营水平,表明养牛场经济效益越好。

表3 不同规模牛场单畜从购进育肥到出栏经济效益比较

指标	单位	18个牛场单畜平均	20—30头规模单畜平均	50头规模单畜平均	100头规模单畜平均	300头规模单畜平均
1、生产周期	月	8	10	8	6	7
2、实现销售收入	元	4329	3500	4440	4940	4500
#单畜重	斤	1170	1000	1200	1300	1200
单价	元/斤	3.7	3.5	3.7	3.8	3.75
3、生产成本总计	元	3612	3202	3530	4035	3997
(1)购买成本	元	2365	1800	2250	2925	2800
#单畜重	斤	550	400	500	650	700
单价	元/斤	4.3	4.5	4.5	4.5	4.0
(2)饲养成本	元	1247	1402	1280	1110	1197
#饲料	元	1080	1300	1080	910	1050
人工	元	50	0	70	50	60
防疫	元	5	5	5	5	5
水电	元	2	2	2	2	2
利息	元	50	55	70	75	0
折旧	元	60	40	53	68	80
4、单畜赢利	元	717	298	910	905	503
5、平均月赢利	元	90	30	115	150	72
6、成本利润率	%	19.9	9.3	25.8	22.4	12.6

说明:(1)各规模养牛场的有关数据均来源于实际调查取得的综合平均值,其中,人工费主要依据不同规模养牛场的雇工人数及牛存栏量推算而来;(2)4=2—3。

以此作为衡量标准,100头规模的养牛场单畜平均月赢利水平最高,为150元,成本利润率相对较高并超过正常经营水平,达22.4%,经济效益最好;50头规模的养牛场单畜平均月赢利115元,较100头规模的少35元,成本利润率25.8%,经济效益次之;300头和20~30头规模的养牛场,单畜平均月赢利分别为72元和30元,成本利润率分别为12.6%和9.3%,低于正常经营水平,效益相对较差。

(2)效益影响因素

对各规模养牛场的生产经营情况进行分析(见表一、三),影响效益实现的因素主要有以下几种:

①生产周期和饲养成本

生产周期的长短直接关系到养牛所耗费的饲养成本,进而影响养殖效益的实现,即生产周期越长、饲养成本也就越高,对养殖效益的实现所产生的负面影响相应地就越大,也就是说,生产周期和饲养成本二者之间存在强相关关系。如表3所示,20~30头规模养牛场的单畜平均生产周期最长,为10个月,饲养成本也就最高,单畜平均达1402元,较平均生产周期最短为6个月的100头规模的单畜平均饲养成本高出292元,较平均生产周期为8个月的18个牛场的单畜平均饲养成本高出155元。从饲养成本占生产总成本的比重来看,同样,生产周期越长所占比重越高,20~30头规模养牛场的单畜平均饲养成本占总成本的比重为43.8%,较100头规模的养牛场高16.3个百分点。

与生产周期和饲养成本之间存在强相关关系的另一个重要因素就是饲料，从饲料占饲养成本的比重来看，4 种类型牛场单畜平均都在 80%以上，其中 20～30 头规模的最高为 92.7%，表明随着生产周期的延长，肉牛消耗的饲料相应增加，饲养成本随之上升。

②折旧

折旧额的多少直接关系到养牛业的饲养成本。需要说明的是，这里的折旧主要是根据各个不同规模类型牛场对厂房、设施等固定资产的投资、肉牛存、出栏情况以及按 15～20 年的折旧年限计算分摊的。从 4 种不同规模类型养牛场平均每个牛场拥有的固定资产占总投资的比重来看（见表 1），300 头规模的占 50%，100 头规模的占 40.9%，50 头规模的占 29.3%，20～30 头规模的仅占 5.3%，投资规模越大所占比重越高。与之相对应（见表 3），300 头规模养牛场单畜平均折旧额最高为 80 元，其次为 100 头规模的单畜平均 68 元，20～30 头规模的最低，单畜平均 40 元。

③空栏率

空栏率的高低反映了各规模养牛场生产能力的满足程度，进而影响其效益水平的实现。空栏率越高表明生产能力的满足度越低，在不考虑投资额和生产周期的情况下，单畜平均分摊的折旧、利息等杂项支出相应增加，反之，则满足度越高，单畜平均分摊的折旧、利息等杂项支出相应减少。从表 1 我们可以看出，在一个生产周期内，300 头规模的养牛场空栏率最高达 70%，较最低 100 头规模的高 46.4 个百分点，同时，由于其投资规模最大，折旧额也最高，单畜平均达 80 元。其次，50 头规模的养牛场空栏率达 53.5%，超过平均水平。

④饲养技术与经营管理水平

饲养技术与经营管理水平无疑是影响养牛场效益实现的重要因素。从表 3 我们可以看出，20～30 头规模养牛场的单畜平均购买成本最低，为 1800 元，但由于多为新上项目的养殖户，饲养技术与经营管理水平较低，因此，生产周期最长、饲养成本最高，实现的销售收入就最低，仅为 3500 元。而 300 头规模养牛场的单畜虽然平均购买价最低，为 4.0 元/斤，但由于单畜重最重达到 700 斤，购买成本相应增加，加之生产周期相对较长，单畜重增加较慢，快进快出的目的没有达到，因此，实现的销售收入也不理想。

此外，从建场时间上看，由于老养殖户饲养技术与经营管理水平相对成熟，在市场竞争中占居上风，单畜平均月赢利 100 元左右，效益高于新养殖户。

2. 从销售渠道不同影响养牛场经济效益的角度分析

以 500 斤良种小架子牛育肥到出栏为例（见表 4、表 2），按社会平均生产水平、2003 年 9 月份市场销售价格计算：供港肉牛生产周期一般为 8 个月、饲养成本为 1260 元，出栏重 1200 斤/头、出售价 4.0 元/斤，实现销售收入 4800 元，单畜平均月赢利 161.25 元，成本利润率最高，达 36.8%，经济效益最好；供应大中城市的肉牛生产周期一般也为 8 个月，饲养成本为 1260 元，出栏重 1200 斤/头，出售价相对较低、为 3.7 元/斤，实现销售收入 4440 元，单畜平均月赢利 116.25 元，成本利润率为 26.5%，经济效益次之；在本地销售的肉牛生产周期相应较短，一般为 6 个月，饲养成本为 920 元，出栏重一般在 1000 斤/头左右，市场售价也最低、为 3.5 元/斤，实现销售收入 3500 元，单畜平均月赢利 55 元，成本利润率最低，为 10.4%，经济效益较差。

表 4　不同销售渠道单畜经营效益比较（以 500 斤小牛育肥到出栏为例）

指　　标	单　位	供港肉牛	供大中城市肉牛	本地销售
饲养周期	月	8	8	6
销售收入	元	4800	4440	3500
#单畜重	斤	1200	1200	1000
单价	元/斤	4.0	3.7	3.5
生产成本	元	3510	3510	3170
#购买成本	元	2250	2250	2250
饲养成本	元	1260	1260	920
单畜赢利	元	1290	930	330
平均月赢利	元	161.25	116.25	55
成本利润率	%	36.8	26.5	10.4

(四)经济效益综合评价

根据上述从成本核算和销售渠道两个角度对规模养牛业经济效益的对比分析,考虑到养牛业生产实际(考虑生产周期但不考虑因生产周期较短,在轮茬过程中因购买肉牛所面临的成本风险),我们做出如下判断:

1. 20～30 头规模的养牛场,总投入相对较少,一般在 5～10 万元,但由于新上养殖场较多,且多为自繁自养方式,饲养技术和管理方式相对落后,生产周期长(一般在 10 个月以上),加之规模小不够批量外销,部分养殖户因后续资金不足肉牛提前出栏,不具备外销的市场优势,经济效益相对较低,单畜平均月赢利 30 元左右,成本利润率在 10%左右。这种规模虽然是目前多数养殖户的现实选择,是当前养牛业的主要规模类型,但不具备市场竞争的规模优势。

2. 50 头左右规模的养牛场,资金投入相对较多,一般在 30 万元左右,是 20～30 头规模的 4～5 倍,且多为老养殖户,饲养技术和管理经验相对比较成熟,加之具有相当养殖规模,市场竞争优势明显,经济效益较好,成本利润率在 25%以上。主要问题是受资金短缺制约,生产能力不足,不能满负荷运转,空栏率过高,导致已出栏肉牛所分摊的人工、利息和折旧费较高,同时,相对较长的 8 个月的生产周期,无疑会使其饲养成本上升。

3. 100 头规模类型的养牛场,资金投入一般在 80 万元左右,是 50 头规模的 2～3 倍,多为大中型架子牛饲养,平均生产周期最短、仅为 6 个月,饲养成本最低,同时空栏率也最低,单畜平均月赢利最高,成本利润率达 22%以上,但由于有部分养殖场是由乡镇企业新转产而来,饲养技术和管理经验不足,所以各场之间经济效益相差较大。剔除个别因素,考虑到该种规模养牛场肉牛生产周期最短、资金周转快、产出水平高,整体来看,该规模养殖场经济效益最好。

4. 几百头规模的养殖场,资金投入巨大,需要几百万元,空栏率最高,达 70%左右,生产能力严重浪费,虽然单畜平均月赢利 70 多元,成本利润率达 12.5%左右,但是低于社会平均利润水平,并不十分经济。

综合评价:50～100 头左右规模的养牛场,资金投入适中,规模适度,饲养技术和管理经验相对比较成熟,生产周期相对较短,资金周转快,市场竞争力强,规模效益较好,带动农民致富效果明显,推广价值较高,应成为规模养牛业的发展方向。

四、规模养牛业发展中存在的问题

目前,焦作市养牛业已初具规模,且多数规模养牛场已向小区集中。养牛场硬件设施齐全,栏位充分,秸秆青贮草料充足,市场已形成一定气候。较之散养,规模养牛业在市场、技术等方面更具有竞争优势,规模经营效益初现,已成为农民增收的有效途径,多数群众对养牛业市场前景看好。但是,从对 18 个养牛场的实际调查情况看,目前的规模效益尚未达到最佳状态,不同规模养牛场的经济效益都还有很大的提升空间,经营中仍存在一些困难和问题。

(一)资金短缺

资金不足特别是后续流动资金跟不上,直接制约着规模养牛业的进一步发展,其最明显的表现就是因无钱购买种牛导致牛场的空栏率高(因存栏有高峰低谷季节性之分,短期适当空栏是正常的,过高则不正常)。同时,因缺乏流动资金,部分牛场的肉牛被迫提前出栏,不但使已出栏肉牛所摊成本费用上升,影响单畜赢利水平和成本利润率,还影响到全场全年的总体产出水平,影响养牛场规模效益的实现。以 18 个养牛场为例,共设计栏位 2590 个,现空栏 1216 个,空栏率高达 47%,按每头肉牛在一个生产周期内需流动资金 3500 元计算,满负荷生产资金缺口约 426 万元,按单畜赢利 720 元计算,可增加收入约 88 万元。

(二)经营管理水平低、饲养技术不过关

焦作市新上的规模养牛场,普遍存在着饲养技术不过关,经营管理落后,经验不足,人员素质低的问题,养牛协会的作用没能得到充分发挥,严重制约着养牛业整体水平的提高、规模的扩大和规模效益的提升。

(三)中介组织发育滞后

从调查情况看,30 头以下的小规模饲养因为批量小,外销困难,市场竞争力弱,对龙头企业发挥带动作用的要求比较迫切,同时与养殖规模的快速扩充相比,市场中介组织发育仍显得滞后。

同时,由于近两年集中成批上马的规模养牛场(户)较多,造成牛源进价成本高,质量难以保证。此外,2003 年第二季度不少新上养牛户第一次出栏肉牛就遭到“非典”疫情的迎头痛击,经营难以为继,急需有关方面帮一把,扶一程。

五、对策建议

(一)政府应继续给予渡过起步阶段后的规模养牛业优惠政策支持,主要应在建立有效的多元化投融资机制上做文章,解决制约养牛业实现规模效益的资金短缺瓶颈(建议贷款贴息政策再实行两年),并把疏通销售渠道和解决市场出路作为发展养牛业的工作重心,以巩固现有规模,提高质量,提升产业化组织程度。

(二)未雨绸缪,高度重视和加强肉牛种源基地建设。把畜产品安全检测和无公害标准化生产作为一项重要工作来抓,充分发挥焦作市肉牛质量高、外销口碑好的优势,多方运作争取更多的出口指标。

(三)加快龙头企业建设,发挥其示范和带动作用,如对在建的武陟绿旗、温县恒慧通追加贷款支持,使之早日投入生产。建立龙头企业与养殖户之间的利益约束和调节机制,将小规模饲养和散养按产业化模式组织起来,解除养殖户的后顾之忧,逐步实现由以养促销向以销促养阶段的转变。

(四)充分发挥养牛协会在提供购销信息特别是组织技术服务方面的作用,大力培育各类中介服务组织,采取多种措施切实提高规模养牛场的饲养技术水平,增强其经营管理能力。

(五)根据上述经济效益对比分析及养牛业生产实际,小规模饲养虽是目前多数群众的现实选择,但从长远和规模效益实现的角度出发,政府应推动其向 50～100 头中等规模牛场的饲养方向发展和集中。

(六)规模养殖场(户)应充分挖掘自身潜力,努力提高自身素质,多渠道多方式筹措资金,在提高经营管理和饲养技术水平上做文章,并通过采取降低空栏率、缩短生产周期、减少饲养成本、控制购买成本等有效措施,达到加速资金周转,实现规模效益的目的。

发挥比较优势，振兴新疆农产品对外贸易

潘玉珍　帕塔木　布娲鹣

新疆是一个农业资源大区，经过50年的发展，农业生产力水平得到了很大的提高，但农产品对外贸易的规模仍然很小。2000年以来，新疆农产品出口额在新疆农业总产值中所占的比重不足5%，农产品出口额在全部商品出口总额中所占比重仅30%左右，这与新疆农业在国民经济中所处的地位和其具有的特性是不相适应的。随着中国加入WTO，研究如何通过农产品对外贸易的发展，扩大农产品销售，拉动国民经济的发展显得尤为迫切。本研究认为：新疆应抓住机遇，充分利用国内国际的资源和市场，加快发展农产品对外贸易，实现新疆经济持续快速增长。

一、新形势下发展新疆农产品对外贸易的意义

(一)国际农产品贸易的地位

农产品是一大宗商品，对其范围的规定和理解没有统一的标准，但一般将其分为广义农产品和狭义农产品两类，联合国粮农组织也采取此种分类法。其中广义农产品包括：农作物、水产品、畜产品、林产品；狭义农产品则主要指粮食、水产品、畜产品以及油料作物、饮料作物和糖类作物等，不包括林产品和经济作物中的橡胶、纤维等。

农产品和农业是人类生存与发展的基础，在各国经济发展中占有十分重要的地位。由于各国资源、要素丰缺不同，农业发展状况极不平衡。正是由于农产品对人类的不可缺少性和不可替代性，以及各国产出的不平衡性，使得国际农产品贸易非常活跃，并在国际货物贸易中占有举足轻重的地位。同时，农产品的这种关系国计民生的战略意义也使得各国长期以来一直对本国的农产品生产和贸易实施各种各样政策保护和高度关注。

从国际贸易的发展趋势看，世界农产品贸易增长较快，但始终低于世界商品贸易发展速度。1985～1990年世界农产品出口量年均增长2.0%，1990～1995年年均增长6.9%，1995～1998年年均增长0.2%，而世界商品贸易年平均增长分别达6.0%、7.7%和2.3%。农产品在全球贸易中的份额相对下降，仅占全球贸易12%左右，然而农产品贸易争端大致占WTO成员贸易争端总额的1/3，在国际贸易争端中仍未改变其第一的地位。贸易争端是各国间利益冲突的结果。由此可见，国际农产品贸易的重要性是十分突出的。

WTO农业协议的实施，推动世界范围内的农产品贸易自由化，促进各国农产品对外贸易的发展，改变发展中国家农产品贸易条件不断恶化的局面，国际农产品贸易在世界贸易中的重要地位会进一步得到加强。

WTO 受理的农产品贸易争端数目统计

项目 \ 年份	1995	1996	1997	1998	1999	2000	2001（1～3月）	合计
农产品争端数	16	10	27	10	10	7	5	85
争端总数	25	39	47	44	30	17	26	228
所占比例(%)	64	25.6	57.5	22.7	33.3	41.2	19.2	37.3

（二）发展农产品对外贸易的现实意义

1. 农业国际化要求发展农产品对外贸易

农业国际化是经济全球化在农业中的具体表现，它是中国加入世贸组织后积极参与经济全球化进程的直接结果。加入 WTO 后，中国按照 WTO 农业规则，降低农产品关税，取消非关税措施，在一定程度上开放农产品市场。农业市场竞争从国内竞争转向国内、国际双重竞争，农业资源由国内配置转向国内、国际资源的双向利用，中国农业与世界农业的关联度明显增强，中国农业国际化将随着经济全球化的加快而日益深化，成为 21 世纪中国农业发展的重要形式。从而促进中国农业按照比较优势原则，充分利用国内国际农业资源和市场，大力发展农产品对外贸易，参与农业国际分工、交换与竞争，优化农业资源配置，提高农业生产率和国际竞争力，实现农业可持续发展。

2. 农产品对外贸易面临的国际环境

2002 年是我国加入 WTO 的第一年，农产品进出口贸易总体上发展顺利，农产品出口比上年有较大幅度增长，农产品进口也有一定幅度增长，但没有出现原来预计的明显冲击。加入 WTO 后，我国作为 WTO 成员，享受无歧视的贸易待遇，对外贸易的国际环境得到改善，有利于我国农产品对外贸易的发展。2002 年，世界主要粮食，油料生产国减产，使国际市场相关农产品价格大幅上涨，从而相对增强了我国农产品的价格竞争优势，为我国扩大农产品出口提供了良好的国际环境。但从长期来看，这并不意味着我国农业面临压力的减轻，世界农产品市场有利于我国农产品进出口的因素将会发生变化，同时我国农产品出口遭受发达国家技术壁垒制约的问题更加突出，这就要求我们强化农产品生产质量安全管理，增强农业国际竞争力，从而进一步推动我国农产品进出口贸易的健康发展。

3. 发展农产品对外贸易是新形势下实现新疆农村经济增长的现实选择

近年来，在农业发展日益市场化和国际化的背景下，新疆部分农产品已处于结构性相对过剩的供求格局中，在今后很长一段时期内，以市场为导向的农村产业结构调整将是新疆农村经济发展的主题。如何通过大力发展农产品对外贸易，使新疆农业按照比较优势的原则参与国际分工，在此基础上调整农业生产结构应成为新疆农村产业结构乃至整个国民经济产业结构调整的主要内容。农产品对外贸易的发展对增加农民收入、完善农村市场体系和促进新疆农业生产结构的调整都具有重要的现实意义。

（1）大力发展农产品对外贸易是增加新疆农民收入的需要

近年来随着农产品产量的大幅度增加，同全国一样，新疆农产品产销矛盾日益突出，农产品“卖难”，导致价格不断下跌、农民收入增长缓慢。自 1998 年以来，新疆农民收入的增长幅度均在 10% 以下，特别是 1999 年，由于棉花价格下滑，导致农民人均纯收入较上年下降 7.9%。加入 WTO 后，新疆面临出口改善，出口市场扩大的有利时机，通过大力发展对外贸易，可以扩大出口规模，无疑将有助于缓解农产品产销矛盾，增加农民收入。

（2）大力发展农产品对外贸易有利于促进新疆农业生产结构的调整

近二十年来，新疆农业一直以种植业为主导，种植业产值占农业总产值的 70%以上。就种植业内部而言，存在种植品种相对集中的现象，粮食、棉花、油料产值占种植业总产值的 66.3%，其它作物占 33.7%。大量研究表明，加入 WTO 后，我国在粮食、棉花、油料等土地密集农产品生产方面面临着较大压力，而在林果、畜产品、蔬菜等劳动密集农产品生产方面具有较高的比较优势。通过大力发展农产品对外贸易，可以扩大新疆农业资源利用结构和农业资源结构调整的空间，有利于新疆利用国际国内两种资源和两个市场，优化资源配置，发挥比较优势，提高资源利用效率，进口资源密集型产品，特别是土地密集型产品，出口劳动密集型产品，包括畜牧业、渔业、林果业、蔬菜、瓜果业等具有比较优势的农产品，使农业依靠比较优势来安排生产，以市场为目标调整农业生产结构。

(3)大力发展农产品对外贸易有利于新疆农村市场经济体系的健全

受农业市场化程度低的影响，目前新疆农村市场经济发展尚处于初级阶段，尤其是农产品市场体系、质量标准体系和农产品市场信息体系不健全，市场运行无序，交易行为不规范，营销手段落后等，使新疆农产品的竞争力受到影响。加入WTO后，随着国内农产品市场进一步开放，国内外市场将表现为趋同性，大力发展农产品对外贸易，更多的企业会参与农产品流通，这必将促进我们借鉴和引进国际农产品市场的竞争机制和规则，建立以农产品批发市场为中心的农产品流通体系，从而加快全国统一大市场的形成，这对于新疆这样一个以农业为主导产业和优势产业的大区来说是十分有利的。

(4)大力发展农产品对外贸易将促进新疆农业现代化

新疆具有丰富的农业资源优势，但长期以来受资金短缺、技术落后、农业保护力度不足等方面因素限制，使新疆农业仍停留在传统农业水平。大力发展农产品对外贸易，一方面会进一步推动新疆农业的对外开放，吸引更多的国外资金、技术和管理经验，促进新疆与其他国家在农业领域进行广泛的合作与交流，使农业的现代化水平提高。另一方面，面对国际及国内市场上外国产品的激烈竞争，农产品生产经营者会主动采用先进技术，降低成本，提高产品质量，不断开发新产品，促使产品更新换代，以适应国际市场的需求，从而使新疆农业水平与国际农业水平的差距不断缩小。农业的现代化，必将巩固农业在国民经济中的基础地位，从而实现新疆经济的可持续发展。

二、新疆农产品对外贸易的现状

(一)新疆农产品对外贸易的基本格局

改革开放二十多年来，新疆对外贸易获得了长足发展。2002年，新疆外贸进出口总额26.92亿美元，比1978年增长116.0倍，年均增长21.9%，比1989年增长4.6倍，年均增长14.1%。其中出口总额13.08亿美元，比1989个增长2.6倍，进口总额13.83亿美元，增长10.1倍。

新疆是以农业为主的省区，农产品对外贸易在新疆对外贸易中约占30%，具有重要地位。尽管新疆农产品对外贸易有较大发展，2002年与1990年相比，农产品及其加工品出口额增加了1倍多，但与80年代和90年代初相比，从1996年开始农产品贸易在新疆对外贸易中的地位却呈下降趋势。

新疆出口商品结构表

单位:%

年 份	1981	1985	1990	1991	1992	1993	1994	1995	1996	1997	1998	1999	2000	2001	2002
初级产品	57.89	72.79	59.65	62.32	59.92	64.70	56.84	50.31	29.82	27.94	21.90	22.43	29.90	33.14	30.74
工业制成品	42.11	27.21	40.35	36.68	40.08	35.30	43.16	49.69	70.18	72.06	78.10	77.57	70.10	66.86	69.26

从新疆出口商品结构表中可以看出，1981～1995年期间，新疆50%以上的出口商品属于以农畜产品为主的初级产品，工业制成品的比重在40%左右徘徊，1996年以后，工业制成品的比重跃居70%甚至更高，而初级产品只占30%左右。

然而，农产品贸易份额的相对下降，并未影响农业作为新疆外汇主要贡献部门的地位。

自1981年以来，新疆农产品对外贸易一直是顺差，虽然波动性大，但总的看来顺差规模不断扩大，可见，农产品对外贸易是新疆外汇收入的主要来源。虽然农产品贸易份额相对有所下降，但农业作为新疆出口创汇主要贡献部门的地位却没有改变。

新疆农产品对外贸易情况

单位:万美元

年份	出口				进口				进出口差额
	食品及活动物	饮料及烟类	动植物油脂及蜡	总计	食品及活动物	饮料及烟类	动植物油脂及蜡	总计	
1981	561	—	8	569	12	132		144	425
1985	1126		140	1266	5			5	1261
1990	2669		72	2741	170			170	2571
1991	4739	1		1740	49			49	1691
1992	14276	306	16	14598	159			159	14439
1993	20450	1111	724	22285	687	368		1055	21230
1994	12893	4485	233	17611	97	49	248	297	17314
1995	13173	4359	397	17929	143			143	17786
1996	8832	1028	71	9931	207	19		226	9705
1997	9623	3447	174	13244	410			410	12834
1998	10078	1290	176	11544	143	25		168	11376
1999	7043	787		7830	955	115	3	1073	6757
2000	7128	975	1	8104	1053	83	52	1188	6916
2001	12673	638	206	13517	2730	113	6	2849	10668
2002	20068	385	103	20556	1736	15	2808	4556	16000

1. 新疆农产品对外贸易的进出口商品特征

新疆主要农产品出口情况

单位:美元

商品种类 \ 年份	1996	1997	1998	1999	2000	2001	2002
棉花	12324035	3270000	5443029	124758000	237469000	44373000	157143000
豆类	4909639	2453977	2745504	2242000	1275000	3067000	2796000
大米	8318491	4876701	1127216	1960000	3602000		
畜产品	394831	551101	3747696	9296000	10533000	7067000	6792000
原糖	3622277	4304476	10439307	1193000	49000	60000	60000
新疆名优园艺产品	17095614	16412129	3586135	6092000	3791000	4895000	6995000
谷物及谷物加工品	13377321	11163869	21443042	3189000	5669000	2349000	30000
以农产品为原料的纺织品	65477136	180170914	80181686	72436000	109182000	66787000	50254000
植物油	70828	1734823	1711613	—	—	2224170000	1157102000
酒	9526903	32491591	1731576	10500	41000	—	—
药材	—	—	2260000	1602000	1602000	1242000	1636000
烤烟	—	—	11749000	7865000	7865000	4083000	3054000

为辨析新疆农产品进出口商品特征,在此将农产品分为土地密集型产品和劳动密集型产品来进行说明。土地密集型产品是指大宗产品(如谷物、油籽、棉花、烟草等);劳动密集型产品主要包括中间产品(如畜产品、水产品、蔬菜、水果等)和消费者导向产品(如肉类加工品、水产品加工、食糖、谷物加工品、蔬菜与水果加工品、饮料等)。

(1)从新疆农产品对外贸易的出口结构看,主要出口品种为大宗农产品中的棉花、豆类、大米,中间产品中的畜产品、原糖、饲料和名优园艺产品、蔬菜罐头、快熟面及其他米、面、豆制品、植物油、酒等。其中棉花为第一大出口产品,出口额占农产品出口总额的70%以上。

(2)出口商品结构渐趋合理。农产品原料出口占出口总额的比重由1979年的75.23%下降到2002年的6.5%。而农副产品加工品出口额占出口总额的比重则由7.26%上升到2002年的45.0%。

(3)农产品出口商品品种单调,出口商品以原料型农产品为主,加工层次及科技含量低。以新疆十大出口商品为例,2002年原料型产品和农产品初级加工品中,仅棉花、棉纱和番茄酱三项就占到十大商品出口额的85%以上,占当年出口总额的27.8%。

新疆十大出口商品额

单位:万美元

出口商品	2000年	2001年	2002年
棉花	23747	4437	15714
棉纱	7542	4932	4290
棉坯布	2618	1655	667
肠衣	1015	706	675
食糖	5	6	6
番茄	4649	9852	16344
电视机	448	1163	1420
地毯	12	0.2	62
药材	160	124	164
皮鞋	23631	1576	2950

(4)农产品进口商品逐渐增多。主要进口商品为:纺织原料、畜产加工品和以农产品为原料的初级纺织品。

新疆主要农产品进口额

单位:美元

商品种类 \ 年份		1996	1997	1998	1999	2000	2001	2002
纺织原料及初级纺织制品		121490716	133093298	77492426	3191000	6836000	15239000	8307264
其中	棉花	72292957	69431278	32254229	—	690000	717000	—
	羊毛	—	—	—	3191000	5780000	11549000	5933748
木材		31342	8308	4675280	—	2587000	10292000	17342965
水果及蔬菜		1864829	3478169	1257326	—	13310000	37916000	18619376
谷物及其加工品		169851	324986	244800	6947000	7646000	25101000	13025000
畜产品及其加工品		36235618	34869675	28718407	540000	16371000	44644000	546482

2. 新疆农产品对外贸易进出口市场结构

新疆农产品进出口市场结构虽然呈多元化趋势,但仍然相对集中狭小。新疆农产品出口的主要市场是中国香港、哈萨克斯坦、日本、美国、德国、巴基斯坦、吉尔吉斯、乌兹别克。香港是第一大出口市场,其次是哈萨克。主要进口市场是哈萨克斯坦、中国香港、美国、吉尔吉斯,乌兹别克、俄罗斯、德国和日本。

3. 农产品对外贸易总体水平较低,波动性大。2001年新疆进出口总额17.71亿美元,占全国进出口总额的5097.60亿美元的0.35%,出口额6.68亿美元,占全国出口总额2661.50亿美元的0.25%。2001年新疆农产品及其加工品的出口额仅2.0亿美元,占全国农产品出口额的0.16%。

新疆主要贸易区

单位:千美元

年份	2000年		2001年		2002年	
	出口	进口	出口	进口	出口	进口
亚洲	433.459	83.069	180.042	54.288	343.339	
非洲	5.184	0	5.037	0	2.590	165
欧洲	701,020	926.298	415.716	922.267	865.523	1.258.519

续表

单位：千美元

年份	2000 年		2001 年		2002 年	
	出口	进口	出口	进口	出口	进口
拉丁美洲	11,931	5.863	5.096	16.636	11.938	6.295
北美洲	50,490	57.109	60.654	78.022	79.334	52.635
大洋洲	2.002	17.518	2.397	31.678	5.823	19.685
总额	1204.086	1059.857	668.942	1102.891	1308.547	1383.944

4. 农产品对外贸易对新疆经济的促进作用小。

新疆与全国贸易依存度比较

单位：%

		1980 年	1985 年	1990 年	1995 年	2000 年	2002 年
进出口依存度	中国	11.59	22.8	22.8	40.11	42.02	46.00
	新疆	0.89	7.65	7.65	14.45	13.06	13.80
出口依存度	中国	5.98	8.96	8.96	21.25	25.85	28.40
	新疆	0.48	4.72	4.72	7.78	7.24	6.71
进口依存度	中国	6.61	13.84	13.84	18.86	16.17	17.60
	新疆	0.41	2.93	2.93	6.67	6.36	7.09

从 1980 年～2002 年，新疆贸易依存度呈上升趋势，1995 年为最高年份，达到 14.45%，是新疆国民经济对进出口贸易依赖程度最好的年份，2000 年略有下降，2002 年开始呈回升趋势。但出口贸易依存度 2002 年却有所下降。从全国来看，实行改革开放政策以来，国民经济对贸易的依赖程度越来越大，而新疆经济发展对贸易的依赖程度相对较小，对经济发展的促进作用很小，完全靠区内产业内循环推动经济增长，封闭性很大，全国贸易对经济的作用是新疆的 3 倍甚至更高。可见，在新疆对外贸易中占到三成以上的农产品对外贸易对经济的推动作用是微不足道的。2001 年农产品出口贸易依存度为 1.12%。

(二)新疆农产品的比较优势和国际竞争力

根据国际贸易生产要素禀赋理论，资源优势是决定一国产品在国际贸易中是否具有比较优势的基础。由于农业生产的特殊性，对农产品对外贸易来说这点更为重要。但是，具备资源优势并不一定就完全具备贸易上的比较优势，这还要看该产品在国际市场上的竞争力如何。

1. 新疆农业的综合资源优势

(1)土地资源潜力巨大，开发性生产前景广阔。新疆幅员辽阔，土地总面积 166 万多平方公里，人均占有 136 亩多，比全国平均 14 亩高出近 10 倍，居全国第一位。在全区总土地面积中，耕地面积 5046.99 万亩，人均耕地 2.86 亩，居全国第三位，比全国平均水平 1.45 亩高出近一倍。拥有可利用荒地 1.47 亿亩，占全国宜农荒地的 27.6%，是我国重要的农业后备资源储备地。新疆农业为绿洲灌溉农业，耕地面积中水田面积占 2.1%，水浇地面积占 90.0%，旱地占 4.9%，这一状况同我国 66%的耕地分布在山地、丘陵、高原，13.6%的耕地分布在 15 度以上坡度的山地相比具有一定的优势。

(2)水资源充足。新疆地表水总径流量 884.28 亿立方米，实际可利用地表水资源占 70% 左右。按人口平均水资源量计算，新疆为 5858 立方米/人，比全国人均值高出 1 倍多。

(3)农业光、热气候资源丰富而优越。一是日照时间长，热量充足，光辐射强，昼夜温差大，有利于农业生产。二是气候类型多样，境内暖温带、中温带和高山气候带并存，赋予了农作物的多样性。三是光、热、水资源有效组合形成光、热、水同期的夏季优势。正是因为新疆独特的气候资源，使得新疆不少农产品尤其是瓜果、蔬菜品质优良，称冠全国。

(4)生物资源物种丰富，种类繁多，品种独特，特性优良。新疆野生植物达 4000 余种，农作物地方品种及引入品种达 1 万多个，不少物种品质优异。新疆地方畜禽品种具有适应性强、抗病、耐粗饲料等特性，在奶、肉、毛、中多胎性方面有一定的优良特性。新疆还是多种果树的原始起源中心和次生中心，果树资源丰富，其中优良品种约300余个。新疆的粮棉也具有单产高，质量好的特性。因此说，新疆生物资源同国内外相比具有独特的品质和优良的特性，开发和发展潜力较大。

(5)草地资源丰富，发展畜牧业得天独厚。新疆有可利用草地4994万公顷，占全国草地面积的1/4，有耕地面积5046.99万亩，农作物秸秆资源丰富，这些都为新疆畜牧业的发展提供了良好的基础。

(6)农业社会资源丰富，农业现代化水平高，农业人均生产水平位居全国前列。新疆农业劳动力资源丰富，农业人口达1147.92万，占全区总人口的65%。从事第一产业劳动力385.57万人，占全部劳动力的55.5%。农业现代化装备水平居全国前列。农业机械大中型拖拉机拥有量7.07万台，仅次于山东、黑龙江和河南省，位居全国第四位。配套农具17.44万部，位居全国第三位。农用地膜覆盖面积129.18千公顷，略少于山东省，位居全国第二位。有效灌溉面积3053.9千公顷，位居全国第六位。一些主要农产品的生产水平领先于全国。全区葡萄总产90.81万吨，位居全国第一。人均生产粮食460公斤，高于全国357公斤的平均水平，人均棉花79公斤，是全国平均3.84公斤的20倍，位居全国第一；人均油料23.5公斤，比全国平均22.6公斤高出4%，位居全国第八；人均糖料245公斤，是全国平均80.4公斤的3倍，位居全国第四；人均猪牛羊肉产量44.1公斤，比全国平均40.8公斤高8.1%，位居全国第九；人均羊肉产量22.5公斤，是全国平均2.5公斤的9倍，位居全国第二。

(7)农业竞争力水平在全国居中等水平，基础竞争力名列前茅。

农业竞争力是 个涵盖农业本身以及有关要素、关系和行为多个方面的综合系统。据中国人民大学竞争力与评价研究中心综合评价，在全国31个省市自治区中，新疆农业综合竞争力排名第18位，在农业竞争力的三个梯队中位居第二梯队。基础竞争力水平在全国名列前茅，位居第三。现代化竞争力和成长竞争力分别位居第12位和第14位，属中上水平。规模竞争力和效益竞争力均居第21位。结构竞争力较差，位居第31位。

由此可见，新疆丰富的农业资源决定了新疆在粮食、棉花、油料、糖料、瓜果和畜产品等生产上有较大的比较优势。由于独有的自然优势和条件，新疆农业的基础竞争力在全国名列前茅，新疆的棉花、林果等农产品和畜产品在全国独树一帜。

2. 新疆农产品的国际竞争力分析

新疆是个农业资源大省，经过几十年的发展，已经在棉花、粮食、油菜籽、糖料、畜产品和林果业等农产品上具有了一定的生产优势。但是，目前新疆农产品对外贸易的水平仍然很低，究其原因，主要是农产品国际市场竞争力问题。

新疆主要外贸农产品显性比较优势分析

外贸农产品的显性比较优势是指一国或地区外贸农产品进出口差额所间接反映出的比较优势。它所提示的是商品流通领域的相对优势而非生产领域的相对优势，即贸易优势。显性比较优势的衡量公式为：

显性比较优势(RNX)$=(X_{ij}-M_{ij})\div(X_{ij}+M_{ij})$其中，X为出口值，M为进口值，i为国家或地区，j为外贸商品的类别。按此定义，显性优势数值的区间为(－1,1)，分别显示出比较劣势(极小值－1)，中性优势(数值为0)和比较优势(极大值为1)。

根据新疆农业生产的具体情况，将水产品，木材等在生产、贸易上均占比重很小的农产品剔除，主要分析棉花，畜产品及其制品、园艺特产及其加工品，以农产品为原料的纺织品等四种主要外贸农产品的显性比较优势。

新疆主要外贸农产品显性比较优势

	1996年	1987年	1998年	2000年	2002年	有(不)利程度
棉花	－0.709	－0.910	－0.711	0.994	1	比较优势
畜产品及其制品	－0.520	－0.681	－0.202	－0.217	0.850	比较优势
园艺产品及其制品	0.821	0.666	0.529	－0.557	－0.471	比较劣势
以农产品为原料的纺织品	0.989	0.961	0.953	0.993	0.910	比较优势

上述结果显示，以农产品为原料的纺织品，主要是棉纱，棉坯布在对外贸易中具有较为稳定的显著优势，自1996年至今，始终处于较强的贸易优势地位。1996～1998年间，园艺产品及其加工品在

对外贸易中呈现优势,但不够稳定。2000～2002年间,随着进口水果的增加,园艺产品及其加工品的贸易劣势逐渐显现出来。棉花与畜产品及其加工品在1996—1998年间处于比较劣势,其中棉花的劣势较为明显。2000年起,这两大类产品的劣势呈改善之势,表现为显著优势。这说明,新疆在生产上具备绝对优势的产品开始具备了贸易优势,从而在市场上显示出了一定的竞争力。

影响新疆农产品国际竞争力的主要因素

新疆具备生产、资源优势的农产品在国际农产品市场上并不一定具备竞争力,使新疆农产品的资源优势不能转化为经济优势,从而影响了新疆农产品对外贸易乃至新疆经济的发展。影响新疆农产品国际竞争力的因素主要有以下几个方面。

(1)新疆农业的脆弱性,使新疆的农业生产水平波动性很大

新疆是绿洲生态环境与荒漠生态环境相互依存的灌溉农业区。在开拓干旱区人类生存空间和提高物质生活水平的同时,绿洲农业规模不合理的扩大和资源的不合理开发势必造成绿洲外围荒漠化程度的加剧。几十年来,新疆沙漠化面积不断扩大,全疆87个县市中有80个县市受沙漠化和风沙危害。全疆草地退化和沙漠化面积达21330个公顷,占草地面积的37.2%,河流与湖泊矿化度增高,水质下降,土壤盐渍化严重,其面积占耕地面积的45%,由于生态环境的劣变,导致低温,冻害、大风、冰雪、洪水等自然灾害时有发生。因农业基础设施投入不足,造成抗御自然灾害的能力下降,使农牧业生产设施损坏严重。农业基础设施的薄弱与生态环境的脆弱影响了新疆农村经济持续稳定发展。同时各种污染使农产品的产量、质量、品种改良受到影响,制约了农产品的国际竞争力。

(2)新疆农村产业结构的调整进展缓慢

新疆的农村产业结构虽然发生了明显变化,但与全国总体水平相比,农业内部结构单一,种植业比重偏大,具有资源优势的畜牧业,林果业发展及开发不足,从而使得新疆农业的结构竞争力在全国位居倒数第一。与全国相比,种植业特别是粮食与棉花占农业产值的比重偏大,林业、畜牧业比重过小;而且农产品的品种、品质与市场需求不相适应。农村二、三产业发展严重滞后,农业相关产业尤其是农产品加工业发展滞后,原料型产品多,加工产品少,导致农产品的市场竞争力低。

(3)农产品出口成本高,使出口产品竞争力削弱

过去中国的农产品出口以比较价格优势取胜。在20世纪90年代之前,中国粮、棉产品的国内价格水平均低于国际市场价格,具有较强的竞争优势。但近年来,国内主要农产品价格高出国际价格20～60%,新疆农产品在价格上也基本不具备竞争优势。由于农业劳动生产率低,生产资料价格上涨,流通费用高而导致农产品生产成本和流通成本上升,农产品出口价格普遍高于国际市场,失去了以往的竞争优势。

(4)大多数农产品技术含量低,品质不高,品种结构不合理,不适应国际市场需求

新疆科技对农业增长贡献率为40%左右,与国外60～80%的水平相比有相当大的差距。长期以来,农业科研过多追求产量的增加,忽视了品种质量的提高和改善,名优特稀品种比例偏小,品种退化严重,果菜采摘期集中,不便于消费者选择和全年均衡上市。一些具有比较优势的畜产品和园艺产品的质量和卫生标准达不到国际要求,如疫病较多,化肥农药残留较高等。在目前国际农产品市场上"绿色壁垒"逐渐增强的情况下,严重制约了这些产品在国际市场上的竞争力。

三、加入WTO对新疆农产品对外贸易的影响

加入世贸组织是我国政府对建立社会主义市场经济体制、坚持对外开放的一个最新、也是最坚定的公开表示。入世之后,我国更坚定地朝着加快建立社会主义市场经济体制的目标前进,也在更宽的领域、更深的层次上进一步加快对外开放。世贸组织是市场经济国家和地区的政府间组织,世贸组织对其成员起约束作用的是它那一整套按照市场经济规则所制定的法律和法规。对于世贸组织成员的政府来说,最重要的一点就是要认同这一整套法律体系。这对于我国的农业来说,当然也意味着面临更多的新的机遇和挑战。如农产品对外贸易面临着出口市场扩大、出口环境改善等机遇,同时也面临农产品进口增加,农产品竞争力下降等挑战。在加入WTO的背景下,研究新疆农产品对外贸易所受到的影响,可以为农产品对外贸易的发展提出针对性建议和对策。

(一)加入WTO对中国农业的直接影响

1. 关税减让

在1994年关贸总协定组织转为世贸组织之前的乌拉圭回合谈判过程中，就已经明确关税减让将作为今后世贸组织成员的一个重要原则，并确定了发达国家应将进口关税的总水平逐步降到3.3%，发展中国家应逐步降到12.3%的目标。农产品的进口关税减让必然也要服从于这个总体上的关税减让格局。入世之前我国农产品进口的平均关税税率是21.3%。我国承诺入世第一年，也就是2002年，农产品进口的平均关税税率要降到18.5%，到过渡期末，也就是2004年，要降到15.8%，到2008年要进一步降到15.1%。农产品进口关税的减让，就意味着进口农产品在中国市场上的销售价格可以降低，这当然也就意味着进口农产品在我国国内市场上的竞争力增强。所以，关税减让毫无疑问将会对我国农产品的价格总水平形成一个实实在在的压力，从而对我国的农业生产、农民的就业和收入增加都产生直接的影响。

2. 进口关税配额

入世之前，对很多重要产品的进口我国可以采取主动配额的办法，希望进口的产品多给一些配额，不希望进口的就少给甚至不给配额，同时还有进口许可证制度可以限制。但这些非关税壁垒的做法，入世之后都大幅度削减。加入世贸组织后，为了使一些关系国计民生的敏感产品不至于造成太大的进口冲击，按世贸组织的规定可以制定进口关税配额办法来加以管理。世界贸易组织允许的农产品进口关税配额制度，实质意义是对农产品进口国的农业给予一定的保护。因为关税配额的数量，使得可能进入我国市场的这类农产品被掌握在一个可控的范围之内，但是，承诺进口关税配额的数量，不等于承诺必须进口这么多农产品，承诺的进口关税配额只是给了国外这类农产品准入我国市场的机会。同时，在承诺的关税配额数量内，对进口的这类产品将实行比较低的关税税率。这就是说，允许以较低的关税税率进口配额数量内的产品，但政府不承诺一定要购买这些数量农产品。承诺的关税配额数内的产品最终能否都进口，完全由市场需求来决定。

3. 贸易权和分销

除特定商品(包括小麦、玉米、大米和棉花)外，中国将分3年逐步授予所有进出口企业贸易权，实现进出口企业均等的贸易权利。特定商品将以国有进出口企业这一渠道进口为主，但中国将逐步增加有这些商品进口权的商业实体数目，以结束进口的垄断。同时，3年内，中国将逐步批准外国企业参与进口商品的分销业务，如维护、保管、仓储、包装、广告、货运、航运快递、市场营销、客户支持等。

4. 停止对出口农产品补贴

这一条对我国农业的影响很大。自1997年以来我国一直是粮食的出口大于进口，一个很重要的因素，就是这几年我国玉米的出口量比较多。2000年玉米的出口量约1100万吨，2001年玉米的出口量约600万吨。我国玉米比国际市场价格高，能够出口的一个基本原因就是价格补贴，而且补贴所占的比例还不小。2002年入世之后就不能实行出口补贴了，玉米的出口就很困难。要是一方面出口出不去，另一方面进口又可能增加，就会对消化目前库存积压的玉米造成双重的压力，这对国内粮食价格的回升、农民收入的增长将带来一定的不利影响。

5. 农业的国内支持和补贴政策必须按照世贸组织的规则进行调整

入世之后，政府不能对农产品的出口进行补贴，但对农产品在国内的生产还是可以给予补贴的，只是这种补贴必须符合世贸组织的规则。也就是合理运用“绿箱政策”、“黄箱政策”和“蓝箱政策”等等。在补贴额的计算等方面也有一系列的变化。比如，我国农业法中有一条涉及到政府对农业的投资，规定各级政府对农业投资的增长幅度不能低于本级财政经常性收入的增长幅度。这个计算方法与世贸组织的规则就不一样。按世贸组织的规则，“黄箱政策”的补贴额是定得很清楚的，发达国家用于“黄箱政策”的补贴可以相当于农业生产总值的5%，发展中国家可以相当于10%。我国入世谈判的结果是“黄箱”补贴可以占农业生产总值的8.5%。这样的计算方法与我国财政收入的增长就没有多少联系。所以，整个补贴额的计算以及补贴的方式、方向都必须根据世贸组织的规则进行调整，这是一项急迫而又庞大的政策性系统工程。

(二)加入WTO对新疆农产品对外贸易的影响

加入WTO后，中国农产品的进出口都会有较大的增加，农产品对外贸易必然越来越活跃，国内外农产品市场间的相互依赖程度将越来越大，农产品市场的一体化程度将越来越高。

新疆农产品对外贸易具有规模小、出口农产品国际竞争力弱等特征。加入WTO后，新疆农产品对外贸易与国际农产品贸易的关联度会增强，使新疆农产品对外贸易面临新的发展机遇。

1. 加入 WTO 后，将有利于新疆农产品对外贸易规模的扩大。首先，加入 WTO 后，随着 WTO 成员对我国开放市场，中国农产品可以免受其他国家在关税和非关税壁垒方面的种种歧视，而无条件享有成员间多边永久性最惠国待遇，农产品出口规模将有提高。并且，WTO 的争端解决机制，可以缓解发达国家通过双边关系给中国农产品出口带来的压力，化解国际农产品贸易磨擦，通过创造稳定的外部环境，赢得更多的国际市场。随着出口贸易环境的改善，新疆农产品出口数量会增长。其次，随着农产品关税的降低和非关税壁垒的减少，我国对 WTO 成员开放市场，中国农产品进口会增加，新疆的农产品进口规模也会较以前有较大增长，从而可以以较低的价格购买到质量较高的国内生产和生活所需农产品。

2. 从农产品进出口市场结构来看，加入 WTO 后，新疆农产品进出口市场结构的多元化趋势将进一步增强。目前新疆农产品主要进出口市场是亚洲地区。亚洲地区的国家如哈萨克斯坦、吉尔吉斯等的农业资源状况与新疆很相似，互补性差，从而限制了新疆对该地区的贸易规模。加入 WTO 后，新疆将充分利用地缘优势，发挥亚欧大陆桥的作用，扩大与欧洲、北美、大洋洲、非洲等国家和地区的对外贸易，使农产品出口市场结构更为合理。

3. 加入 WTO 后，参与农产品市场流通和贸易的主体会增加。就贸易而言，多元贸易主体的参加，将为中国农产品贸易体制的改革、运作提供强有力的监督机制，减少在现有农产品贸易体制下的“寻租”行为，保持农产品贸易体制的透明性和可预见性，为农产品贸易的发展提供良好的、稳定的环境。同时，通过保证民营进口企业的贸易份额，结束进口垄断，极大地激发国有进出口企业的主动性和经营活力，提高国有农产品进出口企业的竞争力。目前，新疆从事农产品对外贸易的企业以国有为主，非国有企业在农产品贸易中也发挥着重要作用，如屯河、德隆、新天国际等。加入 WTO 后，随着农产品外贸体制的改革，将会有更多的非国有企业从事农产品对外贸易活动。

4. 加入 WTO 对新疆主要农产品出口的影响。如下表所示，加入 WTO 后，至 2005 年中国小麦、玉米、棉花、大豆和油菜籽的比较优势度将分别下降 21.19%、16.36%、21.36%、40.83% 和 13.21%，社会净收益将分别下降 21.4%、30%、30%、58.5%和 59.5%，这些将导致土地密集型产品更缺乏国际竞争力。同时，对具有比较优势的劳动密集型产品如生猪、烤烟、甘蔗、苹果的国际竞争力也将产生一定冲击，但影响较小，这些产品仍将具有比较优势。

可见，加入 WTO 将使中国农产品的国际竞争力下降。但同时也应该看到，随着农业的进一步对外开放和贸易保护的减少，中国将加强对农业生产的支持，减少农业收入向非农部门的转移，缩小工农产品剪刀差，从而使农产品基本处于正保护。至 2005 年，大宗农产品的有效保护率将比入世前提高 6～10 个百分点。同时，经济作物、园艺作物等农产品的负保护状况将得到改善，有效保护率将提高 2%。因此，随着农业有效保护率的上升，农产品的国际竞争力将高于其潜在国际竞争力。

加入 WTO 对中国农产品比较优势的影响 （2005 年）

农产品	比较优势		社会净收益(元/公斤)		有效保护率	
	基线方案	WTO 方案	基线方案	WTO 方案	基线方案	WTO 方案
小麦	−0.18	−0.43	−0.22	−0.2	0.31	0.37
玉米	−0.1	−0.28	−0.14	−0.2	0.34	0.44
大米	0.21	0.17	0.21	0.17	0.15	0.25
大豆	−0.2	−0.69	−0.27	−0.65	0.48	0.54
油菜籽	−0.06	−0.2	−0.15	−0.37	0.15	0.22
棉花	−0.03	−0.25	−0.7	−1	0.07	0.17
甘蔗	0.87	0.86	0.82	0.76	−0.3	0.02
生猪	0.34	0.25	1.1	0.73	0.34	0.27
烤烟	0.7	0.67	3.66	3.24	−0.26	0.04
苹果	0.75	0.72	2.07	1.7	−0.31	0.06

新疆主要农产品进出口值比较

单位:千美元

	2000年			2001年			2002年		
	出口	进口	差额	出口	进口	差额	出口	进口	差额
第一类 活动物动物产品	11089	1004	1049	7468	6138	1330	6868	518	6350
第二类 植物产品	20209	13310	6899	19426	37916	－18490	29533	18619	10914
第三类 动植物油脂及蜡	10		10	2048	13281	－11233	1022	24	998
第四类 食品、饮料、酒及醋、烟草	66290	569	65721	120082	1486	118.596	175278	675	174603
第八类 生皮及皮革、毛皮及其制品	18709	6331	12378	2516	38506	－35900	13282	248	13034
第九类 木材及木制品	477	2587	－2110	1063	10292	－9229	1899	17343	－15444
第十一类 纺织原料及初级加工品	612402	6336	606066	214194	15239	198955	508939	8307	500632

从实际出发,根据新疆主要农产品的生产经营状况进行深入分析研究,入世后对主要外贸农产品的影响具体表现在以下几个方面:

(1)棉花。新疆是我国最大的产棉区。据中国农产品的地区比较优势指数显示:西北地区的新疆是中国棉花生产最具比较优势的省份之一,相对比较优势为540%。到2002年,新疆棉花生产已连续8年在全国实现了总产、单产、品级、人均占有量,调出量5个第一,是我国不可替代的最大产棉区和最大的商品棉基地。加入WTO后,新疆棉花生产虽然面临十分严峻的挑战,棉花市场竞争压力增大,但从另一个侧面,又可以促进新疆棉花生产潜力的挖掘,有利于开拓国际棉花市场,促进棉花流通体制改革,提高棉花竞争力。就目前而言,新疆棉花在整体生产潜力、资源潜力和技术潜力等方面均具有较强的竞争优势。新疆丰实的光热资源和特殊的干旱绿洲灌溉农业的优越生产条件,使新疆成为世界的主要棉花高产区,相对较低的劳动力价格,使新疆棉花产业具有很强的市场竞争能力。与发达国家美国、澳大利亚、以色列等国的植棉成本相比,中国棉花生产成本较低,平均总成本低于美国平均成本的15.8%,而新疆单位面积棉花纯收益又比内地产棉省区高25%以上。根据目前新疆棉花的单产水平和生产成本计算,价格盈亏点为6.18元/公斤,明显低于近十年国际棉花平均价格,因此新疆棉花生产在今后的发展中具有较强的价格比较优势。但新疆棉花在品质上,仍存在强力较低,产品的一致性差和异性纤维含量高等问题,直接影响新疆棉花的竞争力和市场占有率,不利于棉花的大规模生产。

(2)畜产品及其加工品。从新疆农产品对外贸易现状来看,新疆畜产品及其加工品的出口商品主要包括活动物及动物产品、生皮、皮革及肠衣,其中活动物及动物产品出口量较少,2002年为6868千美元,而生皮、皮革及肠衣出口量较大,为13282千美元。在畜产品进口中,主要是肠衣、皮革和羊毛。目前,畜产品出口规模很小,2002年畜产品及其加工品出口占新疆出口总额的0.52%。新疆具有丰富的畜产品资源,而且同国际同类产品相比,畜产品在成本、价格上具有优势。加入WTO后,随着对畜牧业的有效保护增加,新疆畜产品的竞争力会进一步提高,面临着一定的出口机遇,尤其是俄罗斯和中东地区市场。同时,面对国际农产品贸易中技术壁垒日益严重的形势,新疆畜产品无论从品种、质量和加工技术等方面都无法达到国际标准,因此,在开拓国际市场时会面临一定的困难。

在畜产品进口方面,由于新疆羊毛同国外羊毛在价格和质量上存在一定差距,从而制约新疆羊毛出口贸易的扩大。羊毛在一定时期内仍将是新疆的主要进口商品之一。

(3)园艺产品及其加工品。近几年,新疆的园艺产品及其加工品出口有了一定的发展,成为具有优势的外贸农产品。但这种优势不够稳定,这主要是由于园艺产品生产的不稳定性及国际市场供求变化的影响决定的,加入WTO后,因为园艺产品属于劳动密集型产品,具有比较优势,所以它将面临良好的发展机遇,新疆园艺产品的独特优势将日益显示出来。但是由于新疆园艺产品本身存在的问题,如:园艺产品科技投入量不足,许多品种品质退化,瓜果加工水平低,包装技术落后,达不到出口标准和要求等将严重制约园艺产品开拓国际市场。

(4)以农产品为原料的初级纺织品。如前分析,新疆以农产品为原料的外贸初级纺织品具有稳定的比较优势,其中又以棉花为原料的棉纺织品,如棉纱线和棉坯布为主。2002年,棉纱线和棉坯布出口额49.570千美元,占以农产品为原料的纺织品总出口额的41.9%,在我国加入世贸组织后,新疆纺织品出口进一步增长。面对棉花出口的压力,在今后较长一段时期内,新疆应加快发展棉花初级加工,适度扩大深加工和精加工。这是因为,首先,棉花初级加工是一个用工少、技术要求相对较低、投入相对较少、资金周转快的劳动密集型工业,十分适合新疆目前的各种资源条件。再次,新疆总的纺纱能力大于织布能力的四倍,织布能力大于印染能力的一倍,在纺棉纱方面具有一定的优势,而纺布和印染方面存在一定差距。因此,新疆应大力发展棉花初加工的半成品,这样一方面可以缓解棉花出口的压力,另一方面还可以提高棉花产品的附加值,创造更多的经济效益。

5.加入WTO后,新疆应充分做好应付各种农产品贸易争端的准备。加入WTO后,随着新疆农产品对外贸易规模的扩大,必然会和一些国家在某些农产品上发生利益冲突,从而引发贸易争端。我国农产品质量控制手段相对薄弱,技术含量低,动植物卫生检疫措施不完善,这将是今后引发贸易争端的主要原因。因此,在大力改进农产品质量、提高农产品检疫水平的同时,应配备一些熟悉WTO农业规则和国际贸易规则,精通英语的经贸人才,迎接未来农产品贸易争端的挑战。

四、发展新疆农产品对外贸易的对策建议

面对新的形势,应使农产品对外贸易从发挥新疆优势出发成为带动新疆经济增长的主要动力。为此要根据新疆农产品的比较优势和竞争优势,积极推进新疆农业结构调整,加强出口农产品生产基地建设、市场信息体系建设。充分利用WTO规则的国内支持空间,促进农业增长向依靠科技进步方向转变。发展农产品深加工,提高农产品质量,增强农产品国际竞争力,从而促进新疆农村经济乃至国民经济的发展。

(一)加强农产品对外贸易体制的改革。首先要转变观念。在国际分工不断深入,全球经济一体化的背景下,贸易的目的不应再是弥补国内供求,贸易应从发挥各地区优势出发成为带动其经济增长的动力。换言之,贸易的观念应从"生产决定贸易"转变到"贸易决定生产",即新疆的农产品对外贸易,不应再是生产多了就出口,供给不足就进口,而应反过来,需要出口就多生产,需要进口就少生产。当然关键是要根据比较优势和竞争优势原理,结合国际市场情况确定哪些产品是需要进口的,哪些是应该自己生产的。其次,积极推进农产品贸易主体多元化的改革,尽快打破国有企业垄断的格局,只有多元化的贸易主体才能及时准确地对国际市场的供求作出反应,从而提高贸易的效率和效益。

(二)积极推进农业结构调整。遵循国际农业产业转移规律和WTO规则的要求,根据新疆农产品的比较优势和竞争优势。农业产业结构调整的方向应是:以稳定粮棉生产为基础,其他农产品原则上均按照比较优势进行生产,把不具备竞争优势的产品生产减少到最低安全标准,大力发展具有优势的产品,以扩大优势产品的国际市场。调整的重点应是:

1.在确保粮食安全的前提下,稳步发展特色农产品和棉花生产。农业产业结构调整应以稳定粮食播种面积,增加高产棉面积,压缩中低产田,开发新品种系列,全面提高棉花品质,进一步降低成本,增强棉花的国际竞争力。另一方面要大力发展棉花初级加工,拉长棉花产业链,增加棉花的附加值,提高经济效益。

2.大力发展畜产品生产。这类产品不仅具有较强的竞争优势,而且具有较大的出口市场。因此,应加快畜产品品种改良,重点发展肉用型品种,可通过适度引进超细毛绵羊,提高新疆羊毛的综合品质。尽快建立起高起点,高技术含量,高档次的畜产品外销、出口创汇基地,培育和发展大型肉类加工龙头企业,提高新疆畜产品加工附加值,以进一步开拓市场。

3.进一步强化园艺产品的生产与市场竞争力。新疆具有生产瓜果、蔬菜得天独厚的优越自然环境条件,园艺产品中名优特产品较多。加入WTO后,我国园艺产品生产具有比较优势,使新疆园艺产品生产和出口面临发展机遇,但由于近年来进口水果增加,园艺产品贸易劣势逐渐显现出来。因此,要以市场为导向,引导园艺产品主导产业合理布局,建立名优特色产品生产基地。强化技术开发,提高园艺产品品质,形成系列化、多品种、高质量和名牌产品。积极引进国内外先进的园艺产品加工技术,同时发展园艺产品的保鲜、贮藏、包装、运输等一体化经营,提高增值效益。

(三)建立出口农产品生产基地。加快优势农产品的出口,是加入WTO后中国农业的必然选择,规模狭小的农户是无法直接面对国际市场的。

因而，建立出口农产品基地，以基地带农户进行生产和贸易，将是快速高效地将优势农产品推向国际市场的重要手段。出口农产品基地的建设要和推进农业产业化结合起来。出口农产品基地将是新疆农产品走向国际市场的“重要阵地”，各地政府应为出口农产品生产基地的建设和运营提供各方面的支持。

（四）提高农民的组织化程度，强化中介服务功能。农民的购销活动大部分要借助于中介机构、农工商、贸工农一体化组织来进行。新疆农村供销合作社建立时间长，机构网点多，经验丰富，与农民有广泛联系，应继续发挥这一优势，为“三农”提供更多更好的服务。要把供销社真正办成农民自己的流通组织。按照国际惯例，政府应给予供销社一定的扶持和优惠政策。但不能把供销社作为农村流通组织的惟一形式，还应鼓励和支持农民自发地组建流通组织，允许和鼓励其他符合条件的主体从事农业流通活动。农工商、贸工农等经营组织在农业现代化建设和结构调整中处于重要地位，在组织农产品贸易中发挥着不可替代的作用。

（五）采取措施促进农地使用权流转，扩大经营规模，提高生产效益。农地使用权分散，是制约农民增加收入、采用先进科技、实现机械化耕作和提高规模效益的一个重要因素。农地使用权流转的最大障碍是人们的观念，认为保持土地的集体所有制就应该保证每个农民都占有土地；二是夸大了农民失去土地可能出现的后果，似乎必然导致农民的两极分化等等。这样的认识忽视了我国改革开放以来发生的巨大变化，对于不少农民来说土地的生活保障作用已大大降低，而且从国际上看，非强制力作用下的土地流转是一个相当缓慢的过程，农民因失去土地而无法生存的情况是很少的。此外还应看到，农业也是一种竞争性产业，种地也是经营，市场机制在农业领域中发挥作用是社会主义市场经济的内在要义，优胜劣汰是正常现象。所以应采取一些经济措施促进农地使用权的流转，采取如切实贯彻优质优价原则，重点扶持专业经营大户和龙头企业，鼓励发展转包等措施。促进农地使用权流转，需要完善土地流通市场，培植中介机构，完善交易规则等。通过扩大经营规模，提高生产效益，进而提高经济效益和农产品市场竞争力。

（六）多渠道加强市场信息体系建设，增加市场透明度。利用目前信息快速发展的有利时机，在全球都在大力发展知识经济的环境下，建议有关部门对价格信息体系的建设和市场透明度予以高度重视。新疆因地理位置偏僻，农民市场经济意识薄弱，长期以来存在信息不灵和不善于捕抓信息、利用信息等问题，导致生产和市场相互脱节。增加市场透明度主要是保证市场贸易者能够对商品数量、质量和价格信息有完整、及时的认识。为此，应该建立农产品贸易数量统计和公布制度，同时将农产品供求价格监测和预测分析结果以及国家有关政策法规等，通过各种渠道及时准确地传递给生产经营者，使其准确把握生产和市场动态，从而做出科学的决策。

（七）促进农业增长向依靠科技进步方面转变。充分利用 WTO 农业规则的国内支持空间，加大农业政策支持力度，增加农业基本投入。今后农业支持政策应突出以下重点：1、增加农业科技投入。加强农业科学技术研究工作、农业科技推广工作以及对农民的基础教育和技术培训工作，以提高农产品的科技含量，推动农业增长方式的转变，增强农业的竞争能力。其中，“种子工程”是目前应加大投入的重要领域，可以采取独立研制和国内外合作研制的方式，积极推进优质产品的培育，这将是农业现代化的根本。2、增加农业基础设施建设投入。加强以水利建设和节水工程为核心的农业基础设施建设工作，为农业生产提供良好的交通、通讯、能源等方面的服务，以间接减少农民用于生产农产品的成本支出。3、控制棉花种植规模、对退耕棉田进行休耕地补贴。4、增加农村环境和生态保护投入。要抓好农村环境监测、污染治理和环境保护工作，加强农业病虫害的预测预报和控制。

（八）提高品质，加强质量安全管理，提高出口竞争力。加入世贸组织后，中国农产品进入国际市场的大门虽然敞开了，但门槛并没有降低，非关税贸易壁垒的制约作用日益明显。纵观国内农产品现状，无论是内在品尽管在价格上有一定潜在优势，但在国际市场要求存在着一定的差距。我们的劳动密集型产品尽管在价格上有一定的潜在优势，但在国际市场上却屡屡受挫折，与日本、韩国等国的蔬菜、禽肉贸易大战，与欧盟等的水产品、畜产品贸易纷争此起彼伏，这也反映出中国农产品及其加工品的质量问题值得重视。农产品质量标准是提高农产品质量的重要保证。它不仅关系到进出口贸易，更主要的是可以引导农民的生产。此外，还要加强农产品在生产各个环节和生产后的动植物卫生检疫工作，以确保农产品质量。提高农产品质量，主要包括外观质量和内在质量两个方面。外观质量要求在品种、生产技术、产品分级、包装和贮运等方面改进；内在质量主要包括营养、安全和适用性指标。营养主要指有利于人类改善体质、增进健康。安全指清洁生产环境和生产加工过程，减少污染，在这方面发达国家的食品进口有严格控制标准，WTO也有食品和健康安全的明确规定。适用性主要是指要符合不同国家和地区消费习惯。通过提高农产品质量，形成名牌农产品，增强国际竞争力。

联合国的统计表明，中国约有包括农产品在内的74亿美元出口商品因“绿色壁垒”而受阻。我们的农产品要想顺利进入发达国家市场，除了质量要达到国际通用的食品法标准外，还要满足发达国家各自制定的更为苛刻的技术标准。

提高农产品质量是一个系统工程，建议尽快制定食品安全质量法，重点搞好农产品质量标准体系、农产品质量检验体系和农产品质量认证体系的建设。

就体制而言，传统的以家庭为单位的生产模式受到挑战，从对现代农业标准的要求来看，从农业产业化和工业化的发展来看，有必要探索一条更适合于中国国情、更利于农业现代化的生产经营方式。

(九)完善风险抵御机制。农业经营面临着多种风险，市场化改革、农业结构调整又使风险特别是市场风险进一步增大，而我国目前却明显缺乏风险分散、转移机制。我国的保险公司曾经开办过一些农业保险项目，但由于其成本高，收益低，风险大，近年来一直在低谷徘徊，作用大大降低。发达国家转移农业风险的方式中包括发展农产品期货交易、政府给予保险补贴等。比如在美国，农业经营者申请贷款必须出示套期保值文件，以表明其还本付息能力；美国政府为所有参加保险的作物提供30%的保险费补贴；投保的农民当年作物收成减产25%以上时，可以获得联邦作物保险公司的最高赔偿金额。日本、加拿大等国也采取类似用法，作物保险升格为农民收益保险，取代灾害救济及价格补贴，已成为WTO框架下世界农业政策的新走向之一。借鉴国外成功经验，我国需要增加农产品期货市场的数量和进入交易的品种；还要把农业保险制度建设列入政府议事日程，建立符合中国实际的农业保险体系。

吉林如何提高主要农产品竞争力

吉林省农调队

吉林省是国家商品粮重要生产基地，也是农产品生产大省。随着市场经济的不断推进和加入WTO所面临的挑战，如何提高我省农产品在国际、国内两个市场的竞争力，已成为当前农业增效、农民增收迫切需要解决的问题。

农产品市场竞争能力是指农产品在国际国内两个市场的占有水平与能够持续获得利润的能力。也就是农产品要在生产效率、产品质量和产品价格等方面表现出的生存、发展和获利的综合能力，农产品只有具有了成本价格优势、品质质量优势和高附加值优势，才能在市场上具有竞争能力。

一、吉林省主要农产品在国内市场的竞争力

1. 主要农产品生产具有较强的比较优势

吉林省地处松辽平原腹地，土地肥沃、地势平坦、年积温在2900度以上、年均降水800毫米，具有雨热同季的特点，适合水稻、玉米、大豆的生产，是世界三大玉米带之一，人均占有耕地面积2.9亩，比全国平均水平高出近2倍，发展粮食生产具有得天独厚的资源优势、农业生产规模优势和人均生产优势。多年来，全省粮食商品率始终保持在80%以上，高出全国平均水平20个百分点，近几年，年均玉米调出量400万吨。丰富的农业资源，又为以粮食为主要饲料的畜牧业发展提供了充足的饲料来源，目前畜牧业已成为吉林省农业经济发展的重要支柱产业。依据国际通用的优势分析理论，“指出每个国家都会基于生产相对成本不同的比较优势，并能通过贸易获得比较利益，运用区位商法计算出禀赋系数”。禀赋系数大于1，说明农业生产具有比较优势，若禀赋系数小于1，表明农业生产不具有比较优势。吉林省土地生产能力和单位畜牧业生产能力的禀赋系数如表：

生产能力禀赋系数表(部分省)

	水稻	玉米	大豆	猪肉	牛肉
吉　林	0.9	1.2	1.6	1.5	1.5
辽　宁	1	1.1	1	1.2	1.1
黑龙江	1	0.8	0.9	0.9	1.1
安　徽	1	1	0.8	1.1	1.1
江　苏	1.2	1.3	1.7	1	1.4
山　东	0.9	1.3	1.4	1.1	1.2
河　北	0.7	0.9	0.9	1	1.1
内　蒙	1	1.1	0.7	1.2	1.1

从表中我们可以明显看出：吉林省农业生产是具有比较优势的，特别是玉米、大豆、生猪和牛肉具有较强的比较优势。

2. 主要农产品具有一定的价格竞争优势

农产品的竞争力是以价格为基础，以取得较高的市场占有率为条件。吉林省是农业生产比较发达的省份，农业生产具有很强的生产优势，单位面积产量高、成本低，产品价格有较强的竞争力。我们以2003年上半年和2002下半年计算的全年的水稻、玉米、大豆、生猪、牛肉的价格为例进行价格竞争力比较分析。

部分省份农产品价格表

单位：元/公斤

省份	大米	玉米	大豆	猪肉	牛肉
吉 林 省	1.07	0.85	2.24	9.05	13.09
辽 宁 省	1.21	0.89	2.39	9.78	15.11
黑龙江省	1.01	0.78	2.28	9.36	13.82
安 徽 省	1.08			10.43	13.91
江 苏 省	1.08			10.33	14.68
山 东 省		1.03		9.34	14.11
河 北 省		0.97	2.61	9.46	14.32
内 蒙 古		0.85	2.37	9.31	15.04

通过比较可以看出，吉林省的水稻、玉米、大豆、生猪和牛肉在价格上与其他省的同类产品竞争时都具有明显的优势。

3. 主要农产品具有品质优势

1996年，吉林省以国家启动食品安全工程为契机，把大力发展绿色农业作为实现农业结构调整、增强农产品竞争力的着眼点和突破口，适时提出了“打绿色牌，走特色路，建设绿色农产品大省”的工作思路，并开始着手解决吉林省产品在外形、口感、农药残留和农产品质量等方面存在的问题。近年来，吉林省的农产品质量同过去相比有了质的飞跃，到2002年末，绿色农产品产量已位居全国第4位，全省有效使用绿色食品标识的农产品达到140多个，其中AA级绿色产品6个，经过国外有机食品认证机构认证的50多个，实现绿色产品实物量近200万吨。梅河大米、德大鸡肉和皓月牛肉等绿色农产品成功地打入北京、上海等大中城市的超市和连锁商店，而且销售业绩十分喜人。随着“绿色农产品”销售数量的增加和销售地域的不断扩展，吉林省农产品在消费者心中的地位稳步提高，增强了全省农产品的市场竞争力。据对北京、上海、广州等城市农产品消费的调查，80%的消费者对吉林省的农产品质量表示满意。

4. 具有抵御进口同类产品的优势

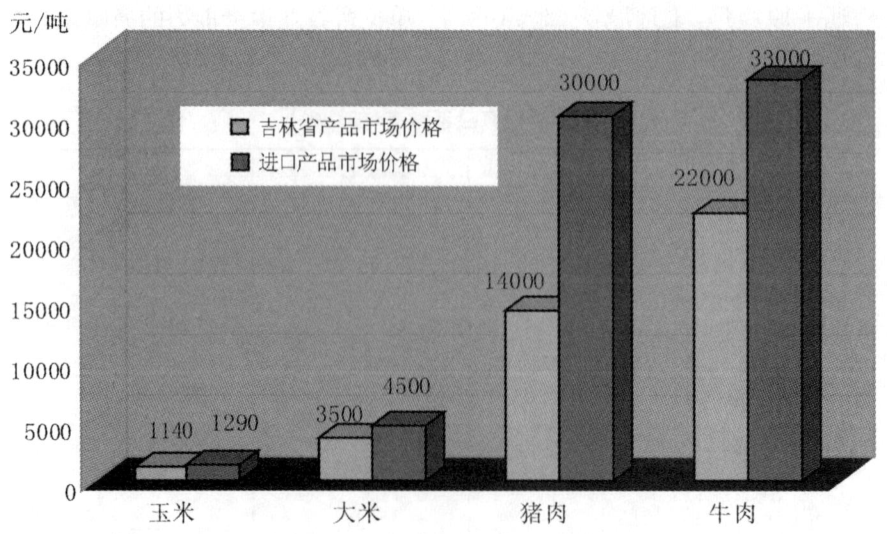

吉林省的主要农产品不仅在国内市场竞争中具有一定的抢占市场的能力，而且也具有较强的抵御进口同类产品的优势。目前吉林省玉米（水分14%）批发价格为940～960元/吨，运到广东的市场批发价格为1140元/吨左右，美国现货玉米到中国口岸批发价格为1270～1290元/吨，比吉林省玉米价格每吨高出150元左右。较高的进口玉米价格，促使国外玉米的进口仍将处于较低水平，进口玉米对吉林省玉米在国内市场的冲击是十分有限的。近年来国际市场上的优质大米价格持续上涨，国内市场进口大米价格已升到4500元/吨，同期吉林省的优质大米国内市场销售价格仅为3500元/吨左右，进口大米价格高出吉林省优质大米价格近30%。2003年进口猪肉、牛肉的平均价格分别为30000元/吨和33000元/吨，而吉林省的猪肉价格、牛肉价格仅为14000元/吨和22000元/吨，进口猪肉、牛肉价格分别高出吉林省优质猪肉、牛肉价格114%和50%。（见上页图）

由此可见，吉林省农产品在抵御进口产品冲击和同进口产品在争夺国内一般消费市场上是有优势的。

二、吉林省主要农产品的国际市场竞争力

随着我国加入WTO和经济全球化的推进，吉林省农产品不仅要在国内市场上销售，而且也要积极参与国际市场竞争。据统计，2002年吉林省农产品出口仍然以玉米为主，出口国多集中在东亚和南亚等一些欠发达的国家和地区，同时因受到价格、政治等一些不确定因素的干扰，出口数量极不稳定。

1. 粮食类产品缺乏竞争优势

依据国际贸易发展规律，对参与国际竞争的农产品来说最重要的因素是价格和品质。20世纪90年代中期，吉林省玉米、大豆和水稻等主要粮食作物价格都高于国际市场价格。2000年以后，吉林省农产品的收购价格虽然有所回落，但在出口时农产品价格仍然接近或高于同期国际市场价格。与此同时，受科技进步和汇率等因素的影响，国际农产品价格呈下降趋势，导致吉林省玉米、大豆和水稻等传统出口产品失去价格竞争优势。预计2003年吉林省玉米出口因价格因素的影响比2002年有所下降，主要原因是预期国际玉米价格将因主产国产量增长、供求环境改善而下跌，据预计，2003年世界玉米产量将达6.3亿吨，美国、中国和欧盟的产量占世界当年产量的2/3，2003年美国玉米产量比2002年增产11.7%。美国和阿根廷的玉米贸易量分别是4699万吨和1200万吨，占世界贸易量的78.7%，从而使吉林省的玉米出口面临严峻的考验，在一定程度上削弱了全省玉米出口竞争力。吉林省粮食出口主要受以下因素影响和制约：一是补贴政策；二是成本价格；三是国际市场价格。加入世贸后，我国政府已经承诺不再对出口粮食给予补贴，因此，从成本上来看，在没有政府高额补贴（368元/吨）的情况下，吉林省的粮食出口更加困难。以吉林省的玉米、大豆和水稻生产成本为例，与各主要产品出口国的生产成本相比较。

成本表

单位：元/公斤

	玉米	吉林比(%)		大米	吉林比(%)		大豆	吉林比(%)
吉林省	0.52		吉林省	0.77		吉林省	1.21	
美国	0.36	44.4	越南	0.61	26.2	美国	0.98	23.5
世界平均	0.36	44.4	印度	0.64	20.3	巴西	0.91	33.0

另外，从生产价格方面来考察，农产品生产价格是反映农产品国际竞争力强弱的重要指标，美国作为农产品生产和贸易大国，2003年生产量占全世界的18.3%，谷物出口8250万吨，占世界贸易量的36.5%，大豆出口占世界的40.0%。美国农产品生产价格的走势在很大程度上左右着世界农产品价格的走势。因此，同美国的农产品生产价格进行比较，对判断吉林省的农产品的出口竞争力会有很大帮助。2003年吉林省玉米的生产价格是0.81元/公斤，比美国高12.5%；大豆是2.24元/公斤，高40.0%。由于生产成本和生产价格的居高不下，使吉林省粮食价格在国际市场竞争中处于劣势。

2. 主要畜产品出口空间大

在粮食出口缺乏优势的情况下，近几年，吉林省调整了农业发展思路，明确提出农村产业结构调

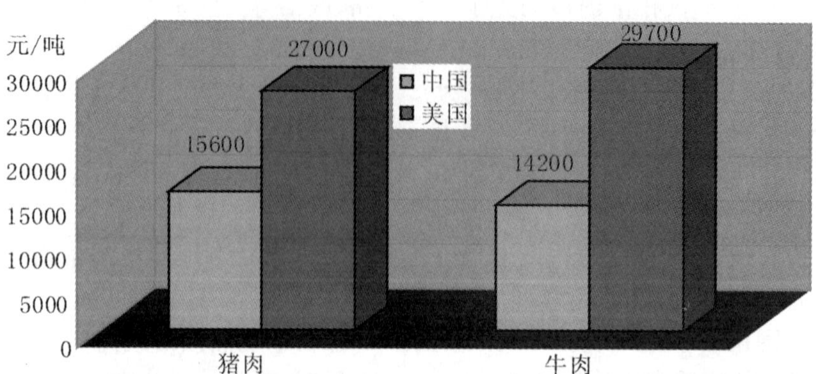

整的重中之重是发展畜牧业，大力推进畜牧业产业化经营，畜牧业生产技术不断提高，生产成本和价格同世界畜牧业生产大国相比都有明显竞争优势。以生猪生产为例，根据抽样调查数据显示，2002 年吉林省猪肉生产成本为 6.15 元/公斤，日本为 30 元/公斤，美国为 12 元/公斤。按现行国际市场价格，吉林省猪肉出口价格为 15600 元/吨、牛肉出口价格为 14200 元/吨，美国猪肉出口价格为 27000 元/吨、牛肉价格为 29700 元/吨，吉林省的价格分别比美国低 42.2%和 52.4%，比国际市场平均价格低 30～50%左右。(见上图)

从分析中可以看出，吉林省的主要畜产品具有明显的价格竞争优势。

3. 农产品质量在竞争中处于劣势

吉林省的主要农产品不论是粮食还是畜牧产品，在质量方面都不同程度地存在一些问题。反映在粮食作物方面，一是在种植业的生产中，一家一户的经营方式，导致种植品种多而杂，在产品的收购中，分级不明确，产品的整齐度差，出口时等级低，二是部分农民由于片面追求产量，过多施用化肥、农药，使用量超过国际公认安全线的 70%，使产品中的有害物质残留和重金属的含量超标。反映在畜牧业生产中，一是分散经营比重大，在饲养过程中对饲料、兽药和激素的使用无法控制，导致产品中的兽药和激素的残留达不到食品卫生检验标准。二是当前世界各国非常重视食品安全，由于我们的产品达不到进口国设定的质量标准，出口受到“绿色壁垒”的阻碍，即使有较低的价格，也很难出口。

三、政策取向

农产品竞争力问题将直接影响吉林省农业增效、农民增收问题，若不尽快改变农产品竞争不强的现状，不仅难以占领国内、国际市场，而且也很难守住现有的市场份额，这直接关系到吉林省农业的兴衰，因此我们要在增强吉林省农产品的竞争力，扩大全省农产品在国内外市场份额上下力气，加快全省农产品与国际市场接轨，使吉林省由农业资源大省变成农业经济强省，拓宽农民增收空间。

(一)发挥区位优势，积极调整农业生产结构，提高农产品竞争力

1. 在大米的生产上：吉林省是优质大米的生产基地，生产的梅河牌等绿色大米在国内市场十分畅销，但吉林省又是一个缺水的省份，因此在水稻的生产上，要选水源充足，污染小的地方，按照国际、国内市场标准组织生产，引种优质品种，严格质量标准，控制生产中的农药、化肥残留问题，改善大米色选、抛光和包装、创出一批高质量名牌产品，抢占国内市场。

2. 在玉米的生产上：发挥玉米主产区的优势，逐步推广规模化种植，或者实行品种区域化种植、收购，严禁越区种植，解决好玉米的色泽混杂和“水玉米”的问题。另外抓住国际市场上对美国转“基因”玉米抵制的大好时机，加快优良玉米品种的引进、改善玉米质量、提高商品玉米的竞争力，力争占领日本、韩国、俄罗斯以及东南亚的玉米市场。

3. 在大豆生产上：要充分利用国家实施大豆振兴计划的有利时机，扩大大豆的种植面积，增加高油大豆、高蛋白大豆的生产，实行区域同一品种种植、收购、销售和加工，做到优质优价，保护广大农民的利益，提高其生产积极性，守住本省大豆加工和消费市场。与此同时，我们要充分利用欧洲和日本、韩国等国家对转基因大豆进口采取了较为严厉的措施和这些国家的消费者不欢迎转基因大豆等转基因食品的有利时机，充分利用吉林省生产的大豆是非转基因产品的优势。抓住机遇扩大出口，抢占欧盟、日本和韩国等市场，争取获得更高的经济收益。

4. 在畜牧业的生产上，吉林省的猪肉、牛肉在国内、国际市场上的销售价格有优势，因此，在生产上要改变对畜牧业生产的管理模式和思维方式，由追求产量的最大化转向追求利润最大化，以提高畜产品质量和市场占有率为突破口，全面提高畜牧业生产的经济效益，重点发展有优势的生猪、肉牛的生产。逐步扩大规模化养殖，改良产品品种，重视质量标准和产品加工、包装，使吉林省的畜牧产品达到无疫病、无污染、无激素和药物残留，树立品牌意识，从根本上提升产品的竞争力。

（二）大力发展农产品加工业，拉长农业产业链

吉林省农产品资源十分丰富，但经过加工的农产品无论是品种还是数量都十分有限，原因是农产品加工业严重滞后。目前，吉林省主要农产品加工业不仅落后国外的发达国家，也落后国内的一些省份。据统计，2002 年农产品加工产值与农业产值之比，发达国家一般都在 4 以上，我国的上海为 4.6、广东 1.5、江苏 1.6、浙江 1.4、天津 2.6，而吉林省仅为 0.5 左右。发达国家农产品加工程度在 90%以上，吉林省只有 20%左右。由于农产品加工业的不发达，导致劳动力的结构也不合理，发达国家从事农产品加工业的劳动力人数远远多于农业劳动人数，吉林省则刚好相反。出现这些问题的原因我们认为是：一是观念落后，市场意识淡薄，忽视了农产品加工业可以有效地拉长农业产业链，提高农产品的附加值，增加农民收入。二是农产品加工企业规模小，重复建设多，产品互补性差，三是技术含量低，装备落后。目前由于投入不足，吉林省的农产品加工企业整体装备水平低，生产技术落后，导致产品的科技含量低，成本高，缺乏市场竞争力。因此，在发展农产品加工业上，我们要加大投资力度，拓宽融资渠道，整合现有的农产品加工企业，加速技术改造的步伐，提高企业的生产能力和产品质量，提升农产品加工企业的产业平台。在产品结构上要发展终极产品，使我们的产品直接面对市场，这样可以使我们的企业摆脱因生产上游产品而受下游企业发展规模和产品销路等其它不利因素的影响，在企业的布局和产品分布上，要避免重复建设，杜绝省内企业之间的恶性竞争，保证吉林省的农产品加工企业能健康发展，打造名牌产品，提高企业的经济效益。

（三）建立并加快实施农业标准制度

要确保在 21 世纪的农产品竞争力，就必须增强吉林省农产品在国际、国内市场上的竞争力，就必须使吉林省的农产品生产标准与国际标准接轨，就必须尽快熟悉国际市场上农产品品质指标、包装、检疫检验生产环境等内容的质量标准，实施对农产品质量的管理。尤其是对在国际市场上有竞争力的猪肉、牛肉的生产，要按国际标准和国外先进的标准来组织生产。采取强制措施对农产品进行有毒有害物质的监督监测，杜绝农业生产中的环境污染物超标的问题。让消费者放心购买吉林省的农产品，让吉林省的绿色优质农产品成为省内外消费者的首选。

（四）促进农业经营方式的改革

改革一系列束缚生产力发展的不合理的组织制度、管理制度。改变农产品生产、加工储运、贸易、科技推广等条块分割、各自为政、互为壁垒、封建小农式的落后、原始的组织管理模式。借鉴国内外行之有效的组织经验，建立能连接国内外市场，按产业链条组织生产的农业生产经营公司。保证农业生产按统一的标准和质量进行生产活动，提高农产品的市场竞争力。

农村投资:辽宁经济增长的重要推动力量

辽宁省农调队

改革开放以来,农村经济迅速崛起,农村投资不断发展壮大,已成为全社会固定资产投资的重要力量。特别是近年来,国家鼓励非公有制经济发展,农村投资出现了快速发展的势头。当前农村固定资产投资增长对辽宁省经济增长起了重要的拉动作用,但同时我们也要看到,投资需求不足的问题还没有根本缓解。认真研究、剖析辽宁省农村投资发展特点及其存在的问题,总结经验,采取有效的政策措施,对于进一步推动农村投资的发展,不断增强辽宁省经济发展的内在动力,促进国民经济持续快速发展具有十分重要的意义。

一、农村投资的特点

改革开放以来,经过20多年的发展,辽宁农村投资出现了质的飞跃,投资规模逐年扩大,投资主体多元化,涉及领域更为广阔,资金来源有所拓展。主要有以下几个特点:

(一)农村投资呈现快速增长态势

2002年辽宁省农村投资完成241.5亿元,比上年同期增长11.2%,增速提高2.9个百分点,农村投资总量进一步扩大,农村投资占全社会投资比重达13.4%,已成为全省投资领域的重要力量之一。

(二)投资主体多元化格局已经形成,股份制经济、个体私营经济成为农村投资的主要力量

近年来,辽宁农村投资出现了各种经济形式竞相发展的局面。当前股份制经济、个体私营经济两大经济形式已成为辽宁省农村投资的主要力量,而集体经济、联营经济和其他经济投资均有不同程度的发展。据调查资料显示:2002年农村企业投资额为123.58亿元,同比增加21.03亿元,增长20.5%,占非农户投资额的比重达83.06%,提高了6.66个百分点。其中农村民营企业投资形势最好,投资额达58.48亿元,增长25.54%,占农村企业总投资的47.32%。

(三)投资涉足面广,领域遍及各行业

辽宁省农村投资涉足的面已相当广泛,基本覆盖国民经济的各个领域,主要有农村基础设施、房地产业、纺织业、服装及其他纤维制品制造业、化学原料及化学制品制造业、医药制造业、化学纤维制造业、交通运输设备制造业、电子及通信设备制造业。随着投资环境的不断改善和政府引导力度的加大,农村投资新领域不断拓展。从各行业中农村投资所占的比重来看,在十六大行业中均有农村投资的介入,各竞争性行业已逐步向农村投资主体敞开大门。

(四)投资资金筹集能力增强,但融资渠道仍然较窄

近几年来,随着农村民营经济实力的逐步增强,农村投资的资金积累能力明显提高。2002年全省农村投资到位资金241亿元,占全社会投资资金来源的比重为13.4%,资金到位率达100%,农村投资资金主要来源于自筹资金。2002年辽宁省农村非农户的投资来源中自筹资金占86.57%,达到128.81亿元,同比增加10.94亿元;农户固定资产投资来源中的自筹资金占 84.47%，达到 78.33 亿元，同比增加 3.5 亿元。而利用外资、银行贷款和预算内资金比重偏小，民营企业融资渠道仍然较窄。

二、农村投资对经济发展影响分析

改革开放以来，辽宁投资运行的实践充分证明，农村投资在拉动辽宁经济增长、吸纳大量劳动力并缓解就业压力、加快城镇化建设、促进经济结构调整和区域经济发展等方面，发挥着不可替代的作用。

(一)农村投资拉动辽宁经济增长的作用明显增强

投资是拉动经济增长的三大需求因素之一，农村投资作为投资的一部分，在拉动辽宁经济发展的过程中，发挥了十分重要的作用。从 20 多年来辽宁省农村投资与国内生产总值增长速度数据可以看出，两者的变动走势基本一致。运用有关数据进行分析，农村投资与经济增长存在正相关性。改革开放至今，辽宁省 GDP 年均增长 8.7%，其中全社会固定资产投资对 GDP 平均拉动 2.1 到 3 个百分点。在固定资产投资中，农村投资占全社会投资的比重大致为 15%左右，拉动 GDP 在 0.3 到 0.45 个百分点之间。“九五”后期的 1998 年以来，国家为启动经济，实施积极的财政政策和稳健的货币政策，在加大政府投资的同时，辽宁省积极启动和激活农村投资，农村投资呈现快速增长之势，农村投资对经济增长的拉动作用明显增强。

(二)农村投资缓解了社会就业压力

由于农村投资介入的领域多是劳动密集型行业，对从业人员技术水平要求相对较低，在增加就业方面，农村投资具有自身的优势。辽宁省通过促进农村投资，发展民营经济，对实现就地就近转移农村劳动力发挥了重要作用，有效地缓解了就业压力。据统计，辽宁省农村外出务工的农民 90.3%在省内。

(三)农村投资推进了城市化进程

近年来，辽宁农村投资大力发展，带动了一批小城镇的崛起，推进了农村城市化进程，拉近农村和城市现代工业文明之间的距离。越来越多的农村投资还介入了城市基础设施和社会发展的建设，有效地缓解了政府资金缺口的矛盾，为推进城市化建设发挥了重要作用。

(四)农村投资推动了辽宁经济结构调整和区域经济发展

农村投资的发展壮大，推动了农村经济发展，加快了辽宁省农业经济结构的调整，非公有制经济比重近几年来明显上升。以农村投资为主体的特色园区的建设，带动了辽宁省农村特色优势产业升级，加快了区域经济的发展，崛起了一大批以特色产业为支撑、以专业市场为依托的富有竞争力的块状特色经济。

三、农村投资快速发展的因素分析

20 多年来，辽宁省农村投资发展迅速，分析其成因，主要有以下几方面：

(一)农村经济的强劲发展

改革开放之初，尤其是 20 世纪 80 年代，辽宁省乡镇企业大规模兴起，曾出现“四轮驱动”(乡镇办、村办、联户办、户办)和“六业齐上”(农、工、商、建、运、服)的兴旺局面。党的十四大明确了“非公有制经济是国民经济必要、有益的补充”；党的十五大更进一步指出了“非公有制经济是我国社会主义市场经济的重要组成部分”，强调了对个体、私营等非公有制经济要继续鼓励、引导，使之健康发展的政策，给辽宁农村的非公有制经济的发展带来并创造了前所未有的大好机遇及宽松环境。

(二)企业制度的创新和规模经济的发展

随着辽宁省农村经济的不断发展，起初发展起来的一些小企业逐步裂变重组，走向规模经济。全省的农村投资正是在企业制度不断创新和规模经济不断发展的过程中迅速扩大。

(三)政府的积极引导和有效举措

近几年来，辽宁以“一个放宽、三个改善”为目标，即放宽投资领域，改善政策环境、融资环境和服务环境，积极推行“政府引导、市场运作”的方式，大力引导农村投资发展，开始形成了“政府投资引导、社会投资跟进”的良性互动格局。主要有以下几方面举措：

——大力推进城市化建设，不断扩大农村投资发展空间。省委、省政府以提前基本实现现代化总揽全局，积极推进城市化，全省上下掀起了城市建设高潮。面对大规模的投资建设所引致的巨大资金需求，辽宁加快了基础设施和社会发展领域投融资体制改革的探索，加快市场化改革步伐，逐步放宽投资准入政策，积极吸引社会资金，加快建设重大项目，为农村投资提供了广阔的发展空间。

——建设特色农业园区，构建农村投资发展的新载体。针对原有农村民营企业“低、小、散”和产业链短的状况，辽宁因势利导，提出了以科技为先导，以中心城市、中心镇为依托，规划建设特色农业、工业园区，促进民营中小企业集聚。特色园区的建设，构建了农村投资发展新载体，是全省各级政府引导农村投资发展的重要举措，吸引了大批企业特别是农村企业的改、扩、迁建以及生产设备的更新改造，较快地带动了农村投资量的扩大。

——积极探索有效的融资机制，提高农村投资能力。辽宁积极拓展融资渠道，通过组建中小企业信用担保机构、推行企业财产抵押贷款、创新金融产品、推动高科技民营企业上市等方式，探索构建有针对性的融资机制。在金融创新方面，推出了信用贷款、联保协议贷款、自然人或法定代表人贷款等一批新的金融产品。这些探索，为有效解决农村民营企业融资开辟了新的途径，提高了农村投资能力，支撑农村投资规模不断扩大。

——不断转变政府职能，改善农村投资环境。近年来，省委、省政府把发展个体、私营等非公有制经济作为重要工作来抓，不断优化投资环境。努力办实事、求实效。大力推进行政审批制度改革，减少审批环节，简化审批手续，规范审批程序，增加透明度。各地逐步设立了项目集中办理中心，推行集中办理、“一站式”服务的审批方式，各级政府努力推进政务公开，向社会公布办事程序和办事内容。这些举措的实施，优化了投资环境，为扩大农村投资提供了重要条件。

四、制约农村投资发展的主要因素

（一）市场准入限制，行业垄断仍然存在

目前，增加农村投资发展壮大辽宁省农村经济已成为全省上下的共识，但是农村投资的市场准入仍然存在许多限制，甚至一些外资企业可以进入的行业，农村民营企业难以进入。即使在国家法律和政策没有明令禁止和限制的一些行业，农村民营企业进入也存在不公平竞争。在一些垄断和半垄断行业，存在部门保护主义，不仅农村民营企业难以进入，就是非本行业的国有企业也难以进入。尽管近年来辽宁农村投资增长较快，且在基础设施和社会发展领域有所拓展，但由于投融资体制改革整体推进迟缓，虽然国家已允许民营资本进入，行业主管部门往往通过行政手段限制其他企业的进入，为其设置障碍。不少行业系统性很强，在项目审批、资金优惠政策安排、项目设计施工、原材料供应、项目投运后的维护等，都向系统直属企业倾斜，一路绿灯，而对“系统外”的项目则另眼相看，前期审批和具体实施过程困难重重，进入门槛较高。市场准入的限制和行业的垄断，一定程度上限制了民营企业的投资发展空间。

（二）融资机制尚未根本建立，缺乏有力的金融支持

资金短缺一直是困扰农村投资发展的瓶颈，制约了农村企业的投资能力。当前农村投资资金来源主要还是依靠自我积累，滚动发展，金融机构的信贷支持十分有限。随着金融体制改革的不断深化，各类银行逐步实施资产负债比例管理和风险管理，贷款风险约束机制明显增强。由于经济运行过程中的诸多矛盾以及民营企业本身一些固有的缺陷，银行对其贷款存在抵押担保难、跟踪监督难和债权维护难等问题，实施效果不明显。在直接融资方面，主要是面向国有大中型企业，而面向大量的中小企业的发展空间相对十分狭小，且市场进入门槛过高。

（三）政府部门服务意识不够强，政策落实不到位

虽然国家已明确民营经济的地位和合法权益，并要求放宽投资行业准入政策，但一些地方和部门对扩大农村投资范围、特别是进入重要基础设施和社会发展领域心存疑虑，认识还不到位。在实际工作中，由于缺乏综合协调，对农村投资的规划引导和政策支持相对乏力。各地虽然先后出台了一些扶持政策，但还存在政策不配套、不落实等问题，往往在政策条款上是平等的，但在实际操作中却做不到一视同仁。同时，适应农村投资特点的信息咨询、技术支持、法律服务等社会化服务组织也不健全，这些都制约了农村投资的扩大。

（四）乡镇企业自身素质的制约，影响投资规模扩大

由于乡镇、民营经济自身的特性，在资本原始积累投资期采用了个体业主制、家庭制、合伙制等管理方式是合理的，发挥了企业组织机制的优势。但当企业发展到一定规模后，这种管理方式就可能成为企业规模发展的障碍和束缚。与此相连，乡镇、民营企业在投资决策上主要凭借经营者的个人经验，受经营者知识结构、信息来源等因素的局限，

较难适应千变万化的国内外大市场，适应企业规模不断扩大、投资领域不断拓宽和市场竞争日益激烈的要求。许多乡镇、民营企业还没有按现代企业制度要求组建规范化的有限公司或股份公司，没有从体制上创造促进企业发展和扩大投资的动力。

五、扩大农村投资发展的对策建议

（一）进一步提高扩大农村投资的重要性和紧迫性认识，加快农村投资的发展步伐

扩大农村投资，通过产业关联的传导和放大将对整个国民经济的持续协调发展产生影响，这有利于进一步扩大内需，促进经济增长。扩大农村投资不能作为一种解决短期需求不足的应急措施，应该作长期战略性的考虑，要进一步提高对扩大农村投资的重要性和紧迫性的认识，要积极贯彻十六大精神，尽快出台促进和引导辽宁省农村投资发展的政策指导意见，加快辽宁省农村投资的发展步伐。

（二）加快投融资体制改革，放宽农村投资准入领域

深化投融资体制改革是进一步扩大农村投资的关键所在。改革的总体要求是要实现投资主体多元化、融资渠道商业化、投资决策程序化、项目管理专业化、政府调控透明化以及中介服务社会化，建立以市场为导向的新型投融资体制。坚持谁投资、谁所有、谁受益、谁承担风险。充分发挥市场对投融资活动的调节作用，实行政府宏观指导协调、企业自主投资、银行独立审贷。积极培育多元化主体，鼓励公平竞争。当前具体来说，一是要实行开放式的行业投资准入政策。除关系国民经济命脉和国家安全的重要行业和关键领域外，其余行业和领域都应放开让乡镇投资或控股经营。凡是允许外商投资的产业，应允许国内农村资本进入，给予农村投资"国民待遇"。鼓励和引导农村投资进入基础设施和公共事业领域；鼓励农村资本投资高新技术产业，特别是高新技术产业化项目；鼓励农村资本参与国有经济的战略调整。二是要打破行政性行业垄断。打破所有制界限，消除行业和部门垄断。三是广泛采用新型投融资方式。在重大基础设施和公益性项目，坚持"政府引导、市场运作"的方针。

（三）加大金融支持力度，促进农村投资发展

要深化金融体制改革，加快制度创新，完善民营企业的融资机制，拓宽融资渠道。首先要建立和完善为农村投资服务的金融组织体系，制定适应农村投资特点的贷款政策和管理办法。要继续完善和发展为农村投资服务的信用担保机构和担保基金，切实解决乡镇、民营企业的融资担保问题。探索设立创业风险投资基金，为乡镇、民营企业投资高新技术项目提供资金保障。

（四）强化服务和引导，推动农村投资健康发展

辽宁省农村投资已占居全社会投资的重要地位，可谓"十分天下有其一"。各级政府都要加强对农村投资工作的领导，真正把农村投资当作地方经济发展的一项重要工作来抓，强化服务和引导，推动农村投资健康发展。一是要加强规划和引导。把农村投资纳入各级地方政府的中长期经济和社会发展规划，减少重复建设，提高投资效益。推动农村投资集聚发展，引导和鼓励农村投资走产业集聚和规模发展的道路。二是加快法规建设。辽宁省乡镇、民营经济起步较早，发展较快，可考虑率先研究制定切合辽宁实际的保护农村投资权益和引导农村投资发展的地方性法规政策，对农村投资的范围、融资渠道、投资方式等给以规范，使之有章可循、有法可依。这样才能有效避免和减少具体操作过程中出现的损害投资者利益，挫伤投资积极性等情况的发生。三是发展中介服务机构。加快建立包括政策信息、技术信息、市场信息在内的投资信息网络和发布渠道，引导农村投资健康发展。为切实解决农村投资发展中存在的市场信息不灵、进入领域过窄、低水平重复建设等问题，有必要建立起规范的市场信息引导机制，加强收集整理分析研究与农村投资有关的信息、定期发布。

江西退耕还林工程实证分析

江西省农调队课题组

自1999年国务院批准实施退耕还林工程试点以来，国内许多学者对退耕还林的内涵与实施基础及如何推进退耕还林政策的实施提出了许多真知灼见，这些成果对推进我国退耕还林工程的实施具有一定的现实指导意义和借鉴作用。但是，退耕还林工程在江西的实施状况和效果如何、影响退耕还林政策实施的因素是什么、如何从制度创新入手促进退耕还林政策实施等，这些问题都将关系到退耕还林政策的实施效应。因此很有必要对这些问题进行深入研究。本课题从统计的视角(在全省抽选了30个县60个村600户退耕户)及时、客观、全面反映和评估退耕还林这一当前经济热点问题，通过对调查对象的连续跟踪调查研究，及时总结江西退耕还林实施的经验和教训，为进一步完善退耕还林政策措施，为国家宏观管理决策提供科学可靠的依据。

一、退耕还林工程的实施为解决江西"三农问题"提供了契机

江西是一个农业大省，也是林业大省，无论是江西的粮食、水果、水产、肉类等农产品，还是江西的林产品在全国都占有重要位置，有很强的代表性、很多的特殊性。农业、农村经济的状况，在全省经济社会发展中始终有着重要的地位。当前，江西农业和农村经济正处于一个新的发展阶段：一是主要农产品的市场供求关系发生了根本性转变；二是农业和农村经济的发展对城镇和整个国民经济的依赖程度越来越高；三是农民收入增长的来源主体依靠非农产业；四是农村富余劳力流动和转移的动因注重对物质利益和更高生活质量的追求。

面对农业和农村经济发展的新形势带来的新问题和挑战，江西"三农"问题主要集中反映在三个方面，一是农民的增收问题。农村是最广阔的市场，农民是最大的消费群体，农民不增收，局限了农民的有效需求，是市场疲软、经济增长缓慢的源头。二是调整农业产业结构问题。多年来，江西省形成的粮猪型的单一、低层次、短链条的经济结构没有得到调整。随着卖方市场向买方市场的转变，江西经济结构老化、低级化的弊端更加突出。一方面，品种单调，品质低劣的农产品充满市场，伤农事件交替发生。另一方面，随着消费需求的质量型转变，江西农产品的市场竞争力和市场占有率不断下降，外省和进口农产品却越来越多占领江西市场。结构老化与农民增收迟缓互为因果。只有抓住结构调整这个牛鼻子，以结构调整来促进增收，以增收来推动农村经济乃至全省经济的发展。三是农民就业问题。其他问题要么由这三个问题引发出来，要么与其紧密相联。本课题认为解决"三农"问题既要在"三农"之外，又要在"三农"之内，既要在近期也要在长期。目前，国家利用充裕的粮食储备，退耕还林，以粮换林，可以说为解决上述三个问题提供了良好的契机。江西三年来的实践也证明了这点。

(一)有利于加快江西省农村工业化的进程。江西省目前尚处于工业化前期的后半阶段，加快工

业化是江西发展战略的核心。目前,江西经济发展所要解决的主要矛盾是积累资金和转移大量农村剩余劳动力。工业化资金积累的途径概括起来就是两条:一是自身的原始积累,二是引进外来资金。退耕还林工程的实施促进了江西的招商引资,大量省外、境外资金纷纷投入江西省,一批以林业产业化为经营模式的大中型木浆造纸、人造板等企业落户江西省,在江西建立自己的原料基地,带动全省林业第二产业的蓬勃发展,其经济总量在林业二产中占据90%以上份额。据不完全统计,仅上饶市投资涉及退耕还林工程建设的企业就有20多家。到2003年7月底,吉安县吸引县外资金2000余万元投入林业,先后引进私营林业企业21家,投资总额过亿元;抚州市利用退耕还林政策,引进了大亚木业(江西)有限公司投资5000万美元,拟建设105万亩原料林基地,2003年完成40万亩,总项目建成投产后将年产20万立方米高密度人造板;北京三和华林公司2002年来共投资400万元,在都昌、星子、瑞昌等周边县市营建速生丰产杨树基地,这样加快了工程建设进度,既减轻政府工程建设的压力,又使退耕户和投资经营商双赢。这些都为区域工业化带来了大量资金,带动了区域相关产业的发展,为带动区域二、三产业的发展创造物质条件和软环境。

工业化过程中农业剩余劳动力的转移,包括农外(农业外部和农村外部)转移和农内(农业内部和农村内部)转移。在目前情况下,农内转移可以说是一条有效途径。第一,这种转移成本低,就业风险小。从国家的角度来说,如果都由大城市来吸收农业剩余劳动力,国家首先会遇到资金的问题。目前每增加一个就业岗位,国家需要投资5000～10000元。进城后,还需要对农民工花大量的教育训练成本和农民工进城所带来的交通,治安、环境污染等成本。从农民的角度来看,首先转移不仅仅是直接的费用,还包括流动和寻找工作花费的时间成本,以及脱离原生活环境和社会关系等心理成本。因此,内部转移所花费的经济成本、心理成本、教育成本等投资最低。第二,这种转移有利于缩小农民在技术上的跨度。由于农业剩余劳动力普遍文化程度低,加之现代工业部门对劳动力素质、文化、技术的要求越来越高,农业剩余劳动力要想一步到位,显然不太现实。随着农业技术的不断提高,农村工业不断发展,农业劳动力运用技术的能力也不断提高,为进一步的转移提供技术保障。第三,可以促进农村各要素的重新配置从整体上提高农业劳动生产率。使大量剩余劳动力“脱农而出”,为农业劳动力的进一步转移提供可能,从而实现最终的转移。第四,可以有效地锻炼劳动力素质,提高农业剩余劳动力的转移质量,为高层次转移、彻底转移创造条件,让转移出去的农业剩余劳动力真正、完全的融入现代化城市生活要有一个过程,不仅仅是地域和身份的转移,还有一个人的观念、文化、行为是否真正实现了现代化的问题。人的现代化是一个不断提高、不断发展的过程。就是说,现阶段农业剩余劳动力内部转移,并随着农业内部的不断发展继续转移,最终实现地域、职业、人的素质真正意义上的转移。因此,拓宽农业内部的就业渠道,提高农民的边际收益,促进农业剩余劳动力的内部转化,是切实可行的。这也正是为了最终实现农业剩余劳动力地域、职业彻底转移创造条件。

退耕还林实质就是变退耕地为林地。一方面,林业属于劳动密集型产业,可以吸收一部分从耕地上转移出来的劳力,如霍曼内特有限公司及中竹纸业公司目前已带动上高、万载、宜丰等地的2.5万户农户在基地租山买山,造林营林,成了企业“第一车间”的工人。另一方面可以为技能不多、文化层次不高的低收入农村人口增加就业门路,据对30个退耕还林工程县的抽样调查表明,30个县的农村非农劳动力总数2002年比2000年增长3%,退耕还林不仅推动了农民生产经营方式的转变,而且促进了农村剩余劳力的就业转移。鹰潭市把退耕还林与各种基地建设联系起来,投入农村劳力约60万个工日,农民直接劳务收入增收600多万元。据典型调查,宜黄县1.2万户退耕农户中,有3000多户转向新的绿色产业开发,半数以上的退耕户有人常年外出打工经商。南丰县三溪乡467户退耕户中近三分之一彻底“洗脚上岸”经商或创办企业。

(二)退耕还林与农业和农村经济结构调整密切相关,有利于培育具有竞争力的产业。当前江西省农业和农村经济结构所存在的突出问题,主要是“农产品结构”、“农业生产区域布局结构”、“农村产业结构”、“农村就业结构”等四个方面所存在的问题。江西省农业和农村经济结构的战略性调整,主要是通过对这四个方面结构的不合理状况进行调整来实现。这四个方面的结构调整,所强调调整的内容虽不相同,但它们之间却是有着内在联系的。目前,农业生产区域布局的变迁,尚不可能在市场机制的作用下形成。因此,由政府通过“还什么林”

来对农业生产区域布局进行结构调整，是改变当前全省农产品生产布局极不经济、极不科学现状的必要选择。

目前江西所进行的新一轮农业结构调整，无论是从形式、内容，还是手段、目标上都与以往有很大的不同。这次农业结构调整是在“可持续发展”的环境下进行的。农业结构的调整过程不仅受市场机制的制约，也要服从生命有机体自然运作机制的制约。退耕还林的实施实际上就是可持续发展思想的结果。

林业市场潜力大，可以提供多种可再生的经济资源，退耕还林鼓励林草、林果、林药、林牧结合，可以有效带动木竹加工、干鲜果品、森林食品、药品、花卉、草食畜禽业、林产化工等中小型工业、手工业以及森林旅游业的发展，进而促进农业结构调整和农业产业化的进程。从实践来看，工程实施已有效促进了江西地方经济结构的调整。30 个样本县 2002 年的林业产值占农林牧渔业总产值的比重比 2000 年提高了 1 个百分点，提高幅度比全省同期平均水平高 0.5 个百分点。各地充分运用退耕还林中经济林占 20%的政策，进行产业结构调整，使其与区域性主导产业相结合，形成了一批区域优势产业、特色产业。目前，赣州的脐橙产业开发、上饶市的梨柚工程、以及吉安、萍乡、南昌、鹰潭等地区的园林苗木产业的发展都与退耕还林工程紧密结合在一起。如抚州市以退耕还林工程带动大发展，充分利用国家政策，把生态建设与经济发展兼顾起来，结合林产工业发展的需要，大力发展建立丰产林及工业原料基地，逐步形成了“市场带加工，企业办基地，基地连农户”的良性运行机制，进一步加速农业产业化进程。临川区、金溪县把发展黄栀子与防护林工程建设结合起来，不仅防止了水土流失，而且每年都有收入，还带动了一个地方产业的发展。波阳县在退耕还林中建立中药材林近 3 万亩，并引资成立原生药业有限公司，成为该县退耕还林中药材生产和加工的龙头企业，有力地促进了全县中药材产业的发展。广丰县在退耕还林中，采取公司+农户的形式，实行订单收购、统一品牌、统一生产技术和标准等措施，大力种植天桂梨，目前，全县已发展 1.5 万亩，2004 年将有 2000 多亩挂果，预计可产鲜梨 35 万公斤，有力推进了全县天桂梨产业化进程。

(三)为江西粮食主产区摆脱粮食经营困境创造了条件。由于退耕还林工程实施以粮代赈政策，每退一亩坡耕地，补助 300 斤稻谷、20 元现金、50 元种苗费。到 2002 年底为止，江西坡耕地退耕还林 109.8 万亩，消化库存粮食 16.47 万吨，为江西粮食企业减轻历史包袱，转换机制创造了有利条件。

(四)为改善生态环境，实现江西可持续发展创造了条件。目前江西的生态环境在全国处于上游，但还非常脆弱，除了表现在森林植被质量差、生物多样性受到严重威胁外，最主要表现在：水土流失比较严重。全省现有水土流失面积 3.52 万平方公里，年土壤侵蚀总量达到 2 亿多吨。2002 年全省有坡耕地总面积 524.1 万亩，其中大于 25 度以上的坡耕地 202.9 万亩，占 40%。另外，还有沙化耕地面积 79.3 万亩。

水土流失形成的泥沙淤积山塘、水库和河道，降低了水利、水电设施的使用效益，并造成河道阻塞、河床抬高，并直接导致鄱阳湖湖面缩小，鄱阳湖面积由解放初期的 5100 平方公里减少到 1998 年的 2900 平方公里，降低了排洪能力。鄱阳湖是长江流域的重要组成部分，与长江存在着一脉相承的依存关系，对长江防洪具有特殊的地位。在江西实施退耕还林工程对鄱阳湖流域恢复植被，治理水土流失，遏制生态恶化，为江西经济实现可持续发展都具有十分重要的意义。

退耕还林实质就是国家利用计划手段，以工程建设的方式，通过政策引导，使沙化地和退化坡耕地向林地的资源转化，改变不合理的土地利用方式，达到生态——经济系统重建的目的。工程实施两年来，一方面起到了很好的宣传作用，促进了全省上下生态保护意识的提高。“生态江西，持续发展”，已成为全省人民的行动准则，如“保护母亲河”行动、“创建无烟山”举措、安义县的“生态招商”、武宁县的“生态旅游”、新余市发起的“青少年绿色承诺行动”、赣州市、九江市对工业园区开展生态环境评价、南昌市和吉安市创建生态城市等，“绿色食品基地”如雨后春笋，“既要金山银山，更要绿水青山”，可以说江西人民正在以一种全新的理念审视和对待自己的生存环境。广大农民已由“要我退”变为“我要退”，真正成为退耕还林的实施主体。另一方面，局部地区生态环境得到明显改善。

全省共增加有林地面积 350 余万亩。据樟树市的生态监测数据显示，退耕还林地截流量和持蓄量合计为 157.4 毫米，土壤侵蚀模数为 30 立方米/公顷·年，分别比坡耕地增加了 70.83 毫米、降低了20立方米/公顷·年。

(五)为贫困乡村和贫困户脱贫致富提供了机会。长期以来,由于没有处理好经济发展与环境保护的关系,贫困乡村和贫困户陷入了“穷—开垦—穷”的生态环境恶化与农民贫困相互影响、逐步升级的恶性循环。实施移民退耕,对生态地位重要、自然灾害频繁、交通不便、已没有基本生存条件的人口实行生态移民后进行退耕还林。如修水、万安、遂川等库区和深山区把治理生态环境与治穷紧密结合,修水全县已有3000户地处库区的农户签订了搬迁合同,在退耕还林的基础上有步骤进行搬迁。溪口镇有11万多亩坡耕地,每亩坡耕地的年收益不超过80元;安远对东头镇46农户进行生态移民,271亩坡耕地全部退耕还林;宜黄全县共5732户农户申请搬迁,重点地段搬迁自然村56个,退耕还林面积4085亩。这些退耕农民的搬迁有利于小城镇的建设,这是扶贫开发的新途径,可以引导退耕农民转变经营观念和生产方式,使实施区的基础建设设施和经济环境得到改善,为退耕农民提高收入和生活水平奠定坚实基础,实现了保护生态与发展农村经济的良性互动。

同时也为农民增加收入提供了最直接、最有效的办法。据抽样调查推算,全省有50万农户、200多万农民从工程建设中受益。2001年到2002年2年间,退耕还林投资使退耕农户人均获得退耕补助收入180元(含粮食折资和种苗费),对退耕农户人均纯收入的贡献率为7%。退耕前全省工程区退耕地年亩平均粮食产量331斤,每亩收益为232元(按0.7元/斤计算),减去149元含税成本(不包括人工作价),纯收益按8年计算为664元/亩;600户农户的退耕还林价值量(成材、成林后)预计每亩总价值1863.5元,扣除每亩总成本571.4元后,将获得每亩1300元的利润,比退耕前多出近1倍的收入。

综上所述,我们认为在江西实施退耕还林,对江西区域经济发展、解决江西“三农问题”将产生重要影响。

二、对试点以来江西退耕还林工程实施情况的总体评价

退耕还林是江西省林业建设史上涉及面最广、政策性最强、群众参与度最高的林业生态建设工程。全省11个设区市85个县(市、区)列入工程范围,规划到2010年退耕还林1000万亩,国家无偿投入97.5亿元。江西省2001年被国家列为全国退耕还林试点省份,实际完成造林面积20.076万亩,占计划任务的100.38%。2002年退耕还林工作在全省全面铺开。经省级检查验收,2002年实际完成造林面积199.47万亩,其中退耕地还林面积99.65万亩,分别占计划任务的99.74%、99.65%。据林业部门初步统计,2003年截止6月底,已完成造林面积139万亩,其中退耕地还林面积62万亩,分别占计划任务的43.4%和38.8%。

全省退耕还林草面积及其构成

单位:亩,%

	2001年		2002年		合计	
	绝对数	比重	绝对数	比重	绝对数	比重
全省退耕还林草面积	200760	100	1994700	100	2195500	100
1. 退耕地还林	101606	50.61	996500	49.95	1098100	50.01
(1)生态林	93481	92	884100	88.72	977600	89.02
(2)经济林	8125	8	112400	11.28	120525	10.98
(3)兼用林						
2. 退耕地还草						
3. 宜林荒山荒地造林	99154	49.39	998200	50.05	1099154	49.99
(1)生态林	94546		908200		1002746	
(2)经济林	4608		90000		94608	
(3)兼用林						
其中:25度以上坡耕地还林面积	7800		43700		51500	
沙化耕地还林面积					26000	2.36

从上表数据中可以看出，2001年，2002年两年江西省累计完成退耕还林面积219.55万亩，其中退耕地还林面积109.81万亩，占50.01%；在退耕地还林面积中，25度以上坡耕地还林面积5.12万亩，占4.66%，沙化耕地还林面积2.6万亩，占2.36%。

从退耕地还林的林种结构来看，2001年、2002年两年累计营造生态林97.7万亩，占造林面积的89%，经济林12.1万亩，占造林面积的11%，生态林与经济林比例为89∶11，符合国家对造林面积中生态林与经济林8∶2的规定。

从2002年度省级复查结果来看，退耕地还林和宜林荒山荒坡造林面积核实率分别为98.9%、99.2%，退耕地还林和宜林荒山荒坡造林核实面积合格率分别为98.1%、98.7%。

2001～2002年主要指标省级复查结果

	2001年		2002年	
	退耕地还林	荒山荒地造林	退耕地还林	荒山荒地造林
核实率	96.94%	96.87%	98.9%	99.2%
核实面积合格率	95.4%	97.5%	98.1%	98.7%

全省2001年和2002年各工程县县级财政到帐资金累计38600万元，其中粮食补助资金25200万元，生活补助费2400万元，种苗和造林补助费11000万元。各地都将国家补助的兑现作为具体落实"三个代表"重要的实践行动，据抽样调查，从定性角度来判断，到2003年6月底，有28.3%的农户反映2002年钱粮补助全部兑现，48.8%农户反映部分兑现，只有20%的农户反映目前还没有兑现；从定量角度来判断，2002年粮食已兑现61.58%、现金已兑现46.45%；2003年已预付粮食26.23%、现金47.7%到农户手中。有的县如弋阳为更好地调动农户造林的积极性，不仅对2002年度造林面积兑现了50%的粮食，还对列入2003年度计划并已造好林的退耕地，在目前国家粮食补助还没有到位的情况下，由县里统一调剂先期兑现一半给退耕户。

综上所述，我们认为2001年、2002年江西退耕还林任务完成较好，质量基本达到要求，基础工作基本到位，政策兑现比较及时，已基本实现了退耕还林工程"退得下"的阶段性预期目标。

三、江西退耕还林工程实施中存在的主要问题

虽然江西省退耕还林工作取得了初步成效，比较好地协调了发展经济与环境保护的关系。但也出现了一些不容忽视的问题，主要是：

(一)计划经济过浓，行政手段过重。在退耕还林实施过程中，各地都实行了"一把手"负责制，这有效推动了本级退耕还林任务的落实、工作的协调。另一方面，在"一把手"负责和为取信于民的钱粮补助兑现期限规定下，使退耕还林工程演变为比较强硬的行政行为，其结果是：从上到下层层下指标，任务分散，到处开花，没有达到集中连片治理目的，陡坡地较多的乡镇村、远离公路沿线、大江大河两岸的水土流失严重区却没有或少有指标，建设重点不突出，增大基层的工作任务和操作成本；据抽样调查表明，2002年平均每个乡镇落实造林面积1464亩，2002年平均每个村落实造林面积179亩，2002年平均每户农户落实造林面积4.26亩，其中退耕地落实面积2.31亩，2002年平均每块地块落实造林面积13.14亩。这样一来，规模小，不成片，难以见到产业效果。有的违背农户意愿，强迫农民种与意愿相违背的树种等，损害了政策的权威性；为发展地方经济，培植地方税源，增大经济林和用材林比重；林业部门调苗压力大，为完成任务，不少劣质苗、适生苗作为嫁接苗发往还林农户手中。

(二)目前的经济林经营模式限制了经济林效益的发挥，从而限制了产业结构调整的力度。据抽样调查表明，户退户还、大户承包两种模式分别占到工程任务的53%和18%，而公司＋基地＋农户模式所占比重不到1%。从各地实践来看，江西省退耕户所种植的经济林主要有水果类、干果类和药材类，其所生产的农副产品基本上用于市场交换。他们目前面临的突出问题就是"小农户、大市场"，分散单个农户与市场之间缺乏必要或适当的中介组织进行连接和协调，导致农副产品的销售经常陷入困境，这样农户经营经济林的市场风险成本增大，进而迫使农户减少在种植林木上的投入，甚至

毁林复耕。

(三)存在侵害退耕户利益的现象。一是一些地方没有处理好退耕户与承包大户的利益分配关系。少数乡村将国家的钱粮补助大部分给承包户享受,承包户仅代退耕户缴纳农业税。二是没有落实好退耕地与荒山造林补助政策。如九江市多数县将国家给予退耕地的钱粮补助调整为退耕地与荒山造林经营者各享受一半的钱粮补助。崇仁将退耕户应享受的20元现金补贴变相用于休闲地荒山造林大户的造林费用补助．三是没有执行退耕还林中关于农业税减免政策,如赣州多数县、袁州区对退出的耕地仍执行以往农业税标准,严重侵害了退耕户的利益,使得退耕户的税赋更加重。如安福县严田镇严田村彭某,原承包耕地13亩,上缴农业税为370元,亩均税费28.5元,现已退耕3.2亩,剩余9.8亩,耕地仍要按13亩的标准缴纳,使亩均税费达37.8元,比退耕前增长32.6%。

(四)部分县执行国家政策不够彻底。主要表现在:一是按照《退耕还林条例》规定,整地验收合格后,应及时兑现50%的钱粮,但大多数工程县没有做到。二是存在将补助的粮食折现发放现象。贵溪、袁州区有些农户反映兑现时不发粮食而是折价现金且标准不一,有30元/百斤,40元、45元等;三是上饶各县均反映财政部门不能按政策兑现,结算价0.56~0.64元/斤,远低于0.7元/斤的价格。四是存在从生活补助费、种苗价差、粮食差价款中提取工作经费的现象。如莲花县规定,每年从每亩退耕地的生活补助费中提取8~12元作为县乡工作经费。

(五)政策宣传有待进一步加强。据抽样调查,有26%的农户反映,对退耕还林政策听说过或不清楚。特别是2003年新启动的县,这种现象更明显。如广昌县盱江镇农户只知道退耕地有300斤稻谷,其他优惠政策不清楚。由于没有讲透政策,致使有的退耕户只看到眼前利益,认为把退耕地交由承包户,自己又不需交农业税,可放心外出务工,因而放弃了自己的钱粮补贴,对若干年后退耕地上的收益分配也没有明确的合约规定。有的县为推动退耕还林的进度,对退耕户的利益描述过多,但对退耕户需承担的完成荒山配套造林、造林质量标准、兑现程序宣传不够。有些群众担心退耕还林政策没有连续性。

(六)种苗补助偏低,且实际供应方式与农民意愿有差距。据抽样调查,全省造林平均每亩需121株种苗,金额86.6元,远远超出国家补助50元/亩的标准,主要是经济林种苗差距大。据对贵溪市调查,雷竹苗一般每株价格8元,每亩种植80~90株,成活率在95%以上,苗木成本在600元左右。退耕还林的地方,往往立地条件差,一次栽植,往往需要多次、较大面积补植,在许多地方仅靠国家补助的每亩50元种苗费是不够的,如果地方政府不配套投入,则可能导致为了完成任务降低苗木质量,以次充好,进而影响退耕还林的效果。

在退耕还林实际工作中,有91.2%的苗木被政府有关部门垄断经销,这样一来就容易产生寻租的风险。由于林业部又具有验收苗木成活率的权力,执行中对林业部门来源以外的苗木往往不予验收,这样强化了农民对林业部门供应苗木的依赖,73.3%的农户愿意选择苗木由政府及有关部门集中购买,统一供应,就是例证。

在实际工作中,林业部门提供的苗木往往要经过购买、县、乡、村等环节,中间的时滞较长,到达农民手中时就失去大量水份,这样容易影响苗木的成活率,且经常出现供应苗木与退耕户的苗木数量、品种需求不一致。如大余、信丰、南康等大部分地方反映准备的苗木与退耕户的苗木数量、品种需求不一致(大余、信丰、南康主要受南康家具市场的影响,农户需要苦楝、酸枣),致使需要种植的苗木严重短缺,减缓了造林进度。

(七)荒山配套难以落实。从全省情况来看坡耕地面积与宜林荒山荒地比例为0.72,总体上可以做到“退一还一”,但具体到设区市则有赣州市、南昌市、鹰潭市、上饶市三个地方坡耕地面积大于宜林荒山荒地面积,全省有17个县(市、区)坡耕地面积大于宜林荒山荒地面积,难以做到“退一还一”。他们主要集中在林业重点县。如由于宜丰、奉新、广丰、铜鼓1993年以前就基本消灭了宜林荒山,根据1999年二类森林资源调查,上饶市坡耕地100万亩,而荒山荒地才不到40万亩,特别是广丰,全县坡耕地10万亩,而荒山荒地才0.45万亩,1:1荒山配套的工程建设要求成了部分县当前全面完成退耕还林任务的难题。而用退耕坡地折抵,一定程度上造成退耕户享受国家政策的标准降低,又损害退耕农户利益,影响积极性。有的地方如铜鼓甚至出现一部分人申请到木材采伐计划后,将已有山林集中成片采伐,人为制造成荒山来实施配套的荒山造林。

四、不同治理模式的比较分析

两年来，江西各地根据不同的自然地理、社会经济条件和当地种植习惯，大胆实践，探索出一批成功的建设模式，包括技术模式和经营模式。

（一）退耕地类型的描述

工程实施以来，江西在遵循生态优先的前提下，坚持“四个先退”，一是坚持湖库周围的坡耕地先退；二是坚持江河源头的坡耕地先退；三是坚持大江大河两岸的坡耕地先退；四是坚持25度以上的坡耕地先退。总的情况来看，江西退耕造林面积60%集中在坡耕地面积集中、水土流失严重、生态环境脆弱、农民生活贫困的地区，40%集中在赣江、抚河、饶河、信江、修河五大水系上游，从源头控制水土流失。

据抽样调查，江西退耕地类型的实际频数和农民的意愿频数如下：

		实际频数%	意愿频数%
1	沙化地	21.3	47
2	坡度在25度及以上的陡坡耕地	61.3	69.7
3	属于江河源头	4.5	17.2
4	大江大河两岸	12.3	23.2
5	湖泊水库周围陡坡耕地	9	16
6	重要风景区耕地	4.7	10.5
7	石漠化地区耕地	9	12.2
8	撂荒耕地	43.8	51
9	其他（含冷浆田、易旱地等）	15.3	17.2

从上表我们可以看出，江西省所退耕地类型的实际频数排序与农民的意愿频数排序是比较吻合的，都是坡度在25度及以上的陡坡耕地、撂荒耕地、沙化地排在第一、第二、第三。这说明江西的退耕还林反映了农民的意愿，是有群众基础的。

（二）还林类型的描述

这涉及到树种选择及其配置。根据土壤、气候等自然条件、习惯及不同的经济状况等，全省各地按照树种选择一般原则是：一是要与当地产业发展与农民增收相结合；二是要兼顾长期和短期利益；三是要考虑退耕户今后的市场出路；四是要因地制宜、适地适树的原则。选择了既有生态效益、又有经济效益的树种，如毛竹、油茶、杜仲、杨梅、丛生竹、厚朴、樟树等兼顾森林药材、森林蔬菜、森林食品特性和市场开发潜力的树种，作为还林的树种。

（三）退耕还林的技术模式

1. 针阔混交栽植模式。该模式主要通过选取湿地松、杉木、马尾松针叶树种与木荷、枫香、南酸枣等阔叶树种混交造林。其优点是通过在生态林中实施针、阔树种混交，实现树种结构的调整，有利于改善土壤结构，促进林木生长，防止森林病虫害及火灾，增强水土保持功能，形成稳定的森林生态体系。该模式适合于全省大部分退耕地区。

2. 乔木药材与药用灌木栽植模式。该模式通过营造厚朴、杜仲等具有药用价值的阔叶树种纯林或与黄枸子等药用灌木混交造林。其优点是既可以配合县域经济产业结构调整，增加农民收入，又能改善生态环境。适合于江西平原、丘陵退耕区阳坡、半阳坡或开阔的地段，尤其在人均耕地面积少、具有一定产业基础的地域。

3. 毛竹栽植模式。该模式主要营造毛竹林为主，间或混交阔叶树。其优点是选取的造林树种毛竹，不但有良好的经济效益，而且水土保持功能极强。该模式成功关键在于要求就地选取母竹，且农户要有毛竹栽植经验。该模式适合于当地有毛竹大量分布的退耕区。据测算，竹林进入高产期后，每亩收入高达1000元。

4. 油茶栽植模式。该模式主要营造油茶纯林为主。油茶作为兼用树种，具有良好的生态效益和经济效益，农户乐于接受。判定是否为生态林或经济林的标准主要是每亩栽植株数和经营管理水平。该模式符合江西省油茶产业发展方向，适合于全省大部分退耕地区。

5. 风景区阔叶树种混交栽培模式。该模式通过选取枫香、水杉、马褂木、含笑和杜英等阔叶树种进行造林。其优点是通过树种合理配置，提高森林景观效果，达到与当地森林旅游开发相结合。该模式适合于森林公园、风景区等地。

6. 工业原料林栽植模式。该模式通过选择立地条件较好的地块，结合当地工业发展的需要，选择湿地松、杉木、杨树、樟树等乔木、灌木树种营造工业油脂、板材、药材原料林基地。该模式适合于全省大部分退耕地区。其优点是能够利用国家投入，吸引社会资金，促进商品林发展，实现生态效益与经济效益的结合。该模式适合于全省大部分退耕地区。

7. 林草结合栽植模式。通过选择落叶少、材质好、用途广的香樟、酸枣、木荷等阔叶树与宜安草、百喜草、黑麦草等多年生牧草栽植结合。其优点是一方面可以改变土地利用结构，恢复植被，减少水土流失，改善生态环境；另一方面又可以割草养畜，促进畜牧业的发展，短期内获得良好的经济效益。该模式适合于草禽基地区域。

8. 高排田、冷浆田栽植模式。该模式通过选择四川桤木、水杉、枫香等耐水湿树种与木荷、杉木等树种混交。其优点是将改地适树和适地适树结合起来，可有效解决退耕地长年积水、轻度沼泽化，一般造林树种难成活的特点。并且四川桤木、枫香等树种可作为食用菌的优质原料，可实现长、短效益结合。该模式适合于全省大部分退耕地区。

9. 丛生竹栽模式。该模式通过选择黄竹、绿竹、麻竹等丛生竹进行栽植。其优点是选取的丛生竹可做到一次栽植，长期受益，不但可作为造纸原料，也可以生产食用笋等绿色食品，实现生态效益与经济效益结合、长期效益与短期效益结合。该模式适合于平均气温较高、水肥条件较好的赣南退耕区。

(四)退耕还林中各种经营模式比较分析

1. 公司+基地+农户。即造纸、木材加工、制药等行业的公司或集团在参与基地建设过程中，与当地农户签订了承包合同，组成利益共同体，并负责种苗的供应、技术支持以及日后林木、药材等的砍伐和利用，农民则按合同收取租金、劳动报酬等。这种模式承担了0.8%的建设任务。其优点在于，减少了农户作为个体参与市场竞争的风险，并能够带动农民走上富裕之路，也有利于增加当地政府财政收入，发展县域经济。如波阳县田畈街镇牌楼村与县新兴中药材公司联合开发，建成千亩中药材种子、种苗基地，种植700多亩中药材，成为江西原生制药公司的原料生产基地。

2. 大户承包。即在把国家的政策向农户讲清的前提下，有资金和经营能力的承包大户与农户在协商自愿的基础上，通过协议来明确利益分配形式，完成退耕还林任务。目前，全省专业承包大户承担18%的建设任务，这种模式已成为江西省退耕还林工程实施中的主要经营形式。这种模式的优点：一是有利于解决农户造林地点零星分散、管理难度大的难题，便于统一规划，集中治理，连片管护；二是有利于规模经营和后续产业的开发建设。缺点就是由于协议内容不规范，坡耕地和荒山荒地所有者的长期利益不易得到保证，退耕户的利益容易被侵害。在调查过程中，我们发现各地为加快工程进度，无论在规划设计还是在实施过程中，都对大户承包表现出一种偏好，这些大户主要有林业干部职工、乡村干部、农村能人等。如石城县承包50亩以上耕地造林的大户有168户，其中林业职工就有48户，占30%左右。他们都有一定的社会背景关系和经营管理经验，在操作过程中，退耕户的利益往往容易被侵害。据调查，利益分成大致有以下几种形式：一是造林承包户租赁农户退耕地造林，每亩每年负担租赁费5～10元；二是承包户承担造林费用和退耕地有关税费，退耕户每亩每年享受稻谷补助50～200斤，余下稻谷和技术收益全部归承包户享受；三是承包户承包造林并承担有关耕地税费，退耕户不享受补助，粮食补助和林木收益全部由承包户享受；四是承包户承包造林并承担有关耕地税费，退耕户不享受粮食补助，林木收益按木价三七分成或二八分成；五是承包者一次性买断退耕地经营权若干年，自主退耕还林。因此必须重视利益分配，应在协议内容上明确承包经营方式、年限、农业税交纳、钱粮分配、成林后利益分配等。

3. 国有、乡村林场经营模式。即以国有林场为依托的联营造林和以乡村林场为依托的合作造林。这种模式承担了0.28%的建设任务，是江西省林业经营组织形式改革的产物，它能解决农民有山无力经营，而林场有资金、技术又无山经营的矛盾，可以在自愿、平等、互利的基础上，实现土地、劳力、资金、技术等生产要素的优化配置。

4. 移民退耕。即对生态地位重要、自然灾害频繁、交通不便、已没有基本生存条件的人口实行生态移民后进行退耕还林。这种模式主要运用于库区和深山区，承担的建设任务不到1%。其优点是能把治理生态环境与治穷紧密结合，是扶贫开发的新途径，对于保护生态环境，加快推进全面建设小康社会目标的实现具有重要意义。

5. 户退户还。即坡耕地所有者自退自还，需要农户既有坡耕地可退又有荒山荒地可还林。这种模式承担了53%的建设任务。其优点是责权利都在自己，产权关系明确，不易发生纠纷。缺点是管理不便，一家一户坡耕地面积小，难以形成规模经营，同时增加了规划设计和检查验收的工作量。这种模式适用于退耕地和宜林荒山荒坡比较充足，农户退耕后自身还林能力较强的情况。

6. 自退他还。即本村本组有坡耕地而没有荒山配套和有荒山荒地却没有坡耕地可退的农户之间，通过协商，由退耕户让出部分钱粮补助给还林户，通过协议确定利益分享关系，共同完成退耕还林的方式。这种模式承担8.5%的建设任务。其优点是满足了退耕还林必须"退一还一"的政策要求，使自己坡耕地和荒山荒地不匹配的农户得以参加退耕还林工程，缺点是易导致纠纷。

7. 此退彼还。这是村组、乡镇或县市之间为解决坡耕地和荒山荒地不匹配的矛盾而采取的办法。

8. 土地置换。即农户之间通过协商用一方他处的土地交换另一方的土地参加退耕还林的办法。这种模式承担4.89%的建设任务。其优点是有利于解决农户造林地点零星分散、管理难的问题，缺点是易导致纠纷。

9. 工程招投标。即按照公开、公平、公正原则，以招投标的方式确定退耕还林建设任务的承担主体。这种模式承担1%的建设任务。这种模式的优点是将竞争机制引入工程管理，保证工程质量，保证质优价廉的种苗供应。

10. 股份制。企事业单位、团体、个人，采取土地、资金和劳力折资入股，集中退耕，规模治理，合作开发，按股分红的方式。这种模式的优点在于可做到土地、资金和劳力的最佳组合，调动各方面的积极性，有利于向产业化经营方面发展。这种模式承担了3.14%的建设任务。

五、影响江西退耕还林实施的因素分析

国家要生态、地方要发展、农民要增收。国家通过退耕还林要达到控制水土流失、恢复森林植被、改善生态环境的长期目标；地方政府希望通过退耕还林工程的实施，实现本地区的产业结构调整，优化农村产业结构，减少农村贫困和控制水土流失，发展地方经济；退耕还林后的农户更多考虑自己现在的吃饭问题、将来的收入问题、成林后的权益等。通过调查，我们认为影响退耕还林实施有以下几个方面：

（一）传统的观念的制约。坡耕地的形成有着深厚的历史背景，贫困山区农民长期在这些贫瘠的坡耕地上进行生产并维持生计，生产方式、手段、种植制度、品种、习惯等都已形成固定的模式，要改变有相当的难度。他们的交通、能源、通讯等生活条件差、商品意识落后，有的一年才有2次到集镇换取食盐等生活用品，文化素质差，吸收消化现代科学知识的能力差。这些都将影响退耕还林进程。

（二）当地农户的参与程度。主要体现在乡镇制订规划地域、退耕户的选择、树种的选择等。乡镇制订规划的时候，并没有最大范围听取大多数农户的声音，只是在确定好的规划区域的社区向本社区在内的农户宣传，最后导致被规划在内农户不愿退耕，而未规划在内的农户积极要求。在退耕户的选择上，经济和社会地位比较高的农户、政治地位高的乡村组干部及其亲属等为代表的农村强势群体，更多地获得了退耕的计划额度。在树苗的选择上，没有按照当地农户的意愿规划设计，导致了还林后的成活率不高。

此外，退耕还林政策也有利于贫困户在保证基本口粮的前提下，调整种植结构，早日脱贫。而实际的退耕工作中，没有最大限度地体现这个群体的参与，随着退耕工作的开展，没有被纳入规划的贫困户将会陷入更为贫困的境地，从而使贫困户今后的参与更为困难。

（三）在制度设计上存在缺陷。主要表现在以下几方面：一是农户对生态林的处置权残缺。农户对其所拥有的林木的处置权受到政策约束，必须经过主管部门批准方可砍伐其所种植的生态林，这样严重抑制了农户种植生态林的积极性，结果造成工程实施中一些地方普遍存在扩大经济林比重的倾向。二是缺乏一整套支持退耕还林区域经济发展和经济结构转变的公共政策。目前，只是宣传上强调各地政府要把退耕还林与调整农村产业结构、发展农村经济等相结合，退耕还林还草项目下达的任务和考核内容只有造林种草的数量，而没有相应的调整结构、发展畜牧业的指标要求。然而，由于退耕还林区大部分经济相对贫困，或由于财力不足，或因为预期投资回报率太低，大都没有拿出足够的资金支持退耕区的经济发展。经济没有发展，

社会在农户退耕后就不能为他们提供较广阔的就业和增收空间以确保其获得基本生存资料，那么就意味着农户并没有从根本上断绝对已退耕地的农业依附关系，从而很可能导致日后为生计需要又选择退林还耕。

(四)地方财政收入减少与退耕还林支出增加的矛盾。退耕还林是一项系统工程，重在解决自然生态环境的公益性和外部性，因此更要强调协作、组织、统一的重要性。在退耕还林政策实施过程中，组织、规划、勘察、设计、培训、实施、协调、验收、兑现等工作量十分繁重。据调查，围绕退耕还林工程，各地开展了很多活动如宣传动员、规划实施、技术培训、检查验收、合同和农户还林卡的印刷等。据抽样调查，由于退耕还林工作，平均每个样本县县级财政支出达7.8万元，平均每个样本村发生的工作费用达1288元，平均每个样本村村组干部误工81个。另一方面，工程的“两减落实”使地方财政收入减少，据抽样调查，由于工程的实施，2002年平均每个样本县财政收入减少66万元，其中农业税减少43万元，据测算大约占县农业税收入的8～10%，并且退耕还林区大多为山区县，经济欠发达，财政较困难。

(五)低度经济补偿，变相增加了政府的成本支出。从江西情况来看，政府对农民提供的经济补偿不能补偿农民的全部损失。据抽样调查，江西有52.8%的农户希望延长补贴年限和金额。仅就植树造林成本看，人工成本基本由农民义务承担，政府提供的树种苗补助50元/亩只相当于江西实际种苗费86.6元/亩的57.7%，其余部分由农民负担。全省工程区退耕地平均粮食产量331斤，高于国家粮食补贴300斤/亩的标准。由于退耕引起的粮食减产不足以影响粮食的总供给水平和总价格水平，实行退耕的农民实际无法指望从粮食价格上涨中得到补偿。也就是说，政府对退耕农户的补偿仅仅包括直接损失和少量结构调整成本，而像涨价给生产者直接带来的收益、政府对农民在高价格下所造成的额外损失的补偿、政府对农民高价下可能增产而没有增产所造成的潜在损失的补偿则没有考虑。然而，为了保证政策的贯彻执行，政府将借助舆论工具进行宣传教育和说服工作。但很难想象，在基本生存问题未得到妥善解决的情况下，人们会自觉遵守《退耕还林条例》。最后，一旦宣传教育失效，政府还将采取强制措施。而所有这些都构成了政府退耕还林工程实施的额外成本支出。由此，我们认为，目前退耕还林工程中的低度补偿虽然可以节省政府对农民经济损失补偿的成本，但却增加了宣传教育成本和强制执法成本，并且还往往以降低政策和法律的效率为代价，从而变相增加了政府的成本支出。而美国的“限耕政策”之所以得到有效实施，除政策本身具有强制性效应外，主要在于政府对限耕引起的农民经济利益的损失提供了足额的补偿。我们认为，造林补偿标准的确定应综合考虑以下因素：造林种苗的直接成本，生态林与经济林要有所区别；管护费用应纳入补偿范围；为造林提供直接服务的基础设施建设应有明确的投资渠道。

六、退耕还林政策改进与完善的建议

(一)省政府应出台一些政策促进退耕还林地区经济结构的改善，以拓宽退耕农户的就业空间和增收空间。如果政府与社会在农户退耕后不能为他们提供较为广阔的就业空间和增收空间以确保其获得基本生存资料，那么就意味着农户并没有从根本上断绝对已退土地的依附关系，从而很可能导致日后的复耕。从这个角度来讲，退耕还林工程不仅仅局限于按国家规划组织农户实施退耕还林目标，还应包括借助一些公共支出政策推动退耕还林地区经济发展特别是经济结构转变。这些政策应包括：用于退耕区基本农田建设和农用能源建设、用于扶持退耕区龙头企业和发展退耕区支柱产业、用于救济以粮代赈到期后生活仍然十分贫困的退耕区的农户、用于农户进行各种系统的免费职业培训、实施山区库区移民退耕。

(二)加强组织协调。退耕还林还草工程是以林业部门为主导展开的。国家林业部门制订规划，负责项目的监测和管理。各地在实施过程中虽一般都有一个以政府首长挂帅的领导小组，但只是为了提高项目的权威性。林业部门仍然扮演着具体管理和技术保障的角色。传统上参与水土保持工作较多或受影响较大的部门，如水利、农业和畜牧，在退耕还林还草工作中被甩在了一边。事实上，我国已经在各个部门的努力下，进行了长达半个世纪的水土保持工作。积累了大量流域治理的经验和模式，也已经投入了大量的人力和物力。好多地方已经初见成效。从逻辑上，退耕还林还草工作应是上述工作的延续而不是替代。过去各部门积累的知识和经验，以及已有的工作基础应得到充分利用。目前这种各部门协作的局面还远远没有形成，有可能造成知识积累的浪费和投资效率的损失。

(三)对生态林而言，要保证农户在承包期内可随时将已到采伐期的集中连片的生态林的“林权”按“国家定价”出售给政府。从激励的角度讲，由于这种措施能拓宽农户对生态林的处置权，即农户可以选择将“林权”出售给政府，种植生态林的风险成本将大大减少。风险成本的降低会激励农户增加在种植林木上的投入，从而提高森林存活率。也许更重要的是，作为一项制度创新，该措施还有助于改善政府对退耕还林工程的管制。具体讲，首先，政府将有机会在生态环境比较脆弱的地区有目的地收购已到采伐期的生态林的“林权”，然后对这些重要的生态林区进行封山管护，以确保生态安全。其次，政府将能够通过调整对生态林的“林权”的收购价格来调整农户对种植生态林的收益的预期，以避免林业产品市场冲击使得农户经营行为偏离生态环保目标。最后，政府将能够通过把生态林系统的多样性作为对“林权”收购价格的一个重要决定因素来引导农户的经营行为，使人工生态林形成高低错落、层次丰富的生态结构。

(四)对经济林而言，通过政府对产业供给链的规制来建立退耕还林农户与市场之间的有效连接机制，以解决农户种植经济林所普遍面临的“小农户，大市场”矛盾。尽管大面积种植经济林会使退耕还林工程难以实现其改善生态环境的预期目标，但对于许多地区来说，在保证整体生态效益的前提下适度种植经济林却是一条能同时实现经济发展、生态改善和农民增收的“三赢”途径。从各地的实践来看，种植经济林所面临的突出问题就是分散的单个农户与市场之间缺乏必要的或适当的中介组织进行连接和协调，从而造成农副产品的销售经常陷入困境。从理论上讲，解决“小农户，大市场”矛盾的根本途径是通过农村经济组织的创新建立起行之有效的产业供给链，以保证农副产品销售的市场渠道畅通无阻。现阶段我国农村许多地区所积极推行的“公司+农户”机制不失为一种有益的尝试。

(五)建立有效的工程质量控制机制。从调查情况来看，虽然造林质量总体上是好的，但也存在许多不足。主要表现在：一是由于农户变动、计划调整、山场改变等原因导致未按设计施工。二是苗木没有做到随起随栽，裸苗时间过长，导致苗木失水。三是整地开穴质量不高，个别地方还沿用传统的一锄栽植法，导致浅栽或松栽。四是有悬苗现象。五是乡村集体退耕造林抚育管护到位率低，畜害普遍。六是有的地方育苗技术质量不高，不少苗木因田间管理不当苗木木质化低，造成冻梢，松类苗没有推行芽苗截根移栽技术，导致一次栽植成活率低等。为此，建议：一是把握关键环节，制定简明易行的、程序性的技术操作规范、措施和办法，努力把补植减低到最低程度。二是加强培训，有重点地对苗木培育技术、作业设计技术、工序质量控制技术开展培训，着力提高工程技术人员质量管理的整体实际操作能力。三是建立示范样板点，发挥辐射示范效应。四是推行专业队栽植，一乡一队，每队人员由各实施村、大户选派，集中培训，集中作业，其劳务成本经测算后适当按面积分摊。五是考虑到实施方案经批准后仍出现农户、地点、设计变更、树种更换等变化，建议全面推行押金办法。六是要变现行的自查、抽查为当地农民参与式快速监测评估。过去，我们对造林等一些重大社区发展项目的监测评估，一般都采取自查、上级抽查验收的方式。这种方式的缺陷在于较少以至无法听取农户的意见，因而难以获取准确的信息，而且花费成本高、时间长。目前，国际上推广参与式农村快速监测评估(PRA)技术，由外来者(官员或学者)深入到项目区村社，指导并协助当地村民自主地完成社区发展情况的调查，从而收到了投入少、速度快、获取信息多且又准确的效果，特别是这种方法是以尊重和相信农民的意愿、能力为前提，充分体现了群众是“真正的英雄”的科学观点。

(六)建议在退耕还林工程实施中引入市场机制。首先，建议在种苗管理上引入市场机制。要保证林木种子的质量，好的苗木是保证造林成活率的基础，要杜绝关系苗、人情苗。从调查情况看，有的县在种苗管理上实行“多层把关、统分结合”的做法值得借鉴，对技术要求比较高的树种如松、柏苗木，县里实行统一供应，而对果树等其他苗木则采取“分”的办法，推向市场，政府定点、定价，这样做可以将苗木质量的把关和运输等问题分解到农户身上，减少中间环节，保证了苗木质量。

除了林草苗木的生产与供应走市场化的路子外，诸如像林草成活的验收也可以委托中介机构核查。另外，可引进保险公司，分担有外界因素影响造成退耕还林失败的损失。对实施效果、状况，可以实行中介调查机构进行监督。也可以由科研部门利用遥感技术手段进行监控。还可以通过类似

“退耕还林还草世纪行”等活动，围绕退耕还林还草进行广泛的舆论监督与调查。

(七)多方筹措资金，提高投资效果。资金是经济要素注入的主体，资金的注入规模、强度、方式、结构，对退耕还林的质量和速度有着重要影响。为此，一要加大对退耕还林资金的投入，保证国家退耕还林专项资金足额到位，银行要积极支持退耕还林项目以及龙头企业的发展。要按照“统一规划、统筹安排、渠道不乱、性质不变、相对集中、配套使用、确保效益，各论其功”的原则，对已争取到的林业项目资金、生态建设资金、农业综合开发资金，以工代赈资金、扶贫专款资金等农口资金实施有偿打捆使用，集中投向退耕方面的大项目和实体，各级人大应加强监督。对有条件的推行项目法人制、招投标制和建设监理制，实行财务公开、透明。二要动员群众成为退耕还林投资的主体。三是发动国家机关和社会各界以资入股，带头用于退耕还林的开发利用。四是建立完善的财政投入为主导，企业和农户为主体，银行贷款为支撑，引进外资和社会筹资为重要来源的多渠道、多层次、开发式的退耕还林投入体系，吸引东部的产业和资本向中部转移。应尽快建立退耕还林补偿机制，通过财政转移支付、增收生态补偿税、发行退耕还林建设补偿基金彩票等办法，为退耕还林成果“买单”。

(八)充分尊重农户的意愿。退耕还林工程的核心就是要农民自愿改变陡坡耕地的利用方式，从传统的种植业转变为林业，没有农民的自愿是行不通的。农户的参与应该是全方位的。从最初的退耕还林规划、树种选择到后期的树苗栽培、树木管理、市场营销等方面都离不开农户的参与，整个活动应该是一个参与式的过程，只有这样才能最好地保证还林的效果。因为只有当地农户的参与才是当地资源的最好的保护者，外来者的监督调查相对于树木的生长都是短暂的，不调动当地人的积极性来管护树木，都只会事倍功半。

尊重农民的意愿包括让农民自愿选择退耕地块、自愿停耕、自愿选择还林树种、自己购买还林种苗、自己选择管护办法等方面。政府在这几个方面主要是引导农民、提供土地适应性信息、树苗市场供应信息、技术支撑如培训、示范、病虫害防治等，培育农户的自我发展能力。

(九)实施全省退耕还林的分区规划和重点落实，使退耕还林真正实现“国家要生态、地方要发展、农民要增收”三者的有机结合。实施退耕还林工程，应根据陡坡耕地的分布状况和对水土流失的影响程度做好各级的退耕还林基础工作特别是规划工作。目前，省级实施方案基本上将全省水土流失的重点地区包括在内。但各地的退耕还林由于受时间、人力、财力等因素影响，存在明显的平均分配指标，出现退缓坡地、好地的现象。应在调查研究、充分论证的基础上制定科学合理的规划，使重点地区得到优先退耕还林。规划的制定要根据生态优先、兼顾经济和社会发展的原则，对那些可退可不退的缓坡耕地(主要是对水土流失影响不大)，可通过农业产业结构调整和综合开发项目，达到退耕还林、增加农民收入的目的。在规划过程中要广泛采纳科技部门、社会科学研究机构的意见和建议，提高规划的科技含量，综合反映还林地区的社会生态环境和经济发展因素，使退耕还林工程能够满足各方的目标需求和利益。要注意运用已有的农业调查与区划规划，同国家的产业发展政策，与2010年远景目标规划相衔接，要将退耕还林工程融入到社会经济发展规划中，农业结构调整的重点是什么，退耕还林的就重点发展什么，做到科学合理，切实可行。在产业选择上一要符合生态建设的要求，二要符合以市场为导向的原则，在名优特稀上做文章，用优势产业置换传统产业。

1. 结合退耕还林，大力发展果业。从江西省果业的发展实践来看，林果业已成为不少地方农民增收的重要财源。但存在的问题是区域布局不够合理，市场预测不充分，不少地方存在一哄而起、盲目发展的倾向，未能充分发挥地方特色和优势。

建议在全省实施“南橘北梨”战略。在赣北、赣东北等地发展早熟梨生产。江西省种植早熟梨具有得天独厚的气候、地理位置等优势，成熟期普遍比北方产区早30天以上，比苏、浙、鄂等地区提早7天左右，可有效填补水果淡季市场的空白。在赣南大力发展以赣南脐橙为主的柑橘产业。江西柑橘历史悠久，分布较为集中，无论品质还是价格在国际、国内市场都具备一定的竞争优势。主要优良品种有：赣南脐橙、南丰蜜橘、南康甜柚、遂川金桔等。

赣南脐橙闻名遐尔，果色橙红艳丽、果皮脆嫩、风味甜而浓郁，适合东方人口味，成为江西重点扶持的十大主导产业之一，被农业部列入国家九大优势产业的优势区域发展规划。赣南发展脐橙，一是地理条件优越。有304万公顷的肥沃山地，十分适宜脐橙生产，其中可开发宜果山地就有100多万公顷；二是生态条件好。工业污染少，植被丰富，良好的生态环境保证了脐橙的无公害生产；三是区位优势明显。地处广东、福建、江西交汇处和东南沿海经济发达地区的圆心位置，占据高档消费市场的前沿。

南丰蜜桔以皮薄汁多、味甜适口、香气芬芳、细嫩无渣而驰名中外，被誉为“桔中之王”，成为全国非常有影响的特色支柱产业。目前产区已扩大到邻近南城、临川、金溪等地。

南康甜柚皮薄果大、形状美观、营养丰富、甜酸适度、清香飘溢，具有滋心润肺、清肝明目之功效，且贮藏方便，素有“天然罐头”、“果中珍品”的美称，已远销香港、澳门、东南亚各国，深受国内外消费者青睐。近年来，南康甜柚面积迅速扩展，产量和质量不断提升，种植面积达 11 万亩，已建成千亩以上连片甜柚基地 8 个，百亩以上连片甜柚基地 285 个，被首批命名为“中国甜柚之乡”。

遂川金桔以“果大、质优、色艳、味醇”闻名全国，无论种植面积、产量，还是果品品质均居全国之首，其鲜果出售和加工产品，远销省内外，市场前景看好。

另外，在靖安、婺源、浮梁发展 3 万亩薄壳山核桃，宜丰、奉新发展到 4 万亩弥猴桃，在湖口建成以武山镇为中心沿景九高速公路的万亩无核柿生产基地，并且依托九江年丰种植有限公司为龙头，新上柿饼加工厂，解决果农卖难问题，形成农业产业化经营。

2. 结合退耕还林，在横峰、余江、南城、南丰、资溪、黎川等赣东山地林区发展油茶林。江西是我国油茶的主产区，与湖南、广西并列三强，主导我国油茶生产格局。江西在发展油茶产业方面具有竞争优势，主要表现：气候条件优越；丘陵山地面积大，其中最适宜的面积占土地总面积的 42%；土壤条件良好，丘陵山地以红、黄壤为主，土层深厚，有机质含量多；品种资源丰富，培育出了一批油茶高产优良无性系，摸索出了一套适合本省栽培的早实、丰产栽培技术；劳动力多且低廉；增产潜力大，通过改造低产林、垦复荒芜林、抚育好近年新造林，加上有效的政策措施，单产就可由原来的 45 公斤/公顷上升到 300 公斤/公顷；市场空间大，入世后对其没有冲击，茶油是“油中上品”，专家预计，茶油在食用油的比重应达到 30～50%，而目前的份额不到 10%；综合利用前景广。

3. 结合退耕还林，大力发展中药材种植业。江西中药资源比较丰富，全省中药资源达 2061 种，其中药用植物 1901 种。中药历史源远流长，造就了“药都”樟树和闻名遐尔的“樟帮”、“建帮”两大中药材炮制技术体系。目前，全省中药材种植面积不到 30 万亩，产值仅 3 亿元，与省内丰富的资源不相称。省委、省政府已提出要把现代中药作为主攻工业的一个突破口来抓，这为中药材生产提供了极为有利的条件。要在巩固原有五大生产基地的基础上，结合江中制药、汇仁、桑海等一批大中型中药制药企业和外贸需要进行重点发展。江西江中制药厂生产的“健胃消食片”产值逾亿，需要大量的太子参，可考虑在山区建立规模化的太子参生产基地，为江中提供优质药材。江西汇仁制药有限公司生产的“肾宝口服液”，产值 5 亿元以上，需要大量的车前子、山药、何首乌等药材，这些都可作为选择种植的品种。结合退耕还林，力争在 2010 年内，重点发展武宁、修水、樟树、分宜、宜丰、奉新等 18 个县药材生产，新增 40 万亩优质高产药材基地。

4. 结合退耕还林，加快培育工业原料用材林。目前，江西省现有林业加工企业约 5 千余家，年木竹加工能力约 220 万立方米。工业原料林基地建设远远满足不了林产工业企业发展的需要。仅霍曼内特有限公司及中竹纸业公司 2003 年就新增 20 万立方米中密度薄板、25 万吨纸浆生产能力，就需要 100 万亩工业原料林基地和 100 万亩毛竹林基地。为此建议：一是结合江西林产工业龙头企业的分布状况，在相应区域发展工业原料用材林基地。如以大亚木业（江西）有限公司为龙头，在抚州市区域内建设 105 万亩原料林基地，以北京三和华林公司为龙头，在都昌、星子、瑞昌等周边县市营建速生丰产杨树基地，以霍曼内特有限公司及中竹纸业公司为龙头，在上高、万在、宜丰等宜春市区域内建立湿地松、杨树、雷竹等基地。二是在赣西、赣西北、赣东、赣东北这些毛竹最适宜区，共 36 个县（其中 33 个县毛竹面积在 7.5 万亩以上）发展毛竹笋竹两用林 60 万亩，大径级材用林 30 万亩，纸浆用材林 60 万亩，建成 160 万亩万亩毛竹重点丰产林基地。其中，在赣南以丛生型竹为主，在上饶、九江以散生型竹为主，在赣江中下游低丘地区重点发展早田竹、雷竹等优质高产笋用竹林，并采用不同出笋季的竹种搭配，以延长供笋期。

5. 结合退耕还林，带动生态旅游的发展。今后十年，将是旅游业振兴的关键时期。从国内来看，旅游业已被列入重点发展的支柱产业之一。江西规划，到 2010 年旅游业占 GDP 的比重将由现在的7.95%上升到15%。目前旅游业发展的主要趋势是生态旅游，到大森林、大自然中去度假、观光、探险的生态旅游正成为一种时尚。我们要抓住退耕还林机遇，加大生态环境建设，突出差异性——良好的生态环境和景色优美的山水，就一定能够推动全省生态旅游业的蓬勃发展。

目前应重点在国家级和省级森林公园区域，选择彩叶树种，实行大色块林草布局和营造，或多层次混交林，营造新的景观林，这样既改善生态环境，又扩大旅游资源，带动旅游产业的发展。在这方面，有的地方已作了有益的尝试，如宜黄县2001年将华南虎自然保护区内核心区的1194亩农田以及全县5个旅游风景区周围的坡耕地全部退耕还林。把退耕还林与华南虎保护区建设、生态旅游开发相结合。

6. 提高退耕还林中的科技含量，发展名特优新品种。无论是经济林还是用材林，都应在名特优新稀上做文章。在调查中，基层干部和农民关心最多的就是，果树几年后能否有销路。这说明市场问题已引起农民高度重视。如何解决，出路在于依靠科技。靠科技培育有市场竞争力的品种，靠有关部门进行市场分析和预测，及调整品种结构。从科技来说，一方面需要决策者充分认识科技在退耕还林中的支撑作用，加大科技投入，提高退耕还林中的科技含量；另一方面，需要调动科技部门、人员的积极性，让他们主动投入到科技兴林战场。作为科技部门要做好三个方面的工作：第一，通过引进、培育新品种、新技术，建立试验师范苗木基地；第二，针对退耕还林区域内规划的林种、树种，特别是发现名优品种存在的技术难点、重点，制定科研推广计划，逐步实施；第三，深入乡村农户进行现场技术指导，帮助解决技术难题。

7. 与草食畜禽发展相结合，为畜牧业发展提供饲料来源。目前，畜牧业发展势头强劲，预示着与之关联密切的草产业有着广阔的发展前景。退耕还林，林草间作，有利于促进草产业发展，可带动畜牧业的发展，是农民群众脱贫致富奔小康的一条好路子。据专家介绍，草产业是21世纪热门的新兴产业，国际市场需求旺盛，现在紫花苜蓿草球吨价1300元。实践表明，退耕还林，行间套种紫花苜蓿，每亩一次性投入80至100元，在水土条件好的地方亩产干草可达1800至2000公斤，亩收入2000元左右，可以连续利用5至8年。在同等地利和管理条件下，种草比种植稻谷等农作物收入高许多。

七、对江西退耕还林工程的预测和展望

按照江西退耕还林总体规划，到2010年全省将完成退耕还林和

宜林荒山荒坡造林1005万亩，届时，江西的水土流失面积将大为减少，生态环境明显改善。选择以下指标对整个工程的生态效益、社会效益和经济效益进行评价。

(一)森林覆盖率

按合格率、保存率85%计算，到2010年，全省的森林蓄积将达到5亿立方米，森林覆盖率将由现在的59.7%提高到62%以上，自然保护区占国土面积的比例达到8%，林业科技进步贡献率达到45%以上，林业总产值达到500亿元。

(二)水源涵养(保水)效益

多项研究成果证明，森林的水源涵养效益(Vw)可用如下公式计算：

$$Vw=\sum_{i=1}^{n}Psi(1-Ii)\times 10000/1000$$ 计算

公式中Vw代表全省森林水源涵养年效益，P为全省多年平均降雨量，Si为各森林类型面积，Ii为各森林林冠截流率。

通过以上公式计算，江西退耕还林工程完成后，每年可净增蓄水能力2亿立方米。

(三)固土保肥效益

保土效益可用如下公式计算：

$$Vs=\sum_{i=1}^{n}Si(Dn-Di)$$

公式中Vs为森林保土年效益，Si为森林面积(km^2)，Dn为无林地上土壤侵蚀模数($t/km^2\cdot a$)，Di为某类林地上土壤侵蚀模数($t/km^2\cdot a$)。

通过以上公式计算，江西退耕还林工程完成后，每年至少可减少土壤浸蚀量566万吨，从而将增加土壤中各种养份的含量，有效防治土地石漠化，将大大降低自然灾害带来的损失。

(四)净化大气效益

森林净化大气和维持大气平衡的巨大作用主要体现在森林中绿色植物吸收二氧化碳(CO_2)，释放出(O_2)。据研究表明，森林进行光合作用，每生产1吨干物质吸收二氧化碳1.6吨，释放氧气1.4吨。用下列公式计算制氧与固碳效应：

$V_0=1.4tSB$

$V_C=1.6tSB$

V_O、V_C分别释放O_2和CO_2吸收量(吨/年)
S为森林面积;B为年生物量。

根据公式计算,江西退耕还林工程完成后,每年可制氧654.5万吨,固碳748万吨。

净化大气效益计算表

林种	年生物量 $T/km^2 \cdot a$	面积(万 km^2)	放 O_2 量(万吨)	固碳量(万吨)
生态林	6.7	45.33	425.22	485.97
经济林	14.45	11.33	229.27	262.03
合计	—	—	654.5	748

(五)直接经济收益

据林业部门测算,全省每个参与退耕的农民每年从退耕还林政策补助中增收200元左右;平均每个退耕还林县可享受到国家1亿元资金的投入,直接拉动地方GDP增长近一个百分点。

由于退耕还林工作刚刚开展,退耕还林多方面的经济效益暂时难以计量预测,我们仅对木材收益进行预测,木材收益可依据森林蓄积量计算。森林蓄积量主要根据标准的典型调查和树干解析资料计算。江西退耕还林规划总面积1005万亩,按80%的保存率计算,工程完成后有804万亩的森林。根据典型调查资料可计算出马尾松、湿地松、杉木、阔叶林7年以上林木分年生长量,每年可增加蓄积量190万立方米。

林业是生态建设的主体,加快林业的发展特别是实施退耕还林工程,将大大改善江西的生态环境。根据典型调查和预测,1公顷森林地上部分约有60~70吨水,枝叶面积达6000平方米,吸纳降雨量的60~65%,其中林下植被和土地贮藏35~40%;666.7公顷(1万亩)森林水的蓄积量相当于1个蓄水量为100万立方米的水库。每公顷森林一天可吸收二氧化碳1吨,产生氧气750公斤。森林能防沙、固土,使跑水、跑土、跑肥的“三跑地”变为保水、保土、保肥的“三保地”,使农业基本实现良性循环,预防、减少自然灾害的侵袭,逐步使江西实现经济可持续发展的战略目标。

5

农村全面小康与社会发展

农村全面建设小康社会研究

国家统计局农调总队课题组①

党的十六大报告指出：没有农村的稳定和全面进步，就不可能有整个社会的稳定和全面进步；没有农民的小康，就不可能有全国人民的小康。为了科学地监测和评价农村全面小康社会建设的进程，推动农村全面小康社会发展，有必要建立一套能够描述农村全面小康社会的指标体系和制定相应的标准。

第一部分　农村全面小康社会评价指标体系

农村全面小康社会是一个涉及政治、经济、文化、科技、教育、卫生、社会保障、生态环境、人民生活等各个方面的大的复合系统，因此，对全面小康社会进行评价并不是一个或几个指标所能反映和涵盖了的，需要建立一套科学的指标体系。

一、五个设计原则

设计农村全面小康评价指标体系遵循以下五个原则：

(一)客观性原则。农村全面小康评价指标的选择，必须全面客观地反映全面小康的科学内涵和农村全面小康社会的基本特征。这是整个指标体系设计的基础和根本依据。

(二)系统性原则。全面小康指标体系的设计必须从系统整体出发，要求各个指标能够作为一个有机整体全面、科学、准确地覆盖和描述小康社会的内涵和特征。

根据系统论的理论和方法，将整个农村领域看作为一个大的系统，下面分为人口、自然、经济、社会、政治、生活质量等6个不同领域的子系统。其中，农民的生活质量子系统是目标系统，人口发展、自然资源、经济发展、社会发展、政治文明系统等作为投入要素系统，决定着农村居民生活水平和生活质量的高低。

(三)层次性原则。这是系统性原则的延续，主要是指各子系统具体指标设置时要注意指标的级数和配合，一级指标和次级指标不要出现在同一级系统中。农村全面小康评价系统可分为四层：第一层是总目标层——小康指数层；第二层是子系统发展指数层；第三层是各子系统的构成要素层；第四层是构成要素层下的监测指标层。这是以后综合评价中层次分析法运用的基础。

(四)相对独立性原则。要求指标体系中的各个指标相对独立，相互配合，避免信息重复。

(五)可操作性原则。所选择的指标概念要完整，内涵要明确，易于为社会各界接受，在实际应用过程中和统计监测中具有可操作性。

① 课题主持人：鲜祖德；课题组成员：盛来运、孙梅君、阳俊雄、王萍萍、黄秉信、唐平、李仁元、柏先红、张明梅。

二、18个评价指标

遵循上述原则，通过预选指标，运用鉴别力分析、相关分析及主成分分析等方法，对各个预选指标的可行性进行量化判断，最终确定了6个方面18个评价指标，构成了农村全面小康指标体系。如表1所示：

表1　农村全面小康指标体系(RBS)

指标分类	评价指标	单位
一、经济发展	1. 农村居民人均可支配收入	元/人
	2. 第一产业劳动力比重	%
	3. 农村小城镇人口比重	%
二、社会发展	4. 农村合作医疗覆盖率	%
	5. 农村养老保险覆盖率	%
	6. 万人农业科技人员数	人
	7. 农村居民基尼系数	—
三、人口素质	8. 农村人口平均受教育年限	年
	9. 农村人口平均预期寿命	年
四、生活质量	10. 恩格尔系数	—
	11. 居住质量指数(住房面积、结构、饮用自来水、生活能源、卫生厕所和室外环境)	%
	12. 农民文化娱乐消费支出比重	%
	13. 农民生活信息化程度(彩电普及率、电话普及率、电脑普及率)	%
五、民主法制	14. 农民对村政务公开的满意度	%
	15. 农民对社会安全的满意度	%
六、资源环境	16. 常用耕地面积变动幅度	%
	17. 森林覆盖率	%
	18. 万元农业GDP用水量	立方米/万元

三、有关指标体系的几点说明

(一)经济发展指标

这里我们设计了三个指标：用农村居民人均可支配收入反映农村经济增长的总量；用第一产业劳动力比重反映农村劳动力就业和转移情况；用小城镇人口比重反映城乡统筹发展情况。使用农村居民可支配收入而不是农民纯收入指标，主要是为了与国际接轨和便于城乡比较。

(二)社会发展指标

农村社会发展子系统包括农村科学、教育、文化、卫生、社会保障和收入分配等内容，分别用万人农业科技人员数、平均受教育年限、农民文化娱乐消费支出比重、合作医疗覆盖率、农村养老保险覆盖率和农村居民基尼系数来反映。十六大报告强调经济社会协调发展和社会主义精神文明建设，因此农村全面小康指标体系中增加了反映社会发展的指标。

(三)人口素质指标

人是生产力中最活跃最革命的因素，因此人在经济和社会可持续发展中的重要作用越来越受到重视。经济发展理论由开始的资本决定论派到技术决定论派，再到后来的制度学派和人力资本决定论派，无不凸显人力资本和人的全面发展的重要性。全面建设小康社会的出发点和最终落脚点也要看效果要素即人民生活质量和国民素质水平能否达到世界中等发达国家的水平。因此，在农村全面小康评价指标体系设计时，我们充分贯彻了以人为本的理念，专门设计了人口素质发展系统，以全面反映农村人口体力和智力的变化情况，实际上是反映人力资本的成长情况。

（四）生活质量指标

农民生活质量具体体现在吃、住、行、用等几方面。温饱阶段和总体小康阶段主要强调吃的满足程度，而全面小康阶段则强调住和用的满足程度，现代化阶段强调行的满足。因此，我们在此设计了四个主体指标。恩格尔系数是国际上通用的从总体上反映生活水平和生活结构变化的指标。居住质量指数用来综合反映农民的住房、生活设施和生活环境变化情况。目前，农民的住房面积人均已超过 24 平方米，但水、电、卫生厕所等生活配套设施非常差，我们认为通过全面小康社会建设，农民的居住条件和环境应有一个大的变化，农民生活城市化和花园化将是社会主义新农村建设的重要内容。

农民生活信息化程度用来反映农民对信息产品的消费程度。强调农民信息化的重要性，主要有两个考虑：一是知识经济时代，信息的生产、传播和消费非常重要，谁占有信息，谁尽快占有信息，谁就会占有致富的主动权，因此，信息就是生产力。其二，十六大报告明确提出，要用信息化带动工业化，走新型工业化道路，这是适应新技术革命变化的需要。

（五）民主法制指标

社会主义政治文明的核心是社会主义民主与法制建设。用农民对村政务公开的满意度和对社会安全的满意度来分别反映这两方面内容。村民自治是我党在农村实现基层民主的一种重要形式，实现政务公开是落实村民自治的重大行动，也是基层民主政权建设的重要内容，广大农民积极参与监督，民主权利得以实现。反映农村法制情况比较好的指标是社会发案率，在总体小康指标体系中曾使用过万人立案件数这个指标，但该指标数据搜集困难且不容易搞准，因此，设计了农民安全满意度这个民意指标，以反映农民安居乐业的状况。

（六）可持续发展指标

可持续发展的核心是实现人类、自然和环境的协调发展。对于农村来讲最重要的自然资源和环境问题是如何保持耕地、水和森林生态可持续利用。我国不仅人均耕地资源少，而且面临日益严重的水资源枯竭问题，农村水资源污染问题更是突出，因此，如何有效保护耕地和节约用水，是农村全面小康建设的关键问题之一。我们设计了常用耕地面积增变动幅度、森林覆盖率和万元农业 GDP 用水量三个指标来反映相关内容。

第二部分　农村全面小康社会的衡量标准

一、五个参照依据

我们在确定全面小康社会标准时遵循了五个“参照”：

（一）参照“三步走”战略构想的基本目标。全面小康社会是“第三步战略”中的一个阶段性目标，这个目标界于总体小康与基本实现现代化两个目标中间。因此，全面小康社会的标准既要高于 20 世纪 90 年代初制定的总体小康标准，又要低于基本实现现代化的标准。

（二）参照 2000 年前后世界中等收入国家有关指标的平均水平。根据十六大报告中提出的至 2020 年我国经济总量翻两番的目标测算，我国届时人均 GDP 可达到 3000 美元，经济发展水平基本达到“世界中等收入国家”的平均水平。根据世界银行 1993 年和 1999 年公布的两个划分标准推算，20 年后我国人均 GDP 达到 3000 美元时，经济发展水平与现在中上等收入国家的下游国家相当。因此，我们可以把这部分国家有关指标的平均水平作为确定农村全面小康社会标准的参照基础。

（三）参照农村 20%最高收入农户有关指标的平均水平。目前农村 20%最高收入户不仅具有较高的收入水平，而且具有较高的生活水平，消费结构接近当今世界中等收入国家的平均水平，他们占有近 50%的社会财富和大部分发展机会，享有良好的教育和医疗保健服务，属于率先实现全面小康的富裕阶层。根据全国农村住户调查资料计算，2000 年 20%最高收入农户的人均纯收入是 5190 元，人均生活消费支出是 3086 元，食品消费占生活消费支出的比重即恩格尔系数是 0.42；2002 年 20%最高收入农户的人均纯收入是 5896 元，人均生活消费支出是 3500 元，食品消费占生活消费支出的比重即恩格尔系数是 0.39，其消费结构接近世界中等收入国家的平均水平。因此，20%最高收入农户的收入、消费等有关指标可作为制定全面小康标准的重要参考。

(四)参照 2000 年城镇居民有关指标的平均水平。根据收入水平和消费结构差距以及相对应的增长速度推算，目前我国农民的收入水平和平均消费水平仅相当于城市 20 年前的水平，也就是说农村落后于城市 20 年左右。例如，2000 年农村居民恩格尔系数是 0.51，而 1980 年城市居民恩格尔系数是 0.56，两者相差不大。再如，2000 年每百户农民拥有彩色电视机 43 台、电冰箱 20 台、洗衣机 10 台，而 1980 年城市居民每百户电视机拥有量就已达到 32 台，消费结构非常接近。如果 20 年后农民平均消费水平能达到目前城市居民的消费水平，则农村全面小康就实现了。因此，当前城镇居民收入和消费结构等也是制定农村全面小康标准的重要依据。

(五)参照部分大城市郊区有关指标的平均水平。目前上海、北京等大城市郊区的农民由于地理位置优越、经济基础较好，具有较高的收入水平和生活水平。2000 年上海农村居民人均纯收入接近 6000 元，居民恩格尔系数下降到 0.44，接近当时全国农村 20%最高收入农户的收入水平和消费水平，也接近当年城市居民收入和消费水平。北京近两年发展较快，2002 年农村居民人均纯收入也超过 5400 元，恩格尔系数下降到 0.34，其他社会发展指标也达到世界中等收入国家农村发展的平均水平。如人口预期寿命和平均受教育年限等指标数值非常接近。20 年后如果全国农村的平均水平能达到目前上海、北京等大城市郊区的平均水平，则全国农村全面小康基本实现。

二、单项指标数量标准的确定

参照上述依据，对各个评价指标全面小康社会的标准进行了计算、分析和论证。结果如下：

(一)农民人均可支配收入 6000 元

根据“三步走”的战略目标，从总体小康水平到全面小康的 20 年间，我国的经济总量将翻两番，但根据 GDP 增长和农民纯收入增长的关系测算，届时农民可支配收入只能增长 1.5 倍左右，人均接近 6000 元。人均 6000 元以上农民的消费结构与 2000 年城镇居民消费结构非常接近，也靠近世界主要国家和地区人均 GDP 达到 3000 美元时的平均消费结构（据测算，三者的恩格尔系数分别为 0.37、0.39 和 0.34），这说明人均 6000 元的可支配收入水平能够使农民享有全面小康社会所要求的生活质量。因此，将农民人均可支配收入目标定在 6000 元以上。要实现这个目标，今后 20 年农民收入每年要平均增长 5%以上，而 1990～2000 年农民收入的平均增速只有 4.5%，从近两年农民增收形势看，仍没有根本扭转农民收入增速下降的趋势。因此人均可支配收入 6000 元的目标其实是个不低的目标。

(二)第一产业劳动力比重低于 35%

目前世界中等收入国家第三产业劳动力所占比重在 40%左右，第二产业劳动力所占比重不低于 35%，两项合计在 75%以上，而农业劳动力所占比重多数低于 25%。我国是典型的农业大国，农业人口众多，滞留在农业上的劳动力转移难度很大，因此达到工业化成熟阶段时从事非农产业劳动力所占比重应比国际上的一般标准要低一些，农业劳动力比重可能要高于 25%。但也不能过高，否则不能称之为工业化成熟社会。我们认为这一目标值确定为 35%以下为宜。目前我国第一产业劳动力比重为 50%，今后平均每年要下降近 1 个百分点。2000 年，上海、北京、天津的农业从业人员比重已在 20%以下。浙江省农业就业人员的比重已下降到 38%。因此，实现这一目标虽然压力很大，但通过努力是可以实现的。

(三)农村小城镇人口比重在 35%以上

实现全面小康社会时，要基本实现工业化，而基本实现工业化的重要标志是城镇人口超过农村。目前世界平均城市化率已达到 47%，已有 80 个国家和地区其城市化率达到 50%以上，世界中上等收入国家的城市化率为 66%，其下游国家也多在 55%以上。我国长期以来城市化滞后于工业化，城镇化率一直偏低，我们认为，到 2020 年进入全面小康社会时，全国城镇化水平应达到 50%以上。小城镇是农村人口转移的重要途径。根据近年人口转移的地域分布特点，要实现全国城镇化率 50%的目标，我们测算大约 65%、约 1.7 亿左右的农村人口将转移到小城镇，届时农村小城镇人口规模将由 2000 年的 1.6 亿增加到 3.5 亿，农村小城镇人口比重将由 16%提高到 35%，年均提高 1 个百分点左右。

(四)农村合作医疗覆盖率达到 90%

农村合作医疗作为我国农村医疗保险的主要形式,曾发挥过积极的作用,但由于种种原因,目前我国大部分地区的农村合作医疗体系几近解体,按照卫生部的调查与推算,2000 年全国农村合作医疗参与率只有 10%左右。近年来党和政府加强了农村卫生工作,采取了一系列措施,农村合作医疗滑坡的状况有所改变。特别是上半年我国突发 SARS 疫情,各级政府加大了对农村合作医疗发展的支持力度,出台了一系列推动农村合作医疗事业发展的政策。我们估计,未来 20 年农村合作医疗制度一定会恢复和发展起来,到 2020 年,参加农村合作医疗的农村人口比重达到 90%是有可能的。

(五)农村养老保险覆盖率达到 60%

我国要实现以人为本的全面小康社会,就必须基本实现农村居民老有所养、病有所医和贫有所济的社会发展目标,否则就不是全面小康社会。十六大报告强调深化分配制度改革,健全社会保障体系,并鼓励有条件的地方,探索建立农村养老、医疗保险和最低生活保障制度。因此,今后 20 年农村养老社会保障事业将呈跨越式发展。20 年后至少有一半以上的农村老人享受到了社会养老保险,我们才能说农村基本实现了全面小康社会所要求的老有所养的目标。从城镇居民的养老保险现状看,2000 年城镇职工和离退休人员的养老保险覆盖率达到了 95%以上,城镇养老保险金的社会化发放也达到了 92%,农村不应该相差太远。考虑到目前农村养老保险刚刚起步的现实,把目标值确定为 60%。

(六)万人农业科技人员数 4 人

目前中等收入国家每万人中参与研发活动的农业科学家和工程师人数平均为 10 人,而我国每万乡村人口中农业技术人员数才 1.1 人,差距较大,需要加快发展。根据 2000 年我国 RD 清查中分省的农业科技人员人数与人均 GDP 回归,在人均 GDP 达到 3000 美元左右时,每万乡村人口中农业科技人数可达到 3.98 人。据此,将这一指标的全面小康值确定为 4 人。

(七)农村居民收入的基尼系数 0.3~0.4

基尼系数是国际上衡量收入分配均等程度的重要指标,是一个适度指标,过高、过低都不好,过高表明收入差异太大,容易形成两极分化;过低则表明收入差异太小,容易导致平均主义。市场经济国家对基尼系数取值的一般判断标准为:0.2 以下高度均等,0.2~0.3 之间相对均等,0.3~0.4 之间相对合理,0.4 以上差距太大。过去 20 年我国农村居民收入基尼系数虽然不断扩大,但仍没有超过国际警戒线,2000 年农村基尼系数为 0.34。社会主义的本质是先富带后富,实现共同富裕,全面小康是惠及所有人的小康,因此要防止居民间的收入差距继续扩大。因此,我们将此指标的全面小康社会标准值确定为 0.3~0.40。

(八)农村人口平均受教育年限 9 年

目前经济发展水平与农村全面小康所预期的经济水平相似的人群或地区,人口平均受教育年限已达到 9 年左右。根据 2000 年人口普查,我国城市 6 岁及 6 岁以上人口平均受教育年限为 9.2 年,镇人口为 8.8 年,北京、上海郊区农村人口平均受教育年限分别为 8.8 年和 8.6 年。根据 2000 年我国各省区经济发展水平与农村人口文化水平的回归关系,在经济发展达到全面小康水平时,农村人口平均受教育年限为 8.7~9.1 年。再根据我国教育发展目标、农村劳动力向城市流动、以及人口年龄结构变化预测,农村人口平均受教育年限有可能在 2020 年达到 9 年。因此,将 9 年以上确定为农村人口平均受教育年限的目标值。

(九)平均预期寿命 75 岁

20 世纪 90 年代中后期,世界中上等收入国家的平均预期寿命为 70 岁,高收入国家的人均预期寿命为 76 岁。我国是一个人均预期寿命相对较高的国家,2000 年为 71.4 岁,已超过了世界中上等国家的平均水平。2000 年农村人口平均预期寿命为 69.5 岁,也接近世界中上等国家的平均水平。我国农村人口平均预期寿命平均每 10 年增加 2.5 岁,今后随着人民生活质量水平和医疗条件的进一步改善,至全面小康社会时,人均预期寿命有望再延长 5 岁。北京、上海等地 2000 年农村人口平均预期寿命都超过了 73 岁,分别为 74 岁和 75 岁。为此,我们将此指标的全面小康社会标准确定为 75 岁以上。

(十)恩格尔系数 0.4 以下

恩格尔系数是食品消费支出占消费总支出的比重,恩格尔系数越低,表明生活质量就越好。根据联合国粮农组织对居民生活水平和质量高低所确定的恩格尔系数标准:0.6 以上为贫穷,0.5~0.6 为温饱,0.4~0.5 为小康,0.3~0.4 为富裕,0.3 以下为最富裕。实现全面小康社会人民的生活质量只是比较富裕,因此,我们将此指标的全面小康社会标准确定为富裕范围的下限值，即 0.4 以下。2000 年全国农村居民生活消费的恩格尔系数是 0.49，其中人均纯收入在 6000 元以上的农民群体消费的恩格尔系数是 0.37，同期城镇居民生活消费的恩格尔系数为 0.39，后两者均低于 0.40。

（十一）居住质量指数 75%

全面小康社会对农民居住质量总的要求是：人均要有一间高质量的住房，住房外要有硬质路面与村庄相连，多数人饮用清洁自来水、上卫生厕所和使用清洁能源。具体要求是：(1)80%以上农户人均住房面积达到 25 平方米。从总体上讲，我国 2000 年农民人均居住面积已达到 24.8 平方米，但人均住房面积大于 25 平方米的农户只占 43.5%，尚有二分之一以上的农户人均居住面积低于全国平均水平。因此，按照全面小康社会的要求，农村居民住房面积仍有较大的提升空间。(2)钢筋混凝土结构和砖木结构住房比重达到 95%，基本消灭土坯房。根据全国农村住户抽样调查，2000 年房屋为钢筋混凝土结构的农户占 24.8%，房屋为砖木结构农户比重占 54.9%，两者合计已接近 80%，应该说消灭土坯房的目标并不高。(3)80%以上的农户饮用自来水。2000 年全国农村有 27.7%的农户使用自来水，37%的农户使用其他安全饮用水，35.3%农户仍在饮用河塘湖等非清洁饮用水。人均纯收入在 6000 元以上农村居民家庭中，有 58.3%的户使用自来水，比全国农户平均数高 30.6 个百分点；同期城镇居民家庭自来水使用率为 81.1%(2000 年全国人口普查)，我们希望 20 年后农村居民饮用自来水的比重达到城镇居民目前的水平。(4)70%以上的农户使用清洁能源。根据全国第五次人口普查数据，2000 年农村居民家庭使用燃气或电等清洁能源的户只有 6.6%，北京和上海郊区农民也只有 30.5%和 63.7%。考虑到使用清洁能源不仅是现代化社会发展的重要标志，也是环境保护的客观要求，把这一标准定为 70%。(5)70%以上的农户享有卫生厕所。2000 年全国农村有水冲式厕所的农户只占 7%，大部分为不卫生的旱厕，有的连茅坑都没有，成为影响农村环境的一大问题。因此，农村急需进行一次厕所卫生革命。农村卫生厕所不一定非要像城市一样搞水冲式厕所，如沼气池式也行。农村全面小康社会必须保证 70%以上的农户享有卫生厕所。(6)80%以上的农户室外道路为硬质路面。目前农村的普遍情况是，农民很重视屋内建设，很少关心屋外环境。即使在东部一些发达地区，远看房子都不错，但近看蝇虫满地，下雨天道路泞泥。这种情况必须改变，否则不符合社会主义新农村的要求。根据专家们的意见，我们在计算综合居住质量指数时，饮用水状况和卫生厕所状况各赋于 25%的权重、使用清洁能源和居室外道路条件各赋于 15%的权重，人均住房面积和住房结构各赋于 10%的权重。根据各单项标准和权数，计算综合居住质量指数为 78%，考虑各地区差异情况，把 75%定为农村全面小康社会农民居住质量标准。

（十二）农民文化娱乐消费支出比重 7%

全面小康社会是文化更加繁荣的社会，人们对文化娱乐方面的消费支出将快速增长。按照联合国《国民核算年鉴》资料，人均 GDP 在 3000 美元左右的中等发达国家和地区的居民消费结构中，文化娱乐用品及服务支出比重平均值为 7.6%；其中亚洲国家的文化娱乐用品及服务支出比重平均值为 9.7%。我们认为，将农村全面小康的文化娱乐消费支出比重定为 7%，符合农村全面小康社会农民文化素质和精神生活提高的要求。但 2000 年农村文化娱乐消费支出比重只有 2.8%，城镇居民同口径的消费支出比重也仅 5.3%，要实现 10%的全面小康目标有难度。政府应该加强文化建设，积极引导农民文化消费。

（十三）农民生活信息化程度 60%

农民生活信息化程度由三个子目标合成：(1) 2020 年彩色电视机普及率 98%。2000 年全国农村住户彩色电视机普及率为 49%，其中人均纯收入在 6000 元以上的农户彩色电视机普及率是 91%，后者接近当年城镇居民彩色电视机普及率。近年来由于彩电价格大幅度下降，农村彩电拥有量增长很快，因此，20 年后农村住户每百户电视机拥有量达 100%是有可能的。(2)电话普及率达到 80%以上。目前世界中上等收入国家的电话普及率基本都在 50%以上；2000 年我国城镇居民电话普及率是 81%，20%最高收入农户的电话普及率为 60%。目前我国农村电话普及率的平均水平已经达到 34%，再过 20 年我们很容易达到目前世界中等国家电话普及水平。(3)每百户计算机拥有量 20 台。根据有关资料，20 世纪中后期，此指标的世界平均水平为每百户 18～20 台，高收入国家均在 65 台以上，中等收入国家一般在 25～50 台。但考虑到我国农村人口众多，农村人口对计算机的需求量要小于城市，因此，20 年后我国农村计算机普及率能达到目前世界平均水平就很不错了。2000年我国农村每百户计算机拥有量不足1台，但增速很快，2002年已达到1.5台；上海、北京郊区农村已达15台；根据2001～2002年人均GDP与计算机拥有量回归结果，我国农村有能力实现20台的目标。将彩色电视、电话和计算机三个普及率按层次分析法给定的权数加权（权数分别为0.2，0.4，0.4），得到农民生活信息化综合指数60%的目标。

（十四）农民对村政务公开的满意度为85%

全面建设小康社会是民主更加健全的社会。十六大以来，各地加大了基层政府改革和实行村民自治和乡村政务公开的力度，特别是税费改革以来，农民对乡村政务的满意度明显提高。从本质上讲，政府的工作目标就是要让所有老百姓满意，但是在现实生活中，总有部分人对政府的政策不能全面理解，也总有部分人出于私利对政府的要求不完全配合，加上我们工作的失误或工作方法不当，因此让所有的人对政府满意是不现实的，但无论如何，政府必须做到让大多数老百姓满意。为此，我们将这一指标的目标值定为85%以上。部分县的抽样调查显示，近年来农民对乡村政务的满意度多在50～85%之间。我们取上限85%作为基层政府的工作目标。

（十五）农民社会安全满意度85%

全面小康社会是社会秩序稳定、人民安居乐业的公平正义型社会。十六大报告提出，要“保障全社会实现公平和正义”。农村全面小康社会建设，必须保障绝大多数农村居民有稳定感和安全感。但全面小康社会毕竟只是我国现代化建设的一个阶段，各种危害社会稳定和人民安全的不安定因素还将存在，法制的漏洞还有，人民的思想道德素质还不可能达到空前的一致，总有一部分人对社会的安全有意见，因此，要求所有的人对社会安全都满意是不现实的，我们实际的目标是使绝大多数人满意。由此，制定该项指标的小康标准为85%。

（十六）常用耕地面积动态平衡

要实现粮食基本自给和保障人民食物安全，必须保证人均1亩常用耕地必不可少。1996年第一次农业普查显示，全国耕地总资源为19.5亿亩，其中常用耕地15.83亿亩，人均1.29亩，到2002年，全国常用耕地面积下降为15.78亿亩，人均1.23亩。到2020年，如果常用耕地面积能保持当前的水平，由于人口自然增长，人均常用耕地面积仍将下降为1.06亩。如果放松管理，人均常用耕地面积很容易降到1亩以下。今后随着工业化和城市化进程加快，难保耕地不被占用，因此，必须加强宏观调控，要依法加强对常用耕地的管理，严格控制滥占滥用耕地，力保常用耕地面积动态平衡，实现增长率大于或等于零的目标。

（十七）森林覆盖率23%

1994年世界平均森林覆盖率为30.7%，其中，亚洲为20%，北美洲和南美洲分别为40.5%和48.3%，欧洲为33.6%，大洋洲为23.7%，非洲为24.3%。从发达国家的情况看，世界上11个经济比较发达的大国平均森林覆盖率为35.7%，除英国（10.3%）、澳大利亚（19%）、意大利（23%）低于25%，其它美、德、日、加拿大等国家均在25%以上。一般来讲森林覆盖率达到30%以上，对当地气候有较好的影响。考虑到中国还有较大数量的沙漠面积和一定数量的水域面积，因此，我国森林覆盖率增长有潜力，但过高也不可能，20年后使中国森林覆盖率弱高于亚洲20%的平均水平就是了不起的成就。为此，我们提出23%的森林覆盖率目标值。1990年我国森林覆盖率为12.98%，2002年达到了16.55%，12年只提高了3.5个百分点。希望今后18年在此基础上再提高6～7个百分点，难度还是比较大的。

（十八）万元农业GDP用水量1500立方米

我国是世界上13个贫水国之一，同时也是水资源浪费大国。农业用水量占全国总用水量的73.4%，用水效率较低。当前我国农作物水分生产率平均0.87公斤/立方米，与以色列2.32公斤/立方米相比，相差1.45公斤/立方米。1997年以来，随着农业节水技术的使用和农田基础设施的改善，我国用水效益有所提高，1997～2001年，万元农业GDP用水量由2709立方米下降到2483立方米，平均每年降低2.5%左右。照此速度推算，2020年用水量下降到1500立方米以下是有可能的。北京、安徽、山东、河南等每公顷耕地拥有节水机械超过1台，万元农业GDP用水量均低于2000立方米。据此，确定2020年这一指标值为1500立方米。

综合上述各单项指标的衡量标准，就是农村全面小康社会的衡量标准（详见表2）。

表 2 农村全面小康社会评价标准

指标分类	序号	指标名称	单位	标准值
一、经济发展	1	农村居民人均可支配收入	元/人	≥6000
	2	第一产业劳动力比重	%	≤35
	3	农村小城镇人口比重	%	≥35
二、社会发展	4	农村合作医疗覆盖率	%	≥90
	5	农村养老保险覆盖率	%	≥60
	6	万人农业科技人员数	人	≥4
	7	农村居民基尼系数	—	0.3—0.4
三、人口素质	8	农村人口平均受教育年限	年	≥9
	9	农村人口平均预期寿命	年	≥75
四、生活质量	10	农村居民恩格尔系数	%	≤40
	11	农民居住质量指数	%	≥75
	12	农民文化娱乐支出比重	%	≥7
	13	农民生活信息化程度	%	≥60
五、民主法制	14	农民对村政务公开的满意度	%	≥85
	15	农民对社会安全满意度	%	≥85
六、资源环境	16	常用耕地变动幅度	%	≥0
	17	森林覆盖率	%	≥23
	18	万元农业 GDP 用水量	立方米	≤1500

为便于宣传和记忆，农村全面小康标准可总结为：

经济翻两番，收入超六千；楼房随处见，村庄连成片；

室内通水电，房外有花园；家家彩电放，户户电话连；

教育九望十，就医不走远；寿命七十五，山青水天蓝。

第三部分 农村全面小康社会的综合评价

一、综合评价方法

运用上述全面小康社会的指标体系、衡量标准，再选择科学评价模型即可实现对一个区域的全面小康社会实现程度和进程进行综合评价。

综合评价的基本步骤是：(1)确定各项指标的上、下限。全面小康目标值为上限，2000 年总体小康值为下限，评价的起点为 2000 年。(2)确定每个指标的实现程度。每个指标的实现程度是该指标的实际值减去 2000 年总体小康值，除以全面小康目标值与 2000 年总体小康值的差。(3)计算各种指标的实际得分，每个指标的实际得分是该指标的实现程度与其权数的积。我们采用了国际上常用的美国学者萨迪(T. L. Saaty)教授提出的层次分析法(AHP)来确定各指标的权重。(4)把单个指标得分加总即得出一个地区全面小康实现程度。

二、综合评价结果

根据农村全面小康标准和综合评价方法，我们对 2001 和 2002 年全国农村全面小康实现程度进行了测算，结果如下：

（一）从全国看，2000 年基期，由于农村居民基尼系数已实现目标值，农村全面小康实现程度为 4%；2001 年实现程度为 8.8%；2002 年实现程度为 13.1%，平均每年提高 4.55 个百分点，照此速度计算，到 2020 年农村全面小康实现程度可以达到 90%以上，基本实现农村全面小康目标。

各单项指标的实现程度和评价结果详见表 3。表 3 显示，农村居民基尼系数实现程度最高，因为目前农村居民收入分配仍在合理区间，但随着工业化的推进和市场经济的发展，这一指数可能会继续升高，将影响其综合得分。第一产业劳动力比重近两年没有变化，实现程度为 0，农村合作医疗覆盖率、农村养老覆盖率、农村居民居住质量指数、农民人均可支配收入、小城镇化率和农民主动性文化娱乐支出比重等指标的实现程度较低，分别只有 2.5%、0.8%、8.8%、5.8%、7.9%和 7%，这些方面是今后农村全面小康社会建设的重点。

表 3 农村全面小康综合表

指标	单位	总体小康值	全面小康值	权数	实际值		实现程度(%)		综合分值	
					2001	2002	2001	2002	2001	2002
A、经济发展				29			2.9	5.7	0.8	1.6
人均可支配收入	元/人	2200	≥6000	20	2320	2422	3.2	5.8	0.6	1.2
第一产业劳动力比重	%	50	≤35	5	50	50	0	0	0	0
小城镇人口比重	%	16	≤35	4	17	17.5	5.3	7.9	0.2	0.3
B、社会发展				20			21.8	23.8	4.4	4.8
农村合作医疗覆盖率	%	10	≥90	8	11	12	1.3	2.5	0.1	0.2
农村养老覆盖率	%	1.8	≤60	4	1.8	2.3	…	0.8	…	…
万人农业科技人员数	人	1	≥4	4	1.2	1.4	7	13	0.3	0.5
农村居民基尼系数	—	0.35	0.3—0.4	4	0.36	0.36	100	100	4.0	4.0
C、人口素质				15			6.1	11.8	0.9	1.8
平均受教育年限	年	7.4	≥9	12	7.5	7.6	6.2	12.5	0.7	1.5
平均预期寿命	年	69.5	≤75	3	69.8	70	5.5	9.1	0.2	0.3
D、生活质量				23			6.5	14.4	1.5	3.3
恩格尔系数	%	49	≤40	4	47.7	46.3	14.3	30	0.6	1.2
居住质量指数	%	18	≥75	11	20	23	4	8.8	0.4	1.0
农民文化娱乐支出比重	%	2.5	≥7	3	2.7	2.8	5.2	7	0.2	0.2
农民信息化程度	%	28	≥60	5	30.5	34	7.8	18.8	0.4	0.9
E、民主法制				6			28.3	46.7	1.7	2.8
对村政务公开满意度	%	55	≥85	3	60	65	17	33	0.5	1.0
农民社会安全满意度	%	60	≥85	3	70	75	40	60	1.2	1.8
F、资源环境				7			−8	−14.7	−0.5	−1.0
常用耕地面积变动幅度	%	−0.3	≥0	3	−0.4	−0.6	−33	−56	−1.0	−1.7
森林覆盖率	%	16.5	≥23	2	17.3	17.5	12.5	15.4	0.2	0.3
万元农业 GDP 用水量	立方米	2600	≤1500	2	2482	2417	10.7	16.6	0.2	0.3
综合实现程度									8.8	13.1

表 4　2002 年东、中、西部农村全面小康实现程度

指标	单位	2002 年实际值			实现程度		
		东部地区	中部地区	西部地区	东部地区	中部地区	西部地区
A、经济发展					29.4	−6.7	−24
人均可支配收入	元/人	3333	2225	1729	29.8	1	−12
第一产业劳动力比重	%	45.1	56	61.7	32.8	−40	−78
小城镇人口比重	%	20.4	15.7	13.4	23.2	−1.6	−14
B、社会发展					24.4	18.5	20
农村合作医疗覆盖率	%	17	11	6	8.8	1	−5
农村养老覆盖率	%	2.4	1.9	1.7	1	0.2	−0.2
万人农业科技人员数	人	1.4	1.1	0.8	13.3	3	−7
农村居民基尼系数	—	0.32	0.3	0.32	100	100	100
C、人口素质					28.7	20.8	−39
平均受教育年限	年	7.8	7.7	6.7	25	18.8	−44
平均预期寿命	年	71.9	71.1	68.4	43.6	29.1	−20
D、生活质量					38	1.6	−10.8
恩格尔系数	%	43.2	48	52.2	64.4	11.1	−36
居住质量指数	%	32	18	17	24.6	0	−1.8
文化娱乐支出比重	%	2.9	2.7	2.6	8.9	2.2	8.9
农民信息化程度	%	48.5	27.5	20.8	64.1	−2	−23
E、民主法制					55	46.7	28.3
对村政务公开满意度	%	70	65	60	50	33	16.7
农民社会安全满意度	%	75	75	70	60	60	40
F、资源环境					10	16	−52.6
常用耕地面积变动幅度	%	−0.8	−0.6	−0.5	−76	−51	−47
森林覆盖率	%	31	24	9	100	100	−100
万元农业 GDP 用水量	立方米	2081	2239	2757	47.2	32.8	−14
综合实现程度					30.8	9.8	−14.1

（二）分地区看，东、中、西部地区农村全面小康实现程度差异较大。2002 年东、中、西部地区全面小康实现程度分别为 30.8%、9.8%和−14.1%，中西部地区比东部分别低 21 个百分点和 44.9 个百分点。东部地区已经走完了农村全面小康进程的 1/3 路程，估计再过 10 年左右可基本实现全面小康；中部地区走完了 1/10 的全面小康路程，但部分指标实现程度较低，如第一产业劳动力比重、农村小城镇人口比重、农民信息化程度和常用耕地面积变动幅度等指标实现程度为负值，说明这些指标还没有达到 2000 年全国农村总体小康标准的平均值。西部地区实现程度为−14.1%，表明西部地区距总体小康还差 1/7 的路程，全面小康建设任重道远。西部地区农村小康建设比东部地区至少落后 10 年，比中部地区落后 5 年左右。

（三）分省看，上海、北京、天津全面小康实现程度已经超过 60%，特别是上海郊区全面小康实现程度已达 82%，可以说基本实现农村全面小康。有 1/2 的省农村全面小康实现程度小于 10%，西南、西北多数省区的实现程度为负值，西藏最低，只实现了 2000 年全国农村总体小康目标的 72%。

表 5 2002 年分省农村全面小康实现程度排序

地　区	实现程度(%)	位次	地 区	实现程度(%)	位次
上　海	81.8	1	河 南	5.2	17
北　京	70.7	2	安 徽	4.8	18
天　津	60.1	3	江 西	4.4	19
浙　江	46.6	4	陕 西	4.2	20
广　东	37.0	5	内 蒙 古	1.9	21
江　苏	32.4	6	重 庆	1.5	22
山　东	31.5	7	广 西	0.9	23
福　建	30.8	8	四 川	0.3	24
辽　宁	30.6	9	云 南	−0.9	25
河　北	21.1	10	宁 夏	−6.3	26
吉　林	15.9	11	甘 肃	−7.1	27
黑 龙 江	15.6	12	新 疆	−8.7	28
湖　北	12.1	13	青 海	−21.9	29
山　西	10.9	14	贵 州	−25.9	30
海　南	10.1	15	西 藏	−27.9	31
湖　南	7.8	16			

第四部分　农村全面小康建设的难点和对策

一、六个难点

难点一:农民收入增速下降,农民增收难

农民收入问题是“三农”问题的核心,在农村全面小康综合评价 18 项指标中,农民收入占有 20%的权重,是头等重要的指标。然而,从近几年农民增收形势看,2001 年农民收入增长 4.2%,2002 年增长 4.8%,不仅没有达到实现全面小康所要求的年均增长 5%的目标,而且也没有根本扭转上世纪 90 年代以来农民收入增速下降的趋势。从 2002 年农村全面小康的实现程度看,全部 18 个指标中,农民人均可支配收入实现程度只有 5.8%,为实现程度最低的指标之一,这意味着,还有 94.2%的任务需要在今后 18 年中完成。

难点二:农村教育落后,人口素质提升难

在农村全面小康综合评价系统中,农村人口受教育程度成为仅次于农民收入的第二位重要的指标,占有 12%的权重。目前,我国农村人口平均受教育年限只有 7.6 年,仅相当于初中二年级的水平;全国近 5 亿农村劳动力中初中以下的占到 88%,在经济全球化与知识经济崛起的今天,显然处于不利的境地。

农村人口平均受教育年限的提高受两方面因素的影响:一方面是农村教育经费投入不足和学杂费高,影响儿童入学率和辍学率。从普九情况看,目前全国农村 7－15 岁儿童入学率仅为 94.4%,有近一半的省在 90－95%之间,其中云南、西藏、青海在 90%以下,一些地方中小学辍学率偏高,有的地方甚至高达 10%以上。这意味着每年仍有上百万计的新文盲出现。另一方面,农村较高文化素质的劳动力大量流向城市,90%以上的农村大学生成为城镇居民,留在农村的很少。因此,农村平均受教育年限提升难度大。

难点三:农村社会保障水平低,资金筹措难

农村全面小康综合评价对农村社会保障水平给予了极大的关注:农村合作医疗覆盖率赋予了 8%的权重,农村养老保险覆盖率被赋于了 4%的权重,两者合计占到 12%权重。从全面小康实现程度看,2002 年农村合作医疗覆盖率只实现了 2.5%的目标,养老保险覆盖率实现程度不到 1%,在全部 18 个指标中实现程度最低,刚刚开始起步。

从现实情况看,90 年代初开始的农村社会养老保险制度建设基本处于停顿状态，参保人员较少，能享受养老保险金的比例更小。我国大部分地区的农村合作医疗接近解体，基本医疗保障普遍缺乏。全国农村合作医疗参与率仅为10%左右，农民成为最大的自费医疗群体，“看病难”问题突出，因病致贫、因病返贫现象增多。由于农村社会保障涉及面宽、人数多，需要大量的资金，国家财政不可能完全解决，资金筹集难度大。

难点四：农村生活条件差，居住环境改善难

在反映生活质量方面，居住质量成为全面小康建设的重要内容，在全部18个指标中占有11%的权重，是第四位重要的指标。然而，长期以来农村公共基础设施建设投资匮乏，农村居民住房设施配套不完善、卫生标准差、室外环境脏乱差的现象相当普遍。据测算，2002年农村全面小康的居住质量指数实现程度只有8.8%。从构成看，目前饮用自来水的农村居民只有28%；有93.4%的农户仍在使用包括煤炭和柴草在内的非清洁能源燃料；农村水冲式卫生厕所普及率不到10%，粪便无害化处理率也只有49%，农村废物垃圾得不到及时处理，暴露于室外，污染环境。如果这种状况得不到有效解决，农村落后的面貌就难以改善，建设社会主义新农村的目标就是一句空话。

难点五：农村城镇化水平低，就业结构转换难

在农村全面小康综合评价系统中，劳动力就业结构非农化和农村人口城镇化进程是反映城乡社会经济统筹发展的重要指标，两项指标的权重占到9%。近几年来，为促进小城镇持续健康发展，党中央国务院先后出台了一系列政策措施，开展小城镇建设试点，全面推进小城镇户籍管理制度改革，取得了一定成效。但由于小城镇主导产业不突出，基础设施建设投资不足，聚集效应比较差，小城镇发展步伐相当缓慢。2002年，农村小城镇人口比重只有17.5%，不仅没有完成每年提高1个百分点的目标，而且严重制约了农村劳动力的转移。2002年，我国第一产业占GDP的份额由2000年的16.4%下降到15%左右，但从业人员占全部从业人员的比重仍停留在2000年50%的水平上，未实现年均下降1个百分点的目标，加重了今后18年的压力。

难点六：西部还没有实现总体小康，协调发展难

从农村全面小康的实现程度看，至2002年，东部地区农村全面小康的综合实现程度达到30.8%，中部地区只有9.8%，而西部地区的实现程度却是－14.1%，这说明，东部地区已走完农村全面小康建设1/3的路程，而西部地区连2000年总体小康的水平还没有达到，全面小康建设还没有开始启步。一些单项指标如劳动力就业结构、农村养老保险覆盖率、人口素质、消费结构和农民信息化程度等，东西部地区实现程度的差异更大，西部地区将是农村全面建设小康的难点所在。

二、七个对策

（一）结构调整、制度创新和劳动力转移三轮驱动，加快农民增收

一是坚持不懈地推进农业、农村经济结构调整，提高农业的综合素质和整体效益，向农业的深度要收入。二是以税费改革为锲机，加快农村金融、公共财政、流通体制、土地流转等制度建设为主要内容的改革，向制度创新要收入。三是以农村劳动力外出打工为动力，推动农村人口流动和城镇化建设，向农业外要收入。

（二）大力发展农村教育事业，用10年时间造就一代新型农民

国内外经济发展的实践证明，教育投资的回报率是最高的，国家值得倾10年之功，加大对农村人力资本的投入，培育和造就一代新型农民。

第一，建议调整扶贫资金的使用方向，将扶贫资金重点用于减免中西部地区农村学龄儿童的学杂费支出，保障所有儿童都能享受九年制义务教育，争取高中教育。目前中西部地区农村有1亿学龄儿童，扣除40%中高收入家庭的孩子，有6000万左右中低收入家庭的孩子需要助学，按小学生平均学费支出每人每年200元、中学生400元标准计算，这部分学生每年的学费支出总额是180亿。而国家财政用于农村扶贫的拨款每年是250亿左右，据贫困监测资料测算，这笔钱农民直接受益不多，大部分被地方政府截留或由于扶贫项目选择不当而损失。如果把扶贫资金的70%用于中西部地区中低收入家庭学龄儿童的学费支出，不仅能直接减轻这些家庭的致贫负担，而且能提高扶贫资金的使用效益，真正实现新世纪扶贫规划纲要提出的“直接面向穷人”的扶贫目标。如果不从根子上解决中西部地区孩子失学辍学问题，10年或20年以后，一批新的文盲或半文盲将成长起来，成为新的贫困人口。

第二，农村税费改革后，目前“以县为主”的农村教育投资体制难以有效解决农村义务教育经费投入不足问题，中央应按税费改革前的基数，从税费改革后新的农业税中切出一定的比例，专门用于教育。

第三，调整政府财政支出结构，加大中央财政和地方财政对农村教育的支持力度。

（三）重构农村合作医疗网，建立健全农村社会保障体系

第一，完善农村社会保障的法律框架，全国人大应尽快制定《农村社会保障法》，国务院要根据法律的要求，制定农村养老保险、农村合作医疗等相关条例，将农村社会保障纳入制度化、规范化、法制化的轨道。第二，全面发展农村合作医疗事业，中央和地方各级政府每年增加的卫生事业经费应主要用于发展农村医疗卫生事业，建立以大病统筹为主的新型合作医疗制度和医疗救济制度，使农民人人享有初级卫生保健。据调查反映，目前农村新型合作医疗的筹资标准太低，中央财政和地方财政每年的补助标准应该提高到每人 20 元左右，农民个人交纳 10 元，以保证每人每年的统筹款达到 50 元左右。第三，以农村低保为突破口，发展各种形式的农村社会福利事业，为农村无劳动能力的居民提供救济和社会保险。农村目前 2800 万贫困人口中有 1800 万左右是丧失劳动能力和资源极度缺乏地区的贫困人口，他们靠开发式扶贫难以脱贫，需要纳入社会救济，按每人 625 元的贫困标准计算，每年需要 100 亿元左右。国家扶贫资金的另外30%，建议用作中西部地区这部分人口低保制度的建立。

（四）加快农村生活基础设施建设，改水、改电、改厕，建设社会主义新农村

改善农村生活基础设施是提高农村居民生活质量的前提条件，不仅关系到全面小康的实现，而且关系到扩大内需，促进国民经济持续稳定发展的大局。近几年，国家实施积极的财政政策，在改善农村交通条件和农村电网方面，取得了明显成效。当前积极财政政策在农村的投资重点应转向改水、改厕和环境治理，推动农村自来水革命、厕所革命和厨房革命。为此，建议国家适当调整财政支出结构，将更多的农村生活基础设施项目纳入公共财政领域，在资金上给予支持。各级政府应将通电、通水、普及卫生厕所列入日常工作的议事日程，在农村提倡使用清洁能源，鼓励农民美化村庄环境，改善农村生活条件。

根据韩国新乡村建设运动的经验，政府在农村改水、改厕方面的投入并不是很大。例如，到 2020 年，我国要达到 80%农村居民饮用上自来水的全面小康目标，尚需解决 3 亿农民的饮水问题。按两个行政村联建一个标准自来水厂测算，全国农村尚需修建 15 万个自来水厂，在农村修建一个标准的自来水厂的费用大约在 50 万元左右，总投资为 750 亿，国家投入一半，也不过 380 亿。再看厕所改造：据调查，在农村建一个沼气厕所的平均费用为 1500 元左右，一个“粪尿分集式生态卫生厕所”的平均费用约 400 元左右。按 70%以上的农户享用卫生厕所的全面小康目标测算，全国农村尚有 6000 万农户的厕所需要改造，按每户政府公助资金 200 元计，需投入 120 亿元。改水、改厕两项合计投资 500 亿左右，平均每年 25 亿，对财政的压力并不大，但对农村面貌的改善和农民生活质量的提高则具有革命性的意义。

（五）统筹城乡就业政策，加快农村劳动力的流动和转移

按照农村全面小康社会目标，本世纪头 20 年，我国需要将 1.2 亿左右的农业劳动力转移到非农产业，每年转移 600 万人以上；按乡镇企业的就业成本测算，新增一个就业岗位需要新增投资 2 万元左右，每年需要新增 1200 亿元的投资才能创造足够的就业机会。因此，农村劳动力就业压力非常大。为此，一要统筹城乡就业政策，将农村劳动力就业纳入国家整体就业规划，把积极的财政政策与积极的就业政策结合起来。二要积极调整产业布局，重视劳动密集型制造业的发展，积极扶持乡镇企业，再创农村非农产业辉煌，努力创造就业机会。三要大力开展对农村劳动力的职业技术培训，增强农村劳动力自就业能力。

（六）积极调整小城镇布局，加快产业培育，推动农村城镇化

第一，制定积极的小城镇发展战略，科学规划，合理布局，加大对小城镇道路、供排水、通讯、电力等基础设施的投入。目前农村人口转移的基本格局是 60%以上到小城镇，不到 40%到大中城市，而国家对小城镇建设的投资聊聊无几。据测算，一个农村人口转移到大城市的直接成本在 5 万元左右，中等城市需要 3 万元左右，而转移到小城镇不到 2 万元，从节约成本的角度讲，国家也应该加大对小城镇建设的资金支持力度。建议国家设立小城镇建设专项基金，用于小城镇基础设施和重点项目建设。第二，加快小城镇撤乡并镇的步伐，扩大小城镇规模。据研究，小城镇人口达到3万人以后，其公共服务设施（包括供水、供暖、供电、供气等）才能实现合理配给和经营性运作。第三，以乡镇企业为主体，以第三产业为依托，大力发展小城镇经济，培育主导产业，努力创造就业机会。第四，建立和健全小城镇社会保障制度，解决进镇农民的后顾之忧。要把养老和医疗保险事业作为小城镇社会保障制度建设的重要内容，提供就业保障，把小城镇建设与促进劳动力就业有机结合起来。

（七）东西互动，促进西部地区农村社会经济全面发展

第一，出台一些优惠政策，鼓励和支持东西部地区加强合作。东部发达地区要从资金、技术、人才等方面带动和扶持西部的建设，实现资源共享、优势互补，推动两大区域经济结构调整。东部地区要尽可能地使用西部地区农民工，加快西部地区剩余劳动力向沿海发达地区转移的步伐，并提供技术培训。第二，继续实施西部大开发政策，扩大退耕还林规模，落实好各项政策，按时兑现各项补贴，切实保护好农民的利益。第三，增加对西部地区各项投入的力度，特别要加大对农村教育支持力度。

当前农村致贫因素分析及对策建议

王萍萍　关　冰

根据对592个国家扶贫开发工作重点县(以下简称扶贫重点县)的贫困监测调查,自然与人力资源禀赋不足、严重自然灾害、残疾和大病是当前农村的主要致贫因素,因此扶贫工作应以改善农村社会服务、培育农户自我发展能力为主。

一、当前农村主要致贫因素

(一)自然资源缺乏、自然环境恶劣

扶贫重点县贫困农户有70%生活在山区,其中2002年和2003年连续2年生活在贫困标准以下的农户有76%生活在山区,46%的农户人均耕地不足1亩。贫困农户的粮食亩产仅为180公斤,比非贫困户低66公斤。对生活在十分恶劣的自然环境中的贫困农户采取的常规扶贫措施,常常因为无法改变的自然环境而效果较差。

(二)缺乏劳动力、家庭成员残疾或大病

目前,农村的社会保障体系还不健全,尤其在贫困地区,几乎没有任何形式的医疗和社会保险,对农户而言,如果家中有丧失劳动能力的成员,如有残疾人、长期生病或体弱多病的成员,对家庭没有收入的贡献,而医疗费用又居高不下,将导致家庭陷入长期贫困之中,难以脱贫。2002年和2003年连续两年贫困的农户中,有丧失劳动能力人口的农户比重为29.3%。对贫困农户来说,生病以后常常是小病扛、大病拖,有病不去治疗人口占贫困农户全部人口的比重达26.4%,对不能再扛、不能再拖的病,治疗费用就成了这些农户的沉重负担。此类贫困农户,很难通过自身的努力脱贫,政府必须对他们进行救济。

(三)劳动力文化素质差

由于历史的原因,许多贫困人口因贫困而失学,又因失学而成为新一代贫困人口。劳动力素质低,既是贫困的结果,又是造成贫困的原因。对592个国家扶贫开发工作重点县的贫困监测调查结果表明,贫困农户的劳动力素质和儿童在校情况,非常令人担忧:2003年贫困农户劳动力文盲率为22.4%,其中,连续两年贫困的农户中劳动力文盲率为28.1%;贫困农户小学文化程度的劳动力为38.7%。

劳动力素质低,使得贫困农户的劳动力在外打工收入也与非贫困农户有很大差距:2003年贫困农户外出打工的每个劳动力平均收入仅有1400元,月均收入不到120元,是非贫困户外出劳动力收入的一半,甚至低于城市低保标准。

2003年,贫困农户中7～12岁儿童在校率为90%,13～15岁儿童在校率为80%,其中连续两年贫困的农户中,7～12岁儿童在校率只有86%,13～15岁的儿童在校率只有73.7%。换句话说,在贫困农户家庭中,今后十分之一以上的孩子可能成为新文盲,可能成为下一代新的贫困人口。因此,政府应采取强有力措施控制新一代贫困人口的产生。

(四)自然灾害是大量返贫的主要原因

在当年返贫农户中,有55%的户当年遭遇了自然灾害,有16.5%的户当年遭受减产5成以上

的自然灾害,42%的户连续2年遭受自然灾害。大部分因灾返贫人口的特点是长期徘徊在贫困线附近,无灾年份成为脱贫人口,有灾年份或碰到连续两年的灾害就返贫。2003年之所以在农村经济良好,农产品价格上扬,农民收入增加的情况下,贫困人口不减反增,很大程度上是这部分人口的缘故。

当然,家庭成员突然大病也是农户返贫的原因之一。对那些非贫困户,尤其是那些刚刚脱贫的农户,一场大病,就可能使其又回到贫困线以下。2003年,4.6%的返贫农户是因为家中成员大病而返贫的。

二、要改善农村社会服务、培育农户自我发展能力

贫困监测调查资料表明,贫困农户和非贫困户所在的行政村的基础设施水平已接近一致(无论是公路、电力、电视接收,差异均在2个百分点以内),因而以农村公路、电力、电视接收设施建设为主的扶贫措施应进行调整,扶贫政策应以改善农村社会服务、培育农户自我发展能力为主。

(一)要尽早强化教育扶贫,立足长远,用10年时间造就一代新型农民

农村住户抽样调查资料显示,农民收入增长与劳动者文化程度提高高度正相关。目前贫困地区人口素质差、教育水平低已经成为农民收入提高和扶贫开发项目顺利实施的“瓶颈”。

目前,贫困地区儿童入学率低下意味着新一代文盲继续形成,也意味着新一代贫困人口正在形成。将来要帮助这部分人摆脱贫困可能要花几倍甚至几十倍的人力物力。我们决不能坐等经济发展后能自然而然地提高教育水平。加大农村人力资本的投入,培育和造就一代新型农民是当务之急,是全面建设小康社会的迫切需要。政府应该完全免去贫困地区义务教育的学杂费,大力支持发展高中教育和职业技术教育,加大对农业科技培训的投入,尽快地、全面地提高贫困地区劳动力的素质。

(二)尽快建立和完善农村社会保障体系

首先要建立面向农村贫困人口的最低生活保障制度。现有绝对贫困人口中有相当一部分是无劳动能力的人口,通过扶贫开发很难脱贫,只有纳入社会救济系统。今后20年我国要实现全面建设小康社会的目标,建立和完善农村最低生活保障制度势在必然。同时,要支持提高和扩大农村合作医疗保障强度和保障范围,增加农村公共卫生支出,建立农村医疗救助制度,防止农户因病返贫和因贫失医。要尽快建立强制性的农民养老保险金制度,使外出务工的农民能在为输入地创造财富的同时,解除自身的后顾之忧,并增加社会参与感。

(三)加强移民迁村工作,尽快减少生活在恶劣环境中人口,减少因灾返贫人口

许多事实证明,对人口稀少或自然环境极端恶劣地区的任何投资都是得不偿失的。不如将对这些地区的庞大的基础设施投资,改为移民投资。除整村搬迁以外,加强对这些地区的教育投资,使这些地区的人口具备自我迁移的能力,也是移民的一种有效方式。

(四)改革农村信贷体制,建立小额信贷制度,让穷人有机会获得金融服务

当前,贫困地区农户的资金短缺现象十分严重,高利贷盛行。农户贷款难和农行、信用社放贷难的问题同时并存。经验表明,建立可持续的小额信贷,是解决缺乏抵押担保能力的穷人获得金融服务的一种有效方式。根据穷人信贷需求的特点选择适当的金融产品和服务方法,小额信贷机构可以在5年左右时间内基本实现自负盈亏,从而有可能长期地为穷人提供金融服务。应鼓励各种形式的小额信贷试验和推广。从根本上解决穷人不能享受金融服务的问题,还需要改革农村信用合作社。

西部地区全面建设小康中畜牧业地位、潜力评析与贡献预期

内蒙古自治区农调队

一、研究背景

畜牧业是西部地区的传统产业，其发展问题历来备受关注。进入新世纪特别是党的十六大胜利召开，使西部地区畜牧业面临着空前的机遇和严峻的挑战。

机遇与挑战并存突出表现在以下三个方面：

其一，党的十六大提出了全面建设小康社会的奋斗目标，为西部地区的畜牧业发展提供了广阔的发展前景和更高的发展要求。随着小康社会建设进程的加快，我国人民生活水平将不断提高，生活质量将日益改善，特别是畜产品数量的需求将大幅度增加，同时对食品安全与营养的要求将进一步提高。这必然促动西部地区畜牧业产业地位的进一步提升。

其二，作为世贸组织的一员，要求我国畜牧业发展要与国际标准和国际要求接轨，并按照世贸组织规则进行市场竞争，市场更大但要求更严。入世后，在国际标准和国际要求面前，我国饱尝了技术壁垒给畜产品出口带来的巨大障碍，因此尽快提高生产水平、跨越技术壁垒成为西部地区畜牧业发展的当务之急。

其三，“西部大开发”中通过以牧业为核心的农业重组，可以大幅度地提高畜牧业的生产力，但必须为资源重组的浩大工程付出艰辛的努力。开发西部地区更广大的农牧业资源，从可持续发展的战略角度，以保护生态为重点，通过退耕还林、退耕还草还牧等措施，实现西部地区畜牧业经济条件的根本改善。这也为西部地区畜牧业经济的腾飞夯实了基础，但这是长期艰巨的过程。

上述背景的存在，就成为研究西部地区畜牧业的根本动因。目前对于西部地区大开发过程中畜牧业区域性发展问题的研究还不够系统和深入，对策选择的可操作性还远不能适应实践的需要。本课题以实用性和现实性为基点，通过对西部地区畜牧业的历史发展和现状特点分析，对其经济社会地位和作用以及未来发展潜力与前景进行深入详尽的研究。科学客观地对西部地区全面建设小康中畜牧业地位、潜力与贡献预期进行综合评价，为西部地区在实现全面小康奋斗目标中，有针对性地提出具有可操作性及现实意义的畜牧业发展对策。

二、西部地区畜牧业地位评价

（一）西部地区畜牧业发展沿革

中国的西部地区地广人稀，有着得天独厚的畜牧业发展优势。畜牧业是国民经济中重要的基础产业，在人类历史发展的过程中，始终承担着为人类提供生活资料的重任。畜牧业的这种基础作用，无论是过去、现在和将来，都是其它产业无法代替的。

新中国成立初期，西部地区畜牧业处于落后的自然经济状态。从内蒙古高原、黄土高原北部、青藏高原，到祁连山以西、黄河以北的广大地区，牧区畜牧业的发展历史悠久，畜牧业既是牧民的主要生

产方式，也是牧民的主要生活来源和民族习惯。由于生产力不发达，畜产品的供需情况水平较低。改革开放后，西部畜牧业生产有了较大的发展。特别是进入20世纪90年代以来，西部地区畜牧业生产以优化结构、发展一体化和外向牵动型畜牧业为重点，不断深化改革，增加投入，完善政策，依靠科技进步，加强法制管理和搞好社会化服务，畜牧业生产发生了历史性的变化。畜牧业生产由过去以满足内需为目标的内向型、自给型，向以市场经济为中心的商品型、外向型转化，主要畜产品由短缺到自给有余，并取得显著的经济效益、社会效益和生态效益，成为振兴地区经济的一项支柱产业。

牧区畜牧业其畜产品以绿色、天然为特征有着独特的品牌效应，产生了良好的市场响应。农区畜牧业在农业结构调整中也驶入了快车道，尤以奶牛、小尾寒羊和各类畜禽发展为新的增长点，以传统的肉猪为互补，其饲养方式以舍饲为主，实行较初级的集约化生产。新畜种的畜产品出栏快、商品化程度高，且效益明显，农区畜牧业的发展前景十分乐观。总体上看，今后西部地区的畜牧业不仅发展后劲十足，而且将会有更加广阔的发展空间。

（二）西部地区畜牧业在全国的地位

西部地区的畜牧业在全国举足轻重，西部地区依托丰富的草地资源，成为我国畜牧业生产的主产区。根据近十年资料观察，西部地区的牧业产值约占全国的25%，从主要畜产品占全国的份额看，牛、驴、骡、猪的出栏及肉产量在30%左右，羊和骆驼的出栏及肉产量则在40%以上，牛奶、羊毛和羊绒产量高达50以上。西部12个省区几乎均为畜牧业重点地区，从其农林牧渔总产值中牧业所占比重看，有8个地区高于全国平均水平，4个省区接近全国平均。在中国60亿亩草地中，西北（含内蒙）有近40亿亩。天然草原主要分布在内蒙、新疆、青海、甘肃、宁夏、四川、西藏、云南等省区；牧区总面积360万平方公里，占全国陆地总面积的37%左右。西部地区12个省区的农村耕地总资源面积为49573.4千公顷，占全国38.1%。粮食综合生产能力大体为1.2亿吨，约占全国总产量的27%，而且是多以适合饲料为主的作物，是西部地区发展畜牧业的物质基础。

据初步测算，未来30年间，中国畜牧业净增长额中将会有一半以上来自于西部畜牧业的增长。在全国农业净增长额中可能有30～40%来自西部畜牧业的增长。在西部的农业中，畜牧业的比重达到60%以上。西部将有可能成为中国农业规模经营程度最高、农牧民最为富裕、农业最为发达的区域。

（三）西部地区畜牧业在该地区农业中的地位

畜牧业是西部地区国民经济中重要的基础产业，在西部地区农业中发挥着不可替代的作用，无论是农林牧渔总产值，还是现价增加值，牧业大体占三成，基本是三分天下有其一。经过长期的发展与积累，畜牧业已成为西部农村经济中的重要支柱产业。畜牧业产值占农业总产值的比重呈现稳步上升势头，统计资料显示，2001年西部地区牧业总产值达2012.71亿元，占农业总产值5970.58亿元的33.7%；在现价农林牧渔业增加值中，有近29.8%是来自畜牧业；西部地区从事畜牧业生产的劳动力有130多万，占乡村从业人员的10%左右，畜牧业是西部地区就地解决农村劳动力就业的重要途径；同时畜牧业也是西部地区广大农牧民群众增加收入、脱贫致富奔小康的主要收入渠道，从目前情况看，西部地区农民的畜牧业现金收入约占农业现金收入的一半，畜牧业纯收入约占其农民纯收入的30%左右。

（四）西部地区畜牧业在该地区国民经济中的地位

随着西部地区畜牧业的快速发展，畜牧业在该地区国民经济中的地位也不断提升。畜牧业的发展，不仅为农业经济的持续发展注入了活力，而且显现出畜牧业经济在整个国民经济中的地位和亮点。畜牧业在该地区国民经济中的地位和作用突出表现为畜牧业产值占农业总产值的比重不断提高，畜牧业增加值在第一产业增加值中的份额加大，同时为西部地区国内生产总值的贡献增加。1999～2001年西部地区畜牧业现价增加值，由932.4亿元增加到1133.6亿元，平均每年增加100.6亿元。畜牧业增加值占农林牧渔业增加值的比重，由1999年的25.97%上升到2001年的29.84%，提高3.87个百分点。同期内畜牧业增加值占西部地区国内生产总值的比重也有5.6%提高到6.2%。同时西部地区的畜产品产量大幅度增加，肉类总产量由1999年的1639.2万吨，增加到2001年的1750.5万吨，总量增加111.3万吨，增长6.8%；牛奶产量由1999年的320.1万吨，增加到2001年的416.7万吨，增长30.2%。畜牧业的快速增长，畜产品产量大幅度增加，拉动了相关的畜产品加工业、贸易流通业的增长，从宏观经济角度分析，畜牧业对GDP的贡献份额明显提升。

(五)西部地区畜牧业对提高该地区农民收入的作用

畜牧业历来就是西部农牧民的主要收入来源，由于种种客观原因制约，西部农牧民收入增长落后于全国平均水平，与东部沿海地区农民收入差距更大。近几年随着国家对西部地区的政策倾斜，西部各省区的畜牧业生产紧紧围绕增加农民收入这一中心，不断加大农业内部结构调整力度。畜牧业的迅速发展，还带动了相关产业的发展，大大延伸了产业链，推动了农村二、三产业的发展，扩展了农村经济发展空间，为农牧民增加收入提供了坚实的物质基础。尤其在近几年粮、棉、油、烟等大宗农产品价格长期低迷的情况下，畜牧业的增长成为农村经济持续发展、农民收入不断提高的重要支撑。最新统计资料表明，2002年西部农民人均纯收入增加量中，来自畜牧业的纯收入大约为60%，畜牧业对当年农民人均纯收入的贡献率达到30%左右。农村住户调查资料显示，2002年西部农民人均出售畜牧业产品所得的现金收入平均为420元，比1995年的270元增长55.6%。畜牧业收入占农民总收入的比重由1995年的21.3提高到目前的24.7%。农民从畜牧业获得的纯收入稳定增长，成为西部农牧民增收的亮点之一，是近几年来农民增收项目中除工资性收入外的第二大增收项目，为农牧民稳定增收作出可喜的贡献。畜牧业已经发展成为西部地区广大农牧民稳定增收、脱贫致富实现全面小康的支柱产业。

(六)结论

新的历史条件下，西部畜牧业担负着增加产品满足需要、提高收入实现全面小康以至推动地区经济持续健康发展的重大的历史使命。时代要求西部地区必须从实际出发，进一步提高和强化畜牧业的基础产业地位，以确保农牧民稳定增收为突破点，把畜牧业培育成为实现全面小康的主导产业，真正实现传统的区域优势到经济优势转变，使畜牧业成为整个西部地区国民经济健康、快速发展和全面建设小康的有力支点。

三、西部地区畜牧业差距、潜力分析

(一)差距分析

改革开放以来，中国特别是西部地区畜牧业持续稳定协调发展，取得了令人瞩目的成就，为西部地区国民经济的发展和人民生活水平的提高以及增加农民收入做出了重要贡献。但同全世界畜牧业发达国家及国内畜牧业发达省市相比，仍然存在一定的差距。

1. 与国际的差距

(1)规模差距

①草场资源占有量。统计资料显示：截止2000年底，全世界永久性草场面积为345984万公顷，中国牧草地面积26606万公顷，西部地区草场面积为26028万公顷，西部地区草场面积分别占中国的97.8%和世界的7.5%。但从人均占有量看，西部地区人均牧草地为11亩，比世界平均水平高2.4亩；比全国平均水平高6.2亩；但比美国少1.7亩；比加拿大少3.1亩；比巴西少5.3亩；比澳大利亚少307亩；比新西兰少41.8亩。

②经营规模．畜牧业发达国家由于牧业的专业化、机械化、自动化程度都比较高，因而畜牧业经营规模较大。加拿大一般饲养300头基础母畜，草牧场面积可达10～20万亩；澳大利亚约有农场12万个，其中年产值在2万澳元以上的占90%，农场平均占有农牧业用地4000公顷左右。以养牛、羊为主及牛羊兼营的农场规模较大，如奶牛场的规模一般为150～200头，羊场的饲养量从数百只到数万只不等，约75%的羊场的饲养量在2000只以上；新西兰有羊场2.44万个，奶牛场1.7万个，牧场经营的草场面积平均在300公顷以上，奶牛场的规模一般在200头左右，有些超过400头，养羊场平均3000只，3/4的牧场实现了一业为主，专业化经营、劳动生产率较高；据英国1999年统计，全国由3.4万个奶牛场，户均奶牛72.4头，肉牛场12.4万个，户均90.6头；法国有30万个肉牛农

世界主要国家级西部地区农业资源占有量

指　　标	永久性草场(万公顷)	人均草场(亩)
世　　界	345984	8.57
西部地区	26028	11
加拿大	29000	14.1
美　　国	23925	12.7
巴　　西	18500	16.3
法　　国	1039	2.63
英　　国	1125	2.83
澳大利亚	40550	318
新西兰	1330	52.8

场，每个农场平均饲养肉牛 67.1 头，有 12 万个奶牛农场平均养奶牛 36.6 头。我国由于国情所限，农户的经营规模远远达不到这种程度。西部地区虽然人均土地和草场面积较大，有一定的优势，但由于社会制度、体制、资金、技术、农民的文化程度等多方面因素的制约，目前也很难和和这些发达国家相比。

（2）效益差距

由于畜牧业发达国家实行的是区域化布局、专业化生产、规模化经营，不仅生产产品的质—量好、数量大，经济效益也相对高。畜牧业发达国家农户，在保护好生态环境的前提下，要求最大的经济效益。他们生产产品的依据就是市场需求。养纯种牛的农户千方百计提高自己的牲畜质量，不是以数量求效益，而是以质量争市场求效益。一头好的纯种奶牛可以卖几万甚至几十万加元，而质量差的只能卖几千加元。英国前几年一头育肥牛可以卖到 700 英镑，大体与美加两国相当，折合人民币 8000～9000 元，现在虽有下降，但还在 500 多英镑。英法超级市场出售的牛肉每公斤折合人民币 80 多元，比我国同类产品高出 5 倍。羊腿肉每公斤一般在 8 欧元，比我国同类产品高出 5 倍。西部地区的畜牧业生产基本上还处于粗放式小规模经营状态，肉产品的品质同发达国家比要差，经济效益相对较低。内蒙古是我国产毛大区，但优质细毛羊的个体产毛量为 3 公斤，只及世界先进水平的 50%。而更为严重的是由于羊毛的长度、细度不及进口毛，干死毛多，杂质多，区内几家大毛纺企业基本不用区内产的羊毛。因此，内蒙古的一般羊毛只能卖 8 元；一般牛肉只能卖 12 元，这样的畜产品质量不可能产生高效益。

（3）畜产品资源拥有量

2001 年西部地区人均肉类总产量为 48.9 公斤，比世界平均水平高 10.4 公斤，但比美国少 84.1 公斤；比加拿大少 87.1 公斤；比澳大利亚少 150.1 公斤。人均牛奶 8.9 公斤，大约相当于是世界平均水平的 1/10，加拿大人均 263 公斤，是中国的 29 倍；美国 269 公斤，是中国的 30 倍；法国、波兰、澳大利亚、新西兰人均分别达到 420 公斤、308 公斤、584 公斤和 3238 公斤。可见差距之大。牛肉、羊肉的拥有量及人均占有量详细情况见下表。

2001 年西部地区及世界畜牧业发达国家主要畜产品拥有量及人均占有量

指　　标	总人口（万人）	肉产量（万吨）	牛肉产量（万吨）	羊肉产量（万吨）	人均肉产量（公斤）	人均牛肉（公斤）	人均羊肉（公斤）	人均牛奶（公斤）	人均鸡蛋（公斤）
世　　界	605671	23699	5994	1130.3	38.5	10	1.9	80.6	8.48
中　　国	126583	6333.9	548.8	292.7	48.4	4.3	2.3	6.54	17.7
西部地区	35531	1751	141.4	136.4	48.9	4	3.8	8.89	5.83
加 拿 大	3076	417	125.4	1.1	136	40.8	0.4	263	12
美　　国	28323	3774	1199.8	10.3	133	42.4	0.4	269	17.7
巴　　西	17041	1516	667	10.7	89	39.1	0.6	120	8.86
法　　国	5924	634	157	14.3	107	26.5	2.4	420	17.6
英　　国	5963	327	65	25.8	54.8	10.9	4.3	243	9.89
澳大利亚	1914	381	204	67.1	199	106.6	35.1	584	7.84
新 西 兰	378	135	59	56.5	357	156.1	149.5	3238	13.2

（4）畜牧业对农业的贡献

世界上发达国家畜牧业产值占农业总产值的比重都比较高，畜牧业在农业中占有举足轻重的地位和作用。澳大利亚在 50 年代，肉类、羊毛、奶制品等畜产品占农业总产值的比重就达到 68%，60 年代到 90 年代前有所下降，90 年代畜牧业产值仍高达 50%。新西兰是世界上按人口平均养羊、养牛最多的国家，全国 80% 的农业人口从事畜牧业生产与经营，畜牧业产值占农业总产值一直在 80% 左右。近年来，我国西部地区畜牧业取得了较快的发展，畜牧业产值占农业产值的比重有所提高，但和畜牧业发达国家相比，仍然存在较大的差距。2000 年，西部地区畜牧业产值占农业总占产值的比重为 32.1%，略高于全国平均水平，和韩国日本的水平相当，但比加拿大低 19.3 个百分点；比美国低 16 个百分点；比法国低 14.6 个百分点；比英国低 27.9 个百分点；比澳大利亚低 13.7 个百分点；比新西兰低 47.2 个百分点。

畜牧业产值占农业总产值的比重

指　　标	1998 畜牧业产值占农业总产值的比重(%)
西部地区(2000 年数)	32.1
中国(2000 年数)	28.6
加拿大	51.4
美国	48.1
日本(1996 年数)	24.8
韩国	26.4
法国	46.7
英国	60.2
澳大利亚(1997 年数)	45.8
新西兰	79.3

(5)草场质量

草是畜牧业的基础，以草定畜，增畜先增草，合理利用和保护草场伊逐渐被畜牧业工作者及广大农民所认识。世界上一些畜牧业发达的国家如英国、法国、加拿大、澳大利亚、新西兰、美国，都有比较优良的草牧场，而且保护完好。尽管这些国家也有过草场的破坏历史，但通过政府投资以及一系列的保护措施很快就将局面扭转过来。考察了这些国家的畜牧业工作者无不为这些国家良好的牧场而赞叹。如加拿大有人均占有量巨大的广袤的草原(加拿大只有 3000 万人口，却有 997.6 万平方公里的国土)，降水量较为充沛的气候条件(干旱半干旱草原的降水也在 250 毫米以上)，丰富的淡水、地下水资源(拥有世界淡水总量的 15%)。加拿大之所以能够将畜牧业的命根子——草场保护的如此完好，无论是政府还是科研人员都付出了艰苦的努力。相反，由于我们在保护、建设草牧场方面欠账太多，草场质量远远落后于发达国家。据有关资料记载，我国退化、沙化、盐渍化草地面积约占可利用草地面积的 30%，与 20 世纪 60 年代相比，产草量下降 40～50%。草场植被退化，不但造成生产能力下降，而且造成生态环境的严重破坏。草地退化、沙化和碱化的面积逐年增加和超载过牧，极大地影响了西部地区畜牧业的发展。四川省的草地退化、沙化面积已占可利用面积的 20～30%，个别纯牧区高达 50%以上；贵州省劣向演化的草地数量每年达 0.8 万平方公里；甘肃省每年退化的草场面积约 6 万平方公里；陕西省全省约有 50%以上的天然草场严重“三化”；青海省中度和严重退化的草地面积，占草地总面积的 1/5，单位面积产草量也下降了 30～80%；宁夏全区的天然草地 90%以上存在着不同程度的退化；新疆草地退化和沙化面积，占草地面积的 37.2%；内蒙古地区沙漠土地已达 42.08 万平方公里，占全区国土面积的 35.66%。

导致这种局面的原因是各种因素制约了草原畜牧业的发展。这些因素包括：国家投入少，解放 50 年来，国家对草原的投入平均每亩草原还不到 1 元钱；草原生态环境恶化，草原退化严重，西部地区每年以 200 亩的荒漠化速度推进，内蒙古 60 年代有呼伦贝尔、锡林格勒、乌兰察布、科尔沁、鄂尔多斯等五大草原 13.2 亿亩，现今只剩下呼伦贝尔和锡林格勒两个大草原，其它三大草原已基本消失，可利用草场面积只有 5.6 亿亩，据专家估计，实际可利用草原还不到这个数。解放以来，草场严重过牧，草场载畜量增加 3 倍，产草量下降 30～50%，草原对现有的牧畜已不堪负担，更谈不上发展。

(6)畜牧业对农民收入的贡献

由于世界畜牧业发达国家农户经营规模、水平、现代化程度都比较高，所以农户的收入水平也比较高，城乡收入差距相对较小。有关资料显示，畜牧业发达国家农民从牧业得到的收入占农民家庭现金收入的比重大多在 50%以上，有的达到 70～80%，而我国仅占不到 26%，西部地区虽然比全国高，但也只是 31%，差距相当大。

除此之外，西部地区在政策、资金、科技及推广、专业化、产业化、现代化、资源利用与保护等方面与世界畜牧业发达国家都有较大差距。这些方面如果没有大的突破，赶上和超过发达国家将非常困难。

西部地区草地、林地、耕地在农用土地中的比例是 7∶2∶1，可是耕地产值却占 60%以上，林业不到 4%；畜牧业虽占 30%以上，但饲料主要还是来自耕地，真正来自草地的产值却很小。就种植业而言，耕地中作物面积占 75.5%，高出全国平均水平。草地畜牧业应该是西部地区的一个优势，但是肉类产量中耗粮的猪肉却占 74%，高出了全国平均水平。

2. 与国内的差距

(1)畜牧业资源量

①牲畜存栏。西部天然草场面积占全国的84.5%，全国五大牧区都集中在西部地区，此外在农区半农牧区大量的草山、草坡饲养着大量的牲畜，畜牧业生产在全同占有重要的地位。几千年来，内蒙、新疆、青海、西藏一直是我国草食家畜生产的最主要产区，但随着农区畜牧业的快速发展，现在的内蒙、新疆、青海、西藏已不再是我国畜牧业产量大区，被山东、河南、安徽、河北等省取而代之。据统计，2001年年末，西部地区肉牛年末存栏为；5725.3万头，只占全国的44.6%，肉牛年末存栏名列全国前10位的省区有河南（1338万头）、四川（1022.2万头）、山东（1006.9万头）、云南（793.4万头）、广西（766.6万头）、河北（701.6万头）、贵州（671.4万头）、西藏（552.7万头）、安徽（528.4万头）、湖南（507.9万头）（详细数据见下表），西部畜牧业大区内蒙古和新疆排在全国第14和第16位，两区相加只占位居全国第一的河南省的51%；羊一直是西部地区牧业大区的优势畜种，但这种优势目前也正在被农业大省削弱，2001年末河南省羊存栏已经达到3120.1万只，和新疆只差644.8万只，和内蒙古差395.8万只。

②牲畜出栏。从出栏情况看，2001年西部地区当年出栏牛1242.6万头，仅占全国的30%。排名全国第一的河南省当年出栏的肉牛为621.3万头，是西部12省区出栏总和的一半，和内蒙古、新疆、青海、西藏、甘肃和宁夏6个省区的总和相差0.6万头，是牧业大区内蒙古的3.8倍；其次是山东省为461.8万头；排名第三的是河北省为453万头，新疆、内蒙古仅列第6、第7位，为179.3和161.3万头。安徽省阜阳地区10个县，每年出栏牛头数就接近内蒙古的2倍，1996年人均肉食占有量内蒙古列全国第18位，新疆列22位。新疆和内蒙羊年末存栏虽位居全国第一、第二，但当年羊出栏却落后于山东、河南省，比山东、河南少1000多万只。

③牲畜出栏率．出栏率的高低将决定饲养成本的大小，直接影响养殖效益。从当年出栏率看（当年出栏占年初存栏的比重），2001年全国牛出栏率为为32%，西部地区为21.5%，比全国低10.5个百分点，河北、河南、山东的出栏率分别是64.9%、46.3%和45.8%。羊出栏率2001年全国为74.8%，西部地区为53.1%，相差21.7个百分点，河北、河南、山东羊的出栏率分别达到92.6%、115.3%和105.8%，可见差距之大。

2001年全国畜牧业大省及西部地区牲畜出栏、存栏情况

地　区	当年出栏（万头只）		年末存栏（万头只）	
	肉牛	肉羊	肉牛	肉羊
全　国	4118.4	21722.5	12842.2	29826.4
西部地区	1242.6	8342.2	5725.3	15872.7
河　北	453.0	1934.7	701.6	2185.0
内蒙古	161.8	2146.5	301.1	3515.9
辽　宁	181.9	267.3	251.1	449.4
吉　林	282.1	272.8	454.6	359.3
黑龙江	159.2	266.6	478.2	567.8
江　苏	26.8	1433.6	59.1	1088.1
安　徽	205.0	906.7	528.4	720.9
山　东	461.8	3210.9	1006.9	2904.5
河　南	621.3	3132.0	1338.0	3120.1
湖　南	125.0	435.2	507.9	387.9
广　西	115.5	173.8	766.6	237.6
重　庆	41.2	182.6	170.6	168.7
四　川	207.0	1060.0	1022.2	1287.0
贵　州	55.9	179.2	671.4	350.0
云　南	137.1	368.6	793.4	838.3
西　藏	85.3	467.7	552.7	1728.9
陕　西	64.1	378.0	255.8	664.5
甘　肃	87.6	529.7	349.4	1172.9
青　海	89.3	485.9	401.3	1676.8
宁　夏	18.6	223.0	54.5	467.2
新　疆	179.3	2147.3	386.4	3764.9

(2)畜产品

①肉类总产量。2001年，西部地区牛、羊肉总产量为141.4万吨和136.4万吨，分别占全国的26.5%、49.8%。西部牧业大区牛肉产量远远落后于农业大省，新疆、内蒙古肉类总产仅列全国第9、第10位。由于受出栏数量的影响，新疆、内蒙古的羊肉产量仍然低于河南省，河北、山东紧逼其后，总产量仅差5～6万吨。

②人均占有量。过去西部牧业大区人均畜牧业产品产量在全国占有绝对优势，目前这种局面已经被打破，除了人均羊肉产量仍占绝对优势外，吉林省的人均牛肉产量、黑龙江的人均奶类产量，已经超过了青海、新疆和内蒙古，分别位居全国榜首。

2001年全国及西部地区畜牧业主要产品占有情况

地　　区	人口（万人）	牛肉产量（万吨）	羊肉产量（万吨）	人均牛肉（公斤）	人均羊肉（公斤）	奶类（万吨）	人均奶类（公斤）
全　　国	127627	532.8	274	41.7	21.5	1122.9	8.8
西部地区	36447	141.4	136.4	38.8	37.4	416.7	11.4
北　　京	1383	3.3	1.6	23.9	11.6	42.9	31.0
天　　津	1004	2.8	2	27.9	19.9	24.1	24.0
河　　北	6699	65.3	24.6	97.5	36.7	119.3	17.8
山　　西	3272	7.3	7	22.3	21.4	40.4	12.3
内 蒙 古	2377	21.8	31.8	91.7	133.8	109	45.9
辽　　宁	4194	25.8	3.4	61.5	8.1	26.6	6.3
吉　　林	2691	33.5	3.2	124.5	11.9	16.4	6.1
黑 龙 江	3811	27.1	3.5	71.1	9.2	192.4	50.5
上　　海	1614		0.7	0	4.3	26	16.1
江　　苏	7355	5.1	15.8	6.9	21.5	36	4.9
浙　　江	4613	0.9	2.6	2.0	5.6	17.6	3.8
安　　徽	6328	31.9	11.2	50.4	17.7	5.5	0.9
福　　建	3440	2.1	1.3	6.1	3.8	11.4	3.3
江　　西	4186	5.2	0.9	12.4	2.2	5.9	1.4
山　　东	9041	69.2	24.8	76.	27.4	90.4	10.0
河　　南	9555	83	32	86.9	33.5	30	3.1
湖　　北	5975	13.8	3	23.1	5.0	8.8	1.5
湖　　南	6596	13.5	6.1	20.5	9.2	1.8	0.3
广　　东	7783	5.2	0.4	6.7	0.5	10.4	1.3
广　　西	4788	9.8	2.5	20.5	5.2	2.1	0.4
海　　南	796	2.1	1	26.4	12.6		0
重　　庆	3097	4.4	1.9	14.	6.1	6.8	2.2
四　　川	8640	23.8	16.2	27.5	18.8	33.3	3.6
贵　　州	3799	7	4.2	18.4	11.1	2	0.5
云　　南	4287	12.8	5.8	29.9	13.5	17.1	4.0
西　　藏	263	8.5	5.7	323.2	216.7	23.1	87.8
陕　　西	3659	7.9	5.4	21.6	14.8	69.5	19.0
甘　　肃	2575	7.9	7.5	30.7	29.1	15.6	6.1
青　　海	523	6.4	7	122.4	133.8	22.8	43.6
宁　　夏	563	3.3	3.3	58.6	58.6	27.6	49.0
新　　疆	1876	22.2	37.5	118.3	199.9	87.8	46.8

③畜牧业对农业的贡献。西部地区畜牧业产值占农林牧渔业总产值的比重为33.7%，高于全国3.3个百分点，但比北京、天津、上海、河北、湖南、吉林分别低15.4、1.3、5.1、7.1、3.3和2.2个百分点(详情见下表)。

2001年畜牧业占农业总产值及比重

地　　区	农林牧渔业总产值(亿元)	牧业产值(亿元)	畜牧业产值占总产值的比重%	国内生产总值(亿元)	牧业产值占GDP的%
全　　国	26179.6	7963.1	30.4	95933.3	8.3
西部地区	5970.6	2012.7	33.7	18248.44	11.0
北　　京	214.1	105.2	49.1	2845.65	3.7
天　　津	169.5	60.8	35.9	1840.1	3.3
河　　北	1680.5	685.9	40.8	5577.78	12.3
山　　西	301.5	96.3	31.9	1779.97	5.4
内蒙古	555.9	216.2	38.9	1545.79	14.0
辽　　宁	1045.7	332.3	31.8	5033.08	6.6
吉　　林	659.3	236.4	35.9	2032.48	11.6
黑龙江	711	224.6	31.6	3561	6.3
上　　海	227.6	88.4	38.8	4950.84	1.8
江　　苏	1956.1	448.5	22.9	9511.91	4.7
浙　　江	1108	195.9	17.7	6748.15	2.9
安　　徽	1258.1	371.6	29.5	3290.13	11.3
福　　建	1061.6	215.5	20.3	4253.68	5.1
江　　西	790.3	226.1	28.6	2175.68	10.4
山　　东	2454	654.7	26.7	9438.31	6.9
河　　南	2102.8	693.8	33.0	5640.11	12.3
湖　　北	1172.8	352.6	30.0	4662.28	7.6
湖　　南	1283.1	480.3	37.4	3983	12.1
广　　东	1688	423.2	25.1	10647.71	4.0
广　　西	872.9	292.3	33.5	2231.19	13.1
海　　南	325.1	58.2	17.9	545.96	10.7
重　　庆	431.2	154.4	35.8	1749.77	8.8
四　　川	1466.8	605	41.2	4421.76	13.7
贵　　州	418.6	118.5	28.3	1084.9	10.9
云　　南	703.5	210.6	30.0	2074.71	10.2
西　　藏	52.8	23.9	45.3	138.73	17.2
陕　　西	478.8	114.1	23.8	1844.27	6.2
甘　　肃	344.6	80.9	23.5	1072.51	7.5
青　　海	63.3	32.5	51.3	300.95	10.8
宁　　夏	85.3	30.3	35.5	298.38	10.2
新　　疆	496.8	134	27.0	1485.48	9.0

④畜牧业对国民经济中贡献

西部地区畜牧业产值对国内生产总值的贡献率为11%，高于全国2.7个百分点，仅比河北、河南、湖南、吉林低1.3、1.3、1.1河0.6个百分点，但从绝对量上看，西部地区畜牧业总产值为2012.7亿元，只占全国畜牧业总产值的25.3%，和河北、山东、河南三个省（2034.4亿元）大体相当。河南省的牧业总产值（693.8亿元）是内蒙古的3.2倍，是新疆的5.2倍，比云南、西藏、陕西、甘肃、宁夏、青海、新疆7省区的总和（626.3亿元）还多67.5亿元。

⑤畜牧业对农民收入的贡献

由于西部地区农村第二、三产业不发达，所以农民从第一产业特别是畜牧业得到的收入相对较高。2001年西部地区农民从畜牧业得到的收入占农民家庭经营现金收入的比重为31.7%，比全国平均水平高出6.1个百分点，农民畜牧业收入在西部地区农民收入中占有重要的地位。

（二）潜力分析

改革开放以来，西部地区畜牧业取得了巨大成绩，生产条件得到改善，综合生产能力大幅度提高。目前西部地区的畜牧业已基本具备了年产1278.3万吨猪肉、141.4万吨牛肉、136万吨羊肉161.5万吨禽肉、283.2万吨禽蛋、205659万吨毛绒、416.7万吨鲜生产能力能力。但由于西部地区经济起步较晚，资源的利用率、畜牧业产品的科技含量低等方面的制约，畜牧业的优势还没有真正发挥出来，具有很大的发展潜力。

1. 资源优势

（1）草原畜牧业优势。西部地区拥有得天独厚的畜牧业资源优势。西部地区拥有分别占全国73%、35.6%的草原和草山草坡资源（其中天然草场面积占全国的84.5%），草原面积是耕地面积的5.6倍。全国五大牧区在西部，还有相当一部分水土好的缺水草场未得到利用，如位于全国五大牧区之首的内蒙古草原由20%的草场待开发。草地畜牧业应该是西部地区的一个优势，但是由于长期以来的乱挖、乱采和过度放牧，西部草场退化、沙化和碱化现象比较严重，草原产草量下降，载畜量降低，草地畜牧业的优势还没有很好发挥出来。但是自我国实施西部大开发以来，国家、地方和农户加大了对“三化”草原的治理，目前有的地方已经见到了成效，通过整治，西部地区草原将重现昔日“风吹草地见牛羊”风采，草原生产能力将会大大提高。

（2）农区畜牧业优势。西部地区土地面积占全国50%以上，耕地面积4957.3万公顷，占全国38%以上，农作物播种面积4889.5万公顷，占全国的30%，粮食总产量12273.2万吨，占全国的27%，有比较充足的牲畜饲料来源。但西部地区农作物秸秆利用率很低，如内蒙古农区半农半牧区每年约有300亿斤的农作物秸秆和农副产品可供饲养牲畜，但由于牲畜的饲养量小，大多数农作物秸秆被白白浪费掉，秸秆的综合利用率不到30%。西部地区如果将农作物秸秆和副产品充分利用起来，农区半农区的牲畜将能够增加1倍。所以农区畜牧业发展潜力巨大。

（3）未开发资源优势。此外目前，西部地区未利用土地面积有32.4亿亩，占全国耕地资源总量的88.2%，如果将这些为利用土地逐步加以开发，将对发展畜牧业作用不可估量。

（4）品种资源优势。西部地区地域辽阔，自然环境多种多样，经过长期的自然选择和人工选择，形成了各具特色的畜种资源，如内蒙古的鄂尔多斯白绒山羊、乌珠穆沁羊、新疆细毛羊、西藏牦牛等等，这些优良品种和特色品种为西部发挥特色优势提供了得天独厚的条件。

（5）环境资源优势。西部地区地形复杂，气候多样，导致农业立地条件复杂多样，是发展绿色农牧业和生产绿色食品的良好环境。对于发展以资源、气候、地理条件为基础的特色农牧业提供了天然环境。如内蒙古已初步形成毛绒制品、牛奶、牛羊肉、皮革等特色产业系列，一批闻名遐尔的畜产品、特色产品、绿色产品正在内蒙古大地崛起。西部地区在发展阳光农业、沙漠绿洲农业方面也有绝对的优势。

2. 政策优势

进入新世纪以来，党中央、国务院明确提出要把西部开发摆到头等位置来抓。国家先后出台了一系列政策，鼓励、扶持、加快西部地区经济的发展。对于西部地区和的生态问题，中共中央非常重视，要求当作重中之重来抓，制定了退耕还林还草、生态建设政策措施。根据西部地区草场退化、沙化、盐碱化的现实情况，国家动用专项治理资金，进行草原生态治理、建设和保护，各地在保护草原资源，维护草原生态平衡的基础上，以草定畜，按草饲养，均衡发展，实现畜牧业的可持续发展，同时鼓励农民大力发展农区畜牧业。西部地区各省区也相应出台政策，如内蒙古在严格执行国家生态环境治理政策的基础上，实行了“划区轮牧”、“舍饲圈养”、“围封转移”等政策措施，同时从 2002 年起 5 年内免收牧业税，这些政策的实施既减轻了草原的压力，使草原得以休养生息，同时，又促进了畜牧业的发展。同时积极鼓励发展农区畜牧业，对于奶牛养殖户给与资金、技术等方面的支持，农民畜牧业养殖的积极性空前高涨，农民从畜牧业得到的收入逐年提高。

3. 发展目标

我们运用移动平均预测法对 2003～2020 年畜牧业主要数据进行预测推算，并将其作为中长期发展目标。具体预测数据见下表。

(1)推算基础数据：

1998 年～2001 年全国及西部地区畜牧业主要指标

	单位	1998 年		2001 年	
		数据	占全国比例%	数据	占全国比例%
全国畜牧业产值	亿元	3984.5	—	4705.6	—
西部畜牧业产值	亿元	983.1	24.7	1166.8	24.8
产值构成	%	29.0	—	33.7	—
出栏猪	万口	14818.5	29.5	164450	27.0
出栏牛	万头	833.2	23.2	1242.6	30.2
出栏羊	万只	5013.3	29.0	8342.2	38.4
肉类产量	万吨	1427.8	24.9	1750.5	27.6
#猪肉	万吨	1099.7	28.3	1278.3	30.5
牛肉	万吨	91.1	19.0	141.4	25.8
羊肉	万吨	77.5	33.0	136.4	46.6
牛奶	万吨	208.2	31.4	381.0	37.2
羊毛	万吨	17.8	57.6	19.8	59.6

(2)推算结果：

2005 年～2010 年西部地区畜牧业主要指标预测

	单位	2005 年		2010 年		2020 年	
		数据	占全国比例%	数据	占全国比例%	数据	占全国比例%
全国畜牧业产值	亿元	5778	—	7119	—	9801	—
西部畜牧业产值	亿元	1441		1784		2470	
产值构成	%	140.1	—	48.1	—	64	—
出栏猪	万口	18767		21670		27474	
出栏牛	万头	1597		2837		4608	
出栏羊	万只	14515		22232		37665	
肉类产量	万吨	2243		2858		4089	
#猪肉	万吨	1541		1870		2527	
牛肉	万吨	231		342		565	
羊肉	万吨	250		391		674	
牛奶	万吨	721		1146		1996	
羊毛	万吨	23		26		33	

四、畜牧业发展成功地区实证案例分析

内蒙古是全国最大的畜牧业生产基地。全区拥有天然草地13.2亿亩，占全国草地面积的27%，其中可利用草场面积10.3亿亩，占全区土地面积的60%左右。由于长期以来，内蒙古自治区努力转变畜牧业经营方式，下大力气狠抓牧区的基础设施建设，增强畜牧业发展的后劲，保证了畜牧业的持续稳定发展。目前，内蒙古畜牧业已基本具备了年成产75万吨猪肉、20万吨牛肉、34万吨羊肉、28万吨禽蛋、6.5万吨羊毛、4530吨山羊绒、165万吨鲜奶的生产能力，年度牲畜总增保持在2700万头只，总增率达到39%，畜牧业综合生产能力跃居全国五大牧区之首，成为我国绿色畜牧业的重要基地。内蒙古畜牧业持续稳定发展的主要经验是：

（一）在稳定发展草原畜牧业的基础上，以农区畜牧业为重点，促进效益型畜牧业的发展。在内蒙古的畜牧业中，农区和半农半牧区的畜牧业占有重要地位。"十五"初期，内蒙古对发展农区畜牧业采取了政策引导的措施，比如减免税政策，以财政补贴方式扶持示范户、示范村等政策，引导农民走上种粮养畜的良性循环轨道上来，为促进内蒙古效益性畜牧业的发展，奠定坚实的基础。目前，农区和半农半牧区的牲畜头数占全区牲畜总数的60%左右，农区和半农半牧区的畜牧业产值约占全区牧业总产值的50%以上。内蒙古农区和半农半牧区每年有约300亿斤的农作物秸秆以及农副产品可供饲养牲畜，利用丰富的饲草料资源，内蒙古大力扶持农区畜牧业，实行舍饲圈养，加快农作物秸秆的转化，促进种植业与畜牧业的良性循环。据有关部门初步测算，目前内蒙古农作物秸秆的综合利用率接近30%。在牧区，内蒙古实施划区轮牧、休牧，这些政策的实施，缓减了草原超载和生态压力，加快了牲畜出栏。为了弥补由于舍饲圈养和轮休牧、草原维护造成的畜牧业费用增多副作用，内蒙古政府出台了在5年内免收农牧民牧业税的政策，农牧民的牧业收入不但没有由于舍饲圈养减少，反而有所增加。

（二）大力推广"种畜工程"，提高畜产品质量。内蒙古是全国开展牲畜改良工作最早的地区之一，从1951年起就引进国内外优良种畜对当地牲畜进行改良，已经培养出三河牛、草原红牛、科尔沁牛、三河马、乌珠穆沁马、乌珠穆沁肥尾羊、敖汉细毛羊、鄂尔多斯细毛羊、内蒙古白绒山羊、阿拉善驼、乌兰哈达猪、河套大耳猪等优良畜种。到目前为止，大小畜的良种及改良种比重已达64%，取得了显着的成效。"十五"期间内蒙古在全区范围内大力推广"种畜工程"，加快优良品种的培育和改良，提高牲畜个体和群体生产能力。实行户养为主，适度规模，区域推进，培育和建立一批具有一定规模、管理先进、品质优良、效益较高的现代畜牧业基地，使畜牧业产值增长中的科技含量达到40%左右，取得明显的经济效益和社会效益。

（三）强化畜牧业生产基地建设，加速内蒙古畜牧业由传统型向现代型转变。为了稳定促进畜牧业商品生产的发展，内蒙古从1986年开始，有重点地在一些资源条件优越，畜牧业比较发达的地区进行畜牧业生产基地建设。一是开展了商品牛基地建设计划。建设的主要任务是加快品种改良，提高母牛的繁殖成活率和商品肉牛的活重及奶牛的产奶量，生产优质牛肉和牛奶，形成了具有一定规模的牛肉、牛奶集中的商品产区。二是在适于养羊业的地区进行商品羊基地建设。经过12年的建设，到目前为止已投资建设各类畜牧业商品生产基地旗县46个，累计投资达3000万元。畜牧业生产基地建设对推动内蒙古畜种改良，提高畜群质量，增加畜产品产量，提高农牧民收入，加速畜牧业走向市场发挥了巨大的作用。

"十五"期间内蒙古又提出了重点应抓三个基地的建设，一个是以锡盟东部的西乌旗、东乌旗、乌拉盖，通辽市的霍林河、扎鲁特旗，兴安盟的科右中旗为主要地区的东部基地。充分利用该地区牧场条件好，玉米及秸秆资源丰富的优势，加强良种肉牛和乌珠穆沁肥尾羊基地建设，加快通辽市余粮堡、大林的牲畜交易市场发展。发挥金锣、兴发、远大等企业集团的优势，使这个地区成为辐射整个东北地区的肉类生产、加工、销售基地；另一个是以锡盟南部的太仆寺旗、正蓝旗、正白旗、多伦县形成的以个体为主的屠宰冷藏运销基地，向京、津、张地区提供鲜肉；第三个是以锡盟苏尼特右旗肉联厂为中心的肉类深加工基地。通过畜牧业生产基地的建设，扩大畜牧业生产能力，提高畜产品的产量和质量，增强内蒙古畜牧业的防灾抗灾能力，加速内蒙古畜牧业由自给、半自给经济向商品经济转变，由传统畜牧业向现代畜牧业转变。

（四）延伸畜产品加工链条，把资源优势变为经

济优势。改革开放以来，特别是“八五”以来，内蒙古畜牧业综合生产能力大幅度提高。目前牧业年度牲畜总头数已达到7100万头(只)，已具备年产120万吨肉类和6.5万吨毛绒的综合生产能力。人均肉、蛋、奶占有量远高于全国平均水平。在畜牧业综合生产能力提高的同时，内蒙古的畜产品加工能力也得到增强，龙头企业正在崛起。到目前已形成了肉类、乳品、纺织、服装、皮革皮毛等重点畜产品加工行业，全区乡及乡以上农畜产品加工企业达4588户，形成年加工能力，主要有：鲜奶69万吨，毛纺8.67万锭，羊绒纱3000吨，制革220万(标准)张)，冷冻冷藏肉9万吨、畜肉制品1.9万吨、禽肉制品2万吨。肉类、鲜奶、毛绒等畜产品率分别达到64.1%、59.6%、84.2%，农畜产品加工业增加值达到50.2亿元，占全区工业增加值总额的22.2%。一批大型农畜产品加工龙头企业在市场竞争中不断壮大，优质名牌产品的国内外市场占有率逐步提高。以鄂尔多斯集团、鹿王集团、伊利集团、仕奇集团、兴发集团、东宝皮业集团等为代表的羊绒制品、乳品饮品、高档服装及面料、禽类饲养加工、皮革制品加工企业，对周围地区的辐射带动作用不断增强，极大地促进了内蒙古的农牧业产业化的发展。

另外，也应该看到，从总体上讲，内蒙古畜产品加工转换能力还比较低，规模生产不够；产业链条短，资源利用还不充分，产品关联度小；具有规模效益的龙头企业少，带动能力弱。“十五”期间，要继续在畜产品深加工方面下功夫，重点抓好奶业产业化系列、肉类产业化系列、羊毛产业化系列、羊绒产业化系列和皮革皮毛产业化系列。与此同时，大力培育龙头企业。龙头企业不能由行政命令来指定，而应该在市场竞争中形成，政府予以必要的引导和支持。畜牧业是内蒙古的基础产业和优势产业，发展畜产品加工具有很大的潜力和广阔的市场。要实现从畜牧业大区向畜牧业强区的转变，关键是提高畜产品加工转换能力，推进产业化进程，发展符合内蒙古实际的特色经济，使之成为内蒙古主要的新经济增长点。

(五)加快培育农畜产品市场体系，构建多层次、多功能的农畜产品市场网络。“十五”以来，内蒙古加速培育农畜产品市场体系。首先从解决解决认识问题入手，改变重生产、轻流通的传统认识。进一步深化农畜产品流通体制改革，建立和完善包括农畜产品批发交易市场、生产资料市场、资金市场、劳动力市场、技术信息市场在内的农村牧区市场体系。发展多层次的市场流通组织，包括“龙头”企业的购销公司、外贸专业公司、农村牧区贩运组织、农民联合运销组织、专业批发销售组织等。立足内蒙，服务全国，构建布局合理、功能齐全、特色明显、服务上乘的农畜产品市场体系。

五、畜牧业发展对西部地区实现全面小康的贡献预期

党的十六大提出了全面建设小康社会的宏伟蓝图，我们认为根据西部自身实际，西部畜牧业的发展必然会在西部全面小康社会的建设过程中担当重要角色。根据未来20年西部地区畜牧业发展的基本目标，这里就西部畜牧业发展对该地区全面建设小康社会进程的贡献程度做初步预期。

(一)目标预期的原则

预期西部畜牧业发展对全面建设小康的贡献程度，应遵循“积极进取、求真务实”的原则。积极进取，就是在目标确定上，既要承认农民收入与全国存在的差距，又要看到实现收入增长的巨大潜力，目标的确定既能够加深人们的紧迫感，同时又能坚定摆脱落后缩小差距的信心。务真求实是指目标要避免脱离实际，盲目追求高速增长而最终导致欲速不达的结果。

(二)目标预期的方法

根据以上原则，预期西部畜牧业发展对全面建设小康的贡献程度主要采用以下两种方法：

1. 以西部地区实现全面小康为目标

农民人均纯收入是全面小康指标的核心指标，目前具体的指标值国家尚未确定，假定以中等发达国家程度的3000美元为目标，不考虑汇率变化因素，则为约24000元人民币。以目前西部地区农民收入平均约2000元的水平，达到这一目标需依赖年均约16%的增速，则畜牧业的发展必然需要更快的速度，这显然是不符合实际的。由于指标值未定，这种方法的不确定因素较多，因此很难作出较为实际的预期。

2. 运用比例、速度法，以西部畜牧业较快发展为预期前提，确定各期目标值

从近些年的发展实际来看，西部畜牧业优势明显，潜力巨大，这是显而易见的，特别是近年来西部地区一批畜牧业产业化龙头企业的崛起更证实了这一点。因此未来西部畜牧业，在地区农业及全部

经济总量中的比重不断增加是完全有可能的，为此，考虑到现实绝对量、增速及权重，以2001年现价为基数，剔除价格因素，我们作如下初步预期：

西部地区畜牧业对农业总产值、国内生产总值及农民人均纯收入中长期贡献预期表

单位：万元、元、%

年　份	2001	2005	2010	2020
畜牧业产值	2012.7	2450	3360	5625
农业总产值	5970.6	7000	8400	12500
畜牧业产值占农业总产值的比重	33.7	35	40	45
国内生产总值	18248.4	25758	37846	74448
畜牧业产值占国内生产总值的比重	11	9.5	8.9	7.6
农牧民人均纯收入	1750	2400	3700	9600
畜牧业纯收入	600	840	1480	4320
畜牧业纯收入比重	30	35	40	45

六、推动西部地区畜牧业健康发展，加快西部农村全面小康进程的对策构想

从国际国内农业发展的实践来看，未来畜牧业在农业中的比重必然要占据主导地位，特别是对于我们这样一个人口众多的大国，畜牧业发展潜力是巨大的，畜牧业在农村实现全面小康的过程中作用也是非常重要的，特别是对于西部地区而言，作为全国的畜牧业基地的重要地位也是不容置疑的，因此采取切实对策，大力推动西部地区畜牧业的发展，充分发挥畜牧业在西部地区农村建设全面小康社会过程中的重要作用，实现预期目标十分必要。推动西部地区畜牧业的发展必须从产业政策、区域政策、发展环境、技术保障、制度创新等方面采取综合措施。

（一）加强政府宏观调控，确立西部地区畜牧业发展的中长期发展战略，切实保障西部地区畜牧业的稳步发展。国家应确立西部畜牧业发展的重要地位，加大对西部畜牧业发展的支持力度。各级政府要真正认识到西部地区畜牧业发展的巨大潜力和优势要紧紧抓住西部大开发的良好机遇，制定本地区畜牧业发展的产业政策，在稳定种植业的前提下将发展畜牧业置于优先地位；通过各种优惠政策吸引人才和资金加大对西部地区畜牧业发展的支持力度，促进畜牧业向精、深方向发展；要积极发展和培育畜产品市场，不断完善市场体系，进一步理顺畜产品流通秩序，保障生产者之间有公平的市场竞争环境。

（二）促进西部地区畜牧业产业化经营，提高畜牧业的质量和效益。要跳出长期以来片面重视畜产品产量的圈子，把提高产品质量放在第一位；通过优化畜群和畜种结构、优化草业结构，促进不同经济类型区畜牧业的协调发展，实现畜牧业经济结构的合理调整；要坚持以市场为导向，加强对初级产品的精深加工，全面提高畜产品的质量和档次，提高畜产品的附加值，提高产品的竞争力。要不断提高畜牧业的商品化、专业化、集约化水平；要改变长期以来畜产品生产、加工、销售三个环节相脱节的状况，大力推进畜牧业产业化经营，现阶段应积极推行“公司＋农户”的经营模式，积极扶持畜牧业产业化龙头企业的发展壮大；政府在产业结构调整中应把工作重点转移到为调整产业结构提供指导和服务上来，大力推进畜牧业社会化服务体系建设，加快建立畜产品市场信息、食品安全和质量标准体系促进畜牧业经济结构调整，提高畜牧业的质量和效益。

（三）走农牧结合之路，促进西部农村牧区畜牧业的协调发展。西部具有广袤的草原，包含了我国全部的草原畜牧业，同时也具有广大的农区，具备较强的种植业优势。实践证明，农牧结合，互利互补是畜牧业健康发展的重要基础，牧区繁育，农区育肥，农区为牧区提供饲草料支持形成互为补充的合力能够更好促进西部畜牧业的发展。随着草原生态的日益恶化和畜牧业对农村经济发展影响程度的明显增强，发展农区畜牧业意义更加重大。由于农区具有丰富的饲草料资源，而与其毗邻的广大牧区又有大批缺草少料的仔、幼畜群，为农区畜牧

业提供了良好的发展基础，因此农区畜牧业蕴藏着巨大的发展潜力。对于农牧区兼备的西部省份应特别重视农牧区畜牧业并举，政府主管部门应制定有利于农牧区畜牧业协调发展的相关政策，积极加以引导。

（四）加大科技投入，提高畜牧业科技贡献率。政府要加大用于畜牧业科技研究和技术推广方面的经费开支，使这些机构有足够的研究经费开展研究。同时要充分重视利用牲畜繁育改良、科学饲养、草场保护等方面的现有技术成果，加大畜牧业实用技术的推广普及力度，通过提高牲畜的个体产出率和畜产品品质实现经济效益的提高。在深化畜牧业科技管理体制的改革中，要改变目前畜牧业科技力量薄弱，大中城市人员相对集中、人才闲置浪费的状况，积极鼓励畜牧业科技人员在实践中实现科研成果的经济价值和社会价值。

（五）实施名牌战略，积极参与国际国内畜产品市场竞争。经过多年的改革与发展，我国农业已经进入了新的发展时期，特别是在加入 WTO 的情况下，农业将直接面对国际市场的激烈竞争和强力冲击，对于我国畜牧业的发展将是机遇和挑战共存。根据多数专家的分析，我国的畜牧业比较优势强于种植业，在国际市场上具有较为明显的比较优势。目前，我国猪牛羊肉的生产成本均低于国际市场，其中猪肉低 50%，牛肉低 80%，羊肉低 50%，所以加入 WTO 以后，可望通过增加出口而受益。而西部地区在畜牧业发展上有着得天独厚的优势，特别是草原畜牧业提供的牛、羊肉，以其肉质鲜美、营养丰富享誉国内外，近年来西部乳业的发展也已经占据国内市场的主导地位，要充分利用入世之机，积极倡导和开发名牌产品，打好西部省区畜产品的“绿色牌”、“品质牌”，在畜产品精深加工方面花大力气，增加品种，提高质量和卫生标准，以科技为先导，市场为导向，力争使西部地区的特色品种品牌在占据国内市场的同时，在激烈的国际畜产品竞争中也占有一席之地。在推动西部外向型畜牧业的发展过程中应主要采取以下措施：

1. 按国际标准加强西部地区“绿色产品”认证工作，以开拓市场潜力。2. 加强畜牧业生产环境、生产过程、加工工艺等的环保检测，保证我国鲜活畜产品符合无污染、安全、卫生和营养等标准。要积极参与国际标准互认并与各国签订互认协议以取得我国畜产品通往国际市场的通行证，为消除绿色贸易壁垒服务。3. 制订和实行我国具有权威性的检疫标准体系。加强检疫工作，提高出口畜产品的动物检疫、安全和卫生检疫水平，促进“绿色”标准的形成。4. 强化出口商品环境标志认证工作，加强出口畜产品的检疫、检测工作，限制污染、破坏环境和不符合检疫检测标准的产品出口。

（六）积极推动西部地区畜牧业的规模化经营。目前，畜牧业发展不仅受自然制约，还受到国内国际两个市场的影响。无疑，畜牧业规模化经营将是市场经济发展的必然趋向，也是市场经济发展的客观需求。一是质量安全成为普遍关注的焦点。加入世贸组织之后，畜产品质量安全和标准化生产已摆上重要的议事日程，千家万户分散饲养为主体的生产方式显然不能适应畜牧业质量建设的要求。二是生产经营主体发生变化。一方面，从事传统散养方式的农户大多属于兼营农户，缺少技术专长，他们会逐步向自己专长的优势产业集聚，使得散养户的总量逐步减少；另一方面，随着养殖专业大户、农村经纪人不断扩大生产经营规模，一部分外出务工经商的农民在初步完成资本积累后投资畜禽养殖，特别是“三资”进军开发畜牧业，已经形成一支发展规模化经营的生力军，为畜牧业规模化经营注入了活力。三是散养户将逐步丧失物质基础和社会条件。在农业结构调整过程中，农户大量压缩粮田，农民自有饲料粮将会减少，使传统畜禽养殖以千家万户为主体的生产格局逐步失去其物质基础；农村小城镇建设步伐加快，农村卫生环境将极大改善，千家万户散养方式因不适应农村社会发展而会逐步被淘汰。由此可见，适时推进畜牧业规模化经营十分必要。当前推进西部地区畜牧业规模化经营应突出三个发展重点：一是突出重点区域。根据目前西部地区畜牧业区域经济发展水平和特征，实施不同的主攻方向。西南省区具有养猪业的明显优势，应首先发展养猪业的规模经营；大中城市近郊区等经济发达地区社会经济、文化和科技发展水平较高，基本实现了农村劳动力向工业和第三产业的转移，劳动力数量相对不足，用工成本较高，应重点发展禽肉、禽蛋规模生产，有条件的地区也要强化乳业的规模经营；西北部省区是提高全国畜产品卫生质量的重点区域，项目实施目标是生产无污染、无残留、无公害“绿色”畜禽产品并最终与国际标准接轨，依据其畜牧业生产的传统优势，应重点发展草食肉畜和乳牛养殖规模经营。二是突破重点行业。产业关联度高、产业化运行质态良好的奶业、肉鸡业、畜禽良种业一直是规模化经营水平较高的行业。如种畜禽生产企业依托种质资源、生产技术和管理水平的优势，不断向畜禽商品生产、销售市场乃至产品加工等领域渗透和延伸，将种质资源的核心技术和品牌价值在整个产业链中得到体现并产生经济效益，畜禽良种业产业化、规模化、集约化具有良好的基础条件。三是探索实现形式。各地要根据经济发展水平积极探索提高规模经营水平的有效形式，既可以积极发展大型养殖企业，实行工厂化、集约化生产，也可以统一规划建设养殖小区，在充分尊重农牧民生产经营自主权的前提下，形成与经济发展水平相适应的适度规模生产经营模式，促进传统饲养向标准化生产转变。

（七）广辟饲料资源，加大饲料资源的开发力度。饲料是畜牧业发展的物质基础，是畜牧业发展的不可替代的资源。畜牧业的发展，必须充分挖掘潜力，广辟饲料资源，加大饲料资源开发的力度，发展节粮型畜牧业，改变传统的粮经“二元”结构的种植制度，建立粮、经、饲“三元”结构的种植制度，正式将饲料作物纳入农田种植制度中去，提高它的地位和产量。引进与推广饲料玉米、苜蓿等高产饲料作物，逐步把一部分籽粒玉米改为青贮及籽实兼用玉米。按照这种设想，未来西部地区将不断增加饲料作物的种植面积，将饲料作物种植置于应有的地位。重视开发与利用糠麸、饼粕等蛋白质饲料资源，以开发利用植物性蛋白饲料为主，动物性蛋白饲料为辅，积极抓紧氨基酸添加剂、非蛋白氮和单细胞蛋白等工业饲料的开发与利用。要把饼粕饲料的开发与利用放在首位，特别是提高菜籽饼与棉籽饼的利用率。加快西部自身饲料工业和饲料原料工业的建设，首先要重点解决好各种饲料添加剂和工业饲料蛋白质的生产，使配、混合饲料的产量达到一定规模，为西部畜牧业的健康发展奠定基础。

（八）保护资源、环境，积极推行生态畜牧业，走可持续发展之路。西部地区虽然具有发展畜牧业的明显优势，但西部省区整体生态环境的脆弱也是有目共睹的。多年来，我国畜牧业的较快发展是以大量资源消耗的粗放经营为特征的传统发展模式来实现的，造成了对自然资源的不合理利用，导致生态环境的恶化及失衡。我国政府已将可持续发展作为今后经济发展的一项基本国策，特别是把生态保护建设作为西部开发的战略重点之一，因此，今后西部畜牧业的发展绝不能以牺牲环境为代价，要始终坚持走可持续发展的道路。在实施畜牧业可持续发展战略中，必须坚持与经济建设、环境建设同步发展为指导，遵循经济效益、社会效益、环境效益相统一的原则。既要合理地利用自然资源发展畜牧业，又要在大力发展畜牧业的同时，保护自然资源，维护生态平衡，保证畜牧业资源的永续利用，实现西部畜牧业的可持续发展。一是要防止资源的过度消耗，对于草场超载严重的地区要通过行政手段加以限制，保护畜牧业资源，坚持建设养畜。二是要加大对西部农村牧区生态环境的保护力度，坚决禁止草原开荒及其他破坏草原的行为。三是推进西部地区畜牧业的集约化经营，通过实现畜牧业的集约化经营减轻西部农村牧区的环境压力。四是积极发展生态畜牧业，进一步加强以保护草原生态为重点的畜牧业基础设施建设。草原生态建设必须坚持保护与建设并举、以保护为主的原则，通过围封轮牧、休牧和必要的人工补种等途径，加大天然草场保护力度，使其恢复自然生态。对草原退化、沙化严重的地区，坚决实行禁牧、休牧。对半农半牧区，全面实施退耕还林还草战略，特别是要抓住国家实施沙源治理、天然草原保护、退耕还林还草、牧草种子基地等重大生态建设项目的机遇，充分发挥这些龙头项目的示范辐射作用，以旱灌为主，旱生固沙植物为主，围封和保护为主，因地制宜，宜林则林，宜草则草，促进西部生态和畜牧业向良性发展。

倾听农民呼声　谋划小康良策

——全省 1530 户农民家庭问卷调查评析

辽宁省农调队

建设全面小康，重点在农村，难点在农民。为了更好地贯彻落实党的十六大提出加快农村建设全面小康的目标、任务，力争在辽宁农村提前实现全面小康，为各级党政领导指导农业和农村工作提供真实可靠的第一手资料，我们从全省 51 个县市(市、区)中随机抽选出 1530 户农民家庭，对建设全面小康的内容、目标等相关问题，进行了大规模的入户专题调查。入户问卷调查回收率达到 100%。调查结果显示，农民盛赞党的十六大规划的宏伟蓝图，企盼早日实现全面小康，但存在诸多的制约因素和问题，应切实加以解决。

一、农民基本知晓全面小康内容，宣传还未完全到位

党的十六大提出建设全面小康的宏伟目标，表达了亿万农民群众的心愿，引起强烈反响。当问及您是否了解全面小康的主要内容时，有 31.7%的农民回答了解，有 48.7%的农民回答了解不够多。尽管农民的文化程度不同，都能按照自己的理解表述，喀左县有的农民反映："农民收入水平达到小康规定的标准，物质文化生活丰富，农村医疗卫生状况明显改善，农村教育质量大大提高，社会治安状况明显好转"；苏家屯区有的农民反映："农村社会保障健全，衣食住行改善，人的身体健康，天蓝、地绿、水清、路畅"；于洪区有的农民反映："农村应该搞许多个绿色食品基地，加上 80%的农田作业实现机械化，减轻体力劳动"；新民市有的农民反映："我心中的小康，是家家有小车的小康"。有的农民还对如何实现全面小康提出了自己的看法和意见，新城子区有的农民反映："乡镇、村应有建设全面小康的规划才行"；东陵区有的农民反映："实现全面小康，需要党和人民做许多艰苦细致的工作。要抓紧时间，不能再耽误了，不能光说不做"；调兵山市、康平县有的农民反映；"要有一个过硬的村领导班子，全心全意带领老百姓埋头苦干，才能实现全面小康"。但是，在调查中还有 19.6%的农民对建设全面小康的主要内容不了解，盘山县有的农民反映："我们对全面小康的具体内容不知道，看不到报纸，也无人给我们宣传和传达"；法库县有的农民反映："咱文化水平低，究竟建设全面小康有啥内容说不清"。可见，对党的十六大提出建设全面小康的宣传，还未完全到位，还有许多死角。各级政府和新闻、宣传部门应进一步加大宣传贯彻力度，做到家喻户晓，人人皆知。

二、收入增加情况不一，继续增收难度大

农民收入是小康监测中起主导作用的指标，而农民收入增长缓慢是当前乃至今后一个时期农村经济发展的一大难题，也是各级党委和政府极为关注的重要问题。当问及您家人均纯收入 2002 年比 2001 年是否增加时，有 43.9%的农民回答是增加的，有 38.2%的农民回答是持平的，有 18%的农民

回答是减少的。当问及农民收入减少的主要原因时，北宁市有的农民反映：“自然灾害严重，农产品价格偏低，卖不上钱”；盘山县有的农民反映：“供不上水，造成水稻减产”；开原市有的农民反映：“粮价、菜价下降，而种子、化肥、农药、水电费等价格居高不下，有的还涨价，造成减收”；宽甸县有的农民反映：“发展西、甜瓜生产，由于技术不当，而减产减收”；昌图县有的农民反映：“养牛、养猪、养禽不象前些年那么红火了，效益降低”；新民市有的农民反映：“外出打工没有找到打工单位，空手而归”；法库县有的农民反映：“搞运输，路上乱收费严重”。当问及您家今后增加收入的打算和困难时，铁岭县有的农民反映：“想调整农业结构，但方向不明确，订单农业也不兑现”；大洼县、盖州市有的农民反映：“发展高效农业、特色农业，困难是缺资金和解决销路问题”；辽中县有的农民反映：“大搞新特奇农业，发展花卉和甜玉米生产，需要有人指导”；建昌县有的农民反映：“大力发展林、果业，技术上的困难不能解决”；北票市有的农民反映：“政府应组织农民劳务输出，防止上当、受骗现象发生”。还有一些农民对今后的增收尚无好的打算和具体措施，或者处于观望状态，瓦房店市有的农民反映：“没有措施，听天由命”；新民市有的农民反映：“调整农业结构不会调整，别人怎种，自己就怎种，村里也没计划，自己随大流”；辽阳县有的农民反映：“没有能力，缺资金，无从下手”；凤城市有的农民反映：“想发展，就是没有项目，农副产品不值钱”。因此，政府有关部门，要关注农民的实际困难，在资金、技术、信息和销路上给予大力扶持。引导农民加快结构调整步伐，提高农产品质量，并实现多次增值。抓住我国加入 WTO 的有利机遇，增强国内外市场竞争能力，是解决农民增收的当务之急。

三、业余文化生活不丰富，“三下乡”内容形式有待改进

当前一些农村业余文化生活的内容贫乏，直接影响了农民的素质提高。当问及您对农村业余文化生活评价时，有 41.1％的农民回答满意，有 46.1％的农民回答一般，有 12.9％的农民回答不满意。当问及不满意的主要问题和建议时，朝阳县有的农民反映：“我们这里没有业余文化生活，没有图书馆和阅览室，也看不到电影”；凤城市有的农民反映：“业余文化生活太单调了，就一个电视，大年三十晚上还未转播中央电视台的春节文艺晚会，群众意见很大”；康平县有的农民反映：“业余时间主要是打麻将、看纸牌，喝酒解闷等”；海城市有的农民反映：“由于业余没事干，造成赌博成风，打架斗殴，封建迷信抬头”。为此，农民迫切希望丰富和活跃农村业余文化生活，普兰店市有的农民反映：“应建有村级文化设施和文娱活动场所”；喀左县有的农民反映：“应多搞一些秧歌、小演唱、大鼓书等老百姓喜闻乐见的节目”；长海县有的农民反映：“多搞些歌咏、体育比赛，乘凉晚会和老年活动室等”。

“三下乡”（文化、科技、卫生）活动，自开展以来，受到农民的欢迎，也起了一些作用，但也存在一些问题值得注意。当问及您对“三下乡”活动的评价时，有 43.6％的农民回答满意，有 41.8％的农民回答一般，有 14.6％的农民回答不满意。当问及不满意的主要问题和建议时，开原市有的农民反映：“从未见过三下乡活动，只是在电视里见过”；连山区、清原县有的农民反映：“三下乡是流于形式，华而不实，录完像就走”；凌海市有的农民反映：“三下乡摆花架子，走过场，没落到实处”。希望各级政府的有关部门和科研院所在组织“三下乡”活动时，一定要认真安排，落到实处，使老百姓真正受益。

四、急需学到农业科技，培训力度必须加大

发展农村经济，切实增加收入，特别是我国加入 WTO 后，农民更加迫切需要掌握农业科技，提高农产品的科技含量，增强在国际市场的竞争能力。当问及您对目前农业科技培训的评价时，有 45.8％的农民回答满意，有 42.6％的农民回答一般，有 11.6％的农民回答不满意。当问及不满意的主要问题时，清原县有的农民反映：“一年到头也没有人来进行农业科技培训”；西丰、铁岭县有的农民反映：“我们盼望学到农业科技知识，早点致富，就是没有人在村一级搞培训”；凌源市有的农民反映：“搞培训要扎扎实实，不要老在大街上摆样子”；昌图县有的农民反映：“上面没有人下来教农民，也缺资料书，很难学到技术”；新城子区有的农民反映：“农村土地缺少化验，到底缺什么元素，也不知道，因为我们不懂技术”；宽甸县有的农民反映：“培训太少，偶尔培训一次，内容也不对路，浮浅、陈旧”。一些农民还对培训提出了建议，于洪区有的农民反映：“培训要对号入座，建议要下村里培训，要具体针对本村的品种、项目培训”；抚顺县有的农

民反映："希望能得到最新的、一看就明白的农业科技书"；北宁市有的农民反映："讲太深奥的理论我们听不懂，最好在现场教，边讲边操作，易于掌握"；庄河市、辽中县有的农民反映："应请有成就的专家讲课，并坚持经常性、实用性"。各级政府部门和科研院所，应采取多形式、多渠道，认真协调和组织，对农民包教包会，不能走过场。农业科技推广部门要切实加大推广力度，使农民真正掌握先进、适用的农业科技。

五、医疗状况令人堪忧，教育质量上不去

在调查中发现，虽然多数农村都有治病医疗的卫生院、诊所和站点，但普遍存在着医疗设施简陋、陈旧、不规范和医护人员技术差的问题，特别是贫困和边远地区仍然存在着看病难的问题。当问及您对农村医疗卫生状况的评价时，有 42.9%的农民回答满意，有 43.2%的农民回答一般，有 13.9%的农民回答不满意。当问及不满意的主要问题和建议时，苏家屯、旅顺口区有的农民反映："卫生设备简陋，诊治水平低，卫生所只能给小孩打防疫针，别的什么病也看不了，农民就医没保障"；辽阳县有的农民反映："看病难，药价太贵，看不起，看大病更难，得上大病只有等死"；宽甸县有的农民反映："农村假药泛滥，无照行医(土郎中)太多，乱行医，有误诊事件发生"；凌海市有的农民反映："个体诊所医生水平低，建议恢复农村卫生院，政府增加卫生投资，改善医疗条件和整顿医生队伍"。医疗问题直接关系到老百姓的切身利益，有关部门应把加强农村公益设施建设作为农村工作重点来抓。

提高农民的文化科技水平，普及和加强农村教育至关重要。在被调查户中，农民的文化程度仍然很低，大专以上文化程度的仅占 3.3%，而小学文化程度和文盲、半文盲的却占 18.6%，根本不适应农村建设全面小康的需要。当问及您对农村教育状况的评价时，有 50.8%的农民回答满意，有 35.3%的农民回答一般，有 13.9%的农民回答不满意。当问及不满意的主要问题和建议时，海城市、黑山县有的农民反映："学校环境差，教学设备陈旧，对学生乱收费且没有项目"；于洪区有的农民反映："教师质量太差，误人子弟，辍学率高，升学率低，最终造成农村生产、科技落后的局面"；建平县有的农民反映："教师素质本来就低，对管理学生不到位，责任心差"；法库县有的农民反映："今后要招聘素质高的教师，多招些师范毕业的教师，改变教师队伍滥竽充数现象"。政府有关部门要适当加大对农村教育投资，改善办学条件，整顿教师队伍，提高农村中小学的教育质量。

六、坑农事件时有发生，绿色环保农业任重道远

加大整顿农村经济秩序，严厉打击坑农行为，维护农民合法权益，十分重要。当问及您对农村经济秩序的评价时，有 57%的农民回答满意，有 34.8%的农民回答一般，有 8.2%的农民回答不满意。当问及不满意的主要问题和建议时，兴城市有的农民反映："假农资屡禁不止，假种子、假化肥、假农药越来越多"；昌图县有的农民反映："化肥、农药质次价高，还随便涨价，假货多，坑的是咱老百姓"；岫岩县有的农民反映："碰上假种子、假农药，无处告状，谁也不管"；康平县、金州区有的农民反映："对坑农事件，要加大打击力度，应经常开展下去，规范农资市场管理"；北宁市有的农民反映："打击假冒伪劣，雷声大，雨点小。坑农也坑了，害农也害了，打击过后还出假货"；绥中县、新城子区有的农民反映："种子管理不科学，以假乱真，农民难辨认，应对种子的种类和来源展开彻底调查"。目前正是春耕大忙季节，有关部门应采取有效措施，加大打假力度，势在必行。

我国加入 WTO 后，搞好绿色环保农业越来越重要，给农业和农村经济发展带来了前所未有的机遇和挑战。当问及您对绿色环保农业的评价时，有 48.5%的农民回答满意，有 35.5%的农民回答一般，有 14%的农民回答不满意。当问及不满意的主要问题和建议时，西丰、阜新县、开原市有的农民反映："不知道什么是绿色环保农业，老百姓心理没这个概念"；抚顺县有的农民反映："我们不懂什么是绿色环保农业，没有人给我们宣传解释"；盘山县有的农民反映："见不到什么是真正的绿色食品，吃的东西都有化肥、农药残留，周围环境污水、垃圾到处都有"；灯塔市有的农民反映："矿业开采，污染严重，上边要管管"；凤城、大石桥市、新城子区有的农民反映："庄稼不上化肥不长，上了化肥卖不出去。不打农药，病虫害解决不了。绿色环保农业成本太高，承受不了。建议上级研制、生产低成本的生物化肥、农药"；于洪区有的农民反映："绿色环保农业工作做得不细，发展规划也不够，生产设备也不具

备，观念还没有更新，还需要一个过程，希望政府加大科技和绿色环保农业设施的投入”。希望有关部门加大宣传力度，增强农民绿色环保农业意识，多植树造林，净化环境，尽快研制低成本的生物化肥、农药，上下齐抓共管，生产出更多、更好的绿色农产品。

七、治安环境不够稳定，认真整治刻不容缓

保持农村治安环境的稳定，使老百姓安居乐业，是农村经济发展的重要前提。当问及您对农村治安环境的评价时，有49.9%的农民回答满意，有34.4%的农民回答一般，有15.6%的农民回答不满意。当问及不满意的主要问题和建议时，一些农民认为偷盗、放火是影响农村治安环境的主要因素，其次是打架斗殴、赌博、封建迷信、流氓强奸等。建昌县、凌海、北票市、连山区有的农民反映：“社会治安环境不太好，偷盗现象严重，打架斗殴现象时有发生，特别是应加强对青年的教育”；台安、彰武、新宾县有的农民反映：“偷盗严重，经常丢家畜、家禽，丢生产资料，连过年的肉都被偷走了，老百姓提心吊胆，没有安全感”；西丰县、新城子区有的农民反映：“放火事件时有发生，柴垛被点着火，烧着房子，报案没人管。还有用毒药毒死牲口，抓不着”；宽甸县有的农民反映：“执法人员素质太低，报案久拖不决，有私情”；本溪县、北宁、海城市有的农民反映：“赌博成风，钱越耍越大，根本不干活。封建迷信抬头，流氓、强奸妇女案件增多。宗族势力猖狂，随便找茬打人，不敢管”。保持农村治安环境的稳定，首先要加强对农民的法制宣传、教育，使其知法、懂法、守法；其次是对肇事者依法制裁，决不姑息养奸；再次是整顿农村执法队伍，清除败类。还要制定有效的警民联防措施，有针对性地加强农村社会治安综合治理，以法制宣传教育和严加管理相结合，是当前维护农村社区环境安全的重点。

八、村务公开基本实行，公开内容尚不全面

村务公开是加强基层组织的民主与法制建设、廉政建设的有效措施，对于强化村级自治、提高村级管理水平，密切干群之间关系，具有十分重要的作用，受到多数农民的欢迎。当问及您对本村所有财务公开活动的评价时，有63.3%的农民回答满意，有21.1%的农民回答一般，有15.4%的农民回答不满意。当问及不满意的主要问题和建议时，建平、朝阳县、阜新县、法库县、开原市有的农民反映：“村务从来没有公开过，老百姓也不知道啥叫村务公开”；岫岩、义县有的农民反映：“不清楚村里的财务情况，村里的几十万债务不知道怎么搞的，村务应增加透明度”；宽甸县有的农民反映：“该公开的未公开，已公开的不真实，真正有问题的未公开”；灯塔市有的农民反映：“没有定期召开村民大会和公布财务情况”；凌源市有的农民反映：“财务未公开，是财务混乱。要真正公开，不要假公开，要成立农民监事会”。因此，财务公开要定期，要真实、全面，取信于民，才能巩固农村基层政权和促进农村经济的发展。

九、对乡镇、村干部基本满意，不称职干部应调整

乡镇、村干部是农民奔小康的带头人。有一支廉洁高效、尽职尽责的干部队伍，才能给农村经济发展注入生机和活力。当问及您对现任乡镇干部评价时，有60.1%的农民回答满意，有33.9%的农民回答一般，有6%的农民回答不满意。当问及不满意的主要问题和建议时，大洼县有的农民反映：“乡镇干部不下基层，长年在办公室，一年里也不见乡镇干部下乡，应多下乡了解群众”；北宁市有的农民反映：“干部水平太低，好念恶经。一年里除了要钱来一趟，其余时间不来，不替老百姓办事”；盘山县有的农民反映：“干部以吃喝为主，根本不为农民着想。以自私为主，没想到老百姓苦处”；于洪区有的农民反映：“干部不执行党的方针政策，垄断财务，有不清廉行为。要求对乡镇干部严格管理，该调整的要调整”；宽甸县有的农民反映：“干部有权就贪占，腐败现象严重。我们要纪晓岚，不要和绅”。

当问及您对现任村干部的评价时，有73.5%的农民回答满意，有23.8%的干部回答一般，有2.8%的农民回答不满意。当问及不满意的主要问题和建议时，清原县、于洪区有的农民反映：“没有强有力的村领导班子带领群众致富，不能为老百姓办实事。官不大，架子大”；康平、桓仁县有的农民反映：“村干部素质太差，太自私，滥用职权，欺上瞒下”；海诚市、新城子区有的农民反映：“选举拉票上来的干部，啥也不懂，村里的经济上不去，对农民调整结构不闻不问”；凤城市有的农民反映：“不称职

的干部要调换，不能再继续误事、起反作用，应选出真正为咱老百姓办实事的干部”。

上述不称职的乡镇、村干部，虽然是少数，但影响较坏，严重地败坏了党在群众中的形象，不可低估，应切实加强教育和进行调整、罢免，对于腐败严重的要绳之以法。

从“非典”看加强农村公共医疗卫生建设的紧迫性

孙梅君　侯　锐

坚决防止“非典”向农村地区扩散和蔓延，已成为当前各级党委、政府防治“非典”工作的一项重要任务，但是，农村的医疗卫生状况能否承受“非典”的袭击值得关注。

一、农村存在“非典”疫情扩散的渠道和隐患

（一）农民工返乡，增加了“非典”疫情向农村扩散的渠道

自 2003 年 4 月下旬“非典”疫情在部分城市蔓延以来，一些地方存在外出务工人员陆续返乡现象，其中不乏“非典”患者。据河北调查，截止 5 月 6 日，张家口返乡外出务工人员已达外出务工人员总数的 70%；围场县从北京返回的外出务工人员就有 1.1 万人，占外出务工总人数的 78.6%；徐水县从北京返回的外出务工人员也已达到 8740 人，占总人数 70%。甘肃礼县从外地返乡的 2000 多人中，已有 1 例死亡，8 例疑似患者。据有关部门统计，目前全国累计有 15 个省（区、市）农村地区存在“非典”疫情，涉及到 85 个县，主要分布在山西、河北、内蒙古等地。截至 5 月 10 日，山西确诊病例已经分布到大约 20 个农业县中。随着农民工的返乡，使“非典”疫情极有可能向农村蔓延和扩散。

（二）部分农民和地方政府对“非典”认识不够，给疫情扩散留下了隐患

最近，江苏省农调队在全省随机抽选了 1490 户农村居民家庭，开展了一次关于农村“预防和控制非典型肺炎”情况的快速调查。调查结果表明，农村防治“非典”工作的各项措施正在逐步落实，但部分农民对“非典”的危害性认识不够，自我防范意识还比较差。受访者中，有 10%的人对“非典”的危害性还不太了解或基本不了解；有 15.8%的人对于防治“非典”知识不太了解或基本不了解；有 16.1%的农村居民家庭，对个人和家庭防治“非典”尚没有采取任何预防措施。还有个别地方的领导和预防人员也认为，农村的空气净化能力强，居住分散，一旦出了问题好隔离、好封闭，思想上的麻痹大意，也给疫情扩散留下了隐患。

二、农村医疗卫生条件差，抗击“非典”能力弱

（一）农村医疗基础设施差，专业防治力量不足

目前，全国平均每个乡镇拥有卫生院数为 1.2 个，平均每 15 个村才拥有 1 个乡镇卫生院。全国农村平均每千人拥有的病床数为 0.79 张，每千人拥有的卫生技术人员为 1.3 人，分别为全国平均水平的 32.9%和 36.1%。2001 年县（旗）属综合医院平均每床占用专业设备金额为 28245 元，仅为卫生部属的 15.7%，为省（自治区、直辖市）属的 24.8%，不及全国平均水平的一半。在农村，一些地区的卫生技术人员水平也相当有限。据调查，四川广安市某区 60 所乡镇卫生院，仅有七台 B 超机，二台 X 光机，其他就是血压计、体温计、听诊器等简单设备，诊治手段十分落后。乡镇卫生院人员年龄在 45 岁以下、具有医师以上专业技术职称的

约占在职职工总数的9%,职工中只有少数人员是正规卫生专业院校毕业,绝大多数是跟师学艺,还有一部分人连医疗基本知识都不懂,不少疾病无法及时有效地诊断和治疗。长春市周边各县市乡卫生院医护人员中,从卫校毕业的不到10%,有的县防疫部门工作人员一半以上是行政人员,没有护理常识,一旦疫情发生,现有力量难以应付。

(二)农村环境卫生条件远远落后于城市

预防“非典”的主要且最为简单的手段就是开窗通风和用流动水经常洗手。通风是容易做到的,但是用流动水洗手却使许多农民望尘莫及。目前,城市居民没有自来水的户仅为总户数的1.6%,而同期农村居民使用安全饮用水的普及率仅为67%,饮用自来水的农村居民只有55%。仅要求洗手后用清洁的毛巾和纸巾擦干,不能共用毛巾一项,多数农民就难以做到。大多数农村居民缺乏基本的卫生设施。2001年底,城镇没有卫生设备的户为14.3%,农村卫生厕所普及率仅为46.1%,粪便无害化处理率也只有49.5%。平均来说,一半以上的农村居民排泄物不是得不到及时处理,就是暴露于室外,任凭鸡刨猪拱。可想而知,一旦农村出现疫情,传播渠道更为广泛,问题会更加严重。

(三)农村医疗卫生投入严重不足

在市场化改革的大背景和财政分灶吃饭的情况下,政府对农村医疗卫生的投入比重下降,县乡医疗卫生机构资金来源中财政拨款的比重越来越小。据有关部门测算,从1991年到2000年,全国新增的财政卫生经费投入中只有14%投入到农村,这一比重比70年代到80年代初明显下降,而这区区14%的投入中又有绝大部分成了“人头费”,县乡医疗卫生机构的运转不得不越来越依赖于并不规范的市场收费。分配方式的改变也使绝大多数村级集体经济难以用有限的公益金来支持公益性的村卫生室,结果导致全国71万个行政村中,59%的村卫生室演变为个体或个人联办卫生点,在农村实现人人享有卫生保健的目标不能不面临着挑战。对付突如其来的“非典”疫情,各医院都需要巨大的投入。据报道,在北京,每例疑似病人每天的直接费用为1090元,每例确诊轻症病人每天的直接费用约为1100元,重症病人每天约3220元,疗程21天。根据农村目前的医疗状况,一旦农村出现疫情,各地所需应急设备的购置会远远大于北京地区。大部分县级财政是“吃饭财政”,很难有更多的资金用于疾病防治。投入严重不足,给农村抗击“非典”增加了难度。

三、加强农村公共医疗卫生建设迫在眉睫

我们相信,在党中央、国务院的领导下,全国上下众志成城,齐心协力,“非典”向农村扩散的势头一定会得到有效地遏制。但是,在抗击“非典”这场战役中,政府应该优先加强农村公共医疗卫生建设,将农村“非典”防治工作落到实处。

首先,加大对农村基本医疗卫生建设的支持力度,改善农村基本医疗卫生条件。医疗卫生服务的提供,在很大程度上是公共品或准公共产品,政府对于卫生筹资及医疗卫生管理都负有不可推卸的职责,这并不是一个可以简单化的放给市场的领域。改善农村的基本医疗条件,不仅是抗击“非典”的需要,更重要的是全面建设小康社会的需要。因此,财政对卫生事业的投入应向农村倾斜,把重点调整到支持农村医疗基础设施建设,改善医疗卫生条件、公共预防保健、医务人员培训,以及加大转移支持力度,救助贫困人口、建立医疗保障体系方面来。

其次,开展农村生活环境综合治理。安全饮用水的普及和废弃物的无害化处理是预防疫病的重要手段,在农村地区,政府要投资修建自来水厂;在干旱缺水地区,投资修建安全的水井,切实保护好农村饮用水源;提倡修建卫生厕所;优先解决生活污水乱排放、生活垃圾乱堆放问题。

第三,建立健全农村疾病防治监测体系,保证预防和救治疾病的条件及信息畅通无阻。农村三级医疗防预卫生网在历史上起到过重要作用,目前却存在种种不适应,需要进行调整和改革。但必须明确农村卫生机构以非盈利为主,必须承担公共卫生和预防保健功能。为此,政府应对农村卫生机构承担的公共卫生和防保项目给予必要的补偿和税收优惠。抓紧建立从省到村的疫情信息网络,健全县乡村三级相结合、以村为基础的疫情监测体系。大力宣传《中华人民共和国传染病防治法》,做到家喻户晓,人人皆知,使各级政府、基层组织、农村干部和广大农民都明确在防治传染性疫病中的权利、义务和责任,树立依靠科学、战胜疫病的信心。这既是当前防治“非典”的紧迫任务,也是今后预防其它疾病的重要措施。

第四,加强农村药品市场的管理。农村人口众多,农民对劣质用品的鉴别能力相对较弱,居住分

散又使一些乡村市场难于管理，都给了不法商贩以可乘之机。虽然各级政府部门已三令五申，并已及时查处了不少发“非典”财的不法商贩，但依然有见利忘义的奸商顶风作案。因此，有关部门应立即行动起来，以最严厉措施、以最负责的态度堵住劣质“防非”用品流向农村。对农村基层卫生机构，要制定基本用药范围，规范药品价格，倡导集中采购药品。

最低生活保障线:绝对贫困农民的生命线

山西省农调队

改革开放以来,特别是1994年《国家八七扶贫攻坚计划》实施以来,省委、省政府始终把扶贫开发作为兴晋富民的战略措施来抓,使山西省扶贫开发的历史任务取得了阶段性胜利。全省农村贫困状况明显改观,贫困人口大幅度减少,贫困规模逐步缩小,贫困地区的社会、经济状况和群众的生产、生活条件得到显著改善。但是,从当前来看,山西省还有相当数量的贫困人口其温饱问题尚未得到根本解决,特别是这些贫困人口中丧失劳动能力、鳏寡孤独、生存环境极其恶劣、依靠自身能力和现行扶贫开发方式很难改变其生产生活状况的特别困难户仍占相当比重。对于这部分处于绝对贫困的农村居,应与城市"低保"对象一样,列入最低生活保障救助范围。解决这部分人的生活保障问题,是各级党委、政府乃至全社会的共同责任,要充分认识其复杂性和艰巨性,继续把极度贫困人口的解困工作放在全省国民经济和社会发展的重要位置,使其尽快脱贫。

一、对当前山西农村居民"最低生活保障线"的测定

(一)"低保"的内涵与范围

"低保"即极度贫困或绝对贫困,通常指家庭收入在社会最低生活保障线以下,生活水平达不到一种社会可接受的最低生活标准的现象。随着时代的进步和社会的变迁,生活水平的内涵从单纯的经济领域扩大到社会领域,社会可接受的最低生活标准也逐渐提高。

从世界范围看,贫困演变一般要经过极度贫困、一般贫困和相对贫困三个阶段。极度贫困指贫困人口收入不能满足生存需要,生活不得温饱;一般贫困是指贫困人口虽然解决了温饱,但无力满足基本的非食品消费需求,缺乏自身发展条件,仍无力真正摆脱贫困;相对贫困是指收入能满足基本生活消费的需要,但相对于高收入阶层,他们是贫困的。很明显,全国农村贫困状况目前已处在一般贫困的阶段。但从山西省的情况看,现阶段仍有大量的农村贫困人口处于极度贫困状态。因此,我们关注贫困的重点仍应放在处于极端贫困状态下的贫困群体。1996年,全国人大通过的"九五"计划把建立城市居民最低生活保障制度作为社会保障制度建设的重要内容,促进了最低生活保障制度的发展。1999年《城市居民最低生活保障条例》颁布,为城市所有居民提供最基本的生活保障,2001年中央财政投入低保资金3亿元。最低生活保障制度是针对贫困人群的一种社会救助制度,目前,城镇居民最低生活保障制度已基本建立,城市居民最低生活保障资金由地方政府列入财政预算,地方政府根据当地维持城市居民基本生活所必须的费用来确定最低生活保障标准,家庭人均纯收入低于最低生活保障标准的城市居民均可申请领取居民生活保障金。在农村同样有相当一部分贫困人口生活不得温饱,收入在最低生活保障线以下,需要给予救助,但由于农村贫困人口众多,目前全国需列入"低保"对象的绝对贫困人口大约在3000万左

右，山西省大约在150万左右，建立农村居民最低生活保障制度的任务十分艰巨。北京、上海等经济发达地区，从1997年开始，已逐步建立起农村居民最低生活保障制度，到目前全国得到最低生活保障的农村居民大约有330多万，约占农村贫困人口总量的10%。

（二）“低保”标准的测定方法

测定“低保”标准即测定贫困线的方法有很多种，如食物能量法、最低收入比例法、恩格尔系数法、食物份额法、数学模型法等等。这些方法各有其优点和缺点，而共同的最大的缺限在于不能准确的测定人们的最低非食品消费标准，并且在测定贫困线过程中都存在着经验的、主观的因素。为了克服这些问题，我们将采用近年来国际上较为流行的普遍适用于发展中国家测定贫困标准的一种新方法——“马丁法”。1996年，我们利用农村住户调查资料，按照“马丁法”对全省农村贫困线进行了测算，其结果基本能够反映全省农村贫困状况。因此，我们在测定农村居民最低生活保障线时，采用了此方法。

“马丁法”是世界银行贫困问题专家马丁·雷布林先生多年来对发展中国家贫困问题研究与实践的基础上提出的一种新的测定贫困标准的方法。它是在已知食物贫困线（依据营养学家推荐的不同国家或地区的人的生存极限热量标准，确定食物清单及其消费量，并以困难户食物消费的平均价格计算出食物贫困线）的基础上，利用回归模型等计量方法，把那些刚好有能力达到生存营养需要的调查户有代表性的最低非食品支出计算出来。其主体思路是：求出那些消费总支出（或人均纯收入）恰好等于食物贫困线的调查户的非食品支出，就可以得到贫困户的最低非食品支出。因为一个靠牺牲基本食物需求用于获取少量的非食物商品的住户，其非食品支出是维持生存和正常的活动必不可少的，也是最少量的。把由此求出的最低非食品支出作为非食物贫困线，加上已知的食物贫困线，就是我们用来判断贫困人口的最低贫困线。

“马丁法”的优点，一是采用数学方法模拟居民消费变化规律，测算的贫困线在某种程度上能够避免主观随意性；二是较科学的解决了基本非食物消费标准的计算问题。其缺点是数据计算量大，操作过程相对复杂。

（三）“低保”标准和“低保”规模的测定

1.“低保”标准测定结果

我们根据2001年山西农村住户抽样调查数据资料和2001年山西农村贫困监测数据资料，用“马丁法”计算的2001年山西农村居民最低食物贫困线为495元，非食物贫困线为125元，由此得到2001年山西农村居民最低生活保障线为620元，即在正常情况下，年人均纯收入在620元以下的农村居民被视为应纳入最低生活保障救助的贫困人口。

2. 贫困规模（低保人口）测算结果

依据上述贫困标准，结合2001年山西农村住户抽样调查数据资料，测算得出进入21世纪初，山西尚有需纳入最低生活保障救助的农村贫困人口150多万人，农村贫困发生率为7.1%（贫困发生率又称贫困人口比重指数，指消费水平或收入水平低于贫困线的人口占总人口的比例），大大高于全国2%以下的贫困发生率。从列入国家新阶段扶贫开发工作重点县的数量来看，全省有35个县，占到全省县（市、区）总数的29%，无论从贫困人口所占的比例还是从扶贫开发重点县的数量看，目前山西仍然属于国内贫困规模较大，贫困人口较为。

（四）贫困人口（低保对象）分布情况

山西现有的约150万在最低生活保障线以下的农村贫困人口大致分布情况如下：

（1）按市地区域的分布情况。太原市1.85万人、大同市12.92万人、长治市0.22万人、晋城市0.22万人、朔州市0.17万人、晋中市1.50万人、运城市1.07万人、忻州市38.08万人、临汾市9.65万人，吕梁地区84.31万人。吕梁、忻州、大同三个地市共有贫困人口135.31万人，占到全省的90%以上。

（2）按贫困人口集中区域的分布情况。分布在35个列入新阶段国家扶贫开发工作重点县的贫困人口有111.25万人，分布在17个省定扶贫开发工作重点县的有31.33万人；5个插花贫困面大的县有2.63万人；其他零星分布的有4.79万人。

（五）农村贫困的特征分析

1. 贫困地区的主要特征。山西的贫困县主要分布在吕梁山黄土丘陵沟壑区、太行山干石山区、晋北高寒冷凉区。这些地区的共同特征是地域偏远，生态失调，经济落后，发展缓慢。主要表现在，水土流失严重，土地瘠薄，干旱、洪涝、冰雹、霜冻等自然灾害频繁，自然条件很差；交通、通讯、人畜饮水、文化教育、医疗卫生等基础设施建设落后；农民收入水平低，地方财政困难；农业比重大，产业结构不合理;农业现代化程度不高,农业综合生产能力低下。

2. 农村贫困人口的主要特征。从人口构成看,一是劳动力文化素质低,贫困户中的劳动力大多是小学以下文化程度,其中文盲半文盲占到大多数,且贫困户的子女就学困难,受教育的条件相对较差;二是劳动力数量少,贫困户家庭主要成员多为老弱病残,特别是丧失劳动能力的残疾户占有相当的比重。从收入构成看,贫困户收入来源主要以第一产业为主,种植业和养殖业收入占到全部收入的80%以上,收入来源单一。从生存环境看,农村贫困人口大多交通不便、信息闭塞、水资源馈乏、土地贫瘠的偏远山区和干石山区。从生活状况看,生活消费主要以解决温饱为主,没有余资进行其他领域的消费,食品、衣着消费支出占到全部生活消费支出的90%以上,生活消费的恩格尔系数高达60%以上,居住仍以土窑洞、土坯房为主,生活消费结构基本仍处于80年代初期的水平;从生产状况看,农村贫困户生产资料严重缺乏,生产力水平很低,生产门路狭窄,生产技术和劳动技能落后,很难通过自身努力改变贫困状况。

二、新时期山西扶贫开发面临的形势和扶贫对策

(一)面临的形势

进入新世纪,山西扶贫开发的任务仍然十分艰巨。第一,贫困面仍然很大。新阶段山西由国家扶持开发的重点县仍有35个,加上需要继续扶持的原其他贫困县,其数量占到全省县区总数的近一半。全省仍有150多万农村贫困人口的温饱问题尚未得到解决。第二,"八七"扶贫攻坚期内初步解决温饱的人口脱贫标准低、不稳定、易返贫,需要继续扶持。山西的农业基本是靠天吃饭,而山西的气候特征又是十年九旱,九十年代是山西自然灾害频繁发生的时期,扶贫攻坚7年间有5年遭受了较严重的自然灾害,每次灾害都造成大量人口返贫。已初步解决温饱的300多万人口巩固温饱成果的任务还很艰巨。第三,基础设施落后,生产、生活条件恶劣。太行、吕梁贫困山区具有一定抗旱作用的沟坎滩地和集雨补灌面积人均不到半亩。人畜吃水问题虽经大力解决不少地方仍很困难。另外还有近6%的村不通公路,近半数的村不通电话,有400多个村不通电。还有近40万特困人口居住在山庄窝铺等生态环境恶劣的地方。第四,贫困地区经济总量小,自我发展能力低。到2000年末全省50个贫困县人均国内生产总值2530元,人均财政收入120元,仅占到全省平均水平的1/2和1/5。多数贫困县的财政状况入不抵出,刚性支出难以保证,更无力量投入扶贫开发。贫困户普遍没有积累或积累很少,还停留在简单再生产的阶段。第五,科技文化落后的状况尚未根本改变。贫困地区科技、文化发展步伐缓慢,贫困户信息闭塞,观念陈旧,市场竞争的意识十分滞后,等、靠、要的思想仍很严重。

与此同时,与扶贫开发艰巨的任务相比,山西省扶贫开发工作上还存在着一些不相适应的问题:一是受解决贫困人口温饱阶段目标和投入的限制,"八七"扶贫攻坚期间对促进农民直接增收的措施抓的不够;二是扶贫资金投入量少,且渠道分散,难以形成合力办大事。"八七"扶贫攻坚期间,全国贫困人口人均投入扶贫资金约1500元,而山西仅有1000元,只占到全国平均水平的2/3。此外,资金和项目管理渠道,投入分散,难以形成合力,甚至重复安排和建设,影响扶贫资金的使用效益;三是效益监管机制不健全,监管力量薄弱,扶贫资金被挤占挪用的现象时有发生,有的地方还比较严重。四是在有些扶贫开发项目的立项与建设上不尽切合当地实际,导致只见花钱,不见效益,造成扶贫资金的流失与浪费。五是对一些很好的扶贫开发项目(如移民开发项目)投入力度不够,资金到位困难,导致项目停滞或完成时间过长。六是直接针对贫困户的一些扶持政策难以落实。如我们在调研中发现,各地援助困难农户生产的小额信贷政策,贷款申请审批在行政部门,资金管理在银行部门,多数贫困农户往往受审批和贷款手续繁琐或抵押困难等的限制,难以享受到国家政策援助,造成扶贫信贷资金贷富不贷贫,扶富不扶贫的现象发生。

(二)对新时期扶贫开发的几点对策和建议

1. 实现农村扶贫战略的转型。与过去相比,21世纪初农村贫困面临新的形势和新的扶贫目标。据此,要实现新时期农村扶贫战略的四个转型:一是扶贫目标要实现由解决极端贫困人口的生存问题或温饱问题转向重点关注贫困人口的发展问题;二是扶贫对象要实现由重点关注区域贫困人口转向面对所有农村贫困人口;三是扶贫范围实现由国家贫困县或贫困地区向所有贫困村或贫困户转移;四是扶贫资金投入重点由大力发展贫困地区

基础建设和改善自然条件转向直接帮助贫困人群发展生产、增加收入和提高人力资源的质量上来。

2. 实施扶贫开发工程。从多年的扶贫开发实践看，实施扶贫开发工程是有效增加贫困农户收入，实现贫困人口稳定脱贫的直接而有效的手段。山西省新时期扶贫开发工作应以实现贫困人口稳定脱贫为具体目标，以增加贫困农户收入和改善生态环境为攻方向，以实施“扶贫开发工程”为载体，扎扎实实推进各项工作。

(1)实施旱作节水工程。“十五”期间，以扶贫开发重点县为主要工程区，选择科学合理的旱作节水技术模式，在现有的基础上每个贫困人口建成1～2亩旱作节水高效农田。

(2)实施退耕还林、种草养畜工程。“十五”期间，应抓住国家和省里“退耕还林还草”工、“雁门关生态畜牧经济区”工程、“山西京津风沙源治理”工程等生态环境治理项目建设的契机，在贫困地区大力发展退耕造林、种草养畜工程，达到贫困户人均建成1～2亩林地或草(灌)地，人均增养2只羊(或相当的其他畜产品)，并由政府投资配套建设相应的服务防疫设施。需要特别提出的是项目建设过程中，各级政府职能部门应做到确保国家对农户退耕的补助粮、补助款等政策滴水不漏的落实到农民手里。

(3)实施农产品加工增收工程。“十五”期间，山西省将大力发展农产品加工产业。对此，有关部门应依托贫困地区畜产品和小杂粮生产的优势，重点扶持一批有规模的农产品加工企业，同时，以优惠的政策鼓励并组织省内大中型农产品加工龙头企业到贫困地区建立基地，力争每个基地联带千户农户，用“公司＋基地＋农户”的方式带动贫困户增收。

(4)实施移民开发工程。目前山西省贫困地区仍有近40万人口散居在数千个山庄窝铺，这些贫困人口处于生产条件十分恶劣，生活极度贫困的状况，移民开发的任务仍很艰巨。今后几年里，全省应进一步加大移民开发的力度，加快移民开发的进程。从过去几年山西省移民开发工作实践来看，实施贫困村整体迁移，在移民新村的选址和新村公共设施建设资金需求大等方面困难较大，因此采取化整体迁移为分散迁移，动员平川地带的大村富村接纳几户贫困户的方法更为可行。对此，省里应出台更优惠的迁移政策，增加对迁移户和接纳地的资金援助。

(5)实施劳动力输出工程。从全省情况看，近年来农村劳动力外出打工已成为农民增收的一个主要途径。贫困地区普遍存在着大量的劳动力资源闲置和浪费，而山西省太原、晋中等蔬菜主产区、晋南果品主产区的农户农忙时又常常高价雇不到劳动力，建议各地政府职能部门尽快建立劳动力中介组织，为劳动力需求地区和劳动力资源待开发地区及时提供信息，牵线搭桥，有组织、有管理、有秩序的开展贫困地区劳动力资源的跨区域流动和输出。

3. 强化教育扶贫工作。发展经济学的有关理论证明，人力资本投资是最经济、最有效率的。农民收入调查和研究的结果也证明，文化程度与收入水平之间呈高度正相关。因此，强化教育扶贫，立足从根本上提高贫困人口的自我生存能力和发展能力至关重要。需要指出的是，目前贫困人口的教育状况明显落后，儿童入学率、小学完成率持续走低，意味着新一代文盲在滋生，也意味着贫困人口正在形成。与其花几倍甚至几十倍的人力物力代代扶贫，不如寄希望于现在，寄希望于下一代，通过教育扶贫，使其成长为有知识有能力的劳动者，彻底摆脱贫困。强化教育的内容并不仅仅指新建、改建校舍等改善办学条件。目前贫困人口所在地有学校的比重已经很高，关键是解决贫困儿童入学率低，辍学率高的问题。有关调查表明贫困地区近80%的失学儿童是由于家庭经济困难所致，而因为学校太远或设施不足而失学的很少。因此，教育扶贫的重点应放在：一要全面开展对失学儿童的直接救助工作，通过免费甚至补贴的形式提高贫困儿童的入学率，保证全体儿童都能享受和接受9年制义务教育；二要加强师资培训，提高学校图书、课桌椅及其他基本设施的拥有率，提高学校的教育质量；二要加强对教育的财政投入，降低贫困地区的学杂费收费标准，严禁乱收费。

4. 尽快建立农村最低生活保障制度。长期以来，我国采取了优先发展工业、优先发展城市的策略，向农村和农民索取的多，而给予农村和农民反哺的少，这对农村和农民的发展是极不利的，也是不公平的。近年来，我国城市居民最低生活保障制度已普遍建立起来，并由财政专项基金支持实施。而广大农村的社会保障政策迟迟没有出台。我们认为，当前农村贫困人口特别是贫困人口中的特困人口与城市最低生活保障线以下的人口一样都属于急需救助的群体。因为这部分农村人口多为残疾人、无劳动能力或资源条件极度缺乏的人，单靠自身努力或开发式扶贫难以解决温饱问题，必须通过社会救助才能度过生活难关。对此，我们建议政府应尽快出台相关政策，对农村特困人口实行最低生活保障制度。

（1）保障对象的确定。从目前的国家财力来看，对所有的贫困户或贫困人口都实行最低生活保障是极其困难的，也是不现实的。我们建议农村“低保”对象应首选农村的特困户。

据测算目前山西省农村特困户约有40多万户。这类户主要包括以下几种类型：第一种类型是农村贫困残疾人中的重残人口户。从总体上看，在大多数人已经进入小康生活情况下，残疾人的整体生活水平仍大大落后于社会的平均水平，贫富悬殊反差较大，残疾人呈现出群体性贫困的态势，残疾人仍然是社会最贫困的群体。据省内有关部门统计，全省现有130多万残疾人中有贫困残疾人近50万人。其中农村贫困残疾人约46万人，占到90%以上。农村贫困残疾人中，通过扶持可以解决温饱的约33万人，基本丧失劳动能力，需要通过救济和纳入最低生活保障制度，解决基本生活的约13万人。第二种类型是边缘地区的待移民户。这类农户多居住在边缘山区的山庄窝铺，自然条件极端恶劣，发展种植业为主的扶贫项目以及基础设施项目均难以起到明显的作用，这类人口约有近40万人。第三种类型是人口多、劳力少，以种植业为主的特困农户，这类农户家庭人口多，但劳力不足，人口素质差，生产以种植业为主，耕地贫瘠，商品率极低，摆脱贫困无基础，无门路的农户；第四种类型是重灾农户。这类农户指因遭受严重自然灾害侵袭的影响，无力生产、生活自救，常年缺吃少穿，生活不得温饱的农户。

（2）保障标准的确定。我们根据农村贫困监测调查中各地贫困农户生活消费资料测算，目前全省农村特困户年人均纯收入仅有450元左右，要保证特困人口基本维持生活每年每人需要救济200元左右，全省约需保障资金3亿元左右。

（3）保障资金的来源。为保证农村社会保障制度的顺利实施，建议尽快建立“农村社会保障基”，基金来源主要应包括以下几条渠道：一是国家扶贫资金立项切块；二是民政部门的救助资金；三是社会捐赠资金。

5. 建立农村贫困动态监测系统

随着反贫困工作的开展，农村贫困人员的构成、贫困规模、贫困程度和贫困分布、扶贫重点区域都发生了很大的变化，加之新时期扶贫开发资金的使用监督，扶贫项目的效益跟踪评估，职责划分，扶贫工作成果的评价，扶贫进程测定，农村社会保障制度的顺利实施等都需要尽快建立一套完整、科学的贫困监测系统来支持。

（1）建立贫困动态监测指标体系，每隔3年左右时间，对全省农村贫困标准、贫困人员构成、贫困规模、贫困程度、贫困分布、“低保户”进行定期测定。

（2）定期开展对全省范围内国家扶贫政策的落实情况和扶贫资金使用情况进行监督，对扶贫项目进展及效益跟踪评估、对扶贫工作进程和扶贫成果跟踪评估、农村社会保障制度执行情况的调研评估。

（3）成立贫困监测机构。建议由省政府牵头，由计划发展部门、财政部门、扶贫办、民政部门和统计部门参加，成立农村贫困监测办公室，制定规划，落实经费并监督监测系统的运行情况，评价监测结果。

直面教育产业化

——对四川农村教育调查的数据解读和思考

四川省农调队

农村教育问题是党和政府十分关心的问题，也是全社会关注的焦点问题。为进一步了解四川农村教育的状况，四川省农调队对邛崃、简阳、渠县、会东等十个县（市）中的300户农户、100所中学、小学进行了调查。调查结果显示，近年来四川农村教育状况显著改善，取得了很大成就，但问题也十分突出。相关问题集中在三个方面：一是农民为子女的教育支出太大，却没有得到对应的高质量的教育。二是"教育产业化"这一措施在近年提出，并在高等教育领域实施，但实际上这一政策已经从高等教育波及到高中教育，继而延伸到作为基础教育的"九年制义务教育"。三是在"教育产业化"、"农村普九"、"费改税"等重大政策的多重影响下，农民子女现在实际上面临一个"灰色"、不规范、不透明的教育市场。

一、四川农村教育现状及问题

自1986年《中华人民共和国义务教育法》颁布十多年来，四川省坚持将普及九年义务教育和扫除农村青壮年文盲作为农村教育工作的重中之重，"两基"成果得到进一步扩大，九年义务教育人口覆盖率不断提高。截止2002年底，全省小学学龄儿童入学率达99.29%，初中阶段入学率达到86.12%，高中阶段入学率达到34.28%。学校布局更趋合理，课程改革稳步推进。全省现有小学校2.6万所，普通初级中学4311所。在坚持以政府办学为主，社会力量办学为补充的方针下，办学规模、布局和质量都有提高。到2002年末，普及九年制义务教育的县（市、区）已达138个，占全省的76.7%；普及九年制义务教育的人口已达7895.2万人，覆盖率达到94.5%。九年义务教育在校学生占全省人口比重达到13.51%，居民人均受教育年数达到7.4年。普通高中教育有较大发展，普通高中学校782所。在高校不断扩大招生规模的情况下，全省普通高中招生人数达41.12万人，毕业生达到17.35万人，在校学生90.75万人。全省高中教师学历合格率63.94%，初中教师学历合格率87.24%，小学教师学历合格率达到96.85%。从总体看，取得了令人瞩目的成绩，但存在的问题也令人忧虑。

（一）子女义务教育大多数农民是自己尽"义务"

我国《教育法实施细则》规定："依法征收的教育费附加，城市的，纳入预算管理，由教育主管部门统筹安排，提出分配方案，会商同级财政部门同意后，用于改善中小学办学条件；农村的，由乡级人民政府负责统筹安排，主要用于支付国家补助、集体支付工资的教师的工资，改善办学条件和补充学校公用经费等。学校的勤工俭学收入，部分应当用于改善办学条件。""实施义务教育各类学校的新建、改建、扩建，应当列入城乡建设总体规划，并与居住人口和义务教育实施规划相协调。""实施义务教育的学校新建、改建、扩建所需资金，在城镇由当地人民政府负责列入基本建设投资计划，或者通过其他渠道筹措；在农村由乡、村负责筹措，县级人民政府对有困难的乡、村可酌情予以补助。”由此可见，农村实行义务教育所需的教育经费，基本上是由乡、村两级从农民身上筹措，县级予以补助。但这一法律的模糊造成了农村教育经费的不足。《义务教育法》和《义务教育实施细则》虽然都明确了“实施义务教育，在国务院领导下，由地方各级人民政府负责，按省、县、乡分级管理”，但却没有规定从中央到乡级政府各自应承担什么责任，具有怎样的权力和义务。由于法律对义务教育管理权限规定模糊，致使多年来义务教育的管理权限层层下放，以至下放到了不能再下放的乡镇政府。“分级管理”成了“一级管理”，而乡镇无论从财力还是人员素质都不具备承担义务教育主要管理责任的条件和能力。由于义务教育管理权限的模糊，还导致了各级政府负担义务教育经费比例的不明确，呈现出“逆向比例”。据国务院发展研究中心的一项调查，目前全国义务教育的投入，乡（镇）负担 78%（实际上是农民负担），县级财政负担 9%，省、市负担约 11%，中央财政负担的就更少。从本次调查可以看到，除向农民普遍筹措的主要用于学校基础设施建设的资金以外，农民家庭自己承担的学习费用，除小学还需要由政府补贴外，初中已超过学校人均经费支出，高中更是大大超过。

在被调查的 300 户农户中，共有 231 名适龄人口，208 人在校读书，23 人辍学。农民家庭供养一个学生就读于村小需支付各种费用年平均为 520.00 元、就读于乡小年平均为 662.46 元、就读于乡镇中学年平均为 1251.72 元、就读于县城内中学年平均为 2365.64 元、就读于中专年平均为 4786.66 元、就读于大学年平均为 12700.00 元。而在调查中我们还从学校方面得到另外一组数据：被调查的 50 所小学中，村小 13 所，共有学生 1590 人，全年教育经费支出 83.55 万元，学生人平全年支出 525.46 元。乡镇小学及中心校 37 所，共有学生 36509 人，全年教育经费支出 2582.12 万元，学生人平全年支出 707 元。被调查的 51 所中学共有初中 32 所，其中县城内中学 12 所，学生 17389 人，全年教育经费支出 2818.86 万元，学生人平全年支出 1621.06 元。乡镇中学 15 所，学生 14588 人，全年教育经费支出 1680.97 万元，学生人平全年支出 1152.30 元。以上两组数据对照，可以看到：在农村中一个学生就读于村小，全年付出的 520.00 元已占该类学校学生人均费用 525.46 元的 98.96%；一个学生就读于乡镇小学及中心校，全年付出的 662.46 元占该类学校学生人均费用 707 元的 93.70%。初中阶段，一个学生就读于乡镇中学，全年付出的 1251.72 元已占该类学校学生人均费用 1152.30 元的 108.63%；一个学生就读于县城内中学，全年付出的 2365.64 元占该类学校学生人均费用 1621.06 元的 145.93%。

这两组实际调查数据的对照引人深思。它给我们提出这样一个问题：假定没有实施义务教育，除小学外，初中和高中完全可以用农民为教育所支付的经费维持下去，并有剩余。小学每年每个学生约需补助 45 元，而乡镇初中剩余 99 元，县城内初中剩余 743 元。

学校学生年均支出从初中开始普遍低于农民实际支付费用，考察其原因，主要是学校所提供的全年支出不包括帐目外经费，如不开立收据的补课费、试卷费等，还有很重要的学校基础设施折旧费等也没有被校方列入。因此在农民支付与校方支出之间，实际上存在一大片“灰色地带”，这一地带形成了一个“灰色市场”，校方以各种名义（如赞助费、择校费）收取的费用都在这一“灰色市场”中进行交易。这些费用一没有上交国家财政，二没有用于教育事业的发展，这笔庞大的“灰色”收入，许许多多被不合理开支、甚至违规开支，只有小部分用于教师的普遍福利。难怪南京一家调查公司所开列的“十大暴利行业”中，中小学教育“也名列其中”。这是一件极少数人受益而大多数人受损的事情，最终危害的是教育事业的发展和民族素质的提高。

(二)子女读书成为农民的沉重负担

从这次调查数据看，300 户农户中共 208 个在读学生，23 人辍学。在读学生中，120 人读小学，76 人读中学，6 人读中专，6 人读大学。辍学学生平均年龄 15.21 岁，男生 15 人，女生 8 人。辍学学生中 5 人小学未读完，11 人初中未读完，7 人高中未读完。辍学原因 1 人因残，5 人因经济困难，16 人因学不下去，1 人因其它原因。辍学率最高集中在初中和高中阶段。

在读的 208 个学生，就读村小的家庭全年人均纯收入 1909.80 元，就读乡小的人均纯收入 2160.01 元，就读乡镇中学的人均纯收入 2192.59 元，就读县城内中学的人均纯收入 2361.47 元，就读中专的人均纯收入 2854.00 元，就读大学的人均纯收入 3465.60 元，而辍学学生家庭全年人均纯收入只有 1099.21 元。从这一组数据可以看到，能不能读书，能读到什么层次的书，是和家庭年人均纯收入的多少紧密相关的，家庭人均纯收入越高，所在读的学校层次就越高。

在这 208 名学生中，读村小的有 25 个，读乡镇小学的有 95 个，读乡镇中学的有 59 个，读县中学的有 17 个，读中专的有 6 个，读大学的有 6 个。可见在农村读大学、中专有如凤毛麟角。许多农民没有经济能力将自己的子女送到县城内的中学就读，一些孩子甚至因为家庭经济条件所限而辍学。人们在教育产业化大潮中所惊呼的“将来农民的孩子读不起书”已经不是危言耸听，而是活生生的现实。根据四川 4000 户农户年均纯收入数据，对照本次调查数据，可以发现只有 51.50%的农户有能力供养子女上村小，41.45%的农户有能力供养子女上乡镇小学，40.5%的农户有能力供养子女上乡镇中学，34.87%的农户有能力供养子女上县城内的中学，22.25%的农户有能力供养子女上中专，12.92%的农户有能力供养子女上大学。

(三)城乡学校两极分化加大

在这次调查中发现，县城与乡镇，乡镇与农村，不同地域学校两极分化严重。仅就初中而言，县城内初中平均每校学生 1905.9 人，平均班额 65.2 人，学生年均教育经费支出 1728.58 元，教师月平均工资 1013.49 元，平均升学率 84.5%，平均辍学率 0.81%。而乡镇初中平均每校学生 745.4 人，平均班额 54.2 人，学生年均教育经费支出 1102.34 元，教师月平均工资 967.83 元，平均升学率 61.9%，平均辍学率达到 3.57%，个别乡镇初中辍学率达到 16.67%。这样大的差别所造成的直接后果就是学生和教师均向县城方向流动集聚，校际间争夺生源、穷者愈穷，富者愈富，结果又带来更大的差距。而这种自发性的流动又给九年制义务教育的初中阶段带来极具杀伤力的破坏。

农村“普九”大大改善了许多学校的基本办学条件，“危房”现象已经从过去的普遍现象变成现在的鲜有发生。在本次调查中，101 位中、小学校长的书面意见反映危房问题的中学只有 3 例，小学只有 2 例。但“普九”欠帐成为乡镇的长期负担，许多学校成为这些巨额欠帐的债务人，有校长反映：“学校发展了，房子修好了，票子欠多了，学生年均公用经费减少了”。在调查中发现，一些县全年教育事业费支出占整个财政收入的 80%，占整个财政支出的 25%。即便如此，教育经费仍然严重不足。在问卷中，无论是中学还是小学校长，在书面意见中，几乎没有不喊“经费紧张”的。维持义务教育资金尚且如此紧张，发展资金缺口更大。这些急需解决的资金主要用于清退临聘代课教师，配置缺编教师和教育基础设施建设、排危、教改、教研及新课程标准的实施。费改税后，取消教育附加费，实施教师工资直发，县级财政支出又会大幅度增加。一些乡镇的小学和中学甚至发不出教师工资，造成教师出走，学校难以为继。在一些贫困地区，实行“一费制”后，当地政府对学校不但不投入，反而把学校所收的学杂费、代管费等费用的总和统筹 10%，高中学费统筹 70%。原由政府负担的教职工养老保险、公积金、失业保险、教育附加等改为从学校经费中解决。学校成为费改税后变相收费的“秘密小道”。

生员不足，经费不足，设施陈旧，教师工资低，债务沉重，校际间竞争加剧，面对重重压力，农村乡镇学校的校长高呼“校长真难当”。

(四)“大跃进”式的规模化集聚负面影响大

在教育收费的现实环境中，教育领域也和其它市场经济领域一样，通过竞争而“优”胜“劣”汰。在这次调查中，发现学校规模化集聚趋势明显，一些学校办得红红火火，而另一些学校正在萎缩凋零。无论是小学还是中学，“好”的学校正从农村向乡镇，再向县城集聚，规模也越来越庞大。县城内的初中每个学校学生平均达到 1449 人，高中达到 2852 人，高完中达到 2551 人，而乡镇初中只有 729 人，小学 987 人，村小则只有 122 人。威远县的严陵初级中学，学生总数达 3592 人，编 45 个班，教师 197 人，全年教育经费支出 561.25 万元。威远县的威远高中，学生总数达 3660 人，编 46 个班，教师 157 人，全年教育经费支出 1087.07 万元。阆中市的阆中中学，是一所高初中均有的高完中，学生总数达 3779 人，编 59 个班，教师 190 人，全年教育经费支出 1231.23 万元。而规模小的中学初中只有 300 多人。如邛崃的下坝中学学生总数达 349 人，编 8 个班，教师 24 人，全年教育经费支出 35.17 万元。小的学校与大的学校相比，规模不在一个数量级上。过大的学校，平均每个班的学生也特别多，如威远的严陵中学，一个班平均有学生 79.8 人，威远高中，一个班平均有学生 79.6 人，阆中市的东风中学，一个班平均有学生 80.2 人。从整个这次调查的数据看，集聚到县城的初中平均每班有 60.3

人，高中 69.7 人，高完中 63.6 人，而分散在乡镇的初中平均每班为 54.4 人，小学 43.3 人，村上的小学只有 24.1 人。班额过大，势必给学校的环境设施、教师的教育精力等等带来一系列不利影响。尽管这些大规模的“好”学校有足球场，有理化实验室，有电脑语音教室，有练功房，但想象一下七八十个学生拥挤在一间教室的情景，就知道这时学生的学习环境如何了。而另一类学校却处于相反的环境恶劣之中，规模太小的学校缺编少员，教育设施陈旧缺少，留不住优秀教师，招收不到学生，许多年级空白。校际差异的存在，导致择校热，而择校热的存在又加剧了校际间的差距。在这样的情况下，实现农村义务教育将更加艰难。

(五)农民供养子女读书深造的愿望依然强烈

读书难，农村的孩子读书更难，贫困家庭的孩子读书更是难上加难。本次调查中，多数农民家长对农村教育现状不满意，调查中 208 名家长只有 103 名认为子女学习成绩好或较好，其余都认为子女学习成绩一般、较差和差，因此多数家长在问卷书面意见中都特别是要求学校提高教学质量。失学的 23 名学生中，就有 16 名学生是因为学不下去，其它因残的 1 人，因经济困难的 5 人，其它原因的 1 人。即便如此，在中国几千年“万般皆下品，唯有读书高”的传统观念熏陶下，在几千年来中国科举制度的影响下，在读书能够改变自身和家庭命运的思想趋动下，中国的农民历经苦难仍痴心不改，还是节衣缩食，企图通过一切手段来供养子女继续深造，奔个“功名”。在本次调查中，300 户农户有 217 户农户就是否打算让子女继续深造这个问题作了回答。回答“是”的有 192 户，回答“否”的只有 25 户。不打算让子女继续深造的 25 户农户中有 9 户是因为子女成绩不好，10 户是没钱，6 户是认为读书无用。打算让子女继续深造的 192 户农户有 24 户打算让子女读完初中，51 户打算读完高中，117 户打算让子女上大学。在 192 户农户中自认为有经济能力供养子女继续深造的 117 户，无能力的有 75 户。没有经济能力又打算让子女继续深造的农户有 15 户打算申请贷款，24 户打算向亲友筹措，27 户准备外出务工，10 户为其它打算。尽管让子女深造的费用如此之高，让子女深造的道路如此艰难，但中国农民并不认为让子女读书是什么要讲求“投资收益”的“投资行为”，而是在一种纯粹人性理念的支配下，对下一代所甘愿奉献的付出和牺牲。正因为如此，在现实的“教育灰色市场”下，许许多多人利用农民这一朴素的理念来谋取暴利。

二、对发展四川农村教育的对策思考

21 世纪是知识经济时代。任何一个缺乏知识的人、民族、国家将被淘汰。农村教育不是孤立的，是我国整个教育的一大部分，多年来基本上是围绕着高考转，升学率是社会“考核”学校的唯一硬指标，是典型的“应试教育”。所不同的是近年来，又受到“农村普九”、“费改税”的影响。更为严重的是在“教育产业化”的大潮冲击下，所暴露的问题更加突出，具体表现在“九年义务教育”、学生大量辍学、教师工资、农民负担等方面。从本次调查情况看到，在诸多方面问题中，最有深远影响，最核心的问题是“教育产业化”的影响。

“教育产业化”在已有的实施中已经引起社会上的广泛关注和争议。许许多多的家庭正为此付出了代价。但是这一进程又是在整个国家实行市场经济大气候下的必然选择。否定现实，采取视而不见的鸵鸟政策不可取，直面现实，正视业已存在的“灰色”市场，让其透明，实现公开、公平、公正，最终达到把教育费用全面降到合理的位置，同时对作为弱势群体的农村学生和贫困家庭学生给予充分的教育补助，才能给老百姓带来实惠。

这次在调查中有的校长提出：“要在教育这块地上坚持计划经济模式下的办学机制，特别是中、小学的办学机制”。这一观点代表相当一部分人朴素善良的看法，但这在市场经济大气候下还有可能吗。另一方面，这也说明在实施“教育产业化”之前，多数人把教育这一领域视为“最后的计划经济体制”。在这个体制下，什么都是有计划，并实行计划的，计划的中心是围绕高考制度进行的。现在大学实行自费，大幅扩招，鼓励民办，使得原先计划严密的高考制度受到大冲击。这一冲击波由大学扩展到高中，再波及到初中、小学。这不是人为命令，而是被一种不可阻挡的市场利益趋动机制所自然推动。在这样的洪流面前，任何个人、单位都显得软弱无力，而政府所要作的是不要推波助澜，不严防死守，而是因势力导，疏通渠道，缓解矛盾。在整个发展进程中特别要考虑保护弱势群体的利益。

本次调查显示，除向农民普遍筹措的资金以外，农民家庭自己承担的学习费用，除小学还需要由政府补贴外，初中已超过学校人均经费支出，高中更是大大超过。可见在现有的教育领域“计划经济体制”下,学校管理粗放。如若通过公开公平的竞争来改进办学机制,增加学校透明度,学校是能够在竞争中降低学生学习费用、提高教育质量的前提下作到收支平衡,甚至盈利的。而要作到公开、公平、公正的市场竞争,就必须进行体制改革,政府要对这一市场进行严格规范的管理,重点放在保护学生受教育的权益之上。对于九年义务教育阶段的学生,可以像对粮食的补贴一样,改“暗补”为“明补”,直接把对小学和初中生的补贴发放到学生手中,让其能够自主择校。对于高中以上的学校,则需要规范管理,使其透明化,并以税收的形式来遏制暴利,让教育这一“软商品”的消费者能够保护自己的权益。

中国人现在能够以低廉的价格买到尽其所需的形形色色的商品和服务,但唯独买不到质优价廉的“教育”这一软商品,这一现象是值得深思的。回顾我国改革开放的历程,从消费者的观点看,许许多多商品都经历过从计划过渡到市场这一进程,而在这一过渡进程中,都经历过最让人痛苦的“双轨制”历程。当前“教育产业化”可以说刚好处于“双轨制”这一阶段,和当年的生产资料价格居高不下,短缺严重一样,现在在“教育产业化”口号下半放开的教育市场中“教育价格”更是高的惊人,和真正的教育成本完全脱离。这一高得离谱的价格是“倒算”出来的,即不是根据消费者能力决定成本,而是以效率极低的“生产者成本”通过垄断强制消费者接受。同时,在双轨运行时期,“义务教育”原本应该保护受教育者受教育和选择所受教育的权利。而现实的高额择校费却成为了对选择所受教育权利者的罚金。“选择市场者”需要付出的费用还包括了对“计划经济体制”下受保护者的大额补贴,这里是“计划”剥削了“市场”。这也是“市场”价格高的重要因素。在这一时期内,如果止步不前,或时进时退,都会延长这一进程的时间,带来更多人的痛苦。而事实上也正是在教育领域改革方面,由于我国长期存在的统考制度,由于过去我国对小、中、大学都实行的是计划经济总体下的由国家包办的低廉免费教育,由于在教育领域内长期包裹的“教育神圣”的光环,而目前却从低收费转向高收费,因此教育的市场化改革所受到的非议最大,所遇到的阻力也最大,所引发的社会问题也最多,完全可以用“怨声载道”这个词来形容。但教育必竟是一个软商品,是一种服务,对它的评价又极其复杂,不同阶层、不同职业、不同国家的人士对教育都有自己的评价观。我们又不可能像其它商品一样,通过全套引进来发展教育。这一点又决定了教育不可能像其它商品那样,完全走一段引进、吸收、消化的道路。因此,探索中国式的“教育产业化”之路是完全必要的。同时在探索的过程中又必须防止激起大规模的社会矛盾。

统考制度指挥下的应试教育现在正在扼杀整整一代人的灵魂,摧残他们的肉体。这样的教育早就应该寿终正寝了。但在不彻底的教育市场化改革之下,市场经济的手段却起着“助纣为虐”的作用,这也正是人们对现今教育产业化“切齿痛恨”的根源之一。因此,教育产业化必须与统考制度改革、教育机构评价体系改革等其它方面的改革配套进行。

面对矛盾重重的农村教育现状,面对教育产业化这一市场经济环镜下的滚滚洪流,要解决当前的教育危机,必须积极探索新的农村义务教育保障机制。

(一)尽快修订《义务教育法》,对各级政府所应承担的权力和义务作出明确规定,增强法律条文的可操作性。特别要明确政府对学校基础设施投入的组织权,社会各方的参与权。在国家宏观教育政策中要突出农村教育的地位,制订政策要有针对性和可操作性。应当正视农村教育发展所面临的诸多难题,突出农村教育的地位,树立城乡整体教育观念,在政策上向农村地区倾斜,加快农村教育发展速度。要规范农村教育体制,适当调整农村义务教育下放基层政府的做法,加大中央政府和地、市一级政府在普及义务教育中的责任;要明确农村教育的发展目标,让农村基础教育、职业技术教育和成人教育能够协调发展。

(二)继续加大对农村教育投入力度,在农村中小学逐步推进素质教育。长期以来,我国教育投入严重不足,离《教育法》规定的占国民生产总值4%的要求还有很大差距,从提高全民素质与维护国家稳定的需要出发,国家有限的教育经费预算仍需向欠发达的农村地区倾斜,坚持基础教育由国家承担的原则。

(三)对农村义务教育可进行“暗补”改“明补”的试点。即在某一划定地区内,把对农村接受义务教育学生的补贴由过去“暗补”到学校改为“明补”到学生个人。同时开放该地域的教育市场,容许社会各方面对学校投资,让学生自主择校。同时明确投资人对学校的所有权,明确校长的“完全经营自主权”,明确社会力量的“参与教育事业权”,对当地学校试行企业化管理。政府用公告的方式责成校方定期公布学校的全部财务收支状况,容许学校微利经营。对暴利学校则以专项税收的方式转移其部分利润到当地贫困地区学校。通过这样的方式加强对学校管理的政府监督和社会监督,保证教学质量和合理收费,制止暴利和欺骗行为,让学校实现可持续发展。

(四)着手解决乡镇学校“普九”期间所遗留的债务问题。在这一方面可结合改“暗补”为“明补”试点工作,对试点地区学校进行“债转股”。让过去的“债权人”转变为“投资人”。理顺学校的经济关系,让学校管理者通过这一改革试点轻装上阵,全身心投入改进学校教学质量中去。

(五)改革目前的统考制度。国家应针对不同地区、不同需求,制订多项国家认定的文化检验标准,而不是只有一项高考检验标准。这样可以培养多种社会所需要的实际人才。通过可操作的办法让学校与升学率标准脱钩,为各类学校发展建立明确的和多样化的“国家标准”,为实现真正的素质教育建立良好的基础。

(六)坚持现有的“教育产业化”方向。继续加快改革步伐,鼓励各方人力、物力、财力的积极参与,让教育市场在真正的市场化竞争中加速扩大、优化、完善。通过市场竞争的手段对教育领域进行“优胜劣汰”,让“教育市场”从“卖方市场”转变为“买方市场”,使得高等教育的费用大幅下降,从而带动高中、初中、小学的费用随之下降。以此来减少这一重大改革给社会带来的长期痛苦。

(七)对“教育产业化”改革绝不能搞“一刀切”。在整个过程中应加倍关注弱势群体,解决他们的实际困难。必须根据一个地区的经济发展状况、富裕程度逐片试点,同时在全过程中政府应以行政手段对贫困家庭学生根据不同贫困程度发放全额学习补助的方式,确保农村家庭子女不因家庭贫困无法接受基本教育和高等教育而辍学、退学,确保贫困家庭学生读书学习的权益。

(八)千方百计提高农村学校的教学质量。坚持“两手抓”。一手抓农村普及教育,一手抓农村教育质量提高。一方面要依法推进九年制义务教育普及工作,减少辍学率。另一方面要加强成人扫盲学校与职业技术学校建设,减少文盲人口,对农民进行大面积培训,让农民掌握各个领域的现代科学技术。抓农村教育质量提高,对学校基础教育而言,要确保农村中小学的校舍与教学设备、教师编制、课程设置达到国家规定标准;兑现教师的工资,保证教师工资按月足额发放,彻底解决民办教师转正问题,规范农村中小学教师职务晋升制度,为他们的进修创造必要的条件;建立城、镇优秀教师轮流到农村中小学任教制度,鼓励师范生到农村中小学任教;随着部分村小学校规模和班级规模缩小,县乡教育主管部门要协调好学校合并调整工作,通过择优录用,分流富余教职人员。在不具备合并条件的地区,要建立教师跨校流动制度,解决学校规模和教师编制之间的矛盾。政府各有关部门要清理农村职业技术学校与成人学校的办学情况,从制度上规范其招生与教学工作;国家应鼓励高校到农村开展职业技术教育,鼓励高校教师到相关学校兼课与技术辅导。对先进地区的先进学校,要鼓励他们对落后地区的学校进行投资、兼并、重组,在当地创办分校。这样可以降低学生学习成本,提高学校教学质量,利用当地优势进行扩张式发展。

(九)有条件的地区可以进行建立教育有形市场试点。政府必须加强对这一市场的监督,参与教育有形市场的学校必须向社会定期公布其教育成本等等,给农民一个“明白”,让农民充分行使受教育选择权。通过这一市场的长期公开运作,让全社会都能够了解学校的真实运作情况,对降低学生学习费用,提高教学质量进行有力的促进。

新时期甘肃贫困地区全面建设小康的新思路

甘肃省农调队

党的十六大《全面建设小康社会，开创中国特色社会主义事业新局面》的报告，明确提出了本世纪头二十年我国全面建设小康社会的宏伟目标。这是一个顺天时、合民意，既奋发有为又实事求是，既有巨大号召力和凝聚力，又有巨大发展潜力的目标定位。它具有十分丰富的理论内涵和极其重大的现实意义。甘肃省作为全国重点扶贫对象，经济基础比较差，要实现全面建设小康社会的目标不是一蹴而就的，必须紧紧围绕十六大精神，全省上下共同努力，对全省目前尚有176.89万的贫困人口和712万极易返贫人口进行突破性的根治，才能如期实现小康目标。因此，本文主要对甘肃贫困特征进行深入分析，以寻求治贫奔小康的策略。

一、新时期甘肃贫困的特征

国家实施“八七”扶贫攻坚计划以来，甘肃省扶贫开发的方略更多的是立足生存、着眼于生存。这在当时的省情下，也是必须的。但是，随着新时期经济的发展，尤其是入世以后，我们的指导方针也随之变化，不仅要立足于生存，还要着眼于发展，充分利用绿箱政策，从多方面考虑，尽量减少入世给贫困地区带来的负面影响。因此，要加快甘肃省小康建设的步伐，反贫困必须从经济、资源、生态、教育四个方面综合治理，必须在可持续发展分析研究的基础上，分析甘肃农村地区的贫困问题，发现甘肃农村贫困地区不仅仅存在经济物质上的匮乏，而更严重的是生态贫困、资源贫困和教育贫困。四者同时并存于甘肃农村贫困地区，并呈现出极大的相关性。具体表现为：

（一）生态贫困：甘肃农村贫困的主要原因

生态贫困，即生态环境基础脆弱，自然条件恶劣。甘肃农村贫困地区多分布于自然条件恶劣，资源贫乏，生态破坏严重，土地生产率低下的山区，黄土高原区，偏远荒漠地区，地方病高发区，以及自然灾害频发区，这些区域多集中于中、东、南部地区。我们对生态敏感带与经济贫困的相关性做了初步研究，主要结构如下：

1. 在划入生态敏感地带的县中，约有80%的县是贫困县，占全省贫困县总数的80%上；

2. 在划入生态敏感地带的耕地面积中，约有88.83%耕地面积在贫困县内，占全省贫困县耕地面积的74%；

3. 在划入生态敏感地带的人口中，约有66.39%人口生活在贫困县内，占全省贫困县总人口的81%；

4. 在划入生态敏感地带的农民人均纯收入平均为1472.72元，基本上与贫困县农民人均纯收入接近，而划入非生态敏感地带的农民人均纯收入平均为2291.44元，两者相差818.72元。由此看出，贫困地区生态贫困率高达80%，甘肃生态敏感地带与经济贫困地区之间的相关性很高。

（二）资源贫困：生存资源禀赋与农业资源转化率低

生存资源泛指那些与生存直接有关，并能开发利用的可再生资源，它们赋存状况诸如数量的多少、质量的优劣、组合或匹配程度、开发的难易程度对于一个地区人口的生存非常重要。根据耕地资源、水资源、生物资源、水土资源匹配、农业生态质量指标加权计算，甘肃省生存资源指数位居全国第24位。而根据生物转化率和经济转化率得出的农业资源转化率位于全国最末。说明甘肃省发展农业的经济成本和机会成本太大。

就是在自然资源贫乏，条件恶劣的土地上，却生长着2500万人，根据联合国粮农组织的有关分析，在年降水量低于400毫米的干旱和半干旱地区，每平方公里的人口密度不宜超过50人，否则该地区由于居住人口过多的压力而导致生态系统的进一步恶化。甘肃省的每平方公里人口密度如果扣除40%的难以利用的国土面积，全省的人口密度已达87.6人，其中河西中部人口密度为109人，中部干旱地区为133人。由于资源不足缩小了经济活动可选择的范围，降低了社会调节的自由度，给农村产业结构的调整增加了困难。同时也造成人口数量增长—素质低下—资源匮乏—发展延缓的恶性循环。这种自然资源与人口发展的不适应严重制约甘肃省农村经济的发展和贫困人口脱贫的步伐。

（三）教育贫困：人力资本投资强度低，效益差

甘肃省一直比较注重“物质资本”投资的发展战略，人力投资严重不足。首先是教育投资比例较低。2002年教育总支出占国内生产总值(GDP)比重为3.39%，其中农村教育投资仅占GDP的1.92%，(以下数是占国民生产总值)低于世界平均水平(1985年为5.7%)，远低于发达国家水平(1985年为6.1%)，也低于发展中国家的平均水平。根据计算，甘肃省依靠普及教育、知识扩展、技术进步等因素的全要素生产率增长对经济增长的贡献作用很小。其次是人均教育投资水平十分低下。从资料还可以看出，2002年甘肃省人均教育投资额仅为172.64元，其中农村人均为95.87元。在有限的教育经费中，投入结构还存在明显的不合理。1991年，中国的初等(小学)、中等(中学和职业中专)、高等三级教育在校生比例为71.6：27.2：1.2；1992年，教育投入分配结构为：35.52：36.12：21.47。在人均收入低于500美元时，世界平均水平的三级教育在校比例是：73.7：22.8：3.6，教育投资结构为42.9：28：15.6。1999年甘肃省三级教育在校比例是：69.54：29.07：1.39，教育投资结构为38.20：40.82：20.99。对比表明，甘肃省教育投入结构不合理，初等教育投入不足，高等教育投入过高；三是收入分配制度中长期形成的平均主义、“大锅饭”，使拥有不同劳动能力的劳动者趋同，抑制了劳动力进行自我投资、提高自身人力资本积累的积极性。

（四）经济贫困与生态、资源、教育贫困并存且相互影响

物质贫困存在于甘肃农村贫困地区是不言而喻的，而精神贫困、生态贫困、资源贫困和物质贫困同时并存可以说是甘肃农村贫困地区的特征。四者之间相互影响，精神贫困，思想意识和观念陈旧，科技利用率低，造成经营的粗放，经济的高投入、低产出，经济效益低下，导致物质贫困，同时粗放经营又导致生态环境的破坏，即生态贫困加剧；而物质贫困，资金不足，收入低下，无力去投资教育和改善生态环境，与其它省份相比，精神贫困和生态贫困进一步加剧。这种恶性循环同时也告诉我们，单一的扶贫措施，单一的扶贫效益评估都是片面的，即使某一方面或两方面暂时缓解，也会受另外一方面的影响，导致扶贫效率的不经济。因此，贫困是精神、物质、生态均有待提高的集合体，正是由于这种原生性和再生性因素的共同作用，导致贫困地区农村产业结构关联度低、农业结构资源配置低效、农民收入增长缓慢。

二、贫困地区全面实现小康奋斗目标的阻力

目前，甘肃省扶贫攻坚已进入决战冲刺的关键阶段，分析扶贫攻坚的任务和贫困地区社会经济发展状况，扶贫攻坚目前面临的主要问题，也是甘肃省全面实现小康奋斗目标最大阻力。

（一）解困任务重，难度大。一是从任务量上看，2003年甘肃省要基本解决177万农村贫困人口的温饱问题，这部分人返贫率极高，正常年景返贫率在10～20%左右，遇到灾害返贫率更高。即1998年返贫人口为52万人，1999年返贫人口为78万人，2000年返贫人口为122万人。二是从难度看，剩下的贫困人口是农村中脱贫最难的部分。其中有114万人是年人均纯收入在390元以下的极贫人口，主要分布在高寒山区。这些地方生产生活条件十分恶劣，基础设施极其薄弱，有的甚至连生存条件都不具备，要解决这部分贫困人口的温饱难度非常大。三是从实现解决温饱的目标看，差距还很大。对甘肃省2002年农民收入情况分析表

明，除农民人均纯收入在625元（省定贫困线）以下的177万的贫困人口外，收入在625～800元之间的有170.83万人，在800～1000元之间的有309.57万人，在1000～1200元之间的有231.37万人，总计尚有711.77万人，占全省乡村人口的35%，这些农村人口刚刚越过温饱线，极易因灾因病导致饱而复饥、温而复寒，是返贫的隐患。

（二）自然灾害频繁，返贫现象严重。历史上的甘肃是一个多灾的地区，干旱恶劣的自然条件与特殊的地理位置造成了干旱、风沙、霜冻经常出现。天水、陇南、定西、临夏、甘南5个市州地是甘肃省贫困人口聚集区，土地面积虽然占全省的24%，但每年自然灾害的成灾面积就占到了全省的34%，成灾人口占全省成灾人口的46%，2001年粮食减产在10万吨左右的就有天水、陇南、定西。就全省而言，干旱、风沙、霜冻是主要的自然灾害，因三害造成的农作物成灾面积分别占总成灾面积的69.17%、20%、8.04%，尤其是风雹灾近几年呈上升趋势，2001年就比2000年增长8%，这些自然灾害，在现有的生产力水平条件下，非人力所能抗御，更难以进行有效的治理。仅1999年的自然旱灾，就使甘肃省粮食一项农民人均减少收入70元，致使全省返贫人口比前几年有大幅度增加。

（三）农民收入低速增长，增收形势不容乐观。1998年以来，甘肃省农民纯收入呈低速增长：表现出增产不增收，价格一路下跌，农产品出现买方市场，通货紧缩持续。具体表现在，2002年甘肃省农民人均纯收入1590.30元，比2001年增长5.41%，2000年甘肃省农民人均纯收入比1999年仅增长1.1%，为改革以来的最低谷。另外，入世对贫困地区农民增收的影响也会越来越大。表现在：一是增加农民收入的政策措施受到越来越严重的挑战，通过提价来实现农民增收的现实可能性和可行性更小；二是在当前国内市场农产品需求增长乏力和农民向非农业领域转移受到诸多限制的情况下，入世和开放农产品市场势必使农民增收的目标在短期内更加难以实现；三是入世对贫困人口的收入增长影响更大。首先，随着农产品市场开放，国内市场价格下降，农民种田变得无利可图或者是获利减少，而粮棉油等大宗农产品又是大多数低收入者的主要收入来源，因此受这种不利影响的绝大多数是穷困农民。其次，国内农产品市场放开后，粮食降价赚不到钱，原先比较富裕的农民，有资金、有能力转到蔬菜、花卉等能赚钱的行业，而原来就比较穷困的农民，由于资金、技术和市场信息等条件的限制，获利机会只会更少。这将导致穷者愈穷、富者愈富，贫富分化愈来愈严重，给扶贫工作增加了难度。

（四）贫困村集体经济"空壳"现象突出。据对53个贫困县300个乡镇抽样调查结果显示：不到30%的村有企业（包括私营企业），说明有近三分之二以上的村没有集体经济收入，即使有企业的村，也多属于小企业、小规模。由于这些村没有或缺少经济实力，维持正常运转尚且不足，更无力开发致富项目和实施改善群众生产、生活条件的项目，严重制约着农村整体摆脱贫困和全面实现小康的进程。

（五）市场经济条件下，"因病致贫"、"因学致贫"等新的致贫因素增多。近年来，学生学费尤其是大中专学费急剧上升。监测结果显示，1998～2002年，甘肃省农村学生平均每人每学年支付学习费用320.72元、373.90元、471.76元、519.54元、534.93元，1999、2000、2001、2002年分别比上年增长16.58%、26.17%、10.13%、2.96%。另据河北经贸大学调查，上大学全靠借钱、家庭生活特别困难的特困生比例超过15%，这一比例在甘肃省还会高，这些特困生大多来自农村贫困地区。据调查，农村居民用于看病保健的支出也不断增加，2002年比1998年年平均增长17.51%，书报学费和医疗保健支出增长均超过了农村居民现金收入和生活消费支出，使刚刚解决了温饱的贫困户家庭，可能会因得病求医或子女入学而花去仅有的一点点积蓄，从而负债累累造成贫困（详情见下表）。

1998～2002年全省农民人均学费医疗费支出情况

单位：元、%

项目	1998年	1999年	2000年	2001年	2002年	年均增长
人均现金收入	1205.98	1307.82	1309.03	1413.24	1498.69	5.58
生活消费支出	939.55	944.9	1084	1127.37	1153.29	5.26
书报学费	71.45	85.37	120.86	136.11	142.74	18.89
医疗保健	43.36	48.41	70.6	75.72	82.68	17.51
学费医疗占消费比重	12.22	14.16	17.66	18.79	19.55	

三、新时期贫困地区全面建设小康的思路

甘肃贫困人口2002年为177万人，国际反贫困理论和实践表明，当一个国家的绝对贫困人口占总人口比重下降为10%以下时，单靠他们自己的力量，不可能摆脱绝对贫困的状况。目前甘肃省的社会经济发展水平基本上达到了仅用很少一部分社会财富就能使贫困人口过上最低限度的"体面生活"，反贫困已经具有足够的经济力量。问题在于不能仅用外部经济支持来简单解决贫困人口现时温饱，市场经济也要求不能永远白养着这部分贫困人口，而应帮助他们获得生存和发展的能力，帮助他们改善生产条件，包括环境条件、生产工具、劳动者素质，这样才能自立和发展。按此思想，结合当前一些地区有效的扶贫方式，我们把扶贫方式分为社会(文化)扶贫、经济(物质)扶贫和生态扶贫，社会文化效益和生态效益始终是衡量农村贫困地区可持续发展的重要指标，而经济扶贫必须考虑到对生态环境的影响，力争把负面影响做到最小。这也是全面实现小康最经济最有效的办法。

(一)教育扶贫是实现小康目标的根本措施

经济和社会发展中的首要因素是人。"治贫必先治愚"，社会(文化)扶贫旨在提高贫困地区的人口质量，必须重视贫困地区人力资源的开发和利用。甘肃是一个自然资源短缺的省份，这种短缺现象，按目前的社会发展趋势，将日益加剧。因为自然资源的再生性非常困难，而人口数量上升的趋势却不可逆转，这必然导致人口数量的发展与资源量增长的不协调性进一步加剧。由此可见，劳动力资源是我省资源中最大的优势。同时劳动力资源与其它资源相比有无法比拟的优势，即劳动力资源既能在开发过程中提高，又能在利用中增值，这种增值表现在自己价值的增值及对其它资源在开发深度和广度及效率上的作用和影响。由于劳动力资源具有主动性、变化性和不稳定性等特点，因此，在开发和利用过程中具有很强的可塑性与发展性。具体从四个方面着手：

1. 要实现农村基础教育和职业技术教育并举。目前在保证农村基础教育的前提下，应大力发展农村职业教育，培养农村一二三产业所需要的各类技术专业人才。长期以来，由于二元经济结构导致的城乡、工农之间地位和利益的差异，致使农村重基础教育轻职业教育，而基础教育，远远不能适应农村经济发展的需要，而且对经营者的素质要求绝非基础教育能够满足，因此在抓基础教育的同时还要抓职业技术教育，树立终身教育的思想。同时，在科学技术迅猛发展的今天，正规学校的教育无法替代在职教育的独有职能。特别是发展中国家存在着大量新生的、层次较低的劳动者，更应该把在职教育作为一个重要环节来抓。

2. 加大教育资金的投资力度。甘肃的贫困与劳动力素质低下密不可分。从各国经验表明，要使一国经济迅速得以发展，教育投资一般要占GNP的比重的6%以上，教育投资增长要快于国民收入增长，这样人力资本状况才能适应经济发展的需要。从投资收益看，舒尔茨采用收益率法测算了人力资本投资中最重要的教育投资，测算结果显示，该投资对美国1929～1957年间的经济增长贡献率高达33%。另据美国经济学家测算，1900～1957年间在全美国物质资本投资增加4.5倍的情况下，利润增加了3.55倍。相比之下，同期在全美的人力资本投资增加3.5倍的情况下，利润却增加了17.55倍。可见一个国家的人力资本投资的收益回报远大于其物力资本投资的收益回报。另外通过柯布—道格拉斯生产函数计算出甘肃教育对国民经济增长的贡献率1990～1999年平均为13.98%，只相当于美国20世纪60年代，日本70年代的贡献水平。因此，要加大教育投资首先要加大国家的投资力度。要抓住国家向中西部政策和资金倾斜的有利时机，多争取一些国家对教育的投资，从而走国家投资与地方集资并举的路子。与此同时搞好宣传，正确引导居民的消费观念。使广大农民踊跃进行自身人力资本的投资，增强人力资本积累的内在动力。

3. 加快教育体制的改革步伐。西部地区人力资本的质量低，既表现为人口受教育程度低，也表现在知识结构不合理上，这是长期以来西部地区教育服务不足，教育体制扭曲所导致的严重结果。事实上，西部地区的经济发展，归根到底在于劳动力的智力开发，在于劳动力后备军的智力培养，全面改善人力资本的状况，最大限度发挥劳动者的主观能动性，从而提高农业劳动生产率和资源利用率，使科学技术和管理方式等知识财富和资源禀赋得到创造性地应用和转化。因此，西部地区应该突破对单一物的开发的落后观念，把人的开发和物的开发结合起来。扭转贫困地区教育体制与经济发展需求严重脱节的局面。

4. 强化限制人口数量、提高质量、优化人口智能结构的政策。人口是人才的基础，人口政策直接决定了国民素质。现代优生学认为，人的才能在相当程度上受遗传因素影响，优生优育是提高国民素质的一条重要途径。西部要更好地治理自然生态，只有同时把这里的人文生态建设好，才能使西部地区步入良性发展的轨道。

(二)经济(物质)扶贫必须注重长期效益

经济扶贫是扶贫的主要形式，扶贫资金的运用方式十分重要。长期以来，政府采取转移支付的形式直接把资金发放到贫困县或其相关管理机构，进行的是“输血式”的扶贫方式，这种通过政府提供的社会救济，自然灾害救济，优抚等方式，只能缓解暂时的贫困，难以从根本上解决贫困问题，难以提高贫困地区的自身发展能力，难以从根本摆脱贫困。因为这些资金都用来购买食品、日用品等生活必需品，几乎或根本不可能用于精神财富和生态财富的增加，诸如教育投资、农田水利设施及大型农机具的更新等投入甚微。对于无劳动能力的残疾人，对于受灾区贫困人口，这种救济是必须的；但对于一般性贫困户，要改变“赈济”的扶贫方式，一是政府不可能长期救济，二是反贫困的主体应是贫困者本身，应创造机制，让其通过自身劳动，创造价值来实现长久的脱贫致富，即通过“造血式”扶贫，这种方式把农村贫困地区内在动力和外在支持综合起来。甘肃省反贫困战略在“九五”期间发生重大转变，从原先的“输血式”扶贫转向“开发式”扶贫。后者就是一种有效的“造血式”扶贫。进入21世纪，甘肃省要将反贫困战略尽快调整为以开发式扶贫为主，重点实施一些贫困户都能参与且能受益的项目和计划。

(三)明确生态扶贫是奔小康实现可持续性发展的基础和条件

人类生存发展离不开环境，人类一方面通过资源的开发获得物质和通过生态建设改变环境，另一方面，资源和环境又以自身的质量和数量分布制约人类的生存发展。生态恶化是贫困的重要原因，治理环境和恢复生态，既是脱贫的对策，也是寻求可持续发展的重要措施。因此必须把强化自然资源和环境保护工作作为脱贫发展的一些基本任务。甘肃省贫困地区大都处于生态恶化地区，生态环境的治理和保护尤为重要。首先，思想上要把生态扶贫放在重要的地位。改变贫困地区“吃饭第一，生态建设第二”，“经济增长是硬指标，生态建设保护是软任务”的思想。必须树立“保护环境就是保护生产力，改善生态环境就是发展生产力”的思想。其次，在对贫困地区的扶贫监测上，必须把生态效益指标考虑进去，把可持续性指标作为21世纪扶贫监测工作的重点。

总之，反贫困问题归根结蒂是一个发展问题，而这个发展是否是可持续的，就看其是否是在生态环境可持续基础上进行经济发展，反贫困的归宿在于缩小和消除城乡差距，地区差距和工农差距，而这种差距不仅仅是经济上的差距，思想观念上差距的缩小是反贫困的最大收益，因此教育扶贫应作为扶贫开发的先导和扶贫评估的重要指标。只有物质财富、精神财富、生态财富都有所增加或至少不减少，才能摆脱贫困，获得可持续发展。

四、贫困地区全面实施小康的创新举措

(一)全面导入市场机制

面对十六大全面实现小康的目标，什么样的对策最佳，其标准只能是看什么样的对策能获得最经济又最有效益的扶贫攻坚效果，借助这样的对策选择资金投入，在比较短的时间内大面积缓解贫困、巩固脱贫成果、抑制返贫并奠定全面实现小康目标的基础，这是非常急迫又非常现实的问题。因此，反贫困行动的思路、组织形式、项目选择、对策选择应有所变化，当然是要紧紧抓住中西部地区开发热的有利时机，利用自己资源多成本低的优势，全方位地导入市场机制，以变化了的自己适应变化了的现实。也就是说，在社会主义市场经济条件下，将市场机制、市场意识与市场化的操作方式导入反贫困行动之中，将市场环境与相对封闭的贫困地区联结起来，将初级市场体系延伸到广大乡村，就成为扶贫攻坚对策的必然抉择。

(二)重塑贫困地区的扶贫主体

扶贫工作是一个长期的渐进过程，不可能一蹴而就，这就对扶贫主体提出了持久的创新要求。但是随着扶贫工作难度的加大，扶贫任务向高层次和纵深化发展，由体制外向体制内转变，贫困地区的主体缺位成为反贫困的最大障碍。因此，要重塑贫困地区的扶贫主体。

1. 增强农民扶贫主体地位，使扶贫工作实现由“外生”向“内生”，由“强制性”向“需求诱致”转变。农民只有意识到自己的主体地位时，才会自觉进行扶贫创新，才会改变被扶贫者缺乏扶贫需求的

被动式扶贫。

2. 尊重和鼓励农民的选择，凸显农民自救的主体地位。政府应创造宽松的创新环境，既允许农民在既定的政策空间创新，又要允许农民对所谓的“体制破坏性”的变革。只有确保制度机制才能确立扶贫的主体地位。也就是说，政府有关扶贫决策必须通过自下而上的实践和自下而下的理论指导。

(三)建立可持续的反贫困战略

1. 树立可持续发展反贫困观念

可持续发展反贫困的建立，可以防止过去反贫困只注重解决贫困人口的温饱问题或生活条件的相对提高等物质贫困，造成一些政府的短期行为，个别地方政府的领导人好大喜功，急功近利，只追求脱贫的数量，而忽视脱贫的质量，盲目上马扶贫项目，管理粗放，造成扶贫的泡沫经济，加强加剧了贫困地区的生态破坏，损坏了经济的可持续性发展的基础。而可持续发展中的反贫困不仅要增加经济财富，同时还加强精神扶贫和生态扶贫，而精神扶贫和生态扶贫比物质扶贫更长期、更艰巨、难度更大。

2. 扩展可持续发展扶贫效益监测评估体系

在扶贫效益监测评估上，过去我们一直将生产总值、总收入或农民人均纯收入等作为主要指标，同时，社区中贫困人口的收入分层和增加幅度，农村贫困线以下和以上的贫困人口数量变化等指标也是重要的参考资料，这些经济指标都注重扶贫的经济效益，而可持续发展中扶贫效益的评估不仅包括经济效益，还包括社会效益和生态效益。经济效益注重物质财富的增加，社会效益注重社会精神财富的增加。包括社会结构的改善、社区文化注重教育事业的发展以及生活方式的变化等方面。生态效益注重生态财富的增加，包括生态环境改善，土地、森林、水等自然资源的可持续利用率是否提高及环境承载力等方面。所以，扩展可持续发展扶贫效益监测评估体系，是城乡经济一体化发展的民稀结果，也是一件造福子孙后代的大事。

(四)资金筹集和使用上，走市场化的道路

畅开投资渠道，除了原有的投资渠道外，应注意吸收各类企业和个人的投资式扶贫，采取投资者与扶贫对象双向选择项目，投资受益的办法，增加反贫困投入，解决由于地方财力不足而导致的反贫困投入不足问题。投资者既有受益作为动力，又有直接监督和管理资金运行过程的权利，风险降低，积极性更高。同时，在资金使用和分配上要注重效益。从 2002 年甘肃省贫困地区扶贫贷款完成情况看，越是贫困面大的地区，其扶贫贷款资金使用渠道越窄，呈现出典型救济式、生存式的短期贷款动转模式。比较明显的地区是陇南、白银，47％投资仍在种植业上。这种扶贫方式导致脱贫人口暂时性、局限性和不稳定性。因此，在贫困资金的投资结构上要注重投资效益，变适用型投资结构为效益型投资结构，才能提高贫困资金铁投资边际效益。

(五)加快贫困地区农业信息化建设步伐

在向 21 世纪迈进的时候，传统农业的发展已经到了末路，新型的现代农业取代传统农业已成必然。我们必须把握这次机遇，充分应用以网络技术为核心的信息革命。尤其在今天，贫困地区农民增产不增收，其根本原因还是由于技术信息和供求信息匮乏、滞后造成的。技术信息滞后，造成贫困地区农民生产的农产品质差、技术今是低、没有市场竞争力；产生了只有数量没有效益的后果。因此，拥有先进的科学技术和超前的市场信息，才是竞争力的真正体现，才能全面改善目前农业生产规模小、高度分散、时空变异大、量化规范化程度差、稳定性和可控程度低等问题，在生产和市场需求之间构筑一条信息通道，给农民提供足够的市场信息，实现信息资源共享，促进农业产业结构高速的顺利进行。适应随之出现的“以知识为基础，以信息为主导，以市场为导向，以网络为载体，以周期淡化为特征”的新的农业经济形态。

综上所述，甘肃省要实现全面奔小康的目标，必须要建立在稳步脱贫计划的基础上，必须正确处理好脱贫与奔小康的关系，尤其要固化 35％的极易返贫人口，这样全面奔小康的目标才能实现。也就是说，甘肃省今后扶贫工作的重点：以全面实现小康目标总揽农村工作全局，重点巩固温饱地区生活质量，以技术跨越提升富裕地区突破口，全面打造一个新世纪。

6

农民收入与税费改革

2003年农民增收特点及结构变化分析

阳俊雄

2003年农民增收遇到了意想不到的新困难，突如其来的“非典”疫情使农民收入遭受较大损失，部分地区遭受严重自然灾害，农业生产受到较大不利影响，农民增收受到严重影响。在困难情况下，党中央、国务院果断决策、因势利导，不仅夺回了“非典”疫情所造成的损失，而且实现了年初制定的全年农民收入增长4%的预期目标。据调查，2003年农民收入人均为2622元，比上年实际增长4.3%。农民收入增长呈现新的特点，来源构成发生明显变化。

一、2003年农民收入增长特点

2003年影响农民增收的重大因素有三个：一是4月中旬到6月中旬的突发“非典”疫情；二是部分地区遭受严重自然灾害；三是下半年农产品价格回升。受其影响，2003年农民增收呈现新的特点：

(一)农民外出务工收入继续保持快速增长

突发“非典”疫情使2003年农民增收遇到了前所未有的困难。据调查，受“非典”疫情影响，农村外出务工劳动力有700～800万返乡，近千万未返乡农村劳动力暂时失去工作或收入减少，农民外出务工收入大量损失。据统计，由于受“非典”疫情的影响，第二季度农民的外出务工收入比上年同期减少了17元。

为了克服“非典”疫情影响，迅速夺回损失，在“非典”疫情得到有效控制后，国务院及时下发了《关于克服非典型肺炎疫情影响促进农民增加收入的意见》，各级政府按照《意见》要求，迅速采取切实有效措施，积极组织农村劳动力外出务工，大力消除阻碍农民外出务工的各种不利因素，农村外出务工劳动力人数迅速增加。据统计，2003年农村外出务工劳动力占农村劳动力的比重达18.5%，比上年提高1.8个百分点，外出务工人数比上年增加约830万人，增长10.3%。由于外出务工劳动力大量增加，农民的外出务工收入不仅夺回了“非典”疫情所造成的损失，而且还有更大增长。2003年农民的外出务工收入人均346元，比上年增加48元，增长16.1%，增速比上年提高4.1个百分点。

(二)农业生产经营收入增速继续回升

2003年农民从事农业生产经营得到的纯收入人均881元，比上年增加26元，增长2.9%，增速比上年回升2.5个百分点。农业生产经营收入增加主要受价格回升因素的影响。如：2003年农民种植粮食得到的纯收入比上年增加7元(粮食价格上涨因素使种植粮食的纯收入增加了13元，产量下降因素使种植粮食的纯收入减少了6元)；种植棉花得到的纯收入比上年增加了13元，增收几乎全部来自于棉花价格上涨因素；种植油料得到的纯收入比上年增加了4元(油料价格上涨因素使种植油料的纯收入增加了5元，产量下降因素使种植油料的纯收入减少了1元)。

(三)农民二三产业生产经营收入增速减缓

“非典”疫情对农民家庭二三产业生产经营也造成了较大不利影响，许多经营农户歇业或营业额大量减少，农民家庭二三产业生产经营收入遭受较大损失。据统计，二季度农民二三产业生产经营现金收入比上年同期减少了15%。虽然“非典”疫情得到有效控制后，农民家庭二三产业生产经营迅速恢复，但疫情所造成的营业时间损失无法挽回，使得损失很难弥补，特别是服务业的损失。据统计，2003年农民二三产业生产经营收入人均346元，比上年增加6元，增长1.7%，收入增加额比上年减少12元，增幅下降3.8个百分点。其中，第二产业生产经营得到的收入人均109元，比上年同期增加3元，增加额减少5元；第三产业生产经营得到的收入人均237元，比上年增加3元，增加额减少7元。

（四）受严重自然灾害影响部分地区农民减收

2003年我国部分地区遭受了严重自然灾害，淮河流域发生严重洪涝灾害，洪涝过后出现罕见的持续高温天气；河南等地遭受历史罕见的持续低温阴雨天气；渭河流域发生严重洪涝灾害；东北地区遭受出现持续低温和春旱；云南、甘肃、新疆等地遭受地震灾害等。严重自然灾害对局部地区农业生产和农村经济发展造成了不利影响，受灾较重的地区农民收入增长缓慢，甚至出现减收。如安徽省农民收入实际比上年下降1.2%；河南省农民收入实际比上年下降0.4%；黑龙江省农民收入实际增长3.3%，增速比全国平均水平低1个百分点；陕西省农民收入实际增长2.2%，增速比全国平均水平低2.2个百分点。

二、2003年农民收入来源构成变化

2003年农民增收呈现新的特点，收入增加的构成与上年相比发生显著变化，但构成变化的基本趋势没有改变。

（一）农民家庭经营收入对当年农民增收的贡献显著提高

2003年农民收入比上年增加146元。其中，工资性收入增加79元，占当年农民收入增加额的比重为53.9%，比上年下降8.6个百分点；家庭经营收入增加53元，占当年农民收入增加额的比重为36.3%，比上年提高10.5个百分点；财产性收入比上年增加15元，占当年农民收入增加额的比重为10.3%，比上年提高7个百分点；转移性收入比上年减少1元，占当年农民收入增加额的比重为－0.5%，比上年下降9.9个百分点。

（二）家庭经营收入中农业收入比重发生明显变化

2003年农民家庭经营收入比上年增加53元，其中，来自于农业生产经营的收入增加47元，来自于非农业生产经营的收入增加6元，占家庭经营收入增加额的比重分别为88.8%和12.2%。而上年农业收入增加额和非农业收入增加额占家庭经营收入增加的比重分别为31.5%和68.5%。

虽然近两年农业收入增速有所反弹，但农业收入占农民纯收入的比重持续下降的趋势并没有改变。1997年农业收入占农民纯收入的比重下降到60%以下，为58.4%；2000年下降到50%以下，为48.4%，三年下降了10个百分点。近年下降速度有所减缓，但下降趋势没有改变。2001年农业收入占农民纯收入的比重为47.6%，2002年为46.4%，2003年为45.6%，两年下降了2个百分点。

（三）务工收入在工资性收入增长中的地位更为突出

2003年农民的工资性收入增加79元，其中，外出务工收入增加了48元，占61.6%，比上年提高14.1个百分点；在本地打工收入增加了28元，占35.1%，比上年提高16个百分点；在本地企业就业得到的收入增加了12元，占15.8%，比上年提高0.7个百分点；在非企业组织中劳动得到的收入减少了10元，占－12.5%，比上年下降30.7个百分点。

由于近年农民外出务工收入保持持续快速增长，成为近年农民收入增长的主要来源，占农民收入的比重以平均每年1个百分点的速度提高。2000年外出务工收入占农民收入的比重首次超过10%，达到10.7%，比上年提高1.5个百分点；2001年占11.2%，比上年提高0.5个百分点；2002年占12%，比上年提高0.8个百分点；2003年占13.2%，比上年提高1.2个百分点。

（四）财产性收入、转移性收入所占比重基本保持稳定

农民收入来源呈现多元化特点，财产性、转移性收入与农民收入保持同步增长态势，占农民收入的比重基本保持稳定。1996年以来，财产性收入占农民收入的比重基本保持在2%左右，1996年为2.2%，1997年为1.1%，1998年为1.4%，1999年为1.4%，2000年为2.0%，2001年为2.0%，2002年为2.1%，2003年为2.5%；转移性收入所占比

重基本保持在4%左右,1996年为3.6%,1997年为3.8%,1998年为4.3%,1999年为4.5%,2000年为3.5%,2001年为3.7%,2002年为4.0%,2003年为3.7%。

(五)2003年农民收入中实物收入大幅度下降

2003年农民纯收入中,现金纯收入人均2135元,比上年增加235元,增长12.4%,占纯收入的比重达81.4%,比上年提高4.7个百分点,是1999年以来提高最快的年份;实物收入人均487元,比上年减少89元,减少15.5%,占纯收入的比重为18.6%,下降4.7个百分点,是近年来下降幅度最大的年份。

实物收入是农民收入的重要组成部分,改革开放以来随着我国社会主义市场经济的发展,实物收入所占比重逐年下降,但下降速度不快。近年来,实物收入在农民收入中的比重呈加速下降趋势。实物收入占农民收入的比重,1996年为36.7%,1997年为32.8%,1998年为32.7%,1999年为30.4%,2000年为26.8%,2001年为26.1%,2002年为23.3%,2003年下降为18.6%,近7年平均每年下降2.6个百分点,大于18年平均下降1.2个百分点的水平。

我国农村居民收入分配差距继续扩大

阳俊雄

一、农村居民收入分配现状

(一)全国农村居民间收入分配差距逐渐扩大

改革开放以来,农村居民收入分配差距经历了由逐渐扩大到逐渐缩小,再由逐渐缩小到逐渐扩大的过程。1978年开始农村居民收入分配差距逐年扩大,1995年达到第一个顶峰,基尼系数由0.21扩大到0.34,扩大13个百分点,平均每年扩大0.8个百分点。1996年基尼系数下降为0.32,比1995年下降2个百分点,恢复到90年代初期水平。随后差距开始逐年扩大,1999年的基尼系数为0.34,恢复到1995年的水平,2000年的基尼系数达到0.35,2003年的进一步扩大到0.37,比1995年的最高点扩大3个百分点。

(二)低收入农户与高收入农户的收入差距进一步扩大

按农户人均收入水平进行5等分分组(每组各占总户数的20%),2001年高低收入组农户的收入比为6.8∶1(以低收入组农户的收入为1),2002年扩大为6.9∶1,2003年进一步扩大为7.3∶1。

(三)地区间农村居民收入差距持续扩大

地区间农村居民收入差距扩大主要是中部地区与东部地区的差距逐年扩大。1997年中部地区与东部地区农民收入比为1∶1.42(以中部地区农村居民收入为1),1998年为1∶1.44,1999年为1∶1.46,2000年为1∶1.47,2001年为1∶1.49,2002年为1∶1.50,2003年为1∶1.52。

(四)城乡居民收入差距扩大

改革开放以来,城乡居民收入差距经历了由迅速缩小到逐渐扩大,由逐渐扩大到逐渐缩小,再由逐渐缩小到加速扩大的发展过程。1978年城乡居民收入比为2.57∶1(以农村居民收入为1),1985年达到历史最低点,为1.8∶1,1994年达到顶峰,城乡居民收入比为2.86∶1,超过了改革开放前的水平。1997年达到新的谷底,城乡居民收入比为2.47∶1,小于改革开放前的水平。1997年后城乡居民收入差距开始加速扩大,2001年突破历史最高点,城乡居民收入比扩大到2.90∶1,2002年继续扩大到3.11∶1,2003年扩大到3.23∶1。

二、差距扩大的原因

一是农民收入增长缓慢。城乡居民收入差距逐年增大,根本原因是农民收入增长速度缓慢。1997年以来农村居民收入的年均增长速度为3.9%,GDP的年均增长速度为7.8%,农村居民收入的增长速度仅为GDP增长速度的一半。而城镇居民收入的年均增长速度达到8.7%,不仅大大高于农村居民收入的增长速度,而且高于GDP的增长速度。

二是低收入农户收入水平低、增长缓慢。按照农户人均收入水平进行5等分分组(每组各占农村居民总户数的20%),2003年低收入组农户人均纯收入不及当年全国农民人均收入水平的1/3,比1993年全国农民人均纯收入还低56元,落后全国平均水平10年。近年低收入组农户的收入虽然保持增长，但增速缓慢。2001年低收入组农户的人均纯收入为818元，增长2.0%，2002年为857元，增长4.8%，2003年为866元，增长1.0%。

三是区域经济发展不平衡。全国农村居民收入分配差距持续扩大，主要是由于区域经济发展不平衡，区域间农村居民收入差距持续扩大所致。从全国来看，农村居民收入分配差距明显大于各省（区、市）内部农民收入分配的差距，80%的省（区、市）的基尼系数小于全国水平。近年区域间收入分配差距扩大，主要是由于中部地区农民收入增长缓慢。1997年以来，东部地区农民收入年均增长4.4%，中部地区年均增长3.5%，西部地区年均增长4.8%，中部地区农民收入年均增长速度分别比东部地区和西部地区低0.9和1.3个百分点。

三、对策建议

第一，要切实解决好农民增收难的问题。农民增收难是农村居民收入分配差距扩大的根本原因。解决农民增收难的问题，党和国家对此已经制定了大政方针，采取了积极有效措施，关键是要贯彻好落实好党和国家的政策措施。

第二，要加强宏观调控，有效控制地区差距。一是要以基础设施建设、人力资源开发为重点，尽可能缩小地区间发展基础条件的差异，提高中西部地区的自身竞争力；二是加大对中西部地区的支持与扶持力度，强化财政转移支付以及其他经济援助手段，缓解地方财政压力，强化扶贫，尽可能弥补市场竞争中不可避免的收入差距。

第三，要加快建立农村社会保障机制。“两极分化”是对社会稳定影响最大的问题之一。低收入农户与高收入农户的收入差距逐年扩大，高、低收入农户的收入差距远远高于城乡居民间的收入差距，主要是因为低收入农户收入增长缓慢。低收入农户收入增长缓慢，主要是因为低收入农户的劳动力文化素质低、负担重、家底薄，增收难。因此，要加强对低收入贫困群体的直接救助与扶持力度，切实解决好贫困人口的基本生活。一方面，要继续强化对贫困地区的扶贫工作，对非贫困地区贫困人口的扶贫也应加强；另一方面，要加快建立农村社会保障机制。

第四，要加快农村社会发展。农村社会发展滞后主要原因是农村经济基础差，国家对农村社会发展的投入不足。要改变目前农村经济基础差、农村社会发展滞后局面，靠农村自身的经济实力远远不够。因此，要大幅度增加国家公共财政用于农村的比例，大力发展农村教育、卫生和文化事业，提高农村劳动力素质，促进农村社会发展。

黑龙江农民收入增长潜力的分析与应对

黑龙江省农调队

党的十六大提出了全面建设小康社会的宏伟目标,实现全面小康的重点和难点在农村,"三农"问题是我们党和国家十分关注的大问题,"三农"问题的实质是农民问题,而农民问题的实质是收入问题。因此,认真研究农民增收问题,千方百计提高农民收入是现阶段农村工作的重点。为此,我们利用20多年农民家庭收支情况抽样调查资料,对黑龙江省农民收入结构、收入特点、农民增收的潜力及今后农民增收的应对,提出粗浅的认识。

一、对黑龙江省农民收入情况的回顾

党的十一届三中全会以来,我国农村发生了翻天覆地的变化,农民收入逐年增加,回顾20多年来,黑龙江省农民人均纯收入的增长过程大致可以划分四个阶段。即超常规增长阶段,缓慢增长阶段,稳步增长阶段,恢复性增长阶段。

(一)农民收入各阶段变化情况

第一阶段:1978～1984年。党的十一届三中全会的召开,拉开了我国农村经济体制改革的序幕,随着1983年农村实行家庭联产承包责任制,广大农民在国家大幅度提高农副产品价格的刺激下,生产积极性空前高涨,加上黑龙江省农民人均占有耕地面积较多,土地资源的优势充分显现,因此,这一阶段黑龙江省农民纯收入大幅度增加,我们认为是超常规增长阶段。1978年到1984年,全国农民人均纯收入由160元增加到355元,增长1.2倍,年均递增17.3%。同期,黑龙江省农民人均纯收入由222元增加到457元,也增长1.1倍,年均递增17.0%。但黑龙江省农民收入比全国农民收入平均高出37.0%;仅次于三个直辖市,位居全国第4位。

第二阶段:1985～1990年。这一时期,黑龙江省农民人均收入进入缓慢增长阶段,1985年以后,随着农村经济改革的深入进行,农村中一些深层次矛盾逐渐暴露出来,农民从土地及农产品价格中获利逐渐丧失,致使农民收入增长减缓。1990年,全国农民人均纯收入为630元,比1984年增长77.2%,年平均递增12.1%,这一时期全国农民人均收入快速增长的主要原因就是沿海省份的浙江、广东、江苏、福建改革开放早,乡镇企业快速发展的拉动。而同期,黑龙江省1990年农民人均纯收入为717元,比1984年增长47.4%,年平均递增8.1%,比第一阶段的年平均增长速度减慢了近一半。比全国平均增长速度仍慢4个百分点,因此,五年间黑龙江省农民人均纯收入在全国的位次下滑到第9位。

第三阶段:1991～1996年。这一时期,是黑龙江省农民人均纯收入稳步增长阶段。1996年,全国农民人均纯收入为1926元,比1990年增长1.8倍,年均递增22.9%,同期黑龙江省农民人均纯收入为2126元,比1990年增长1.6倍(按新价格计算),年均递增21.5%,收入递增速度比全国平均递增速度慢1.4个百分点,黑龙江省农民人均收入的位次又下滑至第10位。

第四阶段:1997～2002年。黑龙江省农民人均纯收入是恢复性增长。这期间，黑龙江省遭受了几次严重的自然灾害，一度使黑龙江省农民人均纯收入下滑到全国的第17位。2002年，全国农民人均纯收入为2476元，比1996年增长28.5%，年均递增4.3%，同期黑龙江省农民人均纯收入为2361元，比1996增长11.1%，年均递增1.8%，在全国排位升至第15位。

(二)目前农民收入呈现“三高三低”的特点

“三高”是实物性收入高，农业收入高，粮食收入高。

一是实物性收入高。2002年，全省农民人均实物性收入为994元，比全国平均水平高330元。

二是农业收入高。2002年，全省农民人均农业纯收入为1778元，比全国平均水平高568元。

三是种植业收入高。2002年，全省农民人均种植业纯收入为1361元，比全国平均水平高151元。

“三低”是农民收入水平低，现金收入低，工资性收入低。

一是农民人均纯收入低。2002年，全省农民人均纯收入为2361元，比全国平均收入水平低115元。

二是农民现金收入低。2002年，全省农民人均现金收入为1366元，比全国平均水平低336元。

三是工资性收入低。2002年，全省农民人均工资性收入为389元，比全国平水平低383元。

二、农民收入增长的潜力

黑龙江省地处东北平原，拥有丰富的土地资源，充足的劳动力资源，强大的科技资源，但是农民人均纯收入却低于全国平均水平，提高农民收入是否有潜力，我们通过对黑龙江省农民收入结构的分析，认为黑龙江省农民增收的潜力很大。

1. 从农民收入结构的变化看农民收入增长的潜力。改革开放以来，我国农民的收入结构发生了很大变化，而黑龙江省农民收入结构却仍然比较单一。没有改变农业特别是种植业收入所占份额较大的局面，也就是说，农民增收还有较大空间。2002年，全国农民人均农业收入占全部纯收入比重为53.6%，而黑龙江省为75.3%，比全国高出21.7个百分点。据测算，如果在保持农业生产稳步发展的情况下，农业收入的比重每降低1个百分点，将推动农民人均纯收入增长1.4个百分点，也就是农民人均增收33元；其次，从农业收入内部结构来看，2002年，全国农民种植业收入占全部纯收入的比重为52.0%，而黑龙江省为57.6%，高出全国5.6个百分点。据测算，如果在农业内部其它各业都保持增长的前提下，种植业收入的比重每降低1个百分点，将推动农民人均纯收入增长1.8个百分点，也就是农民人均增收44元。目前，农民收入结构中农业特别是种植业收入比重较大，按照现有的农户家庭经营水平，如果种植业收入的比重能够降至全国平均水平(占52%)，那么黑龙江省农民人均纯收入将增加246元。

2. 从工资性收入与相关省份及全国平均水平相比较看农民收入增长潜力。目前，黑龙江省工资性收入与相关省份及全国平均工资性收入水平的差距是比较大的。虽说近几年黑龙江省劳务经济有了一定发展，但由于基数低，从总体看仍是总量偏小、增速缓慢。

据农村住户抽样调查资料显示，2002年黑龙江省农民人均工资性收入为389元，比1990年的76元增加253元，11年间平均每年增加23元，而同期全国平均每年人均工资性收入增加58元，是黑龙江省的2.5倍；2002年黑龙江省农民人均工资性收入占农民人均纯收入的比重同比只增加5.7个百分点，平均每年增加0.52个百分点，而同期全国平均每年增加1.13个百分点，是黑龙江省的2.2倍；从1990年到2002年期间，黑龙江省农民人均工资性收入年平均增长速度为14.3%，而全国为16.9%，比黑龙江省高2.6个百分点。再从横向比较，我们选择了在1990年与黑龙江省农民人均纯收入水平相差不多的辽宁省及低于黑龙江省的河北、山东、湖北、安徽等五个省份，通过11年的发展变化，不难看出黑龙江省农村劳务经济发展总量偏小、速度缓慢。(见下页表)

从下表可以看出，1990年黑龙江省农民人均纯收入为804元，仅比辽宁少32元，而与河北、山东、湖北和安徽等省份相比均高出100元以上，而同期黑龙江省农民人均工资性收入仅为76元，同比是最低的。到1995年，由于这几个省份农民工资性收入的快速增长，拉动了农民人均收入的增加。河北、山东两省的农民人均纯收入均超过了黑龙江省，湖北、安徽两省的农民人均纯收入也逐步接近黑龙江省。但到2002年，湖北省的农民人均纯收入也超过了黑龙江省，其中，山东、河北两省人均纯收入分别比黑龙江省高587元和391元，人均工资性收入分别高668元和632元。同期，辽宁、河北、山东和安徽四省的农民人均工资性收入也分别是黑龙江省的2.6倍、2.7倍和2.7和1.8倍，虽然安徽的农民人均纯收入还低于黑龙江省，但其工资性收入却比黑龙江省高318元。可见，黑龙江省农民人均纯收入与上述省份的差距主要表现在工资性收入上。

黑龙江省农民人均工资性收入与部分省份对比

年份	1990			1995			2002		
	收入（元）	工资性收入	比重（%）	收入（元）	工资性收入	比重（%）	收入（元）	工资性收入	比重（%）
黑龙江	804	76	9.4	1610	166	10.3	2361	389	16.5
辽　宁	836	261	31.2	1757	486	27.7	2751	1021	37.1
河　北	622	171	27.6	1669	441	26.4	2685	1044	38.9
山　东	680	168	24.7	1715	409	23.9	2948	1057	35.9
湖　北	671	82	12.3	1511	192	12.7	2444	662	27.1
安　徽	539	77	14.3	1303	234	18.0	2118	708	33.4

2002年，黑龙江省农民工资性收入低于全国平均水平450元，如果将黑龙江省农民收入中工资性收入提高到目前全国平均水平，那么黑龙江省农民人均纯收入将大大高于全国农民收入平均水平。

3.从科技进步和农户家庭经营效益的提高看农民收入增长潜力。科技进步始终是推动农民收入增长的重要因素，目前黑龙江省农民收入增长的科技进步贡献率仍然较低，这也预示着通过科技进步，推动农民收入增长很有潜力。2002年，黑龙江省农民收入增长的科技进步贡献率仅为43.7%，不仅大大低于发达国家的水平，与我国的一些先进省市相比也有一定的差距。导致农户家庭经营效益仍然不高，对农民收入增长的钳制作用非常明显。目前发达国家的农业科技进步率一般在80%以上，我国的一些先进省市也达到了50～60%。如果能够将黑龙江省农民收入增长的科技进步贡献率提高10个百分点，则农户家庭经营效益将会大大提高。据调查，2002年黑龙江省农民家庭经营每百元费用创造的纯收入为242元，比全国平均的340元低近百元。如果通过提高农户家庭经营的科技含量来增加效益，使农民家庭经营每百元费用创造的纯收入增加10元，按2002年人均生产费用支出977元计算，则农民人均纯收入将增加98元，能使全省农民人均纯收入增加4.2%。

4.从农民收入中现金收入比重的变化看农民收入增长的潜力。一般来说，农民收入中现金收入的比重越高，其收入水平越高，反之则越低。改革开放以来，随着市场经济的发展，在农民收入快速增长的同时，现金收入的比重也提高较快。2002年，黑龙江省农民现金纯收入占全部纯收入的比重已经达到57.9%，据测算，农民现金收入占纯收入的比重每提高1个百分点，将使农民人均纯收入增长2.5个百分点，使农民人均增收147元。

三、增加农民收入的对策选择

1.转变观念，营造积极向上的“百姓经济”氛围

党的十六大确立了全面建设小康社会的奋斗目标，实现这个目标的重点和难点在农村，而农村的难点在于农民收入增长缓慢。经济的落后，归根结底是思想观念的落后，黑龙江省农民与沿海发达省份的农民相比，一是思想守旧，接受新观念、新知识慢，在许多农民的心目中，还是固守田园、小富即安的思想，缺少市场经济和竞争意识。二是农民对政府的依赖性过强，缺少闯劲。三是部分地方和部门的干部对农村经济发展新阶段并没有足够的认识，工作作风不深入，会议布置多，贯彻落实少；跑上级多，跑市场少，缺乏引导农民进入市场竞争的能力。要搞活经济，各级政府应下大力气，抓好农民思想观念的转变，增加农民自身的紧迫感，让大多数农民动起来，自立自强，形成浓厚的“百姓经济”氛围，实现黑龙江省农民收入的快速增长。

2. 发展绿色农业，增加农民收入

绿色农业是入世后国内外农业竞争的焦点。发展绿色农业，不仅能满足人们对健康食品的需要，提高农业的竞争力，也是目前农业可持续发展

的前提和保证。经过5年的努力，到2001年末，黑龙江省有效使用绿色食品标识的农产品达到140个，农民增加收入4.6亿元，如德惠市的无公害蔬菜生产基地，2002年绿色农产品生产农户户均增收近万元。梅河口市生产的“梅河牌”绿色大米的售价为6～8元/公斤，是普通大米的3～4倍，而且市场销售看好，农民增收的效果明显。随着人民生活水平的提高，对农副产品的质量要求也越来越高，发展绿色农业不仅能提高农民收入，而且发展前景很好。

3.增加规模化养殖，推动畜牧业发展

黑龙江省畜牧业发展已有一定的基础，但养殖方式还比较落后，80%以上农户是散养，只有少部分农户搞规模化养殖。在调查中我们了解到，规模化养殖有许多优势，而且规模养殖比规模种植更容易实现。只要有充足的饲料和一定的启动资金就可以了。另外，从效益情况看，规模养殖户似乎比规模种植户更容易得到规模效益。被调查的10户养殖大户的人均纯收入是8312元，而10户种植业大户的人均纯收入为5400元，前者是后者的1.5倍。由于规模养殖具有明显的经济优势，因此近年来呈方兴未艾之势。我们认为，扩大规模化养殖是推动畜牧业发展的有效方法，也是调整农民收入结构，增加农民收入的重要途径。

4.培育和发展农副产品加工企业

到2020年黑龙江省要实现国内生产总值比2000年翻两番，建成小康社会目标，在经济发展的措施上，应在巩固现有汽车、石化工业两大支柱产业的同时，拉长农产品链条，搞好农产品加工增值，加快培育农产品加工业为主的新的支柱产业，使黑龙江省的经济基础更坚实和牢固。我们认为，根据黑龙江省各产业的现实基础和发展潜力，粮食及畜产品加工业应加大政府扶持力度。黑龙江省农畜产品加工龙头企业是从20世纪90年代初期开始兴起的，虽说起步较晚，但从发展来看还是较快的。据统计反映，2003年以来，黑龙江省规模以上（下同）农产品加工业呈现了增加值总量逐月扩大，生产速度稳步增长的良好态势。截止5月末，农产品加工业实现增加值53.8亿元，占全省工业增加值的比重为17.2%，仅低于第二大支柱产业石油化工1.9个百分点，按可比价格计算，其增加值比上年同期增长了10.5%，其中：各月增加值依次为8.9亿元、9.7亿元、10.8亿元、11.4亿元、11.8亿元，同比分别增长10.3%、14.1%、10.7%、8.7%、9.8%。从这些数据看，农畜产品加工业完全可以培育成为黑龙江省新的支柱产业。而农民可从扩大生产、销售及广泛就业等方面增加收入。

5.加快劳动力转移进程是现阶段黑龙江省农民增收的现实选择

劳务输出即劳务经济被省委、省政府确定为黑龙江省农村经济发展的五大产业之一，近几年，黑龙江省农村劳务经济呈现出较强的发展势头。随着农村劳务经济的不断发展，对农民收入起到了积极的拉动和支撑作用。调查资料表明，2002年黑龙江省农民人均纯收入为2361元，比1990年的804元增加1557元，增长1.9倍，年均增长速度为9.4%，而2002年工资性收入为389元，比1990年增长5.1倍，年均增长速度为14.6%，工资性收入的增长比农民纯收入增长快5.2个百分点，2002年工资性收入对农民人均纯收入增长的贡献率为33.8%。可见，劳务经济的发展已成为农民收入快速增长的主要动力。但目前看，黑龙江省劳动力水平比较低，适应市场的能力差，抢占市场的意识不强，为了加快劳动力的转移，必须加强农民的技能培训，在政策上给他们进城打工创造宽松条件，最大限度的让农民就业，增加农民收入。

剖析乡镇经济发展优势 探寻农村居民增收途径

——上海市部分乡镇农村居民收入的调查报告

张申龙

2002年上海市农村居民人均可支配收入达6212元。从总体上看，上海市农村居民收入已达到一个较高的水平。但从各区县的比较情况看，区域位置的优劣，更主要的经济发展水平的高低导致了农村居民收入的差异，特别是以乡镇为单位的经济发展结构差异导致农村居民收入结构、增收渠道不同。为了准确把握不同类型乡镇农村居民增收特点，探索农村居民增收途径，我们组织了上海市部分乡镇农村居民收入问题专题调查。现将本次调查的情况综合分析如下。

一、调查乡镇农村居民收入基本情况

本次调查在宝山、金山、青浦、奉贤4个区的8个乡镇中进行，为了准确掌握农村居民收入以及便于比较分析，在上述乡镇中根据不同收入水平抽选了160户农户对2002年收入进行了访问回忆调查。为组织好这次调查，专门制定了农村居民收入问题调查方案，设计了乡镇农村居民人均纯收入数字核查表、行政村经济发展情况调查表和农村住户家庭收入情况调查表。本次调查还专门组织人员对部分调查乡镇、村干部进行了访问座谈，分析各乡镇经济发展情况，农村居民的增收前景，并深入农户了解收入情况，掌握了较丰富的第一手资料。以下是对本次调查农村居民收入数据汇总结果的简要分析。

1. 收入水平和全市平均基本持平，增幅较高。据对8个乡镇160户农户调查，2002年人均纯收入为6231元，比全市600户农村住户抽样调查人均可支配收入6212元多19元。考虑到纯收入与可支配收入计算方法略有不同，可以认为本次调查的乡镇农村居民收入基本上和全市农村居民平均水平处于同一水平上。同时，根据我们测算的8个调查乡镇2002年农村居民人均纯收入平均增幅为8.1%，高于全市平均6.2%的增幅，说明这些乡镇2002年农村居民收入增长比较快。

2. 农村居民收入中来自非农收入的比重超过八成。农村居民收入中的非农收入是指工资性收入和农户家庭经营收入中除农业收入以外的收入。通常以非农收入占全部收入的比重来分析农村居民收入结构。本次调查显示，调查乡镇2002年人均非农收入5361元，占人均纯收入的比重达86.0%，其中在本乡镇企业内工作人均纯收入3066元，在本乡镇以外经商打工人均纯收入1161元，家庭经营非农产业人均纯收入676元，其他非农收入，如乡镇、村干部的工资性收入等人均458元，图1显示了各项非农收入所占比重。

3. 农业收入人均639元。农村居民从农业生产中得到的收入比重只占一成。本次调查显示，2002年该项收入人均为639元，占纯收入比重为10.3%。从农业收入构成看，经营粮食生产纯收入人均188元，占农业收入的比重为29.4%，占全部

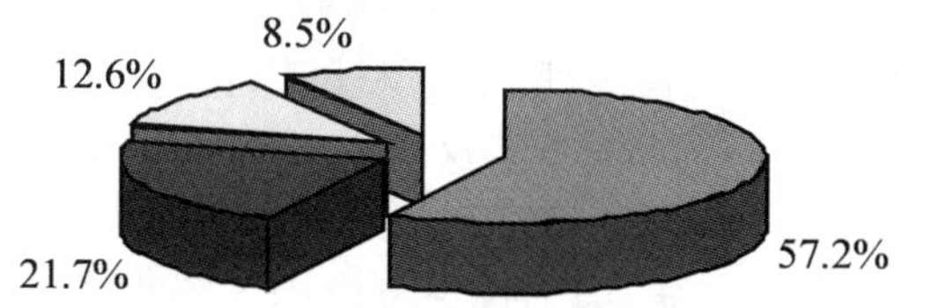

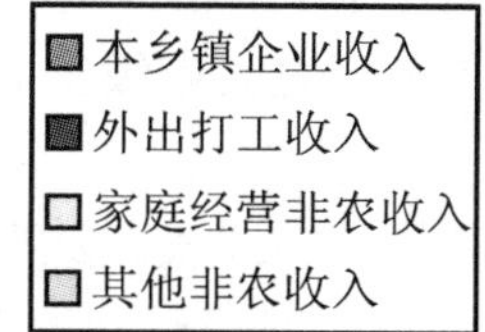

调查乡镇农村居民非农收入分类比重

纯收入的比重则只有3.0%；在上海市农业收入中农民种植蔬菜收入已占第一位，2002年人均202元，占农业收入的比重为31.6%；水果和其它农业收入也占一定比重，而从养殖业得到的纯收入人均不足百元。从收益成本看，种植蔬菜、水果收益最高，饲养生猪收支相抵略有盈余。

4.乡镇之间收入差距较大。从汇总情况看，8个调查乡镇共159个村，按村人均纯收入水平分组，有15个村人均纯收入低于4000元，33个村人均纯收入在4000～5000元之间，111个村人均纯收入超过5000元；按人口收入水平分组，10.8%的农村居民人均纯收入低于4000元，21.1%的农村居民人均纯收入介于4000～5000元之间，68.1%的农村居民人均纯收入超过5000元。

5.从业非农化较为明显。从8个调查乡镇的从业结构看，农村居民的从业非农化较为明显，超过一半的农村劳动力集中在本乡镇企业内就业。在15.58万农村劳动力中有8.71万人在本乡镇企业内工作，占55.9%；在本乡镇之外经商打工的人数有2.34万，占15.0%；从事非农个体劳动的人数有0.54万人，占劳动力总数的3.5%，其余3.99万人从事农业生产以及临时打工等其他行业工作（见表）。

2002年8个调查乡镇农村劳动力从业情况

指　　标	从业人数（万人）	构成（%）
劳动力总数	15.58	100
1.在本乡镇企业从业人数	8.71	55.9
2.外出经商打工人数	2.34	15.0
3.从事非农个体劳动人数	0.54	3.5
4.在农业及其他行业从业人数	3.99	25.6

二、不同类型乡镇经济发展和农村居民增收特点

从经济发展水平以及产业结构比较，我们将8个调查乡镇分成3种类型，分别为非农主导型、非农兼农型、特色型。非农主导型乡镇是指这些乡镇经济发展几乎完全依托二、三产业，农村居民增收主要依靠非农行业，这些乡镇主要分布在上海市近郊和交通便捷经济快速发展的区域，本次调查中宝山区的顾村镇和罗店镇以及青浦区的华新镇属于这类乡镇。而上海市中、远郊相对较多的乡镇则属于非农兼农型乡镇，这类乡镇经济发展水平相对要低一些，虽然农村居民收入较大部分同样依靠在企业工作或外出打工收入，但总体收入水平较低，而从事农业的劳动力仍占一定比重，本次调查中奉贤区的奉城镇和郧桥镇、金山区的亭林镇和枫泾镇就属于这类乡镇。我们将本次调查乡镇之一的青浦区赵屯镇单独作为一种经济结构类型，称之为特色型乡镇。该镇是上海著名的草莓之乡，经济总体发展水平较高，农业产业结构调整成效显著，农村居民增收渠道较广。下面我们从掌握的数据和有关材料分别对这3类不同经济结构乡镇经济发展特征和农村居民增收特点进行分析。

1.非农主导型乡镇。非农主导型乡镇经济结构已基本非农化。如顾村镇2002年全镇经济总收入达56.03亿元，其中第二产业收入39.71亿，第三产业收入15.98亿元，而第一产业收入仅0.34亿元，所占比重不到1%。罗店镇和华新镇产业结构也基本相似，非农产业收入占总收入比重分别达到99.4%和95%。这类乡镇农村居民增收主要依靠二、三产业的迅猛发展来带动非农就业，以增加工资性收入。在二、三产业发展方面，主要有以下几种模式：

（1）形成区域支柱产业。华新镇成为全国两大著名摩托车品牌嘉陵和新大洲摩托车的生产基地；罗店镇重点发展钢铁延伸加工、电子信息和生物医药等重点行业；顾村镇以冶金延伸、汽配、服装等支柱产业带动全镇经济快速发展。这些以乡镇地域为区域产业中心的企业发展，吸纳了当地大部分农村劳动力就业，农村居民的工资性收入增长较快。

（2）以工业园区建设带动镇级经济发展。如2002年罗店镇工业园区由1.8平方公里扩展到2.7平方公里，并调整了产业布局，吸引大企业向

工业园区集中，提升了园区档次，园区产值比重提高。从全市范围看，郊区九大市级工业园区均落户这类乡镇。

(3)房地产业发展获益匪浅。随着上海市快速交通网的形成和延伸，近郊房产开发势头迅猛，这类乡镇获益最多。如顾村镇截至2002年底商品房竣工面积达26.7万平方，2002年商品房实现销售收入2.79亿元。房产的开发还带动了当地商业的发展，2002年该镇商业销售收入达到9.03亿元；罗店镇2002年房地产开发7万平方米。发展房地产业给这类乡镇居民带来的收益主要表现在两个方面，一是使用土地补偿收益，一般由乡镇政府按土地占用面积统一支付，如华新镇2002年农村居民出让土地得到的收入达1700万元；二是房地产开发建设还带动了当地农村居民的就业。

2.非农兼农型乡镇。该类乡镇非农就业率相对较低。4个调查乡镇全部劳动力中在本乡镇企业中就业比重为44.7%，外出打工比重为11.6%，均比全市平均水平低。非农就业低，反过来说明从事农业生产的劳动力比重仍比较高。总体上这些乡镇经济发展较为平缓，农村居民增收较为缓慢。本次调查中该类乡镇农村居民人均纯收入5613元(分乡镇收入数据均为市农调队测算数据)。这类乡镇经济发展和农村居民增收有以下特点：

(1)乡镇企业以中小企业为主，工资性收入水平较低。由于这类乡镇的企业以中小企业为主，规模普遍较小、效益上不去，职工工资水平也较低。据调查，奉贤区邬桥镇和奉城镇在本乡镇企业内工作年均工资水平8750元，明显低于近郊乡镇企业工资水平。企业工资水平低，必然造成农村居民纯收入中工资性收入增长缓慢。这是这类乡镇农村居民收入与非农主导型乡镇的最大差距。

(2)农村居民收入增长不稳定性较为突出。主要体现在一部分农业收入占较大比重的农户中。如金山区亭林镇红杨村一户农户搭建大棚种植蔬菜，但因为销售困难，大量蔬菜积压烂掉，2002年家庭经营亏损了4755元。这样的农户经营状况在我们的调查中时有所闻，乡镇、村干部普遍认为，在农民希望通过农业结构调整增加收入的过程中，少数市场信息灵通，先走一步吃到“头口水”的农户确实能取得比较好的收益，但不少跟风种养的农户往往尝到的是农产品量增价跌的苦头，增产非但不增收，反而多支出了成本。

(3)农户收入差距明显。农户之间收入差距主要由农户家庭就业结构不同造成。如金山区亭林镇亭西村收入最高的一户农户人均纯收入达10355元，这户家庭中4个劳动力全在企业工作；而该村收入最低的一户农户人均纯收入只有1295元，因为这户家庭中4个劳动力全部种田，工资性收入为零。

(4)存在一定比例的低收入农户。从我们调查的情况看，这些乡镇中均还存在一定比例的低收入农户。综合分析低收入原因，主要有以下几个因素。一是一些缺少技术没有致富门路的纯农户或家庭主要劳动力所在的企业效益不好且子女尚在就读的农村住户；二是家庭成员中有重大疾病或残疾的农村住户；三是少数家庭成员怕吃苦，宁愿整天打牌不出去找工作的所谓“好吃懒做”的农村住户；四是一些与子女分户的老年农村住户。

3.特色型乡镇。赵屯镇2002年农村居民人均纯收入达7339元，在8个调查乡镇中仅低于华新镇。从收入结构分析，该镇2002年农村居民所得总额20186万元，其中在本乡镇企业内劳动所得6148万元，占所得总额30.5%；外出劳务收入2461万元，占所得总额12.2%，两者合计比重为42.7%，除此二项收入以外还有超过一半的收入来自其他收入。而从全市普遍情况看，农村居民这二项收入比重合计均超过七成，因此我们认为赵屯镇农村居民收入结构有其特点，其增收必然有亮点。通过深入了解，我们对赵屯镇农村居民增收有了清晰的把握，归纳起来就是走特色化农业产业发展之路促进农民增收。

(1)农业结构调整走产业化发展之路。赵屯镇农业结构调整的成功是引导草莓生产成为该镇种植业的主导产品，20年来其种植规模、生产水平已居国内乡镇之首。赵屯镇自1983年引种草莓以来，2002年草莓种植面积达15000亩(其中大棚栽培近10000亩)，占全镇耕地面积接近二分之一，2002年草莓产值达9000万，按全镇常住人口3万人计算，扣除生产成本，赵屯镇农村居民年人均从草莓生产中获益2000元左右。赵屯镇草莓生产在上海郊区已形成了明显区域化、产业化生产格局。草莓生产对促进赵屯镇种植结构调整、农村经济发展和农民致富作出了巨大的贡献。

(2)以科技为动力做大做强特色产业。赵屯镇草莓产业做大做强依靠的是科技的力量。他们主要从品种、栽培技术、绿色产品三方面着手。而实现的途径是以1991年成立的草莓研究所为载体。

首先是品种。2001 年赵屯草莓研究所从 60 多个引进的新品种中筛选出适合大棚栽培的优良新品种“新屯一号”，并通过规范化育苗，提供给农户种植，还为购苗者免费提供高产栽培技术资料及技术咨询服务，目前已逐步替代前期大棚栽培主要品种“丰香”。其次是不断改进栽培技术。草莓栽培已由 20 世纪 80 年代单一的露地栽培，发展成目前小拱棚、中棚、钢管大棚等多种设施栽培方式。由于提高了栽培技术，使草莓鲜果供应期由原来的 20 多天(4 月下旬～5 月上旬)延长至 6 个月(11 月下旬～翌年 5 月下旬)，亩产量年均 1.5～1.8 吨，年总产量超过 1.8 万吨。三是走绿色产品之路。赵屯草莓研究所从 2000 年开始与国家环保总局有关机构合作，尝试有机草莓栽培技术研究。2001 年通过有机栽培技术生产的安全、卫生、优质的有机草莓在市场上受到了市民的热烈欢迎，售价是常规生产草莓 1.5 倍，并出现供不应求现象，草莓的经济收益大幅提高。

(3)树立品牌，开拓市场，走出农产品增产不增收怪圈。农业结构调整中最大的问题是农产品的增产不增收。赵屯镇草莓生产在面积不断扩大，产量不断增加的情况下，通过树立品牌、建立市场、产品开发等途径使生产的草莓销得出去，使农民增产能够增收。赵屯镇 1999 年被国家特色经济作物推荐组委会评为“中国草莓之乡”；2001 年该镇注册了“赵屯桥”牌草莓品牌，从而起到了很好的农产品产地保护优势。在销售渠道上，主要通过在全市各大宾馆、超市、水果商店等消费场所设立固定销售点；并在产地建立草莓批发交易市场；从 2002 年开始，该镇还投资 2000 余万元，建造了一个 2000 平方米规模的低温冷库，对草莓等鲜果进行速冻加工，解决了草莓的保鲜问题。这一系列的市场化营销策略，使赵屯镇草莓生产蒸蒸日上，农民真正走上了依托农业特色产业致富的道路。

三、不同类型乡镇农村居民增收途径的可行选择

结合上海市郊区“三个集中”政策导向，我们对本市不同经济结构乡镇农村居民增收途径提出以下几点思考。

1.非农主导型乡镇：接轨城市。这类乡镇主要位于近郊，具体讲是指外环线以内的乡镇以及市级九大工业园区所在乡镇范围，数量上约占郊区总乡镇数的近 20%，人口 50 万左右。这些乡镇经济的快速发展得益于大都市产业的直接辐射，居民就业已基本非农化，他们中不少家庭收入水平已接近城市平均收入水平，他们的土地已用作非农用途，他们的工作和生活方式和城市无异。对这类乡镇的农村居民，政府应出台相关政策，首先尽快改变他们的农民身份，其次鼓励这部分人离开乡村到城镇居住，成为新一代城市居民。

2.非农兼农型乡镇：加快农村劳动力转移，提高非农就业率。根据调查数据测算，上海市 2002 年末仍有 65 万左右的农村劳动力从事农业生产或处于待业状态。这些劳动力主要分布在这类乡镇中。从促进农村劳动力非农就业的途径看，笔者认为，首先应以加快小城镇和镇级工业园区建设为载体，着力推动中小企业的发展；在招商引资中重视劳动密集型企业的布点，以利于促进农村劳动力的转移，增加非农就业；对中小企业发展资金不足的问题，应适当加大金融支持力度。其次是积极鼓励发展私营经济，政府有关部门要积极给农户创造机会，引导创业门路，支持农户发展个私企业。三是提供农民培训的机会，提高农村居民非农就业能力。

3.特色型乡镇：推进农业产业化，重视农业增收作用。虽然从收入比重上看，上海市农村居民从农业生产中得到的收入很少，但随着郊区部分人口逐步向城市集聚，势必仍有一部分农户留在农村从事农业生产。我们不应忽视这部分农户的增收。走农业产业化之路是提高农业收入可行的选择。赵屯镇草莓生产走上产业化之路给农民带来增收是一个很好的例子，上海市郊区还有不少这样的特色乡镇，如葡萄之乡马陆镇，水蜜桃之乡新场镇，黄桃之乡光明镇等等。从鼓励农业产业化的政策面看，农民希望政府做好引导和服务。引导是指政府要提供准确的市场信息，使农户的生产以市场为导向，生产适销对路的优质农产品；服务是指政府要在农业科技和产品销售等方面为农民提供服务，如建立企业化的农贸市场以及专业协会(如赵屯镇的草莓研究所)，使农民和企业或协会建立合作关系，利益共存，风险共担，实现产、供、销一条龙，解决农民的后顾之忧，有力地促进农村居民增收。

青海农牧区税费改革成效明显，问题突出

青海省农调队

一、前言

农村税费改革是中国农村继土地改革、实行家庭承包经营之后的又一项重大改革。这项改革事关9亿农民的切身利益，是遏制面向农民的乱收费、乱集资、乱罚款和各种摊派的有效措施，依法调整和规范国家、集体与农民的利益关系，将农村的分配制度进一步纳入法制轨道，从根本上解决农民负担问题，是深化农村改革的重大步骤，必将极大地促进农村经济发展和农村社会稳定。

二、青海省农村税费改革的主要内容和目标

“三个取消、两个调整、一项改革”，即：取消乡统筹费，农村教育集资等专门面向农民征收的行政事业性收费和政府性基金、集资，取消屠宰税，取消统一规定的劳动积累工和义务工；调整农业税和农业特产税政策；改革村提留征收使用办法。农村税费改革的目标是：实现“三个确保”，即：确保农民负担得到明显减轻、不反弹，确保乡镇机构和村级组织正常运转，确保农村义务教育经费的正常需要。

三、青海省农牧民税费负担的历史演变及其现状

（一）历年农牧民税费负担情况

1.农牧民税费负担总体呈现增长趋势。从1984年起至1997年，农牧民人均税费负担由12.72元增至58.55元，增加45.83元，增长了3.6倍。1998年以后有所回落，2002年农牧民人均税费负担为43.8元，比税费负担最高年份1997年减少14.75元，降低25.19%。另外，1985年以来农牧民税费总支出中的现金支出部分已占到90%以上，近三年内农牧民税费总支出基本上都是现金支出，实物支出形式在逐步取消（见表）。

2.农民税费负担增幅始终摇摆不定，忽高忽低。从图1可见，税费负担增长曲线呈跳跃状变化，变动幅度也比较大。1985～2002年间，有8个年份农牧民纯收入增幅低于税费负担支出增幅，其余年份均高于负担支出增幅。

3.青海省农牧民税费负担相对较轻。从农牧民税费总支出占纯收入的比重看，1984～2002年该项比重均在5%以下，其中，所占比重最高的年份也只有4.76%。实行农村牧区税费改革试点后，2002年的税费总支出占纯收入的比重为2.56%，已降至历史最低水平，税费改革工作初见成效。

（二）青海省农村牧区税费改革情况的调查

青海省从2001年开始农村税费改革试点工作，并于2003年进入全面运行，为了深入了解当前全省农村税费改革情况，省农调队近期在省内部分县进行了一次典型调查，与各级干部、农牧民群众进行了座谈、访谈。从调查的情况看，农村税费改革得到各级干部和农民群众的拥护与支持，税费改革后农民负担总体呈减轻趋势。但是在农村税费

改革过程中也出现了一些新情况,新问题,应当引起重视。

青海省农牧民 1984～2002 年人均纯收入及负担情况表

单位:元

年份	农牧民纯收入	逐期增长量	环比增长速度(%)	税费总支出	逐期增长量	环比增长速度(%)	税费现金支出	税费现金支出比重(%)	税费总支出占纯收入比重(%)
1984	281.22	—	—	12.72	—	—	7.21	56.68	4.52
1985	342.94	61.72	21.95	12.49	−0.23	−1.81	11.80	94.48	3.64
1986	369.24	26.30	7.67	12.90	0.41	3.28	12.60	97.67	3.49
1987	392.15	22.91	6.20	15.26	2.36	18.29	14.97	98.10	3.89
1988	492.82	100.67	25.67	14.87	−0.39	−2.56	14.62	98.32	3.02
1989	463.52	−29.30	−5.95	18.01	3.14	21.12	17.94	99.61	3.89
1990	559.78	96.26	20.77	23.55	5.54	30.76	23.31	98.98	4.21
1991	555.56	−4.22	−0.75	23.67	0.12	0.51	23.61	99.75	4.26
1992	603.40	47.84	8.61	21.43	−2.24	−9.46	21.43	100.00	3.55
1993	672.56	69.16	11.46	27.04	5.61	26.18	25.85	95.60	4.02
1994	869.34	196.78	29.26	36.37	9.33	34.50	35.13	96.59	4.18
1995	1029.77	160.43	18.45	39.16	2.79	7.67	38.76	98.98	3.80
1996	1173.80	144.03	13.99	55.88	16.72	42.70	55.86	99.96	4.76
1997	1320.63	146.83	12.51	58.55	2.67	4.78	57.50	98.21	4.43
1998	1426.00	105.37	7.98	56.17	−2.38	−4.06	55.99	99.68	3.94
1999	1486.31	60.31	4.23	44.51	−11.66	−20.76	44.11	99.10	2.99
2000	1490.49	4.18	0.28	46.89	2.38	5.35	46.85	99.91	3.15
2001	1610.87	120.38	8.08	54.99	8.1	17.27	54.85	99.75	3.41
2002	1710.80	99.93	6.20	43.80	−11.19	−20.35	43.77	99.93	2.56

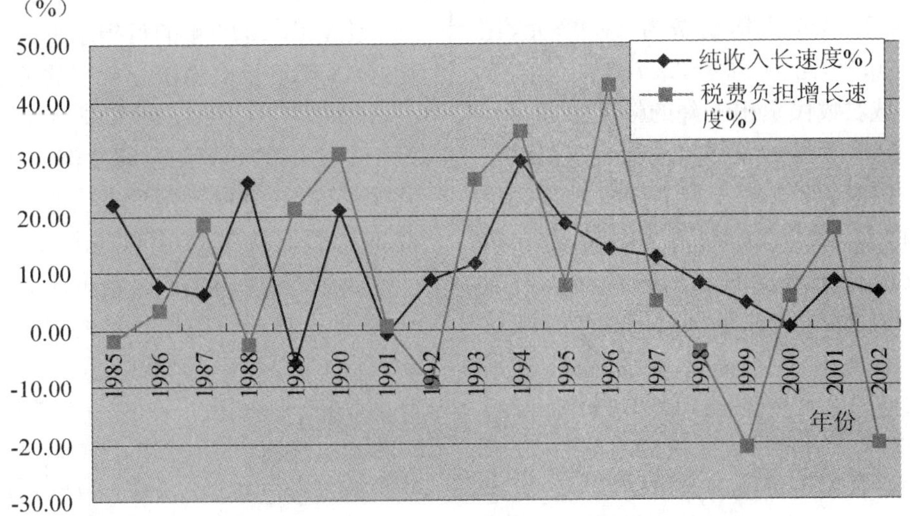

青海省农牧民 1985～2002 年纯收入和税费负担增长曲线图

1.调查村基本情况

本次调查在省内7个县展开，共计19个调查村，其中，川水村6个、浅山村6个、脑山村5个、牧业村2个；180户调查户，其中，农业区170户、牧业区10户。调查村总耕地面积4.13万亩，总人口1.8万人，农牧民人均纯收入1462元，集体经济总收入为2.18万元。

2.农村税费改革后农民负担情况

这次调查的19个行政村中，一部分行政村是从2001年就开始农村牧区税费改革试点的，另一部分行政村是2002年才开始农村牧区税费改革的，从调查汇总的情况看，农民普遍反映：农村牧区税费改革的确减轻了负担，但农牧民负担下降的幅度不同。

(1)2001年开始农村牧区税费改革试点调查村的情况

在调查的19个行政村中，2001年就开始农村牧区税费改革试点的有3个行政村，占被调查行政村的15.8%。从农村税费改革试点后农民负担的变化情况看，农民人均负担在2001年试点下降13.06%的基础上，2002年又下降了19.26%。据调查3个调查村2002年税费总额为763元，人均5.45元，与2001年试点的情况相比，农民负担在试点减少的基础上又减少了182元，人均减少1.3元，下降了19.26%。

(2)2002年开始农村牧区税费改革调查村的情况

在被调查的19个行政村中，有84.2%行政村是2002年才开始进行农村税费改革的，从改革前后农民负担的变化情况看，农民负担下降的幅度较大，19个调查村2002年人均税费为41.82元，比2001年减少了20.39元，下降了32.78%。

(3)不同区域农牧民负担下降的幅度不同

不论是从2001年开始农村牧区税费改革试点的行政村看，还是从2002年开始实行农村牧区税费改革的行政村看，由于各地的情况不同，农村牧区税费改革减轻农民负担的比例有高有低。从2001年开始农村牧区税费改革试点的3个行政村的情况看，农民负担下降幅度最大的村达到22.48%，农民负担下降幅度最小的村达到6.09%；从2002年开始农村牧区税费改革的16个行政村的情况看，农牧民负担下降幅度最大的村达到63.05%。

(4)不同户型农牧民负担下降的幅度不同

在被调查的19个行政村的180户农牧户中，纯农业户152户，占到84.4%；纯牧业户10户，占5.6%；以农业为主的兼业户18户，占10.0%。从2002年人均税费负担看，纯牧业户最高，人均达59.18元；纯农业户次之，人均6.14元；以农业为主的兼业户人均仅为3.68元。2002年人均税费负担比2001年下降幅度最大的是纯牧业户，下降了44.38%，以农业为主的兼业户和纯农业户分别比2001年下降34.53%和23.66%。

(5)调查村农业税计税的依据基本是按照土地承包面积和前5年(1996年—2000年)农作物的平均产量(区分川水、浅山和脑山)，牧业税计税的依据是按照核定的牲畜存栏数和牲畜分种类计税价格，两者具体可用以下公式计算：

①农业税=计税耕地面积×平均亩产×农业税计税价格(1元/公斤)×税率(6.5%)

②牧业税=计税牲畜×牲畜计税价格

(定额标准：马、骡、驴、骆驼每匹(峰)按10元计征；牛每头按9元计征；绵羊、山羊每只按3.5元计征)

③两税附加=正税×20%

但调查村村民对前5年平均单产有两种不同的反应。认为前5年平均单产水平比较切合本村实际，依此计算农业税比较合理的占三分之二，还有三分之一的认为前5年平均单产水平太高了，与本村的实际生产水平不相符，依此计算农业税会加重负担。另外，农民普遍认为每公斤1元的粮食计税价格偏高，而且退耕还林(草)耕地不应该再征收农业税；牧民普遍认为计税牲畜核定不合理。

(6)逐步取消统一规定的劳动积累工和义务工。全省以2000年的负担水平为基准，从2002年起，分3年逐步取消统一规定的劳动积累工和义务工。2002年为10个工，2003年为8个工，2004年为4个工，到2005年全部取消。从19个调查村的情况看，有6个村已经取消劳动积累工和义务工，占31.58%，另有13个村还未取消，占68.42%。

(7)发展村内生产公益事业的开支，通过“一事一议”向全体村民收取一定的资金解决。青海省规定筹资上限额每个工不超过10元。从调查的情况看，目前已采用“一事一议”的行政村只占36.84%，还有63.16%的行政村未采用过“一事一议”，而且在已采用“一事一议”行政村的70户调查户中，14.29%的农牧户反应本村“一事一议”有上限控制，85.71%的农牧户反应本村“一事一议”没有上限控制。

(8)在被调查的19个行政村的180户农牧户中,对农村牧区税费改革的计税方法完全了解的占15%,一般了解的占51.67%,不清楚的占33.33%;认为计税方法完全符合实际的占14.44%,比较符合实际的占48.89%,不符合实际的占3.33%,另有33.33%的户回答不知道;认为农村牧区税费改革后农牧民负担有所减轻的占42.78%,大大减轻的占41.11%,跟以前差不多的占10%,有所加重的占6.11%;绝大多数的农牧户认为农村牧区税费改革的意义重大。

四、农村牧区税费改革存在的主要问题

从农村牧区税费改革和农民负担情况的调查看,尽管农村税费改革取得明显成效,但在改革过程中,也出现了一些新情况,新问题。

(一)计税方式还不够完善,部分农牧民的负担加重

1.在农村税费改革中,大部分农牧民的负担,程度不同地有所减轻,但也有部分农民的负担反而比改革前有所加重,主要原因是新的计税方式尚不够完善。农村税费改革后,计税的基础依据是农户现有承包耕地面积的多少,而计税的另外三大因素即前5年的平均亩产、农产品单位价格和税率,不可能对千家万户分别计算,只能按特定区域范围,如以一个县或以一个乡镇或一个行政村的平均水平来确定,这样就不可避免地出现了农业税负担不均的问题,表现为人多田少的户负担明显减轻,人少田多的户负担有所增加,增大了种地农民缴税的压力,表现出“多种地、多负担、多吃亏”的现象。

2.农业税计税土地面积,以农民第二轮合同承包、用于农业生产的土地为基础,不搞重新丈量。对第二轮承包后,经国家土地管理部门批准征(占)用的计税土地并已缴纳耕地占用税和退耕还林(草)的土地,不再作为农业税计税土地。但在我们的调查中显示,目前仍有52.63%行政村将已退耕还林(草)的土地作为计税面积,计税产量为100公斤,计税价格为每公斤1元,农业附加税则不计算。这无疑加重了退耕还林(草)农户的负担。

3.青海省调整牧业税政策后,征收牧业税的地区,牧业税的负担水平与新的农业税平均负担水平基本相同。对青南地区14个县给予更轻的税负优惠政策。牧业税征收有两种办法,但当前大多采用第一种办法,即以上年末纳税户实际拥有的牲畜存栏数,定额征收。此次调查显示,牧业户中实际计税牲畜并不是上年末纳税户实际拥有的牲畜存栏数,而是几年前,甚至是1984年包产到户时的牲畜存栏数,与实际情况存在较大差异,如此计税既不合理,也不合法,牧民意见很大。

(二)村级组织收入下降幅度增大

以减轻农民负担为首要目标的新农村税费制度运行后,乡镇、村等基层组织的收入都将普遍下降,尤其是村级收入下降幅度更大,村组干部成为事实上的财政供养人员。这次农村税费改革,取消了“三提五统”和各种摊派,村级运转所需的费用按农业税和农业特产税的税额另外收取20%附加来保证,用于村级运转的费用包括村组干部的报酬、办公费以及五保户补贴等,由于农村税费改革后村级收入下降幅度较大,而相应地支出却有增无减。其直接后果,影响了村级正常工作的运转,影响了村干部工作积极性,村干部报酬和办公经费无法保证,五保户、军烈属等供养可能会发生困难。虽然不足的部分由财政的转移支付解决,财政也最大限度地向基层倾斜,但由于转移支付的额度不足以保障村级运转最低限度的需求,村级机构的运转仍很艰难。

(三)“一事一议”的政策难以操作

目前基层干部反映,农村税费改革后,农田水利、乡村道路、基础教育、社会保障等事业的发展,改为“一事一议”。由于受到议事内容、议事条件、农牧民民主议事素质等方面的制约,很难达到有效的议事筹资的目的,同时“一事一议”又有明确的上限控制,操作起来比较困难。

(四)义务教育经费缺口大

当前,农村教育发展资金需求矛盾十分突出,已严重影响农村教育质量,农村义务教育发展艰难。税费改革后,农村教师的工资、中小学危房改造等由县财政部门统一管理,在财政收入大幅减少的形势下,指望对农村教育增加投资是不切实际的。发展农村义务教育已面临挑战。

五、进一步推进青海省农村牧区税费改革的几点建议

农村税费改革是一项十分复杂的系统工程,涉及到各方面的利益,必须妥善处理好改革、发展、稳定三者之间的关系。税费改革中出现有些问题和

困难，通过基层自身的努力可以解决和克服，有些则需要从全局的层面上统筹解决。

（一）把农村牧区税费改革与农村牧区经济发展紧密结合起来

农村牧区税费改革面临众多的问题，归根结底是农村牧区经济发展不够所造成的。一方面，减轻农牧民负担，增加农牧民收入的根本出路在于发展农村经济，提高劳动生产率。要考虑如何通过税费改革，增强造血功能，提高整体素质，更好地促进农村经济的发展壮大。另一方面，目前的财政转移支付是实现农村牧区税费改革平稳着陆的重要保证，确保了各项配套改革的顺利实施和平稳过渡。要尽快明确财政转移支付的额度和期限，让基层干部心中有数。要搞好农村牧区税费改革，做好农村牧区各项工作，保持农村牧区经济持续发展和长久稳定，必须把农牧民群众和基层干部两个积极性都保护好。

（二）加大对农业的支持力度

青海省的农畜产品附加值比较低，农牧业生产率低下，农产品的竞争力很弱。在加入了 WTO 的情况下，农村牧区税费改革既要考虑农牧业受自然因素、市场因素影响，农牧民收益的不确定性，又要加大对农牧业的支持力度，改善农畜产品品质，提高农牧业生产率和农牧产品的市场竞争力，创造一个比较宽松的农村牧区发展环境，应逐步减少对流通环节的补贴，把支持与补贴的重点直接转向农牧户，鼓励农户发展生产，提高收入，使“多予，少取，放活”落到实处。

（三）税费改革与其它改革相结合

农村牧区税费改革，要与基层机构改革、财税体制改革、农村牧区义务教育改革、农村牧区医疗改革等其它各项改革结合起来，成龙配套地进行。要下大力气建立健全农业社会化服务体系，大力加强第一产业，调整提高第二产业，积极发展第三产业，引导二、三产业加强对农业的支持。

（四）确保农村牧区义务教育稳定发展

完善农村牧区义务教育是减轻农牧民负担，提高农牧民人口素质，推动我省农村牧区经济和社会长远发展的重大举措。在税费改革中，要采取措施，保证农村牧区义务教育不被削弱，确保农村牧区中小学有稳定的经费来源，确保农村牧区义务教育投入不低于改革前的水平并力争有所提高。对因取消农村牧区教育费附加和经批准的教育集资而形成的教育经费缺口，应该加大财政转移支付的力度，在财政转移支付中予以安排并专项列支，保证农村牧区义务教育经费的正常需要。

（五）对农村牧区税费实行动态管理

在稳定农牧民税赋的前提下，根据耕地面积、牲畜存栏变动、灾欠及贫困户的实际情况，按照相关政策及时减免税赋，对农业税、牧业税实行动态管理，逐步建立健全一个集中、高效、协调的农村牧区税费管理体制。

（六）搞好农村牧区税费改革，舆论宣传是先导

农村牧区税费改革政策性强，涉及面广，关系到所有农牧民的切身利益。为了建立规范的农村牧区税费制度，从根本上减轻农牧民负担，首要的工作是把政策交给群众。尤其是基层领导应充分利用广播、电视、报刊、宣传车、宣传栏、墙报、标语等宣传手段及时宣传农村牧区税费改革，并且一定要宣传到农牧户里，征求农牧民意见，消灭宣传工作的死角。

（七）加强立法依法治税

农村牧区税费改革必须完善和健全立法，要先立法，后征收，强化依法管理税费，依法遏制乱收费，建立健全农村牧区税费的法律和法规体系，以法律、法规形式规范农村牧区税费的立项征收管理、检查监督和违法处罚，使农村牧区税费改革步入法制化轨道。

7

城镇化与县域经济

我国县域经济发展潜力巨大

——壮大县域经济是建设农村全面小康社会的有效途径

鲜祖德

县域经济是社会经济功能比较完善的基本单元，既是城市经济与农村经济的结合部，又是宏观经济与微观经济的结合部，在整个国民经济和社会发展中处于重要的战略地位，是中国实现农村现代化和全面建设小康社会的重要基础和关键所在。党的十六大提出的"壮大县域经济"的战略决策，充分体现了县域经济的重要性，必将对推动、加快县域经济发展、尽快实现全面小康的战略目标产生巨大的影响。

一、县域经济基本情况

根据国家统计局农调总队对全国2070个县域单位社会经济基本情况统计，县域经济在国民经济中占有重要的地位，县域经济总体发展水平较低，县域之间差异巨大。列入2002年统计范围的共有1643个县，377个县级市和50个财政收支和市政建设相对独立、并且能提供完整的社会经济统计资料的区。具体情况如下：

(一)县域经济约占整个国民经济总量的60%

据统计，2002年全国县域单位国土面积910万平方公里，占全国的95%。在这广袤的大地上共生活着9.5亿人，其中区3404万人，县6.7亿人，县级市2.4亿人，县域单位全部人口占全国总人口的74%。县域国内生产总值(GDP)总量为6.1万亿元，占全国的60%，其中第二、三产业增加值2.6万亿元和2万亿元，分别占全国的50%和58%。另外，与国计民生息息相关的粮、棉、油等主要农产品则基本上全部产于县域单位。

(二)县域经济发展水平约为全国平均水平80%

2002年全国县域经济人均GDP6439元，其中区12957元，县4775元，县级市10094元，县域单位人均GDP约为全国平均水平的80%。经济密度(每平方公里国土面积上的GDP)为67万元，是全国平均水平的63%。城镇人口比重仅为15%，比全国平均水平低近25个百分点。受经济发展水平影响，县域社会发展水平也比较低，例如：每千人医生1名，约为全国平均水平的68%，人均财政科教事业费支出136元，是全国平均水平的69%。

(三)由县域经济体发展而来的新兴城市经济体是我国最具活力的经济体

从1997年到2002年，1997的所有县市(包括后来转为区的县域单位)的GDP总量增长39%(当年价格)，略高于同期全国GDP总量的增长速度，其中转为区的县域单位的GDP总量增长48%(当年价格)，明显高于同期国民经济增长速度。根据国家统计局农调总队县域社会经济综合发展指数测算的10个最发达的县域单位(以下简称10强县)的GDP总量在5年中增长了85%。

(四)100个最发达县与国家扶贫工作重点县经济发展水平约差7倍

我国县域单位之间的发展程度差异十分巨大。

2002年,10强县的人均GDP为37043元,远远超过全面小康标准(全面小康的人均GDP标准按与2000年相比2020年GDP总量翻两番粗略估算,约为25000元),县域社会经济综合发展指数列于前100名的最发达县域单位人均GDP为21116元,接近小康标准。而592个国家扶贫工作重点县的人均GDP为2954元,不足最发达的100个县平均水平的七分之一,不到10强县平均的十二分之一。与经济发展的巨大差异一样,发达县市与其他县市之间在其他方面也存在巨大的差异。最发达的100个县每千人医生数为1.39个,其中10强县为1.48个,分别是国家扶贫工作重点县的1.5倍和1.6倍。人均财政科教事业费支出最发达的100个县是274元,其中10强县是425元,分别是国家扶贫工作重点县的2.2倍和3.4倍。

(五)100个最发达县域单位经济总量占县域经济总量的四分之一以上

2002年,100个最发达的县域单位的人口只占全部县域单位的6.9%,但GDP总量占22.5%,财政总收入占30.5%,城乡居民储蓄存款余额占到23.7%。人均GDP是全国县域平均水平的3.3倍;人均地方财政收入977元,是平均水平的4倍;人均纯收入5182倍,是全国农民人均纯收入的2倍。非农产业比重90.5%,比县域平均水平高18.8个百分点。

二、县域经济发展潜力

县域经济发展的巨大级差、广大县域单位中蕴藏的丰富的自然资源和人力资源、发达县域在过去二十年中迅速崛起的经历表明:县域经济的发展具有巨大的潜力。如果再用20年时间,全国县域经济平均水平能达到现有100个最发达县的平均水平,县域经济GDP总量将达到20万亿左右,是我国现行GDP总量的两倍。农村人均纯收入将超过5000元,全面小康中的难点即农村小康问题将迎刃而解。未来20年间,县域经济平均水平实现全面小康的目标是完全有可能的,因为与改革开放之初相比,县域经济,特别是一批发达和较发达的县市已具备进一步快速发展的良好基础。主要表现为:

(一)宏观经济运行良好,市场经济环境和制度已基本得到确立

二十多年来,我国经济一直以较高的速度增长,目前,宏观经济仍保持良好的运行态势,这为县域经济的进一步壮大提供了必要条件。在制度方面,经过20多年的改革,我国已成功地完成了从计划经济到市场经济的转型,随着我国加入WTO,各种制度正在完善并与国际接轨,县域经济更加开放,发展具有活力,竞争更加公平。任何地区只要在投资环境方面有竞争力,就不难吸引更多的经济资源。2002年,我国县域单位当年实际利用外资198亿美元,占到全国的36%;基本建设投资完成额为5736亿元,占全国的三分之一,其他投资完成率3216亿元。100个最发达的县域单位当年实际利用外资107亿元美元,基本建设投资完成额1035亿元,其他投资完成额1097亿,其中10个最发达县当年实际利用外资38.6亿美元,基本建设投资完成131亿元,其他投资完成额548亿。这说明我国县域单位已具备较强的吸引力。

(二)城乡统筹、西部开发等国家一系列方针政策为壮大县域经济提供支持

党的十六大提出城乡统筹政策后,城乡壁垒进一步被打破,一些发达地区取消了户口限制,基础设施、社会服务等公共物品的提供也以全体居民为对象,县域范围内城镇化程度逐步提高,这为县域经济的发展提供了新的契机。西部大开发政策对提高落后地区基础设施水平有重要的作用。2002年,县域单位间基本建设投资完成额的差异远比其他投资的差异要小。100个最发达县、10强县和国家扶贫工作重点县的人均其他投资完成额的比率为15∶53∶1,但人均基本建设投资完成额为3.2∶2.9∶1,其中中央项目人均基建投资完成额比率为2.8∶0.7∶1。

(三)县域经济的进一步发展已具备一定的人才基础

根据第五次人口普查资料,2000年,我国县域单位中成人中具有大中专及以上学历的人口占总人口的比重为3.9%,100个最发达县为5.5%,其中10强县为5.7%。与20多年前相比,一大批技术人才以及企业管理、营销人才已成长起来了,特别是在发达县域,人才已涵盖到几乎所有的行业,这与20年前缺乏二三产业专业技术人才和管理人才的情况已有很大的区别。在劳动力中,具有初中以上文化程度的劳动力比重明显增加,这也为各种产业的发展打下良好的基础。

(四)县域范围内基础设施水平已明显改善

九五以来,我国县域单位的基础设施水平有了大幅度提高，2002 年县域公路总里程达到 172 万公里，比上年增加 5.7%，铁路总里程达到了 6.3 万公里，比上年增加 4.1%。每千人固定和移动电话拥有量达到了 191 台，已经达到世界中等收入国家的平均水平，其中 100 个最发达县的每千人电话拥有量达到 533 台，达到中高收入国家平均水平，10 强县每千人电话拥有量达到 855 台，接近世界高收入国家水平。

（五）县域经济中二三产业发展已有一定基础

至 2002 年底，在县域经济范围内，共有国有和 500 万元以上非国有工业企业 9.9 万家，其中 3 万多家集中在 100 个最发达县中，7 千多家在 10 强县中。县域规模以上企业工业总产值 4.1 万亿，其中 1.8 万亿来自 100 个最发达县，5.7 千亿来自 10 强县。在发达县域，规模以下企业更是如雨后春笋一般遍地生长。这些都为县域经济的做大做强打下了良好的基础。

三、当前县域经济发展中的问题和对策思考

目前，发达县域与中等及不发达县域面临着不一样的问题，发达县域面临着如何做大做强，向世界发达的经济体看齐的问题，中等及不发达县则面临如何准确定位，如何选择发展方向并启动快速发展的问题。

（一）中等发达或不发达县域单位应根据自身特点，发展特色经济，尽快提升经济竞争力

县域经济虽然从总体上来说是我国当前最具活力的经济体，但中等及不发达县域竞争力严重不足，主要表现在：

1. 县域财政赤字严重。2002 年，县域财政收支赤字达到 515 亿。财政收支倒挂县域个数占全部县域个数比重达到 73%，这些县的赤字总量占其财政收入 77%。县域财政严重赤字削弱了县域作为社会公共物品基本提供者的能力，许多县无力改善社会公共设施并提供良好的教育及卫生等社会服务，也带来了一系列的社会矛盾。

2. 许多县自然环境、区位条件较差，基础设施落后，对资金和人缺乏吸引力。在所有县域单位中，山区县占 43%，约 500 个县的可灌溉耕地面积占总耕地面积不足 30%，有 830 个县人均耕地不足 1 亩。有的县域分布在远离都市的深山、沙漠，有的干旱缺水，环境的退化使洪涝、干旱及其他自然灾害频繁发生，许多县域不通高速公路，公路等级和密度比较低，交通不便，缺乏发展二三产业甚至第一产业的条件。在 592 个国家扶贫工作重点县，2002 年实际利用外资仅 2 万多美元。

3. 人口受教育程度低，劳动力数量众多，但高素质人才不足。至 2000 年底，全国县域单位 6 岁以上人口平均受教育年限为 7.3 年，文盲率达到 9%，小学文化程度占 43%，对于许多行业来说，文盲和小学文化程度劳动力很难成为合格的劳动力。

4. 经济结构单一，经济基础薄弱。在 592 个国家扶贫工作重点县，规模以上工业企业总产值不到 2000 亿元，只有 10 强县的三分之一；利润总额 70 亿左右，只有 10 强县的四分之一左右。230 个县域的农业比重在 50%以上，有 946 个县域的农业比重在 30～50%之间。

对于中等发达及不发达县域来说，应注意：第一，加强环境保护，减少和防止重大自然灾害发生，稳固发展基础，增加可持续发展能力；第二，加大交通和通讯等基础建设力度、尽快在地缘上融入以都市为中心的经济圈；第三，加强初级、中级教育和职业技术培训，提高劳动力素质；第四，根据地域特点确定发展方向，在有条件发展工业的地区，要抓住发达地区产业升级换代的机会，尽快建立自己的工业基础，在没有条件发展工业的地区，则要发展特色经济，并通过促进劳动力流动尽快减少区域内的总人口和农村人口。

（二）发达县域要面向世界，打造具有高度国际竞争力的经济体

2000 年，世界高收入国家的人均 GDP 为 26722 美元，而前 10 名县的人均 GDP 按照汇率计算尚不足 5000 美元，按购买力平价计算在 15000 美元左右，相当于中高收入国家的平均水平。在改革开放之初，发达县域大多凭借区位优势，在经济发展中捷足先登，又经过不断的内外兼修，在国内具备了很强的竞争力，经济水平长足进步，目前仍保持高度的经济活力，但是与全面小康的标准以及世界上发达国家相比，在人力资源，自然、社会和人文环境等方面仍存在不少的差距：

首先，要注意千方百计提高人力资源竞争力。

在 100 个最发达县中和前 10 名县中，6 岁以上人口平均受教育年限分别为 7.8 年和 8 年，低于全国城市平均水平，文盲率分别高达 6.8%和 5%，小学文化程度均高达 37%，具有高等教学学历的人口比重则为分别只有 2.6%和 3%，明显低于发达国家。在人才方面，2000 年，世界发达国家每万

人中科学家和工程师 31.7 名，按此标准一个 100 万人的县域应该有 3000 多名从事研发活动的科学家和工程师，而目前，在县域单位中，从事研发活动的每万人科学家和工程师比重普遍偏低，特别缺乏高新技术、国际贸易、法律等方面的高层次人才。因而：一是要继续加强初、中等教育，增加对普及型教育的投入，鼓励职业技术培训，打造一流的劳动力队伍，提高全民人口素质；二是要培养和吸引高级技术、管理、营销、法律人才，通过与科研院所、大专院校建立经常性的、较为稳固的联系，或者吸引科研单位安家落户缓解人才紧缺的现象，通过培训、交流、引进进一步提高政府、企业从业队伍的素质，通过提供优惠条件，广泛挖掘和收集高层次人才。

其次要着力建设最适合人类居住和投资的自然、社会和人文环境。

一是要增加对社会公共物品的投入比例，改善社会服务，克服社会发展落后于经济发展的现象，保证社会经济和谐发展。100 个最发达县和前 10 名县在经济水平已远远超过全国甚至大中城市平均水平，接近甚至超过全面小康标准，相比之下社会发展相对滞后：100 个最发达的县公共教育开支仅占 GDP 的 1.2%，前 10 名县仅占 1%，这远远没有达到中、高收入国家平均 4－5%的水平；虽然九年制义务教育已基本得到普及，但离“十六大”报告中提出的全面小康目标之一——基本普及高中教育的目标尚有一定的距离，每千人医院医生和床位数只达到全国平均水平，社会保障系统则刚刚起步等等。

二要进一步改善环境、加强耕地等自然资源保护，增加可持续发展能力。九五以来，一些发达县域在改善环境方面下了很大的功夫，总体上看，森林和大气环境得到一定的改善，但水污染和水资源缺乏问题十分突出，甚至一些沿海城市也出现了水荒。解决水的问题一是要靠区域协调，合理调配水资源；二是要从政策上引导产业升级换代，坚决淘汰污染产品；三是要城乡统筹安排，合理规划工业布局，尽量吸引人口向小城镇流动，以便集中解决生活污水和工业污水问题。耕地资源的迅速减少也是发达县域的面临的一个严重问题，到 2002 年底，100 个最发达的县域的人均耕地资源只有 0.05 公顷，只有世界中等收入国家人均耕地的四分之一，高收入国家的八分之一。据统计，耕地资源还在不断地减少，如何更好地利用有限的耕地，使征收的土地发挥出更大、更长远的效益是一个非常值得政府注意的问题。

三是要进一步加强法制建设和党政廉政建设，依法行政，树立公开、透明、廉政、高效的政府形象。同时，要更加重视地方文化事业建设，通过媒体和其他形式积极倡导健康、乐观、向上的思想，在吸收现代文明的过程中保持地方文化特色，提升县域社会的文化和精神品位。

第三要着力打造一批具有国际竞争力的一流企业、一流品牌。

目前，发达县域已形成了二三产业为主的外向型经济。至 2002 年底，在 100 个最发达县和前 10 名县中，GDP 中二、三产业的比重已分别达到 90% 和 95%，出口总额分别为 463 亿和 191 亿。但是，即使是发达县域，仍以劳动力密集型产业为主，大多数产品技术含量较低。各类出口产品仍普遍缺乏著名品牌，特别是缺乏国际一流品牌。另外，虽然出现了一些国内领先的企业，但无论是从规模上看，还是从经营理念、企业组织管理水平看，仍缺乏国际一流的现代化大企业。2002 年，最发达的 100 个县域中共有 31500 多家规模以上企业，年销售收入约 2000 亿美元，相当于世界排名第二的美国零售企业沃尔玛的规模；全部利润总额 108 亿美元，相当于全球排名第八的美国英特尔公司。最发达的 10 个县共有 7000 多家规模以上企业，年销售收入总额约为 660 亿美元，相当于日本的索尼公司。因此：一要制定产业导向政策，加快产业结构调整和产品升级换代，二要鼓励企业增加对科技研发的投入力度，提高产品品质和科技含量；三是要加强国际和国内的交流与合作，一方面广泛引进人才、资金、技术与管理理念，另一方面积极对外展示并树立本地区和本地企业的良好形象。

第四要加强区域协调，共同提高竞争力

县域经济的发展离不开都市经济的支撑。长三角、珠三角、环渤海地区均与各自所在地区的都市经济有千丝万缕的关系。目前正在建设的四通八达的高速路网使各个经济区内部和区域间的关系更为紧密，使经济区的辐射范围更广。因此要进一步加强区域内部、区域间和区域外经济的合作，在产业、行业、产品方面进行分工合作，合理配置基础产业，在发展政策方面协调一致，形成良性的竞争和协作关系，从而以中心城市为依托，以发达县域为龙头，带同更多的县域共同发展，提升县域经济整体竞争力，实现壮大县域经济，建设全面小康的伟大目标。

2002年县域综合发展情况及县域经济发展影响因素实证分析

王萍萍　关　冰

"十六大"提出了壮大县域经济、全面建设小康社会的战略决策，进一步明确了发展县域经济在全面建设小康过程的重要作用，县域综合发展状况和县域发展的影响因素也更加受到各界关注。国家统计局农调总队从1978年开始收集分县社会经济统计数据，2000年起每年根据对全国2000多个县的社会经济统计资料，从发展水平，发展活力，发展潜力等三个方面对县域的社会经济综合发展指数进行测算[①]，以便客观衡量县域综合发展、协调发展、可持续发展状况，更为科学地描述县域的发展轨迹。本文将根据指数测算结果和多年积累的统计资料，对县域综合发展情况及县域经济发展影响因素进行分析，以期为探索壮大县域经济途径，加快县域发展提供一些实证依据。

一、2002年县域综合发展向好，100个发达县更显活力

根据国家统计局农调总队对全国2070个县域单位社会经济基本情况统计，2002年全国县域单位国土面积910万平方公里，占全国的95%。人口9.5亿人，占全国总人口的74%。县域国内生产总值(GDP)总量为6.1万亿元，占全国的60%，县域经济在国民经济中占有重要地位。

2002年我国县域社会经济综合发展指数平均分数达到29.1分，位列前100名县域的综合发展指数达到59.8分，与全国县域平均水平相比更显发展活力。位列前10名的最发达县域分别是广东顺德、广东南海、江苏昆山、江苏张家港、江苏江阴、江苏常熟、浙江萧山、浙江绍兴、江苏太仓、江苏吴江。

本次测评的方法与上年完全相同，仍采用发展水平、发展活力、发展潜力三个方面的33个指标，分别计算出发展水平指数、发展活力指数、发展潜力指数和综合发展指数，每个指数值的范围界于0到100之间，指数为100代表基期年度(2000年)的最好水平。

2002年县域发展情况如下：

(一)全国县域综合指数上升1.5分，总体发展趋势向好

2002年我国县域社会经济综合发展指数平均分数，比上年上升了1.5分。其中：发展水平指数25.4分，比上年上升1.3分；发展活力指数32.1分，比上年上升3.4分；发展潜力指数52.4分，比上年上升1.6分。三项指数同步增长，表明总体发展趋势向好。

从各县的指数分布看，2002年综合发展指数分值高的分组中县数迅速增加，且呈加快的趋势，

① 指数测评方法详见本文附录。

分值低的分组中县数迅速减少：大于 50 分的县(市、区)占全部县的 5.05%，比上年上升了个 1.6 百分点，小于 30 分的县占 65.61%，比上年下降了 6.4 百分点，

表 1　县域综合指数分布情况

单位：个、%

分组	2002 年		2001 年		2000 年	
	县个数	百分比	县个数	百分比	县个数	百分比
80 分以上	6	0.30	3	0.15	2	0.10
70～80 分	7	0.35	4	0.20	4	0.20
60～70 分	27	1.35	19	0.95	8	0.40
50～60 分	61	3.05	43	2.15	33	1.65
40～50 分	128	6.41	117	5.86	103	5.16
30～40 分	458	22.92	373	18.67	321	16.07
20～30 分	1069	53.50	1104	55.26	1065	53.30
20 分以下	242	12.11	335	16.77	462	23.12
合计	1998	100.00	1998	100.00	1998	100.00

2002 年县域经济发展特点明显。一是发展活力增强，主要是基建投资大幅增加、实际利用外资和出口总额的快速增长，拉动了发展活力指数的持续上升。2002 年人均完成的基建投资比上年增长了 31.8%，实际利用外资比上年增长了 33.8%，出口总额比上年增长 32.5%。反映出我国积极财政政策和改善投资环境的各项措施发挥了重要作用。二是经济增长保持平稳。2002 年多数县域的主要经济指标保持较快增长，特别是东部沿海地区的国内生产总值、地方财政收入、城乡居民收入都有不同程度的增长。如人均地方财政收入增长 4.9%，人均国内生产总值增长 10.6%，城镇职工人均工资增长 10.2%、农民人均纯收入增长 4.8%。

(二)100 个发达县域更显活力

县域社会经济发展综合指数前 100 名县(市、区)(简称“100 个发达县域”，下同)分布在全国 17 个省、自治区、直辖市，其中东部地区占了 84 个县(市、区)，比上年增加了 2 个。县级市和区达 79 个，比上年增加了 8 个，表明县域经济快速发展对城市化进程起着加速推动的作用。2002 年 100 个发达县域的突出表现是：

综合发展水平再创新高。2002 年 100 个发达县域(见附表)的综合指数平均达到了 59.8 分，比上年上升了 3.7 分。分项看发展水平指数 58.7 分，比上年上升 3.9 分；发展活力指数 70.7 分，比上年上升 5.3 分，发展潜力指数 60 分，比上年上升 1.6 分。发展活力指数上升最快，说明发达县域充满生机和活力。

经济实力继续增强。100 个发达县域的经济总量在我国县级经济中所占份额逐年增加，影响力逐年增强：总人口占我国全部县域的 6.9%，国内生产总值占到全部县域的 22.5%；地方财政收入占到 27.5%；城乡居民储蓄存款余额占到 23.7%。从经济发展水平来看，人均国内生产总值为 21117 元，是全部县域平均水平的 3.3 倍；人均地方财政收入为 977 元，是全部县域的 4 倍；农民人均纯收入 5182 元，是全国平均农民人均纯收入的 2 倍。从产业结构来看，2002 年非农产业比重达到 90.5%，比其他县域高出 18.8 个百分点，比上年提高了 1.1 个百分点，成功的产业结构调整为前 100 名县的快速发展提供了广阔的空间。

投资和出口势头强劲。100 个发达县域的 33 个评价指标中，增长速度排在前面的是投资和出口：人均基建投资额增长 40.9%，新增固定资产增长 31.3%，出口总额增长 38.4%、实际利用外资额增长 39.4%。

社会发展水平迅速提高。在 100 个发达县域中，每万人中的在校中学生数为 693 人，比县域平均水平高出 6.6%；每万人中的医院、卫生院床位数为 26 床，比县域平均水平高出 53%；每万人拥有社会福利院床位数 13 床，比县域平均水平高出 68%。

表 2 前 100 名县各省分布表

省　份	县个数	省　份	县个数
浙　江	26	四　川	3
江　苏	15	天　津	2
山　东	15	辽　宁	2
广　东	11	新　疆	2
福　建	6	吉　林	1
北　京	4	黑龙江	1
河　北	4	河　南	1
内蒙古	3	甘　肃	1
上　海	3		

(三)县域发展中存在的问题值得注意

壮大县域经济是实现全面小康的关键之一。虽然县域社会经济整体水平稳步上升,但发展中的问题也值得注意:一是县域经济发展水平远低于全国平均水平:其中 2002 年全国县域经济人均 GDP6439 元,约为全国平均水平的 80%。经济密度(每平方公里国土面积上的 GDP)为 67 万元,是全国平均水平的 63%。城镇人口比重仅为 15%,比全国平均水平低近 25 个百分点。二是县域之间经济水平和财力相差悬殊,100 个发达县域县均国民生产总值是 137.4 亿元,后 100 个最不发达县域县均 6.1 亿,前者是后者的 22.5 倍;100 个发达县域的县均地方财政收入 6.35 亿元,后 100 个不发达县域仅有 0.26 亿元,前者是后者的 24.4 倍。东中西部差距继续扩大,从三项指数看,东部地区与西部地区的发展水平和发展活力之比为 1.76∶1 和 1.70∶1,差距突出。三是人均耕地面积下降和地方财力增长减弱而引起的发展潜力增长缓慢的信号值得警惕。

二、全国县域经济发展影响因素实证分析

为什么在改革开放以来的短短二十几年内,部分县域能迅速发展、协调发展、持续发展,接近或基本实现全国小康目标,而大部分的县域离实现全面小康的目标尚有很大的差距?是什么因素使得县域发展差距加大?本文利用国家统计局农调总队历年分县统计资料对此进行实证分析。

(一)数据来源与回归模型

国家统计局农调总队从 1978 年开始收集分县社会经济统计数据。分县统计指标体系历经改革,从最初的以反映农业生产为主逐步扩展到以反映县域社会经济发展状况为主。目前,数据指标共有 128 个,涉及到县域特征、人口、土地、产业发展情况、财政、交通、通讯、投资、环保、以及教育、卫生等社会公共设施与人员等。本文使用了 1985,1992,1997,2002 年分县社会经济统计数据。全部统计数据完整的县、市、有农业的区(以下简称县)。

根据对县域发展历程的观察和发达县域的经验,我们认为经济基础、区位因素、自然条件、自然资源、人力资源、经济结构、人口增长以及政府行为是县域经济增长的主要影响因素,并选择了相应的指标代表这些影响因素。如用期初人均 GDP 代表期初经济水平,人均乡村人口占总人口的比重代表城镇化水平,二、三产业在 GDP 中的比重代表产业结构,人均耕地资源、人均粮食产量、人均棉花产量、人均油料产量、亩均粮食产量来代表自然资源和自然条件,用乡镇规模来大致模拟农民负担,用农民人均纯收入与人均财政收入的比率、人均社会商品零售额排名与人均财政收入排名之差来大致反映老百姓的相对富裕程度等等。

由于缺乏分县人力资源(如健康状况、文化水平、专业技能)方面的信息,模型结果可能会受到一定影响,但是,因为已经使用了期初人均 GDP 作为自变量,而人均 GDP 是受人力资源素质影响的,相信模型已对人力素质因素的影响作了一定程度的模拟。同时,县域经济的发展必须受到政府发展策略和措施、执政方法等等的影响,如政府是否采取与本地实际相适应的策略和措施,政府行为是否公开、公平、透明等,但这种因素非常难以量化,希望关于老百姓相对于政府富裕程度的指标能够从一定程度上反映出政府的执政理念,特别是反映在农民负担问题上的态度是"放水养鱼"还是"竭泽而渔"。农民负担的轻重也可以通过乡镇规模得到一定程度的反映,一般来说,乡镇规模大,单位人口负担的财政供养人口较少,农民负担越轻。

具体的回归模型如下:

$$Y=f(x1,x2,x3\cdots)$$

Y 为 2002 年人均 GDP

x1,x2,x3…为 1985 年,1992 年和 1997 年的有关指标,包括:

人均 GDP 或人均农村社会总产值

乡镇规模

乡村人口占总人口的比重

人均耕地面积

亩均粮食产量

人均粮食产量

人均棉花产量

人均肉类产量

农民人均纯收入与人均财政收入之比

人均社会商品零售额排名与人均财政收入排名之差

二、三产业产值(增加值)占全部产值(增加值)的比重

区位

是否属于长三角地区

是否属于珠三角地区

是否属于环渤海地区

参照县为上述三个地区之外的其他县域。

模型采用线性回归关系。

(二)主要结果

期初经济水平对县域人均GDP增长情况的影响。

1985年和1997年的人均GDP、社会总产值水平对当前的GDP水平有十分显著的影响。在其他期初条件一致的情况下,一个县在1985年时农村社会总产值高1元,2002人均GDP高7元。

1.区位对县域人均GDP增长情况的影响

如果1985年时的其他条件一致,与一般县相比,属于长三角的县2002年人均GDP高3300多元,属于珠三角的县人均GDP高3100元,属于环渤海的县人均GDP高2400元。

如果1992年时其他条件一致,与一般县相比,1992年以来,属于长三角的县2002年人均GDP高12000多元,属于环渤海的县人均GDP高6700元,属于珠三角的县要高5000元。

如果1997年时其他条件一致,与一般县相比,1997年以来,属于长三角的县2002年人均GDP高12000多元,属于环勃海的县高7000元,属于珠三角的县要高5000元。

可以看出,在改革开放之初,珠三角经济圈对其县域的作用要大于其他地区,但1992年后,长三角的作更为突出,综合起来,长三角对其县域的影响力也超过其他地区。

2.产业结构对县域人均GDP增长情况的影响

从总体上看,城镇化进程和产业结构对GDP增长是有明显影响的,但这种影响随着县域二三产业在GDP中比重普遍大幅度提高、以及城镇化进程中掺杂过多的行政区划改变的因素,二三产业比重对GDP的正影响以及乡村人口比重对GDP的负影响变得越来越弱。

3.耕地和农业资源对县域人均GDP增长情况的影响

如果以粮食亩产来代表县域自然条件的好坏,我们可以从回归分析中发现,好的自然条件对GDP的正影响正在逐渐减弱,而耕地的数量对GDP的正影响却在增强,这表明耕地资源减少使一部分县的经济增长受到了制约。人均粮食产量对GDP的影响减弱,而棉花生产和肉类生产对GDP一直有较显著的正影响,这与我国适宜发展劳动密集型农产品生产的观点是一致的。

4.乡镇规模和农民负担对县域人均GDP增长情况的影响

本模型中以每个乡镇的人口规模作为单位人口的财政供养人数的逆指标来间接、大致地反映农民负担。回归结果表明,乡镇规模较大明显有利于经济发展,这说明撤乡并镇的必要性,但回归结果也表明,乡镇规模对经济发展影响减弱,这可能与近年来撤乡并镇过程中财政供养人口没有实质性减少有关。

5.老百姓相对富裕程度对县域人均GDP增长情况的影响

本模型中使用县域人均社会消费品零售额在全国排名作为老百姓富裕指数,使用人均财政收入排名作为政府富裕指数,以两个指数的差作为老百姓相对于政府的富裕程度指数。回归分析表明,如果老百姓相对政府更富(表现为人均社会消费品零售额排名领先于人均财政收入排名),对未来的经济发展有强列的正影响。本模型中也使用农民人均纯收入和人均财政收入作为相对老百姓富裕指数,回归结果表明,虽然参数为正,但影响不很显著,可能与农民人均纯收入指标所涵盖的人口不完整有关系。

6.人口增长率对县域人均GDP增长情况的影响

从总体上看,人口增长快对人均GDP是不利的,而随着时间的推移和总人口量的增加,这种负影响也在加强。

根据上述结果,我们认为加快县域经济发展应注意以下几点:

一是要缩小与城市的"距离",全方位融入都市经济圈,尽量改善经济、社会、文化意义上的区位特性,以城市社会经济发展作为县域发展的牵引力。

二是要鼓励和帮助企业根据地区特色加快经济结构调整，提高县域经济发展活力。

三是要加强耕地资源和其他自然资源的保护，防止环境污染和环境退化，增强县域发展的可持续能力。

四是要尽快推进撤乡并镇，实质性地减少财政负担人员，从根本上减轻经济发展的负担。

五是要坚持执政为民的理念，在国家法律许可的范围内尽量采取“放水养鱼”的策略，取消和减少国家税收以外的收费，为民营企业发展提供公开、公平、透明的发展环境，从而增强县域发展的原动力。

六是要不懈地坚持计划生育政策，控制人口总量，提高人口素质，从而提高经济发展的人均水平。

附录：回归结果

因变量：2002年县域人均GDP(元)

自变量		1985年		1992年		1997年	
		参数值	T值	参数值	T值	参数值	T值
截距		7392.01	9.74	4971.05	6.48	4860.22	5.26
期初人均GDP或社会总产值	元	7.30	24.27	0.02	0.32	0.09	2.17
期初乡镇人口规模	万人	206.75	3.21	163.18	2.96	48.52	0.66
期初乡村人口占总人口比重	%	−86.58	−14.36	−19.24	−2.67	−6.63	−0.94
期初人均耕地面积	亩/人	15.39	0.23	91.44	1.16	1.79	1.46
期初粮食亩产	吨/公顷	246.15	2.52	15.64	0.32	29.58	0.37
期初人均粮食产量	公斤/人	−2.84	−4.00	0.18	0.40	0.28	0.65
期初人均棉花产量	公斤/人	2.48	0.31	38.57	4.94	7.85	1.68
期初人均肉类产量	公斤/人	14.81	2.55	5.36	0.92	2.37	0.82
人口增长率	%	−1.10	−0.38	−1.02	−2.61	−1.20	−3.22
期初农民人均纯收入与人均财政收入之比				2.09	0.72	3.90	0.21
期初人均社会商品零售总额排名与人均财政收入排名之差				−0.31	−1.73	−0.57	−2.61
期初GDP或社会总产值中二、三产业比重	%	43.39	7.23	23.90	3.81	−0.95	−0.12
长三角地区		3345.35	7.80	11986.00	23.83	11909.00	23.06
珠三角地区		3108.45	9.00	5057.32	11.83	6919.71	14.74
环渤海地区		2413.93	6.57	6712.67	14.35	4948.75	11.61
县域个数		1977		1946		1973	
ADJ−R2		0.64		0.36		0.35	
F值		276		73		70	

宁夏县域经济发展的不平衡性及其影响因素研究

王治业　黄自荣　叶光军　陆　平　王旭明

县或县级市作为城乡结合部，在国民经济中的地位和作用突出。从两千多年前建制到现在，县一直是我国最基本的行政和经济单元。我国现有2073个县(市)[①]，面积占国土面积的91.7%，人口占全国总人口的73.7%。2001年县域国内生产总值(现价，下同)达5.6万亿元，占全国国内生产总值的55%。县域经济是指在县级行政区划的地域和空间内统筹安排经济社会资源而形成的开放且具有特色的区域经济。县是我国经济社会生活中宏观和微观的结合部，是形成全国整体经济的具有规划、统筹、发展相对独立性和全局性的单元。新世纪新阶段全面建设小康社会，发展县域经济非常重要，是加快区域经济发展的需要，是逐步缩小地区差别的需要，是全面建设小康社会的重点工程。县域经济在我国政治、经济、社会、文化等诸方面处于承上启下的关键地位。在经济体制转轨和全球经济一体化的新形势下，在全面建设小康社会的重要战略时期，深入分析县域经济发展的现状，探讨影响县域经济发展的因素，研究加快县域经济发展的思路，是新世纪之初面临的重要战略课题。

一、县域经济发展的不平衡性

随着我国社会主义市场经济的纵深发展，县域作为国民经济宏观系统的基本单元和子系统，由于主观和客观原因影响程度的差异，在经济发展上出现明显的不平衡性。一些县在发展中阔步前进，一直处于排头兵的位置；一些县在发展中后劲不足，逐渐落伍了；一些县在发展中抢抓机遇，迎接挑战，发挥优势，积极利用“看不见的手的作用”，在市场竞争中立于不败，优先得到较快发展，由弱势县域跃升为强势县域。在市场经济条件下，县域经济发展的不平衡性是一种经济现象，符合市场经济发展基本规律。不能因为发展不平衡而对市场经济的优势产生顾虑。瑞典著名经济学家缪尔达尔(Gunnar Myrdal)认为，一个国家的区域不平等与经济运行机制有关。首先利润动机使得那些利润预期高的地区得以发展，而使那些利润预期低的地区处于落后的状态。于是由于市场力量的自发作用，加剧了区域间的不平等。我国县域经济发展的不平衡性既表现为静态的不平衡性，即目前现状的差距，又表现为动态的不平衡性，即在发展过程中表现的差距。静态的不平衡是由动态发展的不平衡形成的。从动态不平衡的变动轨迹可窥见静态不平衡形成的时间和空间范畴。通过对县域经济发展静态和动态不平衡现象分析，能使我们对县域经济发展的差距有一个总体把握。

(一)县域经济发展不平衡性的静态分析

根据国家统计局农调总队提出的“中国县市社会经济综合发展指数测评指标体系”进行综合测评，我国县域的整体发展水平稳步提高，县域经济的规模不断扩大，但县域经济发展不平衡性问题比

① 本文提到的县或市均指同一概念，与县域是一致的。

较突出。2001年县市综合指数平均值为27.6分，低于50分的县占到96.5%。有三分之二以上的县市的综合指数还不到30分，仅相当于最发达的100个县平均值的一半左右。最发达的100个县与最不发达的100个县综合指数差距是3.75∶1。县域差距的扩大已经成为一个不可忽视的、值得各方广泛关注的问题。为了进一步分析县域差距的不同表现，我们依据上述测评指标体系，从发展水平、发展活力、发展潜力三方面选取有代表性的国内生产总值、地方财政收入、城乡居民储蓄存款、第一产业增加值、第二产业增加值、规模以上工业总产值、第一产业增加值比重、每万人中的中学生人数等指标进行静态分析。

1.县域间差距梯度悬殊。2001年全国2073个县市中，国内生产总值超过10亿元的县有1322个，占全部县市的63.8%，其中超过50亿元的县就有277个，占13.4%，超过100亿元的县73个，占3.5%。国内生产总值最高的广东省南海市达394.7亿元，是全国县域平均水平的14.7倍。其次是广东省顺德市(388.9亿元)和江苏省江阴市(365亿元)。最低的县是西藏自治区贡觉县仅为764.8万元，差距极为悬殊。从2001年县域国内生产总值五等份分布看(表1)，创造国内生产总值最低、较低、中等和较高水平的县域人口比重比国内生产总值比重高出许多，最高水平20%县域人口比重明显低于创造的国内生产总值比重。国内生产总值最高20%的县拥有占全国县域36.1%的人口创造了占全国县域58.2%的国内生产总值，而中等水平及以下60%的县拥有占全国县域36.1%的人口创造仅占全国县域20.1%的国内生产总值。

表1　2001年县域国内生产总值五等份分布情况

	合计	最低20%县	较低20%县	中等20%县	较高20%县	最高20%县
国内生产总值(亿元)	55649.2	1152.9	3444.7	6608.6	12062.5	32380.4
比重(%)	100	2.1	6.1	11.9	21.7	58.2
年末总人口(万人)	94667	5400.2	11868	16937.8	26352.7	34108.3
比重(%)	100	5.7	12.5	17.9	27.8	36.1

表2县域地方财政收入分组资料显示，2001年县域财政收入1亿元以下的县，总体上拥有的人口比重超过所创造的财政收入比重，其中0.5亿元以下的县拥有占全部县域18.2%的人口仅创造占全部县域9%的财政收入。而财政收入超过1亿元的县总体上所创造的财政收入比重超过拥有的人口比重，其中2亿元以上的县拥有占全部县域19.7%的人口，而创造的财政收入占全部县域的43.2%。2001年地方财政收入超过亿元的县668个，占全部县市的32.2%，其中超过2亿元的县234个，占11.3%。财政收入最高的广东省顺德市达31.9亿元，是全国县域平均水平的29倍。其次是广东省南海市(25.4亿元)、江苏省江阴市(18.7亿元)。而最低的新疆塔什库尔干县仅20万元，差距明显。

表2　2001年县域地方财政收入分布情况

	合计	0.2亿元以下	0.2～0.5亿元	0.5～1亿元	1～2亿元	2亿元以上
县个数(个)	2073	309	488	608	434	234
比重(%)	100	14.9	23.6	29.3	20.9	11.3
地方财政收入(亿元)	2191.4	26.6	171.5	440	607.4	945.9
比重(%)	100	1.2	7.8	20.1	27.7	43.2
年末总人口(万人)	94667	3411	13781	28341	30486	18648
比重(%)	100	3.6	14.6	29.9	32.2	19.7

从财政自给能力情况看，全国2073个县市中，2001年有40个县完全实现了地方预算内财政收入大于支出并有结余，占县域总数的2%。浙江、福建省财政有结余的县最多，各为7个县，占财政有结余县的35%。各省县域地方财政赤字比例在30%以内的县市，其占县域总数比例最高的分别是上海66.7%、山东59.8%、浙江50%。各省县域地方财政赤字比例在50%以上的县市，其占县域总数比例最高的分别是青海97.4%、西藏94.4%、甘肃89.5%、云南88.3%、宁夏88.2%。这两个不同组限、不同方向变化的最高比例反映出了省际间县域财政自力能力的较大差距。

县域间经济总量不平衡不能反映人口分布不平衡因素的影响。为了更确切地反映县域经济发展水平的不平衡，除了分析总量不平衡外，还应分析人均水平的不平衡。按人均指标衡量，县域间的不平衡程度会有所偏移。2001年全国县域人均国内生产总值最高的县是江苏省昆山市，人均3.85万元，是全国县域平均水平的6.4倍。其次是江苏省张家港市（3.61万元）、广东省顺德市（3.59万元）。最低的西藏自治区贡觉县人均191元，仅相当于最高县的不到1%。全国县域人均地方预算内财政收入最高的广东省顺德市2912元，是全国县域平均水平的12.3倍，最低的新疆塔什库尔干县人均仅6元，差距极为悬殊。

从全国县域人均国内生产总值分组资料看，人均国内生产总值7000元（大致相当于初级小康标准）以下的县占全国县域总数的77.6%，人口占75.3%，平均国内生产总值3777元，仅相当于全国县域平均水平的64%；人均国内生产总值7000～25000元的县占全国县域总数的21.6 %，人口占23.6%，平均国内生产总值1.1万元，是全国县域平均水平的1.9倍，是县域经济发展的中坚力量；人均国内生产总值25000元以上的县占0.8%，人口占1.1%，平均国内生产总值3.3万元，是全国县域平均水平的5.6倍，是初级小康水平以下县域的8.7倍。主要分布在江苏、上海、福建、河南和广东省，经济总量已达到全面小康社会标准，是县域经济发展的排头兵。

工业是县域经济发展的支柱，是县级财政收入的主要来源。县域的工业化水平在一定程度上代表了县域经济的发达程度。十六大报告明确指出，本世纪头二十年要基本实现工业化。实现工业化是我国现代化进程中艰巨的历史性任务。县域经济的大发展，必须要完成这一艰巨的历史性任务。但是，从目前看，县域工业的发展差距很大，2001年全国县域规模以上工业企业①平均每个县为45个，其中有100个以上工业企业的县199个，占9.5%，50～100个的县254个，占12.7%。最多的广东省南海市达到了1115个，其次是浙江萧山市958个、广东增城市727个、江苏江阴市724个、浙江温岭市723个。但是有的县至今还没有规模以上工业企业，工业企业个数在10个以下或空白的县占20%。县域规模以上工业企业平均实现工业总产值（现价，下同）为16.4亿元。其中最多的广东顺德市达到753.9亿元，位居其次的江苏江阴市为678.1亿元、浙江萧山市为556.7亿元、江苏张家港市为500.3亿元。从县域分布看，实现工业总产值100亿元以上的县59个，50～100亿元的县90个，10～50亿元的县470个。另有52.4%的县实现工业总产值在5亿元以下。工业差距十分明显，工业的差距最终表现为经济实力上的不平衡。

农业和农村经济在县域经济中占据着举足轻重的地位，是县域经济发展的基础产业和坚强后盾，很大程度上影响着县域经济的整体发展进程。我国的农业主要依靠县域农业的发展。但是，从总体上看，“农业大县基本上是财政穷县。”主要分布在我国广大中部地区的498个粮食生产大县，占全国总县数的不足1/4，但粮食总产量约占一半。141个棉花生产大县，棉花生产总量占全国棉花总产量的60%以上。2001年粮食总产量50万吨以上的县140个，平均每个县粮食产量达70万吨，是5万吨以下县平均水平的38.9倍。而粮食产量在50万吨以上的县地方财政收入1.8亿元，是5万吨以下县平均水平的4.3倍。财政收入极差倍数远低于粮食产量倍数，产粮大县与财力强县不同步。2001年粮食大县平均粮食产量38.2万吨，是全国县域平均水平的1.9倍。第一产业增加值11.7亿元，是全国县域平均水平的1.7倍。粮食大县县均财政收入1.7亿元，是全国县域平均水平的1.6倍，低于粮食产量倍数。可见，农业大县由于农业在县域经济中的比重过大，二三产业发展相对比较缓慢，对财政收入的贡献较小，所以，农业大县也就成了财政穷县。

① 指国有及年销售收入500万元以上的非国有企业。

农民收入是县域经济的重头戏。从农民收入的分配情况看，2001年农民人均纯收入4000元以上的县112个，占5.4%，2500～4000元的县558个，占26.9%，1500～2500元的县743个，占35.8%，1000～1500元的县460个，占22.2%，1000元以下的县200个，占9.7%。一半以上的县农民人均纯收入在全国平均收入水平以下。最高的广东省南海市农民人均纯收入达7366元，比全国平均水平高5000元，是全国平均水平的3.1倍。

2.百强县①实力突出，与县域平均水平差距较大。百强县在我国县域经济发展中居于举足轻重的地位。随着我国宏观经济的快速发展，进入百强县的门槛也在提高。百强县的实力更强，经济更雄厚，与全国县域平均水平的差距更大。2001年百强县总人口占我国全部县市的6.8%，而国内生产总值占到全部县市的21.7%，地方财政收入占到全部县市的25.3%，城乡居民储蓄存款占到全部县市的23%。2001年百强县人均国内生产总值为18782元，是全部县市平均水平的3.2倍；人均地方财政收入870元，是全部县市平均水平的3.7倍；农民人均纯收入4903元，是全国平均数的2.1倍。百强县县均国内生产总值已达119.6亿元，地方财政收入5.5亿元，都远高于全国县域平均水平。百强县非农产业产值比重为89.4%，高出全国平均水平15个百分点。百强县不仅经济发达，社会服务事业也明显强于其他地区。百强县每万人中的在校中学生为673.7人，比全国县域平均水平高出9.5%；每万人中医院、卫生院床位数为24.2床，高出县市平均水平45.7%。

3.国家扶贫开发重点县经济弱势明显，与全国县域平均水平差距拉大。2001年全国592个国家扶贫开发重点县人口占全国县域总人口的23.8%，创造财政收入仅占12.6%，第一产业增加值占15.5%，第二产业增加值仅占8.3%。人均财政收入122元，仅相当于全国县域平均水平的52.8％，人均第一产业增加值965元，第二产业增加值849元，分别相当于全国县域平均水平的65.1%、34.8%。贫困地区的弱势体现在多方面、各领域，尤其在非农产业方面更为突出。扶贫开发重点县非农产业产值比重为63%，比全国县域平均水平低11.5个百分点。2001年人均规模以上工业总产值786元，仅相当于全国县域平均水平的21.8%，差距更为突出。2002年农民人均纯收入1305元，比全国平均水平低1171元，相当于全国平均水平的52.7%。

4.省际间县域经济发展的不平衡性明显。省级是相对县一级行政区划范围更大的经济单元，在引导和支持县域经济发展上具有重要作用。县域经济发展的不平衡性表现在省与省之间的差距也比较突出。从经济实力看，县域国内生产总值最高的上海市县平均为97亿元，比最低的西藏自治区多96亿元，高低极差很大。江苏、浙江、天津、广东、山东省县域国内生产总值也居于较高水平，县均分别为92.9亿元、76.3亿元、73.1亿元、59.1亿元、57亿元。西北地区各省区县域国内生产总值均在20亿元以下。从经济水平看，县域人均国内生产总值上海市仍位居第一，人均16103元，是全国县域平均水平的2.7倍，是最低水平贵州省人均2230元的7.2倍。浙江、天津、北京、福建、江苏省县域人均国内生产总值也都在1万元以上，位居上海市之后。西藏、甘肃、贵州省县域人均国内生产总值不足3000元，处于最低水平。从财力上看，县域地方预算内财政收入最高的上海市县均8.4亿元，远高出其他省区。位于其次的江苏、北京、浙江省分别为3.8亿元、3.7亿元、3.5亿元，山东、天津、广东省也都超过了2亿元。山西、陕西、青海、宁夏、西藏自治区地方财政收入没有2亿元以上的县。各省地方财政收入2亿元以上的县分布情况如图1。新疆、宁夏、甘肃、青海、西藏自治区县平均地方财政收入均在5000万元以下，最低的西藏自治区县均仅为288万元，地方财力严重不足。上海市县域人均地方财政收入也居于最高水平，2001年人均地方财政收入1389元，是全国县域平均水平的6倍，是最低水平西藏自治区的16倍。北京、浙江、江苏、天津市县域人均地方财政收入分别为921元、627元、411元、378元，居于上海市之后，但与上海市人均水平相比，差距也较大。重庆、四川、贵州、甘肃、西藏自治区县域人均地方财政收入还不足150元，差距更为悬殊。

从各省市区百强县的分布情况看，上海市所辖3个县都是百强县。北京市所辖5个县，4个进入百强县。浙江省有26个县进入百强县，是拥有百强县最多的省，百强县占所辖县市总数的42%。其次是江苏、天津市有四分之一的县进入百强县。

---

① 百强县是指2001年根据县域社会经济综合发展指数测算的最发达的100个以2000年行政区划划分的县和县级市。

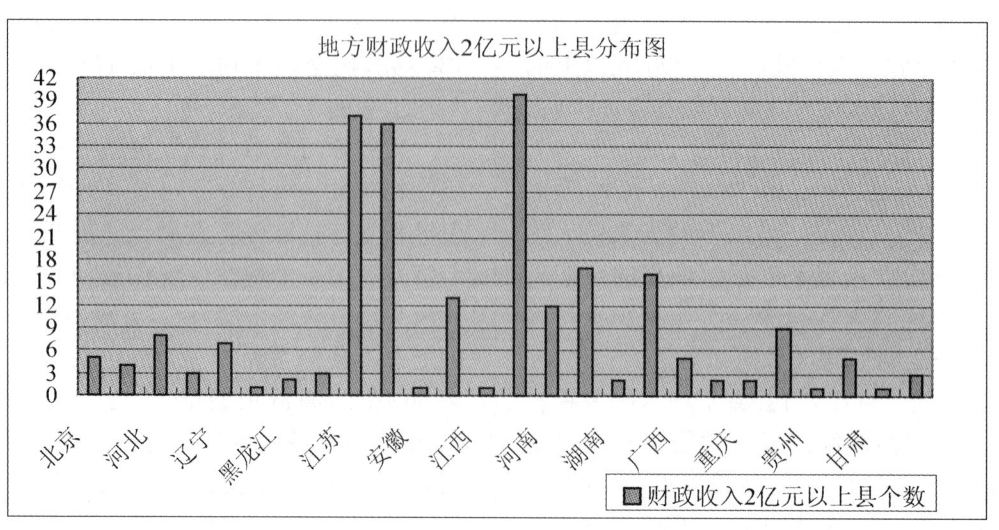

图 1

山东、广东、福建省也有超过10%的县进入百强县。在百强县中至今无名的省分别是海南、安徽、江西、湖北、湖南、山西、广西、重庆、贵州、西藏、宁夏、青海、陕西12省。

从各省市区农民收入静态水平看，各省之间的差距也较大。2002年上海市农民人均纯收入6224元，位居第一，比全国平均水平多3748元，高151%，是最低水平西藏自治区人均1463元的4.3倍。北京、浙江、天津、江苏、广东省农民人均纯收入分别为5398元、4940元、4279元、3980元、3912元，也居于较高水平，分别是全国平均水平的2.2倍、2倍、1.7倍、1.6倍、1.58倍。宁夏、新疆、青海、云南、陕西、甘肃、贵州、西藏自治区农民人均纯收入不足2000元。贵州、西藏还不足1500元，处于最低水平。农民人均纯收入在4000元以上的县浙江省最多，达35个，占浙江省全部县域总数的一半以上，占全国农民人均纯收入4000元以上县域总数的近三分之一。山西、安徽、江西、河南、湖北、湖南、广西、海南、四川、重庆、云南、贵州、宁夏、青海、陕西、西藏各省区至今没有农民人均纯收入4000元以上的县，各省市区农民人均纯收入4000元以上县域分布情况见图2。

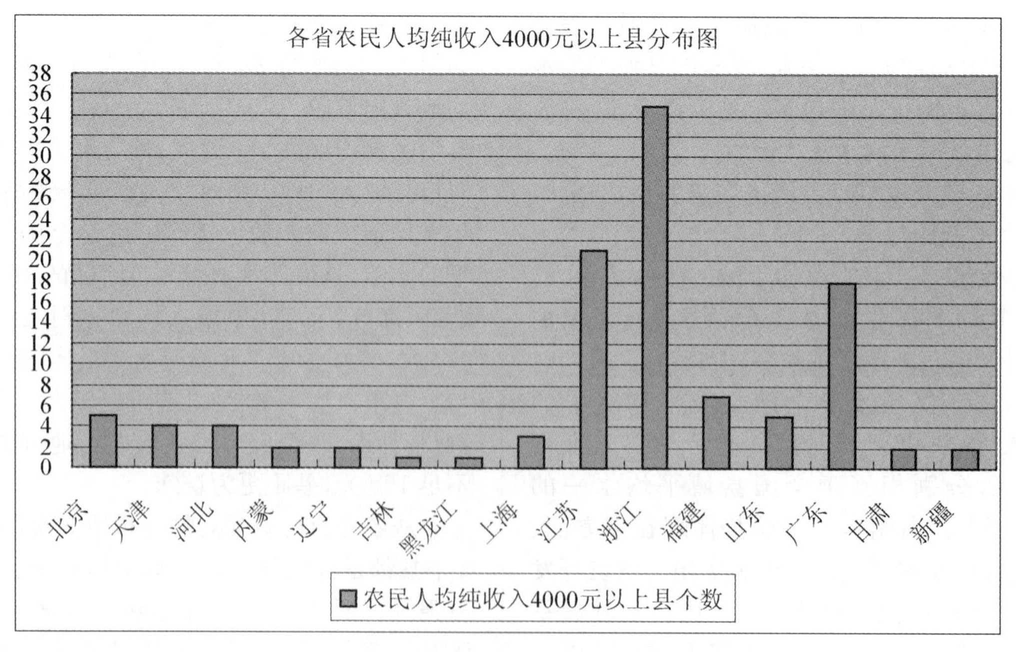

图 2

5.不同区域类型县域经济发展不平衡性突出。按地理位置、开放程度、地形、地势和农业区域优势等标志划分的不同区域类型，其县域经济发展的不平衡性也比较突出。长江三角洲经济区①县域经济发展很快，其经济实力、财力和城乡居民富裕程度都显著领先。长江三角洲经济区共辖76个县、5603万人，分别占全国县域总数的3.7%、5.9%，地方财政收入占全国县域总量的17.6%。县域人均地方财政收入688元、城乡居民储蓄存款8221元，分别是全国县域平均水平的3倍、2.5倍。人均第二产业增加值8106元，是全国县域平均水平的3.3倍，明显占据优势。沿海开放县市②所辖县200个、人口14475万人，是我国改革开放的前沿，其经济实力、财力也处于前沿。县域人口占全国县域总人口的15.3 %，地方财政收入占全国县域总数的32%。2001年沿海开放县人均地方财政收入485元、第二产业增加值5956元、城乡居民存款6700元，分别是全国县域平均水平的2.1倍、2.4倍、2.1倍。环渤海经济区③、南部沿海经济区④地理位置相对其他地区明显具有优势，县域经济发展也比较突出，与全国县域平均水平相比，人均地方财政收入397元、312元，分别高出71.9%、35.1%；人均第二产业增加值5114元、4016元，分别高出109.4%、64.5%；城乡居民储蓄存款人均6307元、5441元，分别高出94.3%、67.6%。九大农区是按照农业耕作特点划分的，其县域经济发展各具特点，差距明显。长江中下游地区在九大农区中无论是经济实力还是财力都占据很强的优势。所辖县个数占全国县域总数的近1/4，人口占1/4强，创造财政收入占36%，对我国国民经济发展的贡献较大。2001年人均地方财政收入305元，比最低水平的西南区高出104.7%，比全国县域平均水平高出32%。其次是华南区、甘新区人均地方财政收入分别为273元、269元，均高出全国平均水平。长江中下游地区县域工业比较发达，是增强财力的主体，人均规模以上工业总产值5320元，居九大农区之首，比全国县域平均水平高出47.8%，是最低水平青藏高原地区的6.7倍。华南区、黄淮海区工业也具有优势，人均规模以上工业总产值5051元、4145元，均高于全国县域人均3600元的平均水平。在九大农区中，东北区的农业明显占据优势，但财政收入低于全国县域平均水平。人均第一产业增加值1921元，比全国县域平均水平高29.6%，比最低水平的黄土高原地区高155%，人均地方财政收入208元，比全国县域平均水平低10%。华南区、甘新区、黄淮海区、长江中下游地区农业优势地位居于其次，人均第一产业增加值均超过全国县域平均水平。可见，九大农区中县域经济实力、财力明显占据优势的是长江中下游地区和华南地区，处于劣势的是黄土高原区、西南区青藏高原区。

民族县、山区县、牧业半牧业县和老区县是全国县域经济发展中的落伍者，目前居于较低层次。与其他地区相比，其经济实力、财力方面有较大差距，特别是工业的差距尤为突出。2001年民族县人均地方财政收入201元，比全国县域平均水平低30元，规模以上工业总产值人均1396元，比全国县域平均水平低2204元，城乡居民储蓄存款人均2264元，比全国县域平均水平低982元。山区县人均地方财政收入198元，比全国县域平均水平低33元，比丘陵、平原地区分别低22元、70元。完成规模以上工业总产值人均2259元，比全国低1331元，比丘陵、平原分别低859元、2799元。城乡居民储蓄存款人均2456元，比全国低790元，比丘陵、平原分别低600元、1574元。山区第一产业增加值也低于丘陵和平原地区。牧区半牧区县是我国畜牧良种繁殖基地和牧业生产优势地区，但由于优势不突出和主导产业的劣势，长期以来县域经济发展不快，与全国县域平均水平的差距较大。2001年牧区半牧区县人均第一产业增加值1502元，仅高出全国县域平均水平20元。人均肉类占有量74公斤，比全国县域平均水平高18.4%。人均地方财政收入187元、实现规模以上工业总产值1212元、城乡居民储蓄存款2278元，比全国县域平均水平分别低19%、66.3%、29.8%。老区县为中国人民解放事业作出了不可磨灭的贡献，但因历经战争创伤，元气不足，县域经济发展明显滞后。2001年人均地方财政收入183元、实现规模以上工业总产值1900元、城乡居民储蓄存款2207元，分别相当于全国县域平均水平的79.2%、52.8%、68%。

6.地带间县域经济发展的不平衡性增强。东中西三大经济带县域经济发展的不平衡是全国县

① 包括上海市全部县，江苏省、浙江省部分县市。

② 包括天津、上海市全部县，河北、辽宁、江苏、浙江、福建、山东、广东、广西、海南省部分县市。

③ 包括北京、天津市全部县，河北、辽宁、山东省部分县市。

④ 包括海南省全部市县，福建、广东、广西部分县市。

域经济较大范围间的不平衡。全国县域经济发展高水平的县主要集中在东部地区。2001 年国内生产总值达 50 亿元以上的县共 277 个，其中东部地区 197 个，占 71.1%，中部地区 59 个，占 21.3%，西部地区 21 个，占 7.6%。地方财政预算收入过 2 亿元的县共 240 个，其中东部地区 175 个，占 72.9%，中部地区 44 个，占 18.3%，西部地区 21 个，占 8.8%。全国 100 个最发达的县东部地区有 88 个，中部地区有 6 个，西部地区 6 个。从东中西部地区内部来看，东部地区已有 69.5%的县市国内生产总值超过了 20 亿元，56.4%的县市地方财政收入过了亿元大关，中部地区有 45.4%的县市国内生产总值超过了 20 亿元，31%的县市地方财政收入过了亿元大关，而西部地区这一比例分别为 15%、13.1%。从三大经济带总体水平看，2001 年东部地区县域人均国内生产总值 8439 元，比全国县域平均水平多 2551 元，高 43.3%，是中部的 1.8 倍、西部的 2.4 倍。以西部地区为 1，东中西部地区县域国内生产总值之比为 2.4：1.3：1。东部地区县域人均地方财政收入 330 元，比全国县域平均水平多 99 元，高 42.9%，是中部的 1.7 倍、西部的 2.1 倍，东中西部地区县域人均地方财政收入之比为 2.1：1.2:1。东部地区农民人均纯收入 3232.8 元，比全国平均水平多 866.4 元，高 36.6%，是中部地区的 1.5 倍、西部地区的 1.9 倍，东中西部地区农民人均纯收入比为 1.9：1.3：1。

7.西部 12 省县域经济发展差距。进入新世纪，党中央、国务院适时提出西部大开发战略，为西部 12 省区县域经济大发展带来了千载难逢的机遇。西部 12 省区共辖县市 903 个，占 43.4%，全国县域总量近一半分布在西部。西部 12 省区县域经济大发展是全国县域经济大发展的重点。2001 年西部 12 省区县域国内生产总值 10684 亿元，仅占全国县域总量的 19%，而人口占 31%。县域人均国内生产总值 3696 元，比全国县域平均水平少 2200 元，低 37%。县域人均地方财政收入 172 元，比全国县域平均水平少 59 元，低 26%。西部 12 省区 98.8%的县地方预算内财政入不敷出。

(二)县域经济发展不平衡的动态分析

从静态上分析表明，县域经济发展的不平衡性比较突出。但从动态上看，省与省之间、三个经济地带之间县域总体水平发展差距扩大程度减势比较明显。就全国而言，县域之间发展的不平衡性出现加剧趋势。

1.三大经济地带县域经济动态发展的不平衡性。1997—2002 年，东中西三大经济地带县域平均国内生产总值年递增速度分别为 8.5%、0.8%、10%，西部地区增速超过东部 1.5 个百分点。东西部、中西部县域经济发展扩大趋势有所减弱，但由于中部地区县域国内生产总值增速较慢，东中部地区县域经济发展不平衡性加剧。从三大地带县域国内生产总值与全国平均水平的差距看，各地带县域国内生产总值在全国县域国内生产总值中所占比重的标准差① 由 1997 年的 16 拉大为 20，静态差距拉大了 4 个标准差单位。1997 年东中西三大经济地带县域人均国内生产总值之比为 2.3：1.4：1，2002 年这一比值为 2.3：1.02：1，同样说明东西部地区县域经济差距扩大的趋势有所缓解，中西部地区差距缩小了 38%。从农民收入情况看，1990 年东中西经济地带农民人均纯收入之比为 1.59：1.19：1，1995 年扩大为 2.0：1.32：1，2000 年缩小为 1.92：1.3：1。20 世纪 90 年代前 5 年，东西部地区农民收入相对差距拉大了 41%，东中部地区农民收入拉大了 28%，中西部地区农民收入拉大了 13%。90 年代后 5 年东西部地区农民收入相对差距缩小了 8%，东中部地区农民收入缩小了 6%，中西部地区农民收入缩小了 2%。农民收入相对差距的缩小进一步说明三大经济地带县域经济发展不平衡性出现缓和趋势。

2.省际间县域经济发展的动态不平衡。从动态发展看，省际间县域经济发展差距出现了新的特点，西部地区受西部大开发战略的推动，县域经济发展加快，县域国内生产总值增长速度赶上或超过东部地区。1997—2001 年西部地区的青海、西藏、宁夏、甘肃国内生产总值年均递增速度均超过两位数，分别是 12.6%、12.4%、11.5%、10.3%，位居增速最快的上海、北京之后，高出东部发达的浙江、福建、山东、广东等省，呈现出快速增长势头。东部发达省份与西部不发达省份县域经济发展差距扩大趋势开始回落。从农民收入情况看，近几年来，

① $S=\sqrt{\frac{1}{n}\sum(Xi-X)^2}$

Xi 表示 i 地带某项指标在全国所占比重，X=100/3。三大地带标准差介于 0—47 之间，0 表示绝对平衡，47 表示最不平衡。

在全国农民收入增长不力的形势下，西部省份农民收入出现较好增长势头，1999～2002 年，新疆农民人均纯收入年递增 8.1%，仅次于增长最快的北京市 8.5%的速度。重庆、甘肃、四川、青海农民人均纯收入增长速度也都超过了全国平均水平。2002 年中部地区的山西省农民人均纯收入比上年增长 9.9%，增速位居全国第一，西部地区的新疆增长 8.9%，位居第二，青海、陕西、重庆、四川、内蒙古、贵州、甘肃、宁夏、云南农民人均纯收入增长速度均超过全国水平。

3. 县域之间动态发展的不平衡性。从动态发展过程看，县域差距呈现出扩大趋势，以县域经济社会评价综合指数最高的 100 个县和最低的 100 个县作对比，2000 年二者的平均指数比为 3.66∶1，2001 年这一比例扩大到 3.75∶1。从全国县域国内生产总值五等份分组资料看(见表 3、表 4)，县域之间的分配差距进一步拉大。1997 年县域国内生产总值中等水平及以下的 60%的县，所辖 35.9%的人口仅占有 21.4%的国内生产总值。2002 年中等水平及以下 60%的县，39.2%的人口仅占有 20.2%的国内生产总值。五年间中等水平及以下县域的人口比重增加了 3.3 个百分点，而占有的国内生产总值却减少了 1.2 个百分点。1997 年国内生产总值最高的 20%的县域所辖 37.2%的人口占有 56.2%的国内生产总值。2002 年国内生产总值最高的 20%的县域所辖 34.4%的人口占有 58.9%的国内生产总值。五年间 20%最高水平的县域人口减了 2.8 个百分点，而占有国内生产总值却增加了 2.7 个百分点。

表 3　1997 年县域国内生产总值五等份分布情况

	合计	最低 20%县	较低 20%县	中等 20%县	较高 20%县	最高 20%县
国内生产总值(亿元)	42065.3	973.9	2775.3	5275.6	9395.1	23645.4
比重(%)	100	2.3	6.6	12.5	22.4	56.2
年末总人口(万人)	91615	5667	11107	16097	24618	34126
比重(%)	100	6.2	12.1	17.6	26.9	37.2

表 4　2002 年县域国内生产总值五等份分布情况

	合计	最低 20%县	较低 20%县	中等 20%县	较高 20%县	最高 20%县
国内生产总值(亿元)	55644.7	1392.8	3495.7	6328.8	11655.5	32771.9
比重(%)	100	2.5	6.3	11.4	20.9	58.9
年末总人口(万人)	89089.6	6323.5	11823.8	16705.8	23596.4	30640.1
比重(%)	100	7.1	13.3	18.8	26.4	34.4

二、影响县域经济发展不平衡的因素分析

县域经济发展不平衡性分析表明，县域之间差距的形成和扩大不是一朝一夕形成的，是伴随着整个国民经济发展的不同阶段而产生的。县域经济发展出现不平衡是各种因素综合作用形成的。有主观因素，也有客观因素，有自身内在的因素，也有外部经济因素；有自然因素，也有社会、历史、区位因素等等。总之，县域经济发展无论是静态不平衡还是动态不平衡，都是多种因素交织在一起综合影响的结果。从全国来看，县域之间千差万别，有共性，但更多的是个性。试图用定性分析的方法，从总体上归纳概括出影响县域经济发展的主要因素和关键因素，难免受感性认识的局限性，使理性认识的结果可能存在一定片面性，偏离客观实际，对指导实践活动可能产生不利。因此，我们引入定量分析方法，从反映县域经济发展的大量数量特征中，借助现代计算机工具，模拟经济运行规律，寻找影响县域经济发展的主要因素和关键因素。当然，对经济问题的分析最理想的是定性与定量分析相结合。在定量分析之前首先要对经济现象有一个大致的定性把握，在此基础上进行定量分析才能收到预期的效果。所以，定量分析离不开定性分析。影响县域经济发展的因素，从定性上判断，多数专家学者认为，一是自然、区位、资源因素；二是制度环境因素，即政策因素；三是市场机制因素；四是思想观念和人力素质因素。影响县域经济发展的因

素，除这四方面外，还有其他因素，但就全国县域总体来说，这四方面因素基本上具有共同性和普遍性。下面结合定量分析方法，具体加以分析和描述。

根据影响县域经济发展的因素的定性判断，我们依据《中国县(市)社会经济统计年鉴》(2001、2002年)中的资料分别进行相关分析、因子分析和回归分析。通过多元经济统计分析，来科学把握影响县域经济发展不平衡的主要因素和关键因素。

(一)数据与指标选取。我们进行定量分析的资料来源主要是2001年全国2073个县域横截面数据。根据数据来源和影响县域经济发展因素的定性判断，我们共选取25个统计指标进行定量分析。具体归类为以下几种：(1)经济发展水平指标。包括人均国内生产总值、人均地方财政收入，反映县域经济发展总体水平，是进行定量分析的被解释变量。(2)产业结构指标。包括第一产业增加值占国内生产总值的比重，代表市场机制因素，也反映政策因素的影响。(3)就业结构指标。包括乡村人口占总人口的比重、乡村就业人口占乡村总人口的比重、第一产业就业人口占乡村就业总人口的比重，主要代表劳动力要素的配置效果，当然也体现出市场机制因素的作用。(4)资源指标。包括反映经济资源因素的人均粮食占有量、人均肉类占有量，反映自然资源因素的人口密度指标，反映人力资源因素的乡村户均人口。(5)生产效率指标。包括乡村劳动力创造第一产业增加值、乡村劳动力占有农业机械总动力，反映劳动者的生产效率和管理效率，是经济发展的最大潜力所在。(6)工业规模指标。包括每万人拥有规模以上工业企业个数、人均规模以上工业总产值，代表工业在推动县域经济发展中的主导作用，反映市场、资源、外部环境等因素的综合效应。(7)积累与投资指标。包括城乡居民人均存款、人均从金融机构得到的贷款、人均基本建设投资完成额，反映市场经济条件下资本的配置情况，是拉动经济发展的"马车"。(8)基础条件和区位指标。包括每万户电话拥有量、是否平原、是否沿海、是否东部10省、是否东部9省(相对西部12省)、是否产粮大县、是否边境县、是否贫困县等。

(二)多元统计分析

1.相关分析。根据2001年全国分市县数据资料，以人均国内生产总值为因变量，以其他24个指标为自变量，进行相关分析，其结果如下：

表5 县域人均国内生产总值与其影响因素的相关关系表

	人均国内生产总值(Y9)	人口密度(Y1)	乡村人口占总人口的比重(Y2)	乡村户均人口(Y3)	乡村就业人口占总人口比重(Y4)	乡村第一产业就业人口占乡村就业总人口比重(Y5)	乡村劳动力占有农业机械总动力(Y6)
人均国内生产总值(Y9)	1.00000	0.32965	−0.25804	−0.37305	0.12650	−0.49759	0.14141
	每百户电话拥有量(Y7)	第一产业增加值占GDP的比重(Y11)	乡村劳动力创造第一产业增加值(Y12)	人均财政收入(Y14)	城乡居民人均存款(Y15)	人均从金融机构得到贷款(Y16)	人均粮食占有量(Y17)
人均国内生产总值(Y9)	0.17965	−0.54347	0.21338	0.76143	0.72363	0.62130	0.00983
	人均肉类占有量(Y18)	每万人拥有规模以上工业企业个数(Y19)	人均规模以上工业总产值(Y20)	人均基本建设投资额(Y21)	是否平原(C)	是否沿海开放县(D)	是否东部10省(G)
人均国内生产总值(Y9)	0.11935	0.72769	0.82000	0.34352	0.19165	0.50387	0.46386
	是否东部9省(F)	是否粮食大县(I)	是否边境县(K)	是否扶贫开发县(L)			
人均国内生产总值(Y9)	0.41837	0.15773	−0.00499	−0.39704			

从表中结果可以看出，人均规模以上工业总产值与国内生产总值相关程度最高，相关系数为0.82，属高度相关关系。表明县域经济发展水平的高低，工业的主导作用非常重要。随着工业规模的

扩张，工业化进程的加快，必将推动县域经济发展迈上快车道。每万人拥有工业企业个数具有同样作用，与人均国内生产总值的相关系数为 0.73，也属高度相关关系。人均从金融机构得到贷款与国内生产总值呈中度相关关系，表明金融资金的大量投入与有效配置对促进县域经济发展具有重要作用。是否沿海开放县、东部 9 省区与国内生产总值呈中度相关关系，表明改革开放的政策因素、区位因素对县域经济发展也非常重要。乡村第一产业就业人口占乡村就业总人口比重、第一产业增加值比重与国内生产总值呈中度负相关关系，表明随着第一产业比重降低，非农产业的大发展和乡村就业结构的不断改善，将有利于促进县域经济更快、更健康地发展。人口密度、乡村户均人口、基本建设投资额与国内生产总值也具有一定的相关关系，表明人口、资源、经济相互协调、相互促进，投资拉动对县域经济发展的作用同样不可忽视。

2. 因子分析。因子分析的基本思想是通过变量的相关系数矩阵内部结构的研究，找出能控制所有变量的少数几个随机变量去描述多个变量之间的相关关系。因子分析是相对于相关分析的进一步深化分析和系统分析。根据因子分析的思想，可以从影响县域经济发展的多个因素中找出几个关键因素。因子分析就是通过构造因子分析模型，把影响县域经济发展的诸多因素综合成少数几个主要综合因子，再根据这些综合因子进行有重点的分析。参考上述相关分析结果，我们选取人口密度(Y1)、乡村人口占总人口的比重(Y2)、乡村户均人口(Y3)、乡村就业人口占总人口的比重(Y4)、乡村第一产业就业人口占乡村就业总人口比重(Y5)、第一产业增加值占 GDP 的比重(Y11)、乡村劳动力创造第一产业增加值(Y12)、人均从金融机构得到贷款(Y16)、人均粮食占有量(Y17)、人均肉类占有量(Y18)、每万人拥有规模以上工业企业个数(Y19)、人均规模以上工业总产值(Y20)、人均基本建设投资额(Y21)共 13 个指标和是否平原(C)、是否沿海开放县(D)、是否东部 10 省(F)、是否东部 9 省(G)、是否粮食大县(I)、是否边境县(K)、是否扶贫开发县(L)7 个虚拟变量进行因子分析。在因子分析中采取主分量求解方法和 Promax 斜旋转方法，使公共因子尽可能完全反映原始变量的自然状态。由于选择主因子个数要遵循特征值大于 1 的规则，所以，因子分析过程仅能保留五个主因子。因子分析模型表明，这五个主因子可以解释方差的 58.8%，即五个主因子保持了原来 20 个指标的多一半信息。由于参与因子分析的是全国分县市数据资料，样本量很大，所以，进行分析仍然是有意义的。在第一因子中，人均规模以上工业总产值具有最大载荷，它与第一因子具有高度相关性。每万人拥有规模以上工业企业个数、人均得到贷款也具有较大载荷，与第一因子具有较强相关性。第一产业增加值比重、乡村户均人口具有较大负载荷，与第一因子具有较强负相关性。可见，第一因子主要代表了结构和工业化因素的影响。在第二因子中，东部 10 省、东部 9 省具有最大载荷，代表了区位因素。是否沿海开放县具有较大载荷，代表了政策和区位因素的共同影响。在第三因子中，劳动力创造第一产业增加值具有较高正载荷，乡村人口占总人口比重具有较高负载荷。体现了劳动力要素的配置效率和城镇化水平的影响。在第四因子中，人均粮食占有量、是否平原、是否产粮大县具有较大载荷，体现了粮食优势区域粮食产业对县域经济发展的正向影响。在第五个因子中，人均肉类占有量起着决定作用，反映了在牧业优势区域大力发展畜牧业，提升第一产业中畜牧业的分量必将对县域经济发展产生正向推动作用。

表 6 因子特征值表

序号	特征值	方差贡献率(%)	累计贡献率(%)
1	4.788777	23.9	23.9
2	2.508159	12.5	36.5
3	1.875565	9.4	45.9
4	1.467529	7.3	53.2
5	1.116682	5.6	58.8
6	0.991751	5.0	63.7
7	0.918536	4.6	68.3
8	0.902276	4.5	72.8
9	0.768152	3.8	76.7
10	0.742324	3.7	80.4
11	0.696151	3.5	83.9
12	0.629374	3.1	87.0
13	0.511537	2.6	89.6
14	0.443903	2.2	91.8
15	0.405856	2.0	93.8
16	0.360783	1.8	95.6
17	0.307852	1.5	97.2
18	0.265648	1.3	98.5
19	0.215284	1.1	99.6
20	0.083861	0.4	100.0

表 7　因子载荷矩阵表

	FACTOR1	FACTOR2	FACTOR3	FACTOR4	FACTOR5
Y1	0.30218	0.07906	−0.38753	0.42115	−0.11195
Y2	−0.33883	0.18944	−0.80234	−0.08549	0.16056
Y3	−0.51405	0.03648	0.11056	−0.23370	0.03956
Y4	0.44677	−0.25403	−0.44666	−0.03142	0.55095
Y5	−0.45995	−0.24862	0.32385	−0.14281	0.23487
Y11	−0.69050	0.07442	−0.03555	0.02481	0.40817
Y12	−0.01328	0.17965	0.72361	0.17644	−0.04029
Y16	0.73797	−0.02556	0.33344	0.11203	0.07486
Y17	−0.18820	−0.11362	0.08541	0.74069	0.27307
Y18	−0.07193	0.18248	0.11165	0.20660	0.73932
Y19	0.74454	0.26018	0.08236	−0.10161	0.13033
Y20	0.76867	0.22376	0.03907	−0.04892	0.11611
Y21	0.49346	−0.10821	0.41354	−0.23382	0.10699
C	0.07912	−0.02710	0.06689	0.65508	−0.03834
D	0.22886	0.67766	0.02383	−0.10370	0.06506
F	−0.00348	0.92424	−0.05601	−0.04629	0.05184
G	0.05210	0.89870	−0.03149	0.00998	0.00183
I	0.04044	−0.07123	−0.05826	0.69592	0.09423
K	−0.01468	−0.06701	0.51029	−0.04556	0.09574
L	−0.24230	−0.15703	−0.18853	−0.44189	−0.06590

3. 回归分析。为了进一步考察各因素对县域经济发展的影响程度，我们在上述相关和因子分析筛选出的有较强影响力因素的基础上，以人均国内生产总值为被解释变量，其他各指标为解释变量进行多元线性回归（见附录 1）。结果表明，所选取的 19 个解释变量对国内生产总值的解释程度为 82.2%。经过 R、F、T 检验，建立的多元线型回归模型具有显著性，各个解释变量中除乡村户均人口（Y3）、人均得到金融机构贷款（Y16）、是否平原（C）、是否产粮大县（I）未通过 T 检验外，其他均通过 T 检验，对被解释变量的线性作用显著。根据 T 检验值的大小，各个解释变量对国内生产总值被解释变量的影响作用前 5 位的依次为：人均规模以上工业总产值、第一产业增加值比重、人均基本建设投资、人均肉类占有量、劳均创造第一产业增加值。为了找出影响县域经济发展的主要因素，我们又进行了逐步回归分析（见附录 2）。第一步回归结果表明，人均规模以上工业总产值可以解释国内生产总值的 67.2%。第二步回归结果表明，人均规模以上工业总产值、第一产业比重，可以解释国内生产总值的 71%。第三步回归结果表明，人均规模以上工业总产值、第一产业比重和劳均创造第一产业增加值可以解释 73.9%。第四步回归结果表明，在前三步基础上增加了是否东部 10 省，可以解释 76.2%。第五步、第六步直到最后一步回归结果表明，各个变量对国内生产总值影响程度最大的是人均规模以上工业总值，第二位是第一产业增加值占国内生产总值的比重，第三位是劳均创造第一产业增加值，第四位是是否东部 10 省，其他变量影响不大。这四个因素从结构、效率、区位和政策方面影响着县域经济的发展。

为了分析不同区域县域经济发展的影响因素，我们在对县域总体进行回归分析的基础上，对不同区域分别进行了回归分析。结果表明，不同区域各个变量对区域内国内生产总值的影响程度与总体回归结果相比有所差异。

（1）沿海开放县回归分析。以全国 200 个沿海开放县为样本，选取上述已经使用的 13 个指标为解释变量，建立回归模型。结果表明，选取的 13 个解释变量对国内生产总值的解释程度为 91%。根据 T 检验值，各变量对国内生产总值的影响作用前 5 位的依次为：劳均创造第一产业增加值、人均规模以上工业总产值、第一产业增加值比重、乡村就业人口比重、人均得到贷款。再进行逐步回归分析表明，人均规模以上工业总产值是影响沿海开放县县域经济发展的首位因素，可以解释国内生产总值变化的 79.7%。第一产业增加值占国内生产总值比重是第二位因素，劳均创造第一产业增加值、乡村就业人口比重、乡村第一产业就业人口比重分别是第三、第四、第五位因素，其他变量影响作用不大。

(2)非沿海开放县回归分析。以全国县域中除沿海开放县以外的县为样本，选取与沿海开放县回归分析相同的 13 个指标为解释变量进行回归分析。结果表明，各个解释变量对国内生产总值的解释程度为 70%。T 检验值表明各变量对国内生产总值影响作用前 5 位的依次为：人均规模以上工业总产值、第一产业比重、人均肉类占有量、劳均创造第一产业增加值、人均粮食占有量。再进行逐步回归分析表明，影响非沿海开放县县域经济发展的首位因素也是人均规模以上工业总产值，可以解释国内生产总值变化的 50.2%。第二位因素也是第一产业比重，第三、第四、第五位因素有所不同，分别是人均肉类占有量、劳均创造第一产业增加值和人均基本建设投资。从回归分析看，沿海开放县注重劳动力资源的配置效果，而非开放县更需要资源和资本。

(3)东部 10 省县域回归分析。东部 10 省县域经济发展很快，各个变量如何影响国内生产总值的增长，通过回归分析表明，选取的 13 个变量对国内生产总值的解释度为 89.4%。T 检验表明，各变量对国内生产总值影响作用前 5 位的依次为：劳均创造第一产业增加值、人均规模以上工业总产值、第一产业增加值比重、乡村就业人口比重、人均得到贷款。再进行逐步回归分析表明，人均规模以上工业总产值仍是首位影响因素，可以解释国内生产总值变化的 72.6%。第二、第三位因素分别是劳均创造第一产业增加值、第一产业增加值比重。

(4)中西部地区县域回归分析。中西部地区县域经济发展水平低，速度慢。回归分析结果表明，选取的 13 个变量对国内生产总值的解释力为 72.8%。根据 T 检验值，各变量对国内生产总值的影响作用前 5 位依次为：人均规模以上工业总产值、第一产业比重、每万人拥有工业企业个数、人均肉类占有量、人均粮食占有量。对各变量进行逐步回归分析，结果表明，人均规模以上工业总产值仍是首位影响，可以解释国内生产总值变化的 47.4%，解释力不如东部地区，说明工业对支撑中西部地区县域经济发展的作用明显不如东部地区。第二位因素是乡村人口比重，第三位因素是人均肉类占有量，第四、第五位因素分别是第一产业比重、万人拥有工业企业个数。前 5 位因素对国内生产总值的解释程度仅为 68.1%。可见，影响中西部地区县域经济发展的因素比较分散，是多方面的。中西部地区县域经济发展主要依赖于工业化、城镇化和农业优势资源的推动，而东部地区则上升到产业结构的优化和生产要素配置效率的提高，而且更强调效率优先。

(5)粮食大县回归分析。以全国确定的 457 个粮食大县为样本建立回归模型，进行多元线性回归分析。结果表明，选取的 13 个变量对国内生产总值的解释程度为 88%，对国内生产总值影响作用的排序前 5 位的依次为：人均规模以上工业总产值、第一产业比重、人均肉类占有量、万人拥有规模以上工业企业个数、人均基建投资。再对变量进行逐步回归分析表明，对国内生产总值影响程度最大的是人均规模以上工业总产值，解释程度达 75.6%。其次是第一产业增加值比重，第三、第四、第五位因素分别是人均肉类占有量、万人拥有规模以上工业企业个数、人均基建投资。这 5 个变量可以解释国内生产总产值的 86.6%，其他变量影响不大。

(6)非粮食大县回归分析。以全国粮食大县以外的县市为样本进行回归分析，结果表明，选取的 13 个变量对国内生产总值的解释力为 78.2%。根据 T 检验值对各变量的影响作用排序，前 5 位依次为：人均规模以上工业总产值、劳均创造第一产业增加值、第一产业比重、人均基建投资、乡村第一产业就业人口比重。进行逐步回归表明，人均规模以上工业总产值是首位因素，其解释程度为 63.3%，第二位是劳均创造第一产业增加值，第三位是第一产业比重，第四、第五位因素分别是乡村就业人口比重、人均基建投资。前 5 位变量对国内生产总值的解释程度达 75.3%，其他变量影响不大。可见，非粮食大县工业对县域经济发展的影响力不如粮食大县，非粮食大县县域经济的发展更强调生产要素配置效率和结构优化，而粮食大县则注重以工业为主导的产业结构优化和区域资源优势的充分发挥。

综观上述进行的多元统计分析结果，从全国县域总体来讲，人均规模以上工业总产值是影响国内生产总值的共同首位因素和最重要的因素。第一产业增加值比重的影响程度和重要性居于第二位。第三、第四、第五位居于次等重要程度的因素由于各个分析方法的分析角度和侧重点不同有所差异。对不同区域类型的县域进行回归分析表明，沿海开放县、东部地区县和非粮食大县各个解释变量中对国内生产总值的首位影响因素是人均规模以上工业总产值，第二位是劳均创造第一产业增加值，第三位是第一产业增加值比重。可见，工业化是影响沿海开放县、东部地区县和非粮食大县县域经济发展的首位重要因素，以第一产业劳动生产率为标志的生产要素配置效率成为第二位重要因素。在沿海开放县、东部地区县和非粮食大县，效率的作用已明显优先于结构调整。非沿海开放县、中西部地区县、非粮食大县各个解释变量对国内生产总值影响最大和最重要的前三位共同因素依次分别是：人均规模以上工业总产值、第一产业增加值比重、人均肉类占有量。在该些区域，除发展工业外，发挥资源优势、优化产业结构对县域经济发展的影响程度很大。总之，结合定量分析结果，就全国而言，影响县域经济发展不平衡的因素可以归纳为：

第一，工业基础和工业化水平。工业基础差别大，工业化水平极不平衡是影响县域经济发展的首要因素。东部地区地处沿海，一直是我国经济发展最活跃的地区，现代经济增长因素特别是现代工业最早进入东部沿海地区，大大促进了县域经济持续、快速增长。中西部地区工业基础薄弱，工业企业数量少、发展慢，对整个经济的拉动力不强。2001 年东部 10 省县域人均规模以上工业总产值 6610 元，是中西部地区的 3.6 倍。县域经济发展最快的沿海开放县人均规模以上工业总产值 12048 元，是非沿海开放县的 5.8 倍。从县域国内生产总值五等份分组结果看，20%的最低国内生产总值县人均规模以上工业总产值为 830 元，仅相当于 20%的最高国内生产总值县的 11%。

第二，产业结构和产业布局。产业结构和产业布局不同，所产生的产业效益相差较大。东部地带或县域经济强县依靠优越的自然、社会、历史、区位、资源等条件，在发展第一产业的同时，大力发展非农产业，非农产业在经济总量中明显占据优势，中西部地带或县域经济弱县，第一产业仍占较大比重，在第一产业内部，种植业特别是粮食是主导产业。2001 年东部地带县域非农产业增加值占国内生产总值的 78.5%，比中西部地带高 9.2 个百分点。沿海开放县非农产业增加值比重为 83%，比非沿海开放县高 12 个百分点。国内生产总值五等份分组资料显示，20%的最低国内生产总值县非农产业比重为 69%，比 20%的最高国内生产总值县域低 21.8 个百分点。由于产业结构的优化程度不同，所产生的经济总量差异较大。最低等份县域人均国内生产总值为 2196 元，仅相当于最高县域的 23%。

全国县域回归分析结果表明，在其他条件不变的情况下，第一产业增加值比重每降低 1 个百分点，将影响国内生产总值人均增加 51 元。对不同等份县域进行回归分析表明，在其他条件不变的情况下，第一产业增加值比重每降低 1 个百分点，将影响 20%的最低国内生产总值县即一等份县域国内生产总值人均增加 214 元，第二等份县域增加 88 元，第三等份增加县域 32 元，第四等份县域增加 46 元，第五等份县域增加 14 元。优化产业结构在不同等份的县域所产生的效益明显不同。在第一等份县域即国内生产总值最低水平的县产生的效益最大，随着国内生产总值水平的提高结构调整产生的效益不断减弱。国内生产总值最高等份即第五等份 20%的县域，结构调整产生的效益仅相当于最低等份的 6.5%。在第一产业内部，回归分析结果表明，在其他条件不变的情况下，人均肉类占有量每增加 1 公斤，将影响国内生产总值人均增加 9 元。可见，发展畜牧业对优化第一产业内部结构是积极有效的。

第三，劳动生产效率。劳动生产效率差异在一定程度上也拉大了县域经济发展的差距。劳动效率既是劳动力要素优化配置的结果，也与土地、资源等生产要素密切相关，体现了经济增长中效率优先的作用。县域经济发展快的地方往往都是资源、资本、劳动和效率综合作用的结果。东部地区县域经济发展较快，效率优先作用非常突出。劳均创造第一产业增加值 4154 元，是中西部地区 1.4 倍。沿海开放县劳均创造第一产业增加值 4800 元，是非沿海开放县的 1.5 倍。国内生产总值五等份分组资料显示，20%的最低等份县劳均创造第一产业增加值 2663 元，比最高县低 4641 元。从全国县域回归分析结果看，在其他条件不变的情况下，劳均创造第一产业增加值每增加 100 元，将影响国内生产总值增加 8 元。劳动效率的提高预示着劳动力资源优化配置效果较好，劳动力就业充分，非农产业就业人口比重提高。国内生产总值五等份分组资料显示，20％的最低等份县域乡村从业人员比重为47.6％，比20％的最高县域低4.3个百分点。乡村非农产业从业人员比重20％的最高县域为39.5％，比20％的最低县域高21.8个百分点。回归分析表明，在其他条件不变的情况下，乡村第一产业就业人口比重每降低1个百分点即非农产业就业人口比重提高1个百分点，将影响国内生产总值人均增加28元。乡村从业人员比重每提高1个百分点，将影响国内生产总值人均增加22元。

第四，地理位置、区域类型。地理位置、区域类型是影响县域经济发展的又一重要因素。地理位置、区域类型不同，县域经济发展差距明显。沿海、沿边、沿河、沿江、沿路、平原地区县和大中城市近郊县，依托地理位置优势、地势优势，可以借船出海、借边出境、借城拉动，市场交易成本低，信息灵通，容易吸引、聚集国内外人、财、物资源，发展县域经济的后劲很强。东部地带中的长江三角洲经济区、环渤海经济区、沿海开放县县域经济发展速度快、水平高就是很好的例证。长江三角洲经济区县域人均国内生产总值13518元，是长江三角洲经济区以外县域的2.4倍。环渤海经济区县域人均国内生产总值9931元，是非环渤海经济区县域的2倍。沿海开放县县域人均国内生产总值11948元，是非沿海开放县县域的2.5倍。整个东部地带县域人均国内生产总值8412元，比中西部地带多4263元，是中西部地带的2倍，差距较大。区位优势的差异在经济水平上已明显地体现出来。从地势上看，平原地区县域经济发展又明显占据优势，人均国内生产总值6815元，比非平原县域多1651元，是非平原县域的1.3倍。

第五，制度资源。优越的制度资源可以大大加快县域经济发展步伐。改革开放二十多年来，全国各地县域享用制度资源上的不平衡，对县域经济的发展产生了重大影响。沿海开放县优先享用国家改革开放政策，在区域规划、产业布局中优先享受国家的大量产业投入和税收、信贷等政策倾斜，在利用外资上更是抢先一步，从而大大推动了沿海开放县经济的大发展。2001年沿海开放县县域人均国内生产总值11948元，比非沿海开放县高7244元。非农产业产值比重为83％，远高于非开放县12个百分点，乡村第一产业就业人口比重为55％，远低于非开放县17个百分点。产业结构和就业结构的非农化已成为沿海开放县县域经济强势的重要特征。

第六，劳动力素质。在市场经济条件下，劳动力要素的配置效果在很大程度上取决于劳动力素质的高低。劳动力素质高，劳动力就容易就业，劳动力资源的配置效率就高。反之，劳动力素质低，配置效率也就低。因此，只有不断提高劳动力素质，合理地配置劳动力资源，才能使劳动力资源优势转化为经济优势。百强县成为全国县域中的佼佼者，高素质的劳动力贡献很大。东部地区县域经济发展快，离不开高素质劳动力资源的有效配置作用。中西部地区县域经济落后首先表现为人口文化素质落后。就农村而言，东部地区每百个农村劳动力中，文盲仅占4.8％，而中、西部地区分别为5.9％、15.9％；初中以上文化程度劳动力东部地区占65.7％，而中、西部地区分别为63.6％、54.4％。劳动力文化素质高低最终体现在劳动力就业率和就业结构上。高素质劳动力对新知识、新技术、新观念接受快，能够适应市场变化的需要，就业能力强，就业机会多。实践证明，先期进入非农行业就业的劳动力绝大多数文化素质较高。东部地区劳动力文化素质高，乡村就业人员中非农产业人员比例为37.8％，高出中西部地区县域11.5个百分点。

第七，市场环境。市场经济是竞争经济，既要有市场内在机制的竞争优势，又要有外部环境的竞争优势，是内因和外因相互作用的结果。县域经济发展快的市县，无不在这两方面都占据优势。市场环境就是这种外部环境，具体表现为投融资环境、市场机制公平运行环境、政策法制环境、基础条件等等，最终归结为市场主体的创业环境。好的创业环境可以吸引更多的投资者来投资，可以调动更多的市场主体来创业。国内生产总值五等份分组资料显示，最低国内生产总值20％的县县均基本建设投资额7041元，仅相当于最高20％的县投资额的14％。回归分析表明，在其他条件不变的情况下，人均基建投资每增加100元，将影响国内生产总值增加58元。

三、加快发展县域经济的思路

县域经济发展的不平衡性分析告诉我们，县域之间发展差距很大，不平衡程度呈加剧趋势。在全面建设小康社会的新世纪新阶段，十六大报告明确指出，要使“地区差别扩大的趋势逐步扭转”，那末，如何使县域之间发展不平衡程度逐步缩小呢？我们在全面分析影响县域经济发展不平衡因素的基础上提出如下思路，以供参考。

（一）提升工业化水平，依靠工业化推动县域经济更快发展

十六大报告指出，本世纪头二十年要走新型工业化道路，基本实现工业化。县域经济发展离不开工业化，从全国来看，百强县无不都是工业发达的县市。县域经济发展过程实质上就是工业化推进过程，就是从城乡二元结构向现代经济结构转换的过程。大力推进工业化，使农业和农村剩余劳动力较大规模地转入工业部门和城镇就业，既是增强县域经济实力的关键，也是发展农业和农村经济的重要前提和根本出路。进入新阶段，推进县域经济工业化，重点是搞好农副产品加工业。有优势、有潜力的也是农副产品加工业。农副产品加工业能够体现县域经济以农村为腹地、集镇为纽带、县城为中心的特征，是“公司＋农户”实现工农效益双赢的最好形式。我国农产品供给由长期短缺变为相对过剩，既为县域经济工业化创造了有利条件，也增大了农业剩余劳动力转移的压力，只有推进工业化，大力发展农副产品加工业，才能为县域经济发展开辟新的空间。所以，要把农副产品加工业做大、做强，做出优势。在县域经济不发达的县市，尤其要把农副产品加工业作为城乡社会经济统筹发展的主导产业来抓。

农副产品加工业的发展事关农民增收、农业增效和国民经济结构优化和素质提高。中西部地区是我国农产品的主要原料基地，发展农副产品加工业比较优势明显。但是，长期以来，我国中西部地区一直充当向东部地区输出初级产品、原料的角色，加工业发展滞后，特别是农产品精、深加工严重不足。由于原料和粗加工品附加值低，中西部地区在商品交易中获利较少，经济发展速度相对缓慢。东部地区生产加工品多，附加值高，获利多，积累和再生产能力明显较强，发展后劲足，发展速度快。西部大开发的核心是实现资源优势向商品优势、经济优势的转化，促进区域经济的整体平衡发展，这为西部地区优势农业资源的开发、利用、加工提供了良好机遇。另外，随着我国城乡居民生活消费水平的提高，促进了膳食结构的改善，在减少直接消费粮食的同时，对加工品提出了数量和质量上的巨大需求。与发达国家相比，我国居民对加工品消费的比例还很低。据统计，发达国家加工食品占饮食消费的90％，而我国仅为25％左右，农产品加工产品蕴藏着巨大的市场需求。所以，中西部地区县域依托资源优势，大力发展农副产品加工业前景广阔。

（二）优化产业结构调整，依靠结构调整提升县域经济发展水平

从县域经济发展影响因素分析中可以看出，县域经济落后的市县，第一产业增加值比重明显占据优势，在第一产业中，种植业占大头。经济强县大多都是以工业为主导的非农产业占据优势。所以，优化产业结构关键是发展非农产业。如何发展非农产业，不同县域有不同的优势。应紧密结合本地实际，走自己的路，而不能脱离本地实际，片面地突出抓非农产业，要创造出适合本区域经济发展的特色产业。所谓特色，就是要有独特的发展方向、独特的产业特色、独特的社会功能。发展特色产业要按照“人无我有”、“人有我新”的原则，立足于自身的资源和产业、产品优势，大力开发明显区别于其他县域的特色产业和特色产品，提高产品的市场竞争力，实现以资源转换生产能力，以特色置换市场空间。在发展县域经济的过程中，往往存在着不注意发挥特色，产业结构单一，市场竞争无序等问题。一种产品一旦旺销，各地就不顾本地比较优势一哄而上，争相生产，“你有我也有”，低水平重复建设；产业、产品结构单调、雷同，产业互补性差，资源配置效率低下。过度竞争往往导致产品供过于求，竞争双方两败俱伤。所以，结构调整重在特色，要因地制宜，研究各地的县域优势，充分发挥各地的潜力，形成各具特色的县域经济产业布局。任何地区，哪怕是最贫困的地区，也会有自身的优势。关键是能否挖掘出、是否认识到、是否全力持久培育。面对入世带来的机遇和挑战，产业结构的调整是战略性的，不能头痛医头，脚痛医脚。要具有战略眼光，突出本县区域经济发展的特色。“物以稀为贵”，市场追求的就是特色，工业有工业特色，农业有农业特色。即使种植业，也应突出特色，发展一些名、特、优、新产品。一般的大路货，已为市场所不容，名、特、优、新产品倍受消费者青睐。近年来，一些中西部地区的县域狠抓特色农业，实施名牌战略，努力扩大优势农产品出口，收到较好效益。农业部最近提出的“力争经过5年努力，优先培育11种在国内外市场上有较强竞争力的农产品，形成35个具有鲜明特色、世界知名的优势产业带（区）”规划，就是以地方特色促结构优化的体现。所以，县域经济落后的县市要把挖掘地方特色、培育特色产品、振兴特色产业作为优化县域产业结构的立足点。

(三)加速民营经济发展,壮大县域经济力量

民营企业具有更加直接的利益机制,更加灵活的经营方式,更加有效的融资渠道。民营经济在增加社会财富、解决就业压力、扩大财政税收,尤其是在促进地区经济发展中有着不可低估的作用。民营经济是不发达地区加速经济发展不可逾越的阶段,是振兴县域经济的有效途径,是新阶段县域最具活力和最有潜力的经济增长点。县域经济不发达的县市领导应进一步解放思想,提高认识,大胆放手发展民营经济。发展民营经济一要加强政策支持,努力为民营经济发展创造公平竞争的环境;二要加强产业引导,让民营企业除国家安全和关系国计民生的重要领域外参与更多的产业领域,从事产业开发;三要引导民营企业不断改革家族制的经营管理方式,建立完善的内部法人治理结构,由传统的小生产组织向现代企业转变,提高民营经济的整体发展水平,推动民营经济在全球经济一体化形势下实现"新一轮"大发展;四要推动科技进步,提高民营经济的整体素质。县域范围内的民营企业相对来说技术水平较低,规模不大,人才匮乏。面对市场和环境的千变万化,要想在激烈的竞争中赢得主动权,求得更大的发展,根本的出路就是要依靠科技力量带动民营经济上规模、上档次。

(四)加快小城镇建设步伐,促进城乡统筹发展,减少农民,是壮大县域经济和带动社会发展的一项长远之策

小城镇建设有利于乡镇企业相对集中,更大规模地转移农村剩余劳动力,减少农民,避免农村剩余劳动力盲目向大中城市流动,也有利于提高农民素质,是县域经济发展的长远之策。全国县域回归分析表明,在其他条件不变的情况下,总人口中农民所占比重每降低1个百分点,将使人均国内生产总值增加15元。所以,小城镇的建设与发展是我国农村走向工业化、城市化最具活力和潜力的有生力量,是促进县域经济发展的重要载体。如何使小城镇发展起来,让小城镇在工业与农业、城市与乡村之间的循环与流动过程中起到桥梁与纽带作用?首先必须明确发展小城镇要以现有的县城和有条件的建制镇为基础,重点是以县城为中心,科学规划,合理布局,分步实施。另外还必须同乡镇企业和农村服务业结合起来,统筹发展,切忌一哄而起,这是一个大原则。其次是培育小城镇发展强势。小城镇担负着实现农业产业化、农村现代化、城乡一体化、农民居民化的艰巨任务,是解决"三农"问题的一个重要立足点。因此,应以本地优势产业为主导,科学布局小城镇,从文化、教育、信息、资金等方面重点支持小城镇建设,使其不仅具有自我壮大的能力,还有促进大力发展的外部推动力。三是加快小城镇建设,要有超前意识,基础设施优先发展,建设要起点高,科技含量高,规划要突出科学性和特色性。

(五)创新市场配置资源的环境是促进县域经济发展的重要外部条件

按照世贸组织公平贸易原则,要把治理和改善经济环境放在突出位置,尽快建立起规范严明的法制环境、公平竞争的市场环境、稳定安全的治安环境和高效优质的政府服务环境。建立和完善市场法律法规体系,维护市场法制秩序;建立和完善市场准入和退出机制,维护市场主体秩序;建立消除市场经济活动中的地区封锁和行业垄断,维护市场竞争秩序;建立和完善社会信用体系,维护市场经济的道德秩序。

县级政府部门是创新市场配置资源环境的主体,在发展县域经济中要合理定位,避免经济管理职能存在的"越位"、"错位"和"缺位"现象,具体就是政府要切实转变职能,从直接参与生产经营活动,代行企业和市场职能,转向提供"公共产品"和"公共服务",建立和维护市场秩序,为微观经济主体创造良好的发展环境上来。这种转变具体要做到:一是按照精简、统一、效能的原则,大力推进县乡行政管理体制改革,形成规划、协调、服务、监督运转高效的行政环境;二是减轻企业和农民负担,切实创造良好的生产经营环境;三是营造良好的投资环境,吸引国内外投资者前来创业;四是高度重视市场体系建设,建立城乡协调,全国统一的大市场。我国各地县域经济发展水平差距很大,面对加入WTO和全球经济一体化形势的到来,如何逐渐缩小县域差距,建立全国统一大市场是关键。按照诺贝尔经济学奖获得者萨谬尔逊提出的"要素价格均衡理论",在没有交易成本的前提下,要素禀赋结构不同、比较优势有异的地区,如果能够按照比较优势来决定产业结构,然后通过统一的产品市场进行地区间的产品串换,那么,各个地区间劳动者的收入就会随着经济发展而趋同,一个地区的经济发展,就会成为拉动另一个地区经济发展的动力。以粮食为例，我国东部地区相对于中部地区人多地少，工资水平高，因此，粮食这种土地相对密集的农作物在东部地区不具有比较优势。如果有了全国统一的大市场，随着经济的进一步发展，东部地区的土地和劳动力机会成本增加，种植粮食就会越来越不合算，东部地区自然会缩小种植粮食的比重，增加向生产粮食有比较优势的中部地区的购买。粮食市场的价格将会相应上升，中部地区以粮食生产为主的农民也就能从粮食增产中增收，东部地区的经济发展也就会成为中部地区经济发展、农民增收的拉动力。同样的道理，当东部地区越发展，也会增加购买具有资源比较优势的西部地区的资源密集型产品，推动该类产品价格的上涨，成为西部地区经济发展和农民增收的拉动力。这样，东中西部的经济差距就会随着东部经济发展的扩散效应而不断缩小。所以，要缩小地区差距，首先必须建立全国统一的产品大市场。当然，地区之间的产品交易是需要交通、运输、仓储、信息等成本的，因此，也就不能完全依靠“要素价格均衡理论”的道理来使各个地区间的收入得到均等。地区差距的进一步缩小还有赖于要素的流动，建立全国统一大市场的第二层意义是发育和完善全国统一的要素，尤其是劳动力的市场。东部地区随着经济的发展，劳动力越来越短缺，全国统一的劳动力市场有利于中西部地区富余的劳动力向就业机会较多的东部发达地区流动，流动出来的劳动力可以为中西部地区的发展积累资金、信息和技术力量，而且，可以使留在中西部农村地区的劳动力有了更多的土地资源来从事生产创造收入。这样，东中西部地区通过产品市场和要素市场的有机结合，东部地区的发展就会成为中西部地区经济发展的拉动力，东中西部地区的差距也就能够随着经济发展而逐渐缩小。

参考文献

1. 张毅：100 强阔步向前县域整体水平稳步提高，《调研世界》，2003.1。
2. 林毅夫：“三农”问题与我国农村的未来发展，《中经网》，2002－04－24。
3. 赵建华、张毅、关冰、李聪敏、蔡旭：打开县域经济档案，《经济日报》，2001.1.5。

注：①国家统计局农调总队关冰在本文的研究中给予了大量的数据资料支持。
②分区域类型回归分析过程略。

县域经济发展评价与实证分析

林鹰漳

第一部分　县域经济发展评价方法

县域经济是指在县(市)域范围内以城镇为中心,农村为基础,由各种经济成分有机构成的一种区域经济。县作为我国社会经济功能比较完善的基本单元,它涵盖了三个层次的内容:既有城市(镇)经济,又有乡村经济;既有第一产业,又有第二、三产业;既有公有制经济,又有非公有制经济。因此,以县(市)为区域对经济问题进行研究,有助于促进区域内各类经济活动得到充分、协调发展。

一、评价县域经济发展的意义

县域经济是国民经济的重要组成部分,是整个国民经济中功能和产业门类比较齐全的基本单元,是区域经济持续快速发展的最重要的基础和动力源泉。

(一)县域经济是国民经济的支柱和基础

县域人口众多、地域辽阔,资源丰富。从经济活动看,我国有大约70%的人口居住在县域之内。而他们生产与生活,就业与收入状况如何,对整个国家全面步入小康社会进程影响极大。从经济总量看,我国GDP有相当大的比重是由县域经济活动创造的。如东部沿海的广东、福建、浙江、等省的GDP中,县域经济所占的比重都在50%以上。从市场看,县域经济又是市场经济的重要组成部分,它不仅生产出大量的生活必需品满足人民的生活需要,为工业提供大量的生产原料、加工基地,而且是最广阔的销售市场。

(二)县域经济是宏观经济与微观经济结合部

县是国家行政机构的中间环节,对上,它接受国家的政策、指令及宏观调控,对下,它必须贯彻上级的政策和指令,完成好各项任务。它是承上启下、上传下达的中间层次,也是经济活动的中间枢纽,同时还是条条与块块、纵向经济管理与横向经济联系、城市与乡村结合的纽带,从一定意义上说,县域经济对国民经济的发展起到了关键的作用。

(三)发展县域经济是现代化和全面小康的前提

县域经济基本上以农业经济为载体,县域经济的发展只有依靠现代化工业和先进的科学技术改造农业,实现农业现代化。只有农村经济发展了,县域经济的综合实力得到了增强,农民的生活水平得到了提高,才有可能缩小城乡差别,实现农村城镇化,农民生活城市化。县域经济的发展对于社会主义现代化建设和全面小康社会的实现,具有重大的现实意义和深远的历史意义。

为此,认真研究县域经济发展评价方法,对准确掌握县域经济发展动态,找出薄弱环节,及时为各级党政领导和有关部门指导县域经济发展提供参考,具有重大的现实意义。

二、县域经济发展评价指标选择

分析评价区域经济综合发展水平,一方面要考虑该区域总体发展达到的水平层次,另一方面还要考虑其未来发展平台基础。也就是既要考虑面上综合经济实力又要考虑具体领域的特点。因此，为保证评价方法的科学性、系统性、可操作性和社会性，选择的指标要有针对性。按照县域经济构成要素和发展要求，我们选择了几个评价经济发展最具综合功能的总量、结构指标和均值指标。

（一）总量指标

主要用来反映经济发展的总体水平。由国内生产总值(GDP)和地方财政收入两个指标组成。

1. 国内生产总值(GDP)是衡量一个地区经济整体实力的最具代表性的指标，它体现了一定区域、一定时期内经济活动的产出总量，即经济总量水平，是反映区域经济整体实力的综合指标。

2. 地方财政收入，体现了地方政府汲取财政资源的能力与发展地方经济的能力，是地方社会经济发展的关键因素。

（二）结构指标

用来反映经济发展构成情况。经研究选择了工业增加值占 GDP 比重，体现区域中经济的主导产业工业所占国内生产总值的份额，并能间接反映工业的发展程度。

（三）人均指标

用来反映区域经济发展能力，是区域经济实力真实体现。由人均国内生产总值、人均地方财政收入和农民人均纯收入三个方面指标组成。

1. 人均 GDP 是按人口平均的社会最终成果的拥有量，反映国民经济综合实力的人均占有水平。

2. 人均地方财政收入反映地方财政资源的人均水平；政府用于支持社会经济发展的实际能力。

3. 农民人均纯收入反映了农民对生产、投资的潜力和改善生活水平的能力。它是社会经济发展最终目的人们生活水平提高的具体体现。

三、评价方法与测算

为使评价方法更具科学性，根据有关理论和实践经验，通过对比筛选，我们选用当今区域经济竞争力最常用的评价方法——相对资源优化配置能力法。即对总量、结构指标和效率指标分别赋予不同的权数，然后进行指标合成，最后得出不同区域综合得分，提供科学判断。

（一）目标值与权数确定

为取得科学合理的测评、分析结果，首先要对各指标的目标值和权数进行确定。我们参照改革开放以来福建省各项经济指标的发展走势和具体情况，采用德尔菲法(即专家意见咨询法)确定目标值；采用主成分分析法，就是将多个变量化为少数相互独立的变量(主成分)，根据每个主成分的重要性，确定其权重——即主成分贡献率法。对上述六个指标设立目标值并赋予相应的权数(见表 1)。

表 1　指标目标值及权数分布

大类	小类	计量单位	目标值	权数	
				大类权数	小类权数
总量指标	国内生产总值	亿元	100	35%	20%
	地方财政收入	亿元	2		15%
结构指标	工业增加值占 GDP 比重	%	70	15%	15%
人均指标	人均国内生产总值	元	35918	50%	15%
	人均地方财政收入	元	1192		20%
	农民人均纯收入	元	6910		15%

（二）计算综合得分

为客观评价县域经济综合发展水平，我们将各县域相关指标与各阈值进行对比计算，乘上权数后得出每一具体指标分值，最后求出代数和，即为县域经济的综合得分——县域经济综合发展水平(见表 2)。

表 2　2002 年福建省县域经济发展水平测算表

县域名	年末总人口（万人）	GDP（亿元）	地方财政收入（万元）	工业增加值占 GDP 比重（%）	人均 GDP（元）	人均地方财政收入（元）	农民人均纯收入（元）	综合值	排名
石狮市	30.02	107.54	35788	48.9	35918	1192	6910	97.22	1
晋江市	102.1	328.16	82693	53.2	31876	810	6328	88.93	2
福清市	120.23	229.32	59503	50.8	19074	495	5133	75.11	3
长乐市	66.51	97.05	38846	51.1	14423	584	5090	74.06	4
惠安县	92.05	159.91	39938	51.1	17402	434	4893	72.93	5
闽侯县	61.15	86.54	31397	53	14126	513	3781	68.27	6
永安市	31.88	57.42	27999	41.6	17667	878	3850	67.35	7
南安市	147.74	170.11	47458	46.7	11514	321	4715	67.1	8
龙海市	78.25	109.2	28205	40	13704	360	3921	65.29	9
闽清县	30.29	43.83	19523	52.3	14407	645	3645	61.23	10
安溪县	105.42	100.25	26356	39.2	9516	250	3701	61.01	11
永春县	55.01	70.46	23673	39.8	12820	430	3882	60.04	12
德化县	30.36	45.55	17347	48.7	15014	571	3713	58.22	13
连江县	61.63	78.9	21032	21.5	12626	341	4048	55.95	14
沙 县	23.96	29.92	13830	30.5	12488	577	3599	46.69	15
福安市	60.45	50.87	15559	39	8407	257	3256	46.49	16
漳浦县	80.73	73.13	12542	27.7	9061	155	3781	45.55	17
邵武市	30.21	36.36	14569	27.1	12040	482	3378	45.44	18
罗源县	25.38	35.09	8710	42.7	13767	343	3666	43.68	19
南靖县	34.25	46.28	9868	30.5	13512	288	3727	42.86	20
仙游县	100.34	50.26	16467	32.9	5008	164	3152	42.32	21
福鼎市	56.29	40.95	15705	31	7236	279	3099	42.15	22
东山县	20.31	33.8	6786	26.7	16343	334	4199	40.07	23
永定县	46.51	34.55	12613	28.5	7427	271	3429	38.6	24
漳平市	27.42	31.61	9823	24.1	11527	358	3316	37.74	25
尤溪县	42.03	33.8	12022	18.2	8030	286	3530	36.14	26
长泰县	18.85	27.21	4911	31	14053	261	3693	35.13	27
建瓯市	51.62	37.28	10792	17.3	7222	209	3644	34.32	28
诏安县	57.06	44.83	7073	27.7	7893	124	3473	34.1	29
平和县	55.01	37.78	10308	18.1	6884	187	3470	33.36	30
将乐县	16.72	16.68	6758	25.3	9857	404	3343	32.88	31
顺昌县	24.11	19.27	7950	28.1	7978	330	3242	32.74	32
古田县	42.62	28.72	9322	25.8	6734	219	3227	32.68	33
上杭县	48.31	28.91	9665	27.1	5991	200	2954	32.07	34
泰宁县	12.68	15.18	4328	28.3	11982	341	3357	31.37	35
霞浦县	51.42	39	9214	13.7	7580	179	3221	31.3	36
云霄县	41.31	32.1	6828	21.7	7782	165	3728	31.07	37
武夷山市	21.79	21.06	8003	12.2	9687	367	3401	30.85	38
建阳市	33.72	26.29	8146	21.3	7777	242	3045	30.6	39
大田县	36.91	21.53	7858	25.9	5833	213	3163	29.55	40
永泰县	35.96	27.4	7179	15.1	7617	200	3259	28.26	41
武平县	36.53	21.96	7065	24.5	6011	193	3000	28.09	42
连城县	32.87	22.62	5031	24.5	6852	153	2971	26.31	43
平潭县	38.75	29.03	7145	5.1	7417	184	3365	25.93	44
浦城县	40.47	17.23	6980	23	4262	172	3138	25.93	45
华安县	16.03	14.62	3116	21.9	9121	194	3249	24.85	46
柘荣县	10	8.19	2471	28	8172	247	2912	24.37	47
明溪县	11.56	9.98	3136	16.8	8637	271	3413	24.13	48
长汀县	49.2	23.02	5845	20.9	4685	119	2653	23.91	49
光泽县	15.53	10.76	3413	24.9	6929	220	2763	23.5	50
周宁县	19.32	9.42	3317	30.9	4873	172	2898	23.3	51
清流县	14.69	9.69	3536	16.5	6613	241	3348	22.79	52
屏南县	18.22	11.04	3216	23.1	6067	177	2935	22.25	53
宁化县	34.65	16.45	5988	11.3	4746	173	2917	21.82	54
寿宁县	25.47	13.11	3516	20.7	5148	138	2893	21.19	55
建宁县	14.47	11.58	2633	14	7997	182	3024	20.75	56
松溪县	15.85	10.44	2736	16.5	6589	173	2440	19.2	57
政和县	21.88	8.62	2859	22.4	3937	131	2603	18.95	58

四、聚类分析

在各县域经济综合值计算的基础上，我们运用数理统计中的聚类分析方法，将 58 个县市按经济发达县、经济次发达县、经济中等发达县、经济一般发展县和经济欠发展县进行五分组（见表 3）。我们可以更清晰地了解不同组的县域经济的发展状况。

表 3　聚类结果

县市名	聚类类别	综合值	县域名	聚类类别	综合值
石狮市	1	96.42	诏安县	5	33.92
晋江市	1	87.50	平和县	5	33.88
福清市	2	74.97	霞浦县	5	33.35
长乐市	2	73.20	武夷山市	5	33.13
惠安县	2	72.12	顺昌县	5	32.64
闽侯县	2	68.10	古田县	5	32.36
南安市	2	66.73	上杭县	5	32.29
永安市	2	66.60	泰宁县	5	32.05
龙海市	2	65.64	云霄县	5	31.63
安溪县	3	62.34	建阳市	5	31.12
闽清县	3	60.25	大田县	5	29.85
永春县	3	59.45	永泰县	5	28.99
德化县	3	57.69	武平县	5	28.99
连江县	3	56.61	平潭县	5	27.41
沙　县	4	48.32	连城县	5	26.56
福安市	4	46.28	浦城县	5	26.12
邵武市	4	45.90	华安县	5	25.61
漳浦县	4	45.75	明溪县	5	25.51
南靖县	4	43.05	柘荣县	5	25.29
罗源县	4	42.99	长汀县	5	24.15
仙游县	4	42.66	周宁县	5	23.84
福鼎市	4	42.54	宁化县	5	23.76
东山县	4	40.10	寿宁县	5	23.68
永定县	4	39.50	清流县	5	23.58
漳平市	4	38.47	光泽县	5	23.47
尤溪县	4	37.93	屏南县	5	22.61
长泰县	5	35.92	建宁县	5	21.76
建瓯市	5	35.20	松溪县	5	20.55
将乐县	5	34.77	政和县	5	18.99

从上面聚类结果可以看出，在综合得分前十个县市中，石狮市、晋江市列入经济发达组，福清市、长乐市、惠安县、闽侯县、南安市、永安市、龙海市列入经济较发达组，而安溪县被列为经济中等发达组。表明县域经济发展较快的主要还是集中在沿海地区，与综合评分排序基本相同，说明以上评价方法是科学、可信的。

第二部分　县域经济发展实证分析

党的十六大提出全面建设小康社会的奋斗目标，这一宏伟目标能否实现，关键看县域，难点在农村。改革开放以来，我国县域经济取得了长足的发展，下面以福建为例，对县域经济发展现状、发展过程中存在的问题以及对策作实证分析。

一、福建县域经济发展现状

改革开放以来，福建的国民经济得到了较快发展，县域经济的发展规模扩大，水平与效益提高。

(一)经济总量扩大，综合实力增强

据统计，2002 年全省县域国内生产总值、地方财政收入和基本建设投资为 2851.83 亿元、83.86 亿元和 110.65 亿元，分别占全省相应经济指标的 58.9%、30.7%和 27.1%(表 4)。随着县域经济的不断发展，沿海地区与内陆山区对比，有着便捷的交通、流畅的信息、相对充裕的资金、各类人才的汇聚以及较为完善的市场体系等区位优势。正是这些区位优势，使沿海的县域经济发展显得更快些。一些沿海发达县、市，充分利用侨乡优势，积极探索和建立适合市场经济发展的有利机制和制订灵活措施，大力发展外向型经济和民营经济，涌现出一批经济特色鲜明、发展势头良好、综合实力较强的县(市)，成为全省经济发展的重要支撑力量。2002 年，全省有 7 个县(市)的国内生产总值超过 100 亿元，其中晋江市、福清市分别超过 300 亿元和200亿元；晋江、福清、南安、惠安、龙海、石狮、安溪和长乐 8 个县(市)进入全国国内生产总值百强县行列，其中晋江市位列全国第 7 位。

表 4　2002 年县域经济主要指标

指　　标	绝对值(亿元)	占全省比重(%)
国内生产总值	2851.83	58.9
第一产业增加值	556.68	83.7
第二产业增加值	1265.36	55.9
工业增加值	1088.48	56.0
第三产业增加值	1029.79	53.8
地方财政收入	83.86	30.7
基本建设投资	110.65	27.1
社会消费品零售总额	869.97	58.0

注：县域 GDP 占全省比重为县域 GDP 与全省县、设区市、区 GDP 总和之比；各产业增加值亦同。

(二)经济结构优化，运行效益提高

随着农业产业化、工业化和城镇化进程的不断推进，许多县(市)抓住历史发展机遇，实施“工业兴县、工业强县”战略，大力发展壮大工业经济，加快从农业社会向工业社会的转变，工业经济支柱作用日益凸现，在全省工业经济中占有重要的份额，经济结构不断得到优化。2002 年全省县域实现工业增加值 1088.48 亿元，占全省的 56.0%；县域规模以上工业总产值 1586.30 亿元，占全省规模以上工业总产值的 43.1%。

(三)改革不断深入，市场化步伐加快

改革开放以来，作为福建省国民经济的重要组成部分，县域经济冲破了许多体制性的束缚，朝着社会主义市场经济方向迈进。首先，着力理顺政府行为与县域经济发展的关系。给县级政府合理定位，正确处理政府、企业和市场的关系，改变目前政府经济管理职能存在的“越位”、“错位”和“缺位”现象；处理好政府行为与外在的关系，包括宏观经济、微观经济和区域经济的关系。科学界定县级政府的职能，按照精干高效和责权利相统一的要求，加快县级政府机构改革。其次，简政放权。针对福建省县域经济存在的问题，为营造县域经济发展良好政策环境，激活、壮大县域经济，福建省近期制定了《关于加快县域经济发展的若干意见》，实行简政放权，赋予各县(市)相当于设区的市的经济社会管理审批权限。再次，出台许多政策鼓励民营经济发展、推进农业产业化经营。

(四)经济特色明显，支柱产业形成

改革开放以来，福建省各地充分发挥侨、特、热优势，打造具有福建特色的县域经济，涌现出一批有明显特色的县域经济发展模式。形成工贸型——晋江市、石狮市、永安市，资源型——漳平市、德化县，生态旅游型——武夷山市、福鼎市、将乐县，侨乡外向型——福清市、长乐市，城郊服务型——龙海市、闽侯、闽清等。支柱产业形成，县域经济在发展壮大，如永定、宁化的烤烟，建宁的莲子和黄花梨，安溪的茶叶，古田的食用菌，沙县的小吃等不仅为县域增强了经济实力，有的还从贫困县跃居为发达县。

（五）统筹城乡经济，辐射作用显著

县域经济的发展，紧密了城乡联系，有效地促进了城乡经济的统筹发展。尤其是城关镇，成为城市与乡村之间联系的重要纽带。这种联系效应或关联效应，包括了城乡之间的产品联系、市场联系、技术联系、价格联系、劳动联系、信息联系等等，产生对广大农村的强辐射效应。同时，近几年来各地还大力发展中心城镇，促进了农村人口向城镇的转移，优化了城乡人口分布的总体格局，成为实现中国特色城镇化的重要途径。

二、县域经济与周边省份比较

改革开放以来，福建省经济之所以能够持续保持快速发展，综合经济实力和经济发展水平从相对落后跨入到全国中上水平，很大程度上得益于县域经济的发展和崛起，特别是一些经济强县（市）发挥了重要的带动和支撑作用。从整体上看，福建省县域经济发展状况和发展态势好于全国县域平均水平，但与周边县域经济发达的省份相比，福建省仍存在着一些差距。

（一）经济实力比较

根据国家统计局农调总队对2002年县域社会经济综合发展指数测算结果，在全国最发达的100个县（市）中，浙江、江苏、山东、广东分别占26、15、15和11个，进入百强的县（市）数比2000年均有所增加，而福建省只有6个，并且比2000年减少了2个，说明福建省县（市）综合竞争优势有所弱化。从全国看，位列前10名的最发达县域分别是广东顺德、广东南海、江苏昆山、江苏张家港、江苏江阴、江苏常熟、浙江萧山、浙江绍兴、江苏太仓、江苏吴江。福建省县域经济位次有后移趋势。从经济总量看，福建省国内生产总值县（市、区）有8个，而浙江有19个，江苏、山东均有17个，广东有16个；福建省地方财政收入进入百强的县只有5个，而浙江有27个进入百强，江苏23个进入百强，山东17个进入百强、广东有9个进入百强。从县均水平看，2002年福建省县均GDP为49.17亿元，相当于全国百强县平均水平的31.1%；县均地方财政收入1.45亿元，相当于全国百强县平均水平的20.8%，可见，福建省县域综合经济实力与发达省份有一定的差距。

表5　全国县域社会经济综合发展100强地区分布

省　份	县（市）个数			省　份	县（市）个数		
	2002年	2001年	2000		2002年	2001年	2000
浙江省	26	26	22	四川省	3	3	3
江苏省	15	15	14	辽宁省	2	2	2
山东省	15	14	13	天津市	2	1	1
广东省	11	10	10	新疆自治区	2	1	2
福建省	6	7	8	黑龙江省	1	1	1
河北省	4	6	8	河南省	1	1	2
北京市	4	4	4	吉林省	1	1	1
内蒙古自治区	3	3	4	甘肃省	1	1	1
上海市	3	3	3	云南省	0	1	1

表6　福建省进入全国前100强的最发达县域

县（市、区）	综合位次	综合指数
晋江市	14	69.5
石狮市	22	65.4
福清市	37	60.2
惠安县	70	53.2
长乐市	74	52.9
南安市	97	50.6

（二）发展水平比较

2002年福建省县域人均GDP为11298元，比上年增加890元，比全国县域的平均水平高出70%，相当于全国百强县平均水平的53.2%；县域人均地方财政收入为332元，比上年少8元，比全国县域235元的平均水平高出41.3%，相当于全国百强县平均水平的36.1%。与周边省份比较，福建省县域人均GDP比广东高25.6%，与江苏基本接近，但比浙江低了22%；县域人均地方财政收入比广东高23.2%，但比浙江低25%左右。从农民收入看，2002 年福建省农民人均纯收入为 3540 元，比全国平均水平高出 42.9%，但只相当全国百强县的 63%，也比浙江、江苏、广东分别低了 25.2%、10.8%和 9.3%。

(三)经济结构比较

从产业结构看，2002 年福建省县域经济总量中非农产业比重为 78.9%，比全国县域平均水平高 5.8 个百分点，但比全国百强县低 10.6 个百分点；与周边省份比，福建省非农产业比重比浙江低约 3.5 个百分点，比广东高 3.1 个百分点。总的看，福建省县域经济结构问题仍是第一产业比重过高，第二、三产业比重偏低，尤其是山区县域的产业结构转换进程明显滞后，不仅影响农民增收，也制约农村经济的整体发展。

可见，福建省县域经济在总量、水平、结构等方面的发展都明显好于全国县域平均水平，但与周边的浙江、江苏、广东等发达省份比，经济强县(市)相对偏少，综合实力相对较弱，发展水平也有一定差距，县域经济发展任重道远。

三、县域经济发展存在的主要问题

与城市经济比较，县域经济所拥有的资源要素、基本生产要素居多，包括自然资源、地理位置、气候条件、廉价劳动力等，但缺少高科技人才、先进技术和信息网络等现代生产要素。在现代市场经济条件下，人力资源、资金、技术，尤其是信息、技术、专利、品牌等都是市场竞争成败的决定因素，县域经济的这一“短腿”也制约了县域经济有竞争力市场主体的发育、成长，在市场竞争中处于劣势。

(一)地区间发展不平衡

尽管县域经济总体发展已达到一定规模，但地区间发展仍不平衡。

1. 从总量上看，在福建省经济发达的九个县市中，GDP、地方财政收入、消费品零售总额分别占县域经济总量的 47.2%、46.7%和 47.9%。也就是说，其余 49 个县市的三个经济指标仅占五成。

2. 从平均水平看，经济发达县市的各项指标均在 58 个县市的平均水平之上，其中，GDP、地方财政收入、消费品零售总额是经济次发达县市的 1.11、1.09、1.18 倍；是经济欠发达县市的 4.53、4.5、4.18 倍。对五类分组的 GDP 平均水平进行比较，经济发达县市的 GDP 平均水平达 149.47 亿元，高出总体平均的 100.3 亿元，为经济欠发达县市平均水平的 9.57 倍。

3. 从人均 GDP 来看，福建省县域经济的发展阶段处于初级向中等过渡发展阶段。目前，福建省尚有 51.7%的县市人均 GDP 未达到 1000 美元。通过对福建省 58 个县市人均 GDP 数量的分布情况分析，可以看出，在福建省县域的发展中，人均 GDP 低水平的县(市)经济要上新台阶还要有一个发展过程。

(二)产业结构层次偏低

目前，福建省相当部分县市的经济主体仍然是传统“二元结构”(传统农业经济与工业经济)，而不是新兴的“三元结构”(农业经济、工业经济和信息经济有机结合)。这种传统“二元结构”与新兴“三元结构”的矛盾，是相当长时期内县域经济发展的阻碍因素。传统农业与传统工业并存，而传统工业仍属于工业化的初期阶段，并未得到更新改造与升级换代，也很难完成对传统农业的改造。再加上对外开放度不够以及长时间的城乡隔离体制，现代科学、信息技术和现代工业对县域农业的改造力度则十分有限。2002 年县域三次产业结构为 19.5：44.4：36.1，与全省的 14.2：46.1：39.7 相比，第一产业比重偏高，第二、第三产业比重偏低，工业化进程缓慢，第三产业发展相对滞后。

(三)经济运行质量不高

据统计，全省农林牧渔业增加值大于工业增加值的县(市)有 32 个，表明全省超过一半的县(市)总体上仍为农业社会；而工业化水平超过全省平均水平的只有 15 个县(市)，占全省县域总数的 25.4%。从分组数据看，经济发达县市工业增加值占 GDP 比重达 49.6%，明显高于经济次发达和欠发达县市的平均水平，表明支撑经济快速发展的基础是发展工业化(见表 7)。从经济发达县市的分布看，除永安市为福建省老工业基地外，其余都来自于沿海地区。同时都率先发展工业化。如石狮、晋江突出发展服装、鞋帽等轻工产品；福清市走外向型经济发展道路，在电子、食品、塑胶、汽车玻璃四大产业形成一定规模；南安市、惠安县在石材加工上走特色之路等。而相比之下，经济发展慢的其余县市，其第一产业所占比重则大大超过平均水平。许多县(市)尚未跳出农业的小圈子，走农业产业化——工业化的发展道路。在调研过程中我们感受到，山区县市由于缺乏产业支持，使得原本不多的资金、人才、技术又都流向了沿海，从而造成山区县(市)在产业结构上雷同、在低水平上重复。

表 7 三大产业所占比重比较

	第一产业增加值占GDP比重(%)	第二产业增加值占GDP比重(%)	其中:工业增加值占GDP比重(%)	第三产业增加值占GDP比重(%)
经济发达县市	10.0	54.8	49.6	35.2
经济次发达县市	25.9	37.1	30.0	37.0
经济欠发达县市	36.7	26.5	19.4	36.8
全部县市	19.5	44.4	38.2	36.1
全 省	14.2	46.1		39.7

(四)财力薄弱后劲不足

县级财政乏力以及县级调控中的各种矛盾凸现,大致是在1994年分税制改革前后。一是在买方市场已经形成的情况下,在短缺经济和新旧体制夹缝中成长的乡镇工业企业和地方国营工业,作为县域纳税大户,受国内外市场夹击,产销困难,税源锐减。二是近年中央为给农民减负出台减免农民税费等政策,也影响了以农业发展为主的县市的财政收入。三是县市机构膨胀,人员超编,"吃饭财政"不堪重负,使得大多数县域经济财政收入的增长远远赶不上财政支出的增长。2002年,全省58个县(市)中,有34个县(市)地方财政收入在1亿元以内,其中13个县(市)地方财政收入还不到5000万元,91.4%县市地方财政收不抵支。即使是县域经济发达的地方,也倒挂5.2亿元。各组的地方财政支出状况都不是很理想。经济发展越差的地方财政倒挂(支大于收)现象越严重。四是县域财政收入增长缓慢与财政支出刚性增长的矛盾十分突出,山区县(市)财政收支缺口有逐年扩大的趋势,多数县(市)要依靠财政转移支付解决工资发放和社会保障等支出缺口。各组县域财政从收入看变动幅度不大,而从支出看其变动幅度大大超过收入。2001年省级对财政困难县(市)的转移支付补助达11亿元,其中通过转移支付给调资有困难的44个县(市)的补助达9.17亿元,以保证中央调资政策的兑现。目前,财政转移支付补助超过财政一般预算收入的县(市)仍占相当大的比例,财政困难是多数县(市)面临的一个突出问题。

(五)城镇化进程缓慢

福建省的县市人口规模很小,只有5个县市人口超过100万人(南安、福清、安溪、晋江、仙游),其余的县市人口主要集中在50万人左右。据第五次人口普查,2000年,全省县域城镇化率为30.7%,比全省平均水平低10.9个百分点。其中,城镇化率在40%以上的有11县(市),仅占县域的18.6%;低于30%的有29个县(市),占县域的49%,县域城镇化水平差异较大。这一现状将不利于福建省县域经济的发展。此外,年末总人口与GDP直观上有一种线性的关系,即随着人口聚焦增多,国内生产总值也随着增大。因此,福建省县域的城镇化程度低是影响经济发展的一个重要因素。

四、加快县域经济发展对策思路

当前县域经济发展已经引起诸多关注,省委通过的《关于加快县域经济发展的若干意见》,提出了福建省加快县域经济发展的一个重要举措——赋予各县(市)相当于设区的市的经济社会管理审批权,这对于推动县域经济快速发展将起到巨大的推动作用。虽然目前县域经济发展过程中存在的整体发展水平低、经济结构不合理、区域发展不平衡、财力严重不足等突出问题和困难,仍将在一段时期内制约着县域经济的进一步发展,但是一些成功的实践表明,加快县域经济发展,必须坚持以市场为导向,因地制宜、重点突破的原则,以农业产业化、农村工业化和农村城镇化为中心,走有特色的发展路子。

(一)解放思想,更新区域发展观念

福建省县域经济发展既面临传统优势弱化、竞争压力增大的严峻挑战,也面临发挥比较优势、拓展发展空间的新机遇。全省上下必须进一步解放思想,转变观念,振奋精神,切实增强加快县域经济发展的责任感、紧迫感和自信心。各地要破除封闭保守思想,树立对外开放意识;破除因循守旧思想,树立开拓创新意识;破除无所作为思想,树立图强奋进意识;破除悲观畏难思想,树立市场竞争意识,从加强调查研究入手,制订切实可行的政策措施,找准工作的切入点、发展的新路子,解决好县域经济发展中的重大问题,转变职能,改进作风,搞好服务，强化全局意识和中心意识，把加快发展作为第一要务，集中精力抓经济建设，奋力开创县域经济发展新局面。

（二）科技创新，推动县域经济发展

从县城经济发展实际分析，必须牢固树立科技是第一生产力的观念，大力实施"科教兴县（市）"战略，依靠科技推动县域经济发展。

1. 突出科技项目建设，大力发展高新技术产业。一是加大招商引资力度，要紧紧抓住我国加入WTO这一契机，全面加强对外经济和技术合作，采取有针对性的措施，大力改善投资环境，吸引高科技企业前来投资兴业，大中城市科研机构和科研人员前来兴办高新技术项目。二是着力盘大盘强已有高新技术企业，使之真正成为全市高新技术产业发展的龙头。三是积极创造条件，培育、扶持一批具有活力的中小科技型企业的成长壮大。

2. 突出技术创新，改造和提升传统工业，一是利用新技术加快传统产业的改造步伐，不断提高传统产业的技术含量。二是注重引进和发展高新技术，努力抢占科技竞争的制高点，促进技术优势与资源优势相结合，并在政策上给予引导和支持。三是加快新产品的研制开发，实施精品名牌战略，提高市场占有率。

3. 突出农业科技进步，推进农业和农村经济发展。包括农作物良种化、高效养殖科技、农产品加工技术、避灾农业科技、农村科技引导与培训。

4. 增强科技意识，创造科技发展的良好环境和条件。加大研究开发机构的建设力度，建立完善专家顾问制度，积极推行科技人员以技术投入和服务等多种形式参与分配，充分发掘科技人员的潜能。同时，按照"谁投资、谁受益"的原则，建立多渠道、多形式的科技投入体系。

（三）工业带动，促进农村城镇化发展

目前，县域经济工业化发展滞后所带来的问题日益突出，不仅影响农村劳动力的转移，而且影响到县域第三产业的发展和就业岗位的增加。在未来一、二十年内，能否实现农业现代化，更快地转移农村劳动力，更多地减少农村人口，在很大程度上取决于县域工业化的发展进程。

1. 加大支柱产业扶持力度，增强县域经济实力。重点是充分发挥本地的自然资源和技术人才优势，科学确立县域工业经济主导产业，并通过招才引智，科技创新，强化企业管理，提高企业技术装备水平，增强企业国际国内市场产品竞争力，逐步盘大、盘强、盘优现有工业支柱产业。同时大力发展劳动密集型企业，以此带动和吸纳更多的劳动力就业。

2. 加强劳动力市场建设和管理。当前阻碍农村剩余劳力就业工作的一大迫切问题，是劳动力市场发育滞后、缺乏规范，对此，应加快劳动力就业制度改革，尽快建立权威的、全省统一的劳动力供求信息交流系统、预测预报体系和管理体制，建立城乡通开统一的劳动力市场，建立统一的市场法规体系和市场规则，做到整顿与发展并举。

3. 改革和完善户籍制度。从长远来看，必须彻底改革城乡分割的旧户籍制度，破除阻碍劳动力资源合理布局的制度障碍。首先全面放开小城镇及县城户口，改进居民身份证和户籍登记制度，让农村流出的人员能够很方便的在城镇找到自己的位置。这类人员在就业、教育、住房、医疗等方面的福利待遇，应与户口脱钩。第二步对县城以上城市，先实行暂住户口，后适度放开，暂住满一定期限后，可申请常住户口，进入城市的常规管理。最后，城乡彻底通开，实现农村城镇化。

（四）积极探索，确定县域发展模式

发展特色经济。县域经济的发展模式的选择，是县域生产力、县域自然资源、经济资源及其开发利用方式、资源组合方式的具体体现。福建省地域辽阔，不同地区的县（市）经济发展基础不一样，发展条件各异，因而区位优势及发展模式也各不相同。各县市要按照各自的特点和实际情况，如区域环境、发展历史、特殊资源、交通条件等来确定自己的发展模式。可以从不同角度，如按经济地理区位，可把县域分为山区县、沿海县、城郊县等类别；按主导产业，可把县域分为农业主导县、工业主导县以及服务业主导县等发展模式；还可以在各种发展模式下发展一种或几种特色产业和拳头产品。如建宁县、宁化县，都属于山区县，也都是以农业为主导的经济发展模式，但是它们的特色经济不同，建宁县以莲子、黄花梨为主要特色产品，而宁化县以种植烤烟为农业主要产业。要根据区位优势，创新特色经济，提高县域经济竞争力。创新和培育特色经济是县域经济发挥比较优势的重要途径和基本方向。在县域产业结构普遍雷同的情况下，强调特色尤为重要，有特色才有生命力，才有竞争力。要发挥各地资源、传统优势，走合作发展、引进新技术的道路，大力发展绿色产品、特色产品、精深加工产品等特色优势产业，不断争创品牌经济，形成小产品、大产业的经济发展格局，促进县域经济的持续发展。要积极探索多元化投资体制。在财政投入有限的情况下，要按照市场经济的办法，通过经营城镇增加投入，进一步放开基础设施投资限制，用好政策性资金，加大招商引资力度。

(五)发展物流，构建现代流通体系

县域经济要从实际出发，依据现代市场经济发展的客观要求，根据各自的发展模式和特色经济，培育、建立、发展、完善有特色的市场体系。县域是最重要的农产品生产和加工基地，也为城市人民生活和生产提供丰富的生活资料和生产资料，要加快县域商品零售、批发市场的建设，积极创新营销方式，加强县域经济与外界联系，改变县城市场与城市大市场脱节的状况；要积极培育各种形式的流通组织，壮大农村营销人才队伍，发展各种专业市场、综合批发市场、集贸市场，形成功能齐全的商品流通体系；要尽快构建县域现代流通网络体系，通过现代流通网络，快速抢占大中城市市场，最大限度地扩大产品的市场占有率，提高县域经济的竞争力。

(六)增强后劲，大力发展民营经济

目前，全国正处于开始向新一轮快速增长转折的初期，各地也都在实施项目带动的发展战略，要不失时机地寻找新的发展契机。特别是山区县域，要改变区位条件差、基础设施薄弱、发展起点低等县域经济发展的劣势，发挥后发优势，把实施项目带动战略作为推动县城经济发展的重要抓手，以项目带动集聚生产要素，以基础设施项目带动经济发展环境的改善，以生产性项目促进经济结构调整优化、经济发展后劲的可持续增长，实现县域经济的跨越式发展，尽快缩小与沿海县(市)的差距。要根据多数县域经济基础差、财政底子薄、税收来源少及国有经济规模小、效益差、总量低、市场竞争力弱的弱点，大力发展民营经济，推进所有制形式多样化。通过制定各种优惠政策，完善民营经济的产权保护制度，建立民营经济的服务体系，建立完善多元化、多形式的民营融资渠道等手段，使民营经济享受与外商平等的市场准入条件，积极鼓励更多的民间资本参与县域经济的发展和建设，逐步壮大县域民营经济，使之成为县域经济的主体，县、乡、镇财政的支柱，从而扩大税收来源，增强县域的综合经济实力。

(七)繁荣农村，认真解决“三农”问题

农民是县域人口的主体，农村是最具发展潜力的市场，因此，不断繁荣农村经济，认真解决“三农”问题，有效增加农民收入，提高农村消费水平，对促进县域经济的良性循环和经济社会的稳定发展有着特别重要的意义。

1.深化农业和农村经济结构调整。调整区域结构，优化资源配置，发挥比较优势；调整产业结构，加快发展农产品加工业，大幅度提高农产品附加值；调整产品结构，全面提高农产品质量和安全水平，加快实现农产品的优质化和专业化；调整就业结构，加快转移农村劳动力，推动从事种植业的劳动力向农业的服务业和非农产业分流。

2.大力扶持产业化龙头企业。制定切实可行的措施，在项目申报、审批及土地征用、税费征缴等方面予以优惠，依托农业主导产业，大力培育和引进科技型、流通型、加工型龙头企业。今后，应重点发展农产品加工业，适应市场的不同需求，提高产品质量和档次。按照市场经济的要求，引导和组织龙头企业与农户建立紧密的利益连接机制，形成“利益均沾，风险共担”的利益共同体。

3.引导发展农产品产销协会。运用市场机制，按产业和经济要素流向，坚持群众自愿的原则、因地制宜的原则、全面覆盖的原则，引导组建以农村能人(经纪人)牵头的各类农副产品产销协会，带动农副产品精深加工和销售，提高农产品的附加值，为农村经济服务。

发展四川县域经济要抓住关键点，找准突破点

四川省农调队

县域经济是在县域范围内以城镇为中心、农村为基础，由各种经济成分有机构成的一种区域性经济。它是国民经济的基础性部分，是宏观经济与微观经济的结合部，是城市经济与农村经济的连接点，是整个经济发展和社会稳定的重要基础。近几年来，四川省县域经济取得较大成就，在全省经济发展中扮演着重要的角色。但县域人口包袱重，基础设施差、区位优势先天不足，困扰县域经济实力的提高，发展差距不断扩大，一定程度上阻碍了四川整个经济的发展，严重地影响全省经济的跨越式发展。认真研究县域经济发展中面临的问题和困难，并从实际出发，提出有效的解决办法，是摆在我们面前的一项紧要任务，也是全省经济进一步加快发展的希望所在。

一、正确认识县域经济的战略地位

县域经济是国民经济的一个基础层次，具有重要的战略地位。四川地广人多，县级行政区域多达180个，其中含农业的县（市、区）138个，县域经济在全省国民经济发展中具有举足轻重的作用，直接影响和决定着全省经济的发展进程。充分认识发展县域经济的意义，总结十多年的发展经验，认真研究和探讨县域经济的发展路子，这是加快全省经济发展，实现2020年四川省全面小康的战略目标所面临的重要课题。

研究如何发展县域经济，首先必须充分认识到它的重要战略地位。党的十六大报告第一次非常明确而鲜明地提出了“壮大县域经济”，非常鼓舞人心，也是一项异常艰巨的任务，它不仅十分清楚地表明了党和政府对县域经济发展的高度重视和极大关注，而且也进一步凸现了县域经济的发展与壮大对解决中国“三农”问题和全面建设小康社会的重要意义。四川地处内陆，经济发展水平不高，城市化水平较低，县域经济是全省经济的基础。没有县域经济的发展，整个国民经济就是一座空中楼阁。只要县域经济发展起来了，就会推动农村经济、乃至整个国民经济的发展。县域经济的这种特殊地位，是由它在国民经济发展中的作用所决定的。

（一）发展县域经济，是全面发展农村经济的需要

在四川，县域经济的主体在农村，农村经济的发展和农业现代化要以县域为依托。全面振兴县域经济，是农村经济进一步发展的新起点。农业是经济发展、社会安定、国家自立的基础。只有实现农业持续稳定地增长，才能为国民经济发展创造一个良好的环境。而农业又是分布在广大的县域经济之中，是县域经济的基础产业，农业发展的关键层次在县这一级。无论是农业生产的组织指挥，还是现代农业生产体系的建立，以及各种社会化服务的提供，都要以县为基本单位，以县为中心进行统筹规划和具体实施。与此同时，农村区域经济的形成和发展，包括地方企业、乡镇企业、交通运输业和服务业的进一步发展，区域市场的组织，也都越来越需要以县为中心，进行有效的调控，建立起合理

分工、有机结合的经济整体,发挥地方经济的优势。实践表明,农村经济的发展,有赖于县域经济的全面振兴,有赖于县级调控功能的建立和完善,有赖于县域经济整体运行效率的提高。只有加快县城经济的发展步伐,县的实力增强了,才能加强对农业的支持,为农村经济发展和农村产业结构调整提供广阔的空间。过去县域经济不发达,二、三产业比较落后,县一级把主要精力都放在抓农业上,农业最终也没有得到很好发展。现在发展商品生产,城乡经济不断融为一体,就农业抓农业显然是不行了。县这一级必须发挥其在区域经济发展中的调控功能,总揽经济全局,促进资源的合理利用和综合开发,实现农工商协调发展,引导农民逐步建立起一个富裕文明的社会主义新农村。应当看到,县域经济的这种功能和作用,既是省一级难以起到的,也是乡、村两个层次无法承担的,从研究和指导农村工作的全局来看,抓住了县域经济,也就抓住了农村经济发展的关键。

(二)加快县域经济发展,是振兴四川经济的一个重要环节

在全省经济格局中,县域经济占有很大的比重。全省180个县级行政区域中,除48个纯市区外,居住和生活在县区域的人口占全省总人口的95%左右,工业产值占60%左右。从上世纪90年代以来,在改革的推动下,县域经济已成为国民经济中发展速度最快,经济最为活跃的领域之一,其战略地位日益突出。在近二十多年中,四川省粮食生产迈上了新台阶,农业增加值增长十 倍左右,农副产品产量极大提高,品种丰富,为繁荣市场和提高城乡人民生活水平,促进城市工业发展作出了重要贡献。可以说,全省国民经济发展的基础在县。如果没有以农村为主体的县域经济的全面进步就不可能带来社会的全面进步和安定团结。在今后全面实现国民经济和社会发展第二步战略目标的过程中,县域经济将发挥更加重要的作用。四川是一个农村人口占多数的农业大省,要振兴四川经济,必须振兴县域经济。不从根本上改变县域经济的面貌,富民、强省的战略目标就不可能实现。离开了农业现代化和农村工业化,全省经济也难以现代化,没有广大农民的富裕,也就没有全省全面的小康。特别是在实施西部大开发之后,四川经济总量的增长,将更多地依靠县域经济的发展。要在发挥城市经济的优势,增强城市经济实力的同时,加快县域经济的成长,才能推动全省经济协调发展。近年来,四川省在指导经济发展中,逐步形成了一手抓城市大中型企业,一手抓县域经济发展,并在发展县域经济中坚持从实际出发,实行分类指导的思路。这正是从发展四川经济的需要出发,在实践中总结的一条基本经验。实践证明这是正确的。

(三)深化县级经济体制改革,是进一步推进城乡经济体制改革的关键

县域经济是国民经济的一个重要层次,具有较完备的功能。在国民经济发展中,具有承上启下,指挥农村经济全面发展,沟通城乡经济,联结国家宏观管理和微观管理的作用.它虽然不同于宏观的国民经济,但又具有整体性的特点,它在城乡经济体制结构中处于特殊重要的地位。县级经济体制改革,既包含了农村经济体制改革的内容,又有城市经济体制改革的特点。抓住县级经济体制改革这个关键环节,既能推动农村经济体制改革向纵深发展,又能加速城市经济体制改革的进程。首先,县级经济体制的综合配套改革是农村经济体制改革的关键。县是国家各种经济管理部门在农村的集中地,是国家各种经济管理体制在农村的聚结点。农村第一步改革,在微观层面上打破了旧体制的束缚,随着农村商品经济的发展,现在则需要在更大的范围内和更高的层次上,形成新的经济体制,以便为农村经济发展注入新的活力。很明显,要做到这一步,没有县级综合体制改革是不行的。其次,农村改革的进一步深化,只进行单项的、局部的改革很难达到预期的效果。必须在全县范围内进行综合改革,这是农村经济全面发展的重要一环。县级经济体制改革能使其从超越微观经济的层次上,提高宏观调控能力,打破城乡壁垒和部门分割,有利于探索解决目前经济体制改革所面临的一些矛盾。如解决微观生产与宏观控制不适应的矛盾、城乡改革不协调的矛盾,以及解决产业结构、经济结构优化,城乡经济的相互融合、同步发展等问题,在县域范围内使国家、集体、个人三者的力量结合起来,把各种生产要素有机结合起来,整合起来,形成新的生产力,发展较大规模的商品生产。

二、四川县域经济发展取得较大成就

四川是全国县级区划数最多的地区,县域地区广阔,人口众多。全省除市辖区外的138个县(市)土地面积45.91万平方公里,占全省的94.7%;人口6290.2万人,占全省的74.6%。改革开放以来，特别是近几年来，四川县域经济得到不断发展，县域经济实力明显提高，在全省经济发展中占有重要地位。

(一)县域经济实力不断加强

随着西部大开发的实施，四川省县域内加大投资，使交通、通讯、能源等基础设施得到逐渐改善。同时努力促进消费增长，通过投资和消费的双向拉动，使县域经济保持了持续健康的发展，县域经济实力不断加强。2001年，全省县域国内生产总值(GDP)2593.5亿元，比1997年增加674.26亿元，年均增加168.57亿元；比1997年增长35.13%，年均递增7.82%，增长速度除1999年较低外，其余都在8%以上。占全省国内生产总值的比重近几年来一直保持在58%在右，2000年达到最高，为59.09%，2001年占58.65%。平均每个县域国内生产总值由1997年的13.91亿元增加到2001年的18.79亿元，增加4.88亿元，年均增加1.22亿元。人均国内生产总值2001年跃上4000元大关，达到4122.82元，每年增加246.82元。

(二)县域农业得到较快发展

农业在县域经济中的基础地位十分显著。近年来按照稳粮调结构，增收奔小康的发展思路，调整优化结构，实施科教兴农，推动了农业生产的发展，取得可喜成绩，主要农产品产量大幅度增加，市场供应出现了根本性的变化，实现了由长期短缺到总量大体平衡、丰年有余，农村经济全面发展。主要产品产量在全省占有绝对优势，为全省农业发展做出重要贡献。138个县(市)中，有23个商品粮基地县，8个油料生产基地县，2个糖料生产基地县，1个棉花基地县。省上还重点扶持了南江黄羊、万源肉牛、阳平奶业等一批农业产业化项目，使县域产品极为丰富，供应充足，主要产品产量在全省起支撑地位。2001年粮食产量达到2482.6万吨，占全省的81.2%；油料产品143.3万吨，占79.2%；棉花2.66万吨，占86.9%；糖料128.3万吨，占82.4%；水果210.79万吨，占77.2%；生猪出栏5387.06万头，占79.5%；肉类产量545.8万吨，占80.2%。2001年，县域农业增加值达到449.96亿元，占全省的78.6%；林业增加值32.29亿元，占81.5%；畜牧业增加值266.62亿元，占78.4%；渔业增加值21.69亿元，占73.9%。农牧渔业的增加值达到770.56亿元，占全省的78.5%。畜牧业生产保持了强劲的增长势头，2001年比1997年增长34.15%，年均增长7.6%，占农林牧渔业增加值的比重由1997年的28.3%提高到2001年的34.6%，每年提高1.6个百分点。

(三)县域工业保持稳步增长

工业是国民经济的主导，也是县域经济的支柱。近几年来，在“抓大放小”方针的指引下，四川县域工业坚持市场导向，通过不断深化改革和转换经营机制，依托丰富的自然资源、广阔的市场和廉价的劳动力，努力发挥自身优势，加大技术改造，加快结构调整的步伐，形成了一定的支柱产业，高新技术产业崛起，特别是中小工业企业，在激烈的市场竞争中保持了较好的发展速度，在国民经济中的地位与作用进一步增强，在增加农民收入，解决农村剩余劳动力就业上功不可没。2001年，国有及年销售收入500万元以上的非国有工业企业2694个，实现工业总产值863.1亿元；规模以下(年销售收入500万元以下)的非国有工业企业289945个，占全省的75%，实现工业总产值1600.3亿元，比2000年增长13.4%，占全省的72.6%。工业总产值2460.4亿元，比2000年增长13.2%，占全省工业总产值的54.6%。县域工业增加值由1997年的574.8亿元增加到2001年的779.9亿元，年均增加51.28亿元，增长7.9%；占国内生产总值的比重出现新的势头，达到30.07%，首次超过第一产业增加值的比重。

(四)县域产业结构有了较大调整

近几年来，四川县域稳步调整第一产业，大力发展第二产业，全面开拓第三产业，使三次产业全面发展，产业结构调整初见成效，各产业关系发生了新的变化。1997年至2001年，第一产业增加值由705.4亿元增加到770.6亿元，增加65.2亿元；第二产业增加值由677.4亿元增加到955.1亿元，增加277.7亿元，年均增长9%；第三产业增加值由536.5亿元增加到867.9亿元，增加331.4亿元，年均增长12.8%。第一、二、三产业的比例关系由1997年的36.75∶35.29∶27.95变为2001年的29.71∶36.83∶33.46。第一产业比重下降7.04个百分点，第二产业稳步上升1.53个百分点，第三产业迅速提高5.51个百分点。产业比重排序构成已由一、二、三变为二、三、一。而在第一产业内部，种植业的比重下降，林牧渔业比重上升，由1997年的65.6∶34.4调整为2001年的58.4∶41.6。

县域三次产业占国内生产总值的比重变动情况

单位：%

	第一产业	第二产业	其中：工业	第三产业
1997 年	36.75	35.29	29.95	27.95
1998 年	35.37	35.74	29.47	28.89
1999 年	33.54	36.40	30.22	30.07
2000 年	31.66	36.58	30.10	31.75
2001 年	29.71	36.83	30.07	33.46

（五）县域基础设施建设成绩显著

完善的基础设施是保持经济持续快速增长的重要条件。近几年来，随着改革开放和西部大开发的实施，四川县域努力增加投资，重点加强了交通、能源、水利和城市基础设施建设，基础设施的瓶井制约有了明显缓解。2001 年全省县域固定资产投资 634.7 亿元，人均 1009 元。全省坚持“大中小微”'相结合的方针，农业水利设施进一步加强，抗御洪涝灾害能力不断提高。新建成升钟水库、武都引水工程，加强了原有水利工程的续建配套和节水改造，加快了河流的防洪治理和大中型病险水库的除险加固。有效灌溉面积增加，2001 年全省县域有效灌溉面积 191.34 万公顷，人均 0.456 亩。公路铁路建设进入了前所未有的快速发展时期，先后建成了成渝、成绵、成南、内宜、成雅、成乐、成都机场路、成灌、广邻、隆纳等高速公路。2001 年 138 个县域境内公路里程 11.93 万公里，每平方公里 0.26 公里，铁路 2045.6 公里，每万平方公里 45.6 公里。通信实现了跨越式发展，到 2001 年底，138 个县域电话用户 334.2 万户，其中农村电话用户 156.7 万户。能源供应得到有效改善，全省建成了 20 世纪亚洲最大的二滩水电站，长期以来电力严重短缺的局面已经从根本上得到了改变。同时，还基本解决了严重缺水县城的吃水问题和农村人口的饮水困难，城乡面貌发生明显变化。

三、四川发展县域经济的基本经验

改革以来，我省县域经济得到了较快的发展，县域经济的活力不断得到增强，发展水平逐步提高，在发展中涌现出了一批经济实力较强、发展速度较快的县，在指导和发展县域经济方面也探索和积累了不少成功的经验。

（一）按照因地制宜、分类指导的原则，促进不同类型地区县域经济发展

实践证明，因地制宜分类指导是成功推进区域经济发展的重要原则。四川地广县多，不同类型地区的自然条件、社会经济发展水平差异较大，不平衡性突出。在指导和发展县域经济中，必须按照实事求是的原则，坚持从实际出发，因地制宜地探索各具特色的发展路子，并对不同区域的县提出不同的发展方针和对策。例如，对成都、绵阳等大中城市的郊区县，要求它们积极探索城乡结合、工农结合的经济发展路子，大力发展非农产业.加快农村工业化步伐，大力发展第三产业，服务于城市，努力实现一、二、三产业协调发展；对丘陵地区，主要是打牢农业这个基础，大力发展畜牧业和乡镇企业、狠抓劳务输出和农民增收；盆周山区和三州民族地区，重点是搞好资源开发和江河流域的综合治理，改善生产条件，提高综合生产能力，从种养殖业起步，大力发展多种经营，逐步建立起以种养、林果、中药材等为主的支柱产业。

（二）坚持改革与发展相结合，以改革为动力推动县域经济的振兴

四川是农村改革起步较早的省份之一，在改革方面有自己的特色，并始终坚持改革与发展相结合。在指导思想上，围绕发展搞改革，搞好改革促发展，并较早地将农村微观层次的改革和单项的农村改革推向县域综合改革，分别在平坝、丘陵、山区和牧区确定一批县为综合改革试点县，进行多点、多模式的改革试验。农村综合改革试点，探索了建立社会主义市场经济新体制和农村经济发展的新路子，为指导全面的改革创造经验，推动全省县域经济的发展。试点县的改革由浅入深，逐步扩展，已从单项、局部的改革发展为综合性的、比较协调配套的改革，形成了以县域政治、经济、科技等系列改革为主要内容的综合改革体系。在改革试验中，各试点县大胆探索，坚持把加快县域经济的发展，提高社会经济效益，使广大农民尽快富裕起来，作为一切改革的出发点和归属点。在改革步骤上，把经济发展的难点和热点作为体制改革的重点，对那些不适应经济基础的上层建筑和不利于农村经济发展的体制和政策进行积极的改革，不仅创造了多方面的经验，建立了一大批不断创新的农村改革基地，更为重要的是极大地推动了县域经济的振兴。

(三)坚持“富民、裕县”的发展思想

富民裕县不同于传统的发展思想，发展县域经济的目的是以富民为本，把县域经济实力的增长建立在生产发展，人民富裕，企业充满活力的基础上，追求的是可持续发展，不是杀鸡取卵。只要农民富了，企业活了，县域经济也就有了活力和实力，也就培植了财源。为实现这个目标，不少县在发展经济时首先考虑的是如何走一条经济效益好，人民得实惠的经济发展路子，而不是单纯追求上速度，上项目的虚假繁荣。在调整经济结构中，从更加有效地利用有限的资金、资源和丰富的劳动力出发，使其产生更大的效益，使城乡人民的物质生活和精神文明有更快的提高。不少县(市)在“富民、裕县”的思想指导下，在企业改革中始终坚持和不断完善企业承包制，在确保财政收入持续稳定增长的前提下，让利于基层、藏富于企业，给企业以一定的活力和动力，增强其自我发展能力和发展后劲，从而使企业效益不断提高，生产规模不断扩大，反过来又源源不断地增加了县级财政收入。

四、四川县域经济发展中的问题

尽管四川县域经济近年来得到了较快发展，为支撑全省的经济发展做出了重大贡献。但我们也应当清醒地意识到，四川省县域基础设施差，人口多，包袱重，人口以农业为主，企业以中小为主，财政以“吃饭”为主的局面尚未根本改观；多数县是农业弱县、工业小县、财政穷县，缺乏支撑县域经济发展的支柱产业，自我积累、自我发展能力严重不足，县域经济的实力还有待进一步加强，壮大县域经济，全面推进小康建设的任务还很艰巨。

(一)整体实力不强，发展差距扩大

发展速度减缓。近几年来，外部环境的严峻使乡镇企业的发展受到影响，加上农产品买方市场的形成，四川县域经济的发展速度开始放慢。1997年至2001年县域国内生产总值年均增长7.8%，比同期全省国内生产总值年均8.2%的增速慢0.4个百分点。2001年县域国内生产总值比2000年增长9.44%，而同期西部县域国内生产总值增长10.32%，慢0.88个百分点。

县域实力差。2001年平均每个县域国内生产总值18.79亿元，比全国平均低7.41亿元，仅相当于全国的71.7%；其中高于全国平均水平的县仅有36个，占总县数的26%，有四分之三的县低于全国平均水平。138个县中，100亿元以上的只有1个双流县，50～100亿元的13个，占9.42%；20～50亿元的30个，占21.74%；10～20亿元的37个，占26.81%；10亿元以下的57个，占41.3%。具体分布情况见下表。

2001年138个县域国内生产总值分布情况

	100亿元以上	50～100亿元	20～50亿元	10～20亿元	10亿元以下
县域个数(个)	1	13	30	37	57
占总县数的比重(%)	0.72	9.42	21.74	26.81	41.30

可以看出，四川国内生产总值90%的县都在50亿元内，其中有四成多的县不到10亿元，最低的是荣县仅0.633亿元。2001年全国国内生产总值超过50亿元的县262个，四川只有14个，占5.3%。全国县域经济100强中，四川仅双流、郫县榜上有名。

人均水平低。四川县域经济规模本来就不大，再加上人口众多，使人均水平更加低下。2001年底，平均每个县45.6万人，100万以上的县有12个，人口最多的仁寿县达156.1万人。人均国内生产总值4122.82元，比全省低1118.72元，只相当于全省平均数的78.66%，不及全省人均1998年的水平；比全国低1307.18元，只相当于全国的75.9%。人均国内生产总值低于4122.82元的有96个县，占总县数的70%，人口4539.9人，占72.2%。

(二)产业结构不合理，调整步伐缓慢

近年来，四川县域产业结构调整虽然迈出了可喜的变化，取得了一定的成绩，但仍然难以适应市场的变化和产业升级的要求，产业结构的层次还较低，产业的竞争力还较弱。具体情况见下表。

2001年三次产业比较

单位:元、%

	国内生产总值	第一产业	第二产业	其中:工业	第三产业
四川县域人均	4122.82	1224.92	1518.27	1239.83	1379.62
四川县域 三产业构成	100.00	29.71	36.83	30.07	33.46
四川人均	5241.16	1163.60	2082.43	1668.69	1995.14
四川 三产业构成	100.00	22.20	39.73	31.84	38.07
全国人均	7543.00	1148.74	3858.18	3350.09	2536.08
全国 三产业构成	100.00	15.20	51.20	44.40	33.60

从上表可以看出,四川县域三次产业的发展无论人均数还是构成上与四川和全国的平均水平都有一定的差距。主要是第一产业比重偏高,第二产业支撑作用不够,第三产业发展滞后。2001年县域三次产业结构为29.71∶36.83∶33.46,第一产业比全省平均水平高7.51个百分点,比全国平均高14.51个百分点;第二产业比全省平均水平略低,与全国平均水平相差较大,低了14.37个百分点;第三产业比全省平均水平低4.61个百分点,比全国略低。

从产业内部结构看,在第一产业中,种植业仍占主导地位,林业和渔业比重较低。2001年种植业、林业、牧业和渔业的比例分别是58.4%、4.2%、34.6%和2.8%。县域农业比重大,给农村经济发展和农民的增收造成极大影响,进而直接影响到我省"三农"问题的解决。

工业规模和比重过小,工业化滞后。2001年县域全部工业总产值2460.4万元,? 其中规模以上工业总产值仅占33.8%,而规模以下却占66.2%。县域工业的主体以县属及以下的中小企业居多,传统工业比重大,设备和技术落后,发展后劲不足,这些问题正在困扰着当地经济的进一步发展。四川的落后,特别是四川县域的落后,主要是工业的落后。2001年县域人均工业增加值1239.83元,比全国低2110.26元,全国是四川县域的2.7倍。占国民生产总值的30.07%,工业化程度比全国低13.3个百分点。工业化进程滞后造成大多数县缺乏大宗税源,县级财政十分困难,也制约了农村剩余劳动力的转移,加剧了城镇就业困难,影响了城乡居民收入的提高。

第三产业落后。由于县域经济发展起点低,物质产品不丰富,长期以来重生产,轻流通、轻服务,对第三产业的发展重视不够,使第三产业的发展相对落后。2001年县域人均第三产业增加值1379.62元,比全国人均低1156.46元,低45.5%,占国内生产总值的33.46%,而国外发达国家和地区第三产业比重占70%,中等收入国家占50%。

(三)经济发展缺乏特色,优势产业不突出

四川省县域辽阔,光、热、水、土资源丰富,物种资源多样,具有发展特色经济的优势和潜力。以这些资源为基础,应该形成许多有特色的优势产业和支柱产业。但当前四川除酒、猪在全国有名气外,绝大多县域"小而全、大而全"的问题十分突出,传统农业和工业在多数县仍占主导地位,产业结构高度趋同,产业相似率高达90%以上,低水平重复严重,特色产品、优势产业不多。有的县虽然具有独特的产业,但规模小,没有得到应有的扩张,长期处于幼小状态,对经济的推动力弱。有的县以资源型产业居多,资源的加工水平较低,许多原材料没有加工或仅进行初加工就向外出售,优势产业的链条较短,优势产业的附加值低,对县域经济的带动力弱。更多的县则是资源密集型和劳动密集型产业,如采矿业、农产品加工业等,资金密集型产业和技术密集型产业少,过于强调产量,忽视质量,在与沿海地区的竞争中,多处于劣势,许多产品已有的市场逐步被沿海产品占有,四川的产品难以出川,川外的产品则大量入川。

(四)财政入不敷出,经济负重运行

经济决定财政。四川县域经济落后,财政拮据、入不敷出,收支缺口较大。138个县县均财政收入10976.9万元,支出16376.01万元,支大于收5399.11万元。县均地方财政收入6082.41万元,比全国少四成。人均财政收入240.82元,支出359.27元,支大于收118.45元。县域之间财政收入差距较大。财政收入最多的什邡市为12.6亿元,最低的石渠县仅145万元,高低相差几百倍。

财政收入上10亿元的仅有什邡市，3至10亿元的有9个县，占总县数的6.5%；1至3亿元的41个县，占29.7%；1亿元以下的87个县，占63%。绝大部分县财政入不敷出，财政收入大于财政支出的仅18个县，占13%，财政支出大于财政收入的120个县，占87%。多数县依靠财政转移支付甚至挪用专项经费来解决县级财政资金周转包括工资发放等问题，显性或隐性赤字普遍，且愈累愈多，县域经济负重前行。

(五)发展极不平衡，差距十分明显

受自然资源、区位优势以及经济发展基础等诸多因素的影响，不同地势的县域经济发展水平参差不齐，不平衡性问题十分突出。若以2001年的县均国内生产总值和人均财政收入比较，平原县、丘陵县、盆周山地县、川西南山区县、川西北高原县之比(以平原县为1)分别为1∶0.47∶0.21∶0.18∶0.04和1∶0.23∶0.26∶0.41∶0.42。

15个平原县，大多分布在成都、德阳、绵阳、乐山等大中城市附近。这些县，基础设施较好，财政相对宽松。经济结构具有多样性，工业化和城市化进程具有前驱性，主要经济指标明显高于全省县域经济的平均水平。2001年，县均国内生产总值54亿元，人均9688元；人均财政收入682元；三次产业增加值结构为16.7∶46.4∶36.9。

46个丘陵县，其突出特征是人多地少，地下资源相对贫乏。2001年，县均国内生产总值25.57亿元，人均3214元；人均财政收入154元，为全省最低；三次产业增加值结构为36.2∶32.5∶31.3。

25个盆周山地县，贫困人口比例较大，基础设施相对落后，农业基础脆弱和工业化进程滞后，财政亦十分困难。2001年，县均国内生产总值11.51亿元，人均2912元，为全省最低；人均财政收入175元，略高于丘陵县；三次产业增加值结构为36.5∶31.1∶32.4。

21个川西南山区县，地下地上资源较为丰富，基础设施建设有一定基础，工业发展较好，财政相对较好。2001年，县均国内生产总值9.77亿元，人均4223元，仅次于平原县；人均财政收入279元；三次产业增加值结构为3.4∶35.1∶31.5。

31个川西北高原县，是全国五大牧区之一，自然资源丰富，但地理气候条件不佳。畜牧业有较好基础，旅游业发展较快，但交通、电力等基础设施普遍薄弱，整个经济发展缓慢，财政收支逆差较大。2001年，县均国内生产总值2.21亿元，人均3854元；人均财政收入289元；三次产业增加值结构为27.3∶32∶40.7，由于旅游业得天独厚，第三产业比重最高。

2001年四川不同地势县域经济发展情况

	县个数(个)	人均GDP(元)	人均财政收入(元)	第一产业比重(%)	第二产业比重(%)	第三产业比重(%)
平原县	15	9688	682	16.7	46.4	36.9
丘陵县	46	3214	154	36.2	32.5	31.3
盆周山地县	25	2912	175	36.5	31.1	32.4
川西南山区县	21	4223	279	33.4	35.1	31.5
川西北高原县	31	3854	289	27.3	32.0	40.7

(六)思想观念落后，创新精神不足

经济发展的快慢在相当程度上取决于思想观念的解放程度。长期以来四川小富即安、安于现状的意识比较浓厚，危机感不强。在改革开放之初，四川经济发展水平与山东、江苏和广东基本处于同一起跑线上，但由于思想观念转变上的差异，现在与他们相比，落后一大截。近年来，虽然认识到经济发展的紧迫感，但改革步伐不大，“等”、“靠”、“要”的思想严重，工作中习惯轻车熟路，习惯于凭经验办事，缺乏新思想，缺乏新观念，还没有走出靠上级放权让利，向上要项目、要贷款、要补贴、要优惠政策的老路子。还不能从改革的观念出发，来解决市场经济条件下所出现的新情况、新问题，一遇到问题往往是缩手缩脚，不敢大胆地试，大胆地闯，贻误了不少加快发展的机会。

上述问题仅管是发展中的问题，无疑会在今后的发展中得到解决；但这需要一个过程，也是个十分艰巨的过程。四川县域经济要在20年内翻两番，全面实现小康，任务相当艰巨。2000年全国人均GDP 860多美元，翻两番将达到3000多美元；

四川县域2000年人均GDP只有460多美元，要在2020年达到人均GDP 3000多美元，就必须翻2.7番，年均增长9.8%；四川县域近几年来的年均增长速度不到8%，如果在20年内只翻两番，到2020年县域人均国内生产总值只有1840美元，比全国少1160美元，仅相当于全国水平的60%；县城经济的发展任务十分艰巨。

五、四川县域经济发展的制约因素

(一)自然环境较差

四川县域一般海拔较高，除成都平原和四川盆地海拔在1000米以下外，其余地区均在1000米以上，与沿海地区一般海拔在500米以下和中部地区大部分在海拔1000米以下形成鲜明对照。有研究资料显示，以世界大陆平均海拔高度为基准，每增加100米的高度，区域开发成本将在原来的基础上提高3.2—3.4%。四川县城地势以丘陵、山地、高原为主，地形崎岖，增加了区域开发难度，区域开发成本较高，且大部分地区生态环境脆弱，资源开发稍不合理，就可能带来生态环境的破坏，影响经济的持续发展。

(二)基础设施滞后

基础设施是经济发展必不可少的的基础条件。改革开放以来，四川县域基础设施建设虽然取得了明显的进展，交通、通信和能源等瓶井制约初步缓解，但目前的基础设施水平仍然较低，与经济和社会发展的需要以及同东部沿海地区相比，还有很大差距。多数县域处在城市的边缘或远离城市，不少还在山区，通信的普及率、道路的畅通率、能源的利用率都不高。2001年138个县域境内公路里程11.93万公里，每平方公里0.26公里，绝大部分的公路建设标准低，路况差，其中等级公路6.04万公里，仅占50%；铁路2045.6公里，每万平方公里45.6公里，大大低于全省更低于全国平均水平；电话用户334.2万户，其中农村电话用户156.7万户，分别占总户数的18.14%和10.2%，不到全国平均水平的一半；人均年电力消费量不到500度，不及全国平均的一半。基础设施条件差，县域的自然资源与人力资源难以充分开发和有效利用。

(三)劳动力素质不高

四川县域劳动力资源丰富，2001年达4100万人，但劳动力的文化素质普遍不高，小学以下占48.6%，初中占44.1%，高中以上仅占7.3%，使劳动力利用较低，从业人员3254.8万人，占劳动力资源数的79.4%。城镇的下岗待业和农村的剩余劳动力大量存在。同时，一方面低素质的劳动力严重过剩，找不到就业岗位；另一方面，高素质的劳动力又严重不足，所急需的人才又难以满足。四川县域这种低素质劳动力，既与现代经济发展对劳动力素质的基本要求相差甚远，在竞争中处于不利地位；又难以创造较高的劳动生产率，2001年从业人员人均国内生产总值仅7970元，比全省平均低20%。

(四)科技水平落后

科学技术是第一生产力，对现代经济的发展起着决定作用。四川县域不仅劳动力素质低，高素质人才奇缺，而且技术支撑能力薄弱，技术装备水平不高。突出表现在企业的技术创新机构少，创新投入不足，创新产出不高。据调查，工业企业中有73%的企业未建立技术创新机构；即使在设立技术创新机构的企业中，还有29%的机构属于无经常性研究开发任务、无稳定经费来源、无一定测试条件的“三无”机构；有64.3%的工业企业从产品销售收入中提取的技术创新经费不足1%，R&D经费占销售收入5%以上的企业占8.2%(从R&D经费占销售收入指标来看，国际上一般认为R&D经费占销售收入1%的企业难以生存，达到2%可以勉强维持，占5%以上的企业才有竞争能力)；平均每个工业企业仅拥有发明专利0.26件。2001年县域更新改造投资完成额69.9亿元，人均111元，只有全省人均234元的47.4%。由此造成科技水平较低，产品技术含量不高，产品竞争力不强。

(五)投入增长乏力

投资是经济发展的加速器。近几年来，中央实施西部大开发，投入不少资金，但国家投资主要向城市和工业倾斜，而广大县域和农村占的分额少，即使是在实行积极财政政策的大环境下，国债项目落实到县域的份额也低于1%。除了国家直接投资有限外，县域的融资渠道也较狭窄。四川大多数县域由于经济落后，县级财政十分困难，造血功能贫乏，自我积累能力低，在行政事业人员的工资都难以兑现的情况下，县财政根本无力增加建设性投资和扶持地方经济的发展。2001年县域人均固定资产投资1009元，比全省平均低857元，相当于全省人均水平的54%。固定资产投资占国内生产总值的比例为24?.5%，比全省低11.1个百分点。在技术水平一定的情况下，投入决定产出，投资少，必然导致产出少,收益低。

(六)城镇化水平较低

城市化是人类社会发展的必然产物和客观要求,城市化水平的高低是衡量一个国家和地区社会经济发展的重要标志,城市化率每提高1个百分点,将拉动GDP1.5~3个百分点,当城市化水平达到一定程度后,还可以创造更多的就业机会,促进第三产业的发展,使产业结构得到合理的调整和发展。四川县域城镇化进程比较缓慢,城镇化水平低。一是城镇化率低。2001年138个县域中,城镇人口772.2万人,占总人口的12.3%,这种水平不仅大大落后四川平均水平,与全国平均水平更是差了一大截。二是城镇化滞后于工业化。按照城镇化、工业化发展规律,城镇化要与工业化发展相适应,尽管四川县域工业化水平较低,城镇化发展水平更落后于工业化发展。2001年四川省县域工业化率为30%,城镇化落后于工业化17.7个百分点。如果按照钱纳里世界标准模型,四川省县域城镇化落后程度更大。三是城镇的规模普遍偏小。建制镇城区的平均人口为4000人左右,远低于全国6000人的平均水平。由于达不到最小有效规模,基础设施的建设和运营成本偏高,服务业缺乏达到规模经济的有效需求,城镇的集聚效应无法形成。四是分布不合理。四川县域幅员广阔、人口众多,城市分布极为稀疏,致使这些地区缺乏有效带动区域经济发展的增长极,缺乏激活社会经济发展的活力。就总体而言,四川县域目前还处在城市化的初级阶段.城市化进程滞后严重影响了县域经济的发展。首先,延缓了城乡二元结构的改造,形成城乡消费断层。其次,影响了农业发展,大量剩余劳动力滞留农村,导致人地关系高度紧张,阻碍农业生产方式的变革和农业劳动生产率的提高。再次,阻碍了第三产业的发展,造成城镇就业和农村剩余劳动力转移困难。

(七)对外开放不够

对外开放不仅是为了利用国际市场和国际资源,更重要的是通过引进资本、技术和经验,促进人们思想观念的转变和生产关系的调整。外贸依存度和外资利用度,是衡量一个国家或地区对外开放程度的核心指标。2001年四川的对外贸依存度5.8%,外资利用度2.1%,外贸依存度不仅远低于东部地区和全国平均水平,甚至低于西部地区的平均水平,外资利用度不到全国平均水平的一半。目前,外商投资主要集中在基础设施和自然条件较好的成、德、绵、乐等地,而丘陵县、盆周山地县和川西北高原县还没有形成规模或基本上没有起步,2001年县域外资利用度仅0.5%。

除了对国外(境外)开放明显滞后外,由于地理区位、基础设施、信用环境、办事效率和思想观念等客观条件的限制,对省外、县外的开放也较为封闭。这既影响了对资金、技术、人才等短缺资源的吸纳能力,也影响了资源配置效率的提高和企业经营机制的转换。

此外,县乡干部变动与经济发展周期不一致,影响工作连续性的问题,也是应当认真研究解决的。干部人事制度改革本来是件好事,但县级主要领导的定期交流和异地"做官",人生地不熟,往往只能抓"短平快"项目,从事短期行为,乃至政绩工程。乡镇相当一部分乡长或书记是从县直机关下去的,有的根本就没有在农村工作和生活的经历,对农村情况不熟悉;同时,家又安在县城,每周星期一才去乡镇,星期五又回到县城,再除掉在县里开会的时间,真正在乡下的时间很少。与县乡领导干部频繁变动相伴随的是县乡发展战略或发展思路不断的人为变化。一个将一个令,一个书记一个战略。有些县的发展战略实施没一两年,因主要领导的变动又不得不另换一套战略,战略经常变,没有连惯性。一个好的战略要取得成效,少则五六年、多则十几年,如果一个地方的发展战略三天两头总在变,是难以取得良好效果的。

六、四川县域经济发展的目标、思路

党的十六大报告中提出,壮大县域经济,是统筹城乡经济社会发展,建设现代农业,发展农村经济,增加农民收入,全面建设小康社会重大任务的必然要求和重要内容。四川县域经济正面临着前所未有的黄金时期,将借助市场经济机制之力、城市经济发展的幅射之力和相互发展的互动之力而进入一个全面发展阶段。抓住这一大好时机,发展和提升四川县域经济水平,具有重要意义。

(一)发展目标

以农业和农村经济为主体,紧紧围绕"农民增收、工业增效、财政增长、后劲增强,就业增加,实力增大",来推进县域经济跨越式发展,使县域经济成为国民经济的主体。其发展主题和方向是工业化、城镇化、现代化、民营化和结构优化,把发展县域经济作为解决"三农"问题的新的切入点,全面推进小康建设。

(二)发展思路

在发展县域经济的过程中,要有高度的战略思想和具体的发展手段,注意连续性和阶段性的统一,抓住"长期性"和"阶段性"两个关键点,清晰定位,既不能超越现实,急躁冒进,又不能迁就现实,停步不前,不断提高组织和管理水平,突破制约县域经济发展的体制性障碍,逐步使农村上层建筑进一步适应经济基础发展的需要。在学习和借鉴国内外先进经济管理理论和经验的基础上,结合本地的实际,遵循经济发展的规律,充分发挥县域优势,突出特色,并在实践中不断探索和创新,用较短时间走完发达地区用较长时期所走过的路程。

七、发展四川县域经济的现实选择

(一)加强发展县域经济的宣传,提高各级领导干部的认识

古人云:郡县治,天下安。经济的发展在相当长时期离不开"县域"这个国情。目前,各级领导对县域经济的认识非常有限,特别是县乡两级干部,接触有关知识少,而他们又是发展县域经济的直接指挥员和战斗员,对发展县域经济的重要作用不言自明。从我国的未来发展看,全面建设小康社会,必须统筹城乡经济社会发展,发挥城市对农村的带动作用。各级党委和政府在制定国民经济发展计划、确立国民收入分配格局、研究重大经济政策的时候,要把解决好农业、农村和农民问题放在优先和更加突出的位置,使城市和农村相互促进、协调发展,实现全体人民的共同富裕。这些新的认识和思想,不仅是解决"三农"问题的指导思想,也是发展县域经济的指导思想。同时,也为认识县域经济发展规律提供了更高的视角和新的思路。四川更需要这些新的认识和思想。由此,省市县要加强对发展县域经济的研究,用其成果指导发展。要大力宣传发展县域经济的重要性和战略意义。要对县乡领导进行培训,强化发展县域经济的意识,拓宽发展县域经济的思路。

(二)从县域实际出发,制定发展的长期战略和短期计划

首先,必须集中精力研究发展战略问题。要根据我国宏观经济的政策及趋向,结合本县的区位特点及具体条件,经过认真的调研和思考,确定切实的发展目标,拟订主要的实现措施,将战略目标按时间和空间进行分解,制定出分阶段及各方面的发展规划,并努力加以实施。其次,发展县域经济要有独特的策划创意意识。一个好的县域经济市场化运作的策划创意,不仅要能很好地反映县域经济的发展主题、目标体系以及县域经济的地理、气候、物产、人文的特点和优势,还要整合这些因素,形成一个鲜明而有吸引力的县域经济形象,找到一个予人以深刻印象而又能够传之久远的载体;要能够突出县域经济中最有增长潜力的区域品牌,调动整合县域外资源优势为我所用,甚至可以将区域外优势资源整合到本县域经济的优势与形象中来。在市场经济条件下,成功的县域经济品牌形象的市场化运作,是一个持久的营销管理过程,要围绕县域经济的品牌形象设计,在不同时段,用不同题材、不同载体,从不同侧面,花样翻新而又一以贯之地塑造既定的县域经济形象。县域经济品牌形象的选择、塑造要与时俱进。要选择本地区的最大宗产品或经济支柱,只有成功地打出这样的县域经济品牌才能极大地促进本地区的经济增长。如江苏的"宜兴紫砂"源远流长,享誉中外,近年宜兴却在着力经营"宜兴环保之乡"这样的县域经济品牌形象,因为宜兴是全国唯一的"国家环保工业园"所在地,环保工业才是宜兴今日真正的支柱产业,塑造和确立这样的县域经济品牌,才会有最大的投入产出比。同样一个县域经济品牌也要不断地更新观念,不断增进品牌形象的文化积淀。正确处理文化与经济的相互关系,达到文化与经济的内在统一和有机结合,不断深化县域品牌形象的文化内涵与品牌知名度、美誉度。"文化"与经济的内在统一与有机结合,一方面要强调县域文化环境的营造,这是任何县域经济品牌形象的共同要求,招商也好,把县域品牌产品打出去也好,都需要社会公众对整个县域文化形象的积极评价与认同;另一方面,要求县域文化的某一特质与某一经济品牌形象达到一定的"耦合",如一个县发展旅游产品就需要宣传这个县山清水秀、人民古朴文明的地理和人文环境,一个县要打出果蔬品牌,就需要使社会公众认同这个县的生态环境以至生态农业的发达程度和管理水平等等。其三,县域经济的发展,必须以市场需求为导向,打破"小而全"的传统农业格局,按照比较优势原则,在国家产业政策的指导下,确立发展战略与方向,"宜农则农"、"宜工则工"、"宜商则商"、"宜游则(旅)游",注重发挥比较优势,突出重点产业。其四,在战略及规划的制定和实施过程中,要注意在实践的基础上提出创新的思路。

(三)加快体制创新,增加县域经济的活力

农民增收是发展县域经济的主体,而农民增收关键在于体制创新。目前所有制结构和产业结构,既是造成县域经济发展差距的两个重要因素,也是下一步县域经济改革与发展面临的重大课题。四川县域经济存在的问题是产业整体素质不高,经济结构不尽合理,市场机制不完善,农民组织化程度低,虽有一些专业协会,但这种组织作用未充分发挥,会员的权益得不到很好的保障,覆盖面也不多。一是缺乏必要的法律保障和自律机制。农民专业合作经济组织的法律地位不明确,行为主体资格遭质凝,权益得不到保障。在此条件下,其内部约束机制不健全,导致会员之间、会员与协会之间、协会与协会之间的关系不顺,矛盾突出,组织的整合力不能发挥。二是没有形成体系,覆盖面较小。全省8000多个农民专业合作经济组织,协会会员80多万户,但真正发挥得好的不到10%,所覆盖的农户仅占总农户数的0.4%。三行政色彩浓,没有完全体现合作原则。有的是由政府、政府部门、群团组织兴办,有的由乡镇干部担任会长或理事长,直接参与专业合作的管理。今后,在组织农民的形式、服务方法上要根据市场经济的要求有一个全新的理念。从发达国家的这种组织形式来看,大体有三种类型:一类是公司制大企业,如法国的达能奶业公司、荷兰的花卉公司等,这些大公司大多起到龙头作用,不少是实行跨国经营;一类是半官方的产业局,如加拿大的小麦生产局,负责协调产销关系和大的生产布局;还有一类是农民的合作制组织,如日本的农协,美国农场主协会等。实践证明上述这些组织是适应商品经济的要求,不断的重组改造而成的,具有较强的生命力。我们目前发展的公司制农业,也就是农业产业化龙头企业,起到了连接大市场,引导农民发展生产的作用,但总的来说,尚未能与农民形成真正的利益共享、风险共担的机制,特别是不能成为开拓国际市场的跨国公司,牵动力还不强。基于此,在市场经济运行机制下,要规范和转变政府职能,政府、政府部门、群团组织应从农民专业合作经济组织的具体事务中退出,主要转到为农民专业合作经济组织提供服务,提供宽松的外部环境,提供政策支持,帮助解决问题和协助完成内部机制的改革和完善。是否兴办,怎样兴办,以及日常管理等问题交由会员自己决定,农民自己的事情,让农民自己来办。

(四)推进城镇现代化建设,提高县域城镇化水平

四川县域经济的中心一般在县政府所在地即城镇所在地。城镇的现代化建设和发展,是县域经济发展的核心层面。城镇化建设出现了两个特征:一是城镇是县域经济发展的中心。城镇在县域经济发展中占有重要地位。据有关调查资料显示,城镇GDP占县域经济的50%、财政收入占60%、而人口仅占20%左右。预计在5～10年之后,这些比例还会进一步扩大,政治、经济、金融、商贸、文化、体育中心的地位和作用还将会与日俱增。二是集镇是县域经济发展的枢纽。县域经济发展中农业比重下降,工业和服务业比重上升已是必然趋势。在这种趋势中,位于农村的集镇将发挥枢纽作用,集镇是农村工业发展的基地、是农村商贸批发与零售的基地、是农村第三产业发展的基地,也是城市与农村的交通、信息、物流的枢纽。发展县域经济,必须大力发展小城镇,改革和完善目前的土地管理制度和户籍管理制度。下功夫增强城镇功能和“内涵”,促进县域城镇化水平的提高。现在四川县域小城镇从总量上看并不少,关键是城镇要像“城镇”,不能人为“搭积木”或简单“摊大饼”。城镇有“亮点”是必要的,但一定要事先搞好科学规划,严格按规划建设,特别是要搞好基础设施建设。有条件的小城镇,起点可高一点,不仅“三通”,还可“五通”,甚至搞更多更先进的基础设施。除了“硬件”,还应当有一个良好的城镇建设、维护和管理的营运机制。

(五)妥善处理好县域内与县域外的关系,跳出县域发展县域

县域经济不是封闭的“诸侯经济”,是开放的市场经济。过去县域经济虽然提出了“自我开放”的口号,但总是摆脱不了形形色色“篱笆墙”的影子。总结以往的经验教训,县域经济的发展必须放在全省、全国乃至全世界的整体中去考虑,全力融入都市圈,融入经济带,融入全球经济,妥善处理好县域与外界的关系是县域经济发展的重要问题。要十分注意处理好内与外、上与下的关系,抓住招商引资、挂靠嫁接、资产重组、外经外贸等不放,不断追求跨越式发展。先进地区的县域经济昭示,在融入上一般都经历了副食品基地、轻工业初级产品基地、产业和装备转移基地、支柱产业的加工和配送基地等发展阶段,最终成为大都市不可或缺的重要组成部分,这是各地应当借鉴的。发展县域经济,必须借助外界的人才、资金、技术来弥补自身的不足，实现县域经济的改良和优势整合。必须对外开放，这种开放，不仅仅是对外商的开放，应是全面的开放，包括对县外、市外、省外、国外(境外)的开放。栽上梧桐树，引来金凤凰，只要我们在企业产权制度改革上有所突破、在产业产品结构调整上有所突破、在招商引资上有所突破、在经济发展环境上有所突破，就不愁引不来“金凤凰”。

(六)大力发展民营经济，实现县域经济的多元化

党的十六大提出，“必须毫不动摇地鼓励、支持和引导非公有制经济发展。个体、私营等各种形式的非公有制经济是社会主义市场经济的重要组成部分”。以民为本，民有、民营、民享的民营经济，具有独特优势。一是动力机制特别强。民营经济发展的内在动力源于民众强烈的致富欲望和自主创业精神，外在动力源于政府营造的宽松的投资创业环境，是典型的“自主改革、自担风险、自求发展”的经济形态。二是市场化程度特别高。民营经济是“为自己干”的人格化经济，事关个人的切身利益，在坚持以市场为导向、以经济效益为中心上，必然具有高度的自觉性，在开拓市场上必然保持灵敏的反应和高效率。三是吸纳社会就业、促进共同致富的效应特别明显。发展民营经济，实质就是最广泛地调动和激发民众的创业热情，走立足自身、自主创业、自我发展之路，其吸纳就业、促进共同富裕的巨大效应不言而喻。由此应把民营经济作为发展县域经济的首要取向。政府一是要善于营造能够充分激发全民创业热情的机制、氛围和环境。机制贵在灵活，氛围贵在强烈，环境贵在宽松。要牢固确立“放水养鱼，不与民争利”的理念，充分发挥政府的调控、服务功能，减轻和规范投资创业者的税费负担，不断完善基础设施和投资环境，提供高效快捷的融资、办证等各类服务；降低投资、创业成本，让投资者获得稳定而丰厚的回报，让创业者感受到创业的愉悦。二是要善于创造有利于投资创业的有效载体。最大限度地放宽民资进入的领域，全面、彻底地推进企业产权制度改革，对民资形成强有力的吸引。要因地制宜，准确定位适合本地区发展的产品、产业，大力发展配套性产品、农业产业化、外贸出口产品等劳动密集型产业，使民众感到投资门槛较低、风险较小、有利可图，以此刺激民众的投资兴趣，调动民众的创业积极性。在此基础上，要以培育和完善市场体系为关键，围绕产业基础，加快建设各类市场，大力培育农民经纪人队伍、行业协会等新型经济组织，吸纳民众广泛参与，加快构筑带动力强的“产业链”。许多事实说明，哪里民营企业做得强、做得大，哪里就能强县(市)富民。三是要通过保护合法收入，保护合法财产，使民营企业家放心在当地扎根、办厂、创业。四是要鼓励民营企业拿自己的优势资源，与县域内的资源整合，实现国有资源与民营资源的优化配置，实现国有、民营的双赢。

(七)打造县域经济脊梁，增强县域经济的竞争力

县域经济发展的根本出路在于发展县域特色经济。各县应树立“不求其多，但求其特”、“不求其全，但求其佳”的特色经济新观念，走“一县一特色”的路子。“一县一特色”就是通过对特色资源进行区域化布局、产业化经营、规模化类聚、现代化提升，迅速将由特色资源开发所形成的产业培育成区域主导产业，并通过主导产业的吸纳与扩散，带动区域其它产业发展，进而促进区域经济整体腾飞的一种经济增长方法。要用全局思维的观念来审视自己的优势和劣势，克服“多、小、散、乱”的通病，上规模、上档次。要根据自己的优势，实行差异化战略，选择、筛选本地区的最大宗产品或经济支柱，与时俱进塑造县域经济品牌形象，打造县域经济的脊梁。发展县域经济千万不能一哄而上，盲目“跟风”，照搬照抄别人的经验，一定要从本县实际出发，创造性地运用别人的经验。从全国县域经济发展好的经验来看，有特色才会有发展，例如山东诸城市提出的通过县域企业股份制改造，培植优势企业的发展；江苏锡山市提出的“工业农业连锁发展，两道难题一起求解”；浙江义乌市与山东寿光市探索出的以特色市场拉动县域经济；广东顺德以“工业兴市”，大力发展乡镇企业；以及我省的新津县和双流县分别把发展民营经济和推进城镇化作为主题等都各具特色。先进地区的经验还表明，工业经济的发展是县域经济发展中最为重要的主题，是县域经济的脊梁，而工业园区化发展趋势则是打造县域经济脊梁的重要途经。四川今后应加大工业经济的发展，可以借鉴工业园区的发展模式，打造工业经济的“航母”，领行县域经济的发展。

(八)以调整农村经济结构为突破口，优化县域经济结构

农业和农村经济结构的战略性调整，是为实现农业现代化而进行的具有决定意义的调整，是县域经济结构调整的重要内容。四川与全国一样，在这方面也取得了一定效果，但调整的层次较低，不少都停留在做加减法的层面，农民不知种啥好，跟风撵趟的现象仍然存在。在今后的农业和农村经济结构调整中。一是要提高农民的组织化程度。农业的专业化、市场化，既是农业现代化的重要特征，也是实现农业现代化的必由之路。推进农业的专业化、市场化，离不开农民的组织化。从一定意义上说，农民的组织化程度有多高，农业的专业化、市场化程度就有多高，提高农民的组织化程度十分重要。二是要着力培育县域优势产业。要根据当地的资源禀赋，选择并培育若干特色鲜明、竞争力强的农业主导产业，实行区域化布局、规模化经营、标准化管理、产业化经营。在此基础上，大力发展农产品加工业，促进农产品的转化增值，不断提高农业的后续效益。三是要着力培育优势企业。县域优势产业的发展要靠龙头的带动，应把培育和壮大加工、流通等龙头企业放在重要地位，加大支持力度，增强其市场竞争力和对农户的带动力；同时，要引导龙头企业与农民建立利益共享、风险共担的经营机制和组织形式。四是要着力培育县域优势农产品。引导农民树立“以质取胜”，压缩成本高、效益低的农产品生产，积极发展优质、专用、特色农产品，大力发展绿色食品、有机食品和无公害食品，不断提高市场占有率。要加快农业科学进步，大力推广优良品种和先进技术，建立现代农产品市场营销网络，发展农民合作经济组织，把优势产业、优势企业和优势产品有机地编织起来，形成有较强国际国内竞争力的农业产业发展新格局。五是要在不放松农业的前提下，重视农业产业功能的演变，引导一二三产业合理调整，加大二三产业的比重，提升县域产业结构层次。

（九）加强人力资源建设，充分利用庞大的人力资源

四川县域内最不缺的资源可谓是人力，但仅有庞大的数量，没有较高的质量，已成为四川县域经济发展的桎梏，加强人力资源建设十分重要。一是制定人才培训计划，使人才得到定期培训，更新知识，提升水平。一方面，就地培训，提高乡村干部及农民素质。利用当地的农广校、职业中学及其它培训体系对干部、农民进行培训。另一方面，与大专院校加强合作，委托培训各类人才特别是急需的经济管理人才和技术人才。二是优化环境，热情服务，完善人才流动机制。一方面，让已有的人才发挥更大作用，让潜在的人才早日脱颖而出，让出去的人才愿意为家乡多做贡献，尤其是要制定合理的政策，鼓励外出打工人员回乡创办实体。另一方面，中央实施西部大开发战略，为我们引进人才提供了契机，要用优厚的待遇，宽松的环境和个人的成就感引进和留住所需人才。三是建立人才资源信息库，建立人才档案，整合资源，发挥最佳效益。省、市、县应该在人事部门设立人才信息库，把人才的个人信息存储进去，逐级连网，使人才在全省范围内得以整合。各地县域经济工作的组织者，不但应该对本地有多少自然资源及其优势做到心中有数，而且对本地拥有哪些专业人才如产销大户、农民经纪人、农民技术员和农业企业家，也应该做到心中有数；有哪些潜在的人才，也应当认真分析研究。四是增加对人力资源开发的投入。包括财力上的投入和政策上的投入。当前要特别注意农村剩余劳动力的开发，据有关资料测算，目前四川农村剩余劳动力在1300～1400万人之间。这不仅关系到老百姓的就业和收入、生存和发展，而且关系到整个社会的稳定。千方百计扩大就业岗位，鼓励、支持发展中小企业和劳动密集型产业，以创业带动就业；要优化农业种养结构，扩大农业内部就业量；要拓宽视野，拓展劳务输出；要进行城镇建设体制的创新，户籍制度的创新，农村土地流转制度的创新，农村集体财产补偿制度的创新，实行就业保障制度的创新，劳动力市场制度的创新，变资源为财富。

（十）努力增加财政收入，切实解决县域财政难题

2002年四川县域经济中地方财政一般预算收入最多的双流县也仅42350万元，绝大多数县在一亿元以下，财力十分薄弱，严重地制约了县域经济的发展，努力增加财政收入，切实解决县域财政难题也是当务之急。首先要将解决县乡财政困难问题纳入国家、省级财政的总体发展规划。要有高度的政治责任感和紧迫感，通过调整体制、完善政策、强化管理等综合手段，逐步改变现行基层财政困难局面。其次，加大财税体制改革的力度。要在发展县域经济、培育县域财源的同时，逐步健全财政体制，调整中央和地方特别是县（市）一级财政的分配格局。建立健全财权和事权相对称的财政体制。要完善财政转移支付制度，加大对县、乡、村财政转移支付的力度，完善县、乡财政体制。一方面要明确划分县市和乡镇政府的财政支出责任、合理调整支出范围；另一方面合理划分收入范围、明确收入归属。同时加大财政转移支付的力度，增加省一级下拨的转移支付资金，充分发挥省一级调节县域之间财力均衡的功能。对现行县级财政体制进行创新。我国现行省以下财政体制一般采取省对市、市对县的办法进行确定，其弊端是容易产生层层集中财力的倾向。可考虑借鉴和推广有关地方的做法，即由省级直接对县安排和确定财政体制。省对县的财政体制不仅要合理确定县级财政收支内容和基数，还要有必要的激励机制和制约机制，以充分调动基层政府和财政部门开拓财源、增收节支的积极性。要深化县乡财政管理改革。要按照公共财政要求，合理界定财政支出范围，调整和优化支出结构；结合县乡行政事业单位机构改革，清理和压缩财政供养人口，减轻财政负担；实行部门预算、国库集中收付、政府采购，以增强政府预算的完整性和调控力度，提高财政资金的使用效率。第三，从教育制度改革入手化解县级财政困难。县乡财政无疑是农村教育发展的重要资金来源，但长期以来“小马拉大车”的做法需要改变。当前和今后一个时期，必须强化中央和省级财政支持基础教育的职责和投入力度，真正将基础教育发展特别是农村基础教育发展摆在国家财政分配的重要位置。改变现行教育经费的分担体制，增加中央和省级财政对义务教育的投入。调整农村中小学网点布局，优化配置教育资源，节约教育经费。农村中小学布局要按照“相对集中、优化资源、规模适度办学”的原则进行调整，合理撤并现有的教育设施，增大学校的服务半径。大力鼓励社会力量办学，促进民办教育的发展。可以考虑县级九年义务教育仍主要由政府负担，高中以上阶段教育大力引进民间资本进入。第四，适当扩大县乡行政区划规模，通过合并县乡，扩大行政区规模来相对缩减“吃饭财政”的负担。

（十一）加快农村金融体制改革，保障县域经济发展的资金供应

在县域经济范围内，中小企业及农业经济发展面临的最大制约因素是资金不足。现有的县域金融机构对支持县域经济发展信心不足，信贷条件要求严格，手续繁琐，普遍存在“慎贷”心理；商业银行贷款实行授权授信管理办法，基层行贷款权力上收，资金上划，贷款业务急剧萎缩；金融机构信贷资产质量差，支持县域经济力不从心。与此同时，民间借贷却十分活跃。据对邻水县 180 户农户调查，2002 年民间借贷总额达 10.42 万元，是同期从银行信用社借贷总额的 1.5 倍。又如仁寿县 2003 年一季度末，农民人均民间借（欠）款余额达到 54.52 元，占农民债务余额的 86%，而同期银行、信用社贷款余额人均为 8.73 元，民间借贷是银行、信用社贷款的 6 倍多。由此可见，县域范围内的闲散资金并不缺乏，资金短缺的实质是资金的拥有者和需求者中间渠道不畅通，县域金融体系不健全。基于此，发展县域经济必须加快县域金融体制的改革步伐。第一、改善信用体制，更新经营理念。一是国有商业银行要更新经营理念，充分认识大力支持县域经济发展是支持整个国民经济发展的重要组成部分，做到既“慎贷”又“敢贷”，尽可能满足县域经济发展的合理资金需要。二是国有商业银行要进一步健全中小企业信贷部，提高中小企业信贷部业务效率，简化贷款手续，建立起中小企业信贷部与小企业担保中心有效沟通机制。三是国有商业银行要下放贷款审批权，要确保县市支行有一定信贷自主权。四是建立负责机制和激励机制。信贷人员对信贷决策失误造成的损失承担责任的同时，也应对正确的信贷决策而产生的效益给予信贷人员奖励，充分调动信贷人员积极性。第二、建立担保体系，解决担保难题。发展县域经济必须建立以担保基金为主的融资担保体系。担保基金应由政府出资，具有独立法人资格，自主向符合条件的企业提供贷款担保。在提供担保过程中可适当收取一定比例费用，用于补偿基金运转费用，不以盈利为目的。政府对担保金应给予必要扶持。一是财政应逐年拨付一定比例的资本金，保持担保基金的资金规模；二是对担保基金担保的贷款财政应承担部分贴息，以减轻担保基金和担保对象运作成本；三是对担保基金实行部分或全部税收减免；四是担保基金保持其独立性和市场性，避免行政干预。担保基金宜按县设置，也可几个县联合成立区域性担保基金，运作方式既可独立担保，也可数家担保基金为某一项目共同提供担保，切实解决县域经济中小企业贷款担保难问题。第三、加快中小金融机构组建进程。组建一批地方性中小银行逐渐取代国有商业银行在县域经济中的地位，为县域经济体提供全方位金融服务。地方性中小银行可考虑按两条途径组建：一种途径由 4 大国有商业银行县市支行改造而来。地方政府（或行政部门）和中小企业按比例出资整体购买国有商业银行县市支行，作为地方性中小银行基架。第二种途径由地方直接发起组建新的中小银行。地方性中小银行应实行完善的公司法人治理机制，建立存款保险体系、信用评级体系、资金清算系统等。经营上应强调贴近中小企业、民营企业和农户。第四、开发三板证券交易市场。我国主板证券市场主要为国有大中型企业融资服务，当前的呼声甚高的二板证券市场虽然对各类企业开放，但倾向于高科技风险型项目，这部分企业在县域经济中占比例很小。县域经济更多是传统中小企业，建立一批区域性小证券或股权交易三板市场是可行和必要的，为这些企业在资本市场提供创业及发展所需资金。

（十二）转变政府职能，重视基础设施建设

当前，四川县域经济中存在的一个主要问题是经济调控能力过小，县乡政府机构庞大，干部思想观念和政府职能转变还不适应发展需要等。今后，第一、要简政放权，赋予县市更大的调控权、发展权，规范审批行为，改革行政审批方式、实行部门并联审批，改进服务手段，改善服务态度，提高办事效率。第二、转变政府职能，切实解决政府“越位”、“错位”和“缺位”问题。建立技能标准、公私分明、务实高效的干部管理约束机制，树立富有政治亲和力的干部形象，政府做好该做的，从不该做的事务中撤退出来，解脱出来，重点做好发展规划和服务。第三、处理好政府与市场的关系，把政府办成“小政府大服务”。在市场经济中，政府的主要作用是提供公共产品和公共服务，让企业唱主角；提供平台，让企业根据市场法则作出判断，自主经营。政府行为要与市场行为有机结合，并以市场为主，政府的行政行为只能是一种辅助手段来加强市场行为的效用。第四、政府在今后的基础设施建设中，要把信息化作为提升县域经济的一个突破口，予以重视。县域经济的信息化是指应用信息技术使传统产业信息化，以信息化带动县域经济的现代化，诸如实现政务信息、科技信息、服务信息和电脑农业等。据此，一是要制定信息发展规划，经济主管部门和各乡镇都要逐步建立自己的信息网站，通过信息网站为社会各方服务。二是培养和引进信息技术人才。发展信息化，人才是关键。鉴于四川县域信息人才普遍缺乏的现状，制定信息人才培养计划和引进的优厚政策十分必要。三是建立专项资金。要实现信息化，必须有资金做保障，资金可从上级拨款、县、乡镇财政支持和民营资本进入等三个方面筹集。

工业兴县　势在必行

——对陕西省泾阳县发展县域经济的调查与思考

刘鸿儒　孙卫南　陈宏文

党的十六大提出了全面建设小康社会的宏伟目标，并提出了发展县域经济的策略。由于“三农”问题的困扰，全面建设小康社会的重点、焦点和难点在农村。2001年，陕西县域人口占全省的73.2%，财政收入占全省的30.3%。多年来，陕西县域经济发展缓慢，制约了农民收入的增长，制约了城镇化进程，制约了上级各种发展项目的配套，影响了干部工资的正常发放。多年来，素有关中“白菜心”之美称的泾阳县，一直在农业大县、工业小县、财政穷县中徘徊。为此，发展壮大县域经济，成了解决“三农”问题的关键环节。本文通过对陕西泾阳县域发展的调研分析，旨在探讨县域经济发展的对策。

一、泾阳县域经济的现状与特点

泾阳县位于咸阳市中部，西北高，东南低，县内有泾河，清河，治河，因地处泾河之北而得名。泾阳自古以“关中沃野”著称，农业发达，资源丰富，是“关中驴”、“秦川牛”、关中奶山羊的主要产地。

泾阳县位于中国版图的正中心，是陕西的农业大县，农业设施较好。综合经济实力位于全省县域经济第9位。全县耕地面积67万亩，人口49.4万人。近年来，按照“推进五大战略，狠抓一招四化(即)实施重点突破，建设经济强县”的总体思路，抓发展，创特色，强优势，“稳粮、兴牧、增菜、优果”，农业产业化初见成效，工业化快速起步，对外开放不断扩大，城镇化不断加快，实现了县域经济的快速发展。2002年，全县国内生产总值达到21.64亿元，较上年增长10.5%，地方财政收入达到7276万元，全口径完成10931万元，同比增长7.2%，农民人均纯收入达到2013元，较上年增长5.1%。“三高”农业和农业产业化进程不断加快，拥有了一批农业产业化龙头企业，目前，全县拥有一批一定规模的农业产业化经营组织，带动了五分之一的农户年均增收1000元，招商引资企业异军突起，在县域经济中发展壮大，有力地拉动了以农业为主向二三产业为主转变，全县共有10多万农业劳动力转向非农产业，县域经济已开始逐步向城市经济迈进，民营经济组织和特色经济迅速形成。

(一)农村经济全面发展,农业基础地位加强

近年来，泾阳县积极调整培育主导产业，大力发展龙头企业，不断延伸产业链条，已初步形成了畜、菜、果主导产业的产、加、销衔接，农工贸一体的产业格局，走出了一条符合泾阳实际的农业产业化发展之路。先后被确定为国家大型商品粮生产基地县、日光温室蔬菜标准化生产示范县，奶山羊基地县和全国奶牛产业化示范区。2002年，全县农业产值达到6.91亿元，农民人均纯收入达2013元，其中畜、菜、果三大支柱产业收入占60%以上。三大支柱产业在泾阳有了一定规模，并产生了规模效益：

1. 做强了畜牧业。近年来，泾阳县以畜牧产业化、商品化为主攻方向，突出奶畜生产。全县奶牛、奶山羊存栏分别达到3.8万头和16.3万只，年产鲜奶20多万吨，成为全省最大的奶畜养殖基地。全县奶牛存栏千头以上的专业乡镇11个，奶牛存栏300头以上的专业村25个，奶山羊存栏5000只以上的乡镇14个，存栏300只以上的专业村37个，笼养鸡存栏200万只，生猪存栏11.5万头，肉蛋产量分别达到1.54万吨和1.45万吨。

2. 做大了蔬菜产业。按照“扩大露地种植，提高规模效益；发展日光温室，提高集约效益”的思路，以推进种植科学化、品种多样化、生产标准化、发展规模化为重点，以云阳地区为中心，以泾云、泾桥、泾永三条公路为轴线，辐射带动其他地区蔬菜产业发展，形成9个蔬菜种植过万亩的产业大乡，75个500亩以上的专业村、3200多户5亩以上的生产大户。全县蔬菜面积达28万亩，年产蔬菜53万吨，其中日光温室蔬菜近2万亩，成为陕西最大的蔬菜生产基地。

3. 做优了果业。按照“稳定优化苹果，突出发展优特杂果，培育地方特色品种，提高生产效益”的思路，因地制宜，加快发展，形成了北部沿山栽植苹果、大枣、银杏、肉用杏、杂果，全县果林面积达到12.1万亩，年产果品6万吨。

4. 做大了龙头，推动了产业升级。

一是“公司＋市场＋农户”的形式。坚持发展专业市场，以市场带动生产发展。1992年以来，先后建成了泾云实业开发公司、樊尧农工贸有限责任公司等以农产品贸易为主的龙头企业，形成了以云阳蔬菜批发市场为龙头，以县城农贸市场、樊尧蔬菜市场、桥底果品市场、白王畜产市场为骨干、以建制镇集贸市场和经营网点为基础的农副产品销售市场体系。目前，全县共有菜、畜交易市场10个，其中蔬菜批发市场8个，总面积达17万平方米，年交易蔬菜50多万吨。全县规模最大的蔬菜批发市场云阳蔬菜批发市场2000年被国家农业部确定为全国鲜活农副产品定点市场，并与全国实行了联网。

二是“企业＋农户”的形式。围绕鲜奶加工，全县建成乳制品加工企业13家，年加工鲜奶10多万吨，开发出了奶粉、液态奶、糕点等10多个品种。围绕果品加工，建成果品加工企业50多家，年加工果品1万多吨，以脱水蔬菜为主打产品，建成了年产2000吨的吉元农业发展公司，并先后引进了多家农副产品加工企业来泾阳县投资办厂。

三是“中介组织＋农户”的形式。围绕养猪、养鸡、大枣、肉杏等畜果菜生产，以农业生产技术服务部门为依托，农民自办协会为补充，不断健全完善畜菜果社会化服务体系。这些中介组织依靠灵活的运作规则，广泛的信息来源和技术上的优势，为农户提供及时可靠的生产和市场销售信息，帮助农民做好生产计划、进行技术咨询、物资供应等服务，既壮大了自身，也支持了畜菜果生产的发展。目前，全县共建成专业服务公司2个，农民专业协会18个，建成饲料添加剂加工企业22个，机械化挤奶中心34个，配种站(点)71个，农药、种子、化肥等销售网点150个。

5. 农民增收的亮点不时闪现。一是农民在农业产业化龙头企业的带动下，通过技术、资金、劳动力等生产要素的投入，发展精细农业，获得了较高的收入。如奶畜养殖，通过光明乳业等大小十三家龙头企业的带动，使泾阳县的奶畜养殖呈现出规模化、标准化养殖的趋势。截止2002年底统计，泾阳县奶牛存栏数3.8万头，奶山羊存栏16.3万只，奶畜养殖已成为全县农户增收的“热点”；大棚菜目前已发展到近2万亩，按每亩纯收入3500元计，加上其它大路菜收入，至少可带给全县农民人均纯收入200元；二是劳务输出使泾阳县农民收入大为增加，据测算，全县60%以上的农民家庭常年有一人或多人在外打工，在粮食等农副产品卖难的情况下打工收入已成为全县农民收入的一项主要来源。据县农调队调查，农民劳务收入已在农民人均纯收入中占20.9%；三是一些特色农产品的种植已成为泾阳县农民收入的一大“亮点”。如一些新品种的果品的栽植，使农民家庭收入大为提高。

经过不懈的努力，泾阳县农村经济发生了巨大的变化，2002年农业总产值与1992年相比，年均增长速度达到了12.6%，农民人均纯收入与1992年相比，年均增长速度为9.9%。

(二)工业生产得到长足发展

食品加工、建筑建材、电器电缆、纺织纺纱、医药保健等优势产业的群体不断扩大。近年来，工业强县政策的实施，使泾阳县的工业生产得到了长足的发展：

1. 逐步形成了优势产业群体，运行质量不断提高。

2. 企业改制成效显著。75户县属国有企业全面改制，产权置换率达到57.3%，县纺织厂、乳品厂等一批企业重新焕发了活力。

3. 依托资源优势招商引资工作取得突破性进

展。五年来,全县共引进投资项目97个,引进资金23.8亿元。上海光明、山东张裕、咸阳银花、杨凌鼎盛、浙江声威、香港金盾、台湾龙家族等一大批国内知名企业先后落户泾阳,有力地拉动了主导产业的发展加速了县域经济工业化;四是农业产业化融入工业化发展步伐加快。由于一批龙头企业的带动,农业产业化的步伐明显加快。步入了使龙头企业和优势产业互动发展的良性轨道。

二、泾阳县域经济发展面临的主要问题

1."三农"问题的困扰。泾阳县是农业大县,因此没有农业的大发展,就没有整个县域经济的大发展。县域经济的发展如不走出"三农"问题的困扰,工业化就无从谈起。

泾阳县在工业化进程中还远未实现快速发展,工业化率与全国水平相比有较大差距,落后7年左右。农业人口占到全县总人口的93.5%(2002年统计数字)。因此农业效益不高、农民增收困难、农村经济发展缓慢等问题严重困绕着工业化的大发展。

2.工业化整体水平不高。在产业结构上低附加值的传统产业数多且比重较大;规模以上企业偏少,仅为全县企业总数的1.1%;在产业布局上增长不平衡,增长主要集中在引进企业上,县属企业增长较慢,缺乏活力;在产品结构上,国际国内名牌没有,地域性名牌也只在引进企业中。

3.工业增长的质量不高。泾阳县工业虽然取得了较快的发展,但主要是靠外延扩大再生产来实现的,而依靠科技进步、进行内涵改造,实现增长的较少。资源效益低下,大多企业几乎无科技开发经费。

4.城市化水平滞后于工业发展水平。泾阳县城市化率只有11.1%,且二三产业占GDP的比重达60.3%,比城市化率高出49.2个百分点,城市化水平低下,严重制约了经济的发展。

5.信息化发展明显跟不上经济形势的发展,在农产品信息、招商引资等信息上没有创新。产业发展常常带有盲目性,造成产业趋同,效益不高。

三、对泾阳县域经济发展的反思

(一)西部县域竞争力百强县对我们的启示

从"西部县域竞争力百强县"的评选结果看,百强县市只占西部县市总数的11.1%,而创造的GDP却占西部县域经济GDP总量的38.3%。

以百强县做参照,我们的差距就主要在于二三产业的差距。这一差距给了我们一个警示:泾阳要发展县域经济,必须发展二、三产业。从百强县的发展历程看,之所以能走向百强县,无一不是通过工业化的路子来实现跨越式发展的。他们也曾为"三农问题"所困绕,但他们能不断调整优化经济结构,有效地破解了"三农问题",使经济总量跳跃式发展,加快了农村小康的步伐。

从东南沿海的晋江市,到西北之隅的新疆库尔勒,无一不是通过走工业化的道路实现自我发展的。如晋江市,经济结构已调整为3.4∶55.4∶41.2,23年里,GDP年均增长26.16%,翻了七番之多,等于三年就在原有基础上再造一个晋江,综合竞争力位居全国县(市)的前十名。百强县成功的范例无一不在昭示着,只有走工业化的道路,才能有效破解"三农问题"的困扰,才能使县域经济的发展有一个大的突破。

基本工业化是党的十六大确定的全面建设小康社会的主要内容之一。世界文明史表明:工业化是一个国家或地区走向发达的必然之路。中国改革开放的经验表明:工业化是实现现代化的一个不可逾越的阶段。泾阳县从1992年到2001年,工业产值以年均17.1%的速度增长,高于GDP年均增速6个百分点,高于农业产值年均增速3个百分点,工业产值对GDP的贡献率已由1992年的每百元24.16元增加到2001年的31.7元,且逐年上升;而农业产值对GDP的贡献率却由1992年的46.8元减少到2001年的39.65元,且逐年下降。随着工业产值对GDP的贡献率逐年增加和农业产值对GDP贡献的逐年减少,工业越来越成为泾阳县发展县域经济的支柱产业。而从总体上看,泾阳县三大产业中,第三产业在相当长的时间内不可能得到突破性的发展,真进入产业经济阶段,第一产业也不能独当"强县富民"的重任。虽然泾阳县是农业大县,但人均拥有的农业资源并不丰富,农民人均耕地仅1.35亩,即使亩平均收入达到1000元(目前约200元左右),人均年纯收入也是有限的,加之受自然灾害和国际国内市场的冲击,如果大量的农业劳动力再滞留在有限的土地上,即使土地回报率再高,收入问题也难以有较大的增长。同时农村税费改革后,今后来自农业的税收也不可能有再大的提高。因此,由于科技和市场的交互作用,以

工业为主的第二产业具有很强的跳跃式的扩张力，泾阳要实现“富民强县”目标，必须用工业经济跨越式的发展，实现向经济强县快速转变，否则，就会更加落后。

(二)泾阳县工业化所处的发展阶段

研究县域经济，必须关注工业经济。准确定位泾阳县工业化程度及所处的发展阶段，是我们研究泾阳县工业化和现代化所必须考虑的。根据发展经济学理论，工业化阶段的划分标准主要有总量指标和结构性指标两大类，总量指标是GDP的人均量，结构性指标包括就业结构、制造业在经济总量中的比重和城市化水平等，将进程划分为：工业化初级阶段、工业化中级阶段、工业化高级阶段和后工业化阶段(发达经济阶段)。

泾阳县工业化水平分析表

单位：%

项　　目	工业化标准				全国水平	已达到的水平	泾阳县水平	已达到的程度
	初级阶段	中级阶段	最高阶段	后工业阶段				
人均GDP(美元)	280～560	560～1120	1120～2100	2100～3300	850	中级中期	527.8	初级阶段后期
就业结构[(1)]	80	50	25	15	50	中级中期	93.8	初级阶段前期
生产结构[(2)]	5	20	30	40	22.6	中级中期	7.8	中级阶段初期
城乡结构[(3)]	10	30	60	70	36.1	中级中期	11.1	中级阶段前期
第二产业占GDP的比重	30	50	55	60	50.9	中级中期	31.9	中级阶段前期
工业化率[(4)]	25	40	50	55	44.4	中级中期	25.3	初级阶段后期

注：(1)就业结构指农业劳动力占全社会劳动力的比重。

(2)生产结构指制造业产值占GDP的比重。

(3)城乡结构指城市化水平。

(4)工业化率指工业产值占GDP的比重。

根据上表可以看出，泾阳县处于工业化初级阶段的后期，各项指标如人均GDP、就业结构、生产结构和工业化率与全国存在较大的差距，由此可见泾阳县正处于由工业化初级阶段快速进入工业化中期阶段时期。

(三)泾阳县域经济发展错失三次机遇

泾阳县以往由于工业意识不强，思想不够解放而使得至少错失了三次大发展的机会。

一是20世纪80年代国家大力发展乡镇企业，泾阳县由于起步较晚而且所上项目不多，块头大，科技含量不高，导致乡镇企业“村村点火，户户冒烟”，没有竞争力和生命力，因而没有把乡镇企业做强做大；

二是80年代末90年代初国家推行经济体制改革，泾阳县国有企业改革没有在明晰产权，公退民进、建立科学的现代企业制度上下功夫，80年代主要是推行承包制，90年代主要是推行租赁制，管理体制和运行机制严重束缚了工业经济的发展，导致一些企业被拖垮拖死；

三是90年代后期国家大力发展外向型经济和推行农业产业化经营，泾阳县因财力不济，精力不集中，工业发展也不尽如人意。

泾阳错失三次发展机遇的主要原因是战略选择有问题，影响战略选择的主要原因是观念问题，往往过分看重泾阳的农业自然条件，想依靠农业的发展带动二三产业，解决富民和强县两大问题。其实质是：过分强调农业发展的基础地位，轻视了二三产业的发展。虽然农业取得了一定成效，但由于涉农加工业的制约，使农村劳动力转移和农业产业化又受到一定的限制。

四、发展县域经济对策探讨

发展县域经济，对解决三农问题至关重要。泾阳县域经济发展的目标是：农业增产、农民增收、企业增效、财政增长，简而言之，就是富民强县。实践证明，单靠发展农业，不能解决农业问题，更不能彻底解决富民强县问题。因此，必须因地制宜，牢固树立工业兴县的思想。

泾阳县经济发展水平较全国平均水平有较大

的差距，处于工业化初级阶段的后期，但也有许多的优势：一是泾阳县近邻西安、咸阳、杨凌，处于关中高新技术开发带，区位优势明显；二是具有食品加工、建筑建材、电器电缆、纺织纺纱、医药保健等优势产业；三是石灰石等矿产资源丰富，粮、果、畜、菜等农业资源得天独厚，资源开发利用与农产品开发加工潜力巨大。从宏观形势看，随着目前国家实施西部大开发力度的加大，国内外投资逐步向欠发达地区转移，加入世贸组织又为我们打开了开放式发展的大门，这些都是难得的历史机遇，只要我们能抓住机遇，就一定能够实现工业跨越式的发展。为此，必须抓好以下方面的工作：

（一）树立借力发展的观念，解决资金问题。泾阳是财政穷县，发展的资金必须靠招商引资。因此，必须加大投资力度，构筑信息平台，积极开发信息资源，加快信息化建设步伐。形成宽带、大容量、多媒体的信息传输网，完成数据、图像、语音合一的宽带网络，确保和互联网的畅通，提供便捷安全的网络条件，通过网络，向外界介绍泾阳、介绍泾阳的农副产品，以使外界能更好地了解泾阳，来泾阳投资办厂。

把招商引资工业纳入科学化、规范化、多元化和国际化的轨道。首先要由政府独唱变成由企业、政府和中介机构参与，以形成完整市场营销体系，从而提高招商引资工作的成功率。要建立招商引资信息平台，全面系统地介绍泾阳的人文、地理、环境。并建立投资项目信息库，使投资商能通过网络方便、快捷、完整地掌握泾阳投资项目的真实信息，还能够享受全天候人性化在线服务，及时获得有关问题答案。在营销方式上要多样化，除叩门招商、洽谈会招商、专业招商会招商外，应主要采用海内外中介招商和利用国际互联网向国内外投资商发电子邮件招商的方式，这样既大大降低了招商成本，又提高了招商工作效率。其次要把招商部门企业化，营销队伍正规化，招商引资工作也要有投入产出。要真正做到这一点，就要让招商部门企业化，并引入竞争机制。政府应在政策上给予适当倾斜，鼓励集体、个人投资创办咨询、中介实体或商会，从事国家、地方法律法规和政策咨询、投资项目咨询以及相关的市场调查等咨询服务，由招商部门施以管理、监督和引导，但决不参与经营。

（二）树立工业兴县观念，解决财政问题。农业税减免，是社会经济发展的必然。所以，解决县级财政问题，主要要靠发展工业。因此，必须抓住全省"一线两带"建设和推进西咸经济一体化的契机，重点做好县城工业园、永乐工业园。按照走新型工业化道路的要求，加快改造提升传统产业，有条件的乡镇企业要转产到食品加工企业。进一步加大企业技改力度，提高企业的信息化水平、技术装备水平和创新能力。

大力发展农产品加工，延长产业链，促进资源优势向经济优势转化。2002 年，泾阳县食品加工企业 512 户，固定资产达 2.6 亿元，从业人员 7700 人，完成产值 3 亿元，占工业总产值的 11%。依托泾阳丰富的农产品资源优势，积极招商引资，大力发展以农产品加工为主的食品工业，在这方面，泾阳县已取得了显著成效，已形成了以招商企业为龙头、乳制品为主导产业、个体经济唱主角、行业门类比较齐全的食品工业体系。这些企业正是连接公司与农户的纽带，是促使农业走向现代化的重要途径。

（三）树立发展特色经济观念，推进农业产业化。结合泾阳的实际，应重点抓好以下四项：一是抓"五化"，做强奶畜产业，即奶畜规模化、养殖小区化、生产科学化、经营企业化、服务社会化。二是增效益、做大蔬菜产业。三是重特色，做优果业。四是强龙头，推动产业升级。

（四）树立城乡协调发展的观念，推进农村劳动力转移和城镇化进程。城乡发展相辅相成，互为基础又互相促进。因此，必须树立兼顾城乡的思想。城镇建设要按照调整城乡结构、拓展发展空间、完善城镇功能、提升城镇品位的思路，加速城镇布局结构调整和城镇体系建设，构筑布局合理、个性鲜明的现代化城镇新格局，改变城镇化落后于工业化的状况。按照建设现代化城市的目标和营造最适合人居住和创业环境的思路，对县城及乡镇进行科学规划，完善城市综合功能、增强城市承载能力，加快商业、文化、住宅及公用设施开发建设，改善人居环境、增强城市气息、加强人气聚集，加快土地流转制度和城镇户籍制度的改革，促进农村人口向城市和城镇转移，提高城市化水平，逐步扩大城市规模，优化资源配置，完善城镇体制、把城镇作为重要的资产经营，由政府垄断土地一级市场，实行市场化运作，增加政府资源性收入，拓宽城镇建设资金来源，加快开发建设速度。

（五）坚持科技兴县发展观念，加快人力资源开发利用和各类人才的培育引进。

发达国家 200 多年的工业化进程中，创造了无数的科技奇迹，实现工业化的主要功劳在于科学技术的进步和创新，随着技术发展的更加迅速，技术革命向产业技术转移的周期大大缩短，技术产品的市场生命周期也更加缩短。只靠引进技术和经验赶上发达地区的难度加大，“后发优势”将减弱。只有坚持科技兴县方针，坚持依靠科技进步，尽快建立和完善产学研一体化的科技创新体制和研究开发投入机制，大力实施人才战略，才能实现泾阳县工业化的高质量、快速发展。一是营造尊重知识尊重人才的社会氛围。树立人才资本观，按照市场运作机制，制定优惠政策，确立知识、技术和管理等生产要素按贡献参与分配的原则，构建人才资源的合理流动机制，实现人才资源的优化配置，吸引高素质人才参与泾阳县工业化建设；二是建立人才教育机制。巩固九年制义务教育成果，全面普及高中阶段教育，逐步扩大高等教育。加强在岗人员的技术培训，建立农村劳动力的职业培训体系，提高泾阳人口的含金量，加快传统农民向现代化居民转变，促使劳动力向城市和城镇转移，为工业化的发展提供合格的劳动大军。三是完善促进人才开发网络体系，建立和健全人才市场和劳动力市场。加快建立与全省、全国联网的人才资源数据库，及时向社会和企业提供各类人才信息，保障全县工业化的人才需求。

同时，要牢固树立市场经济观念、非公有制经济观念和可持续发展观念。此外，建议国家逐步下放行政审批权，减少审批环节，以提高引资效率。同时，建议加大对县域经济的信贷支持，以解决资金问题。

发展小城镇：江西该向江、浙、闽三省学什么

江西省农调队课题组[①]

党的十六大明确指出，要把解决“三农”问题和加快小城镇建设提到重要议事日程，现阶段，推进城镇化战略对于增加农民收入，提高农业生产率和缩小城乡差别；对于加快农村劳动力转移，从根本上解决“三农”问题，全面建设小康社会等都有十分重要的现实意义。本课题拟以江西小城镇的发展为例，分析小城镇发展的障碍因素，同时，借鉴江、浙、闽三省小城镇建设的经验，提出现阶段加快小城镇建设要处好的八大关系和一些具体对策，以期供有关部门决策时参考。

一、现阶段制约小城镇发展的主要障碍因素

近年来，在江西省委、省政府和各级地方党委、政府的领导下，江西省小城镇建设总体上呈现出良好的发展态势，据省建设厅统计，到2002年底，全省小城镇已发展到1619个，其中县城关镇以外的建制镇发展到719个，1979～2002年年均递增10.65%，23年间平均每年增加近27座；在小城镇居住的人口611.37万人，占农村总人口的16.51%；城市化水平达32.2%，比2000年提高了4.53个百分点。建制镇的发展带动了农村集镇的发展，2002年全省农村集镇近900个。小城镇密度也随之增长，每1000平方公里建制镇的密度由1990年的1.74座，增加到2002年的9.7座。

江西农村小城镇虽然发展速度较快，但由于其农村社会经济基础较为薄弱，农村小城镇的覆盖水平不高，仅占43.2%，明显低于江、浙、闽等省水平。江西省大多数农村小城镇基础设施落后，经济实力相对薄弱，吸纳农村剩余劳动力的能力还十分有限，加上城镇社区服务功能简单，还不能有效地满足镇区企业和居民的生产和生活要求。归纳起来，造成当前这种状况的障碍因素主要有以下几个方面：

（一）小城镇发展过于密集、规模过小

根据有关分析，小城镇的人口应在5万人以上才能充分发挥其功能，而目前我国平均每个乡镇的人口多在2万人以下。江西省县以下建制镇平均建成区面积0.67平方公里，平均镇区人口5630人，其中非农人口2960人。镇域人口在2万人以下的建制镇全省仍有一半左右，镇区人口1万人以上的建制镇全省也只有59个。到2002年底，江西省城镇化水平与全国平均水平相比落后6.9个百分点，在中部地区处于中游水平。城镇的密集与规模过小，导致支撑城镇发展的能力减弱，镇区规模难以扩大，中心城镇难以形成，这不仅造成重复建设和资源严重浪费，更影响了小城镇功能的健全和辐射作用的发挥，制约了第二三产业集中区的形成，以致农村富余劳动力难以在小城镇中就业。据农普资料反映，全省农村小城镇镇区非农产业累计吸纳的劳动力才33.4万人。而且，镇的设置不是按经济区域设定的，而是按行政区域划分为若干个

① 课题组成员：邓祖龙、陈昭玖、林美江、钟小娟、周劢、唐卫东、周波。

城镇，难以形成规模化的中心城镇，且各种设施运作普遍是处于低水平状态。

（二）城镇化发展不平衡，布局不合理

由于各地地理环境、历史条件、经济基础等原因，江西省小城镇建设不平衡，小城镇的布局较为分散，不能形成聚集效应，更不利于农村经济增长点的培植。具体而言：

1. 数量盲目扩张、布局不合理。尤其是在较发达地区密度过高，要么是首尾相接的“带”状发展，要么是首尾相接、两翼相连的“网”状布局。从目前江西小城镇的分布情况看，赣州地区土地面积占全省的 23.6%，只分布着全省 18.8% 的小城镇。2001 年全省平均每个县有建制镇（县城关镇以外的）7.9 个，而赣州地区只有 6.4 个。

2. 小城镇规划与其实际相脱节，缺乏科学的建设规划。据省建设厅统计，到 2002 年止，江西省全省没有规划和尚未修编规划的小城镇还有 368 个，占总数的 21.8%。村镇规划编制严重落后，使村镇建设缺乏起码的凭据，这就出现了低水平、重复建设、规划趋同性，工业小区、市场、住宅、城镇建设凌乱，功能不全、辐射力不强，对区域经济社会发展的拉动力、整合力不强，小康村镇建设也就无从谈起。

3. 金融、信息、技术等方面的服务水平低。小城镇的规模小，使得生产要素市场发育不足，以致小城镇在人才、资金的引进，产品技术的更新，产业升级等方面都受到很大的限制，影响了小城镇功能的提高。

（三）小城镇建设与乡镇企业发展结合不紧

乡镇企业和小城镇是我国农村改革过程中共同成长的两个相互依存的孪生兄弟，乡镇企业为小城镇的发展提供经济支撑，小城镇为乡镇企业提供发展载体，两者唇齿相依，这是市场经济发展的必然，也是乡镇企业自身发展的需要。近年来，江西省各地采取了积极的措施鼓励乡镇企业向小城镇集中，但实际效果并不佳，具体而言：一是小城镇规模偏小，发展不足造成乡镇企业无法向小城镇集中。二是乡镇企业布局分散，致使乡镇企业发展缓慢。2002 年底，江西省 70 万多个乡镇企业绝大部分分散在广大农村，真正在小城镇的乡镇所在地的不多。据统计，江西省乡镇企业 60% 分布在村及村以下，3% 分布在县城以上的城市，分布在镇区的乡镇企业占全部乡镇企业的比重仅为 36%，企业从业人员的比重稍高，为 39%，这说明，在促进农村城镇化过程中，乡镇企业仅仅展现了其全部力量的三分之一。三是企业产权不清，难以突破社区壁垒。乡镇企业的建立主要是以血缘、地缘关系和行政权力为纽带而发展起来的，具有浓厚的社区色彩和较强的行政干预特征，致使企业产权相当模糊。大多数社区干部和企业领导人更多地从本社区角度考虑，以社区福利和就业最大化为目标。这就意味着乡镇企业向小城镇集中，不仅会增加生产经营成本，其发展也可能偏离其社区目标。加之，小城镇“门槛”过高，特别是小城镇建设用地价格过高，企业就更难以承受。

（四）小城镇土地利用与管理制度不完善

目前，江西省小城镇建设中明显存在一个土地利用与管理问题，即部分小城镇的规划面积过大，占用耕地较多，土地容积率低。据调查，小城镇的人均占地远远高于城市，一些地区在小城镇建设上推荐独门独户、占地超标准、大而不当的别墅式的居住模式，引导方向上出现偏差。有些地区的小城镇仍有“圈地”及“占而不用”的现象。目前，江西省农民建房占地均在 150～200 平方米左右，若进行简单设计平均每户建房可节约土地 50 平方米，每年全省约有 30 万户农民建房，则可节约建设用地 2.25 万亩。究其原因就在于：

1. 政府垄断小城镇用地市场，使县（市）、镇两级政府获取的土地收益一般要占土地价格的 80% 以上，从而激发起小城镇政府不惜大量占用耕地、追求土地增值收益的强烈欲望，盲目扩大镇区规模。

2. 在集体土地的征用和出让过程中，村集体和农民只得到一部分征地补偿安置费（一般只占土地价格的 10－20%），而村集体和农民要进城兴办乡镇企业和居住，又要支付昂贵的土地费用，迫使村集体和农民不得不在自己的社区范围内兴办企业，使乡镇企业进一步分散布局。

3. 农民进城落户，不仅要支付城镇增容费，还要退掉原有的承包地和宅基地，使大批进城务工经商的农民不愿进城落户，成为“离土不离乡”的“两栖”人口，严重阻碍了农民进城。

（五）小城镇的政府管理功能不健全

目前，江西省小城镇的管理体制和政府职能的运作受计划经济体制的影响还是较深。具体而言：

1. 机构设置条块分割。在小城镇设立的各类机构虽多，但大部分属县级部门垂直领导，镇政府只有一部分管理权，镇政府的职能不健全，这使得镇政府的综合协调能力和宏观调控能力降低，难以有效地组织实施城镇的社会经济发展和建设的规划；作为县级财政的一个支出单位，其财政功能也不完整，镇区内各部门收取的费用直接上交，然后再由县财政统一划拨，财权的不完整，更加制约了镇政府功能的发挥。

2. 机构林立，人员严重超编。据对部分镇调查的结果显示，镇政府的内设机构和县(市)直部门的派出机构及企事业单位的数量一般在 30～40 个，其中小城镇内设的党政机构及事业单位设置数平均为 16 个，干部总人数平均为 48 名，而县(市)直各部门的派出机构及企事业单位的机构设置数平均为 19 个，干部总人数平均为 38 名。

3. 政企不分，削弱了企业自主经营、自负盈亏、自我发展的能力。镇政府的机构设置不适应城镇管理的要求，大部分机构与乡政府基本没有区别，没能按照城市管理的要求来设置机构，不利于提高城镇的管理水平。

(六)小城镇发展的投入资金不足

目前，江西省小城镇建设普遍面临资金短缺、融资渠道不足的问题，资金投入较少，制约了小城镇的建设发展。具体而言：

1. 地方财政入不敷出，无资金投入小城镇建设。目前，大多数小城镇镇级财政体制没有真正建立起来，部分地方仍然存在着传统的“统收统支”体制，各职能部门执行带有很强本部门利益倾向的政策，小城镇政府很难打破部门的垄断权益。据第一次农普资料反映，农村小城镇财政收入平均为 265.6 万元。据省建设厅统计，2001 年，重点镇(城关镇以外的建制镇)财政收入年均 706 万元，只是吃饭财政，根本解决不了小城镇基础设施建设需要的资金问题。据有关部门测算，在今后 5 年，县城市政建设和小城镇基础设施建设的资金需求量每年增幅在 20%以上，要实现 2010 年的社会经济发展战略目标，建设资金尚缺近 1000 亿元。尤其是贫困地区其交通、能源等基础设施滞后，商品经济欠发达，难以形成发展小城镇所需资金，只有期望上级拨款。20 世纪 90 年代中后期，江西省每年下拨的村镇基础建设资金 500 万元，仅能用于解决部分地区自来水问题。小城镇规划建设费 80 年代最高曾达到每年为 100 万元，但到 90 年代中后期已下降到几十万元，目前则 30 万元，微乎其微。可以说，投入主体过分依赖政府投入的机制已走入山穷水尽的地步。

2. 出于自身利益或能力的考虑，银行限制对小城镇的信贷资金投入。据有关部门测算，2001 年，重点镇(城关镇以外的建制镇)各项贷款余额平均为几千万元，相对于重点镇的经济发展和大量的基础设施建设需要明显不足。究其原因是，目前小城镇的乡镇企业普遍存在着发展速度缓慢，效益较差，以致银行等信贷部门对乡镇企业的投入面临相当大的风险；小城镇基础设施建设贷款存在选择承贷单位难、担保难、还款来源受限制等不利因素；国有商业银行县以下分支机构的贷款权普遍上收，支持小城镇建设有心无权，城乡信用社则因实力有限而有心无力。加之，当前金融机构贷款办法、运作方式等尚不适应县乡经济发展的需要，客观上制约了金融对小城镇建设的信贷投入。

3. 外来投资困难、渠道不畅。首先，基层政策与上级政策存在不协调，如上级规定对外商投资企业的优惠政策，对基层来说，会损失相当大的财政收入；其次，对基础设施和大型公共设施的多元化投资、外商投资办企业等审批环节太多，投资环境差，造成了大多数小城镇缺乏吸引力和竞争力。

(七)现行的户籍制度制约了小城镇的发展

目前，江西省小城镇发展中存在着人口规模过小、居住分散且不稳定等问题，这与小城镇户籍制度的制约有很大关系。

1. 过去农业人口进小城镇落户的合法途径曾采用了“农转非”或类似“农转非”的指标控制方式，受指标数量、进城落户的条件及严格的审批程序的限制，农民对此种迁移方式已失去信心。

2. 农村集体产权不清晰，任何人都不能单独携带一部分归自己所有或使用的集体财产跨社区流动，户口迁移的结果致使农民丧失已有的集体福利和对集体财产拥有的一切权利。

3. 严格的进城落户条件，尤其是在农民还没有对小城镇的生存环境树立起长期稳定的良好预期时、由农村经济组织或村民委员会收回进城落户农民的承包地和宅基地，实际上限制了农民进城。

居民户籍问题已成为阻碍非城镇人口在此投资建设发展的重要因素，因没有城镇户口，农民诸如在子女上学、社会生活等方面受到制约，一方面不敢在城区放手投资，担心利益无法保障，另一方面又不愿意失去农村的土地，担心失去最基本的生活保障，导致了农民在地理空间和产业上的自由流动受到限制，城镇人口无法有效聚集。城乡分离、不得随意迁移的户籍管理制度，阻碍了劳动力的自由流动，对小城镇的发展十分不利。因此，小城镇的发展亟需户籍管理制度的改革。

二、江、浙、闽三省小城镇建设的经验分析

近几年，江苏、浙江、福建三省小城镇发展迅速崛起，加快了城乡一体化的进程，使农村经济呈现出一派勃勃生机，三省以小城镇为主导的县域经济总收入、上交国家税收和财政收入均占80%以上，城市化水平均达到40%以上。总结三省在加快小城镇建设方面的成功经验主要是：

(一)加快区域经济振兴，实现小城镇快速发展

改革开放以来，江浙闽沿海地区充分发挥资金、技术、交通等优势，在体制和机制上创新，大大加快了当地经济的发展。如福建省水头镇过去曾是农业重镇，镇域内资源较贫乏，在经济体制改革的大潮中，他们瞄准了国内外建材需求的大市场信息，逐步建成了以石材加工、销售为主导产业的石材城，其产品“两头在外”，即原材料大多从国外进口，产品大多出口国外，不仅发展了经济、搞活了流通，富裕了农民，而且为小城镇的扩容提质奠定了雄厚的物质基础。浙江的龙港更是有胆识、观念新，个私经济发展迅速，地方财力大大增强。在寸土寸金的小城镇，房地产开发的地价每亩高达600万以上，但为了引进大中型工业项目，镇里不仅贷款为其完成“三能一平”，而且每亩地仅以8～10万元的低价出售给投资商，龙港镇仅此一项每年需补贴1亿元以上。但是，目前正在建设的占地200余亩的包装工业园区，在2～3年内便可收回该园区的征地补偿及基础设施投资，这种策略既发展了经济，又扩大了小城镇规模，完善了功能。

(二)加快乡镇体制改革力度，促进区域城镇协同发展

1.按合理布局城镇、优化区域发展的要求，精简乡镇管理机构。江苏省对规模偏小、规划起点低、综合功能弱的乡镇，即面积30平方公里以下或乡镇人口小于2万人的予以撤并，从而促使了小城镇形成规模优势，减少了机构管理层次过多带来的诸多问题。

2.按科学规划，建立小城镇发展体系。福建省水头镇的总体规划1996年聘请天津市规划设计院编制，2002年又由该院对规划进行了修编，将镇区分成了一个中心区、两个组团，工业园区的建设也在规划中得到了落实。福建省建瓯的阜新小区也是由市建设局精心编制了详细规划。江苏在新一轮区域规划中，调整城镇布局形态，突出中心镇的地位，建立了以中心城市——片区中心镇——一般建制镇三个层次的城镇体系框架，逐步诱导人口向城镇集聚、工业向小区集聚、农业向园区集聚，形成农业地域和城镇地域有机交错、经济社会协调发展的城乡一体化格局。

3.突出城镇优势，发挥各自特色。三省的小城镇发展大都是从重点中心镇的优势出发，对处在不同经济发展区域的中心镇功能作用进行了准确定位。如江苏省张家港市对5个中心市镇的功能作用进行了明确划分，以主导产业为龙头，形成独具特色的产业群体优势，吸引了各生产要素的聚集。苏南小城镇已形成众多的工业镇、商业镇、旅游镇、水产镇、禽牧镇、花木镇、山林特产镇等，以独有的区域特色和地方特色带动了农村经济的快速发展。

(三)强化制度建设，排除要素流动的体制障碍

1.加快小城镇管理制度改革。鼓励和引导农村人口向小城镇聚集。江苏在全省普遍开展了小城镇户籍制度改革，规定凡在县级市市区、县人民政府驻地及县以下小城镇有合法固定住所、稳定职业或生活来源的居住人员，均可办理小城镇常住户口，对落户农民不得收取城市增容费或其它类似费用。落实进城落户农民土地使用、流转政策，对一户在农村只有一处不超过标准宅基地的进城落户农民，可保留土地承包权，只承担相应的税费义务。对承包地和自留地继续耕种的土地，也可根据自愿原则，依法转包或折成股份转入集体经济组织，按股分红。对进城农民原有土地分红及福利待遇等，实行过渡性政策，保证利益不受影响，同时，对进城农民的子女入学、社会保障等方面给予更多的优惠。对于引进的高科技人才和城镇发展需要的各类人才，不受条件限制及时予以落户。

2.加大小城镇内住房、社会保障、教育等方面的改革，创造良好的就业环境。浙江省按照不同消费者的需求层次，在小城镇建设经济适用房，极大地满足了居者有其屋，调动了人口聚集的积极性。他们还建立以养老、失业和医疗保险为主体，国家、企业、个人三方共担，社会统筹与个人帐户相结合的社会保障体系，为小城镇发展提供了保障。

3.积极推行科学、合理的现代人才政策，调动每个人爱岗奉献的积极性。三省在发展小城镇过程中始终重视人才培育，普遍用事业吸引人才，用待遇留住人才，用竞争的机制培养人才。他们对投

资移民在小城镇连续工作满5年、有固定住所的辖区内合同制农民工，允许直接转进户口。20年来，浙江省小城镇镇区人口达到740多万，其中吸纳农村人口近300万，占小城镇镇区人口的17%。

(四)推进土地使用制度改革，为小城镇规模发展提供保障

对于人多地少、小城镇密集的江浙闽三省来说，土地资源显得十分珍贵。为了缓解小城镇建设用地趋紧的矛盾，他们坚持控制总量、盘活存量、走内涵发展的路子，使零星村社、企业逐步向小城镇集中。具体而言：

1.积极盘活存量建设用地。规定凡利用存量建设用地新建、扩建项目的，予以优先审批，小城镇国有存量建设用地出让、租赁的政府净收入的80%返还乡镇，用于小城镇基础设施建设。鼓励集体经济组织将集体土地的收益用于发展二三产业，参与小城镇建设。与此同时，对小城镇建设用地实行有偿使用的办法，坚持统一规划、征用、开发、出让和管理，一级土地市场由政府垄断。对商业、金融、娱乐、服务、旅游等经营性项目用地，特别是沿街经营性用地，采取公开招标、拍卖方式进行出让或租赁，使小城镇土地有偿使用比例达到供地总量的90%以上。对搬迁到小城镇的农户建房用地不超过规定标准面积的，一律免交各种费用，通过政府鼓励民间投资建设的形式，使小城镇成为农民落户的理想家园。

2.坚持"以城建城"的筹资策略，规范城镇土地批租。他们把土地使用制度与土地用途管理制度结合起来，严格限定划拨用地范围(限于机关用地、公益用地)。对于发展势头较好的工商业小城镇，超占用基本农田的，可采取变通办法在本区域内偏远地区签定有效合同，履行合法手续，购买基本农田指标予以补充，保证辖区内基本农田的动态平衡。这样既促进了城镇经济结构的不断优化，又为边远地区的农业经济发展聚集了资金。

3.建立土地置换机构，搞好土地整治。为了搞活现有的存量土地资源，提高土地利用率，他们在都建立了土地置换机构，运用经济杠杆在地区之间、城乡之间合理调节土地，对农村宅基地进行了专项治理，加大村庄兼并、旧村改造和"空心村"整治力度，实现耕地面积动态平衡。

(五)实现投资的多元化、多渠道，为小城镇建设聚集发展资金

江浙闽三省在发展中按照市场经济规律，用"经营城市"的理念去审视城镇化建设，在发挥财政、金融、企业、外商、民间投资的作用的同时，通过行政区划调整和道路开发，对一些中心地段和区位优势明显的街面采取土地出租转让的办法，使土地资源转变为滚动的财源，加快城镇基础设施建设。福建的水头镇在小城镇建设过程中实行综合开发、配套建设，从外地引进房地产开发企业，和镇政府联合开发建设小区，建设土地由村民委员会提供，房屋建成后以成本价(每平方米600元)优先卖给提供土地的农民，其余以每平方米1000元左右的价格面向社会销售，所获利润大部分用于基础设施配套建设。在镇政府不花钱、农民少花钱的前提下建成了福兴、东南等小区，加快了小城镇建设的步伐。在民间投资方面，浙江省按照"民资、民力、民智"的发展思路，加大民间投资力度，上半年全省非国有投资比上年同期增长30.1%，增幅提高10个百分点，占全社会投资比重的67.9%，小城镇的住宅、公共建筑、生产性建设和公共设施等项建设总投资已达100多亿元。对一些有意向的单位或完善城镇功能有推动作用的项目，在土地价格、规费收缴等方面给予政策优惠，吸引社会投资者开发建设。

(六)搞好小城镇配套建设，增强小城镇整体功能

在小城镇基础设施建设阶段，江浙闽三省坚持"先地下，后地上；先道路，后建筑；先配套，后发展"的原则，对工业、商贸、住宅、文化、教育、行政等不同区块明确规划其功能，对道路供水、排水、供电、通讯、消防等公共设施进行合理布局和配置。江苏省张家港市2001年完成了上亿元的公路建设工程，先后新建改造了西塘、乐红等几条公路，实现了全市"四纵四横"的大交通网络，供水、通电、通讯等工程建设也走在小城镇发展的前头。为了满足人们对文化、生活消费不断提高的需要，每个小城镇重点抓了社会公共设施的配套建设。又如浙江省萧山市瓜沥镇为了居民家庭安装有线电视、宽带网，实施以绿化、美化、亮化、净化为内容的"四化"工程，投入1600万元建成了航民村文化中心，投资千万元建成了镇文化娱乐中心。江苏省张家港市各镇两年就完成了"六个一"工程，即一所中学、一个综合市场、一条上档次主要街道、一个住宅区、一个综合娱乐场所和一个小公园或休闲广场，为小城镇居民开创了一个良好的人居环境，全市先后有11个镇被评为省级新型示范小城镇。

三、加快小城镇建设过程中应注意的八大关系

(一)正确处理好尽力而为与量力而行的关系

加快小城镇建设,必须从实际出发,充分尊重农民的意愿和自主选择,把改变农村面貌的热情与实事求是的科学态度紧密结合起来,既要抓住机遇,加大力度,尽力而为,又要实事求是,量力而行。尽力而为就是要解放思想,开拓进取,在改革中找路子,在实践中找办法,在市场上找资金,善于运用市场经济的手段启动农民投资需求,把农民群众进城建镇的积极性引导好、保护好、发挥好。量力而行就是要因地制宜,尊重客观规律,合理确定小城镇建设的规模、速度和标准。要力戒形式主义,不搞劳民伤财的"面子工程",不建脱离群众的"享乐工程"。各地不得搞小城镇建设达标升级活动,要严禁以小城镇建设为名,向农民乱集资、乱摊派、乱收费。要在确保不增加农民负担的前提下,充分调动各方面的积极因素,把小城镇建设这项关系农民群众切身利益的实事办好,好事办实。

(二)正确处理好重点突破与整体推进的关系

推动小城镇体系升级,是现阶段农村城镇化的趋势。根据农村经济实力和小城镇发展现状,在小城镇发展布局上,既要注重城镇数量的增加和城镇规模的扩大,同时还要重视发展一批规模较大、实力较强的小城镇,做到量的扩大与质的提高并举,优化小城镇结构,提高整体发展水平。要着眼于区位优势、特色优势、规模优势和产业发展优势,选择一批中心镇和基础条件较好的小城镇,实施重点突破,上档次、上规模、上水平,加快向小城市方向发展。多数处于起步发展阶段的小城镇,要选准发展方向,搞好功能定位,抓住薄弱环节,集中解决一些突出矛盾和关键制约因素,力争尽快建成新型小城镇。小城镇建设要与乡镇重组相结合,与中心村的发展相结合,全面优化农村的镇村布局。从城镇化的定位来看,在不发达地区,城镇化建设的重点应该是发展重点小城镇。在较发达地区,则应以发展中小城市为重点,带动发展重点镇。在发达地区、大中城市郊区和城镇密集区,要注意发挥大中城市对区域城镇化和小城镇发展的龙头带动作用,走集约型的以大中城市为重点的城镇化道路。特别是在少数经济发展水平比较高的地区,随着经济的迅速发展和城镇化的加快推进,以城镇为主体的区域经济结构正在演变为各具特色的城镇群,或以大中城市为核心的多层次城市圈(城市经济圈)。如以北京为核心的京津唐城市圈,以上海为核心的长三角城市圈,以广州、深圳为核心的珠三角城市圈。

三、正确处理好加快农村城镇化进程与发展农村经济的关系

农业、农民和农村是小城镇发展的基础。小城镇建设必须把为农服务作为出发点和落脚点,以促进农业现代化为目标,坚持强镇兴农,重视开发和利用农业资源,在加快农业产业化进程中发挥主导作用。要适应农业和农村经济发展的需要,健全服务体系,强化为农服务功能,增强小城镇带农兴农的能力,坚持放宽政策,让利于民,调动农民进城建镇的积极性,激发旺盛的生机和活力。

(四)正确处理好产业聚集与人口集中的关系

加快人口等生产要素向小城镇的集中和加快二、三产业的发展,是小城镇建设的两个至关重要的问题。只有提高人口聚集度才能带动物流、资金流、信息流,只有经济实力上去了,才能提供更大的就业、创业空间。因此,我们既要重视人口集中,科学合理地调控农民进镇的速度和规模,有计划、有秩序地引导农民向小城镇转移,更要重视产业聚集,通过发展主导产业支撑小城镇,搞好市场建设繁荣小城镇,优化产业结构提升小城镇,增强小城镇对农村人口的承载和吸纳能力。

(五)正确处理好城镇化与土地占用和土地流转的关系

土地问题是城镇化过程中必须处理好的一个重大问题,对于推进城镇化健康发展至关重要。从当前的情况看,城镇化过程中要高度重视土地征占和土地流转这两个问题。我国人多地少,必须实行最严格的土地管理制度,严格控制占用耕地,"合理利用每一寸土地,切实保护耕地"。城镇建设不能无限制地圈地、相互攀比,招商引资不能随意送地圈地。要维护农民权益,必须占用的土地要给农民以合理的补偿,安排好农民的生计。城镇建设征地要适当留地开发安置农民,公路等项目建设可以采取土地使用权入股、土地租赁等形式,让农民参与收益分配。如果耕地大量被占用,农产品供给能力将可能会出问题,就难以支撑城镇化。农民失去土地,又没有新的就业,产生大量的流民,不利于城镇化发展,还会影响社会稳定。

土地流转是涉及农民切身利益的大事。土地规模化要与我国的国情和城镇化进程相适应。随着城镇化的发展,土地经营逐步实现规模化是必然

的趋势。由于我国土地少农民多，城乡就业压力大，土地规模化将要经历一个比较长的历史过程。一部分土地在较长时期内将会采取兼业经营的方式，这是我国城镇化过程中的一种合理选择。兼业经营可以降低城镇化的成本，有利于社会稳定，从长远看也有利于土地经营走向规模化。由于农村劳动力严重过剩，目前的兼业不会造成劳动投人的减少，影响土地收益。有条件的地方可以按照依法、自愿、有偿的原则，进行土地承包经营权流转，逐步发展规模经营。这就要因地制宜，因势利导，水到渠成，不要行政推动。在这个过程中要特别强调尊重农民意愿，维护农民的利益。

（六）正确理解城镇化与制度创新的关系

加快城镇化进程，要以加快制度创新为基础，用市场化推进城镇化。在制度创新过程中要科学处理加快改革与循序渐进的关系。以社会保障制度的改革为例，建立城乡统一的社会保障制度应该是我们长期努力的方向，建立覆盖农民工的统一的城镇社会保障制度，至少是我们中期努力的目标。但是，就近期而言，对农民进城的就业歧视还难以根本消除，在劳动市场上城乡劳动力公平竞争的格局还难以根本形成，特别是劳动力市场供大于求的问题短期内还难以根本缓解。因此，与农民工相关的社会保障制度改革不宜要求一步到位，过早地要求农民工享受与城镇劳动力平等的社会保障权利，可能不利于提高农民进城的就业竞争力，因而不利于发挥城镇化对农村就业结构转型的带动作用，因为提高农民工的社会保障水平，等于提高了城镇企业对农村劳动力的使用成本。

（七）正确理解小城镇建设与农民务工的关系

农民工进城务工经商是中国城镇化必然要经历的历史过程。我国人口多，特别是农民多，转移农村劳动力是现代化过程中的一项历史任务。中国要加快推进城镇化，走向现代化，农民进城打工就不可避免。但由于现阶段我们的国力有限，无法由国家统一安排就业、社保、医疗等，农民进城只能采取两栖的办法，找到工作就在城市，找不到工作再回到农村，减少国家负担。因此，必须从国民经济和社会发展全局的高度看待农民工进城务工经商，善待农民工。按照“政策引导、有序流动、加强管理、改善服务”的方针，做好有关农民工的各方面工作，如给农民工“减负”，减少各种收费，降低农民进城打工的成本；搞好“服务”，建立劳务市场，提供就业信息，加强就业指导与培训，提供法律援助、劳动安全、子女教育等方面的服务，为农民进城打工创造好的环境；给农民工“留退路”，不要急于收回承包地，农民工失去了工作还可以回乡种田，进退有路，无后顾之忧，这既降低了城镇化的成本，也降低了社会稳定的风险。

（八）正确处理好小城镇建设与农村环境建设的关系

加强环境保护，着力实现可持续发展，这是现代文明的重要特征，是人民群众的普遍要求，也是我国的基本国策。加快建设小城镇，决不能偏离这一大政策。要切实加强基础设施建设，努力改善镇容镇貌和生产生活环境；加快发展科教文卫体等各项社会事业，提高小城镇建设的文化内涵与品位；加强土地资源管理，依法合理利用土地，保持耕地总量动态平衡；加强环境污染综合治理，坚决控制新上污染项目，努力实现经济、社会、环境协调发展和可持续发展。

四、小城镇建设中一种切实可行的运行模式

BOT 是英文 Build—Operate—Transfer 的缩写，通常直译为“建设—经营—转让”，其雏形发端于 19 世纪后期的北美大陆。作为小城镇基础设施投资、建设和经营的一种方式，BOT 是以政府和企业之间达成协议为前提，由政府向企业颁布特许，允许其在一定时期内筹集资金建设某一小城镇基础设施并管理和经营该设施及其相应的产品与服务。当特许期限结束，企业按约定将该设施移交给政府部门，转由政府指定部门经营和管理。

在小城镇基础建设中引进 BOT 方式有以下好处：

（一）有利于减轻地方政府的财政负担

小城镇基础设施较为落后一直是制约我国不发达地区经济发展的“瓶颈”，特别是欠发达地区公路、铁路干线很不成体系，小城镇的通讯、邮政设施缺乏，供水供电设施不足，不仅使小城镇经济活动成本上升，而且限制了小城镇各种生产要素的流动，也给人民生活和社会生产带来极大的不便。采用 BOT 方式建设小城镇，可以吸收民间资本投入到小城镇的基础设施建设中，由此获得小城镇得以运作和发展所必须的基础设施及其产品与服务。在 BOT 方式下，政府只需与承建企业签订协议，无须政府保证或承诺支付项目借款，更不需要政府投资。政府可以将原本计划兴建小城镇基础设施

的预算转向其他同样急需资金的项目。这样，可以缓解目前城镇建设资金不足的矛盾，减轻地方政府的财政负担。同时，小城镇基础设施项目由企业建设、维护、经营并自负盈亏，可以使政府最大程度地规避各种投资风险。因此，采用 BOT 方式建设，利用民间资本直接投资和经营小城镇基础设施，可以加快小城镇基础设施的建设，适应我国经济和社会发展对小城镇建设的要求。

（二）有利于提高小城镇建设的技术管理水平和营运效率

世界银行的研究资料表明，由于包括小城镇在内的小城镇基础设施的建设、营运在国民经济中长期处于垄断地位，我国小城镇基础设施因技术效率、经营管理水平低所造成的损失相当于 GNP 的 1%、年度小城镇基础设施投资额的 1/4、年度小城镇基础设施投资融资额的 1/2。采用 BOT 方式，吸引外资企业、国内大型集团公司以及有实力的民营企业参加小城镇基础设施建设，可以使项目建设和经营采用先进的技术和管理方法，提高劳动生产率并提供良好的小城镇基础设施服务。有的小城镇建设没有充分考虑以市场机制来配置小城镇基础设施资源，导致这些小城镇缺乏人气和商机，“有场无市”，使本来短缺的小城镇基础设施资源出现闲置。采用 BOT 方式建设小城镇，作为投资商和开发商势必从投资收益考虑，注重包括小城镇基础设施在内的各种项目的招商引资效果，从而有助于提高小城镇基础设施的技术管理水平，提高其营运效率。

（三）有利于充分发挥市场机制和政府干预的协同作用

BOT 具有市场机制和政府干预相结合的特点。一方面，小城镇的 BOT 项目的大部分经济行为都在市场上进行，政府以招标方式确定项目建设和营运企业，本身就内涵了市场竞争机制，营运企业作为独立的市场主体，在特许期内对所建工程项目具有相对完备的权利，并按照市场原则进行建设、维护、经营，以实现自负盈亏和获得一定的收益。另一方面，尽管小城镇的 BOT 协议的执行全部由企业负责，但政府自始至终都拥有对该项目的控制权。在立项、招标、谈判三个阶段，政府的意愿起着决定性作用；在履约阶段，政府又具有监督检查的权力，同时，小城镇项目经营中价格的制定也受到政府的一定约束。因此，采用 BOT 方式建设小城镇，既可以发挥市场机制的作用，又可以发挥政府干预的效力，二者相互协同，将使小城镇基础设施的建设、营运取得良好效益。

（四）有利于吸引民间资本投入小城镇建设

近年来，国家采取了大量措施扩大内需，加大了小城镇基础设施建设力度，但受国家财力限制，利用积极的财政政策进行小城镇的基础设施建设难以长期实行。采用 BOT 方式建设小城镇，可以吸引民间资本大量进入小城镇基础设施建设，符合国家大力拉动民间投资、扩大内需的政策。同时，吸引民间资本参与 BOT 项目建设和营运，有利于政府引导民营经济的发展方向，克服其盲目发展、不规范经营的缺陷，为其拓展市场、开发投资制造机会，为其健康发展创造条件，也为政府优化资源配置和调整产业结构提供了有效途径。而且，现阶段，我国民营企业已初具规模，作为独立的法人，民营企业大多有明晰的产权，符合“自主经营、自负盈亏”的原则，具有较好的激励机制和约束机制，能够在市场经济条件下自觉地按照市场原则开展业务活动，采用 BOT 方式吸引民营企业进入小城镇基础设施领域，有利于在小城镇基础设施的建设和营运中坚持市场原则，降低成本，提高效率。

五、现阶段加快小城镇发展的具体对策

（一）明确发展小城镇的指导原则、主要任务和发展目标

发展小城镇应遵循以下原则：

1. 因地制宜，突出重点，注重实效，量力而行，重点支持具有发展优势的中心镇。

2. 以促进经济社会发展为目标，通过发展小城镇，促进农村一、二、三产业协调发展。

3. 充分运用市场机制，走政府引导下，依靠市场机制建设小城镇的路子。

4. 坚持可持续发展战略，保护资源和生态环境，加强环境污染治理，努力改善小城镇环境。

小城镇建设的任务和目标是，优化小城镇发展布局，加强基础设施和公用设施建设，完善小城镇功能，大力改善居住区环境，把 15%的建制镇建设成为规模适度、经济繁荣、布局合理、设施配套、功能健全、环境整洁，具有较强辐射能力的农村区域性经济文化中心，其中少数具备条件的小城镇将发展成为辐射和带动功能更强的小城市。

（二）加强小城镇科学规划，促进小城镇建设健康发展

坚持高起点规划、高标准建设，努力形成特色

鲜明的小城镇体系。规划是小城镇建设的龙头，规划水平的高低决定了城镇建设的层次和水平。具体而言：

1. 要根据全国城镇布局的基本思路，结合省域城镇体系规划的编制，明确本地区小城镇发展的思路和空间布局，确定中心城镇的选取标准和数量，编制、调整和完善县域城镇体系规划。并在此规划指导下，搞好小城镇的规划。

2. 对不同经济发达地区的小城镇采用不同的发展策略：经济发达地区主要培育和发展具备良好交通条件的城镇密集区，以提高城镇化质量为目标，提高小城镇基础设施水平；经济中等发达地区在保障小城镇有一定程度的数量扩张的同时，重在提高小城镇的规划水平和规划标准上，小城镇的轴向带状发展与据点式发展并重；经济欠发达地区的小城镇据点式布局形式，作为区域发展的“增长极”培植发展。要实行首位发展模式即采取以强化中心城镇（重点镇）为主导的不均衡动态发展方式，形成“马太效应”的良性循环，最终促进小城镇的发展。

（三）积极培育小城镇经济，增强小城镇发展实力

发展经济，增强实力，提高产业聚集度，是农村城镇化的基础和前提。有了较为发达的二、三产业作支撑，才能使小城镇人气旺、商机多、经济兴。因此，必须把发展经济、产业聚集放在小城镇建设的突出位置，把镇区建设与优化农村经济结构、提高乡镇企业水平、大力发展第三产业结合起来，从根本上增强小城镇的内聚力和辐射力，发挥整体功能，促进城乡联动发展。具体而言：

1. 引导乡镇企业向小城镇集中，大力推进乡镇企业二次创业。在新的形势下，进一步加快发展乡镇企业不能再走“村村点火、处处冒烟”，低水平重复建设，浪费资源，污染环境的老路，必须采取有力措施鼓励和吸引乡镇企业特别是工业企业向小城镇聚集。每个小城镇特别是重点中心镇都要规划建设好工业小区，搞好基础设施建设，采取更加优惠的政策，吸引乡镇企业的聚集。工业小区是城镇发展的助推器，至少应实现吸收农业人口和促进产业聚集两个目标，吸引外资不一定要作为所有小区的政策目标，尤其是地处偏远、区位条件不好的县级开发区应以前两个目标为主。产业聚集要二三产业并举。

2. 以市场建设为重点，大力发展第三产业。各地在小城镇建设中，都要把市场建设摆上重要位置，依托产业优势和产品优势，选准市场定位，培育具有地方特色、规模较大、集散功能较强的农产品、工业品专业市场。各县（市）区要按照规模化、专业化、特色化的要求，对小城镇市场进行统一规划。今后小城镇不要再建传统的集贸市场、综合市场，并要逐步取消马路市场。同时，要加快发展信息咨询、劳动中介、社区服务、旅游、房地产等各类第三产业，加快教育、科技、文化、卫生等社会事业的产业化进程，为城镇居民提供更多的就业机会。

3. 充分发挥小城镇在推进农业产业化进程中的龙头带动作用。要结合农业结构调整，在小城镇周围建立起集约化程度较高的农副产品基地，在小城镇中积极发展和培育农副产品加工企业和流通企业，健全和完善产前、产中、产后全过程配套服务体系，把小城镇建设成为农副产品加工和销售中心，农业产业化的信息和技术服务中心，把农业生产与市场需求、农民与城镇紧密联系起来，全面提高农业产业化水平，促进传统农业向现代农业的转变。

4. 大力发展个体私营经济。个体私营经济是当前经济发展中最具活力的因素。要把发展个体私营经济作为小城镇经济的重要增长点来抓，进一步放宽政策和经营领域，鼓励农村能人、个体私营大户进镇投资兴业，经商办厂，增强小城镇经济发展的活力。有条件的城镇，可以创办个体私营经济园区，给予一定的政策扶持，促使个体私营经济上档次，上规模，上水平。

（四）深化小城镇财政体制改革，建立多元化投资机制

1. 按照事权与财政相统一的原则，完善其财政管理体制。目前，要以政府和财政投资为导向，运用市场机制，引导商业银行、企业、团体、个人、外商参与建设，建立和完善城镇设施的经营与市场运作机制，使城镇经营纳入市场化轨道，形成真正的多元投资机制。当前的关键是要深化改革，逐步建立起地方财政投入、基础设施有偿使用、公共事业收费、吸纳社会资金和引进外资等多渠道、多元化的投资体制。当前，可采取投资、贴息、争取金融机构设立专项贷款等方式，用于道路、教育、文化场所、环境整治等公用基础设施建设和规划编制、信息网络建设；从小城镇规划区内收取的基础设施配套费全额返还乡镇，用于小城镇建设；从小城镇收取的城市维护建设税主要用于小城镇建设；各级财政也要每年拿出一定的城市建设专项资金支持小城镇建设。

2.坚持“谁投资、谁所有、谁受益”的原则，千方百计启动民间投资。一方面，要加大招商引资力度，鼓励集体、个人及社会各方面，参与小城镇住宅开发和基础设施的建设、管理和经营，投资文化、教育、卫生等事业。另一方面，在发挥政府资金引导作用的基础上，各县(市)区、乡镇政府要放宽小城镇基础设施有偿使用和有偿服务范围，理顺价格关系，建立政府调控价格和市场定价相结合的公用事业价格体系，把能推向市场的项目都推向市场。现阶段，可继续鼓励采用“以地生财”、“以房带路”、以开发促配套等办法经营城镇，把小区开发和小城镇基础设施建设有机结合起来。

3.组建投资开发公司，用好用活小城镇建设资金。以资产经营为核心，通过股权转让，拍卖经营权等方式，盘活基础设施存量，实现建设资金投入产出的良性循环。

(五)积极推进小城镇改革，增强经济和社会事务管理能力

综合管理水平的高低，直接关系到小城镇功能的发挥。从总体上看，当前小城镇的管理还停留在较低的层次上，不少地方用管理农村的一套办法管理小城镇，缺乏科学性，难以上水平。因此。要积极推进小城镇管理体制改革，增强小城镇的经济和社会事务管理能力。具体而言：

1.乡镇党政领导班子和广大干部要加强学习，掌握好城镇管理科学，积极采用现代化城镇建设方式和管理手段，转变政府职能，强化服务意识，运用规划控制、典型示范和政策引导的方法，加强小城镇的综合管理。要以治理“脏、乱、差”为重点，大力整治环境，改善镇容镇貌。

2.要结合小城镇规划的调整和修编，对绿化、亮化、美化工程进行统一规划设计，分步组织实施。继续深入开展创建文明村镇活动，把小城镇管理纳入法制化、规范化的轨道。

3.要大力加强宣传教育，广泛开展职业道德、社会公德和家庭美德教育。着重抓好文明语言、文明行为、文明生活方式的规范和养成，形成健康向上的社会风尚，

4.要加强法制建设，用法规和制度教育群众。要建立健全小城镇管理机构和综合执法队伍，强化职能，明确责任，提高素质，增强依法管理的能力。要坚持建管同步、建管并重的方针，持之以恒，严格管理，长期巩固，不断提高城镇管理水平。

(六)积极引导乡镇企业和农产品市场与小城镇相结合

乡镇企业和农产品市场与小城镇是互为依托的关系。专家指出，要引导其向城镇和工业园区集中，政策应灵活，如采取多种形式降低企业用地成本，同时在资金、信贷、税收等方面实行优惠。

1.各级政府对小城镇要统筹考虑，本着有重点、因地制宜、相对集中、集聚规模的原则，根据其区位优势、产业优势、资源优势来确定并制定小城镇建设的科学规划，把工业园区、工贸小区建设纳入小城镇建设进行合理布局，引导乡镇企业向城镇集聚，向工业园区集聚。小城镇建设规划要把发展乡镇企业和工业园区建设相配套的基础设施和环境建设纳入版图，引进和运用先进技术和科技成果，高标准、高质量、高起点建设新型工业园区，提升产业层次，将新建的乡镇企业引导进入工业园区发展，促进小城镇的不断扩大和繁荣。

2.要把农产品加工业作为乡镇企业的主攻方向，提高第三产业的比重。乡镇企业的主体是农产品加工业，要突出主导产品，培育龙头企业，使之形成地方特色的支柱产业。与此同时，要重视发展第三产业，要立足市场，根据自身特点，大力发展旅游观光、咨询服务、交通运输、文化娱乐、教育卫生等服务业，提高城市品位。

3.深化乡镇企业机制改革，努力提高乡镇企业发展水平和市场竞争力。要创新乡镇企业体制和机制，深化产权制度改革，推进资本营运，增强企业发展活力；要大力发展股份制、股份合作制，大力引导个体私营企业实行多种形式的合作和联营，提高规模化和集约化水平；要创造最好的投资环境，扩大招商引资，发展合资、合作型企业，实现投资主体多元化；要大力培植骨干企业，加快技术改造和更新先进设备，运用先进加工工艺，抓好产品安全质量管理，实行标准化生产，提升产品质量，创名牌、创品牌，将企业做大做强；要以重点骨干企业为核心，带动一批中小企业的发展，分工协作，以大带小，以小靠大，形成产业群带，促进城镇发展。

4.加强对乡镇企业和小城镇建设的领导，创造一个良好的发展环境。各级政府要把发展乡镇企业和小城镇建设当作不可或缺的两大战略，站在解决“三农”问题和全面建设小康社会的高度来认识、来部署，研究新思路，探索新举措，开创新局面；要消除不利于小城镇发展的体制障碍和政策障碍，引导农村劳动力合理有序流动；要以更加优惠的政

策、优美的环境、优质的服务、优良的法制保障吸引外商和个体投资者，进入小城镇和工业园区兴办企业，吸纳农村劳动力进入小城镇发展第三产业；在建设项目用地上，要按照有关政策规定，通过土地流转、置换以及分期缴纳土地出让金等形式，优先考虑农产品加工支柱产业和工业园区的建设用地，以及小城镇基础设施建设用地；在资金投入上，财政资金要优先扶植龙头企业的发展壮大，对名特优产品和科技创新产业要给予重点扶持，地方财力要重点发展小城镇的教育、卫生、科技、交通、通信等公益事业，增强城市的服务功能；在税收政策上，对乡镇企业要坚持“放水养鱼”的原则，能减免的减免，能退还的退还，能不收的不收，增强企业自身发展能力。

（七）修订设镇标准，明确城乡界线，引导镇区合并

我国小城镇数量多、规模小的一个重要原因是设镇标准较低。现行的设镇标准是1984年施行的，规定：总人口在2万以下的乡、乡政府驻地农业人口超过2000的可以建镇；总人口在2万以上的乡、乡政府驻地非农业人口占全乡总人口10%以上的也可以建镇。低标准，再加上一些未达标而设置的镇，使建设镇的数目大增，造成了一系列的问题出现，因此提高设镇标准是十分必要的。在修订的标准中除人口指标外，应增加经济指标，如财政收入、国民生产总值及第二三产业的比重，通过对指标体系的修订，使小城镇的质量得到提高。目前，建制镇只有“镇区”才是本质意义上的城镇，而“建制镇”本身并不是城镇。城乡界线不分，对管理等工作极为不便，不利于小城镇发展，因此应尽快制定镇区划分标准办法，明确城乡界线。应对那些紧密相邻的镇区加以合并，以实现规模发展。

（八）加快户籍制度改革，建立和完善社会保障制度

城乡分离的户籍制度限制了农民进入城镇，因此必须加快户籍制度改革的步伐，降低“门槛”，放宽标准。具体而言：

1.将具有合法固定住所，稳定的职业或生活来源作为在小城镇落户的基本条件，不再规定居住期限，允许进镇的农民根据本人意愿，保留其承包土地的经营权，并允许依法有偿转让；要鼓励已经成功实现产业转移、空间转移的农户放弃土地，对放弃的土地咳考虑给予补偿，作为进入城市的福利补充和社会保障金。

2.要切实转变观念，认识到进行小城镇户籍制度改革，主要是为了吸引农民进镇投资兴业，从根本上促进小城镇建设和发展，不能再沿袭过去办理地方城镇户口甚至卖户口的做法。要改革在计生、社保、劳动用工等与户口挂钩的政策，建立城乡统一的户口登记制度。进一步下放户口迁移审批权限，增加各类人员特别是农民进入城市落户的政策透明度，在全省统一户口迁移材料、程序和时限，对购房、夫妻投靠、父母投靠的户口迁移，凡手续、材料齐全的在派出所申报登记，准迁证由县、市局户政部门委托派出所签发。严禁用工单位招聘人员以户口地域范围作为用工条件，并加大查处力度。

3.要坚决制止乱收费，对世居小城镇建成区范围内的农业人口，对小城镇建设有突出贡献的人员、优抚对象以及年老人员进入小城镇落户，原则上不能收费；对其他符合落户条件的人员，也只能适当收取工本费或少量管理费。经批准在小城镇落户的人员，在就业、入学、参军、社会保障等方面与小城镇原有居民享有同等待遇。

4.要进一步改进工作作风，简化办事手续，对符合落户条件的人员，只要有合法有效的居住、就业证明，就可以办理落户手续。

总之，要多方面创造条件，方便农民向小城镇有序流动和集中，使农民既无后顾之忧，又有进城之乐。

小城镇，大战略

——山西农村城镇化水平测定与发展目标

山西省农调队

发展小城镇，提高城镇化水平，是促进农民增收和国民经济良性循环的一项重大举措。以小城镇为重要载体，推进农村现代化、农村工业化和农村城镇化，是一条中国特色的城市化道路。根据省委的统一安排，我们借鉴有关研究成果和兄弟省市的经验，通过对农村小城镇的调查和加工整理历史资料，采用定性和定量分析相结合的方法，建立评估指标体系，对山西省农村城镇化水平进行了测度，同时提出了新世纪前20年山西省农村城镇化发展战略和目标，以及实现目标的对策措施。以为省委省政府制定政策，分类指导，加快农村城镇化进程，促进城乡协调发展提供决策依据。

一、农村城镇化发展现状

小城镇是介于城市和乡村之间的城市雏型，是连接城市和乡村的纽带和桥梁。当前，正成为一种新型的、从乡村农业性质变成多种产业并存的、向着现代化市镇转变的过渡性社区。对于小城镇有着各种不同的界定，但国内目前通常是指建制镇，也有将集镇包括在内或泛指所有乡镇。本文所指的小城镇即建制镇。

(一)总体规模

改革开放以来，伴随着农村经济的快速发展和经济实力的增强，山西省小城镇迅速发展壮大。到2002年底，全省共有建制镇564个，占全省乡镇总数的47%；建制镇总人口达1564万人，平均每个镇2.8万人。镇区总户数为111万户，占全省乡镇总户数的16.2%，平均每个镇区869户。镇区总人口为378万人，占全省乡镇总人口的15.2%，平均每个镇区有2966人，中小型规模的居多，有半数以上的建制镇镇区人口不足4000人；镇区人口在2000人以下的镇有163个，占全省建制镇总数的28.9%；2000～4000人的镇有175个，占31%；4000～6000人的镇有75个，占13.3%；6000～10000人的镇有62个，占11%；10000人以上的镇有89个，占15.8%。镇区总占地面积为931平方公里，占全省建制镇行政区域土地面积的1.3%，平均每个建制镇镇区占地165公顷。

(二)人口就业

1.非农业人口与农业人口混居，非农业人口多于农业人口。如果将建制镇人口按所从事职业划分为农业人口和非农业人口，2002年非农业人口占54.9%，农业人口占45.1%。建制镇从业人员占建制镇总人口的比重为46.2%。

2.第三产业比重大于第二产业比重。建制镇劳动从业者，第三产业劳动者比重达32.1%，第二产业劳动者比重为22.8%。

(三)经济发展水平

小城镇的发展一般要经历三个阶段：最初，小城镇的功能主要侧重于流通，是消费性的建制镇。之后，小城镇的工业越来越发展，小城镇也较快地由消费性向生产性转化。这一阶段,流通职能和生产职能并存,生产职能逐渐转为建制镇的主要职能。随着工业的进一步发展,小城镇资金集聚和人口集聚达到一定程度时,服务职能显得越来越重要。这时的小城镇功能逐步趋于完善,成为农村经济中心、文化中心。目前,山西省多数小城镇尚处于第二阶段。

改革开放以年,山西省小城镇的经济发展水平不断提高。

1. 乡村经济总收入。2002 年建制镇乡村经济总收入达 1265 亿元,平均每个建制镇的乡村经济总收入达 2.24 亿元。

2. 财政收入。2002 年建制镇的预算性财政收入达到 21 亿元,占全省一般预算收入的比重为 13.9%。平均每个建制镇的财政收入为 372 万元。

3. 2002 年建制镇年末居民储蓄存款余额为 369 亿元,占全省居民储蓄存款总额的 16%。

4. 乡镇企业。2002 年全省建制镇共有各种类型的乡镇企业 17.3 万个,占全省乡镇企业总数的 61.7%,建制镇乡镇企业从业人员共计 170 万人,占全省乡镇企业从业人员总数的 60.2%;建制镇乡镇企业年营业收入总额达到 1169 亿元,占全省乡镇企业年营业收入总额的比重达 62.3%。

(四)社区环境

基础设施是衡量小城镇质量和水平的重要标志。小城镇基础设施可以分成技术性基础设施和社会性基础设施。技术性基础设施包括能源、供水排水、道路交通、邮电、环境保护等;社会性基础设施包括住宅、零售商店、餐饮业、中小学校、医疗卫生、文化体育和行政机构等。

1. 小城镇基础设施建设初具规模,水、电、路、通信等设施渐趋完善。2002 年,全省小城镇自来水普及率 34.3%,有线电视入户率 27.7%,镇均电话装机 6749 部,镇均公里里程 54 公里。

2. 小城镇已经成为农村教育文化中心,社会服务功能比较齐全。2002 年每个建制镇拥有 13.7 个幼儿园和 33 所学校,每所学校平均有学生 134 人,平均每个建制镇有 2 所医院(卫生院)和 0.8 所敬老院、福利院,拥有医生 41 人,病床 55 张。多数小城镇均拥有了影剧院、文化站、图书馆、电视差转台和广播站,集文娱、教育、体育于一体,基本上满足了居民丰富文化生活的需要。

3. 集市贸易给小城镇带来了勃勃生机,区域性商品集散地和商贸中心逐步形成。2002 年平均每个建制镇镇区有集贸市场 1.2 个,综合市场多于专业市场。但市场体系还不完善,集贸市场建设带有盲目性、自发性、随意性、无序性,分布分散、功能少、占地多、效益差。

从总体来看,山西省小城镇的社区环境要好于农村其他地区,但与城市相比差距还很大。作为发展中国家,我省小城镇基础设施建设尚处于起步阶段。

二、农村城镇化进程测度

在国际比较上,城市化和城镇化没有明显的区分,城镇化水平用一个国家或地区的城镇人口占其总人口的比重来衡量。这也是世界上公认的城市化水平指标。

对于农村城镇化,不同的研究者有着不同的理解。经济结构论者把农村城镇化理解为非农产业在农村经济中份额的上升;经济发展论者将农村城镇化视为农村人口和经济活动逐渐向城镇转移和集中的过程;社会发展论者认为农村城镇化主要表现为农村生活方式向城镇生活方式的转变,是一个变传统落后的乡村社会为现代文明的城镇社会的自然历史过程等等。总之,农村城镇化是指一个国家或地区在工业化、现代化过程中,乡村分散的人口、产业(资本)等不断地进行空间上的聚集而逐渐转化为城镇的经济要素的过程。农村城镇化不单纯是人口及劳动力的转移过程,而是一个综合性概念。人口和产业在这个空间的聚集是城镇的最重要的特征。

农村城镇化的测度是比较困难的。农村城镇化是一个十分复杂的社会现象,是一个动态过程,不同时期具有不同特征,为便于比较,其测度应该使用一个统一的标准;另一方面城镇化内含的多样性,测度的方法应当用较为简洁的标准反映其复杂的内容。

(一)用单一指标测度农村城镇化水平

人们通常用城镇人口占一个国家或地区总人口的比重表示一个国家或地区的城镇化水平,又称人口城市化水平。在我国,城镇化水平的统计有两种口径:一是以城镇非农业人口计算的城镇化水平;二是以城镇实际居住人口计算的城镇化水平。目前使用的城镇化水平数据是据第二种口径计算的,反映了城镇化的实际进程。

在我国，由于人口多，城市和乡镇体系断裂，为便于监测反映农村城镇发展进程，农村城镇化与城市化水平测算应区别开来。2002年，我省564个建制镇镇区集聚人口为378.41万人，占到全省乡镇总人口的15.2%。

世界城市化进程可以分为六个阶段，即城市化水平在10%以前为史前阶段；10～20%为起步阶段；20～50%为加速阶段；50～60%为基本实现阶段；60～80%为高速发达阶段；80%以后为自我完善阶段。据此分析，2002年我省城市化水平达38.1%，我省整个城市化进程处于加速阶段的中后期；农村城镇化水平仅为15.2%，小城镇建设处于起步阶段的中期。

（二）用复合指标反映农村城镇化水平

研究农村小城镇的发展状态，分析其发展的水平和存在的问题，用定性的、单一的标准很难做出准确的判断，必须用系统的指标体系和数量化分析方法才能做出全面、准确的评价。基于农村城镇化的本质特征，结合我国国情和山西省实际，借鉴有关研究成果，按照统计指标体系设计的科学性、代表性、可比性、可操作性等原则，参考农村工业化、现代化标准及全面小康目标，选择了10项指标，并赋予目标值，组成反映农村城镇化水平的一个完整体系。

镇区人口规模：城镇与乡村一个明显的差别是人口有较高的聚集度，小城镇人口聚集度越高、人口规模越大，则小城镇发展水平也越高。有关研究表明，我国小城镇的镇区人口要达到3万人以上，才能正常发挥集聚的功能。

财政收入：反映地区经济总量和财力的综合性指标，根据山西省经济发展水平，每镇3000万元的目标较为理想。

人均建设用地：由于人口、土地总量的差异，标准难以确定。在一定范围内城镇用地越少越好。根据国家城镇建设人均用地规划，城镇建设人均用地限制在150平方米内。

非农化就业率：反映了小城镇劳动力及人口在非农产业分布的程度，小城镇越发达、发展的水平越高，其非农就业率越高，考虑到小城镇连接农村，定为80%以上较为理想。

人均纯收入（可支配收入）：这一指标反映居民的富裕程度，一个地区的城镇化水平与其居民的富裕程度密切相关，参考全面小康基本标准：城镇居民人均可支配收入1.8万元，农民人均纯收入8000元，结合山西省小城镇实际情况，人均收入目标定为1.6万元比较理想。

人均居住面积：这一指标反映居民居住的宽裕程度，根据山西省实际和全面小康基本标准，以每人30平方米为理想。

五通率（自来水入户率、生活用燃气普及率、有线入户率、电话普及率、道路铺装率）：反映小城镇居民生活条件的指标，理想的状态为100%。

劳动力平均文化程度：这是反映小城镇内在潜质的一项重要指标，劳动力文化程度与收入水平及向非农产业转移程度呈正相关关系，与生育率呈反向相关关系。该指标在工业化后期要达到高中水平，劳动力文化程度定为12年为理想状态。

平均每千人拥有的医生数：这从一个角度反映了社区就医保健水平，参照全面小康基本目标，可确定理想的状态为每千人拥有2.8名医生。

森林覆盖率：反映一个国家和地区森林资源和绿化水平，从一个侧面反映城镇、农村生态环境的优化程度。该指标国际上公认30%以上比较适宜。

设置这一指标体系的意义在于：一是可以进行横向的比较，不仅可以将山西省与外省小城镇发展水平进行比较，而且还可以对山西省不同地区的小城镇发展水平进行比较，从中找出差距，并求得有益的启示；二是进行纵向比较，可以对不同时期小城镇的发展水平进行比较，分析小城镇发展水平、速度及发展的原因；三是可以进行因素分析，即那些因素促进小城镇的发展，那些因素制约着小城镇的发展，那些方面存在发展潜力，并可以分析这些因素对小城镇发展带来那些影响。

在指标体系确定之后，在评价方法上我们采用综合指数法进行评价。评价方法及步骤是(1)对原始数据进行标准化处理，消除量纲差异性带来的不可比性；(2)确定评价指标体系权重。在借鉴国内有关理论经验基础上，采用德菲尔即专家意见咨询法，确定本评价指标体系中各主体指标与各群体指标的权重数值；(3)根据以上数据标准化方法及确定的权重，按照有关原则对数据进行处理（实际值高于目标值时，按目标值下限处理），得出农村城镇化水平综合评价值（具体测算值见下表）。综合评价值越高，小城镇发展水平越高；反之，越低。

山西农村城镇化水平综合测评表

	单位	权数	理想值	2002年		实际值与理想值的差距	潜力率（%）
				实际值	得分		
合　计		100			43.59	56.41	100.00
镇区人口规模	万人	20	>3	0.67	4.47	15.53	28.15
财政收入	万元	10	>3000	372	1.24	8.76	15.88
人均建设用地	平方米	8	<150	246	4.88	3.12	5.66
非农化就业率	%	10	>80	55	6.88	3.12	5.66
人均纯收入或可支配收入	元	10	>16000	3000	1.88	8.12	14.72
人均居住面积	平方米	8	>30	22	5.87	2.13	3.86
五通率	%	10	100	49	4.90	5.10	9.24
千人拥有医生数	人	8	>2.8	1.5	4.29	3.71	6.72
农村劳动力平均受教育程度	年	8	>12	8.5	5.67	2.33	4.22
森林覆盖率	%	8	>30	13.17	3.51	4.49	8.14

（三）农村城镇化推进中的问题

我们根据实际值与理想值的差距，计算了山西省农村城镇化的各项指标潜力率指标。通过对指标体系的分析及其他有关小城镇数据分析，山西省农村城镇化进程中主要存在以下问题：

一是小城镇规模小，质量、水平低，人口聚集效果不明显。目前山西省建制镇平均人口规模2.8万人，镇区人口规模更小，只有6709人。镇区人口超过3万人的只有21个，仅占建制镇总数的3.7%。全省小城镇镇区聚集的人口占全省乡镇总人口的比重仅15.2%，年乡村经济总收入高于10亿元的建制镇也只有21个，缺少主导产业是山西省小城镇较为普遍的现象。山西省2001年进行的乡镇撤并工作，虽然一定程度上缓解了因地域范围小、人口少对小城镇和经济发展的制约，优化了城镇布局，但仍没有跳出县域行政区域范围，从更大的经济社会区域和城乡区域的角度来调整与完善小城镇发展格局，因而局限性比较大，停留在以镇论镇的初级阶段。有关研究表明，小城镇的镇区人口要达到3万人以上，才能正常发挥集聚的功能。规模过小，会造成城镇功能不健全、不完善，导致基础设施投资成本偏高、使用效率低下，使小城镇第三产业发展受阻、就业门路狭窄，限制其对周边地区农村经济的带动作用。

二是可用财力普遍不足，农民还很不富裕，城镇化的根基不牢。首先镇级可用财力相当有限。多数镇为“吃饭”财政，只能满足于有关工作人员的工资，有的连这一问题都难以解决。2002年，有三分之二的建制镇“入不敷出”，要靠预算外资金来弥补；90%的镇人均财政收入不足300元，这些镇根本不可能对小城镇进行投资。全省真正能拿出一部分资金投入小城镇建设的少得可怜。其次来自企业的小城镇建设费用减少。一方面随着产业结构调整力度的不断加大和市场竞争的日趋激烈，相当一部分乡镇企业的生产经营面临较大困难，支撑小城镇建设的能力减弱；另一方面，随着乡镇企业的改制，乡镇政府不再直接管理企业，只能收取定额规费和税收，从而使政府投入小城镇建设的资金逐年减少。如小城镇基础建设完全按市场化机制动作，谁投资、谁所有、谁受益，则势必加重企业和农民进镇的成本，影响其积极性。俗话说：唤鸡也要有把“米”，小城镇基础设施建设一定要有稳定的资金来源，进而才能形成良性循环。另一方面，山西省多数农民还不富裕，小城镇建设的民间力量薄弱。农村人口的城镇化，不是地名的城镇化，城镇化只是经济社会的发展手段，而不是经济社会发展的目的。城镇化与一个地区人民的富裕程度密切相关，没有农民收入的提高，城镇化只是一种美好的梦想。2002年，山西省农民人均纯收入仅2150元，多数农民仍主要依靠农业，收入增长缓慢，进入小城镇只能是望洋兴叹，目前最主要、最紧迫的任务是通过各种途径转移农业劳动力，提高农民收入。

三是基础设施薄弱，且管理不到位。目前许多小城镇的基础设施建设还比较落后，电力、通讯、运输、环保、供排水等基础设施欠缺现象较为普遍。2002年山西省小城镇自来水普及率为34.3%，有线电视入户率为27.7%，生活用燃气普及率为

7.2%，而全国小城镇平均水平(2001年)已分别达66.3%、61.8%和49%。许多小城镇缺乏科学合理的规划，建设上带有较大的盲目性、自发性，存在着"低、小、散"的问题，建设规模过小，区域布局较散，以致出现"村村像城镇，镇镇像农村"的现象。多数小城镇环境比较差，并且普遍存在重建设轻管理的偏向，不少小城镇占用交通道路设置马路市场，集镇秩序较为混乱，过境交通受到严重干扰。特别是山西省作为全国能源重化工基地，部分小城镇不仅环境差，且污染严重，严重影响了外部工商企业和农民迁入。

四是发展不平衡，地区差异较大。小城镇的迅速发展提高了农村城镇化水平，优化了农村经济结构，但发展不平衡，城关镇与非城关镇存在明显差异。全省85个城关镇，总人口为427.8万人，占全省建制镇总人口的30.4%；镇区人口206.9万人，占到全省建制镇镇区人口的54.7%。可以看出，非城关镇在规模、质量和水平上均远远落后于城关镇。同时，不平衡还表现在同一小城镇不同指标发展的不平衡以及不同小城镇在同一指标的不平衡。这种发展的不平衡性影响了山西省小城镇总体的发展水平。

三、农村城镇化发展目标

衡量一个国家或地区是否实现了城市化，主要是看这个国家或地区的城镇人口占总人口的比重。尽管具体看法还不一定完全一致，但是比较公认的标准是：居住在城镇(即大中城市和小城镇)人口达到总人口的70%，就算基本实现了城市化。2002年山西的人口城市化率为38.1%，与实现城市化所要求达到的水平相比还相差31.91个百分点。对于山西来说，实现城市化仍然是一个漫长的过程，需要付出相当艰巨的努力。目前的城市化步伐，虽然比前几年有所增大，但与加快实现城市化的要求仍然存在相当大的差距，与保持国民经济持续快速健康的要求同样远远不能适应，迫切需要加快城市化进程特别是小城镇发展的步伐。

从国际经验来看，城市化率达到30%左右往往会出现一个快速推进的时期。城市化进程中的决定性进展往往是在这个快速期中实现的。国务院发展研究中心发展预测研究部的一项研究成果表明，日本城市化率由28%(1949年)提高到57%仅用了7年时间，韩国城市化率由20%(1960年)提高到57%(1987年)也只用了27年时间，以上这些国家的城市化推进速度平均每年达到1个百分点左右，大体上相当于中国90年代以来平均推进速度的2倍左右，有些国家甚至更多。

根据以上分析，按照国家加快推进小城镇发展的要求和近几年小城镇发展的经验，结合山西省的实际情况，我们认为城镇化推进速度定为每年增加0.9个百分点为宜，其中0.6个百分点来自于小城镇，0.3个百分点来自于大中城市。据此，到2005年全省城镇人口将达到1370.08万人，城镇化率达40.79%，其中小城镇人口将达到446.39万人，农村城镇化率达18.33%；到2010年全省城镇人口将达到1562.80万人，城镇化率达45.29%，其中小城镇人口将达到562.11万人，农村城镇化率达22.94%；到2020年全省城镇人口将达到1929.28万人，城镇化率达54.29%，其中小城镇人口将达到792.11万人，农村城镇化率达32.78%。

按照全省人口城镇化推进速度每年0.9个百分点计算，山西省基本实现城镇化还需要约36年的时间，即2038年才能基本实现城镇化，时间还相当长，任务还十分艰巨。

结合以上山西省人口城镇化的阶段性目标和全面建设小康社会的奋斗目标，参照发达省市小城镇的发展速度，我们初步确定了2005年、2010年、2020年山西省农村城镇化的具体发展目标(见下表)。

山西农村城镇化发展目标

	单位	权数	理想值	2002年		2005年		2010年		2020年	
				实际值	测评值	目标值	测评值	目标值	测评值	目标值	测评值
合 计		100			43.59		51.80		63.20		83.65
镇区人口规模	万人	20	>3	0.67	4.47	0.79	5.27	1.00	6.67	1.40	9.33
财政收入	万元	10	>3000	372	1.24	500	1.67	900	3.00	2000	6.67
人均建设用地	平方米	8	<150	246	4.88	230	5.22	210	5.71	170	7.06
非农化就业率	%	10	>80	55	6.88	58	7.25	65	8.13	80	10.00

续表

	单位	权数	理想值	2002年		2005年		2010年		2020年	
				实际值	测评值	目标值	测评值	目标值	测评值	目标值	测评值
人均纯收入或可支配收入	元	10	>16000	3000	1.88	4000	2.50	6000	3.75	13000	8.13
人均居住面积	平方米	8	>30	22	5.87	25	6.67	28	7.47	30	8.00
五通率	%	10	100	49	4.90	60	6.00	80	8.00	98	9.80
千人拥有医生数	人	8	>2.8	1.5	4.29	1.8	6.43	2.3	8.21	2.8	10.00
农村劳动力平均受教育程度	年	8	>12	8.5	5.67	9	6.00	10	6.67	12	8.00
森林覆盖率	%	8	>30	13.17	3.51	18	4.80	21	5.60	25	6.67

四、农村城镇化战略思考

(一)指导思想与原则

1. 指导思想

“十五”期间和今后一个时期，全省小城镇建设总的指导思想是：以促进国民经济和社会发展为目标，以提高水平和效益为中心，因地制宜，突出重点，以点带面，积极稳妥地推进小城镇建设。具体地讲，就是尽可能减少发展过程中的盲目性，做到少花钱，多办事，根据资金的可能、经济发展的需要，按照小城镇发展的内在规律，进行充分的市场调查和可行性研究，既要避免贪高（标准）求大（摊子）低利用率，造成资金和土地的浪费，又要消除鼠目寸光，小打小闹，造成被动落后。

2. 指导原则

①科学规划，合理布局。规划是建设的蓝图、管理的依据、发展的方向和目标。规划的制定首先要体现科学性。小城镇发展规划一定要按照市场经济的需求，因地制宜，因势利导，立足优势，突出特色，规模适度，注重实效。同时，城镇规划应同本地区经济社会发展战略及长期规划相衔接，以使小城镇成为联接广大小集镇、农村与大中小城市的纽带，形成较强的推动经济发展的聚集效应和扩散效应。其次要注重规划的超前性、协调性。既要体现地方特色，突出时代感和文化底蕴，以可持续发展思想为指针，坚持高起点、高标准，统一规划，适度超前；又要全面协调、合理布局、抓住重点、量力而行、分步实施。第三要加强规划的指导性、可操作性。制定规划要以“农村工业化、农业现代化、农村城镇化、城乡一体化”作为基本发展目标，建立完善的规划编制与实施的管理制度，健全规划成果的专家审查制度，制定保证规划得以实行的措施和法规，并综合运用经济、法律和行政手段，严格依规建设，有序发展。

关于小城镇的布局，首先要考虑到其发展背景、发展潜能和发展前途，使每一个小城镇的地域空间结构具有特定的地理、历史条件，并拥有各自的腹地和经济辐射面。其次，小城镇应该成为一定区域的经济中心和交通枢纽，因此小城镇要布局在有资源优势、产业优势和产品优势的地方；同时要考虑其区位条件，处于死角死胡同的地方不便于物资集散和经济辐射，当然不能布点。第三，对小城镇的间距和密度要有合理安排。

②集中财力，重点推进。发展小城镇不能平面推进，更不能一哄而上，必须要有重点，否则难以收到预期的效果。在现阶段山西省小城镇建设的重点把具有一定发展优势和经济条件较好的建制镇作为重点来抓。要结合西部大开发中的基础建设、扶贫攻坚中的移民迁村工程和新时期的国家重点项目建设，分次分批建设一批“中心小城镇”。要投资集中、目标明确、防止“遍地开花”，不能单纯追求数量，应在质量上下功夫。

③注重规模，提高效益。发展小城镇的目的是为了促进二、三产业的集中和发展，通过农村人口的转移，使人口和资源重新组合，培育区域经济新的增长点，使之形成吸收大中城市辐射和组织、带动农村发展的枢纽，这就是小城镇聚集效应。有关研究表明，小城镇镇区人口只有达到3万人以上的规模时，聚集效应才能发挥出来。因为只有达到这个规模，才有可能形成自己的特色产业，并聚集一批人才，形成带动功能；才有可能具备较为齐全的商业、服务业和文化设施，形成区域性服务中心；也才能以良好的生活环境和发展环境吸引大、中城市的人才和资金。对于重点发展的小城镇尤其是县城关镇，一般应达到5万人以上规模。少数以旅游、市场、专业产品等为主的特色城镇，则可依情而定。

④分类指导，良性循环。全省各地情况千差万别，川区与山区经济发展不平衡，应根据各地的实际情况，分类指导。在川区经济条件好的地区，小城镇建设面和进度可适当加大，应在加强基础设施配套工程的建设和努力改善经济发展环境上下工夫，以增强经济发展的凝聚力、向心力以及对山区建设的影响力，形成“聚集效应”。山区小城镇建设应分步进行，切不可操之过急，要特别注意小城镇建设的集中和规模，不能单纯追求数量。

小城镇建设的目的在于提高居民的生活水平，改善居住条件，加快农村城市化进程。因此，小城镇建设除了要注重住宅的建设外，还要加强包括水、路、电等在内的基础设施的建设，加强文教体卫等社会福利事业的建设，同时还要做好绿化、美化工作，使小城镇建设与经济建设、环境保护相适应。只有坚持经济发展、小城镇建设和环境保护同时抓，小城镇建设才能进入良性循环的轨道。

(二)发展重点与发展战略

1. 发展重点

①城关镇和工商重镇。首先各县要重点发展城关镇。山西现有农村建制镇564个，其中城关镇85个，数量不少，但大都规模过小，有重点地加快城关镇向小城市迈进，是符合国情、省情和城市化发展规律的现实选择。城关镇与农村建制镇相比，人口、基础设施、公共工程都有一定基础，居民的生活方式、消费习惯与农民有着较大区别，且城关镇对富裕的农民有很大的吸引力，故宜选择城关镇作为发展重点。其次，大力发展工商重镇。山西的工商重镇廖廖无几，与沿海发达地区相比差距很大。镇区人口在万人以上的镇只有90个，最多的洪洞县大槐树镇人口6.71万人。镇区面积在5平方公里以上的镇有40个，10平方公里以上的镇仅有11个；镇区企业百个以上的镇有58个，最多的有企业1650个；预算性财政收入在1000万元以上的镇有43个，最多的仅11100万元。

②大中城市周围。应充分发挥大中城市的辐射功能，以大城市为中心发展小城镇。山西小城镇建设应优先发展下列重点地区：

一是以太原市为核心的中东部经济区，包括晋中市和阳泉市。该区资源丰富，交通通讯发达，科技力量雄厚，具有发展小城镇的良好条件。省会太原市应树立区域经济的观念，加大经济结构调整力度，充分利用大专院校、科研院所多的优势，加快发展高新技术及其产业，大力推进信息化进程，同时把不适合城市发展的产业和企业向城镇转移，以增强其经济辐射力，带动城市周边地区小城镇的发展。把太原市建设成全省开放程度最高、市场发育最全、高科技和外向型经济比重大、经济实力最强的省会城市，形成大中小城市、县城和建制镇结构良好、布局合理、协调发展的城镇群。

二是南部经济区，包括晋南的运城、临汾和晋东南的晋城、长治。该区农业文明发达，旅游资源丰富。应围绕农副土特产品及其加工、旅游资源开发做文章，推动小城镇快速发展。

三是北部经济区，包括大同、朔州、忻州。小城镇的发展应在煤炭及其相关产业、旅游景点的开发上下功夫。

③公路、铁路网络主干线沿线。山西的交通网络十分发达，主要铁路干线有南北同蒲线、石太线，京原线、太焦、邯长、侯月、大秦线等。公路干线以太原为中心，太旧高速公路经石家庄连接京津，即将贯通的大(同)运(城)高速公路纵跨山西省南北。这些交通干线，是山西省经济发展的动脉，小城镇的发展重点也应相应放于其沿线。

2. 发展战略

①特色战略。小城镇的发展，要根据城镇资源、区位、产业和经济结构特点、历史沿革和发展现状，立足比较优势，扬长避短，突出特色，在“个性”上下功夫，开发拳头产品，选准项目，培育发展主导产业，走以市兴镇、产业立镇之路，形成自己的独特优势，走出一条各具特色的发展道路。如以龙头企业为主体，发展加工主导型小城镇；以农业产业化为对象，发展服务主导型小城镇；以专业市场为依托，发展市场主导型小城镇；以旅游、文化资源为凭借，发展旅游开发主导型小城镇；以地理集散为依托，发展交通枢纽型小城镇；以吸引外资为重点，发展开放主导型小城镇；以农业科技革命为动力，发展科技主导型小城镇等。

②产业战略。城镇的建设必须要有产业发展作依托。加快小城镇建设，不单纯是一个扩街建楼的问题，也不单纯是一个人口转移的问题，而是一个资源优化配置、产业优化升级、生产要素优化组合的过程，是经济发展到一定阶段的产物。广东、浙江、上海等地的小城镇，规模都很大，发展都很快，常住人口都在三、四十万人左右，产值都在八、九十个亿左右，财政收入都在10个亿左右。这些地方之所以有超常规的发展，就是依托支柱产业，形成了发达的中心城镇，具备了较高的城镇化水

平。城镇化水平的提高，又为经济发展提供了广阔的市场和持久的动力。发达地区成功的经验充分说明，产业带动是小城镇发展的经济基础。要加快小城镇的发展，首先必须引导村镇工商业向小城镇集中，培育龙头企业，尽快形成规模，形成主导产业。如果没有主导产业的支撑，即使投资再多，小城镇基础设施搞得再好，因为没有后劲，结果也只能是一座空城，起不到小城镇对区域经济的带动、辐射作用。

③生态战略。生态是经济可持续发展的基础。经济的发展是为人类服务的，而良好的生态环境是实现这一目标的根本保障。小城镇在发展时，如果不注重生态问题，不注意解决在工业、商贸业、旅游业等发展时和人口聚集后带来的环境保护问题，就有可能使小城镇成为污染源，破坏农村的生态环境。小城镇建设中强调保护生态环境，一方面要选择好的产业门类，对计划发展的产业从环保角度先有一个选择，要注重污染的治理；另一方面要千方百计保护原有的生态资源，特别是要保护好植被和河道。在建设小城镇时，不妨对适应具有小城镇特色的生态系统，进行多种模式的尝试。

④文脉战略。文脉是历史的延续，文脉是小城镇建设的灵魂。散布于民间的历史文化遗存是我国深厚的历史文化的宝藏，是社会文明的源头。在小城镇建设时，应当充分挖掘这些宝藏，让它们流传下去，发扬光大。文脉由多方面组成：传统和具有特色的建筑，街道街区的格局和风貌，见证过历史事件和人物的场所、建筑和其它物体，例如树木、巨石、各种具有鲜明特色的风土人情的载体……这些文脉载体，即使已经是断墙残垣，已经破败和不完整，仍然可以通过合理的手段，让它们化腐朽为神奇，发出诱人的光辉。这就要求我们以历史的眼光审视老城镇的一切方面，谨慎地做好老城镇改造的规划，把那些可能会有历史价值的因素发掘出来，保存起来。在建设小城镇时，应当尽可能地把这些曾经存在过的历史发掘出来，用各种方式把它延续下去，以弥补我们前人的过错或缺憾。即使基本上是新建的小城镇，也应该尽可能地根据当地的风土人情和小城镇的风貌定位，尽量增加文化含量，保持和历史文脉相通的地方文化。

(三)对策措施

加快农村小城镇建设步伐，推进农村城镇化进程，我们认为应从以下几个方面着手和突破。

1.深化改革，建立多元投资机制

为改变目前小城镇建设资金匮乏的局面，必须在资金筹措渠道和方式上有新的突破。首先，除国家拿出一部分资金用于小城镇基础设施建设外，地方各级政府也应做到逐步增加；其次，应本着“谁投资、谁受益”的原则，从政策上鼓励国家、集体、个人、外商等共同投资，全方位调动小城镇建设的积极性。可以按照“长远规划、量力而行、分布实施”的要求，借助乡镇工业的反哺作用，发挥镇级财政、乡村集体经济和个人的积极性，积极筹措建设资金，合理安排项目，使小城镇建设规模年年有拓展，功能年年有提高，面貌年年有变化，实现从量的扩大到质的提高的良性循环；第三，要在统一规划、分步实施中，注重综合开发机制，做到城镇与农村结合，统建、代建与开发商品房相结合；第四，对基础设施和公共设施，可以通过有偿使用的办法，使小城镇建设资金得以补偿，形成良性循环；第五，省、市、县、乡四级都要建立小城镇建设资金专户，做到专款专用，不得以任何借口挤占、挪用它，并努力通过管理办法的制定来规范使用方法，以确保建设资金全额落到实处。

2.大力发展乡镇企业，积极培育主导产业

目前乡镇企业正处于二次创业阶段，产业重组、产品提质、理顺机制是其中心内容。小城镇建设应当充分利用这一有利时机，促进乡镇企业的集中发展，实现富余劳动力的产业转移。一是按照市场机制优胜劣汰的原则，引导乡镇企业向优势企业产品集中，增强乡镇企业市场竞争能力。二是依托小城镇工业园区的建设，引导乡镇企业通过资产重组、改制、进镇入园发展。三是将工业园区的建设与农民建城、农民进城结合起来，加快农村人口向小城镇转移。四是大力发展新兴工业企业。所谓新兴工业是指股份制企业、外商投资企业和港澳台投资企业。深化改革，通过转机建制、抓大放小，加快地方国有企业股份制改革的步伐。五是积极扶持私营企业的发展。私营企业在小城镇建设中起着重要作用，应积极制定政策支持私营企业的发展。六是积极培育支柱产业。产业是小城镇发展壮大的重要条件，没有产业的支撑，小城镇的发展也就失去了依托，把乡镇企业的发展和主导产业的培育结合起来，小城镇建设必然兴旺发达。小城镇主导产业的培育要因地制宜，突出地方特色。要不断扩大主导产业的经营规模，发挥规模效益，以产业的集聚带动生产要素的集聚。

3.积极培育市场，完善市场机制

小城镇建设，一方面要加强与城市联系，引进资金、技术、人才、设备、信息，加快经济发展，增强自身功能。另一方面，要与乡村联系，传递城市的市场信息，引导农村发展适销对路的产品，发挥以镇带村的功能。因此要培育完善农村市场体系，巩固和提高现有各类初级市场，进一步搞活集贸市场，逐步减少露天路边市场，使市场建设逐步向标准化发展。同时，还要创造条件发展大型骨干市场和专业批发市场。努力发展金融、劳务、人才、科技、信息、咨询等生产要素市场。在抓好有形市场建设的同时，还要抓好无形市场的建设，做到两者并举，才能快速有效地发展市场经济，加快农村城市化建设步伐。

4.改革户籍管理制度，建立促进劳动力流动制度

为了充分发挥农民在小城镇建设中的主体作用，应改革现行城乡分割的户籍制度，建立适应农村城市化发展要求，有利于小城镇吸纳农村剩余劳动力，使从事非农产业的农民进得来，住得下，干得开，稳得住的户籍制度。改变农民“离土不离乡，进厂不进城”为“离土进镇”建房、经商、办企业；变农村劳动力的“就地转移”为“就近转移”，吸引更多的农民进城镇经商办企业。还要解决好农民子女入学、入托等问题。

5.完善管理，健全土地流转机制

土地流转制度实质上是土地使用权的交易，达到资源重新配置和发展农业生产的目的。为了使土地流转健康有序地进行，各级政府要建立土地流转机制，坚持“强化所有权、稳定承包权、明确发包权、放活使用权”的原则，允许土地使用权依法有偿转让、出租、抵押、入股等，扭转土地使用权不能作为商品合理合法流动的弊端。推进土地流转工作中，要尊重群众意愿，按经济规律办事，鼓励耕地向种田能手集中，实行规模经营。

6.提供政策服务，完善法律法规

政策是经济发展的生命线，也是小城镇发展的生命线。一方面我们要把国家赋予小城镇建设的各项政策用足、用活、用好，用政策的力量来调动各级干部、广大群众和社会各个方面建设小城镇、发展小城镇的积极性和创造性。另一方面，要为小城镇的健康发展出台一些优惠政策，并从领导班子配备建设，到建设管理机构设置以及各项扶持政策上给以必要的倾斜，以适应小城镇建设发展的需要。要逐步完善小城镇建设的法规，修订完善小城镇建设的技术标准、规范，规范管理制度和程序。要加强建设法规知识的普及，逐步提高小城镇干部、居民的法规意识，增强遵守规划建设管理法规的自觉性。要严格办事程序，积极推进依法行政。

小城镇建设是一项艰巨复杂的系统工程，而且农村城镇化水平是一个动态的概念，这就要求我们根据时间和条件、环境的变化实时进行深入的调查研究，及时总结成功经验和失败教训，集思广益，找出一条适合山西省情的农村城镇化发展道路程。